"十二五"普通高等教育本科国家级规划教材

国家卫生和计划生育委员会"十二五"规划教材
全国高等医药教材建设研究会"十二五"规划教材
全国高等学校教材

供8年制及7年制("5+3"一体化)临床医学等专业用

生物信息学

Bioinformatics

第2版

主　编　李　霞　雷健波

副主编　李亦学　李劲松

编　者（以姓氏笔画排序）

王　举（天津医科大学）　　　　邹凌云（第三军医大学）

朱　浩（南方医科大学）　　　　沈百荣（苏州大学）

许丽艳（汕头大学）　　　　　　张　岩（哈尔滨医科大学）

李　瑛（吉林大学）　　　　　　陈小平（中南大学）

李　霞（哈尔滨医科大学）　　　赵雨杰（中国医科大学）

李冬果（首都医科大学）　　　　徐良德（哈尔滨医科大学）

李亦学（同济大学）　　　　　　崔庆华（北京大学）

李劲松（浙江大学）　　　　　　雷健波（北京大学）

吴忠道（中山大学）　　　　　　魏冬青（上海交通大学）

学术秘书

王　宏（哈尔滨医科大学）

人民卫生出版社

图书在版编目（CIP）数据

生物信息学 / 李霞，雷健波主编. —2 版. —北京：人民卫
生出版社，2015

ISBN 978-7-117-20453-8

Ⅰ. ①生…　Ⅱ. ①李…②雷…　Ⅲ. ①生物信息论－高
等学校－教材　Ⅳ. ①Q811.4

中国版本图书馆 CIP 数据核字（2015）第 051271 号

人卫智网	www.ipmph.com	医学教育、学术、考试、健康，
		购书智慧智能综合服务平台
人卫官网	www.pmph.com	人卫官方资讯发布平台

生物信息学

第 2 版

主　　编：李　霞　雷健波
出版发行：人民卫生出版社（中继线 010-59780011）
地　　址：北京市朝阳区潘家园南里 19 号
邮　　编：100021
E － mail：pmph @ pmph.com
购书热线：010-59787592　010-59787584　010-65264830
印　　刷：北京铭成印刷有限公司
经　　销：新华书店
开　　本：850×1168　1/16　印张：33
字　　数：908 千字
版　　次：2010 年 8 月第 1 版　　2015 年 6 月第 2 版
　　　　　2023 年 5 月第 2 版第 12 次印刷（总第 13 次印刷）
标准书号：ISBN 978-7-117-20453-8
定　　价：108.00 元

打击盗版举报电话：010-59787491　E-mail：WQ @ pmph.com
质量问题联系电话：010-59787234　E-mail：zhiliang @ pmph.com

修 订 说 明

为了贯彻教育部教高函［2004-9 号］文,在教育部、原卫生部的领导和支持下,在吴阶平、裘法祖、吴孟超、陈灏珠、刘德培等院士和知名专家的亲切关怀下,全国高等医药教材建设研究会以原有七年制教材为基础,组织编写了八年制临床医学规划教材。从第一轮的出版到第三轮的付梓,该套教材已经走过了十余个春秋。

在前两轮的编写过程中,数千名专家的笔耕不辍,使得这套教材成为了国内医药教材建设的一面旗帜,并得到了行业主管部门的认可(参与申报的教材全部被评选为"十二五"国家级规划教材),读者和社会的推崇(被视为实践的权威指南、司法的有效依据)。为了进一步适应我国卫生计生体制改革和医学教育改革全方位深入推进,以及医学科学不断发展的需要,全国高等医药教材建设研究会在深入调研、广泛论证的基础上,于 2014 年全面启动了第三轮的修订改版工作。

本次修订始终不渝地坚持了"精品战略,质量第一"的编写宗旨。以继承与发展为指导思想:对于主干教材,从精英教育的特点、医学模式的转变、信息社会的发展、国内外教材的对比等角度出发,在注重"三基"、"五性"的基础上,在内容、形式、装帧设计等方面力求"更新、更深、更精",即在前一版的基础上进一步"优化"。同时,围绕主干教材加强了"立体化"建设,即在主干教材的基础上,配套编写了"学习指导及习题集"、"实验指导／实习指导",以及数字化、富媒体的在线增值服务(如多媒体课件、在线课程)。另外,经专家提议,教材编写委员会讨论通过,本次修订新增了《皮肤性病学》。

本次修订一如既往地得到了广大医药院校的大力支持,国内所有开办临床医学专业八年制及七年制("5+3"一体化)的院校都推荐出了本单位具有丰富临床、教学、科研和写作经验的优秀专家。最终参与修订的编写队伍很好地体现了权威性,代表性和广泛性。

修订后的第三轮教材仍以全国高等学校临床医学专业八年制及七年制("5+3"一体化)师生为主要目标读者,并可作为研究生、住院医师等相关人员的参考用书。

全套教材共 38 种,将于 2015 年 7 月前全部出版。

全国高等学校八年制临床医学专业国家卫生和计划生育委员会规划教材编写委员会

	学科名称	主审	主编	副主编
1	细胞生物学(第3版)	杨 恬	左 伋　刘艳平	刘 佳　周天华　陈誉华
2	系统解剖学(第3版)	柏树令　应大君	丁文龙　王海杰	崔慧先　孙晋浩　黄文华　欧阳宏伟
3	局部解剖学(第3版)	王怀经	张绍祥　张雅芳	刘树伟　刘仁刚　徐 飞
4	组织学与胚胎学(第3版)	高英茂	李 和　李继承	曾园山　周作民　肖 岚
5	生物化学与分子生物学(第3版)	贾弘褆	冯作化　药立波	方定志　焦炳华　周春燕
6	生理学(第3版)	姚 泰	王庭槐	闫剑群　郑 煜　祁金顺
7	医学微生物学(第3版)	贾文祥	李明远　徐志凯	江丽芳　黄 敏　彭宜红　郭德银
8	人体寄生虫学(第3版)	詹希美	吴忠道　诸欣平	刘佩梅　苏 川　曾庆仁
9	医学遗传学(第3版)		陈 竺	傅松滨　张灼华　顾鸣敏
10	医学免疫学(第3版)		曹雪涛　何 维	熊思东　张利宁　吴玉章
11	病理学(第3版)	李甘地	陈 杰　周 桥	来茂德　卞修武　王国平
12	病理生理学(第3版)	李桂源	王建枝　钱睿哲	贾玉杰　王学江　高钰琪
13	药理学(第3版)	杨世杰	杨宝峰　陈建国	颜光美　臧伟进　魏敏杰　孙国平
14	临床诊断学(第3版)	欧阳钦	万学红　陈 红	吴汉妮　刘成玉　胡申江
15	实验诊断学(第3版)	王鸿利　张丽霞　洪秀华	尚 红　王兰兰	尹一兵　胡丽华　王 前　王建中
16	医学影像学(第3版)	刘玉清	金征宇　龚启勇	冯晓源　胡道予　申宝忠
17	内科学(第3版)	王吉耀　廖二元	王 辰　王建安	黄从新　徐永健　钱家鸣　余学清
18	外科学(第3版)		赵玉沛　陈孝平	杨连粤　秦新裕　张英泽　李 虹
19	妇产科学(第3版)	丰有吉	沈 铿　马 丁	狄 文　孔北华　李 力　赵 霞

	学科名称	主审	主编	副主编
20	儿科学(第3版)		桂永浩 薛辛东	杜立中 母得志 罗小平 姜玉武
21	感染病学(第3版)		李兰娟 王宇明	宁 琴 李 刚 张文宏
22	神经病学(第3版)	饶明俐	吴 江 贾建平	崔丽英 陈生弟 张杰文 罗本燕
23	精神病学(第3版)	江开达	李凌江 陆 林	王高华 许 毅 刘金同 李 涛
24	眼科学(第3版)		葛 坚 王宁利	黎晓新 姚 克 孙兴怀
25	耳鼻咽喉头颈外科学(第3版)	孔维佳	周 梁	王斌全 唐安洲 张 罗
26	核医学(第3版)	张永学	安 锐 黄 钢	匡安仁 李亚明 王荣福
27	预防医学(第3版)	孙贵范	凌文华 孙志伟	姚 华 吴小南 陈 杰
28	医学心理学(第3版)	姜乾金	马 辛 赵旭东	张 宁 洪 炜
29	医学统计学(第3版)		颜 虹 徐勇勇	赵耐青 杨土保 王 彤
30	循证医学(第3版)	王家良	康德英 许能锋	陈世耀 时景璞 李晓枫
31	医学文献信息检索(第3版)		罗爱静 于双成	马 路 王虹菲 周晓政
32	临床流行病学(第2版)	李立明	詹思延	谭红专 孙业桓
33	肿瘤学(第2版)	郝希山	魏于全 赫 捷	周云峰 张清媛
34	生物信息学(第2版)		李 霞 雷健波	李亦学 李劲松
35	实验动物学(第2版)		秦 川 魏 泓	谭 毅 张连峰 顾为望
36	医学科学研究导论(第2版)		詹启敏 王 杉	刘 强 李宗芳 钟晓妮
37	医学伦理学(第2版)	郭照江 任家顺	王明旭 尹 梅	严金海 王卫东 边 林
38	皮肤性病学	陈洪铎 廖万清	张建中 高兴华	郑 敏 郑 捷 高天文

经过再次打磨，备受关爱期待，八年制临床医学教材第三版面世了。怀纳前两版之精华而愈加求精，汇聚众学者之智慧而更显系统。正如医学精英人才之学识与气质，在继承中发展，新生方可更加传神；切时代之脉搏，创新始能永领潮头。

经过十年考验，本套教材的前两版在广大读者中有口皆碑。这套教材将医学科学向纵深发展且多学科交叉渗透融于一体，同时切合了环境－社会－心理－工程－生物这个新的医学模式，体现了严谨性与系统性，诠释了以人为本、协调发展的思想。

医学科学道路的复杂与简约，众多科学家的心血与精神，在这里汇集、凝结并升华。众多医学生汲取养分而成长，万千家庭从中受益而促进健康。第三版教材以更加丰富的内涵、更加旺盛的生命力，成就卓越医学人才对医学誓言的践行。

坚持符合医学精英教育的需求，"精英出精品，精品育精英"仍是第三版教材在修订之初就一直恪守的理念。 主编、副主编与编委们均是各个领域内的权威知名专家学者，不仅著作立身，更是德高为范。在教材的编写过程中，他们将从医执教中积累的宝贵经验和医学精英的特质潜移默化地融入到教材中。同时，人民卫生出版社完善的教材策划机制和经验丰富的编辑队伍保障了教材"三高"（高标准、高起点、高要求）、"三严"（严肃的态度、严谨的要求、严密的方法）、"三基"（基础理论、基本知识、基本技能）、"五性"（思想性、科学性、先进性、启发性、适用性）的修订原则。

坚持以人为本、继承发展的精神，强调内容的精简、创新意识，为第三版教材的一大特色。 "简洁、精练"是广大读者对教科书反馈的共同期望。本次修订过程中编者们努力做到：确定系统结构，落实详略有方；详述学科三基，概述相关要点；精选创新成果，简述发现过程；逻辑环环紧扣，语句精简凝练。关于如何在医学生阶段培养创新素质，本教材力争达到：介绍重要意义的医学成果，适当阐述创新发现过程，激发学生创新意识、创新思维，引导学生批判地看待事物、辩证地对待知识、创造性地预见未来，踏实地践行创新。

坚持学科内涵的延伸与发展，兼顾学科的交叉与融合，并构建立体化配套、数字化的格局，为第三版教材的一大亮点。 此次修订在第二版的基础上新增了《皮肤性病学》。本套教材通过编写委员会的顶层设计、主编负责制下的文责自负、相关学科的协调与蹉商、同一学科内部的专家互审等机制和措施，努力做到其内容上"更新、更深、更精"，并与国际紧密接轨，以实现培养高层次的具有综合素质和发展潜能人才的目标。大部分教材配套有"学习指导及习题集"、"实验指导／实习指导"以及"在线增值服务（多媒体课件与在线课程等）"，以满足广大医学院校师生对教学资源多样化、数字化的需求。

本版教材也特别注意与五年制教材、研究生教材、住院医师规范化培训教材的区别与联系。 ①五年制教材的培养目标:理论基础扎实、专业技能熟练、掌握现代医学科学理论和技术、临床思维良好的通用型高级医学人才。②八年制教材的培养目标:科学基础宽厚、专业技能扎实、创新能力强、发展潜力大的临床医学高层次专门人才。③研究生教材的培养目标:具有创新能力的科研型和临床型研究生。其突出特点:授之以渔、评述结合、启示创新、回顾历史、剖析现状、展望未来。④住院医师规范化培训教材的培养目标:具有胜任力的合格医生。其突出特点:结合理论,注重实践,掌握临床诊疗常规,注重预防。

以吴孟超、陈灏珠为代表的老一辈医学教育家和科学家们对本版教材寄予了殷切的期望,教育部、国家卫生和计划生育委员会、国家新闻出版广电总局等领导关怀备至,使修订出版工作得以顺利进行。在这里,衷心感谢所有关心这套教材的人们! 正是你们的关爱,广大师生手中才会捧上这样一套融贯中西、汇纳百家的精品之作。

八学制医学教材的第一版是我国医学教育史上的重要创举,相信第三版仍将担负我国医学教育改革的使命和重任,为我国医疗卫生改革,提高全民族的健康水平,作出应有的贡献。诚然,修订过程中,虽力求完美,仍难尽人意,尤其值得强调的是,医学科学发展突飞猛进,人们健康需求与日俱增,教学模式更新层出不穷,给医学教育和教材撰写提出新的更高的要求。深信全国广大医药院校师生在使用过程中能够审视理解,深入剖析,多提宝贵意见,反馈使用信息,以便这套教材能够与时俱进,不断获得新生。

愿读者由此书山拾级,会当智海扬帆!

是为序。

中国工程院院士
中国医科科学院原院长　　刘德培
北京协和医学院原院长

二〇一五年四月

李霞，博士、教授、博士研究生导师，哈尔滨医科大学生物信息科学与技术学院院长，龙江学者特聘教授，北京"百千万人才工程"入选者，享受国务院特殊津贴。从事生物信息学、计算系统生物学等本科、研究生教学工作 30 余年，主持创建的我国领先生物信息学人才培养和教育教学体系成为全国生物信息学教育模板，培养了大批既具有扎实生物医药知识，又具有很强理工科学思维和实践能力的现代紧缺人才，为推动我国生物医学教育和科技发展做出了突出贡献，先后获得黑龙江省教学名师、优秀中青年专家、优秀科技工作者、优秀共产党员等荣誉称号。

李 霞

李霞教授是我国重大疾病生物信息学与计算系统生物学研究的开创者之一，在复杂疾病治疗靶标与风险标志物筛选、重大疾病通路重构与子网识别、非编码基因（RNA）介导的疾病发生机理研究、新一代测序技术与复杂疾病分析、面向转化医学的重大疾病分析平台构建等领域做出了开创性的研究工作，科研成果处于国内前列。主持国家 863 课题、973 课题、国家自然科学基金重大研究计划等国家级课题 15 项，于国际著名学术期刊发表高水平 SCI 论文 130 余篇，荣获中华医学科技奖、黑龙江省政府科技奖、中国女医师协会基础医学科技奖等科研奖励 20 余项。

雷健波，美国生物医学信息学博士。华西医科大学临床医学毕业，原北京协和医院临床医生，获美国哥伦比亚大学工程学院计算机硕士（M.S）和医学院生物医学信息学硕士（M.A.)，美国德州大学医学部生物医学信息学博士（PhD），现任北京大学医学信息学中心副教授，硕士生导师。

雷健波

独特的国内外跨学科（临床，计算机，医学信息学）的学习、研究和工作背景，主持过国内新一代电子病历（EMR），医院信息系统（HIS），临床路径（CP）的开发，以及用于新药创制的国家级临床和标本资源库的建设等。2010 年 4 月以人才引进到北京大学，创立北京大学医学信息学中心，任代主任，常务副主任，负责创建新学科"医学信息学"。主要的研究领域包括：电子病历系统和个人健康档案、临床决策支持、医学自然语言处理、移动医疗、健康信息搜索和消费者健康信息学、移动医疗、医疗卫生大数据、医疗信息系统易用性等。

现任欧美同学会留美分会副会长，中国卫生信息学会卫生信息学教育专业委员会副主委，全国高等医药教材建设研究会"十二五"规划本科教材《卫生信息学概论》主编等。

李亦学

李亦学,博士,教授,博士生导师,上海生物信息技术研究中心主任,同济大学生命科学与技术学院教授,上海交通大学生命技术学院生物信息学与生物统计学系主任,上海科技大学生命科学与技术学院教授,中科院上海生化细胞所研究员,中科院系统生物学重点实验室副主任,国家重大科技专项首席科学家,享受国务院特殊津贴,曾任"十五"国家863计划生物信息技术主题专家组组长,"十一五"国家863计划生物医药技术领域专家组专家。

从事生物信息学、比较基因组学、疾病生物标志物识别、基因调控网络构建、蛋白质组学等方面研究多年。在国际著名杂志 *Nature*, *Science*, *Nature Genetics*, *Nature Biotechnology*, *Nature Communications*, *Genome Research*, *Molecular Biology & Evolution*, *Molecular Systems Biology* 等共发表 SCI 论文 200 余篇,先后获教育部自然科学一等奖,上海市自然科学一等奖,全国五一国际劳动奖章等奖项。

李劲松

李劲松,浙江大学教授、博士生导师,浙江省"千人计划"入选专家。1984年毕业于浙江大学生物医学工程专业,1997年获日本京都大学医学博士学位。现任浙江大学生物医学工程与仪器科学学院常务副院长、生物医学工程研究所所长,兼任国家自然科学基金委学科评审专家、国家留学基金委评审专家,中国医院协会信息管理专委会(CHIMA)副主委,中华医学会医学信息学分会医院信息化学组副组长等职。研究方向为:生物医学信息学,数字医疗技术与系统,医学知识库及数据挖掘,本体理论及语义技术的医学应用。出版学术著作《生物医学语义技术》(主编),《数字医学概论》(副主编),《数字化医院建设理念与实践》(副主编),*New Fundamental Technologies in Data Mining*(Chapter 8)等。

在我讲生物信息学课的时候，学生们总是让我推荐好的教材。在过去近五年的时间里，这本由李霞任主编、李亦学和廖飞任副主编的《生物信息学》作为全国高等医药教材建设研究会的规划教材不仅为医药领域，也为生命科学的其他领域的广大使用者提供了切实的帮助。几年过去了，随着以 DNA 测序技术为代表的组学技术持续发展，使得数据获取成本不断降低、获取效率不断提高，导致以基因组为代表的组学数据迅速增加，因此对生物信息学的需求，无论是深度上、还是广度上也都大大增加了。为了适应该领域科学研究的快速发展，并满足教学改革的需要，本书主要编审者对本教材进行了第 2 版修订。

总体上，本教材的第 2 版紧密跟踪国际、国内在组学和生物信息学领域的发展，关注该领域的前沿，并尽可能地把它们介绍给读者。作者也注意研究与学习当前大数据领域在理论和技术上的成就，并融汇到本教材当中。具体来说，本教材对序列比对、表达谱分析、分子进化、芯片数据处理等经典的生物信息学内容做了精炼和集中。同时，增加了专门介绍生物信息学研究的前沿与热点的内容，用以启发读者的兴趣和开拓读者的眼界；增加了 RNA 序列与结构特征分析及非编码核酸，特别是长非编码核酸的研究进展，使生物信息学研究对象更加丰富、全面；增加了对新一代测序技术的介绍及由此带来的生物信息分析技术的发展；新版教材特别讨论了生物信息学与相关学科，如：转化医学、医学信息学和信息技术等的关联。这都表明，新版教材的宗旨不仅着重于生物信息学的内涵，也着重于生物信息学的前沿和发展。

现在，组学和生物信息学的成果已逐渐进入国民经济及人类健康的很多领域，像育种、分子诊断等。在不少教学和科研单位生物信息学已成为了一门基础学科和不可或缺的技术手段和研究工具。

新版教材在李霞和李亦学等教授的努力下不仅保留了第 1 版的优势与特点：集中、全面、易懂、实用，又增加了前沿与进展。相信这本教材一定能为教学和科研的发展提供更好的服务。

陈润生

2015 年 4 月 16 日

2010 年，在国内资深生物学家与医学专家的倡导下，经全国高等医药教材建设研究会、卫生部教材办公室组织有关专家论证，由全国十三所大学生物信息学领域专家和一线教师编写出版了《生物信息学》。教材使用覆盖面广泛，包括长学制基础医学及临床医学、五年制生物医学工程、生物信息学等专业学生，生命科学领域研究学者、教师，临床医生、及生物信息学从业人员。5 年过去了，伴随着新一代测序技术的深入发展，"大数据"、"组学"研究成为当今生命科学领域的热点。及时、充分地补充相关基础理论知识及实践操作方法，是当下必行之路。经全国医药教材研究会及卫生部论证后，决定编写《生物信息学》第 2 版。

《生物信息学》第 2 版教材仍坚持"三基"、"五性"原则，并力求在内容和形式上有所创新。使教材具备相对系统、全面的生物信息学知识体系；突出实用性，以临床实际问题作为编写出发点；简化算法流程，突出应用软件和网络资源；贴合前沿技术、方法，增加国内外研究热点知识；主要培养长学制学生运用生物信息学方法解决临床问题、进行科研设计的能力。

《生物信息学》第 2 版精简基础内容，合并上一版内容相近或有较大关联的章节；结合实际应用，增加前沿新知识、新技术章节。全书共分为三篇十五章。第一篇生物信息学基础，含 DNA、RNA 和蛋白质序列信息资源、序列比对、序列特征分析、分子进化分析、基因芯片数据分析五章，均系生物医学相关领域发展过程中形成的基础生物信息数据及分析方法，合并第一版"双序列比对"、"多序列比对"两章为"序列比对"，合并"序列特征分析"、"表达序列分析"两章为"序列特征分析"；第二篇功能基因组信息学，含蛋白质组与蛋白质结构分析、基因注释与功能分类、转录调控的信息学分析、生物分子网络与通路和计算表观遗传学五章，均系功能基因组研究中颇具特色的生物信息学方法，合并第一版"蛋白质分析与蛋白质组学"、"蛋白质结构分析"两章为"蛋白质组与蛋白质结构分析"；第三篇生物信息学与人类复杂疾病，含复杂疾病的分子特征与计算分析、非编码 RNA 与复杂疾病、新一代测序技术与复杂疾病、药物生物信息学、生物信息学相关学科进展五章，均系近年发展起来的与复杂疾病有关的重要生物信息学方法，新增非编码 RNA 与复杂疾病的生物信息学研究、新一代测序、"组学"研究等前沿热点。

《生物信息学》第 2 版各章相对独立，都反映了学科研究领域中某一方向的最新成果与发展趋势。为适应不同读者的需要，各章布局统一：第一节是引言，以简明易懂的语言介绍该章主要内容，包括能解决什么问题和解决问题的思路；后续各节介绍基本概念和常用生物信息学方法，着重于生物医学实际应用、操作方法和生物医学意义的解释；各章最后附小结、习题及主要参考文献。

本书是在第 1 版基础上修订完成的，修订过程中借鉴了第 1 版作者的论著和成果，在此致以谢意！教材编委是来自于全国 15 所高校相关研究方向的专家，每一章都凝聚了独特的学术思想、研究心得和研究成果。他们在百忙之中精心组织素材，斟字酌句编写，付出了大量心血。在此我们对全体编委的无私奉献深表谢意！同时，哈尔滨医科大学生物信息科学与技术学院的老师和研究生们也做了大量协助工作，在此一并致谢！同时，哈尔滨医科大学生物信息科学与技术学院王宏、张绍军、肖云、宁尚伟、徐娟、张云鹏、智慧、刘洪波、许超汉、李永生、白静，中南大学李曦，中山大学李学荣、吕志跃，上海交通大学徐沁等专家学者和青年教师参与了大量前沿章节的材料汇总、讨论和编写工作，在此一并致谢！

第 2 版教材得到国家 863 项目、973 课题和黑龙江省生物医学工程重点学科经费资助,特此鸣谢!

本书修订过程中,尽管我们努力跟踪学科新发展、新技术,并尽力纳入到教材中来,以保持先进性和实用性,但时间紧迫,直至完稿,仍觉有许多不足之处,希望学术同仁不吝赐教,以便再版时改正。

李　霞

2015 年 4 月 10 日

目　录

第一篇　生物信息学基础
FOUNDATION OF BIOINFORMATICS

第二篇　功能基因组信息学
BIOINFORMATICS IN FUNCTIONAL GENOMICS

第三篇　生物信息学与人类复杂疾病
Bioinformatics in Human Diseases

绪　论

INTRODUCTION TO BIOINFORMATICS

第一节　生物信息学的兴起

Section 1　The Rise of Bioinformatics

20 世纪后期，以 DNA 测序为代表的现代分子生命科学与医药技术迅猛发展，生物医学数据资源快速积累，极大地丰富了人们对生命本质的认识，并快速推动新的分子生物技术和新式探测仪器的开发和应用。数据资源的爆炸式增长迫使人们寻求一种强有力的工具，有效地实现数据的整理、存储和分析，从而揭示海量数据中蕴含的重要的科学规律，解释生命产生、发育、成长、增殖、衰老的关键谜题。与此同时，计算机科学与技术的发展迅速引领了信息化时代的到来，新兴生物医学数据的特性和本质决定了它与计算科学的紧密契合性，生物信息学——一门以解决生物医学问题为核心，以计算机和算法技术为主要手段，系统性分析和注释生物医学大数据（bimedical big data）的学科快速兴起，并迅速占据现代生命科技领域不可或缺的支撑地位。

计算和信息学方法用于生命科学研究可以追溯到 20 世纪 50 年代甚至更早的一段时间，DNA双螺旋的发现就是生命科学与计算科学、信息科学相结合的典范。1956 年，在美国田纳西州盖特林堡召开的"生物学中的信息理论研讨会"上，首次将信息学理论在生物学研究中的应用进行探讨，产生了生物信息学的基本雏形。20 世纪 80 至 90 年代，伴随着分子生物学新技术的开发和计算机科学技术的进步，生物信息学获得突破性进展，80 年代中后期，生物信息学（bioinformatics）这一名词已经出现，其内涵在实际应用中不断演绎和丰富，NCBI（National Center for Biotechnology Information，美国国立生物技术信息中心）、EBI（European Bioinformatics Institute，欧洲生物信息学研究所）等官方支持的大型生物医学数据管理机构先后设立并快速壮大。1995 年，美国在人类基因组计划第一个五年总结报告中，对生物信息学给出一个较为完整的定义：生物信息学是一门交叉科学，它包含生物科学领域的信息获取、加工、存储、分析、解释等在内的所有方面，综合运用数学、计算机科学、生命科学技术理论和工具，阐明高通量生物数据所包含的生物学意义。

20 世纪 90 年代，人类基因组计划（human genome project，HGP）的提出，DNA 测序、基因芯片、质谱等高通量技术的推广应用，将生命科学原有的实验和经验科学为基础的研究方式，推进到多维度、大样本的高通量研究时代。大量数据的聚集促使组学概念的产生，基因组、转录组、蛋白质组、代谢组等各类组学数据，极度丰富了人们的视野，加深了人们对生命科学的理解，并奠定了以高通量、数量化、系统性为显著特征的现代生物信息学技术理论和地位。生物信息学对生物数据处理的便利性、对数量化问题分析的科学性、对多因素问题解释的系统性思考，在众多层面与复杂的生物医药问题产生共鸣，并逐渐成为解决这些问题的金钥匙。

21 世纪的头 10 年，人类基因组计划的完成，一方面推动了以 DNA 序列为基础的基因、功能元件的生物信息学识别和鉴定技术发展；另一方面极大地推动了 DNA 测序技术的进步，带动了各类微生物、动植物基因组测序计划的实施，促使基因组研究进入了物种多样性时代；并为基因芯片（microarray）技术的成熟、发展创造了条件。到 2003 年前后，以基因组序列鉴定为基础的基因芯片技术发展成为重要的生命科技产业，在微缩化的实验空间中实现了基因组测序、基因表达测定和遗传多态识别等功能，高通量生物数据产生途径得到进一步扩展，生物信息学研究方法向转录组和功能基因组学层面延伸，并广泛地应用于疾病状态下的基因组（及其产物）的差异性研究和药物开发研究中。2005 年，人类基因组计划之后最重要的国际基因组协作工程——人类单体型图计划（the international hapmap project，HapMap）一期工程完成，基本揭示了人类基因组中常见的单核苷酸多态性（single nucleotide polymorphysm，SNP）定位，并推动基因组范围关联分析（genome-wide association study，GWAS）的广泛开展，人们对疾病、表型潜在的遗传决定区域识别进入到全基因组扫描的状态。2009 年前后，在基因芯片技术理论和分子标记技术发展基础上，新一代测序技术逐渐建立、成熟，并成为深远影响生命科技研究和产业发展的关键性技术。

2010 年以来，新一代测序技术（the next generation sequencing，NGS）经历了以"边合成边测序"为基本原理的第二代测序技术和以"单分子测序"为典型特征的第三代测序技术，测序类别涵盖基因组、转录组、表观组等多层面数据信息，大量非编码基因（non-coding gene）、DNA 细微变化、全局性的表观遗传学信息分布得到识别和鉴定。与生物信息技术紧密结合的新一代测序技术，在不断提高测序精度的同时，将测序成本由基因组计划时代的 10 亿美金测定单个人体基因组降低到接近 1 万美金，并且继续保持下降趋势，促使新一代测序技术成为常规分子检测手段之一。目前，在生命科学、医药科学研究等层面，利用新一代测序方法完成了近万人，及千余种生物体的相关序列信息测定。新一代测序技术的推进使得我们原来困惑的基因组组织形式、以 RNA 结构和功能为代表的细胞组织实现、基因组罕见变异对疾病和表型形成的影响等基础性难题的解决成为可能，将原来难以鉴定的大量非编码基因、RNA 剪切方式、罕见多态位点、甲基化图谱、蛋白质与核酸互作等功能基因组信息展现出来。新一代测序技术的发展还直接推动了基因组、转录组等研究技术手段进入到临床诊断、生物制药、动植物育种等现代高新技术产业领域，将从疾病诊疗、药物研发、经济动植物开发等各个方面产生巨大的经济和社会价值。

在以核酸研究为核心的新一代测序技术不断发展和推进的同时，以高清傅里叶转化质谱（high-resolution Fourier-transform mass spectrometry）、反相蛋白质芯片（reverse-phase protein arrays）等为代表的高通量蛋白质分析技术也同步发展起来，并应用于分子表型和癌症等重大疾病的研究。2014 年，《自然》杂志发布了人类蛋白质组草图（the draft map of the human proteome），在蛋白质的质谱鉴定基础上，对它们的组织特异性、发育特异性和功能特异性指征进行了全面的描述，揭开了大规模蛋白质组学研究的序幕。核酸和蛋白质的高通量研究同时进入到高速增长时期，中心法则从 DNA 到 RNA 到蛋白质的主干路线，及 DNA 修饰和 RNA 调控两条分支路线均已实现全面的高通量数据描绘，分子生物医药数据的产生规模从原来的 GB（10^9）量级进入到 TB（10^{12}）量级，从单一的 DNA 序列信息扩展到涉及中心法则各个层面的系统性、交叉性、立体化的多维度数据资源，真正意义上的生物医学大数据时代正式来临。空前繁荣的生物医学大数据的产出，及其蕴含的重大生命奥秘的揭示，将决定现代生命科技和医药产业研发的高度，决定人们对疾病的认识和掌控能力，也将对主导生物医学大数据存储、管理、注释、分析全过程，解密生命密码的关键手段——现代生物信息学技术的发展带来前所未有的机遇和挑战。

第二节　生物信息学的内涵及其在生命科学中的应用
Section 2　Bioinformatics and Its Application in Life Science

顾名思义，生物信息学是研究生物医学资源中蕴含的重要信息的学科，其核心是解决生物医学问题，其常规的研究内容可以简单概括为生物大分子的序列、结构和功能，以及它们之间

Notes

的相互联系。明确生物信息学的内涵，了解生物信息学在解决生物医学问题中的应用有利于更好地理解生物信息学的研究本质和技术特征。

一、生物信息学的内涵

生物信息学是以生物医学数据研究为核心的科学领域，研究过程中将体现出高通量、数量化、系统性的研究特色，其主要研究领域主要包括以下几个方面，这里对其作简要的介绍，并将在后续的章节中进行全面系统的阐述。

1. **序列比对**（alignment）　研究的基本问题是比较两个或两个以上分子序列的相似程度，包括核酸序列和蛋白质序列的比对过程，是生物信息学的重大基础性问题，对于进行基因组序列拼接、理解未知序列功能有重要意义。序列比对方法在生物信息学领域较为成熟，有明确的分析原则、多种完善的算法和成熟的应用软件，序列比对算法也是序列装配算法中的核心内容。

2. **序列装配**（sequence assembling）　目前广泛应用的核酸测序技术一般只能同时检测出几十到几百个碱基对序列，技术的限制决定了测序过程需要对基因组进行打碎，并在测序后进行重新拼接的过程。逐步把它们拼接起来形成序列更长的重叠群，直至得到完整序列的过程称为序列装配。序列装配已经成为基因组研究的基础性技术过程，但其装配精度和速度还有待提高。

3. **基因识别**（gene identification）　基因识别的基本问题是在给定的基因组序列基础上，正确识别蛋白质组编码基因在基因组序列中的序列和精确定位。广义的基因识别还包括基因组的各种功能元件和非编码基因的识别。编码基因的识别已经取得较为突出的成效，目前对功能元件和非编码基因的识别水平还有待提高，这一过程也正伴随 RNA 测序技术的发展再次成为热点问题。

4. **多态和基因间区分析**　基因组多态的识别和功能鉴定是研究物种进化、种群多样性、人类疾病易感和药物敏感性的关键技术。而基因间区的基因组序列组织形式既有多态（重复片段）性，又具有不规则特性，既可能是重要的未知基因的潜伏区域、重要的功能调控子，也可能是真正意义上的"垃圾"片段，对它们的深入理解是解释基因组功能复杂性的关键因素。

5. **RNA 表达分析**　这里所指的 RNA 表达分析主要包括编码 RNA 和非编码 RNA 的表达分析。无论是作为编码蛋白质的前体 mRNA 的定量及其在生理或病理过程的变化鉴别，还是非编码 RNA 的定量及其表型相关性分析对于细胞功能研究而言都有重要的意义。目前基于芯片或测序的 RNA 表达作谱及其分析方法都比较成熟，但对于前体 RNA 的成熟过程和作用机制了解还相对匮乏。

6. **分子进化**　分子进化和比较基因组学研究是从生物大分子的角度考虑的物种之间的垂直进化关系（建立系统发生树）或同一物种内不种亚种之间的迁移、进化关系。既可以用 DNA 序列、遗传多态，也可以用蛋白质序列来开展相应的研究，甚至于可通过结构和分子网络层面的比对分析。分子进化和比较基因组学研究是重要的大分子功能识别、DNA 功能元件识别工具，广泛应用于功能基因组研究之中。

7. **结构预测**（structure prediction）　主要针对蛋白质序列和 RNA 序列进行分析，包括 2 级和高级结构的预测过程，是生物信息学中的本源性问题之一，也是结构决定功能的经典假设的主要支撑技术。经过近 30 年的研究工作，蛋白结构预测技术不断进步，但预测效果仍然不能完全满足实际需要，非编码基因（RNA）的大量识别进一步加大了结构预测算法开发的紧迫性。

8. **分子互作**　是细胞行使功能过程中最主要的作用形式，既包括最早认识到的蛋白质与蛋白之间的互作关系，也包括蛋白质与核酸、核酸与核酸之间的相互作用。分子互作是定性与定量相结合的分析过程，阐明分子互作不仅有利于了解整个细胞活动过程，也将对各种分子的功能和作用方式产生深刻的理解，并能够为更高层次的细胞协作、疾病机制、药物开发研究提供依据。

Notes

二、生物信息学在现代生物医学中的应用

现代医学信息和高通量分子生物技术的巨大变革引导着疾病诊疗和药物应用方式的巨大变化。人类基因组研究正在建立起人类基因与生理、病理之间关系的知识图谱；生物领域的新技术、新方法在临床中逐步得到应用，并快速更新着医学科学的基础；医疗实践逐渐将循证医学作为出发点，从基因、蛋白质等大分子水平研究疾病的发病机理，对疾病进行预防、诊断和治疗，整体朝向特异性诊断、个体化治疗方向发展。在不远的未来，可以设想遗传信息在临床环境下的集成应用必将导致个性化医疗等新的临床实践的巨大变革。未来的预防性基因检测将会变得普遍，并首先应用在具有家族遗传倾向的个体化监测中，医生将通过病人的基因组数据与互联网上可获得的数据资源(药物、群体数据、临床档案)进行比较来进行疾病诊断及指导病人治疗；临床医师将能够用计算机输出其病人的遗传构成，从而能够个性化、有针对性地设计给药。基于遗传信息的决策支持系统、辅助临床医师解释分子标记数据的专家系统、智能化临床决策支持系统等将成为临床医生必不可少的工具。分子水平生物信息检测设备将成为医疗领域的新需求。各种新的高通量检测技术将在 21 世纪成熟，并应用于临床，新一代测序技术、生物芯片技术、质谱技术，及相应的专业分析系统将成为临床应用的常规工具。

伴随着后基因组时代高通量组学(high-throughput omics)技术涌现与生物信息学的飞速发展，出现了大量潜在的生物标记(biomarker)以及这些标记的模式(pattern)，已有证据已经显示其中的一些生物或分子标记物可以用于诊断癌症等级(grade)与分期(stage)，及某些疾病的分型和诊断。这些生物标记信息在临床上的应用潜力是巨大的，然而目前仅有少数的标记被发现并用于临床实践。如何将这些生物标记应用于临床诊断、疾病风险评估与预防模式、指导个体化治疗、开发新的药物靶点等也是目前生物信息学指导医学研究的热点问题，也是转化医学的核心内容。

致癌基因、肿瘤抑制基因以及错配修复基因的突变可以作为生物标记，例如突变的 *KRAS* 基因预测出不同类型肿瘤的转移扩散，而诸如致癌基因 *RAS*、肿瘤抑制基因 *CDKN2A*、*APC* 和 *RB1* 很有可能可用于诊断以及选择治疗方案，其他的 DNA 标记还包括 SNP、线粒体 DNA 失常等。典型的例子是以表皮生长因子受体(EGFR)为治疗靶标的小分子酪氨酸激酶抑制剂吉非替尼(gefitinib)和厄洛替尼(erlotinib)在临床上广泛应用于肺癌、恶性脑胶质瘤等癌症的治疗。

相对于单个分子的 DNA 标记分析，大多数基于 RNA 的生物标记以多个基因的组合表达模式用于临床评估。将基于模式的 RNA 表达分析应用于乳腺癌，成功地发现了先前未知的与生存时间差异相关的分子亚型。这些研究不但增强了评估预后的能力，评估了新辅助疗法的效能，预测了无淋巴结点转移癌症患者发生转移的可能性，而且能正确预测出肿瘤的等级。针对重要药物代谢酶的转录水平分析，已经用于临床前的肺癌和结肠癌化疗效果预测。相似的方法，应用于黑素瘤、胶质瘤、前列腺癌等均有新的发现。典型的例子是美国 Duke 大学的 Potti 等采用 Metagene(133 个基因)的方法，将 71 例 ⅠA 期的 NSCLC 患者分成生存率完全不同的两组，预后差的一组，其 5 年生存率相当于ⅡB/Ⅲ期，预测的正确性达 93%，高于临床模型预测正确性的 64%。目前所有美国 FDA 证实的并已经应用于临床的癌症蛋白质标记均是单个蛋白质，并且其中大部分得自于血液样本。它们在临床上分别发挥着肿瘤的分期、监测、诊断、治疗方案筛选、预后评估等作用。

药物 Gleevec(格列卫，伊马替尼胶囊)、Herceptin(赫赛汀，注射用曲妥珠单抗)和 Tamoxifen 在临床治疗中的成功是针对特定靶标药物开发的典范，这其中，通过遗传因子分析可以确定哪些病人更适宜于特定靶标的给药。对于给定的治疗方案，鉴别出最适于此的患者对于用药本身更加重要，Herceptin 就是一个很好的例子。在未经筛选的乳腺癌患者中，11%～26% 的病患其肿瘤转移得到了抑制，而对于 ERBB2 阳性的患者，有效率增至 34%。很明显，Herceptin 的使用

前鉴别更可能有益于病患的预后。由此可见,先期识别分型标志物,并应用分子标记区分药物敏感性存在差异的病患亚群在临床治疗过程的重要性。

可以想见,在未来的10到20年中,以生物医学高通量研究和疾病风险标志物、药物敏感标志物发现为重要内容的生物信息学技术将得到快速的发展和应用,并将极大地提高生理机制研究水平、疾病的诊疗准确性和药物应用的针对性,生物医药研究和应用即将进入到数字化、模拟化时代。

第三节　大数据时代的生物信息学与医学
Section 3　Bioinformatics and Medicine:The Era of Big Data

生物信息学的研究对象是大规模的生物医学大分子数据,其真正的起源是基因组计划开展而产生的人类 DNA 序列图谱,其发展过程依赖于新的高通量分子生物技术的出现和大量组学数据的产生,其最终的快速发展得益于新兴高通量技术的发展,如新一代测序技术、新型质谱技术在基因组序列、蛋白质组信息、功能组学信息的不断延伸、推进和产生的真正意义的生物医学大数据发展,并在数据研究基础上对生物医学问题的研究、开发产生了深远影响。

一、人类基因组计划

人类基因组计划(HGP)是与曼哈顿原子弹计划、阿波罗登月计划并称为 20 世纪三大科学计划的国际合作项目,1985 年由美国科学家率先提出,并于 1990 年正式启动。美国、英国、法国、联邦德国、日本和我国科学家共同参与了这一总投资额高达 30 亿美元的合作计划。人类基因组计划的目的是解码生命的遗传规律、了解生命起源、探索生命体生长发育特征,认识种属之间和个体之间存在差异的起因、认识疾病产生的机制以及长寿与衰老等生命现象,为疾病的诊治提供科学依据。按照计划设想,期望在 2005 年左右,对人体内全部基因密码进行解密,同时绘制出完整的人类基因组 DNA 图谱。HGP 的实施进度比预想进度提前了近 3 年时间,2001 年《自然》和《科学》杂志同时发布了人类基因组草图,2003 年全部 22 条染色体、一对性染色体及人体线粒体基因组注释完成,标志着人类基因组计划的成功。HGP 的完成开创了生命科学研究的新纪元,同时产生的结果远远超出科学家们最初的乐观设想,预示着更为复杂、艰巨的后基因组时代的到来。

HGP 跳出从易到难的科学研究规律,直接选择人类基因组作为核心序列测定和研究对象,是人类对自身起源和探索的尝试。人类是生物"进化"历程中最高级、最复杂的生命体,测出人类基因组 DNA 30 亿对碱基序列,发现所有基因,破译人类全部遗传信息,有助于认识自身、掌握生命规律,探索疾病的诊断和治疗方式,也有利于对其他简单物种的探索分析。

HGP 的主要任务是围绕人类 DNA 测序,揭示人类遗传图谱、物理图谱、序列图谱、基因图谱四张图谱全貌,此外还从测序技术、序列变异、功能基因组、比较基因组、社会、法律、伦理、生物信息学和计算生物学、教育培训等角度开展科学攻关,以 HGP 为平台,推动这些技术的发展和资源的积累,促进生命科学研究,维护人类健康。人类基因组计划,除了对人类基因组的探测之外,还同时对大肠埃希菌、酵母、线虫、果蝇和小鼠五种模式生物基因组进行测定,为未来的模式生物替代性研究奠定了基础。

1. 遗传图谱(genetic map)　又称连锁图谱(linkage map),以遗传多态性标记位点为"路标",以遗传学距离为图距的基因组图谱,HGP 通过 6000 多个遗传标记将人的基因组分成 6000 多个连锁区域,为基因识别和完成基因定位创造了条件,使得连锁分析法可以找到某一致病的或表型的决定基因与某一标记邻近(强连锁)的证据,从而将疾病定位到基因组的特定区域,再依据标记位点和基因的关系,实现疾病相关基因的分离和鉴定。

Notes

2. **物理图谱**（physical map）　HGP DNA 物理图谱的构建是基因组 DNA 测序的基础。DNA 链在限制性内切酶酶切基础上的片段排列顺序，即酶切位点在 DNA 链上的定位。因限制性内切酶在 DNA 链上的切口是以特异序列为基础的，核苷酸序列不同的 DNA，经酶切后就会产生不同长度的 DNA 片段，由此而构成独特的酶切图谱。这些片段在 DNA 链中所处的位置关系是应该首先解决的问题，故 DNA 物理图谱是顺序测定的基础，也可理解为指导 DNA 测序的蓝图。

3. **序列图谱**（sequence map）　在当时的测序技术手段下，随着遗传图谱和物理图谱的完成，DNA 测序才正式成为整个工作的研究重点。DNA 序列分析技术是一个包括制备 DNA 片段化及碱基分析、DNA 信息翻译的多阶段的过程。通过 Sanger 测序方法得到酶切后的各 DNA 片段序列，并依据物理和遗传图谱进行拼接最终得到完整基因组序列图谱，HGP 得到的基因组序列特征和拼接技术所限留有近 20 个缺口（gap），部分缺口到目前依然未能封闭。

4. **基因图谱**（gene map）　基因作谱是在测序基础上识别基因组所包含的蛋白质编码基因的过程，包括编码基因的识别，编码基因的定位及其可能的功能注释信息。在人类基因组中鉴别出占具 2%～5% 长度的全部基因的位置、结构与功能，最主要的方法是通过基因的表达产物 mRNA 反向比对到染色体。基因图谱的意义在于它能有效地反映在正常或受控条件中表达的全基因的时空图。为后续的基因在不同时空、不同组织、不同水平的表达分析奠定了基础。

HGP 对人类疾病研究有重大意义，直接带动了人类疾病相关基因的识别过程。在人类基因组图谱基因上，采用"定位克隆"和"定位候选克隆"的全新思路，实现了亨廷顿舞蹈病、遗传性结肠癌和乳腺癌等一大批单基因遗传病致病基因的发现，为这些疾病的基因诊断和基因治疗奠定了基础。对于心血管疾病、肿瘤、代谢系统疾病（糖尿病等）、神经系统疾病（老年性痴呆、帕金森综合征等）、精神系统疾病、自身免疫性疾病等多基因疾病的研究也产生了积极的推动作用。健康相关研究既作为 HGP 的重要组成部分，也成为后续一系列国际合作计划的研究核心。继人类基因组计划之后，世界各重要国家和国际健康组织先后又提出人类肿瘤基因组剖析计划、环境基因组计划、国际人类基因组单体型图计划、千人基因组计划等重大生命科学协作计划，为人类健康事业作出了突出贡献。

二、组学与生物信息学

组学（X-Omics）概念是参照基因组概念，针对不同层面的生物大分子数据的产生演化而来的描述高通量分子生物数据资源的词汇。作为新兴的交叉学科，生物信息学的一个重点研究对象即为组学数据，即同时研究成千上万个基因、蛋白质等大分子集合的生物特性和潜在的关联性。类比于分子生物学的中心法则，生物信息学对于组学研究的中心法则可以概括为：从基因组到转录组到蛋白质组到功能组学，即可以从多个层面阐述生物信息学与各组学之间，及组学与组学之间的相互联系。

（一）基因组学

基因组学、结构基因组学、功能基因组学是三个紧密联系的生物信息学重点研究内容。基因组学的目标是测定和分析某个（些）物种的全部 DNA 序列特征，而结构基因组学则可为其提供大量 DNA 及蛋白质数据，是基因组学的有力支撑及基础；功能基因组学的主要任务则是充分、合理利用基因组学及结构基因组学提供的信息，系统地研究基因及其产物的功能。三者间形成密切相关，彼此依存的科学体系。

基因组学（genomics）出现于 20 世纪 80 年代，具体来说，是研究生物体基因组的组成情况，以及各基因的结构，彼此间关系及表达调控的科学。与过去基因研究相比，其重要特点是具有鲜明的"整体性"，即从基因组的层次阐述基因特点，包括诸如在染色体组上的位置、结构、基因产物的功能及基因—基因间的相互关系等。其主要工具和方法包括生物信息学基础上的遗传分析、基因表达测定和基因功能鉴定等。

结构基因组学（structural genomics）是一门用结构生物学方法在生物体整体水平上（如全生物体、全细胞或整个基因组）对全部蛋白质（主要包括受体蛋白、酶、通道以及与基因调控密切相关的核酸结合蛋白等）、相关蛋白质复合物（如酶和底物、酶与抑制剂、作用源与受体、DNA与其结合蛋白等）、RNA及其他生物大分子进行分析，精细测定其三维结构的学科。主要通过基因作图方式构建四种类型的图谱：生物体基因组高分辨率的遗传图谱、物理图谱、序列图谱以及转录图谱，最终获得一幅完整的、能够在细胞中定位以及在各种生物学代谢、生理、信号转导途径中全部蛋白质在原子水平的三维结构全息图。

功能基因组学（functional genomics）代表基因分析的新阶段，主要利用结构基因组学提供的信息，发展和应用新的实验以及计算方法，通过在基因组或系统水平上全面分析基因功能，使得生物学研究从对单一基因/蛋白质的研究转向同时对多个基因/蛋白质进行系统的研究。其研究内容具体来说主要有如下几方面：①基因组表达及调控的研究：在全细胞的水平下识别基因组表达产物 mRNA 和蛋白质，以及两者间的互作关系；阐明基因组表达在发育过程和不同环境压力下的调控网络；②基因信息的识别：是提取基因组功能信息必备的基础，通过生物信息学方法（如序列比对、基因组比较及基因预测方法等）和生物学实验（如基因芯片技术、基因组扫描、突变检测体系等）手段完成；③基因功能信息的鉴定：主要包括基因突变体的系统鉴定、蛋白质水平、修饰状态的检测等；④基因多样性分析：基因组的差异反映在表型上就形成个体的多样性，而生物信息学中统计遗传方法对于单核苷酸多态性（SNP）的分析则正是这一内容的主要研究手段之一；⑤比较基因组学（comparative genomics）是在基因组图谱和测序基础上对于已知的基因和基因组（如模式生物等）结构进行比较，以了解未知功能的基因组内在结构、功能、表达机理并可阐明物种进化关系的学科。根据涉及的物种数目可以将其分为两类，即种间比较基因组学和种内比较基因组学。种间的比较基因组学主要研究不同物种在基因组结构上的差异，以发现基因的功能、物种的进化关系等；种内的比较基因组学研究主要涉及个体或群体基因组内的变异和多态现象（如 SNP、微卫星等），这方面的应用与基因多样性分析密切相关。比较基因组学不但有助于深入了解生命体的遗传机制，也有助于阐明人类复杂疾病的致病机制，揭示生命的本质规律。

（二）转录组学

转录组学（transcriptomics）是后基因组学时代的一门新兴研究内容。所谓转录组，就是转录后的所有 mRNA 的总称，这些能被翻译成蛋白质的编码部分以及非编码部分的功能及相互关系的研究就是转录组的任务。人类基因组项目完成测序以后，转录组的研究正在迅速受到科学家的青睐。如今大多数科学家都认为不编码蛋白质的基因不是垃圾。这部分基因中包含非常重要的调控元件，掌握它们之间的关系，可以从根本上提高对生命规律的基本认识。因为DNA 序列本身处在不断的演化过程中：本身的自我复制，插入生成新的基因还有受环境的影响发生基因突变。所以，这是一个复杂系统的演化过程。须要用系统的眼光看问题，把单个基因还原到基础，再综合起来。同时人类的许多疾病都与基因的调控有关。利用基因调控是否能治愈现阶段的重大疾病是人们非常关注的问题。对于非编码 DNA 的调控功能的深入研究，可以为进一步了解这些重大疾病的发生原因以及解决方法带来新的认识。伴随大量非编码基因的识别，转录组的研究内容将更加丰富、多样。

（三）蛋白质组学

蛋白质组学（proteomics）是研究一个生命体在其整个生命周期中发挥作用的全部蛋白质，或者参与特定时间和空间（如特定类型的细胞在某一时期经历特定类型刺激时）范围相关功能的全体蛋白质的情况，包括表达水平、翻译后的修饰、蛋白质 - 蛋白质互作关系等特征，从而在蛋白质水平上获得对于有关生物体生理、病理等过程的全面认识。

因为蛋白质的动态变化及其可调节性，与基因组学相比，蛋白质组学研究的内容更为复杂，

Notes

即一个生命体在其机体的不同组织成分、以及生命周期的不同阶段，其蛋白表达可能存在巨大差异。因此蛋白质组学能够反映出某基因的表达时间、表达量、蛋白质翻译后加工修饰和亚细胞分布等，并能够直接决定未来的表型形成。蛋白质组学与传统的蛋白质研究的不同之处在于其研究是基于生物体或细胞的整体蛋白质水平进行的。从整体上看，蛋白质组研究包括两个方面：对蛋白质表达模式（即蛋白质组组成）的研究和对蛋白质组功能模式的研究（目前主要集中在蛋白质结构和互作方式的研究）。研究的关键技术主要包括质谱分析、X线晶体衍射、磁共振和凝胶电泳等高通量分子检测技术与生物信息学算法技术的联用。

三、大数据时代的生物信息学与医学

21世纪医学将完成从以组织病理学为基础的研究模式，向分子医学（分子生物学、分子细胞学、分子药理学等）模式转变。重大疾病，如肿瘤、心脑血管疾病、代谢性疾病、精神系统疾病、感染性疾病等是当前危害人类健康的主要因素，也是生物医学和药学的主要研究和攻克对象。现代分子生物学技术发展和研究进展在一定程度上从分子本质揭示了疾病潜在的作用方式和发生机制，识别了大量疾病风险基因和分子标志，为深入阐明重大疾病机理奠定了基础，并为疾病治疗药物的开发提供了依据。随着新兴检测技术的不断发展，生物医学数据资源正处于持续爆炸式增长，人类重大复杂疾病分子生物医药学数据，包括基因组、转录组、变异组、蛋白质组、代谢组、转录调控、蛋白质互作、病原生物全基因组序列、临床病例资源、药物生物学活性、药物毒性、药物代谢动力学数据等大规模组学数据已经成为疾病和生命科学研究的核心资源。

在重大疾病的分子机制研究过程，面对数以百万计的小分子及分子联系，数以十万计的蛋白质及其互相作用，数以万计的基因及其多态形式，数以千计的microRNA、lncRNA等非编码RNA及其调控作用，如何从中判断哪些对于疾病是有意义的，哪些是疾病发生的启动因子，哪些是疾病发展过程的重要参与者，哪些是疾病导致的结果，又有哪些隐含疾病的分类与起源信息，还有哪些能够为我们指明诊断和治疗的方向？要解答这些难题，我们不得不考虑运用传统的实验和经验方法，是否能够作出正确、全面的判断，又是否会管中窥豹或者目瞪口呆？

高通量分子生物技术的发展，促使人们寻求创新性的分析方案，需要引入能够有效补充或引领现代生物医学解决问题的新途径和新方法，能够运用定量、定性的策略和逻辑推断，实现从海量的潜在疾病分子信息中找到所需的与疾病关系最密切的因素，进行开创性的研究和产业发展工作，指导基础科研和临床实践。而面向生物医学大数据资源的生物信息学分析技术能够从基因组序列中发现疾病潜在的风险位点，能够从基因表达和蛋白质谱信息中发现疾病相关异常分子，能够系统模拟疾病调控过程的动态变化，能够运用计算方法预测小分子与靶蛋白（如离子通道等）之间的相互作用，能够发现疾病条件下的通路重构和生理异常。经过十余年的探索和发展，特别是新一代测序技术的广泛应用，以生物医学大数据研究为核心的生物信息学技术已经成为现代重大疾病研究和现代化实验室研究体系中必不可少的支撑和核心力量。

美国于2012年启动国家大数据研究计划，2014年专项启动面向生物医学大数据的基础研究计划。我国自2012年以来，也在863、973项目指南中专项列支多个生物医学大数据研究项目，并着手建立国家大数据研究中心。目前，在国内外最重要的生物医学实验室和研究机构中，生物医学大数据研究是最重要的科学发现突破口，以此为研究对象的生物信息学技术已成为不可或缺的组成部分，如在国内外著名的Sanger实验室、MD安德森癌症中心（MD Anderson Cancer Center）、美国食品与药品监督局、中科院各生命科学研究所、北京生命科学研究所等研究机构中，大数据分析专家、学者遍布各研究组，并享受高于一般人才的经济待遇。

面向生物医药转化的生物医学大数据研究和产业发展至少可以从以下八个方面展开创新性工作，推动人类生命医药科技进步：

Notes

1. 基于新一代测序数据的重大疾病计算系统生物学研究方法　新一代测序技术的发展，使得现代分子生物学研究能够依托于测序数据进行重大疾病的遗传变异、表观改变、基因差异表达和 RNA 异常分析，直观的识别与疾病发生、发展密切关联的重要分子标记，并能够从中发现之前未知的新的基因表达情况、剪接方式和新的调控 RNA、表观遗传因子。从新一代测序的研究对象特征出发进行六个方面的实验分析：多种新一代测序技术的前期处理与优化分析方法研究，面向新一代测序的高通量重大疾病靶标识别模型与体系结构研究，基于新一代测序数据的细胞分化和肿瘤发生模型研究，新一代转录组数据处理与疾病状态下的集成网络分析，基于新一代测序数据的统计遗传学分析方法与应用，ChIP-Seq 依赖的疾病表观改变研究。

2. 基于生物医药大数据的重大疾病治疗靶标与分子标志物筛选　重大疾病相关基因和致病基因识别技术是长期进行的生物信息学研究课题，从基因表达芯片技术、新一代测序技术和功能基因组学技术出发，加强疾病基因提取过程的理论方法研究对于进一步深化提炼与疾病密切联系的治疗和研究靶标，从中筛选适于基础医学研究和临床治疗效能的候选基因工具，从而自主选取全新的疾病基因候选对象，设计具有创新性的疾病机理研究思路，形成高水平的疾病理论研究成果。在致病基因识别基础上，加大蛋白质、遗传变异等层面的表达分析和关联分析，能够为疾病的先期诊断和判断预后提供有益的指导，并可能推动临床应用检测工具的开发，产生重要的经济价值。

3. 基于 RNA 测序和表达数据的疾病状态下的非编码 RNA 研究　伴随干扰 RNA 和 microRNA 作用机理研究的不断深入及 lncRNA 的大量识别，人们越来越意识到非编码 RNA 在人体生理、病理过程中的重要作用，发现疾病状态下的非编码 RNA 异常已经成为目前复杂疾病研究领域最热门的方向之一。利用一定的计算系统生物学方法，研究疾病与正常个体之间的非编码 RNA 表达差异，能够从高通量的角度实现非编码 RNA 的预筛，甚至发现与生理、病理存在密切联系的新的非编码 RNA。采用这样的研究手段，先期筛选与心血管疾病、精神系统疾病等重大疾病显著关联的非编码 RNA（如 microRNA），在此基础上设计创新性实验，进行生理、病理机制深入探讨，将能够在大幅度降低先期实验投入的基础上，极大地提高疾病 RNA 研究的可靠性和针对性，对于疾病机理研究将有极大的促进作用。

4. 基于功能组学数据的重大疾病通路重构方法与病因、病理学分析　通路是生理状态下，细胞、组织、器官维持正常功能的基本作用单位，利用高通量数据进行生理学通路和网络的识别对于机体功能的研究有重要的意义。疾病的发生、发展是多基因相互作用的过程，伴随生理向病理状态的发展，机体将在分子层面产生一系列的变化，这些变化包括基因表达的改变、表观遗传的改变和体液、机体环境小分子代谢物的改变。这一过程是一个动态变化的过程，涉及众多生物学过程，甚至产生病理独特的分子通路。基于重大疾病发生过程的基因、小分子之间数量的变化关系，利用计算生物学方法预测基因与基因、基因小分子之间的数量联系，推断并重构疾病状态下的分子通路情况，将有利于从多位点、多基因、相互作用的角度来实现复杂疾病发病机理的研究。建立基于通路分析的分子病变分析平台，引入分子实验和动物实验进行系统性分析是计算系统生物、基础医学相融合的创新事物，对于疾病研究具有重大的意义。

5. 基于多组学数据的重大疾病分子协同调控紊乱与疾病发生机理研究　研究发现，转录因子、microRNA 等生物大分子及某些基因组序列层面的遗传变异（如 SNP）和表观遗传层面的改变（如 DNA 甲基化和组蛋白修饰）在人类生理和疾病过程中均发挥着重要的调控作用。在实际研究中，我们发现调控因子对生理、病理的调控并不是单一层面的影响，而是多个或多种因子共同作用的结果，基因组和表观组层面的改变将在一定程度上影响到转录、翻译的过程，进一步放大调控紊乱产生的影响，导致疾病的易感或药物作用的改变。利用生物信息学技术，发现并研究生物大分子的协同调控紊乱及生物大分子与核酸相互作用异常对于研究疾病发病机制和用药效果有重要作用。

Notes

6. **病原微生物的功能基因组分析、分子变异与进化研究**　病原微生物是影响人类健康、导致严重疾病的重要组成部分,近年来,由于病原微生物引起多次大规模的公共卫生事件,其感染途径、作用机制、变异形式和药物耐受机制研究已经引起国内外的广泛关注。由于病原微生物本身具有基因组规模小的特点,因此利用计算生物学方法,从基因组序列测定和分析的角度深入地研究病原微生物的遗传、易感和变异方式是目前生物医学的热点领域之一。结合哈尔滨医科大学先期开展的重要病原微生物研究工作,开发系统的基因组功能研究、变异识别和进化谱系分析方法,探讨其与感染、致病、耐药密切相关的基因组元件,分析其可能的变异方式和变异模式,并辅助进行流行学预测和临床诊断分子标志物识别,对于系统地研究病原微生物的作用机制,指导新的临床诊断技术开发有重要意义。

7. **疾病分子药理学研究与计算机辅助新药设计**　从基因的层面进行疾病关联的分子药理学研究和药物开发是新近发展起来的一项重要的产业技术。利用计算方法进行小分子靶标(受体 - 配体)模拟实验和大分子药物靶标识别具有快速化和无标记全基因组预选优势,能够从众多的基因、蛋白、RNA 中发现具有药物靶向作用的重要因子或识别具有治疗意义的小分子前体化合物。以病理通路重建为纽带、分子协同变化为桥梁,通过对疾病分子药理学层面的先期发现,结合离子通道的结构模拟与小分子干扰下的通道解构或重构作用,判断潜在的药物靶标和小分子对,是简洁有效的药物发现方法,结合药学层面的成药性、动力学实验和分析,能够产生重大的经济效益。

8. **面向临床的重大疾病风险标志物筛选与分子诊断平台构建**　分子诊断技术是现代应用临床医学研究最重要的前沿方向之一。以计算系统生物学为出发点,结合高通量基因表达、基因组序列、遗传多态、表观组、蛋白质组、代谢组信息数据,设计特征筛选和模式识别方案,通过对重大疾病的分子遗传学、分子药理学和病因病理学分析能够获得潜在的疾病分类和预后判断指标。结合分子生物学实验、动物实验和病例分组(case-control)试验分析,确定某些特异的基因、蛋白、RNA、SNP 及代谢产物作为疾病风险、易感、分类、判断预后的可靠因素,能够起到辅助快速诊断、判断预后,指导治疗和用药的作用,具有潜在的重大经济价值。以重大疾病的计算系统生物学研究为基础,应用基础医学和临床医学研究方法和指标判断,建立面向临床的重大疾病风险标志物筛选与分子诊断平台,将有力地推动面向转化医学的生物医学大数据研究方案。

重大疾病的发生、发展过程是一个多基因参与的、多步骤的、复杂的生物学过程,仅仅依据病理类型、临床分期以及患者年龄、行为状态等临床特征选择治疗方法往往达不到个性化诊疗的要求。以生物信息学为主导的基因组、转录组、蛋白质组学等生物医学大数据技术的开发和资源积累,最终将促使复杂疾病的研究和诊疗、新兴药物的开发和产业化过程,逐渐从局限于病房、药房,进入到生物信息学、医学、药学相结合的实验室数字化模拟过程。而在生物医学大数据基础上发展起来的生物信息学新技术、新成果也将因其科学性、可靠性,快速离开实验室而进入到转化实施阶段,对患者的治疗、预后提供有力的保障,并产生重大的经济和社会价值。生物信息学方法推动疾病深入、全面理解和药物的模拟开发、应用,将成为个性化医疗、防治于未病等未来医学发展理念的核心依据,也是数字化医院建设应当依赖和倚重的必由之路。

（李　霞　李亦学）

参考文献

1. Lander ES, Linton LM, Birren B, et al. Initial sequencing and analysis of the human genome. Nature, 2001, 409(6822): 860-921

2. Belmont JW, Boudreau A, Leal SM, et al. A haplotype map of the human genome. Nature 2005; 437(7063): 1299-1320

Notes

3. Kim MS，Pinto SM，Getnet D，et al. A draft map of the human proteome. Nature，2014，509（7502）：575-581

4. Marx V. Next-generation sequencing：The genome jigsaw. Nature，2013，501（7466）：263-268

5. Martin JA，Wang Z. Next-generation transcriptome assembly. Nat Rev Genet，2009，12（10）：671-682

6. Biesecker LG，Burke W，Kohane I，et al. Next-generation sequencing in the clinic：are we ready? Nat Rev Genet，2012，13（11）：818-824

Notes

第一篇　生物信息学基础
FOUNDATION OF BIOINFORMATICS

第一章 生物序列资源
CHAPTER 1 BIOLOGICAL SEQUENCE RESOURCES

第一节 引 言
Section 1 Introduction

近年来,随着生命科学的飞跃式发展,各种高通量技术不断出现并应用于现代生物医学研究。以人类基因组计划为代表的一系列大规模国际合作计划的启动和完成,直接带动了分子生物学检测技术,特别是大分子序列测序技术的快速发展,同时也产生了横跨人类、动物、植物、微生物等众多物种的海量基因组序列数据。为适应高通量分子生物学数据存储、维护的需要,大量研发团队长期致力于生物医学大数据的整理和分析工作,形成了数以千计的生物信息学数据库和网络分析平台。国际上建立起的各类生物信息学数据库,几乎覆盖了生命医学的各个领域。目前,生物信息学数据库大致可分为 5 类:基因组数据库、核酸序列数据库、蛋白质序列数据库、生物大分子(主要是蛋白质)三维空间结构数据库,及根据生命科学不同研究领域的实际需要,对基因组图谱、核酸和蛋白质序列、蛋白质结构以及文献等数据进行分析、整理、归纳、注释,构建具有特殊生物学意义和专门用途的二次数据库。这些数据库既有存放于国际著名生物信息学研究中心,数据量大、内容规范、格式统一、覆盖范围广泛的综合性数据资源,也有各个地方研究室维护开发的具有一定实用性和数据特色的小规模数据资源,为全世界的生物医学科研工作者提供了便利的数据库资源服务。

目前,全世界生物信息学研究者开发了近 2000 个分子生物学数据库,从数据库功能和收录数据类型层面进行细化,主要包括:DNA 序列(DNA sequence)、RNA 序列(RNA sequence)、微阵列数据和基因表达(microarray data and gene expression)、蛋白质序列(protein sequence)、分子结构(structure)、蛋白质组学与蛋白质互作(proteomics and interaction)、代谢与信号通路(metabolic and signaling pathways)、人类基因与疾病(human genes and diseases)、生理与病理(physiology and pathology)、药物与药物靶标(drug and drug targets)、细胞器与细胞生物学(organelle and cell biology)、人类及其他脊椎动物基因组(human and other vertebrate genomes)、非脊椎动物基因组(non-vertebrate genomes)、植物基因组(plant genomes),及其他分子生物学数据库等。

生物信息学领域的数据库和网络平台工具种类繁多,功能各异,面向生命科学和医学研究的各个领域,但在功能基因组发展还处于起步阶段的今天,最核心的信息资源依然是各种类型的生物大分子序列及其衍生的周边测序信息。随着新一代测序技术的不断发展和推进,核酸序列数据通量以指数级增长,同时蛋白质组草图的发布也将引领蛋白质序列资源的快速发展,生物序列信息必然迅速充实到生物医学研究和产业转化的各个方面,生物信息学技术将得到更加迅猛的发展,并起到重大支撑作用。理清和认识世界各重要数据平台维护的 DNA、RNA、蛋白质序列数据资源和分析工具,掌握数据存储、整理、分析的一般规律,将为生命医学研究提供丰富的知识借鉴,为基因组、转录组、蛋白质组等功能基因组学、生物医药研究和科技转化提供重大的资源和技术支持。

第二节　NCBI 数据库与数据资源
Section 2　NCBI Data Sources

一、NCBI 序列数据库概述

1988 年 11 月美国国家健康研究所（NIH）、国家医学图书馆（NLM）发起成立旨在推进分子生物学、生物化学、遗传学知识存储和文献整理的国家生物技术信息中心（NCBI，http://www.ncbi.nlm.nih.gov/）。伴随人类基因组计划的启动和快速进展，NCBI 由最初的知识和文献处理职能逐渐演变为大规模生物医药数据存储、分类与管理，生物分子序列、结构与功能分析，分子生物软件开发、发布与维护，生物医学文献收集与整理，全球范围数据提交与专家注释于一体的世界最大规模的生物医学信息和技术资源数据库。NCBI 拥有一支由生物信息学家、计算机科学家、分子生物学家、数学家、专科医生等多学科高水平专家组成的顾问团队，在信息资源共享基础上共同推进重大生命科学问题的国际合作研究。

1992 年，NCBI 建立 GenBank 核酸序列数据库，将美国专利商标局存储的专利序列并入 GenBank 管理，并与 EMBL、DDBJ（与 GenBank 并称世界三大生物序列信息数据库）实现数据资源的交换和共享。此后，NCBI 成为世界范围公认的序列相关知识产权申报或研究成果发表时，数据信息指定提交和保管机构，存储数据规模急剧增长。除 GenBank 外，NCBI 为医学和生命科学研发提供多种数据信息支持，包括生物医学文献公共检索与分析平台（PUBMED）、人类孟德尔遗传在线（OMIM，详见第十一章）、3D 蛋白结构分子模型数据库（MMDB）、特有人类基因序列集（UniGene）、全物种基因组图谱、癌症基因组剖析计划（CGAP，详见第十一章）等。NCBI 采用著名的 Entrez 搜索和信息检索系统，构建 FTP 数据资源下载平台（http://www.ncbi.nlm.nih.gov/guide/all/#downloads），为用户提供友好的信息查询和批量下载方式，并向用户提供 BLAST 序列相似性比对、ORF Finder 开放读码框搜索等软件工具，为功能基因组研究提供便利了条件（图 1-1）。

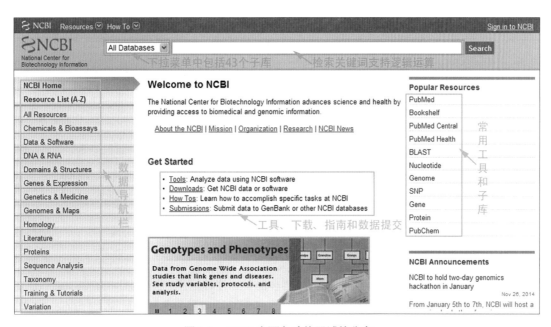

图 1-1　NCBI 主页各功能区域的分布

Notes

二、NCBI 中的重要子库介绍

NCBI 收录的生物数据依据不同的类别、层次、存储质量和应用特征等划分为众多相对独立，而又交叉引用的子库（http://www.ncbi.nlm.nih.gov/guide/all/），采用 Entrez 检索和搜索系统，整合了科学文献（PUBMED）、序列数据、基因组、结构数据、表达数据、种群研究数据集和分类学信息等各个子库，形成一个紧密连接的系统和高效集约的查询平台。NCBI 中比较重要的数据子库包括：

1. GenBank 与 RefSeq　GenBank 是 NIH 遗传序列数据库，集成了所有公开可获得的已注释 DNA 序列。GenBank 收录的核酸序列数据根据其不同的研究属性，分属于 Nucleotide、GSS 和 EST 三个子库（可从 NCBI 主页下拉菜单中登录和查询）。Nucleotide 收录绝大多数常规的核酸序列；GSS（Genome Survey Sequence）收录测序起始阶段用来进行序列或基因示踪、重复序列或基因数量预判等的各种短读长（reads）序列；EST（Expressed Sequence Tag）收录 cDNA 及 cDNA 特征序列信息。GenBank 中的数据是由用户提交数据构成，具有较高的冗余度和差错率，为更好地实现特征序列的查询，NCBI 在 GenBank 数据基础上针对每个基因不同的数据类型提取一个可靠的注释条目作为参考条目，组成 RefSeq 数据库（reference sequence, http://www.ncbi.nlm.nih.gov/refseq/）。RefSeq 的数据标识类似于 NM_000572.2，其中"NM_"代表特异的数据类型".2"表示更新版本，表 1-1 显示了 RefSeq 数据库中收录条目的各种数据标识及其对应的分子类型。

表 1-1　GenBank 与 RefSeq 中的数据标识和分子类型

数据标识	分子类型	数据情况注释
AC_	Genomic	Complete genomic molecule, usually alternate assembly
NC_	Genomic	Complete genomic molecule, usually reference assembly
NG_	Genomic	Incomplete genomic region
NT_	Genomic	Contig or scaffold, clone-based or WGS[a]
NW_	Genomic	Contig or scaffold, primarily WGS[a]
NS_	Genomic	Environmental sequence
NZ_[b]	Genomic	Unfinished WGS
NM_	mRNA	
NR_	RNA	
XM_[c]	mRNA	Predicted model
XR_[c]	RNA	Predicted model
AP_	Protein	Annotated on AC_ alternate assembly
NP_	Protein	Associated with an NM_ or NC_ accession
YP_[c]	Protein	
XP_[c]	Protein	Predicted model, associated with an XM_ accession
ZP_[c]	Protein	Predicted model, annotated on NZ_ genomic records

[a] Whole Genome Shotgun sequence data

[b] An ordered collection of WGS sequence for a genome

[c] Computed

2. Gene　基因数据库收录全部已测序物种的基因注释信息，包括基因的命称、染色体定位、基因序列和编码产物（mRNA、蛋白质）情况、基因功能和相关文献信息等，并与 GenBank、OMIM、遗传多态数据库（如 dbSNP、dbVar）等 NCBI 子库，及 KEGG、Gene Ontology 等外源性数据库进行交叉引用。基因数据库是目前最权威的基因注解数据库。Gene 数据库标识符（即

Notes

Entrez gene ID）依据基因的发现顺序由 1 到多位数字组成，如 *IL10* 基因的标识符为 3586。图 1-2 以 *IL10* 基因为例介绍 Gene 数据的注释信息，其注释内容包括基因概况、基因组结构、基因组定位、参考书目、表现型、基因变异、HIV-1 互作、通路注释、互作、基因功能、同源性、编码蛋白质情况、序列信息，及交叉引用链接（图 1-2D）。

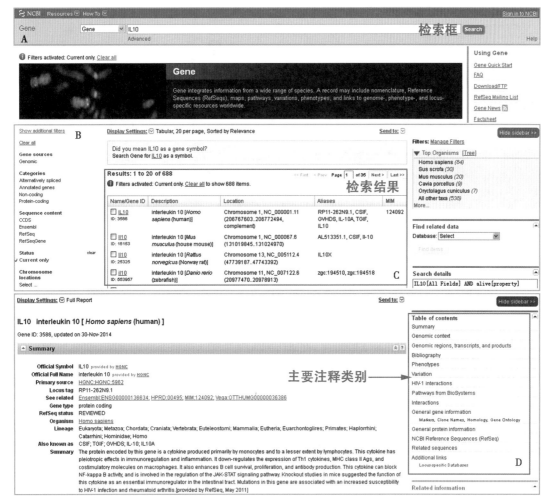

图 1-2　Gene 数据库中的主要注释内容

3. Genome　NCBI 收录了超过 1000 种已经完成测序的生物体全部基因组序列和定位数据，及正在进行测序的物种阶段性发布的基因组信息。Genome 涉及的物种涉及所有的生物领域：细菌、古细菌、真核生物，以及许多病毒、噬菌体、类病毒、质粒和含遗传物质的细胞器。如我们选择人类基因组（检索人类拉丁种名"*Homo Sapiens*"或"Human"），可通过进入 NCBI MapViewer 查看 24 条染色体的图谱、基因定位情况，并获取该染色体全部或局部 DNA 序列、孟德尔遗传相关、多态（SNP、重复序列）、同源基因、基因编码蛋白质、染色体拼接组装图谱、转录物、CpG 岛、序列标签、染色体变异、DNA 序列与疾病（表型）相关性等各类信息（图 1-3）。

4. 遗传多态数据库　NCBI 中的 dbSNP、dbVar、dbGaP 和 ClinVar 四个子库涉及 DNA 多态或变异信息。其中，dbSNP 收录了所有物种中发现的短序列多态和突变信息，包括单核苷酸多态（single nucleotide polymorphysm，SNP）、微卫星（microsatelite）、小片段插入 / 删除多态（in/del）等定位、侧翼序列和功能、频率信息，收录的 SNP 条目一般以"rs＋数字"的形式表示（图 1-4）；dbVar 主要收录较大规模的基因组变异，包括大片段的插入、缺失、易位、倒置和拷贝数多态（copy number variation，CNV）等信息资源；dbGaP 数据库收录大量以遗传多态为分子标记物的基因型

Notes

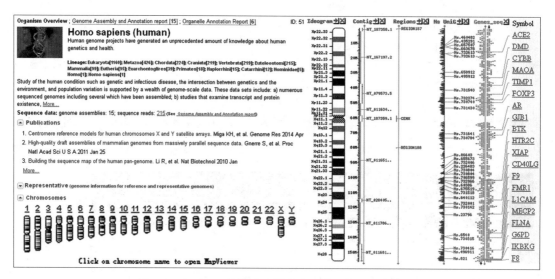

图 1-3　Genome 数据库中的人类 X 染色体可视化注释

和表型（疾病）关联性研究数据，如基于病例 - 对照的基因组范围关联分析（GWAS）、表型或疾病个体基因组重测序数据等；ClinVar 收录临床中发现或报导的有证据支持的与人类疾病或健康状态有关的变异位点，并与多个疾病和卫生系统数据库进行交互引用。

5. GEO（Gene Expression Omnibus）数据库　接收和管理各研究机构提交的基因芯片或测序技术获得的不同生理、病理状态个体或细胞系基因（包括非编码基因）表达数据（详见第五章）。GEO 中的数据类型包括：GPL（Platform）是特定的芯片或测序平台类型；GSM（Sample）参与基因表达测序的样本或个体信息；GSE（Series）是一组相关样本实验测定的基因表达数据谱；GDS（Datasets）是由 GEO 数据库维护团队综合多组实验产生的整合的表达数据集，并含有预处理得到的聚类、差异表达等数据分析信息。NCBI 下拉菜单提供了 GDS 搜索，及在 GDS 基础上衍生的针对特定基因的表达谱搜索 GEO Profile。

6. 蛋白质数据库　NCBI Protein 数据库收录来源于 GenPept、RefSeq、Swiss-Prot、PIR、PRF 及 PDB 等蛋白质数据资源的蛋白质序列和注释数据。Protein Cluster 数据库提供存在一定联系的蛋白质集合信息，并与蛋白质注释、结构、结构域（如 NCBI Conserved Domain Database，CDD）、家族相关数据库之间交互访问。Structure 数据库是由蛋白质三维结构数据库 PDB（the Protein Data Bank）衍生而来的大分子模建数据库，提供蛋白质三维结构信息及相关的可视化和结构比对工具。

7. Epigenomics　是一个表观基因组数据查询和浏览相结合的数据库。提供 DNA 甲基化、组蛋白修饰等表观遗传学数据集下载，基因序列、表观遗传状态的定位比较和可视化等。

8. Unigene 数据库　针对每一个基因建立一个独立的数据体系，分别将不同来源的基因序列、蛋白质相似性（与模式生物比较）、基因表达（不同组织或发育状态）、染色体定位、cDNA 序列、mRNA 序列（选择性剪接）、EST 序列等进行罗列和比较，旨在为研究者提供全面、丰富的信息资源，更好地对基因的功能和注释信息的可靠性进行梳理。

9. 与生物医学相关的重要数据库　OMIM 数据库在文献检索基础上，分别以疾病和基因为中心，阐述遗传变异介导的疾病（表型）相关基因情况，及变异介导的基因参与不同疾病（表型）情况。dbMHC（Database of Major Histocompatibility Complex）收录人类主要组织相容性复合体数据及其相关的分子标记物信息。HIV-1 与人类蛋白质互作数据库收录 HIV-1 蛋白与人类宿主蛋白相互作用信息。NCBI 中还包括大量病毒相关信息（如病毒基因组序列，流感、SARS 等特种病毒解析，病毒基因组变异等）、药物化学信息和文献数据信息等。

Notes

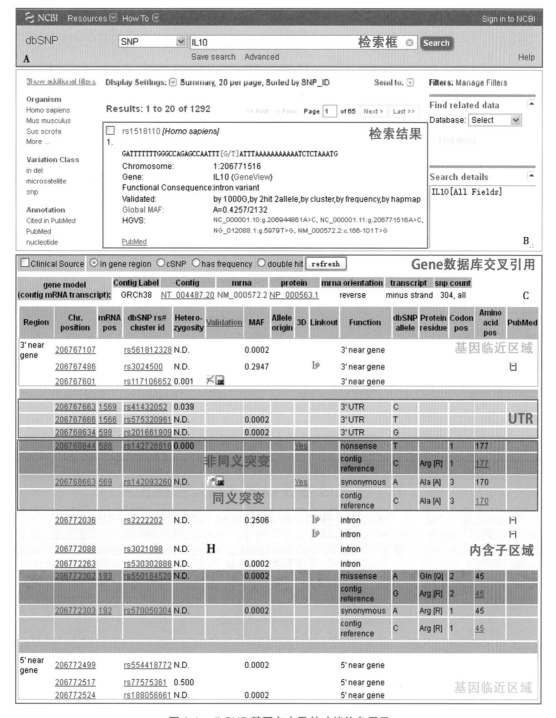

图 1-4 dbSNP 基因多态及其功能信息显示

A．dbSNP 数据检索框，支持基因名称或 SNP 名称（rs#）输入；B. 基于基因名称的检索结果，显示多项 SNP 信息，每项信息包括侧翼序列、基本注释等，点击后可查看 SNP 细节；C. Entrez Gene 数据库通过 Variation 实现的与 dbSNP 的交叉引用，展示了部分 *IL10* 基因上的 SNP 多态，不同的颜色代表不同定位及不同作用效果的 SNP

　　10. NCBI 提供的重要支持工具　BLSAT 是由 NCBI 开发的序列相似性搜索程序，检索速度快，有助于识别基因和基因特征（详见第二章）。Primer-BLAST（http://www.ncbi.nlm.nih.gov/tools/primer-blast/）工具可用于多方面生物医学研究过程的核酸引物设计。由 NCBI 提供的其他软件工具还包括：开放阅读框搜索（ORF Finder）、电子 PCR 和序列提交工具 Sequin 和 BankIt 等，

Notes

所有 NCBI 的数据库和软件工具都可以从 WWW 或 FTP 站点获得。图 1-5 显示了使用 Primer-BLAST 工具进行核酸引物设计，对于研究比较充分的基因，也可以直接检索 Probe 数据库（NCBI 下拉菜单中可查）找到较为经典的探针序列。

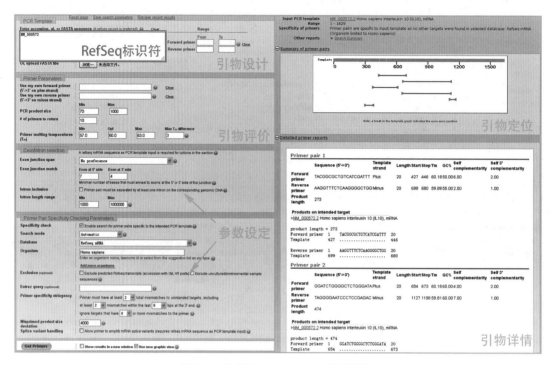

图 1-5　使用 Primer-BLAST 设计引物

第三节　UCSC 基因组浏览器与数据资源
Section 3　UCSC Genome Browser and Data Source

一、UCSC 概述

随着众多物种基因组测序的开展，特别是大量脊椎动物基因组的测序完成，基因组研究工作的重心逐渐由测序转移到了序列分析。仅仅以纯文本的方式存储和展示基因组 DNA 字符对生物医学专家造成很大的困扰，如何有效地显示测序获得的序列信息，帮助生物医学专家开展研究变得非常关键。UCSC 基因组浏览器就是在这样的背景下产生的重要的基因组数据收集、整理、检索、可视化和辅助研究的重要工具。

加州大学圣克鲁兹分校（University of California，Santa Cruz，UCSC）的基因组浏览器和数据资源是应用广泛的网络存储和分析工具，可以在任何尺度上快速地查询和显示基因组内容，同时伴有一系列的序列比对注释"通道"。为了便于生物学分析和解释，UCSC 基因组生物信息学小组和外部合作者对基因组序列进行注释，注释内容可以在一个窗口中显示所有与某一基因组区域相关的信息：定位和序列信息、已知基因和预测基因、表型和文献支持、mRNA 和 EST、调控（CpG 岛）、比较基因组信息、序列变异（SNP）、基因组重复元件等。

UCSC 基因组浏览器（http://genome.ucsc.edu/，图 1-6）站点包含大量收集的基因组参考序列和拼接数据信息，并且还提供与基因组元件百科全书计划 ENCODE（https://www.encodeproject.org/）和尼安德特人基因组分析 Neandertal（http://genome.ucsc.edu/Neandertal/）等项目的快捷链接。导航栏和工具栏中提供了多种便利的基因组查询和注释工具：Browser 可以缩放和滚动的方式查看染色体的注释；Blat 可以快速将用户输入的序列以图像的方式在基因组中显示；Tables

Notes

提供便捷的入口链接到基础数据库；Gene Sorter 展示表达、同源性和以多种方式关联的其他基因组信息；VisiGene 可以让用户浏览大量的检测小鼠和青蛙表达模式的原位图像；Genome Graphs 允许用户上传或显示基因组范围的数据集等。UCSC 基因组浏览器支持文本和序列检索，对用户任何感兴趣的基因组区域提供快速、准确的访问。

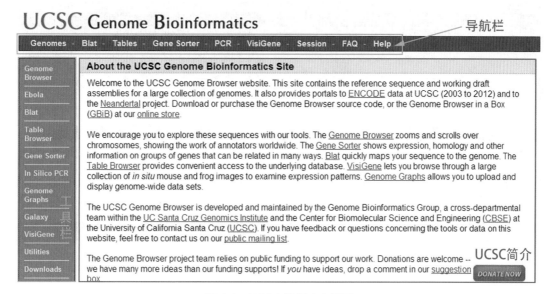

图 1-6　UCSC 数据库主界面

二、UCSC 基因组浏览器

UCSC 基因组浏览器依托于 UCSC 丰富的基因组信息资源，是目前为止功能最强大的基因组可视化工具。UCSC 基因组浏览器能够实现已知人类基因或疾病相关基因检索，多物种基因组中同源基因显示，定位修复酶、STS 标签以及 BAC 末端配对，参考基因组中的 SNPs 和其他变异分布，通道元件逐个碱基比对图谱上的基因组详细信息，微阵列芯片基因表达数据，多物种 mRNA 和 ESTs 与用户拼接序列的对应图谱显示，及生成适用于学术出版的基因组注释图像等。

基因组浏览器是 UCSC 基因组生物信息学网站的起始位置，通过点击顶部蓝色导航栏中的 Genomes 按钮可以开启基因组浏览器。基因组浏览器检索入口页面列出几十种物种基因组拼接数据列表（如图 1-7 所示的检索栏），许多物种可以找到一种以上基因组拼接序列，目前人类基因组拼接序列有五种。每项数据信息具有特定的日期和名称，日期是测序中心建立或公布底层序列文件的日期，名称为物种名称缩略名后加序列发表序号，例如，最新的小鼠（*Mus musculus*）基因组序列命名为 mm10。人类基因组拼接数据被命名为 hg（human genome 缩略名）后接编号，最新人类基因组拼接数据标记为 hg38，发布日期为 2013 年 12 月（Dec. 2013）。2003 年以后测序完成的物种基因组序列数据由 6 个字符命名，例如 Bostau7，即牛的第 7 套基因组序列。

用户可根据需要选择不同的参考基因组序列数据，然后在检索框中填写基因名、基因定位或其他待检信息等作为关键词，点击 submit 按钮进行查询。基因组浏览器默认显示基因组定位、DNA 和 RNA 序列、外显子和内含子位置、多物种序列比较、常见 SNP 位点、重复元件定位等信息（如图 1-7 所示的浏览窗口），如有特殊需要，可以选择浏览器下方的各个控制工具（如图 1-7 所示的显示控制栏），选取前面描述的各功能模块的相应参数，点击 refresh 按钮后被选择的信息图像也将显示在浏览器窗口。点击浏览器中显示的每种元件细节，可链接到其他数据库的摘要信息、引物、基因组比对等信息，查看后点击导航栏中的 Genome Browser 链接可返回到之前查看的基因组浏览器。

Notes

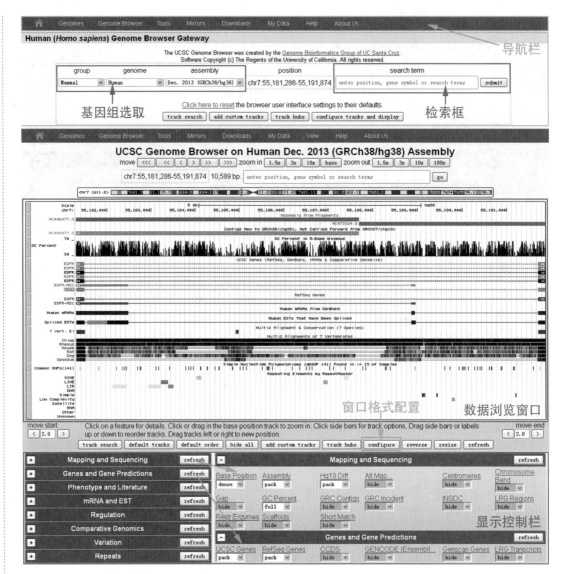

图 1-7 UCSC 基因组浏览器的检索与可视化界面操作

在 UCSC 基因组浏览器中,检索标题下方的窗口显示和移动比例工具栏(图 1-8A)上部的 move 按钮可以向左或向右移动查看染色体等区段图像,其中六个方向箭头"<<<、<<、<"和">、>>、>>>"按钮,分别代表向左或向右移动的移动窗口长度的 95%、47.5%、10%。zoom in/out(放大/缩小)按钮可以使用户更详细地查看通道注释元件,最大可以显示至单个碱基(点击 base 选项)。缩放按钮使用时,元件保持显示的中心位置不变。如观察的元件不是处于显示中心,可以点击元件进入说明页面,查看并将起止位置(如: chr7: 5, 566, 779-5, 570, 232)输入至检索栏中,重新检索将其调整至中心位置显示,也可以使用鼠标拖曳手动改变显示位置。浏览器窗口下方的 move start 或 move end 按钮(图 1-8C),可以延长和压缩图像窗口显示的染色体区段范围,数字框中"2.0"代表每点击一次按钮向左或向右移动 2 个蓝色网格线宽度。

点击浏览窗口下方的"configure"按钮,可以调整显示方式和显示维度等(图 1-8B)。可以从 8 个方面进行设置:① Display chromosome ideogram above main graphic 是显示染色体模式图;② Show light blue vertical guidelines 是显示蓝色垂直引导线;③ Display labels to the left of items in tracks 是显示窗口左侧的元件标签;④ Display description above each track 是在图像上方显示通道名称;⑤ Show track controls under main graphic 是显示浏览器下方的控制栏列表(图 1-7);

Notes

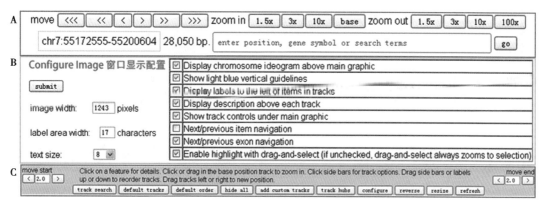

图 1-8 UCSC 浏览器辅助工具栏
A. 显示和移动比例工具栏; B. 浏览器窗口配置工具栏; C. 窗口移动和调节工具栏

⑥ Next/previous exon（item）navigation 是显示基因通道状态下的从一个外显子或比对区段到下一个外显子或比对区段的控制按钮（序列上的双箭头）；⑦ Enable highlight with drag-and-select 是指高亮显示拖拽中或已选取的通道图像。改变配置页内容后，点击 submit 按钮返回到基因组浏览器将看到改变后图像。

三、UCSC 中的数据资源和常用工具

（一）UCSC 中的数据资源

UCSC 生物信息学小组本身不进行测序工作，数据积累是生物医学研究领域众多研究者共同努力的结果，相应的注释信息也是在全世界众多实验室和研究团队提供的公开数据基础上建立起来的。到目前为止，UCSC 收录了来自全世界研究机构提供的包括人类基因组在内的 48 种哺乳动物（mammal）、19 种其他脊椎动物（vertebrate）、3 种后口动物（deuterostome）、20 种昆虫（insect）、线虫（nematode）等众多动物，及病毒（virus）、酵母等微生物全基因组数据。这些数据不仅包含全基因组 DNA 序列信息，还包括基因和基因结构、开放读码框、mRNA、EST、转录本、非编码基因、基因表达、基因调控、基因变异（SNPs、微缺失、微插入等），及重复序列等信息。UCSC 数据库中绝大多数的序列数据、注释通道以及软件工具存放在公共区域，并且允许个人或机构通过 FTP 或网络服务器（http://hgdownload.cse.ucsc.edu/downloads.html）免费下载。

（二）view 中的图像输出和 DNA 序列检索功能

1. **基因组浏览器图像输出**　UCSC 基因组浏览器支持生成适于文献出版和打印的高质量图像。打印前用户可以在序列碱基栏左端标签处点击鼠标右键选择配置管理（Configure ruler）按钮，打开设置页面，可在标题栏中添加通道输出图片标题，还可以选择增加组合名称和染色体位置方式将标题加入到通道中。鼠标左键拖拽各通道对应的灰色工具条还可以根据输出需要改变各通道的位置。用户完成通道图像配置后，点击导航栏中 view 按钮下拉菜单中的 PDF/PS 选项，选择所需的文件输出格式保存图像。

2. **DNA 序列检索**　导航栏 view 按钮中的 DNA 选项能够实现浏览器中显示的染色体区段的 DNA 序列提取和下载。点击 view 按钮的下拉目录中的 DNA 选项，打开获取 DNA 序列窗口，在窗口中对 DNA 输出形式进行配置，也可以在原选定的 DNA 序列基础上指定向上下游延伸一定的序列长度，指定输出的字符类型，或指定以互补序列的形式输出。选项设置完成后，点击 get DNA 按钮，所选取的 DNA 序列将以 FASTA 格式（见图 1-9 所示的结果输出格式）显示在新窗口中。View 中的 DNA 选项只能实现单一 DNA 序列的提取，如需一次性获取多段 DNA 序列，或在序列中体现基因内含子、外显子、UTR 等功能信息，可考虑使用 Table Browser 工具。

Notes

（三）Table Browser 下载数据

基因组浏览器中显示的注释信息具备后台数据的支撑,这些数据保存在一个或多个数据表格中,使用 Table Browser(表格浏览器)工具可以完整地获取 UCSC 的后台数据。点击 UCSC 首页导航栏中的 Tables 按钮或基因组浏览器上部蓝色导航栏中 Tools 中的 Table Browser 选项即可打开表格浏览器(图1-9)。

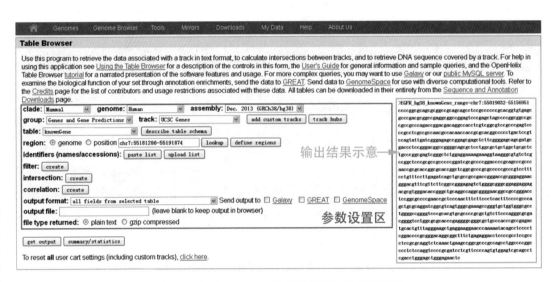

图 1-9 Table Browser 检索界面与输出结果示意

使用表格浏览器可以:①获取 DNA 序列、全基因组、指定的坐标区段或一组注册号的隐含注释通道数据;②应用过滤器设置约束条件,确定输出结果类型和格式;③生成在基因组浏览器中图形显示的查询通道;实现数据结构和任意格式 SQL 检索;④整合多表格或查询通道交叉或统一检索,以及生成单一的数据输出集;⑤显示指定数据集碱基统计计算结果;⑥显示表格概要并且查看数据库中所有与查询表格相关的其他表格清单;⑦将输出数据整理成几种不同的格式用于电子表格、数据库或查询通道等不同用途。

（四）BLAT 序列比对工具

BLAT 类似于 NCBI 中的 BLAST,是一种常用的序列比对工具,它支持目标序列与参考基因组进行 DNA 或蛋白序列的比对。BLAT 进行 DNA 比对时,可以将完整基因组数据存放在存储器中比对,快速寻找 95% 或更高的匹配度的 40 碱基以上相似序列,可能会丢失低匹配度的短片段序列。BLAT 进行蛋白序列比对模式时,快速搜索比对长度在 20 氨基酸以上、相似性超过 80% 的序列。BLAT 特别适用于:①在指定的基因组参考数据中寻找与目标序列相匹配的 mRNA 或蛋白;②确定基因的外显子定位;③显示完整长度基因的编码区域;④分离 EST;⑤查询基因家族数量;⑥寻找人的同源性序列。

通过点击 UCSC 导航栏 tool 按钮下拉菜单中的 BLAT 选项,可以打开 BLAT 页面(图1-10),根据目标 DNA 或蛋白质比对需求选择基因组参考数据集;选择 Query type 下拉列表,指定要比对的序列类型(默认为由 BLAT 自动识别);在 Sort output 下拉列表中选择一个评分选项,以便于用户指定目标序列与基因组序列比对时的匹配程度,这个评分决定查询序列与基因组最终比对结果中匹配和不匹配的数量。目标序列可以直接粘贴于检索框中,也可以用大量序列以文件形式上传,数据格式为 FASTA。BLAT 程序输出结果将以网页形式显示,如果用户选择 hyperlinks 方式查看结果,输出结果将出现两个链接:browser 链接采用基因组浏览器显示比对结果,details 链接将给出完整的目标序列与参考基因组序列的碱基层面的比对结果。如果用户

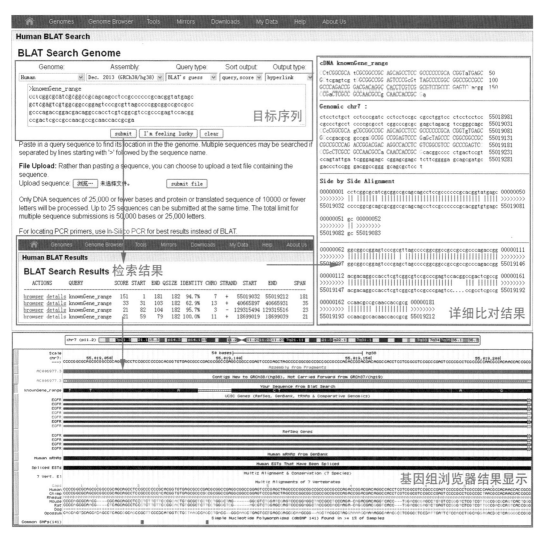

图 1-10　BLAT 比对配置与结果显示

选择空间布局模式（psl）输出结果，用户将看到带有或不带有标题的 psl 格式列表结果，不带标题的 psl 输出结果支持在基因组浏览器中查看。

第四节　EMBL-EBI 数据库与数据资源
Section 4　EMBL-EBI Data Sources and Tools

一、EMBL-EBI 数据库概况

欧洲生物信息学研究所（EBI，http://www.ebi.ac.uk/）是欧洲分子生物学实验室（European Molecular Biology Laboratory，EMBL，http://www.embl.org/）的一部分，由原 EMBL 核酸序列数据库管理机构发展、演变而来。EMBL 实验室 1980 年于德国海德堡成立，是世界上第一家核酸序列数据管理机构。随着基因组计划的启动，核酸数据规模不断增大，1992 年 EMBL 理事会投票决定于英国威康信托（Wellcome Trust）基因组科学园建立欧洲生物信息学研究所（临近于主要以测序和序列研究为主的 Sanger 研究所），并于 1995 年完成迁移工作。当时 EBI 拥有两个数据库，一个为 EMBL 核酸序列数据库（现著名的 EMBL-Bank）和一个蛋白质序列数据库（Swiss-Prot-TrEMBL，现著名的 UniProt）。

Notes

在很长一段时间里，EBI 引导着世界生物信息学革命：以多种形式提供主要生物分子领域的数据资源，发布大量实用、便利的搜索和分析工具，开发友好的用户支持平台策略，并提供先进的生物信息学培训。EBI 先后与欧洲基因组注释机构 BioSapiens（http://www.biosapiens.info）、生物信息资源收集和检索标准化机构 EMBRACE（http://www.embracegrid.info）、系统生物学资源开发机构 ENFIN 建立合作关系，数据的收集、注释、标准化程序，平台和分析工具开发水平，均达到世界顶尖水平。

经过 20 多年的发展，EBI 成为协调搜集和传播生物学数据的欧洲节点，维护着世界上最广泛的生物分子数据资源。其中许多数据库是生物医学家们所熟知的，包括：EMBL-Bank（DNA 和 RNA 序列）、Ensembl（基因组）、ArrayExpress（微阵列基因表达）、UniProt（蛋白质序列和注释）、interPro（蛋白质家族、结构域和基序）、Reactome（细胞通路）和 ChEBI（小分子）等。EMBL-EBI 数据资源遵循严格的规模化管理：①可访问性，所有数据和工具完全开放访问；②兼容性，数据达到世界最高层次的标准化规范，有利于推动数据共享；③数据集综合性，与各研究、出版机构和各大数据库达到数据提交、共享协议，保障数据来源和交叉引用；④便携性，EBI 所有数据库均可下载，全部软件系统可以下载并本地安装；⑤保证质量，EBI 具有专家注释系统，大量数据资源通过生物医学专家注释保障数据质量。

EMBL-EBI 的原始数据资源是国际合作的产物，在此基础上，EBI 与数据提供者以及合作者共同工作，确保数据资源的广泛性的和新颖性。EBI 一方面有一支前沿、完善的数据资源管理和维护团队，维护着大量数据资源，执行开发新算法、新服务和强化现有服务的工作，如致力于启动子发现算法开发，微阵列数据分析和算法开发，网络和电子学项目开发和蛋白序列数据自动注释等，为全世界科学家提供更好的资源服务。另一方面还有一支强大的科学研发团队从事新方法开发，解释生物学数据，其研究领域主要包括：进化途径的基因组分析，序列数据进化分析，神经信号计算系统生物学，蛋白质组学（结构、功能和进化），基因组范围调控系统分析和功能基因组学等。

二、EMBL 基因组和核酸序列资源

（一）Ensembl 基因组序列数据资源

EMBL-EBI 中有 Ensembl 和 Ensembl Genomes 基因组序列资源数据库。Ensembl 数据库提供高质量、综合注释的脊椎动物基因组数据，Ensembl Genomes 数据库提供非脊椎动物全基因组数据。

在网络浏览器地址栏中输入"http://asia.ensembl.org/"，即可进入 Ensembl 在亚洲的镜像网站（图 1-11）。2014 年 12 月，EMBL 发布了第 78 版本，对部分数据资源和平台进行了更新，目前收录了 72 个物种基因组数据信息，并在主页中提供 ENCODE 数据访问、基因表达的组织差异性分析、基因序列提取、变异位点效应预测、基因多态性定位、跨物种基因比较、用户数据分析、疾病与表型分析 8 个功能研究模块（图 1-11C）。在页面上部的检索窗口中，用户可以输入某个名称进行基因组检索，例如用户在检索窗口中输入"human"点击 Go 按钮（图 1-11A），将进入人类基因组检索结果页面，也可点击基因组检索框（图 1-11B）选取相应物种的基因组。

在检索页面将中给出数据库中有关"human"的相关记录，在页面左侧栏中，显示检索结果目录，其内容包括：基因、转录物、变异位点、表型、结果变异、体细胞变异、基因进化树、基因组比对、翻译、克隆和片段等。点击第一条即为人类基因组页面，页面包括两部分，一部分为人类基因组 DNA 序列和核型（karyotype）信息（图 1-11D），同时提供基因组序列 FASTA 格式下载链接；另一部分为人类基因组 DNA 相关信息（图 1-11E），包括相关的 RNA、基因表达、cDNA、ncRNA、蛋质序列信息的下载链接。

点击图 1-11D 显示的"View karyotype"链接，将连接到人的全基因组页面（图 1-11F），展示

Notes

人类 24 条种染色体及母粒体 DNA 物理图谱,点击染色体编号可以查看全染色体信息,点击上染色体条带可以选择显示染色体局部区域。同时在图 1-11F 页面的左侧还显示该页面内容目录(图中未给出),包括全基因组图谱、染色体摘要、区域概述、区域详细内容、基因组比较、遗传变异、标签以及连接到其他基因组浏览器的超链接等。

图 1-11G 显示了染色体局部概览中 13 号染色体上第 34 341 578 碱基到 34 441 578 碱基区域的图像,同时提供染色体拼接、染色体条带分区、基因分布、蛋白编码、转录本、RNA 基因、假

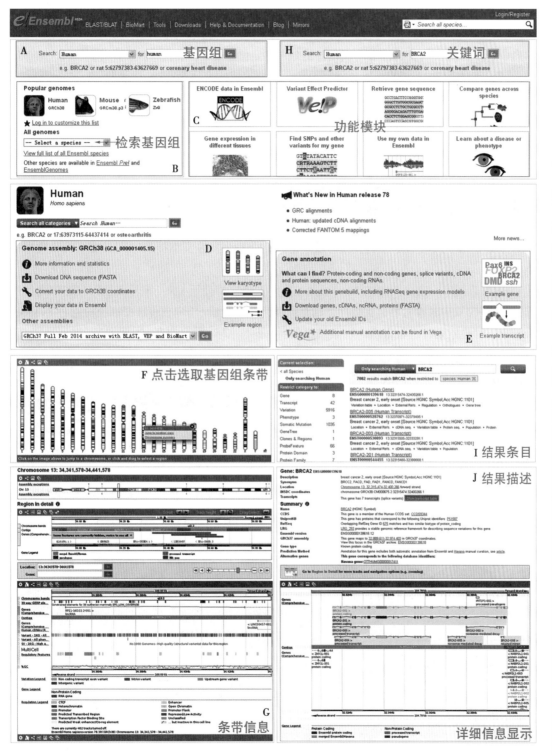

图 1-11 Ensembl 功能界面及基因组和基因检索信息

Notes

基因等定位信息。使用页面左侧工具栏中的"Configure this page"配置选项,可以选择观看序列、标签、克隆、基因、转录物、结构变异、体细胞突变、mRNA、蛋白质比对、蛋白质性质、基因调控、DNA 甲基化、寡核苷酸探针、非编码 RNA 等信息。使用左侧工具栏中"Export data"选项,可以获取用户观看的整条染色体或染色体局部核酸序列。

用户同样也可以在检索框中直接输入物种名、基因名、染色体位置、疾病名称等关键字进行检索(图 1-11H)。在展开的检索页面中选择需要检索的信息,或通过点击左侧的限制条件进一步缩小检索范围(图 1-11I)。选定用户关注的条目后可点击进行条目信息界面,页面中将给出检索条目的基本注释信息和基因组浏览信息(图 1-11J)。注释信息包括:基本描述、别名、定位、与其他数据库的交叉引用等。如检索条目为基因,浏览器显示的主要为:基因组定位、转录信息、外显子定位、可变剪接等功能元件的分布和定位信息。

(二)EMBL ENA 核酸测序数据资源

EMBL-EBI 维护的欧洲核苷酸数据库(European Nucleotide Archive,ENA,http://www.ebi.ac.uk/ena/)提供世界范围的核酸测序原始数据、序列拼接和功能注释信息的维护和下载,并记录和存储数据集测序全过程的技术应用情况:样品分离和材料准备,使用的仪器设备和配置,实验过程的主要环节,数据输出后的序列读取和质量评价,数据的生物信息学拼接、制图、功能注释等。ENA 数据包括机构或个人提交的原始数据,序列拼接和小规模测序注释数据,欧洲各大测序中心提供的测序数据,国际核酸序列数据库协作组织(INSDC)的合作伙伴的定期交换数据等。向 ENA 或其 INSDC 合作伙伴提供核苷酸序列数据,已成为学术界发表研究成果必不可少的步骤,ENA 与学术机构以及出版商合作为发表文献提供序列提交系统和数据检索工具。

ENA 数据库检索页面中的 Text search 检索窗口支持使用 ENA 编号或基因描述词进行检索;Sequence search 检索窗口支持序列信息或序列编号检索,用户也可选择高级检索(Advanced Search),对检索条件进行限定。检索结果包括:基本注释、序列信息、物理图谱、序列特征、碱基序列和参考文献等。图 1-12 显示了以"AAH12854"(ACTB 基因)为例得到的检索结果。

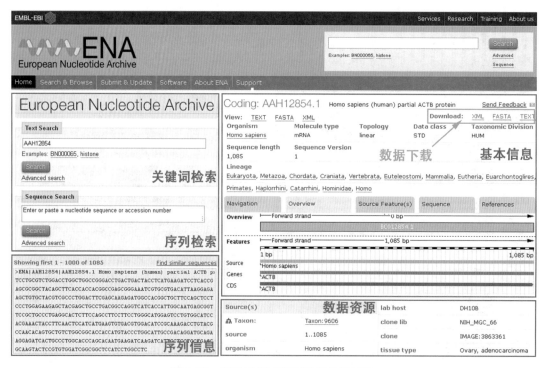

图 1-12　ENA 数据库核酸检索结果示意

Notes

三、UniProt 蛋白质数据资源

20 世纪 90 年代起伴随蛋白质序列数据的增多和核酸测序及功能研究的不断发展,多个研究团体开始建立蛋白质数据资源库,其中最著名的是 EBI 与 SIB(瑞士生物信息学研究所)共同维护的 Swiss-Prot(蛋白质专家注释系统)/TrEMBL(核酸序列翻译数据库),及蛋白质信息资源 PIR 维护的 PIR-PSD 数据库(Protein Sequence Database)。在多年共同维护蛋白质数据信息,合作进行数据库管理、软件开发基础上,2002 年,三家机构进行资源整合组建了 UniProt 蛋白质序列与注释数据综合资源,也是目前世界上最权威的蛋白质信息数据库。UniProt 数据库包括 UniProt Knowledgebase(UniProtKB)、UniProt Reference Clusters(UniRef)、UniProt Archive(UniParc)三个主要部分,及用于专门存放元基因组和环境基因组数据信息的 UniProt Metagenomic 和 Environmental Sequences(UniMES)数据库(图 1-13A)。UniProt 可以通过门户链接 http://www.uniprot.org/ 或 EBI 链接 http://www.ebi.ac.uk/uniprot/ 进入,最新版本为 2014 年 11 月发布。

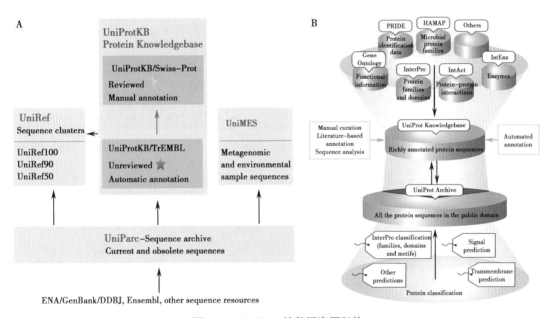

图 1-13 UniProt 的数据资源架构
A. UniProt 数据模块之间的关系;B. UniProtKB 数据来源与数据库间的交互信息

(一)UniProtKB

UniProtKB 是 UniProt 的核心资源,主要包括 Swiss-Prot 和 TrEMBL 两部分核心数据。UniProt/Swiss-Prot 收录非冗余的、高质量的专家手工注释数据。注释过程针对每一个蛋白质可用的序列信息进行分析、比较、整合,严格审核与本条目相关的文献发表的实验和计算分析。对于每一条记录,UniProt/Swiss-Prot 期望从文献、其他数据库中搜集每一个物种每一个蛋白质的所有注释信息,以及与蛋白质相关的选择性剪接、多态、翻译后修饰、蛋白质家族等信息(图 1-13B)。UniProtKB/TrEMBL 收录的蛋白质信息是经高质量计算分析获得的自动化注释和分类信息,也是 Swiss-Prot 的资源储备库,一经手工注释后即转入 Swiss-Prot。概括起来看,UniProtKB 收录的蛋白质序列信息包括:① DDBJ/ENA/GenBank 来源的编码序列(CDS)翻译;② PDB 中存储了结构信息的蛋白质序列;③ Ensembl 和 RefSeq 提供的序列;④直接提交到 UniProtKB 或文献检索到的氨基酸序列。

UniProtKB 的数据检索过程非常便利,在相应的检索框中输入基因、蛋白质的标准名称、数据库代码或常用名称均可实现快速检索。图 1-14 显示了以 SP1 蛋白为例进行的数据检索过程。

Notes

1. **检索**　按图 1-14A 所示在检索框中输入关键字"SP1 Human"，点击检索按钮将进入图 1-14D 所示的检索结果条目列表页。

2. **结果筛选**　页面中会按相关性顺序排列检索出的结果，左侧工具栏可进一步明确物种、关键词类别、检索目的等进行数据筛选限制。检索出的结果分为 Swiss-Prot 和 TrEMBL 两种质量，分别如图 1-14E 标注的图标所示。

3. **结果查看**　进一步点击最匹配的条目将进入到蛋白质注释词条，注释条目将显示本条目相关的蛋白质基本信息、功能、名称和物种来源、亚细胞定位、病理和生物技术信息、蛋白质处

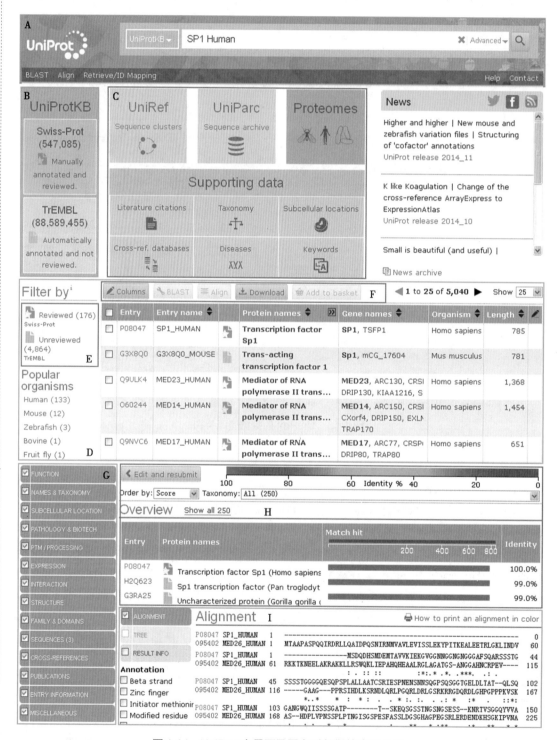

图 1-14　UniProt 主界面及蛋白质数据检索和分析

Notes

理、表达和组织特异性、互作、结构、家族和结构域、序列、交叉引用和交叉注释、参考文献等信息（图1-14G）。

4. **序列数据下载** 在1-14D的结果显示页中选中某1项或几项结果条目，点击1-14F中的Download按键，可以批量预览或直接下载FASTA格式的选中蛋白质序列，也可直接点击结果页中序列所在栏上方的FASTA按键下载当前浏览的蛋白质序列。

5. **数据库比对** 如在1-14D的结果显示页中选中的1项结果条目前挑勾，图1-14F所示的Blast按钮将高亮显示，点击后启动BlastP程序（详见第二章），将选中的条目序列与数据库存储的蛋白质序列进行比对，几分钟后输出比对结果（图1-14H）。

6. **序列比对** 如在1-14D的结果显示页中选中两条以上结果条目，图1-14F所示的Align按钮将高亮显示，点击后将对选中的条目列进行比对，并输出比对结果（图1-14I）。

（二）UniProt中的其他数据资源

UniRef根据蛋白质序列在不同物种中的序列相似性进行分簇（cluster），它包括三个子库：UniRef100、UniRef90和UniRef50，分别表示跨物种100%、90%以上和50%以上相似性的蛋白质序列集合。UniRef收录的数据主要来源于UniProt/Swiss-Prot，同时加入一定的精细筛选的UniParc条目，每个条目保存各个相似子序列的来源数据库代码和蛋白质序列，并进行排秩，选出每一个簇中最有代表性的序列。

UniParc是蛋白质序列仓库，收集全部公开发布或文献发表的蛋白质序列。UniPar是目前最大的蛋白质序列存储数据库，它具有蛋白质序列过滤和整理的功能，从不同数据资源中获取的蛋白质序列信息将很快进行整理、合并为非冗余的信息，并给予唯一的蛋白质序列代码。UniParc不考虑物种、功能等信息，存储蛋白质序列时采用纯序列文本格式，只要是序列100%相同，均列为同一条目。

元基因组（metagenome）或环境基因组（有时也称为宏基因组）是指宿主基因组及其体内共生的全部微生物基因组序列的总和，或特定生态环境中共同生存的微生物基因组序列的集合。由于元基因组的特殊性（跨物种），UniProt将由这些基因组数据预测而来的蛋白质序列信息单独存储在UniMES数据库，并借助IntePro对它们进行蛋白质家族、结构域和功能位点分类，以便于进一步的功能分析。

UniProt中各个子库具有明确的功能定位。UniProtKB，特别是UniProtKB/Swiss-Prot主要关注于蛋白质的功能注释，每一个条目均包括蛋白质的氨基酸序列、蛋白质名称、物种和文献信息，并尽可能地增加本体注释、分类、交叉引用、注释质量等功能信息。UniRef数据库在UniProtKB和筛选的UniParc条目基础上建立序列相似的蛋白质序列集合，在一定程度上减少了数据比对过程的参考序列总量，有利于新蛋白质序列的快速比对。UniParc收集了最广泛的非冗余蛋白质序列信息，便于序列检索和新序列的发现。UniMES专门针对元基因组设定，有利于推动元基因组功能序列的分析。

UniProt数据库接受蛋白质或氨基酸序列数据的提交，提交信息可直接参考www.uniprot.org/help/submissions提示进行。UniProt的全部数据均支持免费批量下载，下载页面为www.uniprot.org/downloads，可根据文件说明下载所需要的数据类型。

四、Biomart数据检索平台

Biomart是由EBI开发和维护的最经典的生物数据库检索、处理和下载平台，它创建的分页、目录式检索平台模式影响到后来的众多数据平台的建设构架。它可以便捷地将储存在不同数据库中的基因、蛋白等序列和注释信息进行整合，查询不同数据库来源的基因ID、基因组定位、表达、结构等信息，进行不同数据资源条目代码的转换、功能富集，并可以批量获取相关数据，方便地得到一个物种全部基因组或局部区域的核酸、蛋白序列及各种注释信息。

Notes

BioMart 可以直接由 http://www.biomart.org/ 进入门户网站，也可由 Ensembl 导航栏点击 BioMart（http://asia.ensembl.org/biomart/martview/）直接进入分页、目录式检索平台，同时提供可本地化安装使用的平台界面下载。在 BioMar 门户网站首页（或点击工具栏中的 TOOLS 选项）能够看到 BioMart 的四个主要的功能模块：数据查询、ID 转换、序列数据提取和富集分析。点击工具栏中的 COMMUNITY 选项能够看到与 BioMart 合作提供数据信息的 27 家机构维护的 46 个数据资源库（图 1-15）。

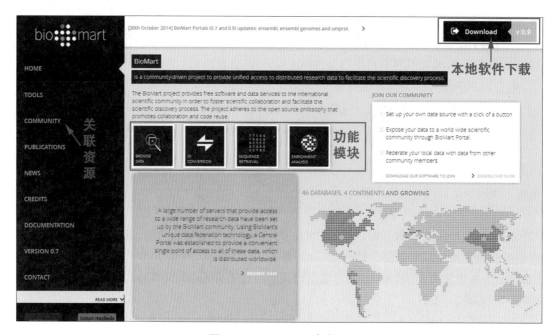

图 1-15 BioMart 门户资源

由于 BioMart 门户网站数据更新有一定的时限性，数据检索和下载功能以 Ensembl 链接的 BioMart 平台检索为优，这里即以 Ensembl 链接平台下载基因序列为例介绍序列下载的方式和流程。

1. **选择数据集** 打开 BioMart 后首先出现数据集选择页面，右侧的第一个下拉框中有 Ensembl 第 78 发布版本的 Genes、Variation、Regulation 选项，及第 58 版本的 Vega 和 EBI 的 PRIDE 选项。这里我们选择 Genes 选项，并在下面的物种下拉框中选择人类基因组 Homo sapiens genes （GRCh38）版本，选择后的信息出现在左侧工具栏中（图 1-16A）。

2. **数据筛选** 点击左侧工具栏的 Filters 选项，对要下载的数据类型进行限定。分别可以从染色体定位、指定基因名、表型相关、基因功能类、直系同源、蛋白质结构域或家族性、变异类型 7 个方面进行限定，这里指定 HGNC 标识为 *EGFR*（图 1-16B），如不指定限制条件即为全基因组数据下载（可能会因网络问题导致无法下载完全）。

3. **数据类别和属性设定** 点击左侧工具栏的 Attributes 选项进行下载数据类别和属性的设定。可以从特征（Features）、变异（Variation）、结构（Structures）、序列（Sequences）、同源（Homologs）五种数据类型中选择一种。这里我们选择序列，并指定序列属性为 Unspliced（Gene），即 *EGFR* 基因完整的转录本 DNA 序列，并指定输出头文件（Header Information）为基因名及相应的染色体定位信息（图 1-16C）。

4. **结果预览与输出** 点击左侧工具栏上方的 Count 按钮可以查看本次检索的数据量，点击 Results 按钮即可预览查询结果。点击结果预览页面右上角的 GO 按钮，检索到的序列数据将以 FASTA 格式下载到本地电脑（图 1-16D）。

Notes

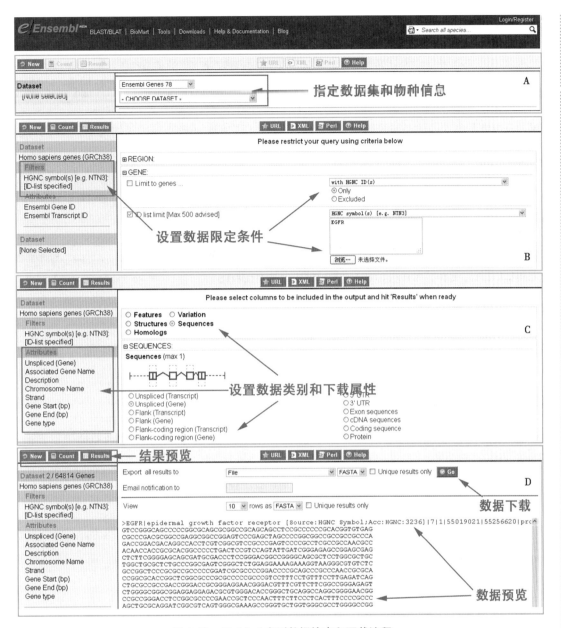

图 1-16 BioMart 序列数据检索和下载流程

第五节 重要的非编码基因数据库
Section 5 The Important Non-coding Gene Databases

伴随新一代测序技术的广泛应用,近年来大量非编码基因(ncRNA)被发现,在非编码基因作用形式还不完全明了的今天,从序列层面探索其功能和潜在的作用方式至关重要。在前面介绍的数据库中,如 GenBank、Ensembl 等均收录了 ncRNA 的相关信息,如果指定基因类型为"RNA",可以看到相应的 ncRNA 序列数据。除此之外,还有多个致力于维护 ncRNA 序列和功能信息的重要数据库,本节中主要介绍 ENCODE 和 mirBase,其他重要数据库参见本书第十二章。

一、ENCODE 数据库与数据资源

ENCODE 全称为 DNA 元件百科全书计划(Encyclopedia of DNA Elements,https://www.encodeproject.org),该项目于 2003 年启动,联合英国、美国、西班牙、新加坡和日本的 32 个实验

Notes

室 442 名科学家,获得并分析了超过 15 兆兆字节(15 万亿字节)的原始数据,对基因组功能元件进行解析。研究花费了约 300 年的计算机时间,对 147 个组织类型进行了分析,以确定哪些基因和功能元件的时空表达特性,以及不同类型细胞调控"开关"的差异性,目前解析结果已经全部公布,并可公开获得。

　　ENCODE 被认为是"人类基因组计划"之后国际科学界在基因研究领域取得的又一重大进展。研究者最常关注的是与编码蛋白质相关的基因,但它们只占整个基因组的约 2%。本次公布的数据显示,人类基因组中约 80% 的 DNA 序列是具有某种特定功能的,为深入研究基因组作用模式提供了第一手资料。ENCODE 数据由 Ensembl 和 UCSC(http://genome.ucsc.edu/ENCODE/)数据库存储并提供免费下载和应用,ENCODE 网站提供了相关数据介绍及一系列功能元件识别工具下载(图 1-17)。

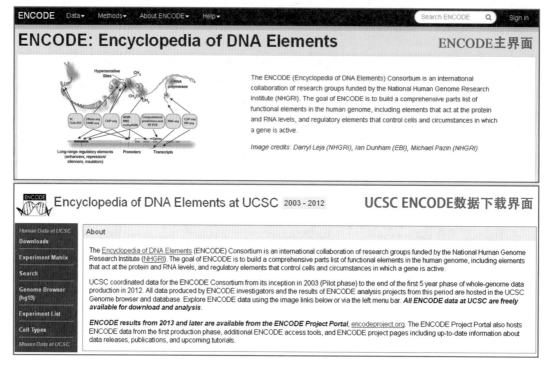

图 1-17　ENCODE 主界面和数据下载

二、microRNA 数据资源 miRBase

　　miRBase(http://www.mirbase.org/)是存储、维护和命名微小 RNA(microRNA)的主要数据库,主要数据资源为 microRNA 序列和注释信息。miRBase 使用友好的网络界面,为用户提供 miRNA 前体和成熟序列下载。允许用户使用关键词或序列检索数据库,通过关联链接到 miRNA 的原始参考文献,分析基因组中的定位和挖掘 miRNA 序列间的关系。miRBase 还提供保密的基因命名服务,在新基因发表前指定正式的 miRNA 名称(图 1-18)。

　　在最新的第 21 期发布版本中(2014 年 6 月),mirBase 收录了 223 个物种的具有发夹结构的 miRNA 前体序列 28 645 条,成熟的 miRNA 35 828 条,其中人类注释 microRNA 总数达到 1881 条,miRBase 序列数据库已经突破 1 万条记录。miRBase 提供的主要服务如下:

　　1. miRBase Database　是一个可以检索已发表的 miRNA 序列和注释内容的数据库,miRBase 序列数据库中每一条记录描述一个预测的 miRNA 转录物发夹部分(在数据库中用术语 mir 表示),还包含成熟 miRNA 序列的定位和序列信息(用术语 miR 表示)。

　　2. miRBase Registry　为新发现的 miRNA 提供专有名称。

Notes

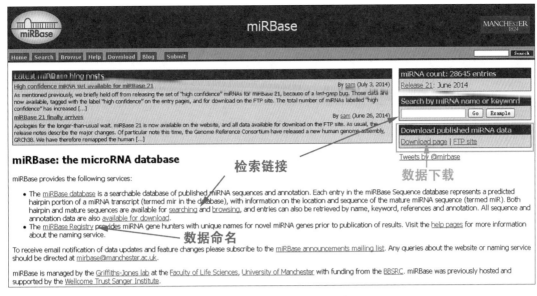

图 1-18 mirBase 数据库导航

3. 检索和浏览 通过数据库检索或浏览可以获得 miRNA 的发夹和成熟体序列,还可以使用名称、关键词、参考文献和注释内容查询所有记录,通过下载站点(http://www.mirbase.org/ftp.shtml)下载序列和注释数据。

习题

1. 生物数据库根据其存储的数据类型可以分为几类?
2. DDBJ 和另外哪两个数据库并称为世界三大核酸数据库,并通过网络查询 DDBJ 数据库的信息存储情况。
3. Entrez Gene 数据库从哪些方面对基因进行注释?
4. dbSNP 数据库维护的数据类型有哪些,这些数据有什么应用?
5. UCSC 基因组浏览器显示的数据资源如何以可出版的图片形式输出?
6. 如何利用 UCSC 模块实现序列数据的批量下载?
7. EMBL-EBI 维护数据的规模化标准有哪些?
8. 如何利用 Ensembl-BioMart 平台实现核酸序列数据的查询和下载?
9. 简述 UniProt 数据的基本构建,并简要介绍 UniProtKB 的检索流程和主要的分析工具。
10. 试列举 2 到 3 个非编码基因序列维护数据库名称及其存储的数据特点。

小 结

　　人类基因组计划的完成,推动了现代测序技术的快速发展。越来越多的人类个体和众多的动植物、微生物基因组被测定,海量序列数据快速积累,形成了形式多样、功能丰富的数据资源和网络平台。这些数据的利用、分析将对生物医学科学研究和产业转化提供重大的资源支持。本章主要介绍了目前广泛应用的 NCBI、UCSC、EBI 等重大数据维护机构开发的关键生物序列数据库和数据资源,从代表性检索案例和数据的类型介绍、下载及获取方式的角度着重介绍了对于生物医学科研和产业开发有重要意义的序列资源数据库。期望对读者未来利用生物序列数据开展各项工作提供有益的借鉴。

Notes

Summary

The completion of the human genome project, promoted the rapid development of modern sequencing technologies. More and more human individuals and many types of animal, plant and microbial genome were sequenced. On the base of rapid accumulation of sequence data, scientists have founded thousands of diverse databases and internet platforms which facilitate the study and translation of biomedicine. In this chapter, the authors introduce several important biological sequence databases from NCBI, EBI, UCSC and et al. For each key database, the data feature, typical data query examples and the data obtaining access methods were emphasized, from which the authors expect providing a beneficial reference for the readers in their future research with the usage of biological sequence data.

（赵雨杰　徐良德）

参考文献

1. Brown GR, Hem V, Katz KS, et al. *Gene: a gene-centered information resource at NCBI.* Nucleic Acids Res, 2015 Jan 28; 43（Database issue）: D36-42

2. Rosenbloom KR, Armstrong J, Barber GP, et al. *The UCSC Genome Browser database: 2015 update.* Nucleic Acids Res, 2015 Jan 28; 43（Database ssue）: D670-681

3. Kersey PJ, Allen JE, Christensen M, et al. *Ensembl Genomes 2013: scaling up access to genome-wide data.* Nucleic Acids Res, 2014, 42（Database issue）: D546-552

4. Kersey PJ, Staines DM, Lawson D, et al. *Ensembl Genomes: an integrative resource for genome-scale data from non-vertebrate species.* Nucleic Acids Res, 2012, 40（Database issue）: D91-97

5. Goldman M, Craft B, Swatloski T, et al. *The UCSC Cancer Genomics Browser: update 2015.* Nucleic Acids Res, 2015 Jan 28; 43（Database issue）: D812-817

6. Pruitt KD, Tatusova T, Brown GR, et al. *NCBI Reference Sequences（RefSeq）: current status, new features and genome annotation policy.* Nucleic Acids Res, 2012, 40（Database issue）: D130-135

7. Qu H, Fang X. *A brief review on the Human Encyclopedia of DNA Elements（ENCODE）project.* Genomics Proteomics Bioinformatics, 2013, 11（3）: 135-141

8. Kozomara A, Griffiths-Jones S. *miRBase: annotating high confidence microRNAs using deep sequencing data.* Nucleic Acids Res, 2014, 42（Database issue）: D68-73

9. UniProt Consortium. *The Universal Protein Resource（UniProt）in 2010.* Nucleic Acids Res, 2010, 38（Database issue）: D142-148

Notes

第二章 序列比对

CHAPTER 2 SEQUENCE ALIGNMENT

第一节 引 言
Section 1 Introduction

当一个研究人员遇到一个 DNA 或蛋白质序列的时候，首先可能会问它包含什么信息，当遇到多个 DNA 或蛋白质序列的时候，则会问它们之间是否存在某种关系。在生物信息学中，对各种生物大分子的序列进行分析是非常基本的工作。序列的测定和拼接、RNA 和蛋白质的结构功能预测、种系树的构建等都需要对生物分子进行序列比较。在长期的生命进化过程中，不同物种的 DNA 经历了突变、复制、片段缺失和片段增加等变化，但许多部分仍具有高度的相似性。

序列比对对于发现生物序列中有关功能、结构和进化的信息具有非常重要的意义，其主要思想就是运用特定的算法找出两个或多个序列之间产生最大相似性得分的空格插入和序列排列方案。在实际中，序列比对是计算生物学中解决序列装配、进化树重构及分析基因功能等众多问题的第一步。进行序列比对的算法很多，为了找出最优比对，它们大多数基于动态规划算法。根据同时比对的序列数量的不同，一般将序列比对分成双序列比对（pairwise alignment）和多序列比对（multiple alignment），后者是前者的推广。一些算法两者皆适用，而一些算法只用于各自的情况。

与双序列比对相比，多序列比对能有效发掘多个序列中的相似性信息。当两个序列不能很好地比对并借此揭示序列的变化所蕴含的意义时，通过引入更多的序列，多序列比对可有效地使这两个原本难以直接比对的序列合理地关联起来。其次，多序列比对常常用于分析种系距离很大的多个序列，揭示这些序列中保守的和非保守的区段、保守区段的分布特征以及序列变化的进化趋势，这对于研究生物系统的进化是必不可少的。再者，许多预测 RNA 和蛋白质结构与功能的算法立足于相应的多序列比对，通过比较未知分子的序列和已知分子的序列来预测前者的结构与功能。因此，多序列比对是基因组分析和蛋白质组分析的最常用手段之一。

为了有效地比较序列，人们需要准确地定义若干概念，其中最主要的是同源、相似和距离的概念，它们是序列比较和分析的基础。

一、同源、相似与距离

如果两个序列享有一个共同的进化上的祖先，则这两个序列是同源（homolog）的。需要注意的是，同源是个定性的概念，没有"度"的差异。对两个序列，它们或者同源或者不同源，不能说它们 70% 或 80% 同源。与同源相关但不同的两个概念是相似（similarity）和距离（distance），它们都是定量的概念，基于对序列中字符的精确比较，既可以说两个序列高度相似，也可以说它们之间的距离非常小。相似性与距离是两个定量描述多个序列相似程度的度量。使用相似性时，比对计分给出被比对序列间的相似程度，使用距离时，比对计分给出被比对序列间的差异程度。相似性既可用于全局比对也可用于局部比对，而距离一般仅用于全局比对，因为它反映了把一个序列转换成另一个序列所需的字符替换的耗费。在许多情况下这两种度量可通过一个公式相联系,从一个度量转到另一个度量。

在基因组分析中,一个常见而具有挑战性的问题是,对于一个基因或蛋白质,进化可以在产生物种间高度差异的碱基或氨基酸序列的同时保持 DNA 序列、RNA 序列和蛋白质序列二级和三级结构的保守性,这使得同源与相似和距离的关系常常难以确定。相反的例子是,对于某些基因或蛋白质,趋同进化(convergent evolution)也可以产生物种间高度类似的碱基或氨基酸序列,但它们来自原先完全没有关系的种系,是一种与同源无关的相似,高度类似的碱基或氨基酸序列的产生原因是它们对应于相似或相同的功能,这也给同源性分析带来了困难。再一种与同源无关的相似是,由于氨基酸编码的冗余性,差异相当大的 DNA 序列可产生差异相当小的蛋白质序列。

在基因组测序项目中,同源性一般是根据数据库搜索和序列比较确定的。如果两个 DNA 或蛋白质序列经比较具有高度相似性,则它们可能是同源的。同源可进一步分作垂直同源(ortholog)和水平同源(paralog)。垂直同源是指在种系形成过程中起源于一个共同祖先的不同种系中的 DNA 或蛋白质序列,其关系可用一棵倒置的树说明。水平同源主要是由序列复制事件产生的,例如人 alpha-1 球蛋白和 alpha-2 球蛋白是水平同源的,人 alpha-1 球蛋白和 beta 球蛋白也是水平同源的。一般假定,同源序列具有相同的功能。例如,与血红蛋白同源的人和鼠的肌球蛋白都能在肌肉中运输氧,但应注意,垂直同源和水平同源基因未必总有相同的功能。图 2-1 以球蛋白基因为例展示了垂直同源和水平同源的区别。

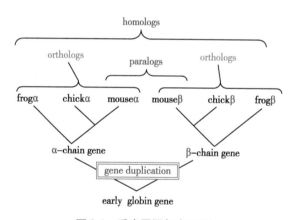

图 2-1　垂直同源与水平同源

二、相似与距离的定量描述

相似性可定量地定义为两个序列的函数,即它可有多个值,值的大小取决于两个序列对应位置上相同字符的个数,值越大则表示两个序列越相似。类似地,编辑距离(edit distance)也可定量地定义为两个序列的函数,其值取决于两个序列对应位置上差异字符的个数,值越小则表示两个序列越相似。可以看出,相似性和编辑距离是一对相反的定量描述序列相似性的度量。这样,相似性有两种定量表达的方式:编辑距离和相似性得分。

使用相似性描述两个序列相似程度,是以某种计分规则计算两个序列相似性所得的分值。计分一般是字符位置无关的(字符列无关的),即计算对应字符两两比较的分数,然后将所有字符的分数累加得到两条序列的相似性得分。显然,存在许多不同的计分规则可对两两字符比较进行计分。例如,对于图 2-2 中的 3 组序列,使用不同的计分规则可以得到如图 2-3 所示的不同得分。明显地,除了在两个字符上不同的计分规则可以产生差异,序列间排列的不同也影响相似性得分。例如,如果 seq1 与 seq2 交错一位再比对,则计分结果将显著受到影响。

Notes

编辑距离一般用海明(Hamming)距离表示,对于两条长度相等的序列,它们的海明距离等于对应位置不同字符的个数。例如,图2-2是3组序列的海明距离,其值分别为2、3、6。

	seq1 =	ATC	AGGCT	GCTAGCTA
	seq2 =	TAC	ACCTT	CGTGAGCA
Hamming Distance(seq1, seq2)=		2	3	6

图2-2 海明距离

		seq1 =	ATC	AGGCT	GCTAGCTA
		seq2 =	TAC	ACCTT	CGTGAGCA

打分规则1	p(a,a)=1			
	p(a,b)=0 (a≠b) 相似性得分=	1	2	2
打分规则2	p(a,a)=0.8			
	p(a,b)=0.2 (a≠b) 相似性得分=	1.2	2.2	2.8

打分规则BLAST

	A	T	C	G
A	5	-4	-4	-4
T	-4	5	-4	-4
C	-4	-4	5	-4
G	-4	-4	-4	5

相似性得分= -3 -2 -6

图2-3 对相似性的计分

使用相似性描述多个序列相似程度的基础是,通过在适当的位置插入空格可使序列中的相同字符对齐。以 k 个序列为例,若 $s_1, s_2, \cdots, s_k$ 之间的比对是由对 $s_1, s_2, \cdots, s_k$ 插入空格而得到的 k 个序列 $(s_1, s_2, \cdots, s_k)$,则比对 A$=(s_1, s_2, \cdots, s_k)$ 必须满足:

①$|s_1'|=|s_2'|=\cdots=|s_k'|$;

②移去 s_i' 中的所有空格得到 s_i;

③对每个 i,$s_1[i], s_2[i], \cdots, s_k[i]$ 须有一个不是空格。

这里 $|s_i'|$ 是 s_i' 的长度。如果用一个函数 $score()$ 对 $s_1, s_2, \cdots, s_k$ 中的每一对字符进行计分,处理匹配、失配和插入空格三种情况,则对 $s_1, s_2, \cdots, s_k$ 的不同位置插入空格可产生不同的计分,而且对匹配、失配和插入空格进行不同的奖励和惩罚也产生不同的计分。对于一个比对,不论使用什么计分函数进行计分,相似性被定义为总等值于最大的计分:

$$similarity(s_1, s_2, \ldots s_k) = \max \sum_{i=1}^{|s_1'|} score(s_1'(i), s_2'(i), \ldots s_k'(i)) \tag{2-1}$$

使用距离描述多个序列相似程度的基础是,通过字符替换可使一个序列转变为另一个序列。如果在计算中对每个替换操作赋予一个耗费,便能定量地把多个序列之间的距离定义为将每个序列转换为一个共同序列所需的最小耗费。替换操作包括:

(1)字符 a 替换成 b;

(2)插入一个空格;

(3)删除一个空格。

对于上述 k 个序列的例子,如果用一个函数 $cost()$ 对每一列的所有替换操作进行计分,则多个序列之间的距离等值于最小的计分:

$$distance(s_1, s_2, \ldots s_k) = \min \sum_{i=1}^{|s_1'|} cost(s_1'(i), s_2'(i), \ldots s_k'(i)) \tag{2-2}$$

特别是,如果选用下面的简单函数计算两个字符间的计分:

Notes

$$cost(x, y) = \begin{cases} 0 & \text{if } x = y \\ 1 & \text{if } x \neq y \end{cases} \tag{2-3}$$

则据此得到的序列间距离称为编辑距离。如上所述,相似性和距离具有内在的联系,其中一个用于双序列的将相似性与距离相关联的公式是

$$similarity(s_1, s_2) + distance(s_1, s_2) = \frac{M}{2}(|s_1| + |s_2|) \tag{2-4}$$

这里 M 是一个参数。在某些渐进多序列比对中,计算距离的另一种方式是将相似性通过一个公式转换成距离。例如在 Feng-Doolittle 的渐进多序列比对 PILEUP 中首先将两两序列间的相似性规范成有效的相似性分值,然后取 $-\log$:

$$distance(s_1, s_2) = -\log(similarity_{eff}(s_1, s_2))$$
$$= -\log\left(\frac{similarity_{real}(s_1, s_2) - similarity_{rand}(s_1, s_2)}{[similarity(s_1, s_1) + similarity(s_2, s_2)]/2 - similarity_{rand}(s_1, s_2)}\right) \tag{2-5}$$

有了相似性得分,我们就可以正式引入比对的概念。双序列比对(或配对比对)和多序列比对是使两个或多个序列产生最高相似性计分的序列排列。这一章的核心是,序列间什么样的排列,以及在什么计分规则下,会产生最大的相似性得分。

三、算法实现的比对

用计算机科学的术语来说,比对两个序列就是找出两个序列的最长公共子序列(longest common subsequence,LCS),它反映了两个序列的最高相似度。序列 v 的子序列是 v 中一个有序但未必连续的字符序列。例如,若 $v=$ATTGCTA,则 AGCA 和 ATTA 都是 v 的子序列,而 TGTT 和 TCG 则不是。再如,若 $v=$ATCTGAT,$w=$TGCATA,则 v 和 w 存在多个共同子序列,包括 TCTA;显然,其中一些共同子序列要比另外一些共同子序列长。但问题是,如何找出最长的共同子序列常常并不是显而易见的。

寻找两个序列的最长共同子序列的一个简单方法是,先计算出所有可能的共同子序列,然后找出最长的那一个。但此方法不具有实际的可行性,因为当序列较长时计算所有可能的共同子序列极其费时。随意取一个例子 $v=$ATGTTAT 和 $w=$ATCGTAC,如图 2-4 所示,要计算这两个序列的所有共同子序列,一个计算机程序必须遍历所有从点 $(0, 0)$ 到点 $(7, 7)$ 的路径,每个

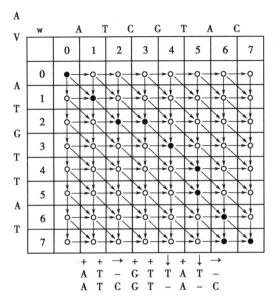
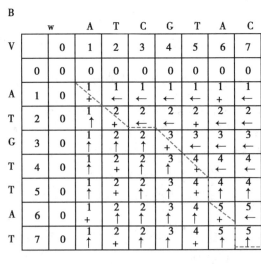

图 2-4　动态规划法示意

A. 使用动态规划法寻找两个序列的最长公共部分;B. 动态规划表的填写

路径都对应于一个比对,粗箭头显示了一个产生最长共同子序列的最优比对,这在序列较长时不可能在合理的时间内完成。

现在从另一个角度考察这个问题。定义 $s_{i,j}$ 为 v 的前 i 个字符 $v_1\cdots v_i$ 与 w 的前 j 个字符 $w_1\cdots w_j$ 之间的最长共同子序列的长度。显然,$s_{i,0}=s_{0,j}=0$,且存在如下递归公式(2-6):

$$s_{i,j}=\max\begin{cases} s_{i-1,j},\ 即\ v_i\ 不在\ v_1\ldots v_i\ 与\ w_1\ldots w_j\ 的\ LCS\ 中,\\ \quad v_1\ldots v_i\ 与\ w_1\ldots w_j\ 的\ LCS\ 的长度 = v_1\ldots v_{i-1}\ 与\ w_1\ldots w_j\ 的\ LCS\ 的长度;\\ s_{i,j-1},\ 即\ w_j\ 不在\ v_1\ldots v_i\ 与\ w_1\ldots w_j\ 的\ LCS\ 中,\\ \quad v_1\ldots v_i\ 与\ w_1\ldots w_j\ 的\ LCS\ 的长度 = v_1\ldots v_i\ 与\ w_1\ldots w_{j-1}\ 的\ LCS\ 的长度;\\ s_{i-1,j-1}+1,\ 即如果\ v_i=w_j,\\ \quad 则\ v_1\ldots v_i\ 与\ w_1\ldots w_j\ 的\ LCS\ 的长度 = v_1\ldots v_{i-1}\ 与\ w_1\ldots w_{j-1}\ 的\ LCS\ 的长度 +1.\end{cases}$$

$$(2\text{-}6)$$

也就是说,$s_{i,j}$ 可由求解其子问题 $s_{i-1,j}$、$s_{i,j-1}$ 和 $s_{i-1,j-1}$ 而得出,这是一个递归计算过程。为了利用 $s_{i-1,j}$、$s_{i,j-1}$ 和 $s_{i-1,j-1}$ 计算 $s_{i,j}$,把所有中间计算结果存入一个称作动态规划表(亦称矩阵)的特殊数据结构,根据下面的算法依次利用已求解项计算和填写未求解项:

算法 LCS(v, w):

(1) for $i=0$ to n

(2) $s_{i,0}=0$

(3) for $j=0$ to m

(4) $s_{0,j}=0$

(5) for $i=0$ to n

(6) for $j=0$ to m

(7) $s_{i,j}=\max\begin{cases} s_{i-1,j}\\ s_{i,j-1}\\ s_{i-1,j-1}+1\ \text{if}\ v_i=w_j\end{cases}$

(8) $b_{i,j}=\begin{cases} "\uparrow"\ \text{if}\ s_{i,j}=s_{i-1,j}\\ "\leftarrow"\ \text{if}\ s_{i,j}=s_{i,j-1}\\ "+"\ \text{if}\ s_{i,j}=s_{i-1,j-1}+1\end{cases}$

(9) $return(s_{n,m}, b)$

算法中参数 v 与 w 是两个序列,变量 n 与 m 是该两序列的长度,s 是动态规划表,另一个表 b 记下了有关 $s_{i-1,j}$、$s_{i,j-1}$ 和 $s_{i-1,j-1}$ 的附加信息,其中在每一个点 (i,j)"+"对应于列 $\binom{v_i}{w_j}$,"←"对应于列 $\binom{-}{w_j}$,"↑"对应于列 $\binom{v_i}{-}$。当动态规划表 s 和表 b 全部填满时,即可根据所填数据确定最长共同子序列,此即使用动态规划法进行双序列比对的基本原理。图 2-4B 是利用该方法得到图 2-4A 中序列 $v=$ATGTTAT 和 $w=$ATCGTAC 的最长共同子序列的动态规划表 s 和表 b,每个网格点中数字是 $s_{i,j}$ 的值,符号是 $b_{i,j}$ 的结果,而虚线给出了最长公共子序列。注意,两个序列的最长共同子序列可能不是唯一的。例如,在这个例子里,若计分规则保持不变,则

AT-GTTAT- 与 AT-GTTA-T

ATCGT-A-C ATCGT-AC-

具有相同的计分,因而具有相同长度的共同子序列。

在数学和计算机科学中,动态规划法是一种通过将复杂问题分解为简单子问题而进行求解的方法。对于该算法的复杂性,基本算法中有 4 个循环,前 2 个做初始化,分别消耗时间 O(n) 和 O(m),后两个循环是嵌套的,填写动态规划表 s 和表 b 的元素,消耗时间 O(nm)。由于表 s

Notes

和表 *b* 是主要的数据结构,算法的空间复杂性也是 O(nm)。如果两个序列等长,则时间与空间复杂性都是 O(n²)。

四、序列比对的作用

相比于双序列比对,多序列比对具有更广泛的重要应用,包括以下几个方面。

1. 获得共性序列   由多序列比对所得到的与所有序列距离最近的序列称为这些序列的共有序列(consensus sequence)(也称一致序列),共性序列常用于数据库搜索和芯片探针设计,用于识别具有高相似度的序列。

2. 序列测序   如果一个 DNA 或蛋白质序列被多个机构测序,则测序结果在某些核苷酸或氨基酸上可能存在差异,对这些测序结果进行全局多序列比对可发现这些差异之处,形成的共性序列理论上最为接近真实的序列。其次,对包含重叠区的多个测序序列进行局部多序列比对可发现这些重叠区,实现测序序列的拼接。

3. 突变分析   同一种系不同个体的基因组存在因突变而产生的差异,最常见的是单核苷酸多态性,指不同个体基因组中单个核苷酸的包括置换、缺失和插入在内的变异,这些差异可通过多序列比对进行揭示。

4. 种系分析   相近种系动植物的基因和基因组由于源自共同的直接祖先而具有高度的相似性,反之,远距种系动植物的基因和基因组由于源自不同的直接祖先而享有更少的相似性,这一事实使得多序列比对常常用于根据基因或基因组序列的差异判断种系关系,多序列比对通常是构造种系树的第一步。

5. 保守区段分析   基因组中功能不同的区段在进化中面对不同的选择压力(selective pressure),即重要的区段不易接受突变而非重要的区段易于接受突变。任何基因都包含大量不同的在选择压力下保持进化上稳定的保守区段,多序列比对是找出进化上保守的这些区段的基本方法。

6. 基因和蛋白质功能分析   在大量基因和蛋白质的功能得以揭示和更多基因和蛋白质的序列得以测定后,根据与功能已知的同源基因和蛋白质进行多序列比对来推断新基因和蛋白质的功能已成为越来越普遍的一个研究手段。

第二节   比对算法概要
Section 2   Alignment Algorithms

一、替换计分矩阵

对于序列中单个字符的插入和缺失引起的失配,序列比对采用插入空格来处理,使得原本对应的字符仍旧能够对应;而对于序列中单个字符的替换引起的失配,需要考虑不同替换的意义。在双序列比对中对于这类失配应该怎么计分(实际上是罚分)是本节的内容。合理而精确的计分需要考虑替换的各种情形。对于 DNA 和 RNA 序列,情况特别简单,施用于 4 种碱基和 6 种彼此间替换关系的计分规则可用简单的替换计分矩阵来描述。对于蛋白质序列,因为蛋白质由 20 种氨基酸构成,且不同的氨基酸具有不同的理化性质,情况较为复杂,存在许多不同的替换计分矩阵。

(一)通过点矩阵对序列比较进行计分

"矩阵作图法"或"对角线作图"由 Gibb 首先提出。将两条待比较的序列分别放在矩阵的 X/Y 轴上,从下往上和从左到右比较,当对应行与列的字符匹配时,则在矩阵对应的位置上打点。逐个比较所有的字符对,最终形成一个点矩阵。如果两条序列完全相同,则点矩阵的主对角线各位置都被标记(图 2-5A);如果两条序列存在相同的子串,则对每一个子串对有一条与对角线

Notes

平行的由一系列点组成的斜线(图2-5B、2-5D);而对于两条互为反向的序列,则在反对角线方向上有由点组成的斜线(图2-5C)。这种反映序列比对的方法在直观地揭示多个相配的子串对时尤其有用,一直被使用到现在。

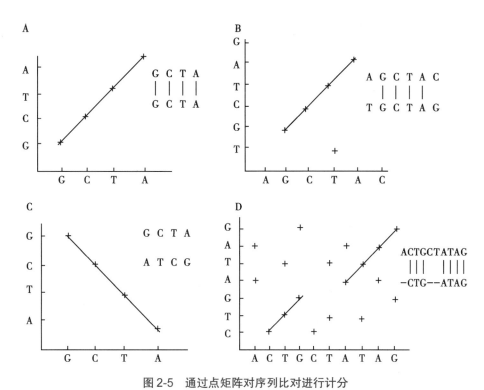

图2-5 通过点矩阵对序列比对进行计分

A. 两条序列完全相同;B. 两条序列有一个共同的子序列;C. 两条序列反向匹配;D. 两条序列存在不连续的两条子序列

(二)DNA序列比对的替换计分矩阵

由于替换有多种情形,且可按不同方式罚分,如何精确处理序列中由替换引起的失配十分重要。不同字符间的替换具有不同的概率,也具有不同的意义;同时,不同物种间的替换也有不同的概率和意义。精确地处理替换需要考虑各种情形,而方便地处理替换则要求把不同的处理方法参数化,这些参数就是替换计分矩阵,它们定量地描述了不同替换的意义。

借鉴上面点矩阵的方法,可以为不同字符间的替换建立替换计分矩阵(substitution matrix),它们或依据相应碱基或氨基酸的理化性质而确定,或依据突变实际发生的概率而确定,因此相当客观和固定。各种替换计分矩阵复杂庞多,下面介绍常见的替换计分矩阵。

1. 等价矩阵(unitary matrix) 是最简单的一种替换计分矩阵,其中,相同核苷酸间的匹配得分为1,不同核苷酸间的替换得分为0(图2-6A)。尽管含义清晰明了,由于不含有碱基的任何理化信息和不区别对待不同的替换,在实际的序列比对中较少使用。

2. 转换-颠换矩阵(transition-transversion matrix) 核酸的碱基按照环结构特征被划分为嘌呤(腺嘌呤 A,鸟嘌呤 G,它们有两个环)和嘧啶(胞嘧啶 C,胸腺嘧啶 T,它们只有一个环)。如果 DNA 碱基的替换保持环数不变,则称为转换(transition),如 A→G,C→T;如果环数发生变化,则称为颠换(transversion),如 A→C,A→T 等。在进化过程中,转换发生的频率远比颠换高,图 2-6B 所示的矩阵用来反映了这种情况,其中转换的得分为 −1,而颠换的得分为 −5。

3. BLAST 矩阵 经过大量实际比对发现,如果令被比对的两个核苷酸相同时得分为 +5,反之得分为 −4,则比对效果较好。图 2-6C 是其替换计分矩阵,这个矩阵广泛地被 DNA 序列比对所采用,称为 BLAST 矩阵。

Notes

A	A	T	C	G
A	1	0	0	0
T	0	1	0	0
C	0	0	1	0
G	0	0	0	1

B	A	T	C	G
A	1	–5	–5	–1
T	–5	1	–1	–5
C	–5	–1	1	–5
G	–1	–5	–5	1

C	A	T	C	G
A	5	–4	–4	–4
T	–4	5	–4	–4
C	–4	–4	5	–4
G	–4	–4	–4	5

图 2-6 核苷酸转换矩阵

A. DNA 等价矩阵；B. 转换 - 颠换矩阵；C. BLAST 矩阵

（三）蛋白质序列比对的替换计分矩阵

蛋白质序列可由 20 个氨基酸组成，它们具有不同的生物化学特性，这些特性会影响它们在进化过程中的相互替换性。例如，与体积差异大的氨基酸相比，体积相似的氨基酸更易于彼此替换。另外，与水的亲和性也影响相互替换的概率。再者，生物学家已观察到天冬酰胺（Asn）、天冬氨酸（Asp）、谷氨酸（Glu）和丝氨酸（Ser）属于最容易突变的氨基酸，而半胱氨酸（Cys）和色氨酸（Trp）则属于最不易突变的氨基酸。因此，在比较蛋白质序列时，简单的计分系统（例如 +1 表示匹配，0 表示失配，–1 表示空格）是不够的，必须使用一个能够充分反映氨基酸的相互替换性的计分系统。下面介绍多个不同的氨基酸替换计分矩阵。

1. **等价矩阵** 蛋白质等价矩阵与 DNA 等价矩阵道理相同，是最简单的替换计分矩阵，其中，相同氨基酸间的匹配得分为 1，而不同氨基酸间的替换得分为 0。同样，由于不含有氨基酸的任何理化信息和统计含义，在实际的序列比对中较少使用等价矩阵。

2. **遗传密码矩阵**（genetic code matrix，GCM） 通过计算一个氨基酸转变成另一个氨基酸所需的密码子变化的数目而得到，矩阵元素的值对应于代价。如果变化一个碱基就可以使一个氨基酸的密码子改变为另一个氨基酸的密码子，则这两个氨基酸的替换代价为 1；如果需要 2 个碱基的改变，则替换代价为 2；而 Met 到 Tyr 的转变则是 3 个碱基都需要改变。遗传密码矩阵常用于进化距离的计算，其优点是计算结果可以直接用于绘制进化树，但是它在蛋白质序列比对（尤其是相似程度很低的蛋白质序列比对）中很少被使用。

3. **疏水性矩阵**（hydrophobic matrix） 在相关蛋白质之间，某些氨基酸可以很容易地相互取代而不改变它们的生理生化性质，这些例子包括异亮氨酸（isoleucine）和缬氨酸（valine）、丝氨酸（serine）和苏氨酸（threonine）。根据 20 种氨基酸侧链基团疏水性的不同以及氨基酸替换前后理化性质变化的大小，制定了以氨基酸的疏水性为标准的疏水性矩阵。若一次氨基酸替换后疏水特性不发生大的变化，则这种替换得分高，否则替换得分低。该矩阵物理意义明确，有一定的理化性质依据，适用于偏重蛋白质功能方面的序列比对。

4. **PAM 矩阵** 对于氨基酸之间的替换，对实际替换率的直接统计也可导出合理的计分方法。Dayhoff 与同事研究了 34 个蛋白质家族，包括高度保守的和高度易突变的，根据对氨基酸之间相互替换率的计算得到 PAM 矩阵，即可接受点突变（point accepted mutation）或可接受突变百分比（percent of accepted mutation）矩阵，它们基于氨基酸进化的点突变模型，即如果两种氨基酸替换频繁，说明自然界易接受这种替换，那么这对氨基酸替换得分就应该高。PAM 矩阵是目前蛋白质序列比对中最广泛使用的计分方法之一，使用公式（2-7）：

$$s_{i,j} = 10 \times \log \frac{PAM_{i,j}}{p_i} \tag{2-7}$$

可把 PAM 矩阵转换为一个蛋白质比对计分矩阵，这里 $PAM_{i,j}$ 是 PAM 矩阵中的反映氨基酸 j 被

Notes

氨基酸 i 替换的概率的单元，p_i 是氨基酸 i 在全部蛋白质中出现的频率 $\left(\sum_{i=1}^{20} p_i = 1\right)$。PAM 实际上是一个包含多个矩阵的家族，需要不同 PAM 矩阵的原因是，当考虑被比较序列之间的进化距离时，PAM 矩阵必须是这个距离的函数。例如，PAM-1 矩阵用平均每百个氨基酸发生一个突变作为进化单位；当对两个进化距离为 250 单位的序列进行比较时，应使用 PAM-250 而非 PAM 1 矩阵。

PAM 矩阵的制作步骤是：

（1）构建序列相似（大于 85%）的比对；

（2）计算氨基酸 j 的相对突变率 m_j（j 被其他氨基酸替换的次数）；

（3）针对每个氨基酸对 i 和 j，计算 j 被 i 替换的次数；

（4）替换次数除以相对突变率（m_j）；

（5）利用每个氨基酸出现的频度对 j 进行标准化；

（6）取常用对数，得到 PAM-i(i, j)。

将 PAM-1 自乘 N 次，可以得到 PAM-n，但这并不意味 N 次 PAM 之后每个氨基酸都发生了变化，因为其中一些氨基酸位置可以经历多次突变，甚至可能会变回到原来的氨基酸。

5. BLOSUM 矩阵（BLOck SUbstitution Matrix） 是由 Henikoff 首先提出的另一种氨基酸替换计分矩阵，它也是通过统计相似蛋白质序列的替换率而得到的。PAM 矩阵是从蛋白质序列的全局比对结果推导出来的，而 BLOSUM 矩阵则是从蛋白质序列块（短序列）比对推导出来的。基本数据来源于 BLOCKS 数据库，其中包括了局部多重比对，虽然没有使用进化模型，但它的优点在于可以通过直接观察而不是通过外推获得数据。同 PAM 模型一样，也有许多不同编号的 BLOSUM 矩阵，这里的编号指的是序列可能相同的最高水平，并且同模型保持独立性。表 2-1

表 2-1 BLOSUM-62 矩阵

	A	R	N	D	C	Q	E	G	H	I	L	K	M	F	P	S	T	W	Y	V	B	Z
A	4	-1	-2	-2	0	-1	-1	0	-2	-1	-1	-1	-1	-2	-1	1	0	-3	-2	0	-2	-1
R	-1	5	0	-2	-3	1	0	-2	0	-3	-2	2	-1	-3	-2	-1	-1	-3	-2	-3	-1	0
N	-2	0	6	1	-3	0	0	0	1	-3	-3	0	-2	-3	-2	1	0	-4	-2	-3	3	0
D	-2	-2	1	6	-3	0	2	-1	-1	-3	-4	-1	-3	-3	-1	0	-1	-4	-3	-3	4	1
C	0	-3	-3	-3	9	-3	-4	-3	-3	-1	-1	-3	-1	-2	-3	-1	-1	-2	-2	-1	-3	-3
Q	-1	1	0	0	-3	5	2	-2	0	-3	-2	1	0	-3	-1	0	-1	-2	-1	-2	0	3
E	-1	0	0	2	-4	2	5	-2	0	-3	-3	1	-2	-3	-1	0	-1	-3	-2	-2	1	4
G	0	-2	0	-1	-3	-2	-2	6	-2	-4	-4	-2	-3	-3	-2	0	-2	-2	-3	-3	-1	-2
H	-2	0	1	-1	-3	0	0	-2	8	-3	-3	-1	-2	-1	-2	-1	-2	-2	2	-3	0	0
I	-1	-3	-3	-3	-1	-3	-3	-4	-3	4	2	-3	1	0	-3	-2	-1	-3	-1	3	-3	-3
L	-1	-2	-3	-4	-1	-2	-3	-4	-3	2	4	-2	2	0	-3	-2	-1	-2	-1	1	-4	-3
K	-1	2	0	-1	-3	1	1	-2	-1	-3	-2	5	-1	-3	-1	0	-1	-3	-2	-2	0	1
M	-1	-1	-2	-3	-1	0	-2	-3	-2	1	2	-1	5	0	-2	-1	-1	-1	-1	1	-3	-1
F	-2	-3	-3	-3	-2	-3	-3	-3	-1	0	0	-3	0	6	-4	-2	-2	1	3	-1	-3	-3
P	-1	-2	-2	-1	-3	-1	-1	-2	-2	-3	-3	-1	-2	-4	7	-1	-1	-4	-3	-2	-2	-1
S	1	-1	1	0	-1	0	0	0	-1	-2	-2	0	-1	-2	-1	4	1	-3	-2	-2	0	0
T	0	-1	0	-1	-1	-1	-1	-2	-2	-1	-1	-1	-1	-2	-1	1	5	-2	-2	0	-1	-1
W	-3	-3	-4	-4	-2	-2	-3	-2	-2	-3	-2	-3	-1	1	-4	-3	-2	11	2	-3	-4	-3
Y	-2	-2	-2	-3	-2	-1	-2	-3	2	-1	-1	-2	-1	3	-3	-2	-2	2	7	-1	-3	-2
V	0	-3	-3	-3	-1	-2	-2	-3	-3	3	1	-2	1	-1	-2	-2	0	-3	-1	4	-3	-2
B	-2	-1	3	4	-3	0	1	-1	0	-3	-4	0	-3	-3	-2	0	-1	-4	-3	-3	4	1
Z	-1	0	0	1	-3	3	4	-2	0	-3	-3	1	-1	-3	-1	0	-1	-3	-2	-2	1	4

Notes

所示的 BLOSUM 矩阵是由具有 62% 相同比例的序列被组合统计后形成的矩阵。注意，在比对高度相似的序列时使用较高值的矩阵（高至 BLOSUM-90），在比对差异大的序列时使用较低值的矩阵（低至 BLOSUM-30）。

对于 PAM-n 矩阵，n 越小表示氨基酸变异的可能性越小，高相似序列之间的比对应该选用 n 值小的矩阵，低相似序列之间的比对应该选用 n 值大的矩阵。例如，PAM-250 用于约 20% 相同的序列之间的比对。对于 BLOSUM-n 矩阵，n 越小则表示氨基酸相似的可能性越小，高相似的序列之间比较应该选用 n 值大的矩阵，低相似序列之间的比对应该选用 n 值小的矩阵。例如，BLOSUM-62 用来比较 62% 相似度的序列，BLOSUM-80 用来比较 80% 左右的序列。PAM 与 BLOSUM 编号之间的关系见图 2-7 所示。

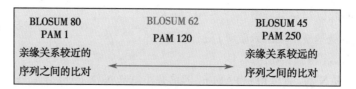

图 2-7　PAM/BLOSUM 矩阵编号与序列亲缘关系的比较

二、双序列全局比对

对于两条序列的比对问题人们提出了很多算法，其中基于动态规划的算法是目前最基本的算法。20 世纪 40 年代，R Bellman 最早使用动态规划这一概念表述通过遍历寻找最优决策问题的求解过程。动态规划算法以递归形式重申一个优化问题。在"动态规划（dynamic programming）"一词中，programming 来自"数学规划（mathematical programming）"，含优化之意，与计算机编程中的 programming 并无联系。

把动态规划算法应用于生物信息学中的序列比对起源于 1970 年，由 S Needleman 和 C Wunsch 两人首先将其用于两条序列的全局比对，其算法后称为 Needleman-Wunsch 算法。后来，T Smith 和 M Waterman 两人于 1981 年对双序列的局部比对进行了研究，产生了 Smith-Waterman 算法。下面以 Smith-Waterman 算法为例子分步骤介绍动态规划算法的思想。

1. 动态规划法的思想　首先，对于如下假定的序列：

（1）a, b 是使用某一字符集 $\sum$ 的序列（DNA 或蛋白质序列）；

（2）$m = a$ 的长度；

（3）$n = b$ 的长度；

（4）$S(i, j)$ 是按照某替换计分矩阵得到的前缀 $a[1...i]$ 与 $b[1...j]$ 最大相似性得分；

（5）$w(c, d)$ 是字符 c 和 d 按照替换计分矩阵计算的得分。

可按照规则建立得分矩阵：

$S(i, 0) = 0, 0 \leqslant i \leqslant m$

$S(0, j) = 0, 0 \leqslant j \leqslant n$

$$S(i, j) = \max \begin{cases} S(i-1, j-1) + w(a_i, b_j) & \text{匹配或错配} \\ S(i-1, j) + w(a_i, -) & \text{插入} \\ S(i, j-1) & \text{缺失不罚分} \end{cases} \tag{2-8}$$

例如，对于序列 a = ACACACTA，序列 b = AGCACACA，计分规则 w（匹配）= +2；$w(a, -)$ = $w(-, b)$ = w（失配）= -1，则获得的得分矩阵如图 2-8 所示。接着，反向搜寻最大得分，同时记下读取路径。为了得到最佳比对，必须从得分最高的位置 $S(i, j)$ 开始，在矩阵的 $(i-1, j)$，$(i, j-1)$ 或 $(i-1, j-1)$ 位置中寻找下一个最大得分位置，记下路径（画箭头），当两个（或三个）位置得分

Notes

相等时,取对角线方向,依此规则搜寻,直至到起点(0,0)。在本例中,最大得分对应的位置分别为(8,8),(7,7),(7,6),(6,5),(5,4),(4,3),(3,2),(2,1),(1,1)和(0,0),图2-8所示。

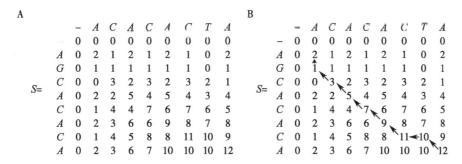

图2-8 得分矩阵
A. 得分矩阵实例;B. 得分矩阵路径实例

最后,是构建最佳匹配。在读取路径中要求:对角线对应匹配(或失配)、上下箭头对应删除、左右箭头对应插入。依此规则,我们可以得到本例的最佳匹配为:

序列a　　 = 　 A 　 − 　 C 　 A 　 C 　 A 　 C 　 T 　 A

序列b　　 = 　 A 　 G 　 C 　 A 　 C 　 A 　 C 　 − 　 A

对算法的复杂度,从所使用的数据结构本身及其计算过程来看,序列两两比对基本算法的空间复杂度和时间复杂度都是O(mn)。

2. 动态规划法的流程 大致包括:①按照规则建立得分矩阵;②反向读取最大得分,构建最佳匹配。每一步都包括若干子步骤。按照规则建立得分矩阵的流程是:

```
for i = 0 to length(A)
        F(i, 0) ← 0
for j = 0 to length(B)
        F(0, j) ← 0
for i = 1 to length(A)
    for j = 1 to length(B) {
        Choice1 ← F(i-1, j-1) + S(A(i), B(j))
        Choice2 ← F(i-1, j) + d
        Choice3 ← F(i, j-1) + d
        F(i, j) ← max(Choice1, Choice2, Choice3)
    }
```

反向读取最大得分,构建最佳匹配的流程是:

```
AlignmentA ← ""
AlignmentB ← ""
i ← length(A)
j ← length(B)
while (i > 0 and j > 0) {
    Score ← F(i, j)
    ScoreDiag ← F(i-1, j-1)
    ScoreUp ← F(i, j-1)
    ScoreLeft ← F(i-1, j)
    if (Score == ScoreDiag + S(A(i-1), B(j-1))) {
```

```
            AlignmentA←A(i-1)+AlignmentA
            AlignmentB←B(j-1)+AlignmentB
            i←i-1
            j←j-1
        }
        else if(Score == ScoreLeft + d){
            AlignmentA←A(i-1)+AlignmentA
            AlignmentB←"-"+AlignmentB
            i←i-1
        }
        otherwise(Score == ScoreUp + d)
        {
            AlignmentA←"-"+AlignmentA
            AlignmentB←B(j-1)+AlignmentB
            j←j-1
        }
    }
```

三、双序列局部比对

　　有时,人们会遇到这样的情况,即手里有一段序列,想知道这一段序列和另一段我们所关注的序列间有没有同源的子序列。这涉及子序列与完整序列的比对。注意这一短一长两序列间除了人们关注的共同区段外可能并没有太多的相似性(见下面的两个序列),如果对它们做整体比对则很可能不会有一个高的得分,这使得用于局部比对的各种算法应运而生。

－－－－AGCT－－－－

ATGCAGCTGCTT

处理子序列与完整序列(或短序列与长序列)比对的一般过程是:设短序列 a 和长序列 b,它们的长度分别为 L_a 和 L_b,比对是在 b 序列中寻找 L_a 长度的 a 序列的过程。这个过程的实现需要对上述动态规划算法做一些改动,它不计算删除序列 a 前缀的得分,也不计算删除序列后缀的罚分,其他行(除最后一行)的计算不变。最后一行的计算是按公式(2-9):

$$S(i,j) = \max \begin{cases} 0 \\ S(i-1,j-1)+w(a_i,b_j) & \text{匹配或错配} \\ S(i-1,j)+w(a_i,-) & \text{插入} \\ S(i,j-1)+w(-,b_j) & \text{缺失} \end{cases} \tag{2-9}$$

$S_{i,j}$ 依然是最优局部比对的得分,而匹配的子列 b 按式(2-10)方法寻找:

$$j = \min\{k \mid S_{i,k}=S_{i,n}\} \tag{2-10}$$

然后由位置 (i,j) 出发,反推比对路径,最终通过斜线(非空位)到达 $(0,j)$。

四、多序列全局比对

　　如果多个序列间的距离较大、序列较多或序列较长时,多序列比对是一个相当困难的问题,因为计分可涉及复杂的替换矩阵、比对的时间开支十分可观和引入空格的数量与位置相当程度地取决于所用的比对方法和软件参数,这些也增加了解释比对结果的困难性。多序列比对主要涉及四个要素:①选择一组能进行比对的序列(要求是同源序列);②选择一个实现比对与计分

Notes

的算法与软件；③确定软件的参数；④合理地解释比对的结果。

　　与双序列比对一样，多序列比对也有全局比对和局部比对。全局多序列比对把整个序列当作一个保守的区段，关心的是序列整体上的可比性和相似度，常常用于外显子序列、RNA 序列和蛋白质序列的比对。为了使序列中的每个字符都得到有效的比对，通常在序列中及序列两端都插入空格，使全部序列具有相同的长度。与之不同，局部比对只关心序列中某个保守区段之间的可比性和相似度，常常用于揭示多个序列中的一个保守区段。本节主要介绍多序列全局比对算法。

（一）动态规划法进行多序列比对

　　动态规划法能够确保全局比对产生最优的解，且标准的动态规划法可直接用于多序列比对。例如，如果有三条序列 $u=$ATGC、$v=$ATGTTAT 和 $w=$ATCGTAC（图2-9），要求这三个序列的最优比对，动态规划法需要考察更多的项。如果 $\delta(x, y, z)$ 表示由字母 x、y 和 z 组成的列的得分，由于可以从下列任何一个前导到达位点 (i, j, k)（图2-9）：

　　（1）$(i-1, j, k)$，得分 $\delta(u_i, -, -)$

　　（2）$(i, j-1, k)$，得分 $\delta(-, v_j, -)$

　　（3）$(i, j, k-1)$，得分 $\delta(-, -, w_k)$

　　（4）$(i-1, j-1, k)$，得分 $\delta(u_i, v_j, -)$

　　（5）$(i-1, j, k-1)$，得分 $\delta(u_i, -, w_k)$

　　（6）$(i, j-1, k-1)$，得分 $\delta(-, v_j, w_k)$

　　（7）$(i-1, j-1, k-1)$，得分 $\delta(u_i, v_j, w_k)$

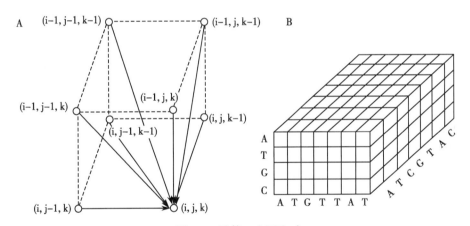

图2-9　计算三序列比对

A. 计算三个序列间的一个比对单元 (i, j, k) 依赖于其 7 个前导项；B. 计算 $u=$ATGTTAT，$v=$ATCGTAC，$w=$ATGC 三序列比对的三维得分矩阵 δ

　　这个计算需要使用一个三维的动态规划表 s，在三维情形下 $s_{i, j, k}$ 的递归计算类似于二维情形下的过程，即：

$$s_{i, j, k}=\max \begin{cases} s_{i-1, j, k}+\delta(u_i, -, -) \\ s_{i, j-1, k}+\delta(-, v_j, -) \\ s_{i, j, k-1}+\delta(-, -, w_k) \\ s_{i-1, j-1, k}+\delta(u_i, v_j, -) \\ s_{i-1, j, k-1}+\delta(u_i, -, w_k) \\ s_{i, j-1, k-1}+\delta(-, v_j, w_k) \\ s_{i-1, j-1, k-1}+\delta(u_i, v_j, w_k) \end{cases} \qquad (2\text{-}11)$$

而三维动态规划表 s 以及表 b 的填写和计算与二维情形无本质不同。

Notes

尽管使用动态规划法对多序列进行比对在方法上与对双序列进行比对几乎没有差别，但在时间和空间开销上则有显著不同。考虑 k 个长度为 n 的序列的多序列比对。首先，按照前面对二维情形的分析，其复杂度有一个 $O(n^k)$ 项；其次，按照上面对三维情形的的分析，由于每个 (i,j,k) 的计算依赖于 (2^k-1) 个已计算的前导项，$O(n^k)$ 中还要乘上一个因子 2^k。这样，总的时间复杂度高达 $O(n^k2^k)$，这使得标准动态规划法无法直接用于较长序列的多序列比对。由于动态规划法的时间与空间复杂性太高，人们发展了该算法的多种变体，使得它们能够在合理的时间内找到优化比对。

（二）渐进多序列比对

渐进多序列比对（progressive multiple alignment）以及后面介绍的多种多序列比对方法都基于使用动态规划法建立的配对比对。渐进比对的思想最早由 WM Fitch 和 KT Yasunobu 在 1975 年提出，DF Feng 和 RF Doolittle 在 1987 年的改进使之广为普及，是得到了最广泛使用的多序列比对。渐进多序列比对首先使用动态规划法构造全部 k 个序列 $\binom{k}{2}$ 个配对比对，然后以计分最高的配对比对作为多序列比对的种子，按计分高低依次选择序列，逐渐向已构造的多序列比对中加入序列，形成一个树状结构的多序列比对结果。该方法的优点是能处理高达数百个序列的比对，缺点是因为最终的结果取决于序列加入的次序，比对的最优性不受保证。渐进多序列比对需要三个步骤：第一，使用动态规划法构造每个序列的配对比对，包括 ClustalW 在内的许多比对算法在这一步使用距离矩阵而不是相似性矩阵来描述序列间的关联性。第二，由距离矩阵构造一棵指导树（guide tree），树的两个主要特征是拓扑结构和分枝长度，它反映了参与比对的多个序列如何相关联，用来确定向正在进行的多序列比对加入新序列的次序。第三，以计分最高的配对比对作为多序列比对的种子，根据指导树逐渐向多序列比对中加入序列。需说明的是，在添加序列的过程中需要对序列加入空格，而存在许多引入空格的方法。DF Feng 和 RF Doolittle 的方法遵循了"一旦引入一个空格则始终保持这个空格"的原则，其合理性在于在配对比对阶段得到比对的两个最接近的序列在决定空格方面应该被赋予更重的权值。

多序列比对的一个特殊问题是对插入和缺失〔合称为"插缺（indel）"〕的罚分。双序列比对不区别序列中的插入和缺失，但多序列比对因常常用于种系分析或以种系分析为基础，对序列中的插入和缺失需进行专门的处理。在一般的多序列比对算法里，一个缺失被罚分一次，但一个插入可被过度地罚分多次，这样产生的空格罚分要么太高以至于长的空格从不出现，要么太低以至于序列被许多小空格打散。A Loytynoja 和 N Goldman 在 2005 年给出一个算法来区分插入和缺失并校正插入的罚分，他们的算法产生的多序列比对通常包含较多的空格，但更准确，尤其适用于一般 DNA 序列的比对。

渐进多序列比对实际上是一种启发式算法，而所有启发式算法都有一个共同的问题，即不保证产生全局最优的比对。首先，渐进多序列比对可能会被一些坏的种子所误导。如果一开始选择的两条序列的配对比对与实际上的最优多序列比对不一致，那么初始的配对比对中的错误在整个多序列比对构造过程中将始终存在并持续传播。其次，在比对的任何阶段出现失配时（例如在配对比对中加入空格），这些失配不是被纠正而是被传播到最终结果。再者，一个更糟糕的情况是配对比对可能无法组成一个相容的多序列比对（图 2-10）。以上因素使得渐进多序列比对对于距离非常接近的序列效果很好，而当序列间的距离较远时效果不佳。

对于接近或超过 100 个序列的多序列比对，渐进多序列比对具有较高效率。最流行的渐进多序列比对软件是 Clustal 家族，1994 年版的 ClustalW 有以下特点。首先，在比对中对每个序列赋予一个特殊的权值以降低高度近似序列的影响和提高相距遥远的序列的影响（图 2-11 所示，来自于根的序列其权值等于它到根的距离，而来自于一个分枝的序列其权值不超过它到根的距离的和），它能更准确地反映在进化中序列所产生的变化；其次，根据序列间进化距离的离

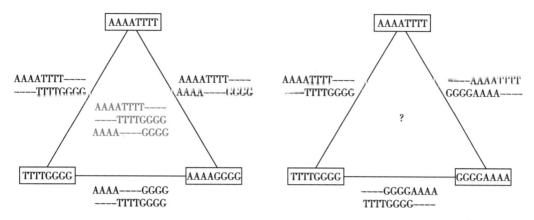

图2-10 三个序列的配对比对未必总能组合成一个多序列比对

异度（divergence）在比对的不同阶段使用不同的氨基酸替换矩阵；第三，采用了与特定氨基酸相关的空缺（gap，指一个或多个连续的空格）罚分函数，对亲水性氨基酸区域中的空缺予以较低的罚分；第四，对在早期配对比对中产生空缺的位置进行较少的罚分，对引入空缺（gap open）和扩展空缺（gap extend）进行不同的罚分。ClustalW 有许多实现和在线服务版本，不同的实现和在线服务版本可能在用户界面和参数设置上略有差异。

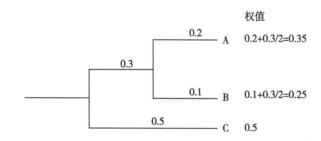

图2-11 ClustalW 中对序列赋权的方法

（三）迭代法

在渐进多序列比对中，一个序列一经加入构造的比对结果其配对比对便不再重新处理，因此对在渐进比对过程中发现的错误或不适当的计分没有机会进行更正，这提高了比对的运行效率但牺牲了准确性。当起始的比对处理的是较远距离的序列时，其蕴含的错误对多序列比对的影响尤其严重。一类称作迭代法的方法能够克服渐进多序列比对的这个不足。迭代法的基本过程是先用渐进多序列比对产生一个初始结果，再对序列的不同子集进行反复比对并利用这些结果重新进行多序列比对，目标是改进多序列比对的总计分值。迭代法常使用随机搜索或者通过对比对结果进行重排来寻找更优的解，迭代持续直到比对计分值不再提高。

存在许多不同的迭代法软件，常用的是 MAFFT（Multiple Alignment using Fast Fourier Transform），这些软件都能利用同源序列的信息增进比对的质量。

（四）基于一致性的方法

渐进多序列比对的基本方法是先产生全部的配对比对，然后根据配对比对的计分高低逐渐构造多序列比对。基于一致性的方法采用了另一种利用序列信息的方式。这里，一致性指的是对于序列 x、y 和 z，如果 x_i 比对于 z_k 且 z_k 比对于 y_j，则 x_i 应比对于 y_j。因此，基于一致性的方法的基本特点是充分利用多个序列间的比对信息对配对比对进行更合理的计分。例如，根据 x_i 和 y_j 同时比对于 z_k 而调整 x_i 和 y_j 的比对计分，如果序列 x 中的字符 x_i 比对于序列 y 中的字符 y_j 的似然率（likelihood）为 $P(x_i \sim y_j | x, y)$，则有 $P(x_i \sim y_j | x, y, z) \approx \sum_k P(x_i \sim z_k | x, z) P(y_j \sim z_k | y, z)$。

Notes

基于一致性的方法在多序列比对中对每对序列中的每对字符计算如上的似然率。根据基准测试数据的研究，基于一致性方法的多序列比对产生的结果经常比渐进多序列比对产生的结果更准确。两个基于一致性的多序列比对软件是 ProbCons 和 T-Coffee。ProbCons 分五步进行蛋白质多序列比对。第一，对每对序列中的每对字符计算上述的似然率，得到一个似然率矩阵。第二，用动态规划法计算每个配对比对的预期精度，它是得到正确比对的字符数除以较短序列的长度，计分根据上述条件概率公式计算而不采用通常的 PAM 或 BLOSUM 矩阵，且空格罚分设为 0。第三，根据相关条件概率的计算重新调整配对比对的计分，这一步用到了由多个配对比对揭示的序列中字符的保守性，产生更准确的对替换的计分。第四，用分层聚类法（hierarchical clustering）构造一棵基于相似性而不是距离的期望准确性指导树。第五，根据该期望准确性指导树对所有的序列进行渐进性比对，方法如同 ClustalW。在这些步骤之后，还可进一步用迭代法进行优化。据报道，在 BAliBASE 和 PREFAB 等多个基准测试数据库上，ProbCons 的性能优于许多其他软件，包括 ClustalW、DIALIGN、T-Coffee、MAFFT、MUSCLE 和 Align-m 等。第二个基于一致性的多序列比对软件是 T-Coffee，它包括了一套比对与评估工具。T-Coffee 首先用 ClustalW 和 LALIGN 产生全局和局部的比对以及一个多序列比对，然后根据这些结果构造一个比对数据库，对字符比对赋予不同的权值。T-Coffee 然后使用该权值数据库作为替换矩阵，再利用一个距离矩阵和一个指导树，用渐进多序列比对的方式进行优化多序列比对。T-Coffee 也属于渐进多序列比对，它比 Clustal 家族的软件慢，但对相距较远的序列通常产生更精确的比对。

（五）遗传算法

遗传算法（genetic algorithm）是计算机科学中的一种优化技术，它也被用于多序列比对。使用遗传算法的多序列比对把序列打碎成许多小片段，然后反复重组这些小片段，重组过程中通过在各个序列的不同位置引入空格来优化一个目标函数（通常是 SP 计分函数），使得多个序列得以最优地比对。作为一种启发式算法，遗传算法不保证找到多序列比对的最优解，而且当超过 20 个序列时比对便变得相当慢。一个用遗传算法对蛋白质序列进行比对的软件是 SAGA。

五、多序列局部比对

前面介绍的方法大部分都是全局比对，其共同特征是序列中所有对应字符均假定可以匹配，所有字符具有同等的重要性，空格的插入是为了使整个序列得到比对，包括使两端对齐。因此，全局比对适合于比对高度相似且长度相当的序列，相应的基本动态规划法算法是 Needleman-Wunsch 算法。与之不同的是，局部比对不假定整个序列可以匹配，重在考虑序列中能够高度匹配的一个区段，可赋予该区段更大的计分权值，空格的插入是为了使高度匹配的区段得到更好的比对，相应的基本动态规划法算法是 Smith-Waterman 算法。当多个序列长度相当且高度相似时，全局比对和局部比对给出基本相同的结果，否则，由于局部多序列比对追求对保守区段的比对，且保守区段可能只存在于部分输入序列里，下面的双序列比对例子说明，其结果在形式上十分不同于全局多序列比对（图 2-12）。有些多序列比对软件通过参数设定能够既做全局比对也做局部比对，有些多序列比对软件则专用于全局或局部比对。

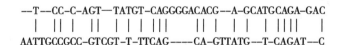

图 2-12　对 2 个序列进行全局和局部比对可得到完全不同的结果

基于隐马尔可夫模型的多序列比对方法属于局部比对。基于不同的隐马尔可夫模型，人们开发了多个在计算效率和应用规模方面有所不同的软件，正确地使用不同的隐马尔可夫模型要比正确地使用不同的渐进多序列比对软件复杂，其中一个软件是 SAM，它被广泛用于蛋白质结构预测。使用隐马尔可夫模型进行多序列比对时，它对序列个数有特别要求。当序列间一致性较高时，需要 20~50 个序列进行多序列比对，而当序列间有较大变异时，可能需要多达 100 个序列来进行可靠的多序列比对。

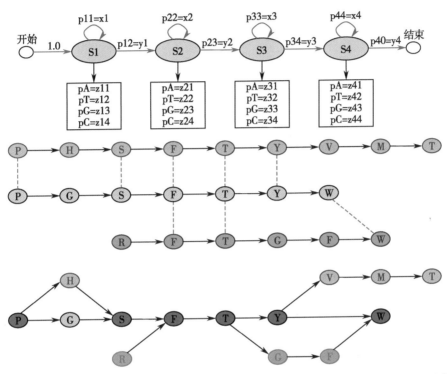

图 2-13　隐马尔可夫模型和 3 个蛋白质序列 PHSFTYVMT、PGSFTYW、RFTGFW 的最小公共超图

另一个常用的局部多序列比对软件是 Mulan，用于发现进化上保守的功能单元。根据序列质量 Mulan 分别用 BLASTZ 和 TBA 的 multi-aligner 进行双序列比对，快速找到序列中的保守区段。另外，Mulan 还结合了 multiTF 软件，专门用于检测进化上保守的转录因子结合位点，且允许交互式地修改参数以针对性地检测远距离种系序列间的保守区段和近距离种系序列间的保守区段。Mulan 的一个不足是未考虑保守区段的次序和朝向。

六、比对的统计显著性

本章前面说过，同源是根据相似性判断的，而两个序列的相似性是用比对算法精确计算的，由此引发的一个问题是，由比对算法计算的相似性是否可靠？例如，两个长度为 10 的序列有 50% 的字符一致，另两个长度为 100 的序列有 50% 的字符一致，这两种情况下相似性是否具有同等意义？实际上，当比对软件产生一个表明两序列高相似的高计分后，我们需要用统计方法检测两序列是真匹配（真阳性，即两个比对的序列是真正同源的）还是假匹配（假阳性，即它们碰巧相配）。如果两个序列因为比对计分低于某个阈值而被报不匹配，我们也需要知道这是真失配（真阴性，即真正不相关）还是假失配（假阴性，即属于同源序列但比对计分低于假定的同源性的要求）。由于比对结果需要统计检验，在设计比对算法时，一个重要的问题是尽可能提高比对的敏感性（sensitivity）和特异性（specificity）。敏感性是算法正确识别真正相关序列的能力，它等于真阳性的数目除以真阳性与假阴性数目之和；特异性则涉及非同源序列的比对，它等于真

Notes

阴性的数目除以真阴性与假阳性数目之和。对于数据库搜索,当序列数据库变得十分庞大时,存在相当大的概率使相对短的序列能得到随机的高匹配和产生假阳性。那么,如何评估这种假阳性的产生?

当比对两个蛋白质(例如 β 球蛋白和肌球蛋白)产生一个得分(score)后,人们可以用假设检验(hypothesis testing)来评估这个计分偶然获得的可能性。确定比对 score 是否偶然获得的一个办法是,将 β 球蛋白或肌球蛋白与大量非同源的蛋白质做比对,然后将 score 与这些比对的得分进行比较。第二个办法是,把一个序列与一组随机产生的序列进行比对,然后同样将 score 与这些比对的得分进行比较。第三个办法是,随机将两个序列中的一个打乱重组,比如说重组 100 次,并与另一个序列比对,同样得到一组比对的得分。假定由这一群比对得到的比对得分服从正态分布,则利用式(2-12)可计算得分大于或等于 score 的概率:

$$Z=(S-M)/D \tag{2-12}$$

假定采用第三个办法,则 M 和 D 分别是 100 组随机重组序列的比对所产生的得分的平均值和标准差,S 是得分 score。当 Z 值分别为 3.1、4.3 和 5.2 时,得分 score 随机出现的概率分别为 10^{-3}、10^{-5} 和 10^{-7}。因此,可以根据 Z 值判断两个序列相似性得分的显著性。一般假定对于一个高比对得分,当 Z>5 时两条序列在进化上是真正相关的;当 3≤Z≤5 之间时,如果两者有其他方面的相似性证据(如功能相似),则两条序列也可能是真正相关的;如果 Z<3,则表示两条序列未必同源。许多序列比对软件都带有计算 Z 值的程序,可直接用于评价序列比对的显著性。

上述对全局比对的统计学显著性进行检验的方法有一个问题,那就是用于检验的全局比对序列的分布是不知道的,得分的分布情况也是不清楚的。在某些情况下,得分可能不是正态分布。因此,目前对全局比对的统计分析了解尚少。

第三节　数据库搜索
Section 3　Database Search

在分子生物学研究中,对于新测定的碱基序列或氨基酸序列,人们往往试图通过数据库搜索找出与其相似的序列,以推测该未知序列是否与已知序列同源,或可能属于哪个基因家族,以及具有哪些生物功能。

数据库搜索是双序列局部比对的特例。希望通过数据库搜索确定其性质或功能的序列称作查询序列(query),通过数据库搜索得到的和查询序列具有一定相似性的序列称目标序列(常称 hits)。下面介绍几个经典的数据库搜索工具。

一、经典 BLAST

BLAST 是目前最常用的数据库搜索程序,它是 Basic Local Alignment Search Tool 的缩写,国际上各著名的生物信息中心都提供基于 Web 的 BLAST 在线服务。基本的 BLAST 算法本身很简单,它的要点是片段对(segment pair)的概念,它是指两个给定序列中的一对子序列,它们的长度相等,且可以形成无空格的完全匹配。BLAST 首先找出查询序列和目标序列间所有匹配程度(以得分计)超过一定阈值的片段对,然后对片段对根据给定的相似性阈值进行延伸,得到一定长度的相似性片段,最后给出高分值片段对(high-scoring pairs)。BLAST 在线服务实际上包含一组程序,不仅可用于直接对蛋白质序列数据库和核酸序列数据库进行搜索,而且可以将查询序列翻译成蛋白质后再进行搜索,以提高搜索结果的灵敏度(表2-2)。

除了在线服务,研究人员也可以从 NCBI 等的文件服务器上下载安装本地 BLAST。需注意的是,本地运行必须有 BLAST 格式的数据库,它们也可以从 NCBI 下载,或利用该系统提供的格式转换工具由其他格式转换而得到。

Notes

表 2-2 BLAST 的查询序列和数据库的类型

程序名	查询序列	数据库类型	方法
blastp	蛋白质	蛋白质	用蛋白质查询序列搜索蛋白质序列数据库
blastn	核酸	核酸	用核酸查询序列搜索核酸序列数据库
blastx	核酸	蛋白质	将核酸序列按 6 条链翻译成蛋白质序列后搜索蛋白质序列数据库
tblastn	蛋白质	核酸	用蛋白质查询序列搜索核酸序列数据库，核酸序列按 6 条链翻译成蛋白质
tblastx	核酸	核酸	将核酸序列按 6 条链翻译成蛋白质序列后搜索由核酸序列数据库按 6 条链翻译成的蛋白质序列的数据库

1. BLAST 的算法 BLAST 先找出某些"种子（称作 words）"，即查询序列和数据库序列间非常短的匹配的片段对，它们的比对得分至少是 T，然后向两端不带空格地扩展这些种子，并使用替换计分矩阵计算得分，直到达到最大可能得分。程序并不持续地对种子进行扩展，当得分低于某个既定的阈值时便停止。不带空格的片段比对是标准 BLAST 的一个特征，实际上这也是 BLAST 运行非常之快的一个主要原因。上述的启发式的对片段对进行扩展的技术会产生一个很小的概率，使得正确的最大扩展片段不被找到。对于一个搜索，BLAST 返回查询序列与数据库序列所有得分值大于某阈值 S 的片段对（图 2-14），称为高计分对，S 由系统或用户确定。

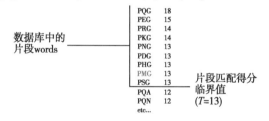

图 2-14 BLAST 算法图示

2. BLAST 的应用 BLAST 具有非常广泛的应用，包括以下方面：

（1）确定一个蛋白质或核酸序列有哪些垂直同源或水平同源序列。

（2）确定哪些蛋白质或基因在特定的物种中出现。

（3）发现新基因。

（4）确定一个基因或蛋白质的变种。

（5）寻找对于一个蛋白质的功能或结构起关键作用的片段。

3. 搜索步骤 使用 BLAST 搜索的步骤是：

（1）选择感兴趣的序列，可以是 FASTA 格式的序列，也可以是访问编号。

（2）选择 BLAST 程序，包括 blastp、blastn、blastx、tblastn、tblastx。

（3）选择数据库。

（4）选择参数。

4. 常用的输入与输出参数是（不同的版本参数会略有不同）：

（1）-p ProgramName：p 代表 program，可带的选项是 blastp、blastn、blastx、tblastn 和 tblastx。

（2）-i QueryFile：用于指定包含查询序列的查询文件。

（3）-d DatabaseName：选择待搜索的数据库，可以选择多个数据库。

（4）-o OutputFileName：数据库搜索输出文件的名称，默认的计算机屏幕。

（5）-e ExpectedValue：E 期望值，这一参数控制搜索的敏感性。

（6）-m SpecifiesAlignmentView：设定搜索结果的显示格式，选项有 12 个，其中 0 是默认参数，显示查询序列和目标序列两两比对的信息。

（7）-F FilterQuerySequence：屏蔽简单重复和低复杂度序列的参数，有 T（选上）和 F（不选）两个选项。

（8）-E CostToExtendGap：给出空位延伸罚分。

BLAST 程序的参数有搜索参数，包括字长（word size）、期望值 E、空格罚分、替换计分矩阵、阈值、窗口尺寸（window size）等，以及统计学显著性参数，包括 λ 和 K，其意义与选择用表 2-3 予以说明。

表 2-3   BLAST 的参数

参数	意义与选择
字长（word size）	查询序列和数据库序列间匹配的短片段对的长度（即"种子"的长度）。对蛋白质序列一般为 3，对 DNA 序列一般为 11 或更长些。小的字长产生更多的种子，可提高敏感性，耗费更多的时间，但是否返回更多结果还取决于其他参数；大的字长产生更少的种子，可提高特异性，耗费更少的时间
期望值（expectation value）	对于 blastn、blastp、blastx 和 tblastn 期望值的默认值是 10，在这个 E 值下随机出现得分等于或大于比对得分 S 的期望数为 10 个。将期望值调小时，返回的数据库搜索结果将变少，匹配被搜索到的概率也变小；反之，增大 E 值将返回更多的结果
引入空格（cost to open a gap）	通常是 11，是引入空格的罚分
扩展空格（cost to extend a gap）	通常是 1，是将空缺扩展一个空格的罚分
替换计分矩阵	对于 blastp 的蛋白质 - 蛋白质搜索，常用的氨基酸替换计分矩阵有 PAM-30、PAM-70、BLOSUM-45、BLOSUM-62 及 BLOSUM-80。通常应该在搜索中使用数种矩阵并比较获得的结果
窗口尺寸（multiple hits window size）	指的是分隔两个独立的种子匹配与延伸的间隔，通常是 40。大的参数值产生更少的种子匹配与延伸和搜索结果，小的则相反
阈值（threshold for extending hits）	指的是种子延伸的计分阈值。小的参数值产生更多的种子延伸，大的则相反
λ 值	对于无空格比对通常为 0.32，对于带空格比对通常为 0.267
K 值	对于无空格比对通常为 0.137，对于带空格比对通常为 0.041

二、衍生 BLAST

（一）PSI-BLAST

PSI-BLAST 即 Position-Specific Iterated BLAST 是一个专门化的搜索工具，比常规的比对算法更敏感，主要用于搜索与感兴趣的蛋白质关系较远的蛋白质。PSI-BLAST 需要 5 个步骤：第一，使用一个常规替换计分矩阵进行一次标准 blastp 搜索；第二，PSI-BLAST 从第一步得到的结果中构造一个专门的矩阵，称作位点特异性计分矩阵（position-specific scoring matrix，PSSM）；

Notes

第三，使用这个位点特异性计分矩阵再搜索一次目标数据库（注意不使用原来的查询序列）；第四，评估数据库搜索的统计学显著性；第五，重复上述步骤二到步骤四，每次均使用新构造的位点特异性计分矩阵对数据库进行搜索，直至所有数据库匹配都找完。

PSI-BLAST 在搜索蛋白质之间微弱但又具有生物学意义的联系的时候非常有用。导致搜索出现错误的最主要的问题是搜索可能不断地找到一些无关的假阳性序列，它们进而可显著影响位置特异性计分矩阵的质量。可用两个办法避免这种情况，一是使用更小的阈值，如把 E=0.005 调整到 E=0.001，二是手工检查每轮 PSI-BLAST 的结果，剔除可疑的序列。

（二）PHI-BLAST

PHI-BLAST 即 Pattern-Hit Initiated BLAST。很多时候人们感兴趣的蛋白质有特定的氨基酸"模式"，它能用来帮助判断这个蛋白质属于哪个家族。例如，一个氨基酸模式可能是一个酶的活性位点，或一个蛋白质的结构或功能域。PHI-BLAST 能够搜索到既和查询序列相配又和特定模式相配的数据库记录，尤其适合于带模式的短查询序列的搜索。如果不使用模式，则这种短查询序列可能产生大量无关的搜索结果。

（三）BLASTZ

BLASTZ 是在比对人和鼠的基因组中发展起来的，它适合于比对非常长的序列。如同常规 BLAST 一样，它搜索接近完全匹配的短序列，延伸这些序列，当片段对的计分超过某一阈值时，在延伸中允许空格的插入。BLASTZ 已被用于许多基因组分析项目中。

三、BLAT

BLAT（The BLAST-Like Alignment Tool）与 BLAST 搜索原理相似，但发展了一些专门针对全基因组分析的技术。为了实现用长的查询序列快速搜索基因组数据库，BLAT 的做法是快速发现相似度大于 95% 且长度大于 40 个碱基对的片段，因此它可能错过相似性较低或长度较短的序列片段。用于蛋白质搜索的 BLAT 则是快速发现相似度大于 80% 且长度大于 20 个氨基酸的片段。BLAT 的优点在于速度快，其比对速度要比 BLAST 快几百倍，其根本原因在于：BLAST 是将查询序列索引化，而 BLAT 则是将搜索数据库索引化，BLAT 把相关的成共线性的比对结果连接成为更大的比对结果。BLAT 可批量提交查询序列和选择多个输出方式。BLAT 的使用命令如下：

BLAT database query［-参数］output psl

其主要的参数选择包括：

（1）-t=type：数据库类型，包括 dna-DNA 序列，prob-蛋白质序列，dnax-DNA 序列按照六个阅读框被翻译为蛋白质序列，默认参数是 DNA 序列。

（2）-q=query：查询序列类型，包括 dna-DNA 序列，prob-蛋白质序列，dnax-DNA 序列按照六个阅读框被翻译为蛋白质序列，rnax-DNA 序列按照三个阅读框被翻译为蛋白质序列，默认参数是 DNA 序列。

（3）-tileSize=N：触发 query 与数据库序列比对的序列片（tile）的长度，通常是 8 到 12，默认对 DNA 是 11，对蛋白质是 5。这里 tile 类似于 BLAST 中的 word，但不同之处是 tile 也在数据库中用到，是 BLAT 对数据库建立索引的基本单位。

（4）-maxGap=N：序列片允许的最大 gap 值。默认是 2，通常的设置范围是从 0 到 3，仅当 -minMatch>1 时设置才有意义。

（5）-stepSize=N：在数据库中搜索的步长，默认是序列片的长度以执行不重叠（non-overlap）的搜索。当需要提高搜索的敏感性时，可设置 -stepSize<-tileSize。

（6）-minMatch=N：序列片匹配的最小数目，通常是 2 到 4，默认对于 DNA 是 2，对于蛋白质是 1。

Notes

（7）-minScore＝N：最小的分值，这个分值应该是匹配的分值减去不匹配和 Gap 的惩罚分数，默认是 30 分。

（8）-minIdentity＝N：最小的序列 Identity，对于核苷酸搜索默认是 90%，而对于蛋白质搜索默认是 25%。

（9）-trimT：去掉 poly-T。

（10）-notrimA：不去掉尾部的 poly-A。

四、RNA 序列搜索

近年来人们对 RNA 的认识不断扩增，在生命过程最重要的"中心法则"中，RNA 是从作为遗传信息存储体的 DNA 到构成生命各种表征的蛋白质之间的信息传递中介。之后科学家发现了大量病毒只含单链 RNA 而不含 DNA，在病毒反转录酶的催化下，以病毒 RNA 为模板合成 DNA，从而使遗传信息由 RNA 流向 DNA；还发现一些 RNA 具有酶的催化活性；一些 RNA 可以自主复制；此外发现大量非编码 RNA（microRNA，SnoRNA，SrRNA，lncRNA，PIWI-interacting RNA）在生物系统中具有重要的调控功能并由此和一些疾病发生密切的关联。

由于非编码 RNA 家族数量众多，使用多序列比对方法和数据库检索研究这些 RNA 的进化、结构与功能已成为生物信息学的一个重要方面。下面简单介绍常见的 RNA 数据库搜索算法。

RNA 数据库搜索最简单的方法是仅使用序列信息，这可以直接利用经典的 BLAST 程序，时间和空间复杂性是 $O(N^2)$，但这类算法的可靠性比较低，因为 RNA 序列通过碱基配对形成特定的空间结构，许多配对的位点可产生保持结构不变的突变（称为补偿性突变）。因此，RNA 序列比对和数据库搜索要综合考虑其序列和结构特征。RNA 序列比对 / 搜索算法可大致分成两类：

（1）查询序列的结构未知，要找到数据库中和其结构相近的同源序列。这类比对 / 检索方法是同时进行序列比对和结构预测，代表算法是经典 Sankoff 算法，其空间和时间复杂性分别是 $O(N^4)$ 和 $O(N^6)$。由于计算复杂性高，在 Sankoff 算法的基础上产生了一些加速变形算法，如 LocARNA、Foldalign、Dynalign 等。

（2）利用查询序列的结构信息，在结构信息的使用上又可以细分为：

①通过构建一个描述 RNA 序列共性结构的概率模型进行数据库检索，这类算法的代表是基于随机上下文无关文法的 Infernal 及其几个变形算法（RSEARCH、PHMMTS 和 ERPIN），这类算法具有较强的统计学基础，可靠性较高，但是空间和时间复杂性也比较高。

②基于索引（index）或者模体（motif）描述的方法定义 RNA 结构或共性结构，并进行数据库搜索，主要包括 RNAMotif、RNAMOT、RNABOB、RNAMAST、PatScan、PatSearch、Palingol、Locomotif、Structator、RalignNAtor、GraphClust 和 BEAR 等，这类算法对 RNA 的结构或共性结构进行某种形式的简化描述或编码。

目前最流行的 RNA 数据库检索方法是 Infernal，其空间和时间复杂性分别是 $O(N^3)$ 和 $O(N^4)$，它由以下几个核心程序构成：

（1）cmbuild：根据具有结构信息的一个 RNA 家族的多序列比对建立 CM 模型（covariance model，协方差模型）。

（2）cmcalibrate：在数据库搜索前，对 CM 模型进行校验以计算 E-value 值。

（3）cmsearch：根据查询序列的 CM 模型搜索数据库。

（4）cmalign：将查询序列与已有的 CM 模型进行比对。

基于 CM 模型的数据库搜索能够产生比较可靠的结果，但时间复杂性比较高。相对地，基于索引或 motif 描述的检索算法能将 RNA 的结构进行某种程度的简化表示或者重新编码并借此设计新的序列 - 结构比较方法，进而进行数据库搜索。尽管在搜索精度上有所下降，这类方法检

Notes

索速度相对较高。2012 年提出的 GraphClust 利用图的核函数来编码 RNA 结构,属于非比对的 RNA 结构数据库搜寻方法。2014 年的 BEAR 算法则是给出了不同二级结构子单元(环、茎和突起等)新的编码字符并且在编码过程中考虑不同结构子单元的大小,并采用 Needlman-Wunsch 算法实现结构比对。

五、数据库搜索的统计显著性

局部比对也存在统计学显著性问题,且已经发展了更加严格的统计学检验方法。当用查询序列与一个长度统一的随机序列的数据库进行比对时,通常会得到一个符合所谓极值分布的图。与正态分布相比,极值分布是不对称的,向坐标右侧偏移。这一分布的性质可使人们对 BLAST 比对的统计学获得深刻的认识,并估计搜索最高得分随机出现的可能性。对于两个随机序列 s 和 t,随机观察到一个比对得分 S 等于或大于 x 的概率 P 为

$$P(S \geq x) = 1 - \exp(-Kste^{-\lambda x}) \qquad (2\text{-}13)$$

对于 BLAST 数据库搜索,上式中 s 和 t 分别指查询序列的长度和整个数据库的长度,乘积 st 定义了搜索空间的大小。如前所述,BLAST 返回查询序列与数据库序列所有得分值大于某阈值 S 的高计分片段对,其期望为

$$E = Kste^{-\lambda S} \qquad (2\text{-}14)$$

这就提供了对于假阳性结果的一个估计。另外由此式可看出,E 值与得分 S 和用来度量计分系统的参数 λ 有关,同时也与查询序列的长度 s 和数据库长度 t 有关。该式具有两个重要特点:①随着 S 的增加 E 值呈指数下降,当 E 值接近零时一个比对随机发生的可能性也就接近零;②数据库的大小以及查询序列的长度将影响特定比对随机发生的可能性。

一个典型的 BLAST 搜索的输出包括 E 值和得分,后者又分原始得分(raw scores)和比特得分(bit scores)。原始得分是根据所选择的替换计分矩阵和空格罚分参数计算得到的,比特得分是对原始得分处理后得到的。使用比特得分的好处是,比特得分表明了使用的计分系统并包含了比对的内在信息,它使得不同数据库搜索之间即便使用了不同的替换计分矩阵也可以进行比较。将一个原始得分 S 转换为比特得分 S′ 的公式是

$$S' = (\lambda * S - \ln K)/(\ln 2) \qquad (2\text{-}15)$$

这里 λ 和 K 是两个取决于计分系统(替换计分矩阵和空格罚分)的参数。

如式(2-14)、(2-15)所示,找到一个具有给定 E 值的高计分片段对的概率是

$$P = 1 - e^{-E} \qquad (2\text{-}16)$$

P 值和 E 值是反映比对显著性的两种不同方式,表 2-4 列出了一些 E 值与 P 值的关系。传统上,人们使用一个低于 0.05 的 P 值来定义统计的显著性,但大部分 BLAST 在线服务使用 E 值而非 P 值来定义搜索的统计学显著性。当 E < 0.05 时,P 值与 E 值接近相同,一个等于或小于 0.05 的 E 值被认为是统计学上意义显著的。但是当搜索一个很大的数据库时,一些得到高分的比对仍可能是随机发生的,为了确保比对的显著性,这时人们常常将显著性水平下调到一个更小的值,例如 0.01。参数 K 和 λ 可分别被简化地视为搜索步长和计分规则的特征数。

表 2-4 计算的 E 值与 P 值的关系

E	P	E	P
10	0.999 95	0.1	0.095 16
5	0.993 26	0.05	0.048 77
2	0.864 66	0.001	0.000 999 5
1	0.632 12	0.0001	0.0001

Notes

第四节　比对软件、参数与数据资源
Section 4　Alignment Software，Parameter and Resource

一、参数选择的一般原则

对比对的计分由得分与罚分两部分计算而得，罚分包含对空缺（一个或多个连续的空格）和对失配进行罚分，对失配进行罚分是根据不同替换矩阵进行计算的。因此在序列比对时最基本的参数选择包括选择合适的替换矩阵和空格罚分参数。本节主要介绍与空格罚分有关的参数选择和控制数据库搜索返回结果量的参数选择。

空格罚分涉及几个问题：①空格罚分是否大于失配罚分；②不同大小空缺的罚分；③空格的引入与延伸是否予以不同罚分。

首先，对于空格罚分是否应大于失配罚分，其确定类似于替换计分矩阵的选择，需根据序列特征而定。如果比对的序列包含相当多的进化引起的插入（insertion）和删除（deletion），则引入空格可合理地代表这些插入和删除，这可令空格罚分＜失配罚分来实现，使得同源的未失配的字符得以匹配。如果比对的序列少有插入和删除，但有许多替换，则计分应考虑这些失配，不应轻易引入空格去破坏虽已变异但仍同源的字符序列，这可令空格罚分＞失配罚分来实现。

其次，对确定不同大小空缺的罚分常常缺乏足够的依据。一个插入或删除可发生于一个碱基，也可发生于一段序列，而多个独立发生于相邻单个碱基的删除也可造成一段序列的删除，后两者都需要引入一段连续的空格。尽管一个碱基删除的发生率高于一个片段删除的发生率，从概率上说，相邻碱基 N 次独立删除事件的概率要小于 1 次含 N 个碱基的片段删除的概率，这使得 N 个长为 1 的空格的罚分之和要大于 1 个长为 N 的空缺的罚分，但具体如何确定无定规可循。通常的软件是使用两个参数，即分别用参数 gap_open 和 gap_extend 控制引入和扩展一个空格。给 gap_open 一个较低的值使空格容易引入，而给 gap_extend 一个较低的值则使空格容易扩展。

通常的规则是，在任何计分方案中都要保证匹配计分高于失配计分，从而有利于相同字符的比对。另一条规则是，允许失配有时比引入两个空格好，但这取决于序列间距离的远近、进化的特征以及插入与缺失的情况。如果序列种系关系较远，则应允许较多的失配。对于中间和两端的空格是否予以不同的罚分，全局比对和局部比对有不同的做法。当用全局比对比较多个长度相似的序列时，对所有空格进行同样的罚分是合适的，当用局部比对比较多个长度不一的序列时，对两端的空格一般不予罚分。对于 glocal、synteni 和基因组比对，通常对高保守区和低保守区中的空格也减罚不同的分值。

此外如何利用参数控制太多与太少的数据库搜索返回也非常重要。如果一次数据库搜索产生了太多的返回结果，可采取如下措施：

（1）使用参考序列（带"refseq"的）数据库，这样可减少许多冗余结果。

（2）使查询序列只包含一个结构域，减少多结构域带来的多匹配。

（3）根据查询序列与数据库序列的关系使用更合适的替换计分矩阵。

（4）降低 E 值。

如果一次数据库搜索产生了太少的返回结果，可采取如下措施：

（1）提高 E 值。

（2）使用更大的 PAM 矩阵或更小的 BLOSUM 矩阵。

（3）减小字长以及减小阈值。

Notes

二、主要比对软件

由于存在众多的多序列比对方法和软件,选择合适的软件十分重要又常常不易。可遵循如下几条原则。首先,序列的种类影响软件的选择。有些软件专用于蛋白质或 DNA 序列,有些软件则两者皆可。比对蛋白质、cDNA 和 RNA 序列时一般选择全局比对,而比对 DNA 序列时应考虑局部比对、glocal 或 syntenic 比对,因为 DNA 序列中常常同时包含保守和非保守的区段。其次,比对的目的影响软件的选择。如果蛋白质和 RNA 序列可能包含多个保守的域,且比对的目的是发现这些域,则应选用 syntenic 比对。发现多个域的典型情形是寻找一个基因中被多个内含子分隔的多个外显子、一个蛋白质中被多个非保守域分隔的多个保守域和一段基因调节区中被多个非保守区段分隔的保守位点。第三,序列的长短影响软件的选择,有些性能较好的软件只能比对较短的序列。第四,种系关系的距离影响软件的选择。当序列间种系距离较近时,许多软件会产生大致相同的结果,反之,当序列间种系距离较远时,不同软件产生的结果可能会有相当大的差异。另外,对于比对远距离种系的序列,对敏感性和选择性的取舍十分重要。敏感性关乎识别尽可能多的同源区段,选择性要求识别的同源区段都是真的,不同的软件在这两个彼此矛盾的指标上有不同的取舍(表 2-5)。第五,比对种系关系已知的序列时,可使用利用指导树或种系树的算法和软件。对于全基因组序列比对是否使用参照序列以及选用什么参照序列,这取决于具体序列的特征(包括序列间距离的远近)、对序列的了解(它们与参照序列的关系)、比对的目的(是否旨在揭示直系同源区段)以及对比对质量的预估。第六,因为不同算法具有不同的时间和空间复杂度,序列的数量、长度和计算机的性能也影响实际算法和软件的选用。

表 2-5　常见的多序列比对软件及其功能

名称	描述	序列类型	比对类型 *	链接	新版时间 #
ABA	A-Bruijn alignment	Protein	Global	下载 http://nbcr.sdsc.edu/euler/aba_v1.0/	2004
CHAOS/DIALIGN	Iterative alignment	Both	Local*	在线 http://dialign.gobics.de/chaos-dialign-submission	2003
ClustalW	Progressive alignment	Both	Local or Global	在线 http://www.ebi.ac.uk/clustalw 下载 http://www.clustal.org/	1994
Codon Code Aligner	Multi alignment; ClustalW & Phrap support	Nucleo-tides	Local or Global	下载 http://www.codoncode.com/aligner/	2009
DIALIGN-TX, DIALIGN-T	Segment-based method	Both	Local* Global	下载 + 在线 http://dialign-tx.gobics.de/	2008
Kalign	Progressive alignment	Both	Global	在线 http://www.ebi.ac.uk/kalign/	2005
MSA	Dynamic programming	Both	Local or Global	下载 http://www.ncbi.nlm.nih.gov/CBBresearch/Schaffer/msa.html	1995
MAFFT	Progressive/iterative alignment	Both	Local or Global	在线 http://align.bmr.kyushu-u.ac.jp/mafft/online/server/	2005
MAVID	Progressive alignment	Both	Global	在线 http://baboon.math.berkeley.edu/mavid/	2004
MUSCLE	Progressive/iterative alignment	Both	Local or Global	在线 http://www.drive5.com/muscle	2004

Notes

续表

名称	描述	序列类型	比对类型 *	链接	新版时间 #
Pecan	Probabilistic/consistency	DNA	Global	下载 http://www.ebi.ac.uk/~bjp/pecan/	2008
ProbCons	Probabilistic/consistency	Protein	Local or Global	在线 http://probcons.stanford.edu/index.html	2005
PSAlign	Alignment preserving non-heuristic	Both	Local or Global	下载 http://faculty.cs.tamu.edu/shsze/psalign/	2006
StatAlign	Bayesian co-estimation of alignment and phylogeny	Both	Global	下载 http://phylogeny-cafe.elte.hu/StatAlign/	2008
T-Coffee	More sensitive progressive alignment	Both	Local or Global	在线 http://www.tcoffee.org/ 下载 http://www.tcoffee.org/Projects_home_page/t_coffee_home_page.html	2008

三、EBI 中的序列比对工具

EMBI-EBI 网站上提供了几种主流的双序列比对和多序列比对的线比较工具，见表 2-6。

表 2-6   EBI 网站的在线双序列和多序列比对工具

http://www.ebi.ac.uk/Tools/psa/ 及 http://www.ebi.ac.uk/Tools/msa/

双序列比对		多序列比对
特性	工具	工具
Global alignment	Needle	Clustal Omega
Global alignment	Stretcher	ClustalW2
Local alignment	Water	DbClustal
Local alignment	Lalign	Kalign
Local alignment	Matcher	MAFFT
Genomic alignment	PromoterWise	MUSCLE
Genomic alignment	GeneWise	MView
Genomic alignment	Wise2DBA	PRANK

四、UCSC 中的 BLAT 比对工具

UCSC（http://genome.ucsc.edu/）是一个主要的基因组资源和分析网站，汇集了大量已测序物种的基因组，支持数据库检索和序列比对分析，提供了一系列的基因组分析工具（Genome Browser、Table Browser、Gene Sorter、Proteome Browser、VisiGene、Genome Graphs、BLAT 等），可以实现可靠、迅速地浏览基因组，查询有关的基因组注释信息，包括查找基因、启动子、外显子、增强子、SNP 信息等，以及不同基因组区段的进化保守性。

下面简单介绍 UCSC 的 BLAT 比对，可通过 BLAT 查找 mRNA 或蛋白在基因组中的位置，确定基因外显子结构，显示全长编码区域，查找相应的基因家族，以及在其他物种中的同源基因等。如图 2-15 所示，用 BLAT 在人类基因组中搜索人的 hairy and enhancer of split 5 蛋白质，在弹出的网页中输入蛋白质的核苷酸序列，点击 submit，找出匹配率最高的结果，点击 detail 可以查看匹配结果，点击 browser 可以查看该序列在基因组上的位置以及在脊椎动物中的保守性。

Notes

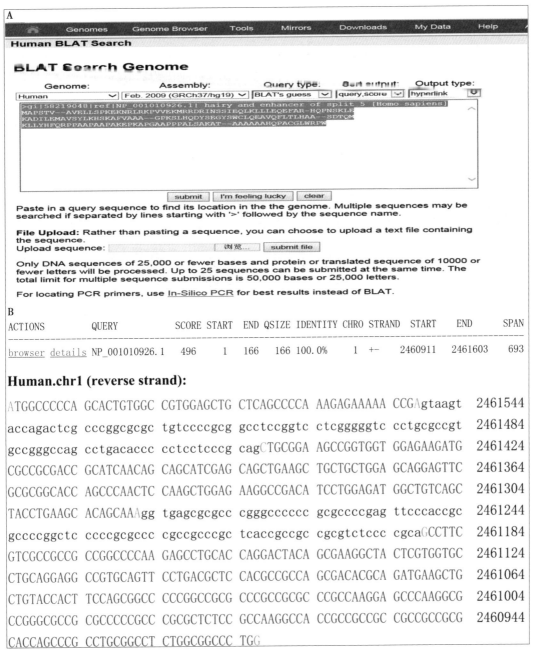

图 2-15 BLAT 在线工具

A. 输入界面；B. 输出结果

第五节 比对技术的发展

Section 5 Advances of Alignment Techniques

一、glocal 比对

无论使用相似性还是距离进行计分，双序列全局比对关注整体序列的每个方面，每个字符间的一一对应使得序列间具有可转换性，因而不容易产生假同源性结果。与之不同，双序列局部比对返回两个序列的相似区段，因为不考虑整体的保守性，可能产生高的假同源性结果。为了兼顾几方面的需要，研究者发展了兼具全局（global）和局部（local）比对特点的 glocal 比对，使比对在保留了处理序列间整体的可转换性的同时也能一定程度地处理同源区段的重排。目前多数新的比对软件或多或少采用了 glocal 比对的策略,充分利用全局与局部比对各自的长处。相比于经典的全局比对仅仅通过字符编辑将一个序列转换为另一个序列,glocal 比对试图以最小的开支通过字符编辑以及区段的倒转、转位和复制将一个序列转换为另一个序列,见图 2-16。

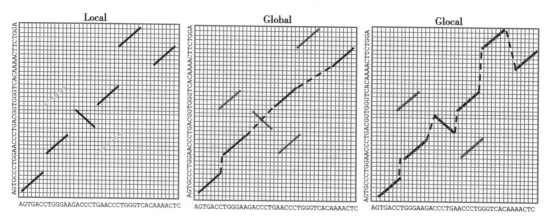

图 2-16　两个序列的局部、全局和 glocal 比对所对应的路径

一个用于比对长基因组序列的 glocal 比对软件是 VISTA 系统中的 Shuffle-LAGAN,它包含全局比对软件 LAGAN(Limited Area Global Alignment of Nucleotide)和局部比对软件 CHAOS。CHAOS 发现短的局部匹配的种子,以不同方式"串联"种子,计分按不同方式串联的种子;而 LAGAN 发现局部比对,"串联"局部比对,对各个比对予以计分。已有的测试表明在敏感性和选择性上 Shuffle-LAGAN 都优于单独的全局和局部比对软件。

二、全基因组比对

随着大量基因组被测序,在基因组分析中多序列比对已开始直接用于整条染色体甚至整个基因组的比对。全基因组比对主要揭示多个序列中保守的和非保守的区段以及这些区段在基因组中的分布特征,这里主要介绍 UCSC 基因组浏览器(The UCSC Genome Browser)中的全基因组比对方法。

全基因组多序列比对通常使用渐进多序列比对技术,因此其基础是全基因组配对比对。与传统的比对相比,全基因组比对在配对比对和渐进多序列比对两个阶段都有许多特色。首先,全基因组配对比对与传统配对比对有以下不同:

1. 为了有效处理长达数百万至数千万碱基的序列,将序列分为保守的和非保守的"块",比对首要考虑发现直系同源的块。

2. 除了直系同源的块,处理一个基因组内数量不同的处在各种位置的旁系同源块也是一个重要问题。

3. 块之间的不对应性使序列中存在很多很大的空缺。

4. 基因组序列包含高度重复的短序列,它们也是比对的一个困难。

5. 许多块可因复制、删除、反转和转位而发生重排。

由于这些特性,全基因组配对比对首先需要对所使用的局部比对方法加以改进,其中,由 BLAST 改进的 BLASTZ 已被广泛用于基因组序列的配对比对中。

其次,全基因组渐进多序列比对与传统渐进多序列比对相比有以下不同:

(1)传统的基于动态规划法的方法不适于处理多个长达数千万碱基的序列。

Notes

（2）传统的方法难以处理复杂和众多的空缺以及因复制、删除、反转和转位而发生的块的重排。

（3）传统的方法没有在两个层次上处理比对，即块之间的比对和块内序列的比对。

（4）不存在评估全基因组比对结果的标准测试集，因此对全基因组多序列比对算法，如何确定敏感性和选择性仍是重要问题。

针对上述两方面的特点，UCSC 基因组浏览器中所采用的多序列比对在多方面作了改进。首先，它采用了参照序列（reference sequence），使用 BLASTZ 将每一个序列与参照序列进行局部配对比对，参照序列中的一个碱基比对另一个序列中的至多一个碱基。其次，依据计分矩阵和两序列的种系关系，对配对比对的结果进行所谓的"串连（chaining）"和"连网（netting）"。一个"串连"的比对（chained alignment）是对多个局部比对序列块的一个有序连接，而对这些序列块的多种不同连接形成所谓的"连网"。"串连"和"连网"有助于识别两个基因组中的直系同源块，且由于"串连"可使许多小的局部比对融合成大的比对，它能极大地减少全基因组比对中序列块的数量和增加序列块的平均长度。在 UCSC 基因组浏览器中，块状部分代表比对的区域，单连线部分代表由删除和插入产生的空格，双连线部分代表更复杂的情况，可包含反转的序列、重叠的删除、频密的突变和未测序区段等。接着，UCSC 基因组浏览器使用 MULTIZ 对多个"串连"的配对比对进行渐进多序列比对，根据已知的种系树首先比对种系关系最近的两个基因组，然后逐渐加入种系关系渐远的基因组。

全基因组多序列比对的主要目的是揭示基因组中进化上保守的和非保守的区段以及它们的分布。但是，在碱基层次观察多个全基因组的多序列比对结果和序列保守性非常不方便；其次，许多功能区段的保守性介于高度保守和完全不保守之间；再者，保守性要能予以方便的显示。上述三点使 UCSC 基因组浏览器使用两个软件 PhastCons 和 PhyloP 把由 MULTIZ 产生的多序列比对结果转换成两种单一的保守性计分和显示，这两个方法都基于已知的种系树结构和利用一个称作 phylo-HMM 的隐马尔可夫模型种系分析方法。PhyloP 只考虑比对的当前列而 PhastCons 同时也考虑比对列的相邻列，这使得 PhastCons 对于保守区段的出现更敏感而 PhyloP 对于保守区段的界定更有效。PhyloP 和 PhastCons 之间的另一个区别是，PhyloP 能够识别加速进化和保守进化的位点，它们分别产生正的和负的计分，而 PhastCons 的计分总是一个 0 至 1 之间的正值。

其他一些双序列比对软件也被发展成了全基因组多序列比对软件，由双序列比对软件 LAGAN 发展而来的多序列比对软件 MLAGAN（Multi-LAGAN）就是一例。与 MULTIZ 有些类似的是，LAGAN 的工作分三个阶段：①产生两序列的所有局部比对，每个赋予一个权值；②对局部比对进行不同的连接，计算具有最大权值的连接；③使用动态规划法根据局部比对计算最好的全局比对。MLAGAN 的工作则分两阶段：①使用渐进法构造多序列比对；②使用迭代法改进构造的多序列比对。这类方法有一个共同的特点，即利用已知种系关系和使用一个参照基因组，将每一个基因组序列与该参照基因组进行比对。使用参照基因组和已知种系关系的目的是使基因组间的直系同源块获得正确的对应，但存在的两个问题是无法处理仅存在于个别基因组而不存在于参照基因组的某些区段和无法处理经历了多次复制的区段。与 UCSC 基因组浏览器类似，MLAGAN 的结果在 VISTA 基因组浏览器中显示成参照基因组与各个基因组的配对比对。

对于使用参照序列的全基因组配对比对，一般要求参照基因组的长度和复杂性不低于被比对基因组的长度和复杂性，否则后者中的许多区段可能无从得以比对。对于哺乳动物全基因组多序列比对，通常用人基因组作为参照基因组，对于果蝇全基因组多序列比对，通常用黑腹果蝇 *D.melanogaster* 基因组作为参照基因组。

Notes

知识拓展

传统的多序列比对算法不能很好地区分插入和删除，且会对一个单点插入事件产生多次罚分，导致序列比对过程中的过度匹配。PRANK（phylogeny-aware progressive multiple sequence aligner）的关键是利用进化信息正确模拟进化过程中的插入和删除事件，能够区分删除和插入，并避免了多次重复惩罚插入事件。PRANK 算法首先需要构建一颗引导树（使用用户提供的引导树，或用 MAFFT 比对先得到一颗引导树），所有的渐进多序列比对都使用引导树来指导多序列比对过程。EBI 网站上的 http://www.ebi.ac.uk/goldman-srv/webprank/ 是一个在线 PRANK 软件。以六种动物的 hairy and enhancer slipt 5 蛋白质序列的多序列比对为例，PRANK 的比对结果与 MUSCLE 的比对结果显著不同，提示这几个物种之间蛋白质序列的进化包含了更多短的插入和删除事件。

小　结

序列比对是基因和 DNA 序列分析的基础，所依据的两个核心概念是同源和相似，同源序列一般是相似的，相似序列不一定是同源的。多序列比对是双序列比对的自然推广，采用更多物种的序列进行多序列比对常常能更准确和更可靠地揭示序列的同源性和保守域。多序列比对的算法主要是动态规划法的各种变形和简化版本。对于全局或局部比对，基于 Needleman-Wunsch 算法和 Smith-Waterman 算法的动态规划法是最精确的算法，而一个主要的简化是先用动态规划法进行配对比对然后进行渐进多序列比对，典型的例子是 ClustalW。序列比对之所以发展了种类繁多的算法和软件，原因有几个：第一，对精确耗时的算法可以进行不同的简化；第二，比对蛋白质序列和 DNA 序列对算法有不同的要求；第三，局部比对和全局比对对算法有不同要求；第四，比对短的序列和长的序列对算法有不同要求。UCSC 基因组浏览器所呈示的数据是基于全基因组多序列比对的。关于多序列比对的质量，动态的质量控制是一个重要问题，它对于复杂的基因组序列比对尤其重要。

Summary

Sequence alignment is the basis of gene and DNA sequence analysis. The two most relevant concepts are homology and similarity; homologous sequences are similar, but the opposite may not be true. Multiple sequence alignment is the natural extension of pairwise sequence alignment, and to include more sequences in an alignment can reveals the homology and conservation of sequences more accurately and reliably. Dynamic programming and its multiple variants comprise the main algorithms for sequence alignment. For global and local alignment, the Needleman-Wunsch algorithm and Smith-Waterman algorithm generate the most accurate results. A popular simplification for multiple sequence alignment is to do pairwise alignment with the two algorithms, and, upon the results, to perform progressive multiple alignment. A typical package of progressive sequence alignment is the ClustalW. There are several reasons for bioinformaticians to develop diverse alignment algorithms. First, for accurate but time consuming algorithms, simplification is needed; second, protein and DNA sequences

Notes

have different features; third, local and global alignments demand distinct techniques; and fourth, some algorithms are developed specifically for short or long sequences. The sequences and their annotations in the UCSC Genome Browser are based on whole genome alignment. For the quality of sequence alignment, the dynamic quality control is essential.

（朱 浩 李 瑛）

习题

1. 利用点阵图，完成下列两条序列的比对：

PQWIKMSTGG

QWISTGG

2. 蛋白质比对替换计分矩阵 BLOSUM、PAM 中序号有什么规律？

3. 对于题 1 中的序列，假设空位不罚分，使用 PAM250 作为替换计分矩阵，最佳比对得分是多少？

4. 遗传密码矩阵（GCM）的设计原理是什么？

5. 动态规划基本算法的空间复杂度是多少？

6. BLAST 搜索中 -e 的含义是什么？

7. 子序列与完整序列的比对需要对动态规划基本算法做哪些改动？

8. 登录 NCBI 主页，分别使用 Non-redundant protein sequences（nr）数据库和 Protein Data Bank proteins（pdb）数据库，其他条件均使用 BLAST 默认条件，搜索如下蛋白质序列：

PGKYTADGGKHVAYIIRSHVKDHYIFYCEGELHGKPVRGVKLVGRDPKNNLEALEDFEK AAGARGLSTESILIPRQSE

分析获得的序列，哪一个数据库搜索获得的匹配序列多？为什么？

9. 使用 ClustalW 比对一个基因的 DNA 序列、mRNA 序列和其蛋白质的氨基酸序列，并仔细观察所产生的结果。

10. 使用 MAP2 比对一个基因的 DNA 序列、mRNA 序列和其蛋白质的氨基酸序列，并仔细观察所产生的结果。

11. 分别使用 MSA 和 ClustalW 比对 5、6、7、8 个物种中一个基因的 DNA 序列和其蛋白质的氨基酸序列，并仔细观察所产生的时间耗费。

12. 分别使用 UCSC Genome Browser、Ensembl Genome Browser 和 VISTA Genome Pipeline 查看多个物种中的一个基因及其邻近序列。

参考文献

1. Batzoglou S. The many faces of sequence alignment. *Briefings in bioinformatics*, 2005, 6: 6-22

2. Lipman DJ, Altschul SF, Kececioglu JD. A tool for multiple sequence alignment. *Proceedings of the National Academy of Sciences of the United States of America*, 1989, 86: 4412-4415

3. Feng DF, Doolittle RF. Progressive sequence alignment as a prerequisite to correct phylogenetic trees. *Journal of molecular evolution*, 1987, 25: 351-360

4. Thompson JD, Higgins DG, Gibson TJ. CLUSTAL W: improving the sensitivity of progressive multiple sequence alignment through sequence weighting, position-specific gap penalties and weight matrix choice. *Nucleic acids research*, 1994, 22: 4673-4680

5. Edgar RC, Batzoglou S. Multiple sequence alignment. *Current opinion in structural biology*, 2006, 16: 368-373

Notes

6. Blanchette M. Computation and analysis of genomic multi-sequence alignments. *Annual review of genomics and human genetics*，2007，8：193-213

7. Brudno M，Malde S，Poliakov A，et al. Glocal alignment: finding rearrangements during alignment. *Bioinformatics*，2003，19 Suppl 1：i54-62

8. Ovcharenko I，Loots GG，Giardine BM，et al. Mulan: multiple-sequence local alignment and visualization for studying function and evolution. *Genome research*，2005，15：184-194

9. Blanchette M，Kent WJ，Riemer C，*et al*. Aligning multiple genomic sequences with the threaded blockset aligner. *Genome research*，2004，14：708-715

10. Dubchak I，Poliakov A，Kislyuk A，et al. Multiple whole-genome alignments without a reference organism. *Genome research*，2009，19：682-689

Notes

第三章 序列特征分析

CHAPTER 3 SEQUENCE CHARACTER ANALYSIS

第一节 引 言

Section 1 Introduction

DNA、RNA 和蛋白质是最重要的生物大分子。分析 DNA、RNA 和蛋白质分子的序列特征，有助于从分子层面上理解和认识分子生物学中的许多基本问题，如基因的结构特点和表达调控信息，RNA 分子序列与结构之间的关联及其功能，DNA 与蛋白质分子之间的编码关系，蛋白质序列与其空间结构之间的关系和规律，都具有重要的意义。

基因是 DNA 分子中含有特定遗传信息的一段核苷酸序列，是遗传物质的最小功能单位。从分子生物学角度来看，基因是负载特定生物遗传信息的 DNA 分子片段，在一定的条件下能够表达这种遗传信息，产生特定的生理功能。原核生物基因的典型结构如图 3-1 所示。一个完整的原核基因从位于基因 5′ 端的启动区开始，到基因 3′ 端的终止区结束。基因转录的内容包括 5′ 端非翻译区（5′UTR）、蛋白质编码区及 3′ 端非翻译区（3′UTR）。基因翻译的对象为介于起始密码子和终止密码子之间的蛋白质编码区。在原核生物的基因组中，DNA 分子的绝大部分是用来编码蛋白质的，只有很小的一部分不转录。

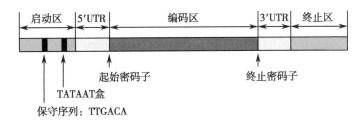

图 3-1 原核基因的结构

真核生物基因远比原核基因复杂，其典型结构如图 3-2 所示。大多数真核生物基因中，编码蛋白质序列的外显子（exon）被长度不同的非编码蛋白质序列的内含子（intron）所隔离，形成镶嵌排列的断裂方式。在外显子和内含子的连接区域通常包含一段高度保守的碱基序列，即内含子的 5′ 端包含 GT 双核苷酸，3′ 端包含 AG 双核苷酸（这个规律被称为 GT-AG 规则），这种保守序列是 mRNA 分子剪切的信号序列。一个完整的基因，还包括位于 5′ 端和 3′ 端两侧的长度不等的不编码氨基酸的特异性序列，它们在基因表达的过程中起着重要的作用。

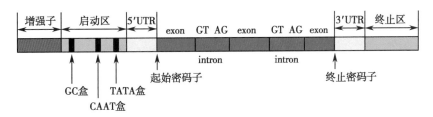

图 3-2 真核基因的结构

通过对 DNA 序列进行分析，识别其所包含的蛋白质编码区域，能够为进一步的生物学实验验证和分子功能探索提供依据。对于 DNA 分子中非编码区域的分析也是非常有意义的，如分析基因转录调控元件、与基因表达调控相关的因子以及各种功能位点，对于精确认识基因转录、翻译以及基因与各种调控因子之间的相互作用是十分必要的。

蛋白质是执行生物体内各种重要工作的机器。蛋白质分子中相邻的氨基酸通过肽键形成一条伸展的肽链，称为蛋白质的一级结构。肽链上的氨基酸残基形成局部的二级结构，各种二级结构在空间卷曲折叠形成特定的三维空间结构。有的蛋白质由多条肽链组成，每条肽链称为亚基，亚基之间的特定空间关系称为蛋白质的四级结构。一般认为，蛋白质的一级结构决定二级结构，二级结构决定三级结构，而蛋白质的生物学功能在很大程度上取决于它的空间结构。因此，分析蛋白质的氨基酸序列，研究序列与空间结构以及生物学功能之间的关系，是蛋白质研究中不可或缺的环节。

RNA 是由核糖核苷酸经酯键缩合而成的长链状分子。生物细胞内有着多种多样的 RNA 分子，序列长短不一、结构千差万别、功能各不相同。除了 mRNA、rRNA 和 tRNA 外，一些非编码 RNA 分子，是基因表达调控的重要因子。通过实验和计算的手段，发现新类型的 RNA 分子或者发现已知 RNA 分子的新功能，具有重要意义。通过对 RNA 序列的分析，探索某一类 RNA 分子共有的序列特征，有助于阐明序列特征与功能之间的内在联系。此外，通过建立 RNA 序列和结构之间的关系模型，可以从序列出发来预测 RNA 可能形成的结构，这就为 RNA 结构的确定提供了简洁快速的方法，能够加快对 RNA 功能的研究。

因此，对 DNA 序列、RNA 序列和蛋白质序列进行序列特征分析，能够使我们从分子层次上了解基因的结构特点、基因表达的调控、DNA 序列与蛋白质序列之间的编码以及蛋白质序列与蛋白质空间结构之间的关系和规律，为进一步研究蛋白质功能与结构之间的关系提供理论依据。

第二节   DNA 序列特征分析
Section 2   DNA Sequence Character Analysis

作为遗传信息的主要载体，DNA 分子中 A、T、C、G 四种碱基的数量和排列次序，决定了其所包含的生物分子信息。不同物种的 DNA 序列的碱基组分、遗传密码的使用偏好及甲基化程度等特征都存在差异，并且这些特征之间具有相关性。DNA 分子主要携带两类遗传信息，一类信息储存于具有功能活性的 DNA 序列中，能够通过转录过程形成 RNA（主要有编码 RNA 和非编码 RNA 两种形式）；另一类信息属于调控信息，主要存在于特定 DNA 的区域，能被各种起调控作用的蛋白质或其他分子特异地识别结合，进而完成各种生物过程。通过对 DNA 序列的分析，寻找序列中与特定功能相关的特征信息，对于理解序列的生物学功能具有重要意义。

本节将介绍 DNA 序列的基本信息和特征信息分析方法，以及基因组结构注释分析方法。DNA 基本信息分析主要包括序列组分分析、序列转换、限制性内切酶位点分析；序列的特征信息分析主要包括开放阅读框（open reading Frame，ORF）分析、密码子使用偏好分析，启动子及转录因子结合位点分析（该部分参见第八章）和 CpG 岛（CpG island）识别分析（该部分参见第十章）；基因组注释分析主要介绍重复序列分析和基因识别方法。

一、DNA 序列的基本信息

1. DNA 序列组分分析   DNA 分子的物理及化学性质主要取决于其序列中四种碱基的组成。碱基组成有两种方法表示，即碱基比例（base ratio）和 GC 百分比含量（简称 GC 含量，GC content）。

Notes

GC 含量是一个基因组中或 DNA 分子中，鸟嘌呤和胞嘧啶所占的比例。在 DNA 分子中，由于双链中的碱基互补配对，腺嘌呤与胸腺嘧啶数量之比（A/T），以及鸟嘌呤与胞嘧啶数量之比（G/C）都是 1。但是，(A+T)/(G+C) 之比则随 DNA 的不同而变化，即不同生物的基因组或不同的 DNA 片段都具有特定的 GC 含量。由于在 DNA 分子的双螺旋结构中，胞嘧啶与鸟嘌呤碱基对之间有三个氢键，比只有两个氢键的腺嘌呤和胸腺嘧啶碱基对更加牢固。因此 GC 含量高的 DNA 比 GC 含量低的 DNA 更加稳定。

大多数原核生物基因组的 GC 含量从 25% 到 75% 不等，这种组分差异可用于识别细菌种类。真核生物物种间 GC 含量的差别不如原核生物明显，但真核基因组中不同区域 GC 含量存在差异。GC 含量与物种的密码子使用频率有关，而且与 DNA 双链的熔解温度有关，是进行核酸杂交反应的重要参数。

核酸序列碱基组成的计算简单直观。对于比较长的序列或者序列数目较多时，一般需要用 Matlab、Perl 等科学计算语言在相应的平台上编程计算。对于比较短的序列，可以通过手工或文字编辑软件进行计算，也可以通过一些专业软件来获得，如：BioEdit 和 DNAMAN。BioEdit 是一个用于生物分子序列编辑的免费软件，其基本功能是提供蛋白质核酸序列的编辑排列处理和分析，如：序列比对、序列检索、引物设计、系统发育分析等。DNAMAN 是美国 Lynnon Biosoft 公司开发的分子生物学应用软件，可完成核酸和蛋白质序列的综合分析工作，包括多重序列比对、引物设计、限制性酶切分析、蛋白质分析、质粒绘图等。

核酸碱基组成分析工具及其网址如下：

BioEdit：http://www.mbio.ncsu.edu/BioEdit/bioedit.html

DNAMAN：http://www.lynnon.com

2. 序列转换 DNA 序列具有双链性、双链互补性及开放阅读框在两条链上存在等特性，因此进行序列分析时，经常需要针对 DNA 序列进行各种转换，例如反向序列、互补序列、互补反向序列、显示 DNA 双链、转换为 RNA 序列等。

序列转换可使用的软件有 DNASTAR、BioEdit、DNAMAN 等。DNASTAR 软件是 DNASTAR 公司开发的 Lasergene 程序组，是核酸序列和蛋白质序列的综合分析工具，其中的 EditSeq 程序能够实现核酸 DNA 序列的各种转换。DNASTAR 网址为：http://www.dnastar.com/。

3. 限制性内切酶酶切位点分析 限制性内切酶（restriction endonuclease）通过识别 DNA 分子上的特征序列，并在特定位点或其周围水解双链 DNA 分子。限制性内切酶的切割形式有两种，分别产生具有突出单股 DNA 的黏状末端，以及末端平整无凸起的平滑末端。不同限制性内切酶所识别的序列具有特异性，这些序列长度一般为 4～8 个碱基，常见的是 6 个碱基，且多数为回文对称结构；切割的序列通常就是其可以识别的序列，切割位点在 DNA 两条链相对称的位置。切割位点在回文的一侧时，可形成黏性末端，如：EcoR I、BamH I、Hind III 等；另一些酶如 AluISmaI 等，切割位点在回文序列的中间，形成平滑末端。

基因工程中常用的两个内切酶 EcoR I 和 Hind III 的识别序列和切割位置如下：

EcoR I   G↓AATTC   **Hind III**   A↓AGCTT

         CTTAA↑G   TTCGA↑A

早期限制性内切酶酶切位点是通过实验确定的，随着核酸数据及限制性内切酶酶切位点信息的不断积累，依据内切酶所识别的序列特征，通过生物信息学方法对限制性内切酶酶切位点进行识别和分析，已成为重要的途径。

常用内切酶的资源是由美国新英格兰生物实验室建立和维护的限制酶数据库（Restriction Enzyme dataBase，REBASE；http://rebase.neb.com/），它收录了内切酶的各种信息，其中包括内切酶识别序列和切割位点、甲基化酶、甲基化特异性、酶类产品的商业来源及相关参考文献等信

Notes

息。REBASE 提供了内切酶的查询工具、识别位点序列信息及内切酶酶切双链 DNA 的三维结构等信息；分析工具具有提供理论酶切消化图谱、序列比对、酶切位点分析等功能。

限制性内切酶位点分析常用的工具是 NEBCutter2，可接收 DNA 序列并产生酶切位点分析结果。NEBCutter2 使用的内切酶来源于 REBASE 数据库，它的识别位点列表每天根据 REBASE 数据库数据同步更新。此外，很多 DNA 分析的商业软件都含有酶切位点分析功能，如集成化分析软件 BioEdit、DNAMAN 和 DNASTAR 等。

限制性内切酶位点分析常用数据库和工具网址：

REBASE: http://rebase.neb.com/rebase/rebase.html

NEBCutter2: http://tools.neb.com/NEBcutter2/

二、DNA 序列的特征信息

1. 开放阅读框识别　开放阅读框通常被用于基因组或 DNA 片段中蛋白质编码基因的识别，它指的是从序列 5′ 端的一个起始密码子（ATG）到 3′ 端的一个终止密码子（TTA、TAG、TGA）之间的片段。每个序列都有 6 个可能的开放阅读框，其中 3 个开始于第 1、2、3 个碱基位点并沿着给定序列的 5′→3′ 的方向延伸，而另外的 3 个则始于第 1、2、3 个碱基位点但沿着互补序列的 5′→3′ 的方向延伸。通常情况下选择长度最大的 ORF 作为可能的蛋白质编码序列。

真核生物的蛋白质编码基因中，由于内含子的存在，ORF 被分割为若干个小片段，并且其长度变化范围非常大，因此真核生物的 ORF 识别远比原核生物困难。但是，在真核生物的基因中，外显子与内含子之间的连接区域通常满足 GT-AG 规则，这个规律有助于 ORF 的确定。

ORF Finder 是用于原核生物 ORF 分析的常用工具，是 NCBI 的在线分析工具，网址为：http://www.ncbi.nlm.nih.gov/gorf/gorf.html。

2. 密码子偏好性分析　密码子偏好性（codon usage bias）是指生物体中编码同一种氨基酸的同义密码子的非均匀使用现象。三联体密码是遗传信息由 mRNA 传递到蛋白质的纽带。每种氨基酸对应一个到 6 个密码子。在一个物种或一个基因中，同一种氨基酸的往往倾向于选用一种或几种特定的同义密码子，而较少使用或不使用其他同义密码子。密码子偏好性的产生与诸多因素有关，如基因的表达水平、翻译起始效应、基因的碱基组分、GC 含量、tRNA 的丰度等，所以对密码子使用偏好性的分析具有重要的生物学意义。此外，由于不同物种的基因，以及同一物种的不同基因，其密码子使用偏好性存在差异，分析密码子使用偏好性对研究物种或基因进化也有重要价值。

目前已有多种分析密码子使用偏好的方法。常用的有以下几种：

（1）密码子使用的相对频率（relative synonymous codon usage，RSCU）：指的是一个或一组蛋白质编码基因序列中某个特定的密码子的使用频率与对应氨基酸的所有同义密码子的平均频率的比值。由于它表征的是一个氨基酸的同义密码子频率的比值，因此排除了氨基酸组成对密码子使用的影响。如果一个密码子的使用在所分析序列中没有偏好性，即它的使用频率与对应氨基酸的同义密码子的平均频率相等，那么它的 RSCU 值等于 1。如果其 RSCU 值大于 1，表明该密码子使用频率相对较多，反之则表明其使用频率较低。该数值计算简便，而且可以直观地反映密码子使用的偏好性。

（2）密码子适应指数（codon adaptation index，CAI）：表征的是一个基因序列中密码子使用与一组具有高表达水平的蛋白质编码基因序列中同义密码子的使用模式的相似程度。这个指数基于这样的假设，即为了保证 mRNA 在翻译成蛋白质过程中的效率和精度，细胞中丰度最大的 tRNA 总是被优先选择；与此相对应，在自然选择作用下，高表达基因的序列中也倾向于选择与这些 tRNA 相应的同义密码子。如果一个基因中的密码子全部选用高表达基因集中的频率最大的同义密码子，则其 CAI 值为 1。一个基因的 CAI 值越接近 1，则其序列的密码子使用偏好

Notes

越接近于参照基因集,反之,若 CAI 接近于 0,则基因序列中密码子使用与参照基因集的偏离越大。已经证实表达水平接近的基因,其 CAI 也相近,因此,这个指数可以用来预测基因的表达水平。

(3) 有效密码子数(effective number of codon, Nc):在 CAI 的计算中,需要以一组表达水平较高的基因为参照。与 CAI 不同,Nc 测量的是某个基因的密码子偏好程度,如果一个基因平均使用每一个密码子,则其 Nc 为 61,如果它只使用每组同义密码子中的一个,则其 Nc 为 20。理论上讲,一个具有低 CAI 的基因也可以同时具有低 Nc 值,换句话说,该基因具有较强的密码子偏好性,只不过其偏向的并不是高表达基因所用的密码子。

有多种软件可以用于密码子偏好性分析,其中 CodonW 是一款专门用于密码子分析的免费软件。它建立在大量的统计学分析的基础上,可以在多种操作系统上运行,并且可以同时处理 2000 条以上的序列,其网址为 http://codonw.sourceforge.net/。通过对 DNA 或者 RNA 序列的分析,CodonW 会产生关于密码子使用的相关指标的统计学分析的数据,用户可以利用这些数据对我们所要了解的序列进行分析。

三、基因组结构注释分析

基因组序列主要构成成分是基因序列、重复序列和基因间序列。本节将主要介绍基因组重复序列分析和基因识别方法。

1. 重复序列分析　重复序列(repetitive sequence, repeated sequence)是指真核生物基因组中重复出现的核苷酸序列。重复序列按其组织形式可以分成两大类,即串联重复序列和散在重复序列。前一种成簇存在于染色体的特定区域,后一种分散于染色体的各位点上。根据序列重复次数的多少,可以分成三大类:①低度重复序列(lowly repetitive sequence),在整个基因组中只含有 2~10 个拷贝,如酵母 tRNA 基因、人和小鼠的珠蛋白基因等;②中度重复序列(moderately repetitive sequence),重复次数为几十次到几千次,重复单元的平均长度约 300bp,如 rRNA 和 tRNA 基因;③高度重复序列(highly repetitive sequence),重复几百万次,一般是少于 10 个核苷酸残基组成的短片段,如异染色质上的卫星 DNA。

不同重复序列数据库储存了不同类型重复序列的信息,例如,Repbase 是常用的真核生物 DNA 重复序列数据库;STRBase(Short Tandem Repeat DNA Internet DataBase)是存储短串联重复序列的数据库;RepeatMasker 是比较常用的重复序列片段分析程序,应用于识别、分类和屏蔽重复元件。

重复序列分析常用数据库和分析工具网址:

RepBase: http://www.girinst.org/repbase/

RepeatMasker: http://www.repeatmasker.org/

STR: http://www.cstl.nist.gov/div831/strbase/

2. 基因识别方法　基因识别是基因组注释的关键环节。广义的基因识别包括确定蛋白质编码基因、RNA 基因以及具有特定功能的调节区域等。本节主要介绍蛋白质编码基因的识别。

原核生物基因的识别,目前已有精度比较高的算法,常用的算法有:

GeneMarkS(http://exon.biology.gatech.edu/GeneMark/)

Glimmer(http://ccb.jhu.edu/software/glimmer/index.shtml)

真核生物基因的识别方法,一是基于特征信号的识别,即利用真核生物基因编码区域一些特征序列信息,例如,上游启动子区的特征序列(TATA box、CAAT box、GC box 等),5′端外显子位于核心启动子 TATA box 下游并且含有起始密码子,内部的外显子两端的给体位点和受体位点,3′端外显子的下游包含终止密码子和 polyA 信号序列,综合多个序列特征信息可以确定外显子的边界并识别编码区域;一是基于统计学特征的方法,对已知编码区进行统计分析寻找

Notes

编码规律和特性，通过统计值区分外显子、内含子和基因间区域。统计学特征主要包括密码子使用偏好性和双联密码子出现频率。此外，真核基因识别也可以采用同源序列比较的方法获得编码区信息。在实际应用中常常联合几种方法，以提高识别效率。

真核基因识别常用工具是 GENSCAN，它使用广义隐马尔可夫模型（GHMM）对基因的整体结构进行预测，可以确定外显子、内含子、基因间区域、转录信号、翻译信号、剪接信号等信息，并识别基因组 DNA 序列中完整的外显子 - 内含子结构。其他常用的基因识别工具有 GRAIL，它是基于神经网络技术并结合多种编码度量的识别方法。

常用基因识别工具的网址：

GENSCAN：http://genes.mit.edu/GENSCAN.html

GRAIL：http://compbio.ornl.gov/Grail-1.3/

【例 3-1】　人类 CD9 序列基因识别分析

应用 GENSCAN 在线分析工具，分析类人 CD9 序列（序列号 AY422198）基因结构。登录 GENSCAN 主页，物种选择 Vertebrate（脊椎动物），判别阈值为 1.00，序列名称中填写 cd9 AY422198，预测选项选择 Predicted peptides only，序列框中粘贴序列，点击"Run GENSCAN"运行，该软件界面如图 3-3 所示，分析结果见图 3-4，显示该序列被预测出的 10 个外显子的信息。

图 3-3 中主要参数如下：

Gn.Ex：gene number，exon number（for reference）

Type：Init = Initial exon（ATG to 5′ splice site）

图 3-3　GENSCAN 在线分析界面

Intr = Internal exon（3′ splice site to 5′ splice site）

Term = Terminal exon（3′ splice site to stop codon）

Sngl = Single-exon gene（ATG to stop）

Prom = Promoter（TATA box / initation site）

PlyA = poly-A signal（consensus: AATAAA）

```
Predicted genes/exons:


Gn.Ex Type S .Begin ...End .Len Fr Ph I/Ac Do/T CodRg P.... Tscr..
----- ---- - ------ ------ ---- -- -- ---- ---- ----- ----- ------

 1.01 Init +   2030   2299  270  1  0   98   39   306 0.436 23.67

 1.02 Intr +   7489   7614  126  0  0  123   72    74 0.908 10.18

 1.03 Intr +  20012  20123  112  1  1  106   49    40 0.454  1.85

 1.04 Intr +  26834  27067  234  0  0   29   94   212 0.525 13.56

 1.05 Intr +  34168  34265   98  2  2  115  105   100 0.964 14.13

 1.06 Intr +  34948  35022   75  0  0  115   92   107 0.997 13.51

 1.07 Intr +  36765  36923  159  2  0  103   15   291 0.736 23.48

 1.08 Intr +  37012  37101   90  0  0   79   92    96 0.757  9.29

 1.09 Intr +  37728  37811   84  2  0   43  101   229 0.947 19.72

 1.10 Term +  39299  39364   66  1  0  110   40    67 0.937  2.04

 1.11 PlyA +  39776  39781    6                          1.05
```

图 3-4　AY422198 序列分析结果

S：DNA strand（+ = input strand；− = opposite strand）；

Begin：beginning of exon or signal（numbered on input strand）；

End：end point of exon or signal（numbered on input strand）；

Len：length of exon or signal（bp）；

Fr：reading frame（a forward strand codon ending at x has frame x mod 3）；

Ph：net phase of exon（exon length modulo 3）；

I/Ac：initiation signal or 3′ splice site score（tenth bit units）；

Do/T：5′ splice site or termination signal score（tenth bit units）；

CodRg：coding region score（tenth bit units）；

P：probability of exon（sum over all parses containing exon）；

Tscr：exon score（depends on length，I/Ac，Do/T and CodRg scores）

GenBank 给出 AY422198 序列编码区信息如下，包含 8 个外显子：

CDS　　　　　join（2030..2095，26959..27067，34168..34265，34948..35022，36765..36863，37012..37101，37728..37811，39299..39364）

Notes

预测结果和 GenBank CDS 信息的对比见表 3-1,有 6 个外显子完全匹配,GENSCAN 多识别出两个外显子,另有两个外显子的 3′ 或 5′ 端位置预测出现偏差,这与 GENSCAN 特性有关。

表 3-1　AY422198 序列基因 GENSCAN 预测结果与 GenBank 对比

外显子编号	预测结果(碱基位置)	GenBank CDS	对比
1.01 Init +	2030——2299	2030..2095	5′ 端匹配
1.02 Intr +	7489——7614	—	不匹配
1.03 Intr +	20012——20123	—	不匹配
1.04 Intr +	26834——27067	26959..27067	3′ 端匹配
1.05 Intr +	34168——34265	34168..34265	匹配
1.06 Intr +	34948——35022	34948..35022	匹配
1.07 Intr +	36765——36923	36765..36863	匹配
1.08 Intr +	37012——37101	37012..37101	匹配
1.09 Intr +	37728——37811	37728..37811	匹配
1.10 Term +	39299——39364	39299..39364	匹配

第三节　蛋白质序列特征分析
Section 3　Protein Sequence Character Analysis

蛋白质是生命功能的执行者,分析蛋白质的氨基酸序列,可以获得序列与空间结构以及生物学功能之间的关联信息,是蛋白质研究的重要组成部分。

一、蛋白质序列的基本信息分析

通过对蛋白质的序列特征进行分析,有助于我们了解蛋白质的基本信息,如分子量、等电点、氨基酸组成、亲水性和疏水性等性质。

1. 蛋白质的氨基酸组成分析　蛋白质分子的基本组成单位是氨基酸(amino acid)。构成天然蛋白质的氨基酸共 20 种,它们的分子骨架基本相同,但侧链各不相同。根据这些氨基酸中侧链基团的极性不同,将氨基酸分为以下四类,即非极性氨基酸、不带电荷的极性氨基酸、带正电荷氨基酸和带负电荷氨基酸。

非极性氨基酸在水中溶解度较小,包括脂肪族氨基酸(丙氨酸、缬氨酸、亮氨酸和异亮氨酸)、芳香族氨基酸(苯丙氨酸、色氨酸)、含硫氨基酸(甲硫氨酸)和亚氨基酸(脯氨酸)。

不带电荷的极性氨基酸较易溶于水,包括甘氨酸,含羟基氨基酸(丝氨酸、苏氨酸和酪氨酸),含酰氨基的氨基酸(谷氨酰胺和天冬酰胺),含巯基氨基酸(半胱氨酸)。

带正电荷氨基酸在生理条件下带正电荷,包括赖氨酸、精氨酸和组氨酸。

带负电荷氨基酸在生理条件下带负电荷,包括天冬氨酸和谷氨酸。

2. 蛋白质的理化性质分析　理化性质分析是蛋白质序列分析中的基本内容,蛋白质的基本理化性质包括分子量、氨基酸组成、等电点、消光系数、体内半衰期、不稳定指数、脂肪指数和亲/疏水性等。尽管这些理化性质的准确数值需要用实验测定,但是大多数情况下,可以根据蛋白质序列进行估算。

3. 蛋白质序列基本信息的分析工具　ExPASy(Expert Protein Analysis System)数据库由瑞士生物信息学研究院(Swiss Institute of Bioinformatics,SIB)进行日常维护,并与欧洲生物信息学中心(EBI)及蛋白质信息资源(protein in formation resource,PIR)联合组成 Universal Protein(UniProt)数据库,其网址为 http://www.expasy.org/tools/。

Notes

该数据库提供了一系列用于分析蛋白质理化性质的工具,例如可以进行蛋白质氨基酸组成分析的 AACompIdent,可以进行蛋白质基本物理化学参数计算的 ProtParam,可以进行氨基酸亲/疏水性分析的 ProtScale,可以进行蛋白酶解肽片段分析的 PeptideMass,可以对裂解酶的断裂部位和蛋白质序列的化学组成进行预测的 PeptideCutter 等。

我们举例说明使用 ProtParam 对蛋白质的理化性质进行分析。以成纤维细胞生长因子(FGF)的蛋白质序列为例,其在 GenBank 中的编号为 G00016。从 GenBank 中下载此蛋白质序列并用 ProtParam 分析,返回蛋白质序列理化性质的分析结果见图 3-5。用 ProtParam 工具分析 G00016 蛋白序列的结果包括:氨基酸残基数(number of amino acids)、分子质量(molecular weight)、理论等电点(theoretical pI)、氨基酸组成(amino acid composition)、负电荷氨基酸残基总数(total number of negatively charged residues)、正电荷氨基酸残基总数(total number of positively charged residues)、原子组成(atomic composition)、分子式(formula)、原子总数(total number of atoms)、消光系数(extinction coefficients)、半衰期(estimated half-life)、不稳定系数(instability index)、脂肪系数(aliphatic index)、总平均疏水性(grand average of hydropathicity)等。

```
Number of amino acids: 157  ← 氨基酸残基数
Molecular weight: 18191.9  ← 分子质量
Theoretical pI: 8.43  ← 理论等电点
Amino acid composition: [CSV format]  ← 氨基酸组成
Ala (A)   12    7.6%
Arg (R)   11    7.0%
⋮
Val (V)   11    7.0%
Total number of negatively charged residues (Asp + Glu): 19 ← 负电荷氨基酸残基总数
Total number of positively charged residues (Arg + Lys): 21 ← 正电荷氨基酸残基总数
Atomic composition:  ← 原子组成
Carbon      C        807
Hydrogen    H       1269
Nitrogen    N        223
Oxygen      O        234
Sulfur      S         11
Formula: C₈₀₇H₁₂₆₉N₂₂₃O₂₃₄S₁₁  ← 分子式
Total number of atoms: 2544  ← 原子总数
Extinction coefficients:  ← 消光系数
Extinction coefficients are in units of  M⁻¹ cm⁻¹, at 280 nm measured in water.

Ext. coefficient      26025
Abs 0.1% (=1 g/l)     1.431, assuming ALL Cys residues appear as half cystines
Ext. coefficient      25900
Abs 0.1% (=1 g/l)     1.424, assuming NO Cys residues appear as half cystines
Estimated half-life:  ← 半衰期
The N-terminal of the sequence considered is E (Glu).
The estimated half-life is: 1 hours (mammalian reticulocytes, in vitro).
                           30 min (yeast, in vivo).
                           >10 hours (Escherichia coli, in vivo).
Instability index:  ← 不稳定系数
The instability index (II) is computed to be 52.82
This classifies the protein as unstable.
Aliphatic index: 82.61  ← 脂肪系数
Grand average of hydropathicity (GRAVY): -0.400  ← 总平均疏水性
```

图 3-5 用 ProtParam 分析 G00016 序列理化性质的结果

ProtScale 程序从文献中收集了氨基酸的 50 余种性质参数,可用来对蛋白质的亲疏水性及二级结构形态等特征进行分析。以疏水性标度为例,得到的蛋白质亲/疏水性图中的横坐标为序列位置,纵坐标为氨基酸的标度值。通常 ProtScale 默认的标度值为 Hphob.Kyte & Doolittle 标度(Kyte & Doolittle 疏水性标度),当氨基酸的打分值大于 0 表示疏水性,而小于 0 表示亲水性。在计算蛋白质亲疏水性时,氨基酸序列将在一个给定大小的滑动窗口内被扫描,窗口大小

Notes

(window size)决定了每次计算所包含的氨基酸数量，窗口中点所对应氨基酸的值是窗口内所有氨基酸的平均标度值。以 P10599 蛋白质序列为例，ProtScale 对其亲疏水性的分析结果分别如图 3-6、图 3-7 和图 3-8 所示。

Using the scale **Hphob. / Kyte & Doolittle**, the individual values for the 20 amino acids are:
(The values in parentheses are the original values, the normalized values have been used in the computation.)

Ala:	0.700	(1.800)	Arg:	0.000	(-4.500)	Asn:	0.111	(-3.500)
Asp:	0.111	(-3.500)	Cys:	0.778	(2.500)	Gln:	0.111	(-3.500)
Glu:	0.111	(-3.500)	Gly:	0.456	(-0.400)	His:	0.144	(-3.200)
Ile:	1.000	(4.500)	Leu:	0.922	(3.800)	Lys:	0.067	(-3.900)
Met:	0.711	(1.900)	Phe:	0.811	(2.800)	Pro:	0.322	(-1.600)
Ser:	0.411	(-0.800)	Thr:	0.422	(-0.700)	Trp:	0.400	(-0.900)
Tyr:	0.356	(-1.300)	Val:	0.967	(4.200)	:	0.111	(-3.500)
:	0.111	(-3.500)	:	0.446	(-0.490)			

图 3-6 Kyte & Doolittle 疏水性标度

Weights for window positions 1,..,13, using **linear weight variation model**:

1	2	3	4	5	6	7	8	9	10	11	12	13
0.10	0.25	0.40	0.55	0.70	0.85	1.00	0.85	0.70	0.55	0.40	0.25	0.10
edge						center						edge

图 3-7 用 Window size = 13 时计算窗口内每个位置上氨基酸的标度权值

MIN: -2.487
MAX: 3.407

The results of your ProtScale query are available in the following formats:

- Image in GIF-format
- Image in Postscript-format
- Numerical format (verbose)
- Numerical format (minimal, to be exported into an external application)

其他格式的结果

Notes

图 3-8 用 ProtScale 分析 P02699 序列疏水性结果的图形显示

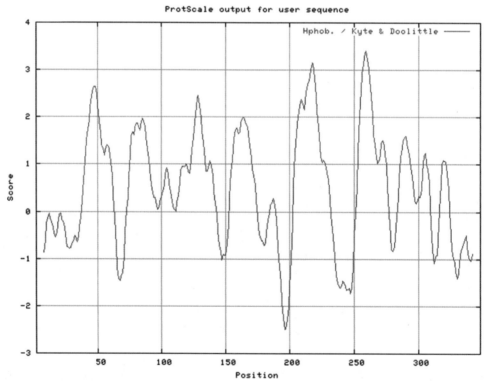

二、蛋白质序列的特征信息分析

除了蛋白质的基本性质外,还可以对蛋白质序列的一些特征信息进行分析,如蛋白质序列中的跨膜区、信号肽和卷曲螺旋等。

1. 蛋白质的跨膜区分析 膜蛋白是生物膜功能的主要承担者。根据其在膜中分布的位置,膜蛋白可分为外在膜蛋白和内在膜蛋白两类。外在膜蛋白为水溶性蛋白,分布在膜的内外表面。内在膜蛋白是双亲性分子,可以不同程度地嵌入脂质双分子层中。有的膜蛋白贯穿整个脂质双分子层,两端暴露于膜的内外表面,这种类型的膜蛋白又被称为跨膜蛋白(transmembrane protein)。内在膜蛋白的膜外部分含有较多的极性氨基酸,属亲水性区域,与磷脂分子的亲水头部邻近;嵌入到脂质双分子层内部的膜蛋白由一些非极性的氨基酸组成,与脂质双分子层的疏水尾部相结合。由于实验技术的限制,目前仅有少数膜蛋白的结构通过实验可被测得,因此从理论上预测这类蛋白质的结构具有非常重要的意义。

TMpred 是 EMBnet 开发的一个分析蛋白质跨膜区的在线工具,其网址为 http://www.ch.embnet.org/software/TMPRED_form.html。TMpred 基于对 TMbase 数据库的统计分析来预测蛋白质跨膜区和跨膜方向。TMbase 来源于 Swiss-Prot 库,并包含了每个序列的一些附加信息,如:跨膜结构区域的数量、跨膜结构域的位置及其侧翼序列的情况。Tmpred 利用这些信息并与若干加权矩阵结合来进行预测。使用时,用户将一个蛋白质序列输入查询序列文本框,并可以指定预测时采用的跨膜螺旋疏水区的最小长度和最大长度。输出结果包含四个部分:可能的跨膜螺旋区、相关性列表、建议的跨膜拓扑模型以及结果的图形显示。

以 G 蛋白耦联受体蛋白序列为例,其在 GenBank 中的编号为 P51684。从 GenBank 中下载此蛋白质的氨基酸序列并用 TMpred 进行分析,选择预测时采用的跨膜螺旋疏水区的最小长度和最大长度分别为 17 和 33。用 TMpred 分析 P51684 序列所得到的可能的 7 个跨膜螺旋区(图 3-9),分别为:47～69,83～104,123～141,166～184,219～236,255～276,300～319;由膜外到膜内(outside→inside)的跨膜螺旋有 7 个,分别为:55～74,84～104,120～141,166～185,212～235,252～274,299～319,另外图中还给出了每个跨膜螺旋的得分及中心位点,它们的得分都大于 500,因为只有得分大于 500 的跨膜螺旋才考虑是有意义的。图 3-10 是用 TMpred 分析 P51684 序列所得到的 7 个可能的跨膜螺旋区的相关性列表,结果中给出了这 7 个跨膜螺旋在某个方向的偏好性,符号"+"表示这个跨膜螺旋在此方向上有偏好性,符号"++"表示这个跨膜螺

1.) Possible transmembrane helices

The sequence positions in brackets denominate the core region.
Only scores above 500 are considered significant.

```
Inside to outside helices :    7 found
      from           to     score center
  47 (   51)  69 (   69)    2494      61
  83 (   86) 104 (  104)    1914      94
 123 (  123) 141 (  139)    1352     131
 166 (  168) 184 (  184)    2170     176
 219 (  219) 236 (  236)    2453     227
 255 (  255) 276 (  273)    2140     265
 300 (  300) 319 (  319)     915     309

Outside to inside helices :    7 found
      from           to     score center
  55 (   55)  74 (   71)    2707      63
  84 (   86) 104 (  104)    1470      94
 120 (  123) 141 (  139)    1451     131
 166 (  166) 185 (  185)    1934     176
 212 (  214) 235 (  232)    2530     224
 252 (  258) 274 (  274)    1386     266
 299 (  299) 319 (  319)    1299     309
```

图 3-9　P51684 分子中可能的跨膜螺旋区

Notes

旋在此方向上有很强的偏好性。图 3-11 用 TMpred 分析 P51684 序列所得到的 7 个可能的跨膜螺旋区的建议的跨膜拓扑模型，结果中给出了两个可能的跨膜拓扑模型，第一个跨膜拓扑模型中，55～74 是从膜外到膜内的跨膜螺旋，83～104 是从膜内到膜外的跨膜螺旋，120～141 是从膜外到膜内的跨膜螺旋，166～184 是从膜内到膜外的跨膜螺旋，212～235 是从膜外到膜内的跨膜螺旋，255～276 是从膜内到膜外的跨膜螺旋，299～319 是从膜外到膜内的跨膜螺旋，这个跨膜拓扑模型的总得分为 14 211，即为各个跨膜螺旋得分之和。同样的方法可以分析结果中第二个跨膜拓扑模型，其总得分为 12 004。图 3-12 用 TMpred 分析 P51684 序列所得到的 7 个可能的跨膜螺旋区的图形显示结果。

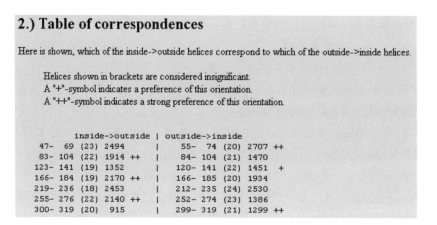

图 3-10 P51684 分子中可能的跨膜螺旋区的相关性列表

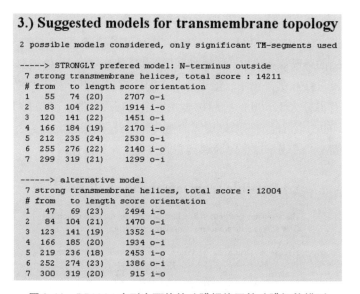

图 3-11 P51684 序列中可能的跨膜螺旋区的跨膜拓扑模型

2. **蛋白质的信号肽分析** 分泌到细胞外的蛋白质及一些膜蛋白，在其氨基酸序列的 N 末端含有 5～30 个氨基酸组成的信号肽（signal peptide），它可以指导蛋白质跨膜转运。信号肽中包含至少一个带正电荷的氨基酸和一个高度疏水区以通过细胞膜。信号肽假说认为，具有信号肽的蛋白质在合成时，首先合成 N 末端带有疏水氨基酸残基的信号肽，它被内质网膜上的受体识别并与之相结合。信号肽经由内质网膜中蛋白质形成的孔道到达内质网内腔，被位于内质网腔表面的信号肽酶水解，在信号肽的引导下，新生的多肽可通过内质网膜进入腔内，并被转运到内质网、高尔基体、细胞膜或被分泌到细胞外空间。那些分布在内质网中的蛋白质，除了在

Notes

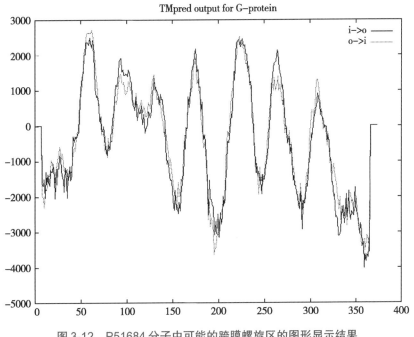

图 3-12　P51684 分子中可能的跨膜螺旋区的图形显示结果

序列 N 末端具有信号肽外，在 C 末端具有四个氨基酸组成的"KDEL"（ys-Asp-Glu-Leu）特征片段。有的膜蛋白没有信号肽，但是其分子中的第一个跨膜结构域具有与信号肽相似的功能。

有多种工具可以进行信号肽分析，如 Signal-BLAST（http://sigpep.services.came.sbg.ac.at/signalblast.html）、Phobius（http://phobius.sbc.su.se/）和 SigCleave（http://emboss.sourceforge.net/apps/cvs/emboss/apps/sigcleave.html），等。此外，还有一些专注于收集由实验证实的蛋白质信号肽的数据库，如 Sgdb（Signal Peptide Database, http://proline.bic.nus.edu.sg/spdb/）。这些工具中，应用较广泛的是 SignalP。SignalP（http://genome.cbs.dtu.dk/services/SignalP/）是丹麦技术大学的生物序列分析中心（Center for Biological Sequence Analysis, CBS）所开发的信号肽在线预测工具。该软件的 SingalP4.1 版本是运用人工神经网络方法，预测多种生物体（包括革兰阳性原核生物、革兰阴性原核生物及真核生物）的氨基酸序列信号肽剪切位点的有无及出现位置。

下面以人载脂蛋白 A5（Apolipoprotein A5, UniProtKB AC: Q6Q788）为例，介绍 SignalP4.1 的应用。从 UniProtKB/Swiss-Prot 数据库中下载该蛋白质的氨基酸序列并用 SignalP4.1 分析，结果见图 3-13，在 UniProtKB/Swiss-Prot 数据库中还可以查找到经实验验证的该蛋白质的信号肽位点信息。图中显示的预测结果中共包括 3 个分值，分别为 C 分值（C-score）、S 分值（S-score）和 Y 分值（Y-score），其中 S 分值用于预测提交序列中的信号肽剪切位点（cleavage site），即成熟蛋白和信号肽的分界点。具有高 S 分值的氨基酸将被看做是信号肽，而低 S 分值的氨基酸被认为是成熟蛋白部分。C 分值代表的是信号肽剪切位点的得分，因此高 C 分值的位置代表信号肽剪切位点的位置。Y 分值是综合 C 分值和 S 分值后的分值，它可以明确显示哪个位点具有高 C 分值同时又是 S 分值由高转低的位置。

在图 3-13 的结果中最大 S 值 0.976 位于第 13 个氨基酸，最大 C 值 0.782 出现位于第 24 个氨基酸，最大 Y 值 0.846 出现在第 24 个氨基酸。此外结果中还包括 2 个指标：mean S 和 D。mean S 是从 N 端氨基酸开始到最大 Y 值氨基酸之间所有氨基酸 S 值的平均值，即 1～24 氨基酸 S 值的平均值为 0.914。mean S 主要是区分分泌蛋白和非分泌蛋白的指标。D 分值是 mean S 值和最大 Y 值的平均值，该值是区分预测序列是否是信号肽的重要指标。本例中预测 Q6Q788 蛋白质序列的 D 值为 0.883，表明该蛋白质属于信号肽。结果的最后一行还给出了 Q6Q788 蛋白质序列的剪切位点在第 23 和第 24 氨基酸之间，即 TQA-RK。

Notes

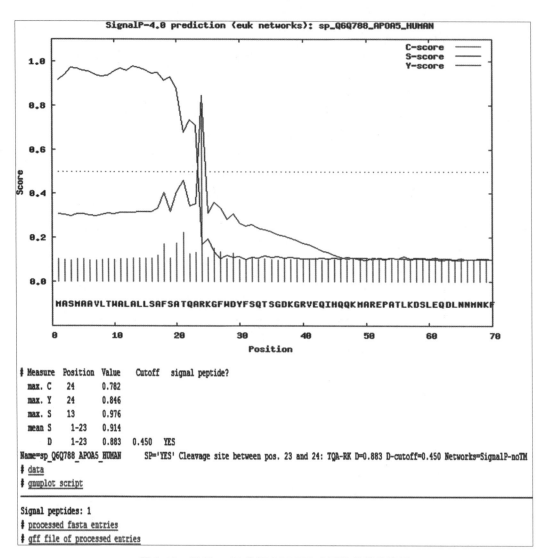

图 3-13　用 SignalP 分析 Q6Q788 序列信号肽的结果

三、蛋白质序列的功能信息分析

1. 蛋白质的细胞内定位　蛋白质由位于细胞质中的核糖体合成后，需要转运到合适的位置才能正常行使其功能。如果蛋白质合成之后不能被运送到合适的亚细胞位置，则有可能引起细胞功能的异常。比如，细胞色素 C 在细胞质中合成之后就被转运到线粒体中并附着在线粒体内膜上，成为电子传递系统的组分，如果由于某些原因从线粒体内膜脱落并进入细胞质，则会引发细胞凋亡。

蛋白质之所以能够被转运到合适的亚细胞位置，是因为不同种类的蛋白质，其序列中包含有特异性的氨基酸片段，它们被细胞内蛋白质转运系统识别并使蛋白质被送到相应的亚细胞位置，这些特征片段称为目标肽（target peptide）。前面所讲述的分泌蛋白等分子 N 末端所具有的信号肽就是目标肽的一种。那些没有信号肽的蛋白质，在合成后被释放到细胞质中，随后依据其序列中的特征氨基酸片段，被转运到相应的细胞器中。比如，细胞核中的蛋白质序列中包含有 6～20 个氨基酸组成的富含碱性氨基酸（Lys，Arg）的核定位信号。核定位信号在不同蛋白质之间同源性很低，并且可以分布在序列的任何位置。而那些定位到线粒体中的蛋白质，则在其 N 末端有一个由带电荷氨基酸和疏水氨基酸交替组成的片段，该片段形成一个具有水脂双亲性的螺旋，可以促使蛋白质穿过线粒体膜。典型的目标肽如表 3-2 所示。

Notes

表 3-2 典型的目标肽

目标肽的功能	目标肽序列*
定位到细胞核	-Pro-Pro-Lys-Lys-Lys-Arg-Lys-Val-
转运到分泌通路（原核生物的质膜或真核生物的内质网）	H2N-Met-Met-Ser-Phe-Val-Ser-Leu-Leu-Leu-Val-Gly-Ile-Leu-Phe-Trp-Ala-Thr-Glu-Ala-Glu-Gln-Leu-Thr-Lys-Cys-Glu-Val-Phe-Gln-
保留于内质网中	-Lys-Asp-Glu-Leu-COOH
转运到线粒体中	H2N-Met-Leu-Ser-Leu-Arg-Gln-Ser-Ile-Arg-Phe-Phe-Lys-Pro-Ala-Thr-Arg-Thr-Leu-Cys-Ser-Ser-Arg-Tyr-Leu-Leu-
转运到过氧化物酶体（PTS1）	-Ser-Lys-Leu-COOH
转运到过氧化物酶体（PTS2）	H2N-----Arg

*H2N：蛋白质序列 N 末端；-COOH：蛋白质序列 C 末端

由于通过试验确定蛋白质在细胞中的定位比较烦琐，因此通过生物信息学方法判断或预测蛋白质分子的细胞定位具有很大价值。虽然通过信号肽或其他目标肽片段可以帮助我们了解蛋白质在细胞中的可能定位，但由于大量蛋白质序列中并没有包括典型目标肽片段，因此利用蛋白质序列的其他特征来预测其在细胞中的定位是很重要的一条途径。

大部分蛋白质亚细胞定位预测方法中都包括以下步骤：首先是蛋白质特征信息的提取，即从蛋白质相关数据库中搜寻蛋白质的特征信息或者根据蛋白质的序列特征建立蛋白质的特征信息；其次是选择合适的算法，根据提取的特征信息对蛋白质定位进行预测。基于蛋白质序列的特征信息包括蛋白质氨基酸组成、氨基酸的亲水性和疏水性等，此外这类信息还与目标肽信息结合使用。目前应用于蛋白质亚细胞位置预测的方法主要有神经网络、支持向量机（SVM）和模糊 K 阶最近邻法（KNN）等。

常用的预测蛋白质亚细胞定位的工具包括：

PSort: http://psort.hgc.jp/

TargetP: http://www.cbs.dtu.dk/services/TargetP/

Euk-mPLoc 2.0: http://www.csbio.sjtu.edu.cn/bioinf/euk-multi-2/

BaCelLo: http://gpcr.biocomp.unibo.it/bacello/

CELLO: http://cello.life.nctu.edu.tw/

Club-Sub: http://toolkit.tuebingen.mpg.de/clubsubp

2. 蛋白质磷酸化位点分析 蛋白质翻译后的修饰包括多种形式，如糖基化、磷酸化、精氨酸甲基化和 ADP 核糖基化等，其中磷酸化是最常见而又十分重要的一种共价修饰方式。在真核生物中，蛋白质磷酸化的主要位点是丝氨酸、苏氨酸和酪氨酸。由于蛋白质发生磷酸化修饰时，其丰度并不发生变化，因此蛋白质磷酸化的定量研究在探索蛋白质功能方面具有重要价值。随着质谱分析等技术在蛋白质鉴定领域的应用，与蛋白质磷酸化修饰相关的数据不断积累，使得对蛋白质磷酸化进行比较全面系统的分析，在此基础上对蛋白质序列上的未知磷酸化位点进行预测和判断成为可能。目前已经确定了数以千计的磷酸化蛋白质及其磷酸化位点，我们可以通过生物信息学手段，分析邻近修饰位点的序列及结构，并结合相关氨基酸的各种理化性质如分子量、等电点和疏水性等，发掘与蛋白质磷酸化相关的规律，对未知的磷酸化修饰位点进行预测。

现在已有多个专注于蛋白质磷酸化的数据库或分析预测工具。主要的数据库包括 Phospho. ELM（http://phospho.elm.eu.org/），它的前身是 PhosphoBase 数据库，目前由 EMBL 维护。它是一个收集经过实验验证的真核生物蛋白质中磷酸化位点的数据库，现已包括 8000 余个蛋白质

Notes

的 43 000 个磷酸化位点。另一个数据库 PhosphoSite（http://www.phosphosite.org/）则是专注于收集人与小鼠的蛋白质磷酸化位点信息，其所包括的数据均来自已发表的研究工作。已有的预测蛋白质磷酸化位点的工具一般基于人工神经网络、加权矩阵原理或人工学习机原理等，常用的方法包括以下几种：

NetPhos：http://www.cbs.dtu.dk/services/NetPhos/

NetPhosK：http://www.cbs.dtu.dk/services/NetPhosK/

ScanSite：http://scansite.mit.edu/

DISPHOS：http://www.dabi.temple.edu/disphos/

3. 蛋白质功能注释　随着基因组学的飞速发展，已经积累了大量的基因组数据，而通过实验或生物信息学工具，可以注释和预测基因组中的蛋白质编码基因。尽管可以通过蛋白质学及相关技术来获得大批蛋白质在生物体内的表达数据并分析其功能，当前我们对大量基因及其蛋白质产物功能的了解却相对落后。比如，人类基因组中已经发现的基因中，目前仍有大量基因缺乏可靠功能注释信息。因此，应用包括生物信息学在内的方法和工具，注释基因组所有蛋白质编码基因的生物学功能，是功能基因组学和蛋白质组学研究的重要目标。

通过蛋白质序列分析，可以对其功能注释提供有价值的信息。目前蛋白质序列的功能注释方法主要是经过同源比对进行已知的蛋白质功能注释信息的传递。这些方法都是基于 BLAST 和 PSI-BLAST 等序列比对工具，依据的主要数据库有 SWISS-PROT、TrEMBL、PDB 及基因组数据库等。

预测未知蛋白质功能的最直接的方法是基于已知功能的同源蛋白质的检测。由于同源蛋白质是从共同的祖先进化而来，它们通常在序列上保持了一定的相似性，此外它们具有类似的三维结构，分子功能上也可能相同或相近。因此，可以从已知功能的同源蛋白质推断与其序列相似但功能未知的蛋白质的可能生物功能。基于序列预测蛋白质功能时，首先利用 BLAST 等序列比对算法，对功能未知的蛋白质进行数据库搜索以寻找其同源序列。然而，仅仅依赖同源比对注释蛋白质功能的能力仍然有限。在蛋白质组中，目前有 25%～30% 或更多的蛋白质在参考数据库中无法找出同源物注释其功能。对此问题的一个解决办法是利用序列相似性将蛋白质聚类，并结合基因组信息分析蛋白质功能，如 NCBI 的 Protein Clusters 数据库（http://www.ncbi.nlm.nih.gov/proteinclusters），它对原核生物、病毒、原生动物、真菌、线粒体和叶绿体等蛋白质信息的收集很全面；SYSTERS（http://systers.molgen.mpg.de/），则是一个基于蛋白质序列相似性构建的大规模蛋白质分层式聚类数据库，它把目前已知的超过 100 万条蛋白质序列聚类成不同的功能家族和超家族。此外，由于许多蛋白质分子包括结构相对独立的模体（motif），它们与蛋白质功能密切相关，因此可以根据蛋白质模体的搜寻预测其功能。这种途径一般先收集已知的蛋白质家族，通过对蛋白质家族各成员序列的比对或序列特征分析构造结构域或者模体数据库，而后通过搜索该数据库预测未知蛋白质的功能。在序列整体同源性不明显的情况下，结构域、模体的搜索可以提高功能预测的灵敏度。基于这种思路，目前已经建立了多个数据库及分析工具，其中包括：

Pfam：http://www.sanger.ac.uk/resources/databases/pfam.html；

SMART：http://smart.embl-heidelberg.de；

PRINTS：http://www.bioinf.manchester.ac.uk/dbbrowser/PRINTS/index.php；

PROSITE：http://prosite.expasy.org；

PRODOM：http://prodom.prabi.fr/；

TIGRFams：http://www.jcvi.org/cgi-bin/tigrfams/index.cgi；

InterPro：http://www.ebi.ac.uk/interpro/。

第四节 RNA序列与结构特征分析
Section 4　Analysis of RNA Sequence and Structure Characters

今天，随着科学研究的深入，RNA 的形象已经由功能单一的线性碱基序列，演变成如今种类多样、结构复杂、功能特异的生命核心物质，逐渐在中心法则中取得了与 DNA 和蛋白质同等重要的地位。RNA 分子序列不仅在组成成分上区别于 DNA，而且需要通过碱基配对形成特定的结构来行使生物学功能。因此，适合于 DNA 的序列分析和计算方法往往不能直接应用于 RNA。一些专门应用于 RNA 序列分析的生物信息学方法，尤其是 RNA 二级结构预测方法，已经成为 RNA 序列分析的重要内容，被广泛应用于当前的 RNA 研究中。

一、RNA 的序列特征

从序列上来说，RNA 一般为单链长分子，不形成双螺旋结构，但是由于单链自折叠，使得序列内部的碱基之间可以配对，而且配对形式比 DNA 丰富得多。RNA 的这些性质使得它具有变化多端的结构。RNA 用尿嘧啶 U 取代了 DNA 中的胸腺嘧啶 T，U 比 T 少了一个甲基 -CH3。由于缺少基团的影响，RNA 比 DNA 更加具有柔性。此外，由于 2′- 羟基的原因，RNA 的空间结构也比 DNA 更加丰富多变。正是 RNA 的特殊结构和单链存在形式，使得它在序列上和结构上的特征更加多样化，进而使得它拥有丰富的功能。

二、RNA 的结构特征

RNA 的结构可以分为一级、二级、三级和四级等四个结构层次。RNA 一级结构是指 RNA 序列的核苷酸排列顺序；RNA 二级结构是指 RNA 序列通过自身回折和序列内部的碱基配对，形成由一种到多种特定形状的二级结构元件（secondary structure element）组合而成的平面结构。RNA 的三级结构是指由各二级结构元件之间相互作用，在空间中形成的稳定的三维构象。RNA 四级结构是指 RNA 与其他分子相互结合而形成的复杂空间结构。

（一）RNA 的二级结构元件

1. RNA 二级结构元件的形成规则　RNA 的二级结构元件是由于单链内部的碱基通过一定规则的氢键配对方式折叠而成的。RNA 的一级结构可以依据其碱基排列特征，折叠成多种二级结构元件（图 3-14），并由这些元件组合成复杂的二级结构。按照是否在参与配对，RNA 二级结构中的碱基可以分为自由基（freebase）和配对基（basepairs）。各种二级结构元件的定义如下：

茎（stem）：存在长度为 $(d+1)$ 的连续配对 $(n-d, m+d)$，$(n-d+1, m+d-1)$，$\cdots$，(n, m)，而 $(n-d-1, m+d+1)$，$(n+1, m-1)$ 都是自由基。$(n-d, m+d)$ 称为茎的末端碱基对。

凸环（bulge loop）：两个茎结构之间存在不少于一个的自由基构成的环状结构，自由基全部位于一侧，凸环长度为这两个碱基之间自由基的个数。

内环（interior loop）：两个茎结构之间存在不少于 2 个自由基（每一侧至少一个）而构成的环状结构，长度为自由基的个数。

发夹环（hairpin loop）：一个茎结构末端的第一个配对的两个碱基之间的多个自由基构成的结构，长度为自由基的个数。由于这种环和相邻的茎构成了一个像发夹一样的结构，所以常称为发夹结构。

多分枝环（multi-branched loop）：在一个换上伸展出三个或三个以上的茎环结构，长度为环上自由基的个数。

2. 形成 RNA 二级结构元件的序列特征　很多同源的 RNA 有着相同或相似的二级结构或三级结构，然而在一级结构上却很少有特别相似的序列片段，比较典型的就是 16S rRNA，只

Notes

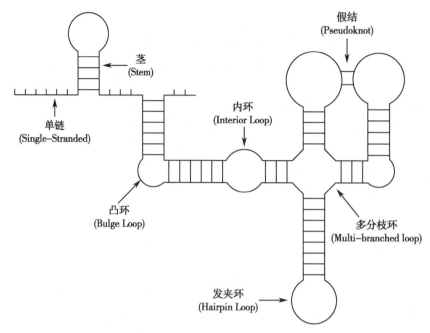

图 3-14　RNA 的二级结构元件

要维持其原来结构的碱基互补保持不变，即使对序列进行很大程度的补偿突变（compensatory mutations），对于其功能也往往没有太大影响。因此，从序列分析的角度来说，为了确定 RNA 的功能，往往是分析 RNA 二级结构的保守性，而不是序列的保守性。

（二）RNA 三级结构元件

RNA 的三级结构也可以看作是多种三级结构元件的组合，这些元件包括假结（图 3-15a）、环 - 环配对（图 3-15b）、三链螺旋（图 3-15c）、螺旋 - 环等（图 3-15d）。这些结构实质上是 RNA 的二级结构元件之间发生氢键作用而形成的，往往不能通过 RNA 二级结构预测方法来发现。假结在 RNA 三级结构中非常常见，而环 - 环配对是假结结构的一种特殊形式。三链螺旋是单链结合到双链螺旋上形成的，而螺旋 - 环结构则是三链结构的一种特殊形式。

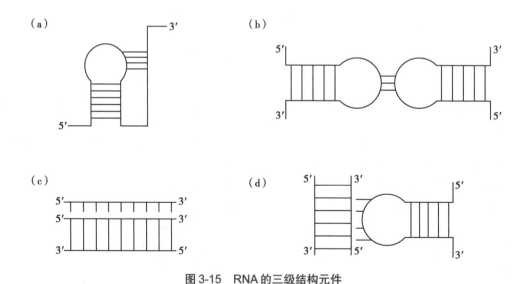

图 3-15　RNA 的三级结构元件

三、RNA 二级结构预测方法

Notes

预测 RNA 二级结构的本质就是找出一级序列的各个位点之间形成的配对关系。对于一个给定的 RNA 序列,如果按照 Watson-Crick 规则进行配对,一个序列中可能出现很多茎区,其中只有部分结构是真实的。由于 RNA 只含有四种碱基,会巧合出现很多"冗余茎区",这些冗余茎区一般和真实茎区不相容。在所有可能出现的茎区的集合中排除冗余茎区,找出真实茎区组成的子集就是 RNA 二级结构预测的主要内容。此外,由于假结的存在,也使得在设计 RNA 的二级预测算法的时候,不得不考虑这一因素的影响。

RNA 二级结构预测算法从原理上大致可以分为比较序列分析方法(comparative sequence analysis)和从头预测(abinitio prediction)方法。

(一)比较序列分析方法

在生物同源分子中,结构保守性一般大于序列的保守性。在 RNA 分子中,这一点体现得尤为明显,如 tRNA。比较序列方法就是基于这一事实发展出来的。这种方法的思想是通过互补碱基的共变比对(covariant alignment),在 RNA 二级结构数据库中搜索待预测序列的相似序列,以已知相似序列的二级结构来推断待预测序列的二级结构。这种方法通过多序列比对,找到一簇相似序列后,进行统计分析和序列上下文含义分析,构建这一组序列的一致性二级结构模型,再进行多次调整以实现模型的优化。比较序列分析法常采用的模型有两种:共变模型(covariance model,CM)和随机上下文无关文法模型(stochastic context-free grammars model,SCFG)。这两种方法都需要进行多序列比对,并且在比对的时候不仅要寻找序列之间的碱基相似性,而且还要考虑某一列上的碱基与其他列上的碱基是否具有共同的互补性。

比较序列分析是最可靠的一类 RNA 结构预测方法,预测结果的准确度仅次于实验解析方法。这类方法的另一个优点是能够预测假结和其他一些三级结构。该方法首先需要一定数量的已知结构的 RNA 序列样本,对序列间同源性要求很高,而且比对结果的好坏直接影响预测的结果。比较序列分析方法还没有能够很好地解决这一问题,因此,这类方法不适合对单独一条序列或者少量同源性不高的序列进行预测。

1. 共变模型 实际上是隐马尔可夫模型(Hidden Markov Models,HMM)的一个推广,可以视为生成一个 RNA 家族代表序列的概率机器。相比 HMM,CM 模型多了一个描述共变配对状态的情况。一个 RNA 的共变模型是依赖一个分析树(parse tree)的,并且这个分析树可以描述 RNA 二级结构的所有碱基配对作用,但是不能描述 RNA 三级结构中的碱基相互作用,比如三链结构和假结结构。共变模型方法包含三个步骤:序列比对、模型建立、参数估计。这三个步骤分别使用不同的算法来计算。

一个完整的共变模型构建的过程是如下一个迭代过程(图 3-16):

(1)选择一组同源 RNA 序列作为初始的比对模板。

(2)对这组序列进行多序列比对,同时统计出符号生成概率和状态转移概率(图 3-16a)。

(3)根据比对结果,构建初始指导树,得到一致序列的二级结构(图 3-16b),然后建立无空位的一致序列模型(图 3-16c)。

(4)对上一步的一致序列模型进行扩展,建立可以进行插入、删除操作的初始 CM 模型(图 3-16d 和 e)。

(5)参照这个模型对多序列比对中的序列进行二次比对,重新计算符号生成概率和状态转移概率,建立新的 CM 模型。

(6)重复(2)、(3)、(4)、(5)步,直到模型收敛,共变结构趋于稳定。

2. 随机上下文无关文法模型 RNA 序列可以看做是一个字符串,不过在二级结构中涉及长程字符之间的配对关联。基于随机上下文无关文法(SCFG)的 RNA 二级结构预测算法就是考虑到 RNA 序列的这种特征,从形式语言的角度出发规定终结字符、非终结字符、产生式等来描述二级结构中的不同子结构类型。其利用产生式的规则构造出的语法树即代表了一个可能

Notes

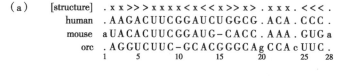

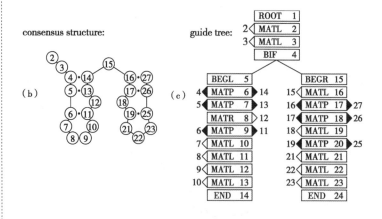

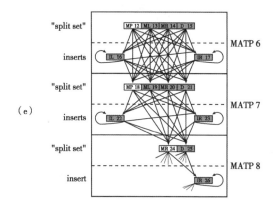

图 3-16　RNA 二级结构预测的共变模型

的二级结构。由于不同产生式的概率不同,通过计算概率可以构造出最可能的语法树。该算法的缺点是计算复杂度较高。

(二)从头计算方法

当没有任何先验知识,只从给定 RNA 的一级序列出发,通过计算序列内部碱基的配对关系来预测二级结构的方法,就是从头预测法。从头预测法可以分为最大碱基配对法(base-pair maximization)和最小自由能法(free energy minimization)两大类。

1. 最大碱基配对算法　基本思想是:当 RNA 单链自折叠使其碱基尽可能达到最大互补配对时,该 RNA 的二级结构就形成了。假设一条长为 n 个碱基的 RNA 序列 $x=(x_1, x_2, \cdots, x_n)$,如果碱基 x_i 与 x_j 配对,则 $\delta(i,j)=1$,否则为 0。记 $\gamma(i,j)$ 为子序列 (x_i, x_j) 可构成的最大碱基配对数,则有迭代公式如下:

$$\gamma(i,j)=\max\left\{\gamma(i+1,j), \gamma(i,j-1), \gamma(i+1,j-1)+\delta(i,j), \max_{i<k<j}\left[\gamma(i,k)+\gamma(k+1,j)\right]\right\} \quad (3-1)$$

当 i 从 1 到 n,设定 $\gamma(i,j)=0$,当 i 从 2 到 n,则 $\gamma(i, i-1)=0$。计算到最后,$\gamma(1,n)$ 的值即为最大碱基配对结构所包含的配对数。再从 $\gamma(1,n)$ 开始回溯该矩阵,即得到配对碱基所构成的茎。最大碱基配对法采用动态规划算法来计算最大碱基配对数,虽然能够找到最大碱基配对结果,但是假设的前提简单,因此预测精度较低。

2. 最小自由能算法　1981 年加拿大科学家 Michael Zuker 提出的最小自由能算法是目前流行的 RNA 二级结构预测算法，发展至今已经相当成熟，预测结果也比较可靠，尤其适用于小分子 RNA。RNA 折叠过程中碱基配对可以使 RNA 分子的能量降低，结构更加稳定。因此，最小自由能算法认为，在一定温度下，RNA 分子会诵过该构象调整达成自由能最小的热力学平衡，形成了最稳定的二级结构，此即是 RNA 的真实二级结构。

最小自由能算法也是以动态规划算法为基础的，但计算的对象却不再是简单的碱基配对数，而是一套复杂的自由能参数，其基本思想是根据碱基组成的不同，用实验方法分别测出各种 RNA 基本结构单元的自由能，建立一个二级结构元件的自由能参数表，并假设这些元件的自由能具有相对独立性和可叠加性。也就是说，一个二级结构的自由能是组成他的基本结构元件的自由能之和，且这些自由能之间互不影响也互不关联，然后用递推公式来计算总体能力的全局最小值：

$$f_{ij} = \min \begin{bmatrix} f_{i+1,j-1} + \alpha_{ij}, \min(f_{i+k,j} + \beta_k), \min(f_{i+k,j-l} + \gamma_{k+l}), \\ \min(f_{i+k,j'} + f_{i',j-l} + \varepsilon_{k+l,i'-j'}), \delta_{j-i} \end{bmatrix} \qquad (3\text{-}2)$$

其中，α_{ij} 表示 i, j 配对时的堆积能；β_k, γ_k, ε_k, δ_k 分别表示凸环、内环、多分枝环、和发夹环的能量。当计算进行到 $f_{1,n}$ 时，就找到了全序列自由能最小的状态，通过动态规划算法回溯就可以得到 RNA 的二级结构。

最大碱基配对算法和最小自由能算法都只考虑了碱基之间以嵌套方式配对的情况，都不能预测假结。当前能够预测假结的算法大都是启发式搜索算法，而且是以牺牲最优解为代价的，如蒙特卡罗方法、遗传算法、人工神经网络等。Rivas 和 Eddy 最先采用动态规划算法解决了假结预测问题，他们推广了动态规划矩阵，使用空位矩阵（gap matrices）来计算包含假结的 RNA 序列。由于空位矩阵的计算非常复杂，使得应用受到一定的限制。制约最小自由能算法应用的另一因素就是目前还缺乏对多分枝环和假结的自由能参数的详细了解，涉及这些元件的计算时，基本上依赖于人为估计，准确度较低。此外，动态规划得到的结果是自由能最小时对应的二级结构，而实验证明，真实二级结构往往不是自由能最小的那个二级结构。

为解决各种算法的缺陷，人们把最小自由能算法和比较序列方法结合起来，发展出了一些行之有效的算法。这些方法大致可分为两种：一种是先比较后折叠，将比较后的统计信息或已知数据加入到折叠计算过程来提高精确度；另一种是先折叠后比较，折叠后的每条序列的预测结构可以为后面的比较提供有价值的信息。

（三）RNA 二级结构预测算法的评价

评价一个 RNA 二级结构预测算法的好坏，主要有以下几个依据：

1. 算法的复杂度和实用性，包括耗费的计算时间和存储空间，预测结果的准确性以及可计算序列的长度等指标。

2. 是否能够准确预测假结或更复杂的三级结构。

3. 算法的扩充和发展是否方便，是否能够充分利用已有的实验数据和信息，如热力学信息、序列统计分析信息、系统发育信息等。

RNA 种类众多，特征各异，已知算法不可能准确预测所有类型 RNA 的结构。因此，分析不同 RNA 的特性，发展专门化的算法和软件，是 RNA 结构预测算法的重要发展方向。例如，Lowe 和 Eddy 针对 tRNA 结构简单一致的特性，开发出了预测软件 tRNAscan-E，提高了对 tRNA 二级结构预测的准确度。此外，当前的 RNA 二级结构算法优势各异，因此，多种算法互相结合、互相补充、互相印证，是以后二级结构预测算法的发展总趋势。

（四）基于二级结构的 RNA 三级结构预测

目前实验上主要用 X 线晶体衍射和磁共振方法测定 RNA 三级结构，但受大量纯 RNA 样品

Notes

制备和技术上的限制,用这些方法大量测定 RNA 的空间结构还非常困难。PDB 数据库中已测定的 RNA 单体的空间结构只有 1000 多个,远远少于蛋白质结构 10 万多的数目,因此,RNA 作为新治疗标靶的潜能几乎还没有得到开发。应用计算机预测和分子模拟方法预测 RNA 的三级结构是从分子水平研究 RNA 功能的重要途径之一。但是,RNA 的三级结构中包含假结、三链等复杂的碱基远程相互作用,单链自折叠可能产生的构象非常多,这就使得空间结构预测的难度很大。基于序列比较的思想,利用与待预测序列同源的已知 RNA 三级结构作为模板,建立 RNA 的三级结构模型,是一种可行的途径。这类方法对于 20 个核苷酸以内的短 RNA 片段能够给出较好的结果,而对于较长的 RNA 三级结构的预测还主要是个别事件,其面临的主要困难是目前测定的 RNA 三级结构太少,不能提供足够的实验信息。Dokholyan 等人利用羟自由基检测(HRP)技术检测 RNA 结构信息,结合已知的同源序列的结构信息,开发了一种定量的结构模拟技术,提高了短链 RNA 的三级结构预测的准确度。

RNA 三级结构主要是由二级结构和三维空间作用上的拓扑约束编码决定,而且二级结构预测方法已经发展较为成熟。因此,利用预测的二级结构信息,结合可靠的能量优化方法,如分子动力学模拟技术等预测 RNA 三级结构是一种解决方案。3dRNA 就是基于这种思想开发的一种预测算法。该算法分两步,第一步是预测高精度的 RNA 二级结构;第二步是将二级结构元件在空间组装成发夹结构和其他一些复合结构,再将进一步搭建完整结构。

RNA 三级结构预测的发展,将对生物信息学算法设计、RNA 结构和功能的分析以及以 RNA 为标靶的药物设计和疾病治疗,产生巨大的推动作用。这一科学问题,还有待科学家们进行长期不懈的努力。

四、RNA 结构预测的在线资源与软件

当前,GenBank 等数据库存储了大量的 RNA 序列数据,然而提供结构的数据库却不多。PDB 中仅存储了 2000 多个 RNA 及其复合物的三维结构数据。Rfam 是当前最大的 RNA 专业数据库,提供了对已知 RNA 家族的详细序列和结构特征注释结果。除了 Rfam 以外,目前用来为预测算法提供测试数据的 RNA 结构数据库主要有四个:GtRNAdb 数据库、RNase P 数据库、RNA STRAND 数据库和 CRW 数据库(表 3-3)。由于目前大多数预测算法还不能够很好地处理长度在 1000nt 以上的长 RNA 分子,因此大部分研究者都采用 tRNA 和 RNaseP 来测试其预测算法或软件的性能。

表 3-3　互联网上的 RNA 结构数据库

数据库名称	功能	URL
Rfam	提供已知 RNA 家族的序列和结构数据	http://rfam.xfam.org/
GtRNAdb	tRNAscan-SE 预测的 tRNA 结构数据,长度大多在 70 到 80nt	http://gtrnadb.ucsc.edu/
Rnase P Database	RNase P 的序列和结构,长度大多在 300 到 400nt	http://www.mbio.ncsu.edu/rnasep/
RNA STRAND	RNA 的二级结构和统计分析数据库,包含 4666 个二级结构	http://www.rnasoft.ca/strand/
Comparative RNA Web(CRW)	提供 RNA 的结构模型和序列比较分析	http://www.rna.icmb.utexas.edu/

目前 RNA 二级结构预测的软件和提供在线预测的网站很多,本文列举了 7 个主要的软件,分别是 Vienna RNA、mfold、Srna、CARNAC、MARNA、Pfold 和 RNAStructure(表 3-4)。这 7 种软件被公认为预测效果较好,被广泛用于预测 RNA 的二级结构。以下是其中两个应用最广的软件 Vinenna RNA 和 RNAStructure 的介绍。

表 3-4　主要的 RNA 二级结构预测软件

软件名称	算法原理	应用范围	运行环境	URL
Vienna RNA package	预测单一序列依靠最小自由能模型，预测多个序列依靠比较序列分析模型	单个序列长度不能超过 300，多个序列只给出一致结构	Linux/Windows/MacOS	http://www.tbi.univie.ac.at/RNA/
mfold	最小自由能 + 动态规划算法	只能预测单个序列	Linux	http://mfold.rna.albany.edu/
Srna	结合统计方法的最小自由能模型	只能预测单个序列，长度不能超过 5000	只提供在线预测	http://sfold.wadsworth.org/cgi-bin/srna.pl
CARNAC	比较序列分析法	每个序列最长为 80	只提供在线预测	http://bioinfo.lifl.fr/carnac/
MARNA	最小自由能 + 同源结构比对	总长度不能超过 10 000	Linux	http://rna.informatik.uni-freiburg.de/MARNA
Pfold	结合进化信息的上下文无关文法	不能预测假结	只提供在线预测	http://www.daimi.au.dk/~compbio/pfold/
RNAstructure	最小自由能 + 动态规划算法	输入字母表只能是 AGCU	Windows/Linux	http://rna.urmc.rochester.edu/RNAstructure.html

（一）Vienna RNA 软件包

Vienna RNA 是维也纳大学研究人员开发的软件包，包含了一套对 RNA 的二级结构进行预测和计算分析的软件，是当前最全面的 RNA 二级结构预测工具。该软件包中的主要软件有：RNAfold 可用于预测最小能量的二级结构，并给出结构图像；RNAeval 估算 RNA 二级结构的能量值；RNAheat 计算一个 RNA 序列的熔解曲线；RNAinverse 预测序列的反转折叠；RNAdistance 比较二级结构；RNApdist 比较碱基对的概率；RNAsubopt 完善次优折叠；RNAplot 绘制 RNA 二级结构图形；RNALalifold 计算一组比对过的 RNA 的局部稳定二级结构。

（二）RNAstructure

RNAstructure 是一个支持多种平台的二级结构预测软件，使用简单且免费。RNAStructure 利用 Zuker 算法，根据最小自由能原理，采用实验室测定的热力学数据，直接从 RNA 或 DNA 的一级序列出发预测二级结构，包括预测碱基配对概率。该软件使用了一些模块来扩展 Zuker 算法的能力，并使之成为一个界面友好的 RNA 折叠预测软件。该软件还可以用来预测双分子的结构以及计算寡核苷酸结合到 RNA 靶结构上的亲和力。它还可以用于预测两个未比对的 RNA 序列的共有的二级结构，而且往往比单序列预测结果更加准确。在预测过程中，RNAstructure 可以使用许多不同类型的实验数据映射来对预测结果进行约束和限制，这些数据包括化学映射、酶映射、NMR 和 SHAPE 数据等。RNA structure 有着友好的图形界面，允许用户同时打开多个数据处理窗口，同时在主窗口提供了文件的导入、导出、参数设置、结构图绘制等基本功能。

第五节　表达序列特征分析
Section 5　Analysis of Expressed Sequence Characters

表达序列（expressed sequence）是指由基因组表达为 RNA 的序列。其中绝大部分是 mRNA 分子，它们可以进一步翻译为蛋白质中的核苷酸序列；少部分表达为构成核糖体的 rRNA 或负责转运氨基酸的 tRNA，rRNA 和 tRNA 即为基因表达的终产物，不再翻译为蛋白质。

表达序列标签（expressed sequence tag，EST）是从一个随机选择的 cDNA 克隆进行 5′ 端和 3′ 端单次测序获得的短的 cDNA 部分序列，代表一个完整基因的一小部分，长度一般从 20~7000bp

Notes

不等,平均长度为(360±120)bp。

基因表达系列分析(serial analysis of gene expression,SAGE)是 1995 年 Velculescu 等提出的一种快速分析基因表达谱的技术。SAGE 技术在理论上来说可以检测到一个细胞内所有表达的转录体,而且可以给每一个转录体定量,不管它是低丰度还是高丰度。SAGE 和基因芯片技术一样,具有高通量、平行性检测细胞内基因表达谱的特点。但它可在未知任何基因或 EST 序列的情况下对靶细胞进行表达谱研究,这一点是基因芯片技术所不具备的。SAGE 区别于差异显示、消减杂交等其他技术的主要特点是可用于寻找那些较低丰度的转录物,最大限度地体现基因组的基因表达信息,这使之成为从总体上全面研究基因表达、构建基因表达图谱的首选策略。

知识拓展

由于基因的差异表达的变化是调控细胞生命活动过程的核心机制,通过比较同一类细胞在不同生理条件下或在不同生长发育阶段的基因表达差异,可为分析生命活动过程提供重要信息。研究基因差异表达的主要技术有差别杂交(differential hybridization)、扣除(消减)杂交(subtractive hybridization of cDNA,SHD)、mRNA 差异显示(mRNA differential display,DD)、抑制消减杂交法(suppression subtractive hybridization,SSH)、代表性差异分析(represential difference analysis,RDA)、交互扣除 RNA 差别显示技术(reciprocal subtraction differential RNA display)、基因表达系列分析(serial analysis of gene expression,SAGE)、电子消减(electronic subtraction)和 DNA 微列阵分析(DNA microarray)等。

一、表达序列的获取和数据库资源

(一)EST 数据的获取和应用

EST 具有广泛的用途,主要用于以下诸方面:

1. **基因组物理图谱的绘制**　EST 是用于绘制物理图谱最常用的序列标签位点(STS)。1995 年 WhiteHead 研究所的 Hudson 发表的人类基因组物理图谱即含有 15 086 个 STS,其中大多数是 EST,平均密度为 1 个标记 /199kb。第二年在这份图谱上又添加了大量 STS,从而将许多蛋白编码基因定位在物理图谱上。这份图谱的密度为 1 个标记 /100kb,达到了人类基因组计划最初确立的目标。

2. **基因识别**　当一个物种的全基因组测序完成之后,首要任务就是对基因组中所包含的全部基因进行预测。由于迄今为止的基因预测软件都不可能百分之百准确地预测出全部基因,因此对预测基因的验证就至关重要。每一条独特的 EST 代表的是特定发育阶段或某种病理、生理状态下表达出来的基因的部分序列,因此,将预测基因与同物种的所有 EST 进行比对,有助于基因识别的验证。

3. **基因表达谱的构建**　利用 EST 构建基因表达谱,用来比较不同物种、不同组织、不同器官、不同发育阶段或不同病理生理状态下基因表达水平的差异。

4. **发现新基因**　由于 EST 必然来自某一基因,因而将某个 EST 序列在数据库中搜索,如果没有注释为已知基因,那么该序列就很可能来自一个新基因;如果在数据库中发现了某个基因的相似性序列,但又不能定义为同一基因的话,那么,这个 EST 很可能是该基因家族的新成员。

5. **电子 PCR 克隆**　在 EST 数据库中,存在着大量同一基因的 EST 冗余序列,通过聚类拼接,即可获得较长的、甚至全长的基因的 cDNA 序列。这一拼接过程是通过计算机完成的,故又称为电子 PCR 克隆(e-PCR clone)。

6. **SNP 发现**　数据库中的 EST 来自全世界各实验室,通过对冗余 EST 进行序列组装和比对,有可能发现基因组中存在的 SNP。

常用的 EST 数据库见表 3-5。这其中,dbEST 是数据量最丰富、最常用的 EST 数据库。dbEST (database of EST,http://www.ncbi.nlm.nih.gov/dbEST/) 是 GenBank 数据库的一部分,收集了大量物种的一轮单向测序的 cDNA 序列或 EST 序列数据以及其他相关信息。截至 2013 年 1 月 1 日,dbEST 中共有数据条目 74 186 692 条,其中来自于人类和一些重要的模式生物如小鼠的 EST 数据占据了很大的比重。Fasta 格式的 EST 序列数据可以通过 NCBI FTP 下载,存放在 ftp.ncbi. nih.gov/repository/dbEST 目录下。此外,可以利用 GQuery 检索系统,通过登录 dbEST 检索页面 http://www.ncbi.nlm.nih.gov/nucest/,在搜索栏内输入关键词来检索。

表 3-5 常用的 EST 数据库

数据库名称	网址	说明
dbEST	http://www.ncbi.nlm.nih.gov/dbEST/	综合
UniGene	http://www.ncbi.nlm.nih.gov/unigene	综合
Gene Indices	http://compbio.dfci.harvard.edu/tgi/	综合
REDB	http://redb.ncpgr.cn/index.php	水稻
Medel-ESTS	http://ukcrop.net/perl/ace/search/Mendel-ESTs	植物
MAGEST	http://www.genome.jp/magest/	海鞘类
ChickEST	http://www.chickest.udel.edu/	鸡
COGEME	http://cogeme.ex.ac.uk/	真菌
PEDE	http://pede.dna.affrc.go.jp/	猪
CR-EST	http://pgrc.ipk-gatersleben.de/cr-est/index.php	农作物
NEMBASE	http://www.nematodes.org/nematodeESTs/nembase.html	寄生虫
OSESTDB	http://vmd.vbi.vt.edu/EST/	霉菌

(二)SAGE 数据的产生和应用

SAGE 的核心是以高通量方式快速检测的能独特代表每个基因转录本序列的标签(tag),长度约 9~12bp,同一 tag 在某组织中出现的频度反映的是该 tag 所代表基因在这种组织中的表达丰度。该技术的理论基础有三个要点:

1. 一段来自于任一转录本的特定区域的长度仅 9~14bp 的短核苷酸序列"标签",就已包含了足够的信息来特异性地确定该转录本。理论上讲,一个 9 碱基的序列能有 4 的 9 次方(即 262 144)种不同的排列组合,而人类基因组据估计仅编码约 80 000 种不同转录本,因此在理论上每一个独特 9 碱基标签就能够作为代表一种转录本的特征序列。

2. 如果将短片段标签相互连接,形成串联的 DNA 分子,再对该标签串联体分子进行克隆和测序,就可得到大量串联的单个标签,并能以连续的数据形式进行处理,这样就可快速、廉价地对数以千计的 mRNA 转录本进行批量分析。

3. 各转录本的表达水平可以用特定标签被测得的次数定量。因此该技术可以精确定量基因的表达水平,不论它们是低丰度还是高丰度的。

SAGE 技术的操作流程如图 3-17 所示,详细的技术方案可以参考网站 http://www.sagenet.org/。前面提到过,从 EST 出发,可以发现新基因。但 EST 技术难以获得低拷贝数的基因。在真核生物中,高丰度表达的基因只是少数,但它们却大大干扰了对于大多数低丰度基因的分析。SAGE 技术克服了转录本丰度的影响,在新基因分析中具有独特的地位。许多研究提供了大量找不到对应表达序列的"无匹配标签"(unmatched tags),它们绝大多数是低拷贝标签。这些无匹配标签很可能来源于一些尚未鉴定的新转录本。这意味着还有许多新基因尚待发现和鉴定。Chen 等建立了的 GLGI 技术,从 SAGE 生成较长 cDNA 片段,然后与 GenBank 中的数据比对,从而发

Notes

现和鉴定新基因。Saha 等则建立的 long-SAGE 技术，生成 21bp 长的 SAGE 标签，直接与人类基因组计划的数据库比对，一次发现了大量新基因。这些方法的建立，大大加速了对全基因组的诠释。

　　SAGE 技术是描述表达谱的强有力工具。研究者们利用 SAGE 技术分析了多种细胞、组织的转录谱特征。全面分析比较正常和疾病状态下各种细胞、组织或器官的表达谱，不仅可以发现细胞、组织或器官功能的维持机制，也有可能解释参与疾病的发生、发展的特异性基因、信号途径或疾病治疗的新靶点。采用 SAGE 技术，分析胚胎细胞或干细胞中的大量尚未鉴定的极低拷贝基因的表达谱，不仅有助于了解参与分化、增殖的基因，了解分化发育的分子基础，而且可能为人们获得基因组完整的图谱提供不可忽略的基因来源。SAGE 技术对于寻找肿瘤特异性相关基因、发现肿瘤组织特异标志物、全面分析肿瘤组织基因表达谱和揭示肿瘤发生的分子机制等方面也有着重要意义。近年来，利用 SAGE 研究各种肿瘤，取得了很大的进展。随着肿瘤基因组解剖计划（cancer genome anatomy project，CGAP）的进行，有五百多万转录物标签从 100 多种人类细胞中获得。CGAP 计划还建立了肿瘤 SAGE 数据专用数据库（http://cgap.nci.nih.gov/SAGE）。

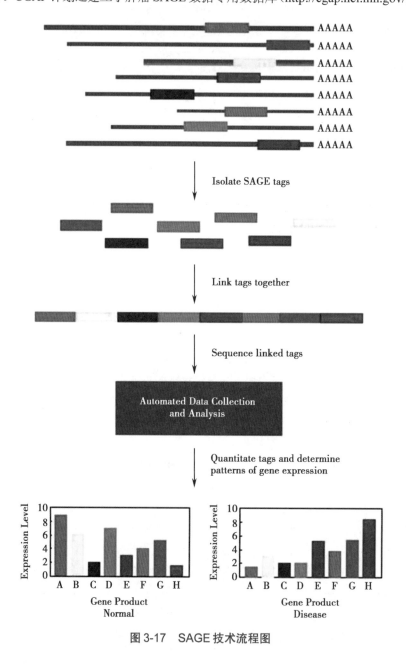

图 3-17　SAGE 技术流程图

Notes

（三）SAGE 数据的获取

当前，与存储和管理 SAGE 数据相关的数据库主要有 Gene Expression Omnibus（GEO）、SAGEnet 等，下面分别进行介绍。

1. **GEO 数据库及其使用** GEO 数据库（http://www.ncbi.nlm.nih.gov/geo/）存储大量的基因表达 / 分子丰度信息，是目前最重要的对基因表达数据进行浏览、查询和检索的在线资源。GEO 可接受和存储各种高通量实验数据，包括微阵列实验、非阵列技术如基因表达系列分析（SAGE）、蛋白质谱分析数据等。NCBI 原有的单独存储的 SAGE 数据已经被合并到了 GEO 里面。

一个 GEO 仓库包括四个基本实体：提交者（submitter）、平台（platform）、系列（series）和样本（sample）。平台是描述一连串在特定实验中被检测或被定量分析的因素，比如寡核苷酸探针组、cDNAs、SAGE 标签、抗体等。平台登录号的首字母为"GPL"。样本是指以一个平台为基础、描述某个杂交实验或者实验条件的所有特征因素的大量测量信息。每个样品有一个，而且只有一个必须先前被确定的亲代平台。样本登录号的首字母为"GSM"。系列是把构成某个实验的相关样本集中到一个有生物意义的数据集，一个系列中的样品是通过某一共同的属性联结在一起的，系列登录号的首字母为"GSE"。NCBI 中建立了两个新的数据库来查询这些数据，均收录在 GQuery 综合数据库检索系统中，分别为 GEO 表达谱（GEO Profiles）和 GEO 数据集（GEO Datasets）。GEO 数据集（数据编号格式为 GDSxxx，x 表示阿拉伯数字）是当前的 GEO 样品数据库。GDS 内的样品代表相同的平台，也就是它们分享一组共同的探针。GEO 表达谱数据库贮存个体基因表达和由基因表达库组成的分子丰度图。截至 2014 年 8 月 20 日，GEO 中已收录了 13 281 个 GPL 数据，1 216 976 个 GSM 数据，50 050 个 GSE 数据。

GEO 数据可以使用 GQuery GEO 数据集和 GQuery GEO 表达谱进行查询。GEO 数据集查询所有的实验注解，网址为：http://www.ncbi.nlm.nih.gov/gds/。对于感兴趣的实验，通过属性限定可提高查询效率，如基因名、GEO 登录号、关键词、变异性、组织、创建日期和平台等。例如，使用检索词"dual channel[Experiment Type] AND metastasis AND human[Organism]"寻找人类新陈代谢的所有的双通道核苷酸微点阵实验数据组。检索结果信息显示了数据组标题、简短实验说明、分类法、实验变量类型和原始平台的链接、相关系列记录和完整 GDS 记录。一旦确定相关数据集，可进一步研究感兴趣基因的表达图谱。GQuery GEO 表达谱可以查询预处理的基因表达 / 分子丰度图谱，即样品和系列记录，网址为 http://www.ncbi.nlm.nih.gov/geoprofiles/。查询可以使用属性限定，如关键词、平台和样品类型、提交者、组织、发表日期和补充文档类型等。例如，利用检索词"Type 1 diabetes[GDS Text] AND apolipo protein[Gene Description] NOT Homo sapiens[Organism]"，检索到所有在非人类的物种中 I 型糖尿病相关数据集中的载脂蛋白相关的基因资料。

GEO 主页（图 3-18）上的菜单栏显示了三项基本功能：文档（Documentation）、浏览和查询（Query&Browse）和电子邮件（Email GEO）。此外，在主页上还提供了四个功能模块，分别是：Getting Start，提供了对 GEO 的功能和使用方法的详细介绍；Tools，提供了各种数据检索和分析工具的快捷入口，包括数据集检索、表达谱检索、GEO BLAST、GEO2R 分析、FTP 等；Browse Content，提供对 GEO 中的数据集、系列、样本、平台的总体浏览和分项浏览的快捷入口；Information for Submitters，提供了对研究者如何提交数据到 GEO 的详细说明。

GEO 主页还提供了快速检索栏，可以输入关键词进行检索，如要检索数据集 GDS325，则可以在检索栏输入"GDS325"，单击"Search"按钮进行搜索，则页面显示搜索到的数据记录如图 3-19 所示。

该页面显示这一数据记录的名称为"Dataset Record GDS325"，其数据信息包括"Title"、"Summary"、"Organism"、"Platform"等项，其中"Title"项是该数据的标题，"Summary"项是对该数据的简要描述；"Organism"项是该数据的来源物种；"Platform"是对应的平台数据。此外，

Notes

还记录了引用文献、参考系列、样本统计等相关信息。数据的标题栏中给出了三个链接，点击
"Expression Profiles"链接，则打开一个新页面显示与 GDS325 数据集相关的表达谱数据；点
击"Data Analysis Tools"链接，则显示数据分析工具栏；点击"Sample subsets"则显示相关的样
本子集。页面右侧还显示了"Cluster Analysis"和"Download"的相关信息，其中点击"Cluster

图 3-18   GEO 数据库主页

图 3-19   GEO 中"GDS325"的数据记录

Notes

Analysis"可以在新页面中显示在数据库中该数据的聚类分析结果;而"Download"提供了数据集文件的下载链接。

2. SAGEnet　是一个收录 SAGE 技术方法、文档以及 SAGE 实验数据的网络资源库,访问地址为 http://www.sagenet.org/。该网站由约翰霍普金斯大学医学院建立和维护。该网站除了介绍 SAGE 技术的基本原理以外,还收录了三类资源:SAGE 数据;基因图谱的 SAGE 标签;SAGE 实验方案和软件。SAGE 数据中收录了来自于人类结肠癌组织以及胰腺癌组织的 SAGE 实验数据,此外,还收集了小鼠增生细胞以及酵母的 SAGE 数据;基因图谱的 SAGE 标签收集了人、小鼠、大鼠的一些数据;SAGE 实验方案和软件介绍了 SAGE 的技术方法和分析工具。

3. 其他 SAGE 数据库

SAGE Genie:http://cgap.nci.nih.gov/SAGE。

小鼠 SAGE 数据库:http://mouse.img.cas.cz/sage/。

GutSAGE:http://genome.dfci.harvard.edu/GutSAGE/。

StormSAGE:http://genome.dfci.harvard.edu/StomSAGE/。

GermSAGE:http://germsage.nichd.nih.gov/germsage/home.html。

二、表达序列标签分析方法

特定物种(或组织)的 EST 序列代表了随机取样的各种转录产物 mRNA,因此可能会有多个 EST 代表同一个转录产物。通过 EST 数据聚类分析,可以将代表同一个转录产物的 EST 序列归为一类,然后使用序列拼接程序装配成更长的、更高质量的序列,同时也减少了 EST 的冗余。这对于 EST 的功能识别、剪接产物的区分、基因表达谱的分析都有很大的帮助。EST 数据分析主要包含四个步骤:EST 数据预处理;EST 数据聚类;EST 数据拼接;拼接结果的注释。而前三个步骤是对序列进行注释的前提和基础。

(一)EST 数据预处理

测序得到的 EST 数据往往是原始的峰图文件,或者是包含载体序列和杂质的低质量的序列,因此若需要得到高质量的 EST 序列,对原始数据进行预处理是必要的,预处理主要有这么几个方面:

1. 提取序列　若原始 EST 数据为来自测序仪的峰图文件,则需要从峰图文件中提取序列。从峰图文件得到的序列文件可以保存为 fasta 格式或者其他序列聚类和拼接软件所支持的格式,然后去除其中低复杂度的区域。

2. 屏蔽赝象序列(artifactual sequences)　EST 数据中夹杂着一些不属于表达的基因的序列,称为赝象序列,包括表达载体序列、重复序列以及外源的污染序列(如核糖体 RNA、细菌或其他物种基因组 DNA 等)。可以使用 BLAST、RepeatMasker 或 Crossmatch 等软件进行自动分析来实现屏蔽这些序列的目的,也可以人工除去这些序列。

3. 去除嵌合克隆(chimeric clone)**序列**　在克隆过程中,DNA 分子的两个片段可能会发生融合并像单一克隆那样进行复制,这种克隆称之为嵌合克隆。EST 序列的嵌合克隆是在文库构建过程的反应中产生的,其序列特征表现为,序列的中间有很长的 polyA 序列,或载体序列。因此,对 EST 数据进行质量检查的时候需要识别这类型的序列,并将嵌合的序列分离开。

4. 去除过短的序列　通常把那些小于 100bp 的序列去除掉,不参加后续的聚类拼接和注释分析。

(二)EST 数据聚类

EST 聚类的目的在于将属于同一个基因的具有重叠部分(over-lapping)的 EST 数据聚在一起,整合至单一的簇中。对 EST 数据进行聚类分析有助于产生更长的一致性序列(或称为 contigs);有助于降低数据的冗余性,更正数据的错误;有助发现同一基因的不同剪切形式。常见的收录

Notes

EST 聚类的数据库有：① UniGene（http://www.ncbi.nlm.nih.gov/UniGene）；② TIGR Gene Indices（http://www.tigr.org/tdb/tgi/）；③ STACK（http://www. sanbi.ac.za/Dbases.html）。这些数据库采用自己的聚类方法将各种 EST 数据进行了归类和注解。

（三）EST 序列组装

EST 数据聚类和拼接通常是一个连续的过程，称为 EST 序列组装（EST sequence assembling）。EST 聚类后的属于同一个聚类的序列进行拼接，可以组装为更长的一致性序列。用于 EST 序列的聚类和组装的软件很多（表3-6），用户可以根据自己的需要进行选择。

表3-6   4 种 EST 片段组装软件比较

	phrap	CAP3	TIGR Assembler	Staden Package
应用平台	Unix	Unix/Windows	Unix	Unix/Windows
可获得性	学术用户取得认证后可免费下载使用	需要联系作者获取	免费下载	免费下载
输入数据	海量数据，长短 reads 皆可	大量数据	大量数据	大量数据
用户界面	命令行	命令行	命令行	命令行 / 图形界面
主要应用	基因组、EST	EST	EST	基因组、EST

（四）序列注释和分析

由 EST 序列组装得到 contigs，可以进行进一步的注释和分析，从而更深入了解基因表达的相关特征。对序列的注释和分析通常包含下列几个方面：

1. 序列同源性比对   为了寻找 EST 序列在其他物种中的同源序列，可以利用序列比对工具如 BLAST，在相应物种的数据库中搜索可能的同源序列。由已知同源序列的注释信息可以推测所研究基因的功能。

2. 蛋白质结构域和功能位点搜索   在蛋白质家族数据库（Pfam）或者其他蛋白质功能库（如 Interpro）中可以搜索 EST 来源的基因编码的蛋白质的家族、结构域、作用位点等信息。

3. 基因功能分类   对基因进行功能分类是基因分析的重要环节。利用 Gene Ontology（GO）数据库注释工具，可对 EST 数据进行基因功能注释。

4. 表达量比较分析   将来自不同组织的 EST 序列进行比较，可以了解同一基因在不同组织内的表达水平。

5. Pathway 分析   利用 EST 数据，结合利用如 KEGG（http://www.genome.jp/kegg/）、BioCarta（http://www.biocarta.com/）等数据库，可以进行相关路径分析、差异表达基因的功能分类、所属信号通路分类等。

6. 可变剪切分析   将 EST 序列比对到基因组或者 mRNA 的对应位置上，可以了解基因是否存在可变剪切的表达。

【例3-2】 人和家猪脑组织 EST 序列的比较分析

首先获得来自不同发育阶段的家猪脑组织 EST 序列，全部文库信息如表3-7 所列。

表3-7   家猪脑组织 EST 序列文库数据

Library name	cbe	ece	fce	ecc	fcc	ebs	fbs
Tissue		Cerebellum			Cortex cerebrum	Brain stem	
Develop-mental phase	adult	Foetus 50d	Foetus 100d	Foetus 50d	Earlyborn 107d	Foetus 50d	Newborn 115d

第一步：数据预处理。采用 crossmatch 等软件去除载体序列、细菌基因组序列等污染序列，使用 RepeatMasker 等软件屏蔽重复序列，丢弃低复杂度区域和小于 100bp 的序列。预处理后得

Notes

到 46 011 条高质量序列,其长度和质量统计信息如图 3-20 所示。

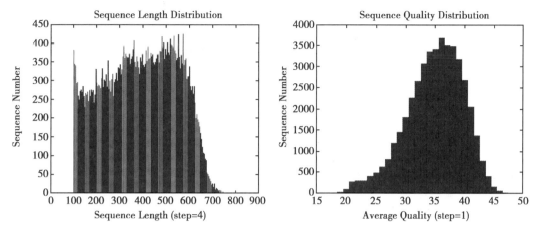

图 3-20 家猪脑组织 EST 序列的长度和质量统计图

第二步:聚类和拼接。分别使用 phrap 和 CAP3 对 46 011 条 EST 序列进行聚类和拼接(使用默认参数),结果如表 3-8 所示。可以看到,CAP3 采用的聚类和拼接方法更加严格一些,得到更少的 contigs 数量。

表 3-8 phrap 和 CAP3 对家猪脑组织 EST 序列的组装结果比较

软件	高质量序列	Contigs	Singlets
Phrap	46 011	5740	10 763
CAP3	46 011	5176	13 459

第三步:注释和分析。

(1)同源性搜索:使用 BLAST 在人类 EST 库中搜索 contigs 相似序列,发现有 76% 的序列存在匹配结果,有 24% 的序列没有匹配结果,这反映出猪脑组织和人脑组织表达序列的差异程度。同样使用 BLAST 程序在人类基因组中进行比对搜索,提取 E 值低于 1e-5 的序列,在人类各条染色体上命中的目标数量如图 3-21 所示。从图上可以看到猪脑组织表达序列在人类中的同源序列在各染色体上分布不均衡,一号染色体上同源序列数量最多。

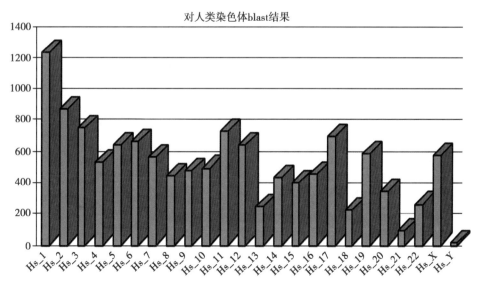

图 3-21 家猪脑组织 EST 在人类染色体上的 BLAST 搜索结果

Notes

（2）基因功能分类：按照 GO 的三个标准——分子功能、生物学过程和细胞组分对序列进行注释，结果分别如图 3-22a、3-22b、3-22c 所示。

（3）表达量比较分析：对来自猪脑不同组织的 EST 数据中的翻译控制肿瘤蛋白（translationally controlled tumor protein，TCTP）表达序列的比例进行统计和比较，如图 3-22d 所示。该图显示 TCTP 在不同组织的不同文库中的表达量存在明显差异，例如来自小脑组织的 cbe 文库中，TCTP 的表达量明显高于其他组织。

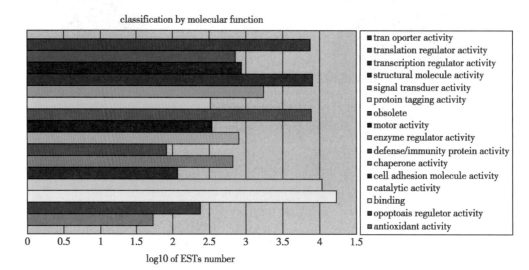

（a）家猪脑组织EST序列的分子功能分类

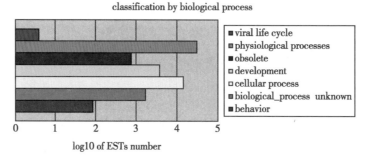

（b）家猪脑组织EST序列的生物学过程分类

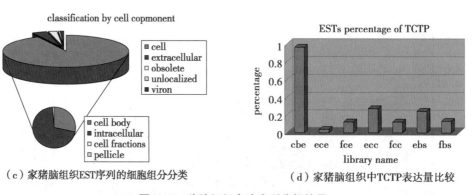

（c）家猪脑组织EST序列的细胞组分分类　　　　（d）家猪脑组织中TCTP表达量比较

图 3-22　猪脑组织表达序列分析结果

三、GEO 数据处理与分析

在 GQuery GEO 表达谱搜索得到的结果中，通过每一条数据记录旁的"Profile neighbors"、

Notes

"Chromosome Neighbors"、"Sequence neighbors"、"Homologs"、"Links"等工具,可以找到感兴趣的相关数据。"Profile neighbors"检索与原基因相似类型数据组的其他基因 / 分子,由此可以推断某些普通功能元件或调控元件。"Chromosome Neighbors"显示与原基因来自同一染色体的基因 / 分子数据,"Sequence neighbors"基于核苷酸序列相似性在所有 GEO 数据库寻找相关基因,因此可以用于鉴别同源序列如基因家族,或用于物种间对照。"Links"可以通过 GEO 数据库链接到其他 GQuery 数据库的相关记录,包括 GenBank、PubMed、Gene、UniGene、OMIM、HomologGene、Taxonomy、SAGEMap 以及 MapViewer。除了 GQuery 查询系统以外,GEO 还提供了几个辅助工具来协助增强对数据的挖掘和可视化等分析。例如,在每一条数据记录的主页面的"Data Analysis Tools"标签中,就提供了多种数据分析工具,可以方便地对该数据进行分析(见图 3-19)。

1. Find genes 基因发现工具。这一工具提供给用户快速寻找指定基因的功能。可以通过点击数据记录主页面的"Data Analysis Tools"标签,在页面下方的标签栏内选择"Find genes",然后在搜索框内输入基因名称或符号,设定搜索条件,点击按钮"GO"进行搜索。

2. Compare 2 sets of samples 两个子集比较下的查询工具。这个功能的特性是通过计算一个数据集内、不同实验子集间的平均秩次或值的差别,来鉴别感兴趣的基因表达谱。

3. Cluster heatmap 聚类图分析工具。大多数据集都提供了样本和基因等级聚类图,用户可以选择浏览这些聚类图,并选择感兴趣的多聚类部分,然后进行放大、下载、制作线性图表或直接链接到 GQuery GEO Profile 记录。

4. Experiment design and Value distribution 实验设计和数据分布查看工具。一个数据集中的每个样本均会有对应的数据图,可以大概了解一个数据集的数值分布状态。

四、SAGE 数据分析

对 SAGE 数据分析主要包括从原始的序列中得到标签列表,比较来自不同组织细胞或不同生理状态乃至不同物种的标签及其出现频率,在相应数据库中搜索匹配序列,进行基因功能的分析或发现新的基因等。

目前,用于 SAGE 数据分析的应用软件很多,并且在不断发展,主要有:

1. SAGE300 是约翰霍普金斯大学 SAGE 研究计划开发的 SAGE 数据分析软件,与 SAGEnet 提供的 SAGE 实验方案配套使用,对于学术用户免费。学术用户要获得该软件,可以在 SAGEnet 网站下载申请获得该软件的协议表,填写相关信息后传真到约翰霍普金斯医学院技术转让部门,协议文件和传真地址可从下列网址获得:http://www.sagenet.org/protocol/index.htm。

2. WEBSAGE 是一个基于 web 的 SAGE 数据分析工具(http://www2.mnhn.fr/websage/),可以用于对 SAGE 数据进行统计分析,鉴别差异表达的标签,绘制分析结果的散点图等。该软件是一个免费软件,用户登录其网址提交需要分析的 SAGE 数据,程序将自动进行分析并返回分析结果。

3. ATCG 是一个在线的表达序列数据分析工具,可以从标签序列来构架基因表达图谱,支持 SAGE、MPSS、SBS 数据。该软件的访问地址为:http://retina.med.harvard.edu/ACTG/。该软件接受 10bp 的短 SAGE 标签、17bp 的长 SAGE 标签、13bp 的 MPSS 标签、16bp 的 MPSS 或 SBS 标签。

4. POWER-SAGE 是一个 SAGE 实验辅助分析工具,可以对不同大小的样本和不同使用频率的标签的组合进行"虚拟"的 SAGE 实验分析,用以确定最好的实验方案。获取该软件可以联系作者,联系邮箱为 michale.man@pfizer.com。

5. 其他 SAGE 数据分析软件 还有其他一些研究者开发了相关的 SAGE 数据分析工具,如 Vitural-SAGE、eSAGE、USAGE 等。这些工具的开发都进一步丰富了 SAGE 数据的分析方法。

Notes

小　结

　　本章主要介绍了有关生物序列特征分析的基本内容、方法和工具。本章共分 5 节：第 1 节，主要介绍了原核生物和真核生物的基因结构特点、蛋白质结构特点、RNA 结构特点及进行生物序列特征分析的意义；第 2 节，主要介绍了 DNA 序列特征分析的方法，包括：序列组成分析、序列转换、限制性内切酶位点分析、开放阅读框识别、启动子区域的预测分析、密码子使用偏好性分析、重复序列分析及基因识别等内容；第 3 节，主要介绍了蛋白质序列特征分析的方法，包括：氨基酸组成分析、蛋白质理化性质的分析、蛋白质亲疏水性的分析、蛋白质跨膜区的分析、蛋白质信号肽分析、蛋白质细胞定位分析、蛋白质磷酸化位点分析及蛋白质功能分析；第 4 节，主要介绍了 RNA 的序列特征分析和二级结构预测方法，包括：形成特定结构的 RNA 的序列特征分析；RNA 二级结构分析；主要的 RNA 二级结构预测方法；第 5 节，主要介绍了表达序列特征分析方法，包括：表达序列标签的用途、表达序列标签数据分析方法、基因表达系列分析的用途和主要分析方法、在 GEO 数据库中检索和分析数据的方法。

　　本章还介绍了一些用于 DNA 序列、蛋白质序列、RNA 序列分析的软件，目的是使读者了解这些分析软件的功能及使用方法，并通过实例为读者展示了软件的使用过程和结果的分析。

Summary

This chapter mainly introduces some methods and application software concerning analysis of characteristics of biological sequences. This chapter contains five sections. The first section describes the structural characteristics of genes in prokaryote and eukaryote, characteristics of protein structure, characteristics of RNA structure and the significance of biological sequence analysis. The second section is devoted to some approaches about DNA sequence analysis, including base composition analysis, sequence conversion, analysis of the cleavage sites of restriction endonuclease, identification of open reading frames (ORFs), prediction and analysis of promoter region, analysis of code usage bias, analysis of repeated DNA sequences and protein-coding gene recognition. The third section includes some approaches about protein sequence analysis, including amino acid composition, the physical and chemical characters of Protein, hydrophilic and hydrophobic of protein, prediction of protein transmembrane regions, prediction of signal peptide, protein subcellular localization prediction, analysis of the protein phosphorylation sites and protein function analysis. The fourth section covers some approaches about RNA sequence analysis and structure prediction, including characteristic analysis of sequences which form specific structures, analysis of RNA secondary structure characters, major methods for RNA secondary structure prediction. The fifth section introduces some approaches about expressed sequences analysis, including applications of expressed sequence tags (ESTs), methods and tools for ESTs data analysis, protocols and applications of gene expressed serial analysis (SAGE), data retrieval and analysis in the GEO database.

Notes

This chapter also presents an introduction on some software for DNA, protein sequence and RNA sequence analysis. The aim is to help the readers understand the function of analytic software and parameters setting. For many tools, examples are presented to show how they work and how to analyze the results from them.

（王　举　邹凌云）

习题

1. 简述原核生物和真核生物基因结构特点。

2. 简述蛋白质结构特点。

3. 在 GenBank 中查找一条脊椎动物的 DNA 序列,利用 GENSCAN 软件进行序列的基因开放阅读框的分析预测;设置不同的参数值,对结果进行比对研究。

4. 在 GenBank 中查找一条 DNA 序列,利用 PromoterScan 软件预测分析启动子区域。

5. 从网站 ftp://molbiol.ox.ac.uk/cu/codonW.tar.Z 下载 CodonW 软件,安装到本地计算机,然后从 GenBank 中查找一组 DNA 序列,利用 CodonW 软件分析这组 DNA 序列密码子的使用偏性。

6. 在 GenBank 中查找一条蛋白质序列,利用 ProtScale 软件分析这条蛋白序列的疏水性,设置不同的参数值,对结果进行比对研究。

7. 在 GenBank 中查找一条蛋白质序列,利用 SignalP 软件分析预测这条蛋白质序列的跨膜区域;设置不同的参数值,对结果进行比对研究。

8. 蛋白质磷酸化有什么生物学作用? 熟悉常用的收集蛋白质磷酸化信息的数据库。

9. 蛋白质在细胞中的定位与其序列的哪些特征相关?请选教材或网络中提供的两种预测蛋白质在细胞中定位的方法,再找一组在细胞中分布位置已知的蛋白质,用这些方法进行预测,并对结果进行比较。

10. RNA 二级结构由哪些基本元件组成? 简述其特征。

11. 从 Rfam 数据库中查找一条哺乳动物 tRNA 的序列,分别使用 Vienna RNA 软件包和 RNAstructure 预测其二级结构,并根据你对 tRNA 结构的认识,比较和分析预测结果的可靠性。

12. 查找并阅读一篇 RNA 二级结构预测方法的综述文章,总结现有方法的优缺点。并思考下列问题:怎样才能更准确地预测 RNA 的假结结构?

13. EST 序列有什么用途? 熟悉常用的 EST 数据库,并试着从 dbEST 中查找一条 EST 数据。

14. GEO 数据库有何用途? 熟悉 GEO 数据库的数据查询方法以及数据分析工具的使用。

15. 参阅相关资料,熟悉基因表达系列分析(SAGE)的技术原理,理解其用途,并在 GEO 数据库中查找一组 SAGE 数据。

参考文献

1. Deleage G, Combet C, Blanchet C, et al. ANTHEPROT: An integrated protein sequence analysis software with client/server capabilities? Computers in biology and medicine, 2001, 31(4): 259-267

2. John F. Peden B.Sc., M.Sc. Analysis of Codon Usage. The University of Nottingham for the Degree of Doctor of Philosophy, August, 1999.

3. Burge CB, Karlin S. Finding the genes in genomic DNA. Curr Opin Struct Biol, 1998, 8: 346-354

4. Gasteiger E, Hoogland C, Gattiker A, et al. Protein Identification and Analysis Tools on the ExPASy Server: Methods Mol Biol., 1999, 112: 531-552

5. Lupas A, Van Dyke M, Stock J. Predicting coled coils from protein sequences. Science, 1991, 252: 1162-1164

6. David WS, Samuel EB. Pseudoknots: RNA Structures with diverse functions. PLos Biology, 2005, 3(6): e213

7. Noller HF. RNA Structure：Reading the ribosome. Science，2005，309：1508-1514

8. Sean RE，Richard D. RNA sequence analysis using covariance models. Nucleic Acids Research，1994，22（11）：2079-2088

9. Laing C，Schlick T. Computational approaches to RNA structure prediction，analysis，and design. Curr Opin Struct Biol，2011，21（3）：306-318

10. Anisimov SV. Serial Analysis of Gene Expression（SAGE）：13 years of application in research. Curr Pharm Biotechnol，2008，9（5）：338-350

11. 薛庆中. DNA 和蛋白质序列分析工具. 北京：科学出版社，2009

12. 胡松年，薛庆中. 基因组数据分析手册. 杭州：浙江大学出版社，2003

13. 孙啸，陆祖宏，谢建明. 生物信息学基础. 北京：清华大学出版社，2005

14. 许忠能. 生物信息学. 北京：清华大学出版社，2008

15. 金由辛. 核糖核酸与核糖核酸组学. 北京：科学出版社，2005 年

Notes

第四章 分子进化分析
CHAPTER 4 MOLECULAR EVOLUTION ANALYSIS

第一节 引 言
Section 1 Introduction

进化是一种不断改进的过程。达尔文在《物种起源》中这样描述:"每个生物每时每刻都在为生存进行反复的斗争,如果在复杂甚至多变的生存条件下该生物仍然能够不断改进自己,那么其将有较大的生存可能性并被自然选择所保留。根据严格的遗传法则,任何被自然选择保留下来的物种都倾向于繁殖其已经被改进的新的生命形式。"尽管自然选择在物种的形态形成和行为进化方面可能普遍存在,但人们对其在某些基因和基因组进化中所起的作用仍存在其他看法。分子进化的中性学说认为,物种内和物种间大多数可见的差异不是自然选择的结果,而是适合度很小的随机突变所决定的。

人类基因组和多种生物基因组测序计划的完成,推动了分子进化研究的跨越式发展。基因表达和生物网络等进化研究内容不断出现在最新的研究中,扩展了分子进化分析的研究范畴。许多研究者认为基因表达调控的差异可能对物种内和物种间的表型差异有重要的作用;基因的进化可能不是独立进行的,而是受到蛋白质互作或通路的限制,是一个协同进行的过程,这些研究拓展了分子进化的深层分析。此外,分子进化分析正试图研究多个基因的共同进化或者以模块的形式研究其进化关系,甚至从整个网络的层面系统进行研究。在本章下面的内容中,将对分子进化的基本知识和研究进展进行介绍。

第二节 系统发生分析与重建
Section 2 Phylogeny Reconstruction

一、核苷酸置换模型及氨基酸置换模型

(一)DNA 序列进化分析

由于 DNA 序列包括多种不同类型的区域,如蛋白质编码区、非编码区、外显子、内含子、侧翼区、重复 DNA 序列和插入序列等。因此 DNA 序列的进化演变比蛋白质序列的演变更复杂。因此,清楚 DNA 类型和功能就显得尤为重要。即便单独考虑蛋白质编码区,密码子第一、二、三位的核苷酸替代样式也不尽相同。由于不同区域受到自然选择的影响程度存在差异,所以 DNA 不同区段呈现不同的进化模式。这里主要研究蛋白质编码区和 RNA 编码区,尽管这些区域的进化相对简单,但是通过它们来理解进化的一般规律极为重要。

1. 两个序列间的核苷酸差异 同一祖先序列传衍的两条后裔序列,它们的核苷酸差异随时间增长而增加。一个简便的描述序列分歧大小的测度是两条后裔序列中不同核苷酸位点的比例。

$$\hat{p} = n_d / n \tag{4-1}$$

这里,n_d 和 n 分别为所检测的两序列间不同的核苷酸数目和配对的核苷酸总数。在以下的内容

中,我们将此测度称为核苷酸间的 p 距离。

2. 核苷酸替代数的估计　当序列间亲缘关系较近时, p 距离可用来估计每个位点上的核苷酸替代数。然而,当 p 较大时,由于没有考虑回复突变和平行突变,替代数可能被低估。相比于氨基酸序列,由于核苷酸在序列中只有 4 种状态,所以该问题对核苷酸序列的估计更为严重。

估计核苷酸替代数,一般应用核苷酸替代的数学模型。为此,许多学者提出了不同的替代模型,其中一些模型以替代率矩阵的形式列在表 4-1 中。

表 4-1　核苷酸替代模型

	(A) Jukes-Cantor 模型				(B) Kimura 模型			
	A	T	C	G	A	T	C	G
A	--	α	α	α	--	β	β	α
T	α	--	α	α	β	--	α	αg_G
C	α	α	--	α	β	α	--	αg_C
G	α	α	α	--	α	β	β	--

(1) Jukes 和 Cantor 方法:这个最简单的核苷酸替代模型由 Jukes 和 Cantor 提出。该模型假定任一位点的核苷酸替代都是以相同频率发生的,且每一位点的核苷酸每年以 α 概率演变为其他 3 种核苷酸中的一种。因此,一个核苷酸演变为其他任何一种核苷酸的概率为 $\gamma = 3\alpha$, γ 为每年每个位点的核苷酸替换率。假设每对核苷酸的替代率相同,所以 A、T、C 和 G 的期望频率是 0.25。

(2) Kimura 两参数法:在实际数据中,转换替代速率常高于颠换速率。Kimura 考虑到这种情况,提出一种估计每个位点核苷酸替代数的方法。该模型中,位点转换替代率(α)不同于颠换替代率(2β)。Kimura 模型假设每个核苷酸的平衡频率为 0.25。因此,无论核苷酸初始频率为何,均可应用。这一点和 Jukes-Cantor 模型类似,使得这两个模型较其他模型应用范围更广。

【例 4-1】　人与猕猴的细胞色素 b 基因间的核苷酸替代数估计

动物线粒体 DNA 中的细胞色素 b 基因是高度保守的,因此常被用于研究亲缘关系较远的动物的进化关系。表 4-2 列出了人与猕猴的细胞色素 b 基因的 10 种不同类型核苷酸对的数目,并分别以密码子第 1、2 和 3 位点列出。

表 4-3 列出了 3 种不同方法得出的核苷酸替代数估计值 $\hat{d}$ 。对第 2 密码子来说,3 种方法所获得的 3 种 $\hat{d}$ 值十分接近, $\hat{p}$ 仅略低于相应的 $\hat{d}$ 值。这表明当 $\hat{p}$ 不大时,不论运用何种方法,同一位点上多重替代是否校正实际上并不影响 $\hat{d}$ 值。虽然第 1 密码子的 $\hat{d}$ 值已接近第 2 密码子 $\hat{d}$

表 4-2　人和猕猴线粒体细胞色素 b 基因 DNA 序列中观察到的 10 种核苷酸对

密码子的位置	转换		颠换				相同对				总数	
	TC	AG	TA	TG	CA	CG	TT	CC	AA	GG	n_d	n
第 1	21	22	5	1	5	4	68	93	100	56	58	375
第 2	20	3	6	1	0	2	140	87	71	45	32	375
第 3	60	16	6	5	49	2	11	122	102	2	138	375
合计	101	41	17	7	54	8	219	302	273	103	228	1125

表 4-3　人和猕猴的线粒体细胞色素 b 基因中第一、第二和第三密码子位置上每位点的替代数估计值

密码子的位置	p	Jukes-Cantor	Kimura
第 1	15.5 ± 1.9	17.3 ± 2.4	17.8 ± 2.5
第 2	8.5 ± 1.4	9.1 ± 1.6	9.2 ± 1.7
第 3	32.8 ± 2.5	50.6 ± 4.9	52.3 ± 5.4

Notes

值的 2 倍,但是由 3 种方法获得的 3 个估计值 $\hat{d}$ 彼此也差别不大,然而,对于第 3 密码子当 $\hat{p}$ 值充分大时与 $\hat{d}$ 值的差别较大,因此多重替代的校正变得尤为重要。

3. Γ 距离 上述估计进化距离的数学模型都假设所有核苷酸位点的替代速率相同。事实上,替代速率可因位点不同而变化。例如,在蛋白质编码基因中密码子的第 1、第 2 和第 3 个位置上的替代率是不同的。蛋白质活性中心的氨基酸功能制约也对氨基酸位点间的速率差异有重要影响。在 RNA 编码基因上也观察到替代速率存在差异的现象,这主要是由于 RNA 功能限制及二级结构的影响。不同位点替代速率的统计分析指出,速率变异近似地遵循 Γ 分布。

鉴于上述原因,许多学者致力于发展适用于核苷酸替代的 Γ 距离。一般而言,Γ 距离比非 Γ 距离更符合实际,但前者比后者方差更大。有鉴于此,除非所使用的核苷酸数目非常大,否则 Γ 距离不一定对构建系统树产生更优的结果。

(二)氨基酸序列进化分析

1. 氨基酸差异和不同氨基酸的比例 蛋白质或肽链的进化演变研究开始于两个或多个氨基酸序列的比较。这些不同序列分别来自不同的物种。图 4-1 显示了人、牛、小鼠、大鼠和鸡的血红蛋白 α 链的氨基酸序列,不同的氨基酸序列分别用不同的单字母代表。

如果所有序列的氨基酸数目相同(n),那么氨基酸差异数(n_d)就可以作为比较两条序列间分歧程度的一个简单测度。实际上,当比较很多序列时,氨基酸序列常含有插入或缺失(图 4-1)。在这种情况下,计算 n_d 时一定要删除所有的插入 / 缺失(间隔)。否则,不同的序列对间相比较时计算出来的 n_d 是没有意义的。

```
[人] MVLSPADKTNVKAAWGKVGAHAGEYGAEALERMFLSFPTTKTYFPHFDLSHGSAQVKGHGKKV
[牛] MVLSAADKGNVKAAWGKVGGHAAEYGAEALERMFLSFPTTKTYFPHFDLSHGSAQVKGHGAKV
[小鼠] MVLSGEDKSNIKAAWGKIGGHGAEYGAEALERMFASFPTTKTYFPHFDVSHGSAQVKGHGKKV
[大鼠] MVLSADDKTNIKNCWGKIGGHGGEYGEEALQRMFAAFPTTKTYFSHIDVSPGSAQVKAHGKKV
[鸡] MVLSAADKNNVKGIFTKIAGHAEEYGAETLERMFTTYPPTKTYFPHFDLSHGSAQIKGHGKKV
[人] ADALTNAVAHVDDMPNALSALSDLHAHKLRVDPVNFKLLSHCLLVTLAAHLPAEFTPAVHASL
[牛] AAALTKAVEHLDDLPGALSELSDLHAHKLRVDPVNFKLLSHSLLVTLASHLPSDFTPAVHASL
[小鼠] ADALASAAGHLDDLPGALSALSDLHAHKLRVDPVNFKLLSHCLLVTLASHHPADFTPAVHASL
[大鼠] ADALAKAADHVEDLPGALSTLSDLHAHKLRVDPVNFKFLSHCLLVTLACHHPGDFTPAMHASL
[鸡] VAALIEAANHIDDIAGTLSKLSDLHAHKLRVDPVNFKLLGQCFLVVVAIHHPAALTPEVHASL
[人] KFLASVSTVLTSKYRD
[牛] KFLANVSTVLTSKYRD
[小鼠] KFLASVSTVLTSKYRD
[大鼠] KFLASVSTVLTSKYRD
[鸡] KFLCAVGTVLTAKYRD
```

图 4-1 五种脊椎动物血红蛋白 α 链的氨基酸序列

实际上,不同蛋白质间序列分歧更方便的测度是两个序列间有差异的氨基酸所占的比例。即使 n 随不同序列而变化,该比例值(p)也可用于比较序列间的分歧程度。公式为

$$\hat{p} = n_d / n \tag{4-2}$$

这一比例值同样被称为 p 距离。假如所有氨基酸位点都以相等的概率替代,则 n_d 遵循二项分布。

在图 4-1 所给出的例子中,删除所有间隔后可比较的总氨基酸位点数为 140。因此,在此例中 $n = 140$。n_d 值出现在表 4-4 对角线上部,可以很容易地计算出 $\hat{p}$,列于对角线下部。当所比较的物种亲缘关系很远时(如人和鸡),$\hat{p}$ 值较大。这说明随着两个物种的分歧时间增大,氨基酸的替代数也随之增大,但 $\hat{p}$ 并不严格与分歧时间(t)成比例(图 4-2)。

Notes

表 4-4　不同脊椎动物血红蛋白 α 链中不同氨基酸的数目（上对角线）**及不同氨基酸的比例**（下对角线）

	人	牛	小鼠	大鼠	鸡
人		16	20	25	42
牛	0.113		19	32	41
小鼠	0.141	0.134		22	41
大鼠	0.176	0.225	0.155		50
鸡	0.296	0.289	0.289	0.352	

注：计算排除了缺失和插入，使用的氨基酸总数为 140

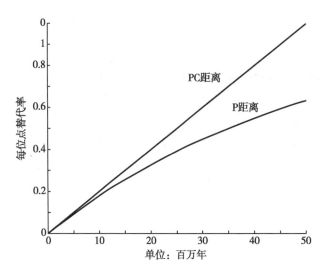

图 4-2　p 距离和泊松校正（PC）距离随分歧时间（t）变化的关系

2. 泊松校正（Poisson correction，PC）距离　当多个氨基酸替代出现在同一位点时会产生 $\hat{p}$ 与 t 的变化成非线性关系，此时 n_d 偏离实际氨基酸的替代数将会逐渐增加。泊松分布是能够更精确估计替代数的方法之一。令 r 为一个特定位点每年的氨基酸替换率（简便起见，假设所有位点的 r 都相同），在 t 年后，每个位点氨基酸替代的平均数为 rt。一个给定位点氨基酸替代数为 $k(k=1, 2, 3, \cdots)$ 的概率遵循泊松分布，即，

$$P(k; t)=e^{-rt}(rt)^k/k! \tag{4-3}$$

因此，在某一位点氨基酸不变的概率是 $p(0; t)=e^{-rt}$。如果多肽链的氨基酸为 n，不变氨基酸的期望值为 ne^{-rt}。

实际上，人们并不知道祖先物种的氨基酸序列。因而，只能对已有 t 年分化的两个同源序列进化比较来估计氨基酸的替代数。由于一个序列无氨基酸替代的概率为 e^{-rt}，因而两个序列同源位点均无替代的概率是：

$$q=(e^{-rt})^2=e^{-2rt} \tag{4-4}$$

$q=1-p$，所以此概率也可用 $1-\hat{p}$ 来估计。公式中 $q=e^{-2rt}$ 是近似的，因为回复突变和平行突变（在两个不同进化系内出现所导致的同源氨基酸发生同一种突变的情况），并未加以考虑。当然，除非 $\hat{p}$ 相当大（如 >0.3），否则上述突变的作用一般可以忽略。

如果应用公式（5-4），则两个序列间每个位点氨基酸替代总数（$d=2rt$）为

$$d=-\ln(1-p) \tag{4-5}$$

分子进化研究中，常常需要知道氨基酸的替代率（r）。如果从其他生物学信息中已弄清了两个序列间的分化时间 t，此速率的估计值为：

$$\hat{r}=\hat{d}/(2t)$$

注意，因为该速率指一个进化系的速率，所以此处 $\hat{d}$ 被 $2t$ 而不是 t 所除。

Notes

如果以 $\hat{p}$ 代替 p，可以获得 d 的估计值 $\hat{d}$。同时，$\hat{d}$ 的方差为：

$$V(\hat{d}) = p / [(1-p)*n]$$

上述方法被称为解析法获得方差。

3. 自展法的方差和协方差　可以有若干种方法来估计两个序列间氨基酸替代数。实际上，每个模型都是对真实情况的模拟，仅仅提供了氨基酸的近似替代数。因此，前述的估计距离方差的分析公式也是近似的。用最小二乘法估计多个序列构建的系统树的分支长度时，也需要获得不同序列间的距离方差和协方差的估计值。解决这一问题的一个简便途径是应用自展法（bootstrap）计算多种距离测度的方差和协方差。自展法不要求关于 $\hat{d}$ 值分布的假设，只要求每一个位点是独立进化。

假定有 3 个存在进化关系的序列，他们均含 n 个氨基酸

$$x_{11}, x_{12}, x_{13}, x_{14}, x_{15}, \ldots, x_{1n}$$

$$x_{21}, x_{22}, x_{23}, x_{24}, x_{25}, \ldots, x_{2n}$$

$$x_{31}, x_{32}, x_{33}, x_{34}, x_{35}, \ldots, x_{3n}$$

这里，x_{ij} 表示第 i 个序列第 j 个位点上的氨基酸。对序列 1、2，序列 1、3 以及序列 2、3 分别计算 $\hat{q}$ 值，即 $\hat{q}_{12}$、$\hat{q}_{13}$ 和 $\hat{q}_{23}$。把 $\hat{q}_{ij}$ 代入公式，便获得序列 i 和 j 的 PC 距离（$\hat{d}_{ij}$）。

在自展法计算方差和协方差时，从原始数据集中产生具有 n 个氨基酸的 3 个序列的随机抽样。随机样本以伪随机数从原始的数据集中按列有放回随机抽取，形成自展重复抽样数据集。一旦获得了随机样本，便能对 3 对序列的每一对计算出距离的估计值。如此重复 B 次，便能产生 B 个距离值 $\hat{d}$。以 $\hat{d}_b$ 表示第 b 次自展重复抽样的 $\hat{d}$ 值，然后可用式（5-6）计算自展方差：

$$V_B(\hat{d}) = \frac{1}{B-1} \sum_{b=1}^{B} (\hat{d}_b - \bar{d})^2 \tag{4-6}$$

这里，$\bar{d}$ 是所有重复抽样 $\hat{d}_b$ 的平均值。一般来说，计算 $V_B(\hat{d})$ 可做约 1000 次重复抽样（$B=1000$）。

自展法通常基于一个假设，即所有位点都是独立进化。在位点总数低时，这一假设一般不成立。但如果位点总数很大（$n>100$），如本例，此假设可以成立，因为以不同速率替代的大多数位点在每次自展样本上都会出现。

自展法的优点在于，在没有数学公式可用时，也能算出方差和协方差，而且能比近似的数学公式提供更好的估计。它能方便地以同样的标准统计公式对任何距离测度计算出方差和协方差。但是，当原始样本太小且存在偏倚时，这种偏倚不能被自展法消除。在这种情况下，解析法将得到比自展法更准确的方差和协方差。

【例 4-2】　由解析法和自展法获得的 PC 距离标准误

表 4-5 列出了由解析式和自展法算出的 PC 距离（$\hat{d}$）的标准误，自展法重复了 1000 次。它们均基于图 4-1 的血红蛋白 α 链数据。表 4-5 列出了上述数据集的 $\hat{d}$ 值。显然，由上述两种方法所获得的标准误基本是一致的。对 p 和 Γ 距离，用上述两种方法也可以获得几乎相等的标准误。因此，用自展法估计进化距离的标准误是合适的。

表 4-5　解析法估算的 PC 距离的标准误（下对角阵）及自展法估算的 PC 距离的标准误（上对角阵）

	人	马	牛	袋鼠	蝾螈	鲤鱼
人		0.031	0.031	0.039	0.078	0.083
马	0.031		0.030	0.043	0.083	0.081
牛	0.031	0.031		0.038	0.080	0.079
袋鼠	0.040	0.043	0.039		0.081	0.084
蝾螈	0.074	0.080	0.076	0.080		0.090
鲤鱼	0.082	0.081	0.079	0.086	0.089	

Notes

二、系统发生树的基本概念及搜索方法

在从病毒到人类的各种生物进化历史的研究中,DNA或蛋白质序列的系统发育分析已经成为一个重要的工具。由于不同的基因或DNA片段在物种进化中存在较大的差异,我们可以通过这些基因或DNA片段来估计有机体间的进化关系。系统发育分析对于阐明多基因家族的进化关系,以及理解在分子水平上的适应性进化过程也是十分重要的。

(一)系统发育树的种类

1. 有根树和无根树 基因或生物体的系统发育关系常常用有根或无根的树形结构来表示,即有根树和无根树。树的分支样式称为拓扑结构。对一定规模的分类群(任何分类学单位:属、种、群体和DNA序列等),可能的有根树和无根树的拓扑结构数目很大。如果一个类群数为 m 的有根二叉树,其可能的拓扑结构数为:

$$1 \cdot 3 \cdot 5 \ldots \ldots (2m-3)!=[(2m-3)!]/[2^{m-2}(m-2)!],(m \geq 2)$$

若 $m=10$,则有34 459 425种有根二叉树。无根树可能的拓扑结构的计算用 $m-1$ 替换公式中的 m 即可,即 $m=10$ 时,结果为2 027 025种。在大多数情况下,大部分拓扑结构可以通过明显不可能的进化关系或其他信息排除。

2. 基因树和物种树 进化学家常常对代表一个物种或群体进化历史的系统发育树感兴趣,这种树称为物种树或种群树。然而,当一个系统发育树由来自各个物种的一个同源基因构建时,得到的树将不完全等同于物种树。当某一基因座位出现等位基因多态性时,从不同物种取样的基因分离的时间将比物种分歧时间长。根据基因构建的树的分支结构可能不同于物种树,因此这种树被称为基因树。同样需要注意的是,如果检测的氨基酸或核苷酸数目较少,重建的基因树和物种树的分支式样也可能不同。因此,可以通过检测大量的氨基酸或核苷酸来避免这种错误。

当构建一个不同物种的系统发育树时,应当使用直系同源而不是旁系同源,因为只有直系同源才代表物种形成事件。因此,当所研究的基因属于一个多基因家族时,有可能出现问题。

构建系统发生树的方法大体可以分为3大类:距离法、简约法和似然法。建树一般包括两个过程:拓扑结构的判断和一个既定的拓扑结构分支长度的估计。当拓扑结构已知时,估计分支长度可以用多种统计学方法估计分支长度,如最小二乘法和最大似然法等。

(二)基于距离法构建系统发生树

距离方法涉及两个步骤:计算物种对之间的遗传距离以及从距离矩阵重建一棵系统发育树。下面我们介绍两种不需要分子钟假设的方法:最小二乘法(least-squares,LS)和邻接法(neighbor-joining,NL)。

1. 最小二乘法 将成对距离矩阵作为给定数据,通过匹配尽可能近的距离来估计一棵树上的分支长度,即对给定的和预测的距离差的平方和最小化。预测距离是沿连接两个物种的通路的分支长度总和计算的。距离差的平方和的最小值则是树与数据(距离)的相似测度,它可用作树的分值。

设物种 i 和 j 之间的距离为 d_{ij},树上物种 i 到 j 间通路的枝长和为 $\hat{d}_{ij}$。LS方法对所有独立的 i 和 j 对求距离差的平方 $(d_{ij}-\hat{d}_{ij})^2$ 的最小值,使得这棵树与距离之间的拟合尽可能地近。例如:对Brown等的线粒体数据在k80模型下计算成对距离(表4-6)作为观测数据。现在,考虑树人,黑猩猩,大猩猩,猩猩及它们的5个枝长 t_0、t_1、t_2、t_3、t_4(图4-3)。

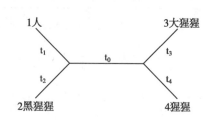

图4-3 估计枝长的最小二乘标准的示意图

Notes

表4-6　线粒体DNA序列的成对距离

	1. 人	2. 黑猩猩	3. 大猩猩	4. 猩猩
1. 人				
2. 黑猩猩	0.0965			
3. 大猩猩	0.1140	0.1180		
4. 猩猩	0.1849	0.2009	0.1947	

在这棵树上，人与黑猩猩之间的预测距离是(t_1+t_2)，人与大猩猩之间的预测距离是$(t_1+t_2+t_3)$，依此类推。则距离差的平方和为：

$$S = \sum_{i<j}(d_{ij} - \hat{d}_{ij})^2$$
$$= (d_{12} - \hat{d}_{12})^2 + (d_{13} - \hat{d}_{13})^2 + (d_{14} - \hat{d}_{14})^2 + (d_{23} - \hat{d}_{23})^2 + (d_{24} - \hat{d}_{24})^2 + (d_{34} - \hat{d}_{34})^2 \qquad (4\text{-}7)$$

S是5个未知枝长t_0、t_1、t_2、t_3、t_4的函数。最小化S的枝长值为LS估计：$\hat{t}_0 = 0.008\,840$，$\hat{t}_1 = 0.043\,266$，$\hat{t}_2 = 0.053\,280$，$\hat{t}_3 = 0.058\,908$，$\hat{t}_4 = 0.135\,795$对应的树分值为$S = 0.000\,035\,47$（表4-7）。对其他两棵树，可以进行类似的计算。其他两棵二元树都趋向于星状树，内分支长估计值为0。具有最小S的树为人，黑猩猩，大猩猩，猩猩称为LS树，它是真实系统发育关系的LS估计。

用最小二乘标准确定的树采用同样的标准估计分支长，计算一个散点图中与$y = a + bx$配合的直线。如果对枝长没有什么约束，那么解析解可以通过解线性方程获得。非约束方法是树重建的一种良好的方法，但是对枝长没有明确定义。一些模拟研究建议约束枝长为非负值，将改善树重建效果，然而大多数计算机程序在现实LS方法时不采用约束。值得注意的是，当所估计出的枝长为负值时，它们多数时候其实是接近于0。

表4-7　K80模型（Kimura，1980）下的最小二乘法

树	t_0	t_1	t_2	t_3	t_4	S_j
$\tau:((H, C), G, O)$	0.008 840	0.043 266	0.053 28	0.058 908	0.135 795	0.000 035
$\tau:((H, C), G, O)$	0.000 000	0.046 212	0.056 23	0.061 854	0.138 742	0.000 140
$\tau:((H, C), G, O)$	同上					
$\tau:(H, G, C, O)$	同上					

2. 邻接法　对树进行比较（特别是距离法中）所用的一个标准是以树的枝长总和来度量进化总量，枝长总和最小的树称为最小进化树（minimum evolution tree）。

邻接法是基于最小进化标准的一种聚类算法。由于它计算快，又能产生合理的树，因而得以广泛应用。该方法从一个星状树开始，然后选择任意两个叶子节点作为邻居，其他的叶子节点不变。接下来计算所有拓扑结构下的树的分枝长度的总和，选择树长总和最小那一种拓扑结构。随后，对已经有的两个叶子节点上再加入一个任意其他叶子节点作为邻居，计算所有拓扑结构的树长，选择最小的树长的那个拓扑结构。重复这一过程，直到完全解出这棵树，该算法的每一步都要更新树的枝长以及树长。

（三）基于字母特征构建进化树

在采用等位频率来重建人类种群间的关系时，研究者建议进化树的合理估计为进化总数的最小值，这种方法在应用于离散数据时被称为简约法，而最小进化法在今天被看做是对重复突变进行修正后枝长总数最小化的方法。

在一个位点上性状变化的最小数目常常被称作性状长度（character length）或位点长度（site length）。对序列上的所有位点而言，性状长度之和是对整个序列所需要变化的最小数目，称为树长（tree length）、树分值（tree score）或简约分值（parsimony score）。具有最小树分值的树是真实树的估计，称为最大简约树。当序列非常相似时，存在多棵树是等价最佳树的情况。

Notes

假设在某个特定位点，4个物种的数据是AAGG，且考虑图4-4给出的两棵树所需的最小变化数目。我们通过将性状状态标注到灭绝的祖先状态节点来计算这个数目。

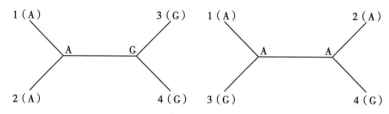

图4-4   最大简约法建树示意图

对第一棵树，可以通过标注A和G到两个节点来做到这一点，内枝只需要一次变化（A-G）。对第二棵树，我们可以将AA（已显示）或GG（未显示）标注到两个内节点，任何一种情况下，最少都需要两次变化。注意，某位点上被标注为祖先状态的一组性状状态被称为祖先重建（ancestral reconstruction）。对于具有（n−2）个内节点的n物种的二元树而言，在每个位点重建的总数为4（n−2）（核苷酸）或20（n−2）（氨基酸）。达到变化最小数目的重建称为最简约重建（most parsimonious reconstruction）。因此，对第一棵树，只有一个单一的最简约重建，而对第二棵树，两个重建是等价最简约。

一些位点对树的判别并无贡献，因而是没有信息的。例如一个恒定位点，即所有物种在该位点具有相同的核苷酸，对任何树都不影响。类似地，单变位点——即两个观察的性状中有一个只出现一次（例如TTTC或AAGA）——对每棵树只需要一次变化，因而也不是信息位点。一个性状为AAATAACAAG（对10个物种）的位点也是非信息的，因为对任意树只要对所有祖先节点标注A都需要3次变化。对一个简约信息位点（parsimony-informative site）而言，至少要有两个状态被观测到，每一个至少两次。注意，信息位点和非信息位点的概念仅仅只用于简约法。而在距离法或似然法中，所有位点（包括不变位点）都影响计算，应当被包括在内。

所有物种在某个位点上观察到的性状状态看做是位点构型（site configuration）或位点模式（site pattern）。这意味着对4个物种而言只有3种位点式样是有信息的，它们是xxyy，xyxy和xyyx，这里x和y是任意两个不同状态。很明显，这3种位点式样分别"支持"3棵树，分别是T1：[（1，2），3，4]；T2：[（1，3），2，4]和T3：[（1，4），2，3]。设具有这些位点式样的位点数分别是n1，n2和n3，如果n1，n2或n3是3个中最大的，则T1，T2和T3是最简约树。

（四）用于系统发育重建的距离测度

1. 当每个位点的核苷酸替代数目的Jukes-Cantor估计值小于0.05时，不管是否存在转换/颠换，不管替代速率是否因核苷酸位点而异都应当使用p距离或Jukes-Cantor距离。

2. 当$0.05 < d < 1$，且检验的核苷酸较多时，用Juker-Cantor距离，除非转换/颠换比较高（R>5）。当此比率较高且检测的核苷酸数目很多时，要使用Kimura距离。

3. 对于很多序列来说，$d > 1$时构建的系统树会因为某些原因而不可靠（如存在对位排列错误）。因此，建议尽量避免使用这些数据。可以淘汰进化很快的那部分基因区域（如去除免疫球蛋白的超变区基因），仅使用进化速度慢的区域。

4. 当距离很大而n很小时，用来估计每个核苷酸位点替代数据的很多距离方法不能使用。在这种情况下，p距离可以获得相对可靠的拓扑结构。

5. 当一个系统树是通过一个基因的编码区构建时，同义（dS）与非同义（dN）替换之间的差别就很重要，可以用dS来构树。

6. 如果两种距离测度对于同一数据获得相同的距离值（或极为相近）时，应该使用简单的测度，因为它的方差较小。

Notes

三、分子钟假说

分子钟（molecular clock）假说认为 DNA 或蛋白质序列的进化速率随时间或进化谱系保持恒定。在 20 世纪 60 年代初期，人们就观察到不同物种中蛋白质序列的差异，如血红蛋白、细胞色素 C 及血纤肽中大致与物种分歧时间成正比。通过这些观察，提出了分子进化钟的概念。

第一，分子钟应当被看做是氨基酸或核苷酸突变的随机性所导致的随机钟。它不像普通钟表以固定时间间隔跳动，而是以一个随机间隔跳动。第二，不同蛋白质间或蛋白质的不同区域间进化速率的差异很大，因而分子钟假说允许不同蛋白质间进化速率不同，或者说每个蛋白质有其自身固有的分子钟，以不同的速率跳动。第三，速率恒定性未必对所有物种适用，很有可能只存在于某一类群中。例如，我们可以说就某个特定基因而言，分子钟假说在灵长类中成立。

在分子进化的中性学说（neutral theory of molecular evolution）提出之时，分子进化的"似钟特性"被认为"可能是该学说最有力的证据"。中性学说强调相对适应度接近于零的中性或近中性突变的随机固定。分子进化的速率则等于中性突变率，而与环境变化或种群大小等因素无关。如果突变率相似而蛋白质功能在同一类群中保持不变导致中性突变比例相同，那么根据中性学说的预测，进化速率将是恒定的。蛋白质间的速率差异则被解释为由于不同蛋白质具有不同的功能限制，因而中性突变的比例不同。

近年来，考古学数据被用来校定分子钟，即将序列间的距离转换成绝对地质时间和置换率。病毒基因分析涉及类似的情况，其进化非常迅速，以至于数年之内就可以观测到变化。人们可以用病毒被隔离的时间来校正分子钟，并使用这种方法来估计分歧时间。

第三节 核苷酸和蛋白质的适应性进化
Section 3 Adaptive Evolutions of Nucleotide and Protein

基因和基因组的适应性进化最终决定形态、行为和生理上的适应，以及物种分歧和进化创新（evolutionary innovation）。尽管自然选择在形成形态和行为进化方面似乎普遍存在，但它在基因和基因组进化中所起的作用尚存在争议。分子进化的中性学说认为，物种内和物种间大多数可见差异不是由自然选择导致，而是由适合度很小的随机突变的确定决定的。数十年来人们发展了一系列中性检验的方法，本节介绍正选择和负选择的基本概念以及分子进化的主要理论，此外简要介绍几种群体遗传学中发展起来的常用的中性检验方法。另外引入应用范围比较广的 dN/dS 检验，并且详细介绍了其计算方法。

一、中性与近中性理论

在群体遗传学中，一个新突变基因 a 与野生型显性基因 A 的相对适合度由选择系数 s 来度量。设基因型 AA，Aa 和 aa 的相对适合度分别为 1，1+s 和 1+2s，则 s<0，=0 及 >0 分别对应负选择（negative selection）或净化选择（purify selection）、中性进化和正选择（positive selection）。新突变基因的频率在各个世代高低不同，既受自然选择又受随机漂变的影响。究竟是随机漂变还是自然选择决定了突变的命运取决于 Ns（N 为有效群体的大小）。若 $|Ns|\gg1$，则自然选择决定基因命运；若 $|Ns|$ 接近于 0，则随机漂变的作用非常重要，而且该突变为中性或近中性。

按照中性理论，今天所能观察到的遗传变异——无论是种内多态性还是种间分歧，均不取决于自然选择所驱动的有利突变的固定，而是取决于那些事实上没有适合效应（即中性的）突变的随机固定。下面是该理论的一些观点和预测：

（1）大多数突变是有害的，会被净化选择所清除。

（2）核苷酸置换率等于中性突变率（即总突变率乘以中性突变所占比例）。如果物种间中性

Notes

突变率恒定（或者日历时间或者世代时间），则置换率也是恒定的。这个预测为分子钟假说提供了解释。

（3）功能较重要的基因或基因区域进化较慢。在具有较重要作用或处于较强功能约束下的一个基因中，中性突变比例较小，使得核苷酸置换率较低。现在，功能重要性和置换率之间的负相关在分子进化中是一个普遍现象。例如，替代置换率几乎总是比沉默置换率低；密码子第3位比第1和第2位进化更快；具有相似化学性质的氨基酸比不相似的氨基酸更容易相互替代。如果自然选择在分子水平上驱动进化过程，那么可以推测功能重要的基因的进化速率比功能不重要的基因要低。

（4）种内多态性和种间分歧是中性进化同一过程的两个阶段。

（5）形态特征（包括生理、行为等）的进化的确是自然选择所驱动的。中性学说关注的是分子水平上的进化。

围绕中性理论的争论已产生很多的群体遗传理论和分析工具。下面将讨论其中几种。

二、微观适应性进化的检验方法

以下几个是典型的研究适应性进化的统计学方法，并已经形成了稳定的软件。根据输入数据的不同可以检验相应基因的选择强度。

1. Tajima 的 D 检验　在随机交配的群体中，一个中性基因上保持的遗传变异量由 $\theta=4N\mu$ 决定，这里 N 为（有效）群体大小，μ 为每一代的突变率。从每个位点的角度定义 θ，它也是群体中随机抽取的每条序列的期望位点杂合度。例如，在人类非编码 DNA 中，$\hat{\theta}\sim0.0005$，意味着两条随机的人类序列间大约 0.05% 的位点不同。由于群体数据一般很少有变异，所以通常采用无限位点模型。假定每个突变都发生在 DNA 序列的不同位点上，且无须校正多重突变。注意，群体规模大和突变率高都会导致群体中保持更高的遗传变异。

两种从群体中随机抽取 DNA 序列的简单方法可以用来估计 θ。第一种是包含 n 条序列的样本中的多态性位点数 S，期望值 $E(S)=L\theta a_n$，这里的 L 为序列中的位点数，$a_n=\sum_{i=1}^{n-1}1/i$，故 θ 可由 $\hat{\theta}_S=S/(La)$ 估计。第二种方法是对 n 条序列所有成对比较的核苷酸差异的平均比例值的期望为 θ，将 θ 作为一个估计值，则记作 $\hat{\theta}_\pi$。这两种 θ 的估计在中性突变模型下均无偏，即假定无选择、无重组、无群体分化或大小变化，以及突变和漂变之间平衡。然而，如果模型的假设不成立，则不同因素对 $\hat{\theta}_S$ 和 $\hat{\theta}_\pi$ 有不同影响。例如，若轻微有害突变在群体中保持较低频率能显著增加 S 和 $\hat{\theta}_S$ 值，但对 $\hat{\theta}_\pi$ 几乎没有影响。θ 的两个估计量能够为了解造成严格中性模型失效的因素和机制提供信息。因此，Tajima 构建了以下的检验统计量：

$$D=\frac{\hat{\theta}_\pi-\hat{\theta}_S}{SE(\hat{\theta}_\pi-\hat{\theta}_S)} \tag{4-8}$$

这里，SE 为标准误差。

在无效中性模型下，D 的均值为 0，方差为 1。Tajima 建议采用标准正态分布和 β 分布来确定 D 是否显著不同于 0。

Tajima 的 D 检验的统计显著性可能与几种不同的解释相容，而且难以区分它们。正如前面所讨论的，一个负 D 值表明存在净化选择或群体中分离的轻微有害突变。然而，负 D 值也可能是由于群体扩张造成的。在一个扩张群体中，可能分离出许多新的突变，且它们在数据中以单元（singleton）的形式出现，即其他所有序列在此位点上都相同，只有一条序列不同。单元增加了分离位点的个数并导致 D 值为负。类似地，D 值为正可解释为平衡选择将突变维持在居中频率。然而，一个收缩的群体也能够导致 D 值为正。

2. Fu 和 Li 的 D 检验　在 n 条序列的一个样本中，一个多态位点上突变核苷酸的频率为

Notes

$r=1,2,\cdots,n-1$。样本中所观察到的突变的分布称为位点频谱（site-frequency spectrum）。通常，采用亲缘关系很近的外类群来推断祖先的和衍生的核苷酸状态。例如，若在一个 $n=5$ 的样本中观察到的核苷酸为 AACCC，而外类群中为 A（假定的祖先状态），则 $r=3$。Fu 和 Li 的 D 检验假设 r 为突变规模。如果祖先状态未知，则不可能区分突变规模是 r 还是 $(n-r)$，这使得那些突变被划为同一类，位点频谱则被认为是折叠的，折叠构象提供的信息远少于非折叠构象。因而，采用外类群来推断祖先状态应当增加检验效力，但缺点是该检验可能会受到祖先重建中误差的影响。

Fu 和 Li 的 D 检验区分了内部突变和外部突变，即分别在系谱树内枝或外枝上发生的突变。假设这两类突变的个数分别为 η_I 和 η_E，注意 η_E 为单突变的个数，他们构建了以下的统计量

$$D=\frac{\eta_I-(a_n-1)\eta_E}{SE(\eta_I-(a_n-1)\eta_E)} \tag{4-9}$$

这里，$a_n=\sum_{i=1}^{n-1}1/i$，SE 为标准误差。与 Tajima 的 D 检验相类似，该统计量也是作为中性模型下 θ 的两个估计值间的差异来构建的。Fu 和 Li 的 D 检验认为群体中分离的有害突变倾向于近期产生，位于树的外枝，且对 η_E 起作用；而内枝上的突变多为中性，且影响 η_I。

3. McDonald-Kreitman 检验和选择强度估计　中性学说认为种内多样性（多态性）和种间分歧是同一进化过程的两个阶段，即两者都是由中性突变的随机漂变所致。因而，如果同义和非同义突变都是中性的，则种内同义和非同义多态性的比例应与种间同义和非同义差异的比例相同。

近缘物种蛋白质编码基因中的可变位点可以根据位点是否具有多态性或固定差异，以及该差异是同义还是非同义的，划分为一个 2×2 列表中的 4 类（表4-8）。假设从物种 1 中抽取 5 条序列，从物种 2 中抽取 4 条序列，若某位点在物种 1 中数据为 AAAAA，在物种 2 中为 GGGG，则该差异被称为固定差异。若某位点在物种 1 中的数据 AGAGA，而在物种 2 为 AAAA，则该位点被称为多态性位点。注意，无限位点模型无需对隐藏变化进行校正。如果数目不多，则中性无效假设等价于列表的行和列之间独立并可通过 χ^2 分布或 Fisher 精确检验进行验证。McDonald 和 Kreitman 测定了果蝇 3 个亚群的乙醇脱氢酶基因（Adh）序列，获得了表4-8 中列出的数据。P 值小于 0.006，说明与中性期望有显著偏差。种间替代突变远多于种内替代突变。McDonald 和 Kreitman 将此模式认作驱动种间差异的正选择证据。

表4-8　果蝇 *Adh* 基因中存在沉默突变、置换突变以及多态性位点个数
（数据来自 McDonald and Kreitman，1991）

变化类型	固定差异	多态性
置换（非同义）	7	2
沉默（同义）	17	42

为了弄清这个解释后面的推论，假定同义突变是中性的，考虑选择对物种分歧之后出现的非同义突变的影响。人们预期有利替代突变会很快固定下来并成为种间的固定差异。因而，若固定的替代突变过剩（如同在 *Adh* 中观察到的），则表明存在正选择。

人们在哺乳动物线粒体基因中已观察到存在过剩的替代多态性，表明净化选择下存在轻微有害替代突变。有害突变被净化选择清除，而且不会在种间比较中看见，但在种内还是会分离。

三、宏观适应性进化的检验方法

蛋白质编码序列区分为同义置换和非同义置换，对理解自然选择的作用来说，这比内含子或非编码序列优越得多。若将同义置换率作为基准点，可以推断自然选择在非同义置换固定过程

中是起到推动还是阻碍作用。非同义 / 同义置换率的比率($\omega = d_N/d_S$)可以在蛋白质水平度量选择压力。如果选择对适合度没有影响，则非同义突变将以与同义突变相同的速率被固定，使得 $dN=dS$ 及 $\omega=1$。如果非同义突变是有害的，则净化选择将降低其固定速率，使得 $dN<dS$ 及 $\omega<1$。如果非同义突变受到达尔文选择的青睐，则其被固定的速率将高于同义突变，致使 $dN>dS$ 及 $\omega>1$。因此，非同义突变率显著高于同义突变率即为蛋白质适应性进化的证据。

然而，可以预料一个功能蛋白上的大多数位点在大部分进化时间都是受约束的。即使发生正选择，也只能影响几个位点，且只有偶尔发生。因此，这种成对的平均方法很少检测到正选择。近期研究着重检测影响系统发育关系中特定谱系或蛋白质中单个位点的正选择。

对编码蛋白质的 DNA 序列，同义和非同义置换被定义为平均每个同义位点上的同义置换数（ds 或 Ks）以及平均每个非同义位点上的非同义置换数（d_N 或 K_A）。

本节主要使用计数法计算，计数方法类似于 JC69 等核苷酸置换模型下的距离计算，有 3 个步骤：①对同义和非同义位点计数；②对同义和非同义差异计数；③计算差异比例并校正多重命中（multiple hit）。将位点和差异都计数后，进一步可以区分同义和非同义的差异。

1. 位点计数　每个密码子都有 3 个核苷酸位点，分成同义和非同义两类。以密码子 TTT（Phe）为例，由于 3 个密码子位置上每个核苷酸都可以转变为另外 3 种核苷酸，该密码子就有 9 个直接邻居：TTC（Phe），TTA（Leu），TTG（Leu），TCT（Ser），TAT（Tyr），TGT（Cys），CTT（Leu），ATT（Ile）和 GTT（Val）。其中，密码子 TTC 和密码子 TTT 编码同一个氨基酸。因此，对密码子 TTT 而言，就有 3×1/9＝1/3 个同义位点，3×8/9＝8/3 个非同义位点（表 4-9）。在计数过程中，不计入变为终止密码子的突变。将该方法用于序列 1 中的所有密码子，并将计数结果相加以获得全序列中同义和非同义位点的总数。然后，对序列 2 重复该过程并计算两条序列间的平均位点数目，分别计为 S 和 N，有 $S+N=3 \times L_c$，这里 L_c 为序列中的密码子的数目。

表 4-9　密码子 TTT（Phe）中的位点计数

目标密码子	突变类型	置换率（$\kappa=1$）	置换率（$\kappa=2$）
TTC（Phe）	同义	1	2
TTA（Leu）	非同义	1	1
TTG（Leu）	非同义	1	1
TCT（Ser）	非同义	1	2
TAT（Tyr）	非同义	1	1
TGT（Cys）	非同义	1	1
CTT（Leu）	非同义	1	2
ATT（Ile）	非同义	1	1
GTT（Val）	非同义	1	1
总和		9	12
同一位点数		1/3	1/2
非同义位点数		8/3	5/2

κ 为转换 / 颠换置换率比率

2. 差异计数　第二步是对两条序列间的同义和非同义变异进行计数。换言之，在两条序列间所观测的差异可按同义和非同义划分，再按密码子逐一处理。很明显，如果两个所比较的密码子相同（如 TTT 对 TTT），则同义和非同义变异数目为 0；如果两个所比较的密码子间仅在一个位置上存在差异（TTC 对 TTA），就很容易发现这种单一的变异是同义的还是非同义的。然而，如果两个比较的密码子间在 2～3 个位置上都存在差异（如 CCT 对 CAG 或 GTC 对 ACT），则有 4～6 条进化途径能使一个密码子变成另一个密码子。多条途径中可能涉及同义和非同义差异的数目不同。大部分计数方法对不同途径赋予同等权重。

Notes

例如,密码子 CCT 和 CAG 间存在两条途径(表 4-10)。第一条途径要通过中间密码子 CAT 转换,涉及两个非同义变异;而第二条途径通过中间密码子 CCG 转换,涉及一个同义变异和一个非同义变异。如果我们对这两条途径赋予相同权重,则两个密码子间有 0.5 个同义变异和 1.5 个非同义变异。如果同义突变率高于非同义突变率,如同几乎所有基因中表现的一样,那么第二条途径应该比第一条途径的可能性更大。如果预先不知道 d_N / d_S 比率和序列分歧度,那么就很难对不同途径赋予合适的权重。不过,计算机模拟结果表明加权对估计值的影响很小,尤其是当序列的分歧度并不是很大时。

表 4-10 密码子 CCT 和 CAG 间的两条途径

途径	差异	
	同义	非同义
CCT(Pro)↔CAT(His)↔CAG(Gln)	0	2
CCT(PRO)↔CCG(Pro)↔CAG(Gln)	1	1
平均	0.5	1.5

计数沿着序列密码子逐一进行,将差异数相加得到两条序列间总的同义和非同义差异数,分别记为 S_d 和 N_d。

3. 多重命中校正 同义和非同义位点上的差异比例可以通过公式(4-10)分别进行估计:

$$p_S = S_d / S$$
$$p_N = N_d / N \tag{4-10}$$

它们等同于针对核苷酸的 JC69 模型下的差异比例。因此,套用 JC69 中对多重命中的校正。

$$d_S = -\frac{3}{4} \log \left(1 - \frac{4}{3} p_S \right)$$
$$d_N = -\frac{3}{4} \log \left(1 - \frac{4}{3} p_N \right) \tag{4-11}$$

当只关注同义位点和差异时,每个核苷酸并不存在 3 个其他核苷酸来突变的情况。实际上,对多重击中校正的作用很少,至少在序列分歧度不高时如此,故校正公式带来的偏差也就不是非常重要了。

4. *rbcL* 基因应用实例 应用上述方法来估计黄瓜和烟草中叶绿体蛋白 1, 2- 二磷酸核酮糖羧化酶 / 加氧酶大亚基(*rbcL*)基因间的 d_S 和 d_N。黄瓜(*Cucumis sativus*)*rbcL* 基因的 Genbank 序列号为 NC_007144,烟草(*Nicotiana tabacum*)为 NC_001879。在黄瓜和烟草 *rbcL* 基因中分别有 476 个和 477 个密码子,对位排列后的序列则有 481 个密码子。我们删除了任意一个物种对位排列时出现的间隔密码子,这样序列中就剩下 472 个密码子。

表 4-11 列举了数据的一些基本统计值,它们是对 3 个密码子位置分别进行分析后获得的。碱基组成不等,第三个密码子富含 A/T。3 个密码子位置的转换 / 颠换置换频率的比率估计值大小依次为 $\hat{\kappa}_3 > \hat{\kappa}_1 > \hat{\kappa}_2$。序列距离的估计值也是同样的顺序 $\hat{d}_3 > \hat{d}_1 > \hat{d}_2$。这类模式在蛋白编码基因中很常见,反映了遗传编码结构以及基本上所有氨基酸都处于选择压力之下,同义置换率高于

表 4-11 黄瓜和烟草 *rbcL* 基因的基本统计量

位置	位点	π_T	π_C	π_A	π_G	$\hat{\kappa}$	$\hat{d}$
1	472	0.179	0.196	0.239	0.386	2.202	0.057
2	472	0.270	0.226	0.299	0.206	2.063	0.026
3	472	0.423	0.145	0.293	0.139	6.901	0.282
总计	1416	0.291	0.189	0.277	0.243	3.973	0.108

Notes

非同义置换率。当对密码子逐一进行检测时，两个物种间有 345 个密码子是一致的，115 个密码子在一个位置上有差异，其中 95 个是同义的，20 个是非同义的。10 个密码子在两个位置上有差异，2 个密码子在 3 个位置上均不相同。

随后，1416 个核苷酸位点被分为 $S=343.5$ 个同义位点以及 $N=1072.5$ 个非同义位点。在两条序列间观察到 141 个差异，这些差异分为 $S_d=103.0$ 个同义变异和 $N_d=38.0$ 个非同义差异。因此，同义和非同义位点上的差异比例分别为 $p_S=S_d/S=0.300$ 和 $p_N=N_d/N=0.035$。使用 JC69 校正后得到 $d_S=0.383$ 和 $d_N=0.036$，其比值 $\hat{\omega}=d_N/d_S=0.095$。根据这一估计，该蛋白处于强烈的负选择压力之下，在群体中发生一个非同义突变的概率只有同义突变的 9.5%。

四、适应性进化基因

基于 ω 比率检验获得的大多数正选择基因可分为以下 3 类：第一类包括针对病毒、细菌、真菌和寄生虫攻击的防御机制或免疫作用中的宿主基因，以及与破坏宿主防御机制有关的病毒或病原基因。例如，前者包括主要组织相容性复合体、淋巴细胞蛋白 CD54、植物中与识别病原有关的 R 基因及哺乳动物中反转录病毒抑制剂 TRIM5α；后者包括病毒表面或包膜蛋白、疟原虫细胞膜表面抗原以及由植物天敌（如细菌、真菌、卵菌、线虫和昆虫）产生的多糖。病原基因由于受到正选择而进化出不被宿主防御机制识别的新类型，同时宿主也必须适应并识别出病原，这就激发了一场进化"军备竞赛"，驱动新的替代突变在宿主和病原中固定。蛇或蝎子毒液中的毒素用于捕获猎物，也处于类似选择压力下，因而进化速率很快。

第二类主要包括与生殖有关的蛋白质或信息素。已经有研究检测到有关精 - 卵识别的蛋白质及雄性或雌性生殖或其他方面的蛋白质正快速进化。这些相关基因的自然选择也可能加速或导致新物种形成。

第三类正选择基因与上述两类有所重叠，包括基因复制后获得新功能的基因。基因复制是基因、基因组和遗传系统进化的初级驱动力，被认为在新基因功能进化中起引领作用。复制基因的命运由能否为机体带来选择优势所决定，多数复制基因被清除或因有害突变失去功能而退化为假基因。由于亲代基因需要不同功能，有时新拷贝会在适应进化驱动下获得新功能。已检测到许多基因在基因复制后加速蛋白质进化，其中包括灵长类 DAZ 基因家族、灵长类绒毛促性腺蛋白。群体遗传检验也表明正选择在复制核基因早期进化动态中的重要作用。

很多其他基因也被检测处于正选择之下，尽管它们不如那些参与到进化军备竞赛中的基因（如宿主 - 病原拮抗作用及生殖）那么多。这也许是基于 ω 比率的检验方法的局限性所致，即可能错过一次性的适应性进化。在这种进化中，一个有利突变出现并迅速在群体中扩散开来，接踵而至的就是净化选择。若要检测到更多正选择，也许需要能检测影响某个谱系上少数位点的插曲式或局部的进化方法的改进。

然而，统计检验不能证明基因是否真正经历适应性进化。具有信服力的例子也许要建立在实验验证和功能检验的基础上，二者能够在观察到的核酸变化与蛋白质折叠以及表型变化（如催化化学反应的效率不同）之间建立直接联系。

第四节　分子进化与生物信息学
Section 4　Molecular Evolution and Bioinformatics

一、基因组进化概述

尽管基因组学（genomics）是一门只有 10 多年历史的新兴学科，但是其发展极为迅速，并产生了许多分支学科。随着研究的不断深入，它已从结构基因组学（structural genomics）进入到功

Notes

能基因组学（functional genomics）。利用基因组学研究的方法和成果来研究生物进化，也就是进化基因组学（evolutionary genomics）所要研究的问题，越来越受到进化生物学研究者的关注。

目前，尽管进化基因组学还没有正式列在基因组学的议事日程上，但也已经有了不少相关的研究，比较基因组学（comparative genomics）就是其中之一。对不同生物基因组结构的异同及其特点进行比较，除了在功能基因组学的研究上具有重要意义，还有可能在一定程度上了解基因组的进化，特别是基因组的结构特征与生物复杂性的关系。例如，通过比较发现基因组中蛋白质和功能 RNA 基因的密度与生物的复杂程度有一定的负相关。在细菌基因组中，基因的平均密度是 1 个基因 /1kb；在酵母中，是 1 个基因 /2kb；而线虫是 1 个基因 /5kb；果蝇是 1 个基因 /13kb；到人类则是 1 个基因 /40kb。这种密度的变化显然是与基因组进化中调控元件和"非基因序列"的扩增有关。

比较基因组学的研究还表明，基因和基因组是由很多的基本结构单位（构件）构成的，而这些构件在进化中被反复使用（重组）以形成新的基因和基因组，这就像为数不多的化学元素可以组成无数的化学物质（分子）那样。新的化学分子是通过已有元素或分子之间的化学反应产生的，所以，基因组的进化有可能以化学反应作为其动态模型，即新基因组的产生是通过已有基因或基因组的重组、重排、重新建立新的关系而达成。要充分认识这种类比的意义，就必须开展进化基因组学的研究。

基因组的进化与基因组的三维结构之间存在重要的关系。人与黑猩猩 DNA 序列的相似程度达 99%，两者的差异很可能是在其基因组的三维结构（包括三维调控关系）上。因此，进化基因组学必将深入进行这方面的研究。

为了解基因组及其发展变化的本质，当然还要研究与生命起源有关的最原始的基因和基因组的起源，以及其后的进化模式与过程，从而有可能在分子水平上认识生物进化的分段途径。总之，进化基因组学将是基因组学中最触及事物本质的一个分支。

二、病毒基因组进化

生物的分类应该体现其系统演化。对病毒来说，它的生命是相对脆弱的，很难达到像古细菌、细菌和真核生物那样综合全面的程度。病毒也受突变和自然选择的影响，并且病毒基因组的进化速度远远超过其他生物的基因组。有很多证据证明，早在一万年前病毒就已经存在，这些证据包括人类的骨残骸，历史记录和遗物等。然而，远古病毒的 DNA 或 RNA 还没有被找到。

RNA 病毒基因组的 RNA 聚合酶一般缺乏校正能力，这导致基因组的突变率比 DNA 基因组高 100 万～1000 万倍。即使是 DNA 病毒，其突变率一般也比宿主细胞高 10～1000 倍。除了高突变率，许多病毒的复制速度也是极其惊人的。单个被脊髓灰质炎病毒感染的细胞能产生 10 000 个病毒颗粒，而一个被艾滋病病毒感染的个体一天能产生 10 亿个病毒颗粒。许多病毒的基因组由相对独立的多个片段组成。这些片段能够在病毒复制过程中随机重组，从而在子代病毒中产生大量不相同的子类。流感病毒几乎每年都能引起大范围的疾病流行就是这个原理的体现。病毒经常处于强大的选择压力下，如宿主的免疫反应或抗病毒药物的作用。因此，病毒快速的突变和复制确保某些病毒株通过突变产生对抗病毒药物的抗性，而且会经受环境的选择而存活下来。

病毒经过漫长的进化历程已经能够侵入系统发生树中所有物种包括古细菌，细菌和真核生物。植物病毒（番茄丛矮病毒），动物病毒（如 SV40 病毒，鼻病毒和脊髓灰质炎病毒），以及噬菌体（如噬菌体 ΦX174）的衣壳蛋白中都有"β- 折叠桶"或"果冻卷"折叠结构。除非发生了显著的趋同进化，否则这种现象一般说明这些病毒是同源的。感染植物和动物的反转录病毒具有双链 RNA 基因组以及封装它的特殊衣壳体。噬菌体（Φ6）也具有这种特征，说明了感染不同物种的病毒之间具有同源性。在对这些病毒基因组以及蛋白质的分析中并没有发现序列相似性，再

Notes

次凸显了病毒基因组高速进化的特点。病毒基因组的高度多样性使得无法根据其序列数据绘制出涵盖所有病毒的全面完整的系统发生树，这反映了病毒基因组形成历程中复杂的分子进化事件。

三、原核生物基因组比较

（一）与人类疾病相关的细菌分类

细菌和真核生物已经相互"交战"了几百年。细菌为了繁殖需要占据人体这个营养丰富的环境。典型的细菌"殖民地"包括皮肤、呼吸道、消化道（口腔、大肠）、尿道和生殖系统等。据估计每个人身上的细菌数目超过自身的细胞数目。大多数情况下，这些细菌对人类是无害的。然而，有些细菌在一定条件下能够导致感染，甚至带来灾难性的后果。最近一些年，由于广泛使用抗生素导致了细菌抗药性的增强，因此急需找到细菌的毒力因子，然后找到相应的接种疫苗。对这个问题的一个解决办法就是比较细菌的致病株和非致病株。

（二）原核生物基因组比较数据库

NCBI 提供了一个非常有效的基因组比较工具，并且使用起来非常容易。从基因组查询页面上，选择果蝇（*Drosophila melanogaster*）就得到如图 4-5 所示的页面。选择 TaxPlot，就能够将两个基因组和一个参考基因组（如 *Caenorhabditis elegans* 和 *Saccharomyces cerevisiae*）进行比较。在这个图上，每一个点都代表参考基因组中的一个蛋白质。x 坐标和 y 坐标显示了被比较蛋白质组中每个蛋白质最佳匹配的 BLAST 分值。如果蛋白质都在图的对角线上，表明它们在参考蛋白和输入蛋白中的分值相同（或者几乎相同）。然而，也有值得注意的异常值，代表了两种生物不同表型的重要基因。这些点是可以点击的（图中带圆圈的数据点）。TaxPlot 还能根据 COG 分类系统规则在图上标注颜色。

然而对于基因组比对来说，该工具还比较初级。在整个微生物基因组的比对中最大的挑战就是比对上百万的碱基对所需要的大量时间。MUMmer 软件包提供了一个对微生物基因组进行快速准确的比对方法。最近，经过对算法改进后，也能够对真核生物序列进行比对。

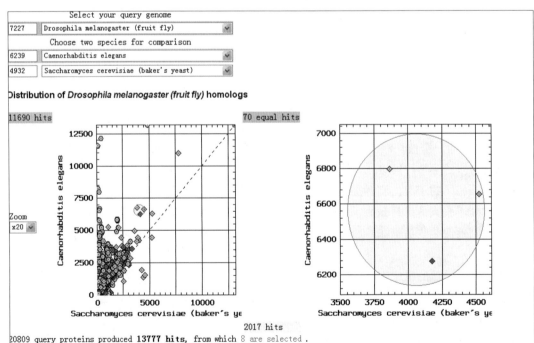
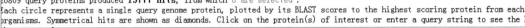

图 4-5　Taxplot 界面示意图

Notes

MUMmer 将两条序列作为输入。这个算法找到了所有的长于一个设定的最小长度值 k 并且很好匹配的子序列。如果将它们向任意方向延长一点就会导致不匹配，所以这些匹配序列是最小的。

MUMmer 的输出结果由点阵图组成（图 4-6），以最小比对长度 150bp 为例，显示了两个基因组序列的比对结果。结果包括如下内容：SNPs；比单个 SNP 更加分散的序列区域；大的插入片段（例如，经过转座、序列逆转和水平基因转移）；散在重复片段（例如，一个基因组中的复制）；片段串联重复（拷贝数）。

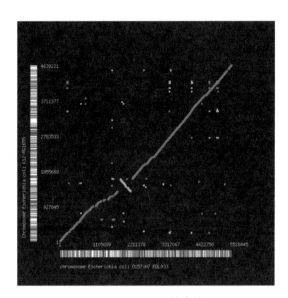

图 4-6　MUMmer 输出结果

大肠埃希菌 K12 和大肠埃希菌 O157：H7（在受污染的食品中如果存在该菌株，会导致如出血性结肠炎之类的疾病）在大约 45 亿年前发生分支。针对这两个均值进行测序并比较其基因组，发现大肠埃希菌 O157：H17 大约比大肠埃希菌 K12 长了 859 000 个碱基对。这两个细菌有大约 4.1Mb 的共同基因组骨架，大肠埃希菌 O157：H7 有另外 1.4Mb 的序列（大部分通过水平基因转移得到）。MUMmer 的输出结果对于找出两个基因组中的共同区域和反向重复区域非常有用。

四、蛋白质互作网络进化

近年来，随着鉴别蛋白质互作关系的高通量实验技术（如酵母双杂交、免疫共沉淀、基于质谱的串联亲和纯化等）以及生物信息学方法在预测蛋白质互作领域的发展与应用，越来越多的蛋白质互作数据涌现出来，为进化研究提供了新的视角。

对蛋白质互作网络的进化分析可分为五个层面：蛋白质个体、蛋白质互作对（protein interaction pair）、模体（motif）、网络模块（network module）以及整个网络。按照包含蛋白质的数目将网络进化问题分层：第一层是仅包含一个蛋白质的蛋白质个体；第二层为包含两个蛋白质的蛋白质互作对；网络模体一般包含 3～5 个蛋白质，为第三层；网络模块作为第四层，相对于之前的三层包含的蛋白质数目更多，且可能由模体组成；第五层则是整个网络的进化分析，探究网络的发生发展过程（图 4-7）。

（一）网络中的蛋白质个体进化

蛋白质互作网络对蛋白质个体进化性质的影响，即蛋白质互作是否会减慢蛋白质进化速率，是在蛋白质个体层面上研究网络进化的主要问题。

Notes

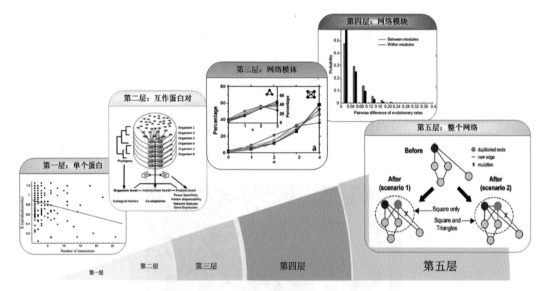

图4-7　蛋白质互作网络进化图

第一层表示网络中的蛋白质个体进化，表明蛋白质连接度同其进化速率之间存在较弱的负相关关系；第二层表示网络中的蛋白质互作对进化，揭示出互作的蛋白质倾向于具有更相似的进化速率可能由多种因素导致；第三层表示网络中的模体进化，模体成员蛋白质更具有保守性；第四层表示网络中的模块进化，成员蛋白质之间在进化速率表现出共进化特性；第五层表示网络的整体进化中的复制—分歧模型

尽管不同的研究者，所选的互作数据不同，采用的进化速率评估方法、寻找直系同源蛋白质的方法及所统计分析方法等不尽相同，但选择的研究对象多数为酵母，从现有的研究成果可以得出如下结论：蛋白质连接度同其进化速率之间可能存在较弱的负相关关系。因为影响蛋白质进化速率的因素很多，除了与网络拓扑性质相关的蛋白质连接度（由互作数目定义），蛋白质中心性（由介数定义）外，还有可能与蛋白质表达水平，蛋白质必要性，蛋白质功能及其参与的生物学过程，蛋白质丰度，密码子适应指数等有关，并且这些因素之间存在错综复杂的依赖关系。

（二）网络中的蛋白质互作对进化

互作的两个蛋白质在进化上是否趋向具有相似的性质？在分子水平上是否趋向共进化？这是网络中蛋白质互作对进化研究主要的问题。

多年来，研究者开发了许多预测蛋白质互作的方法，如比较基因组学方法、利用系统发育树相似性进行预测的方法、利用基因表达水平相关性进行预测的方法和同源预测方法等，这些方法多是基于相互作用蛋白质共进化的思想。而且，这些预测算法的成功从另一个角度为互作蛋白质具有共进化的现象提供有力证据。目前学术界普遍认同的观点是：互作的蛋白质倾向于具有更相似的进化速率，且网络中的蛋白质互作对在表达水平等层次上也可能存在微弱的共进化现象。对于这一观点的解释主要有两种，一种假设认为共进化是施加在互作的蛋白质对上相似进化压力的结果。相似的进化压力可能来源于作用在这两个互作蛋白质对上的相似调控机制，如协同转录和调控等。这种假设不仅适用于解释发生直接物理互作蛋白质对间的共进化，对共享一个生物学关系的一组蛋白质的共进化现象也同样适用。另一种假设为，共进化直接与互作蛋白质的共适应相关。即当蛋白质序列上直接或者间接通过影响蛋白质折叠而参与互作的位点发生有害突变时，与其互作的蛋白质通过发生互补的改变来维持两蛋白质的互作关系，进而维持其功能。综合两种假设，即两种共进化推动力可能是在不同程度、不同水平和不同情况下发挥各自的作用。

（三）网络中的模体进化

网络模体是指复杂网络中在不同位置重复出现的特定的相互连接模式，在数量上显著地高于随机期望,一般含有 3~5 个节点。对于网络模体进化的研究主要集中在探讨模体是否对其成员蛋白质进化具有约束作用。研究表明,模体成员蛋白质要比非模体成员蛋白质在进化上更具有保守性。在不同拓扑结构模体中,成员蛋白质的保守性不同,可能的原因是不同的模体模式所承受的进化约束显著不同。

(四)网络中的模块进化

蛋白质互作网络具有层次模块化特性。功能模块的最显著特点是其往往表现出可能在功能和拓扑上互相联系,在蛋白质互作网络中主要以蛋白质复合物的形式存在。目前的研究成果表明,网络的模块化对蛋白质进化可能有约束作用,成员蛋白质之间在进化速率、表达水平等方面表现出共进化特性。类似蛋白质互作预测领域,许多功能模块预测算法(如比较基因组学方法)都是基于模块成员蛋白质共进化的思想,这些预测算法也反过来支持了功能模块成员蛋白质的共进化特点。

(五)网络的整体进化

研究蛋白质互作网络整体进化的最主要问题是蛋白质互作网络的起源。随之而来的问题是蛋白质互作网络具有的无标度(scale free)分布,小世界(small world)性质和模块化结构等是如何起源和进化的?这些特性的存在是生物体长期进化过程中自然选择的结果,还是存在内在约束机制使其发生成为不可避免的趋势?

多年来,学者们先后提出了多个无尺度和小世界网络的进化模型。目前应用最为广泛的是优先连接模型和复制 - 分歧模型。优先连接模型描述网络的生长是通过不断向网络中添加新的节点来实现的,新添加的节点倾向于优先与原有网络中度高的节点连接。这一模型揭示出蛋白质年龄与连接度之间存在的强烈而显著的关系,即蛋白质起源越早,其连接度越高。当控制表达水平后,这种关系并没有被显著地削弱。在复制 - 分歧模型中,网络中的初始蛋白质被随机选择并复制,且伴随该蛋白质参与的所有互作。随后,基因突变导致副本和原蛋白逐渐发生分歧,表现为它们参与的互作发生改变。从生物信息学的角度,可以理解为基因组层面上的改变在网络拓扑结构变化上的体现。有研究表明,酵母中至少有 40% 的蛋白质互作来源于复制事件。而对于蛋白质复合物的起源和进化研究显示,有相当一部分复合物是通过逐步的部分复制而进化来的,并且被复制的复合物仍然保持原复合物的核心功能,但具有不同的绑定特异性和规则。

五、代谢网络进化分析

各种高通量技术和代谢通路数据库的发展使得分析代谢网络进化(metabolic network evolution)成为可能。一般来说,生物网络具有稳健性和进化性的一个主要原因归功于其模块化组织。模块被定义为一组连接非常紧密的基因或酶的集合,功能相对独立,而模块与模块之间的连接较为稀疏。从仅有几个基因的简单网络能够利用计算机模拟手段构建出具有几百个节点上千条边的大网络。另外,有些研究通过比较多个物种的拓扑结构对代谢网络的进化机制进行探讨,发现不同代谢通路的拓扑特征提供不同的系统发育信息。

(一)代谢网络模块性的进化分析

一个生物网络中的模块包含很多元素(例如蛋白质或反应),这个模块形成了一个结构上的子系统,并且有其独特的功能。在代谢网络中,存在很多小的,高连接度的模块,这些模块又分层组合成为大的单元。对于模块的进化,目前主要有两个假设:一是模块倾向于正选择,因为已经限定好的模块能维持细胞的功能,通过模块的进化变化能够提升其可进化性;二是尽管模块不能直接通过选择进化,但模块之间在进化上存在一致性,还能通过其他可以被选择的性质,例如由水平基因转移引起的基因聚类的加速,多效性的最小化,和对新环境的适应性等。

Notes

由于生物之间的遗传相关,其代谢网络也存在着一定的相似性,所以系统发育相近的生物代谢网络模块也应该是相近的。伴随着模块内变异逐渐增多,物种之间的差异也就越大,相反亦然。如果对不同物种代谢模块统计相应得分,就可以根据这个得分构建生物代谢系统发育树。但对模块的变异量化研究存在一定难度,如何计算每种生物代谢网络的得分是研究的关键。

Anat Kreimer 等成功地解决了这个问题,他们根据模块的特性,使用 Newman 算法计算细菌代谢网络中模块的得分,根据每个物种计算得到的代谢模块分数建立距离矩阵,形成了如图 4-8 所示的环形的无根系统发育树。在这棵树的外围的方块对应着系统发育树的每个叶子节点,节点颜色的深浅代表模块得分的大小。

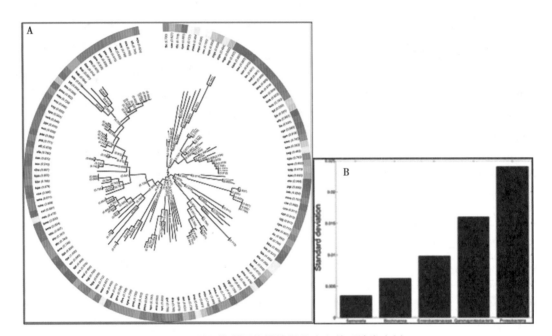

图 4-8 利用代谢网络模块得分建立其系统发育树

A. 图中是利用模块得分构建的 325 个细菌代谢网络的系统发育树;B. 图中是 Proteobacteria 在其分系统中模块得分的标准差:这几个层次分别是(i)Salmonella;(ii)Blochmannia;(iii)Enterobacteriaceae;(iv)Gammaproteobacteria;(v)Proteobacteria。随着模块内部的变异增多,伴随着从种到科、门、纲的逐渐递增

(二)代谢与环境互作的进化分析

代谢网络一般是在一定的生化环境下行使功能,同时通过吸收和分泌各种有机和无机的化合物来与环境发生互作。例如在网络内部新陈代谢流动性的分布或生命体的增长率都是通过这种作用来完成。

代谢和环境的这种相互作用在一定程度能够反映代谢网络结构的进化,所以这些代谢网络不应只是单单推断代谢功能,还应当能够观察到物种和环境互作进化的现象。在分析代谢网络的拓扑结构时,有一类化合物是通过外源获得,这类化合物可以定义为"种子集合"(图 4-9)。如果一个物种的环境能够决定其代谢反应,那么这些"种子集合"就是代谢网络与外界环境之间一个很好的代理。

每种生物代谢网络的种子集合是不同的,根据种子集合中的基因是否在该生物中存在可以构造进化距离矩阵,并建立系统发育树。由于在进化过程会有新的化合物以种子或者非种子的身份加入到代谢网络中,因此如果是以种子的身份被整合到代谢网络中,这个种子存在的状态可能不会太长,要么从代谢网络中被拿掉,要么快速的变为非种子化合物。

Notes

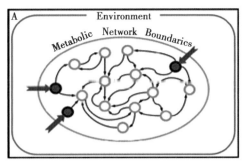
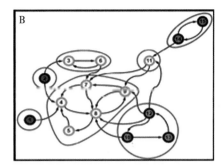
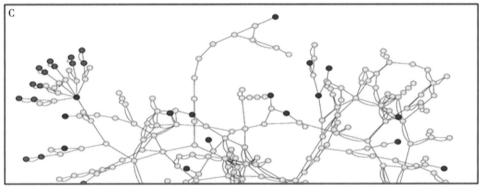

图 4-9　代谢与环境互作的进化分析示意图

在代谢网络中鉴定种子复合物（A）代谢网络与环境相互作用示意图，红色代表种子（B）代谢网络中种子获得过程。基于 Kosaraju 强连通组分（SCC）方法分解网络，子网中源组分即是要寻找的种子。图中红色表示源组分，节点颜色饱和程度代表种子获得置信程度。（C）Buchnera 代谢网络图，红色为种子复合物

六、肿瘤细胞微进化

在宏观的物种间存在进化，在细胞水平上同样也存在进化。随着高通量测序技术的发展，可以让从单碱基精度来观察基因组、转录组、表观组的具体变化情况，尤其是可以从细胞水平来分析肿瘤等疾病的发生、发展状态。早在 1976 年，PC Nowell 就认为大多数的肿瘤细胞可能是单一的细胞起源，肿瘤的发展是由于在原始的克隆里获得了遗传变异。原始的肿瘤细胞经过一系列的选择而迅速发生，发展，扩散。如果把癌症克隆看作是一个无性繁殖单细胞的物种，那么细胞受到选择的观点和达尔文的自然选择观点是并行的。现代癌症和基因组学已经证实癌症是一个复杂的，达尔文式的，适应性进化系统。首先，通过细胞的不断扩散导致分歧，从而导致细胞具有不同的特征表型，这些不同的表型就说明癌症细胞是存在于一个多级的分类系统。第二，癌症发展需要很长时间（一般 1～50 年），在这个时间段中每个病人中的克隆结构、基因型、表型都会发生变化。第三，癌症中突变的数量很多，从几十个到几百上千个，而且这些突变过程是非常多样的。总之，以上这些复杂性可以用经典的进化规则来解释。癌症克隆的进化发生在特定的组织生态系统中，而这些系统经历了上亿年的进化和优化而具备多细胞功能，能够限制正常克隆细胞变为异常细胞。癌症学家通过引入像药物或者放射线作为人工选择来改变癌症克隆的动态性，这样就可以使用传统进化规则研究肿瘤的动态进化。人为选择会使大量的细胞死亡，可以被看做是为多种多样的变异细胞提供了选择压力。另外，许多的癌症治疗都是有毒性，细胞经过治疗后存活，会在癌症中重新产生，也可能会产生新的突变，尽管细胞提高了适应性，也增加了癌症恶化的可能。

进化生物学和生态学的工具和观点可以应用于癌症细胞的动态变化研究，这会为癌症治疗提供新的策略和更有效的控制手段。达尔文进化系统的基本规则是过度繁殖，自然选择，适者

生存。癌症克隆的进化很明显也符合这些规则。在癌症中大多数的突变过程在 DNA 水平存在偏倚性。癌症中存在着特异的突变图谱。与普通细胞相比，癌症细胞中存在易错修复或遗传毒性暴露（例如香烟致癌物质，紫外线照射和化疗药物）。癌症细胞中适应性进化通常会通过化学致癌物来承受选择压力。例如，由癌症的复发或突变赋予癌症的适应性性状都在一定程度说明癌症的细胞克隆正经历着选择。

体细胞向癌症细胞进化的动态性取决于突变率和癌症细胞克隆的扩张。与遗传突变相比，表观遗传的突变更为显著，甚至高几个数量级，这也可能是癌症细胞克隆进化的主要决定因素。因为表观变异在细胞分裂时会影响细胞表型，所以自然选择影响肿瘤内的表观遗传变异。可以采用进化生物学的工具解决这些复杂性的突变率的问题，传统进化模型认为，癌克隆的进化属于选择性清除（selective sweep）。按照这个理论，在肿瘤中下一次癌突变的时间一定要比一个癌克隆清除的时间要长。一些研究表明并行的癌症细胞克隆扩张发生在初始时期，并且在早期癌症的发展中占主导。初始的证据表明在细胞转化之前是很少有大面积的癌克隆扩张的，而选择性清除是来源于之前已经存在的遗传变异或亚克隆之中。

癌组织的生态环境提供了适应性进化所需的条件。组织内的微环境是具有多种组分的复杂的、动态的环境，这些可以影响癌症克隆的进化。例如，转化生长因子 - 贝塔是癌症环境里的调控分子，其他的如炎症细胞组分也是癌症细胞生态环境的调控子。

癌细胞的栖息地并不是一个封闭的环境。这个组织生态环境，有利于系统调控因子（如营养和激素）或浸润的炎症或内皮细胞，其他则是由外部调控因子调控。每种癌症的生态环境包括生活方式和病人相关病因的曝光。遗传毒性暴露（如香烟致癌物和紫外光），感染，和长期的饮食和锻炼影响热量的习惯，激素或炎症水平可以在组织微环境产生深远的影响，这也直接影响癌细胞（图 4-10）。这些因素的发生或发展与癌症病因存在很大关系，如果不存在这些因素的暴露，癌克隆起源和演化的风险将会降低。

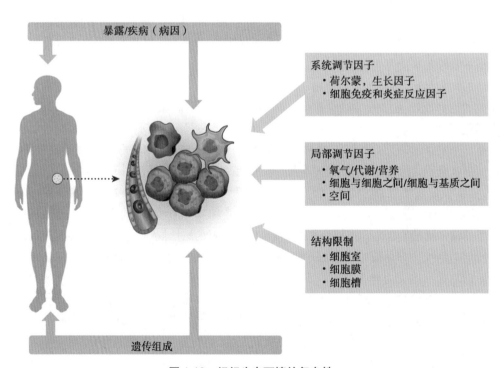

图 4-10　组织生态环境的复杂性

暴露因素：宿主细胞的组成遗传，系统调节因子，局部调节因子和结构限制等所有对体细胞进化有影响的因素

Notes

克隆进化的经典模型认为伴随着一系列的连续突变，一些亚克隆在群体中会占据优势或选择性清除。疾病进展的病理学证据（腺瘤，癌和转移）支持这一模型。在整个进化的各个阶段，个体的细胞和它们的后代（克隆）会相互竞争空间和资源。多重的单细胞的突变分析（最好是多样本）是研究克隆结构最适当的方式。尽管到目前为止只有少数的研究采用该方式，但是提供了与诺埃尔的亚克隆的突变分离模型是一致的证据支持。从单细胞测序分析的数据表明，进化的轨迹是复杂的和分支的，就像诺埃尔提出的与达尔文的进化形态相似的物种发育树（图 4-11）。如果将这一复杂的系统简化为一系列以横截面数据为基础的线性突变事件，则有可能误导进化的研究。然而，通过亚克隆的突变基因组，可以发现它们的进化或祖先的关系，以及对该肿瘤发展过程中的事件顺序。

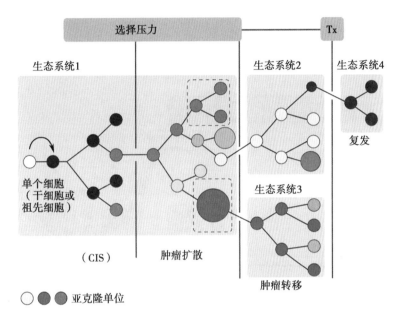

图 4-11 进化的分支结构

癌症克隆：选择压力可以使一些突变的亚克隆扩张而其他克隆潜伏起来或者消亡。竖线代表限制或选择压力。这种模式对实体瘤来说是很常见。生态系统 1~4 的生态环境代表了不同组织的生态环境。生态系统 1 的小框代表一个局部的环境。每一个不同颜色的小圆圈代表不同的亚克隆。转移的亚克隆通过不同的分支被分为不同的时间点；Tx：治疗；CIS：原位癌

癌症的进化理论已经存在 35 年，因此可以被认为是一个真正的科学理论。尽管体细胞进化的基本组成已经被清晰地研究，但是体细胞进化的动力学机制仍不清楚。幸运的是，有很多进化生物学的工具可应用于肿瘤来解决许多基础的癌症生物学问题，例如按照癌症发生的顺序，分别从被动突变中区分出主动程序，从而了解和预防癌症治疗抗性。然而，癌细胞克隆的多样性和选择压力是理解上述问题的关键。目前的挑战是利用方法直接解决临床肿瘤或干预使其缓慢的进化适应性，直接或控制癌细胞进化或延迟细胞死亡。

第五节　应用实例——慢性淋巴细胞白血病突变进化研究
Section 5　Evolution of Subclonal Mutations in Chronic Lymphocytic Leukemia

近来的基因组研究已经揭示癌症个体样本是具有遗传异质性，并且包含有克隆亚群体。事实上，具有遗传多样性的肿瘤细胞亚群体可能通过竞争和互作而进化。肿瘤内的细胞存在亚克隆已经被大家认可，但目前这些细胞亚克隆群体的比例、一致性以及这些亚克隆个体的遗传改

Notes

变或者对临床过程的冲击仍不清楚。

我们用慢性淋巴白血病作为例子,来检验细胞亚克隆突变的进化和影响。该疾病是一种发展缓慢的 B 细胞恶性疾病,容易发生在高龄人群。发病过程具有高度可变性,通过测序研究发现其可变性可能是由于体细胞 DNA 突变重组导致。因此可以认为该疾病细胞亚克隆的出现,扩散(多样性)和进化的动态性可能导致了该疾病的变化和对治疗的反应。

首先要下载使用的数据,可以在 NCBI 的 dbGaP(http://www.ncbi.nlm.nih.gov/gap/)中下载 phs000435.v1.p1(使用该数据库中的数据需要申请,批准后才能下载)。该数据使用的是全外显子组测序(whole exome sequencing,WES)。

1. 获得基因组突变数据　使用 MuTect 软件对原始的 WES 数据进行处理,从而获得体细胞单核苷酸变异(somatic single nucleotides variations,sSNVs)数据。该软件的下载地址为 http://www.broadinstitute.org/cancer/cga/mutect,需要先注册然后才能下载。由于染色体异常也可能对慢性淋巴细胞白血病起作用,所以对 111 个配对的病人和疾病样本使用芯片检测体细胞拷贝数变异(somatic copy-number alterations,sCNAs),并使用 GISTIC 软件获得处理好的数据(图 4-12)。

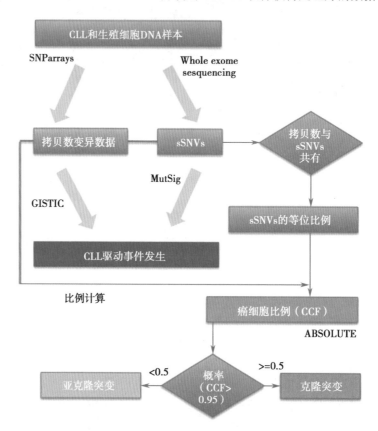

图 4-12　肿瘤细胞微进化分析工作流程

红框代表肿瘤驱动时间的发生,这是用 WES 和拷贝数变异数据得来的显著的突变。灰色的框是用 ABSOLUTE 软件计算获得肿瘤细胞比例(CCF)的值,接下来用概率区分克隆(橙色)和亚克隆(蓝色)

2. 使用全基因组外显子测序数据推断细胞遗传进化　为了研究慢性淋巴细胞白血病的细胞群体进化过程,使用 ABSOLUTE 软件整合分析细胞单核苷酸变异数据和细胞拷贝数变异数据,因而用来估计样本的纯度,也可以看做是癌症细胞的比例。组织中的癌症细胞比例可以使用激活荧光的方法来确定其准确性。这里使用的数据包括 sCNAs,sSNVs,和插入删除等。实验的流程可以参考图 4-12。对于每个 sSNV,通过使用全外显子组数据计算覆盖该突变位点的总体读段数和其衍生突变的估计其等位比例。然后,使用 ABSOLUTE 软件估计癌症细胞的比

Notes

例（CCF）。如果 CCF 的比例大于 0.95 并且概率大于 0.5 就认为该突变分类为是原克隆，相反就认为这是一个亚克隆。即使使用更严格的阈值，其结果仍然不变（图 4-13）。

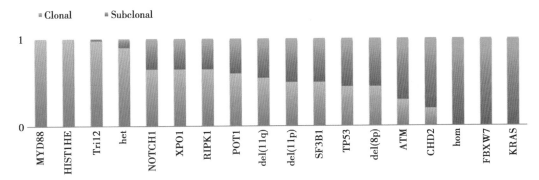

图 4-13　慢性淋巴细胞白血病逐步转化模型

总计共获得了 1543 个克隆突变，平均每个样本（10.3±5.5）个突变。这些突变很可能是通过完全的选择性清除获得。

3. 经过化学处理的慢性淋巴细胞白血病的克隆进化分析　为了直接评价病人子集合的体细胞突变的进化过程，比较了 18 个样本的两个临床时间点的 CCF 值。其中 6 个病人在整个时间的研究中没有接受化学疗法，剩下的 12 个病人接受了化学疗法。比较这两组病人，并没有显著的差异，威斯康辛秩和检验 $P=0.29$。

在对个体两个时间点的遗传事件的 CCF 分布的聚类分析时，我们发现 18 个病人中的 11 个克隆存在进化现象。在 12 个经过化学处理的病人中的 10 个有克隆进化现象。而 6 个没有经过化学疗法的病人之中，有 5 个人有几年都是维持在平衡状态。这些发现说明慢性淋巴细胞白血病在经过化学疗法后，常常会有克隆进化，这会导致肿瘤亚克隆扩散为克隆（图 4-14）。

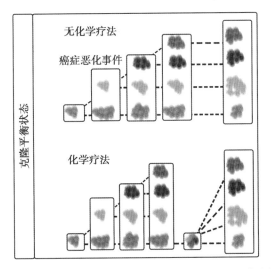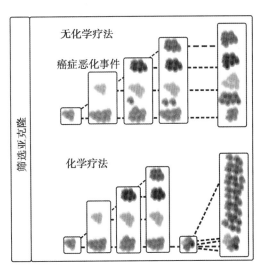

图 4-14　肿瘤细胞的克隆进化

小　结

　　近年来，由于序列数据的快速积累，分子进化领域也经历了爆炸性的增长，计算机硬件能力逐年提高，精细的统计方法也逐渐攀升。基因组的大规模数据也需要更强的统计

Notes

方法去分析和解释，这无论是在概念上还是计算上都非常具有挑战性。本节中既有经典的分子进化统计方法，也涉及了最近前沿的进展。与此同时，在生物信息学发展的带动下，分子进化与生物信息的结合领域也迅速出现。基因表达的进化，蛋白质互作网络的进化，共进化等一系列新的概念都这一结合领域研究热点。已经从单一研究某个蛋白质进化到有关这个蛋白的各个网络的进化或表达的进化。蛋白质的进化率与其重要性明显相关，从蛋白质互作网络来看，网络中的度也和其重要性存在关联。比较基因组学也给网络的动态性提供了新的数据，这对于理解分子进化的数量进化给予了新的方向。当然这还需要很多关于网络动态性和结构的新理论。

Summary

The field of molecular evolution has experienced explosive growth in recent years due to the rapid accumulation of genetic sequence data, continuous improvements to computer hardware, and the development of sophisticated analytical methods. The increasing availability of large genomic data sets requires powerful statistical methods to analyze and interpret them, generating both computational and conceptual challenges for the field. At the same time, a new field, combination of bioinformatics and molecular evolution, quickly emerges with the vigorous development of bioinformatics. Evolution sometimes requires the cooperative action of several genes, and conversely, a single gene evolution may participate in different functional contexts. Networks evolution research has become a hot area, which include signal transduction, protein interaction, and metabolism etc. Most current work is devoted to addressing the coevolution researches. Comparative genomics provides new data on the dynamics of genetic networks, opening a promising research direction towards a quantitative understanding of molecular evolution. Of course, this is an area in need of new theoretical concepts linking structure and dynamics of these networks.

（李　霞　李亦学）

参考文献

1. Borenstein E, Kupiec M, Feldman MW, et al. *Large-scale reconstruction and phylogenetic analysis of metabolic environments*. Proc Natl Acad Sci U S A, 2008, 105（38）：14482-14487

2. Chen K, Rajewsky N. *The evolution of gene regulation by transcription factors and microRNAs*. Nat Rev Genet, 2007, 8（2）：93-103

3. Cristianini N. *Introduction to computational genomics: A case studies approach*. Cambridge University Press, New York, 2006

4. Fraser HB, Hirsh AE, Steinmetz LM, et al. *Evolutionary rate in the protein interaction network*. Science, 2002, 296（5568）：750-752

5. Juan D, Pazos F, Valencia A. *Co-evolution and co-adaptation in protein networks*. FEBS Lett, 2008, 582（8）：1225-1230

6. Kreimer A, Borenstein E, Gophna U, et al. *The evolution of modularity in bacterial metabolic networks*. Proc Natl Acad Sci U S A, 2008, 105（19）：6976-6981

7. Nei M. *Molecular evolution and phyolgenetics*. Oxford university press, Great Clarendon Street, Oxford, 2000

Notes

8. Pevsner J. *Bioinformatics and functional genomics. 2nd Edition.* Wiley-Blackwell, Hoboken, New Jersey, 2009

9. Wuchty S, Oltvai ZN, Barabasi AL. *Evolutionary conservation of motif constituents in the yeast protein interaction network.* Nat Genet, 2003, 35 (2): 176-179

10. Yang Z. *Computational molecular evolution.* Oxford university press, British, 2006

第五章　基因表达数据分析
CHAPTER 5　GENE EXPRESSION DATA ANALYSIS

第一节　引　言
Section 1　Introduction

基因表达组学相对基因组学而言有以下几个特点：①基因组信息是静态的，表达组信息是动态的：基因的表达具有时空性，是基因组与外界环境相互作用的结果，所以基因表达的数据远比基因组的数据复杂多样；②基因组信息分析更侧重对其序列进行分析，数据对象是 DNA（或某些病毒的 RNA）字符串，包括基因编码和非编码的序列；表达组学的数据分析不只是字符串的分析，更多的是数值分析。

一、概　述

基因表达是基因型到表型的基础步骤，基因表达的时空性可以为我们提供丰富的生物医学信息用于临床诊断标志物的发现，临床治疗效果的评价及药物靶点的寻找等。因此，基因表达数据的分析和应用是现代生物医学最重要和最丰富的研究领域之一。本章首先简要介绍基因表达的测定原理和基因表达测定的应用；然后介绍基因表达的测定平台、数据库（第二节）；数据的预处理、差异表达分析（第三节）；聚类或分类分析（第四节）以及基因表达分析的常用软件（第五节）。基因表达数据的深层次分析，如网络调控建模、基因启动子模式的识别、与其他组学的整合分析等读者可参照第九、十三等章节的部分内容或根据文献进行拓展阅读。

二、基因表达测定原理

了解基因表达的复杂性、时空性以及基因表达的测定原理有助于在分析数据时参照各种测定技术的优缺点建立合理的假设和模型或进一步与其他组学信息进行整合分析。例如，图 5-1 是真核生物基因表达的基本方式。真核基因表达是一个复杂过程，从基因表达到蛋白质的表达同样受到复杂的分子调控机制，因此基因表达与蛋白质表达的相关性不是简单的对应关系，探讨基因表达与蛋白表达关系，需要进一步的复杂建模分析。

图 5-2 为基因表达调控示意图，可见基因的表达与基因组信息密切相关，利用表达组数据的基因共表达现象，可以找到上游基因组的调控因子如启动子、增强子的信息。

基因表达不只是定量的问题，通常还需考虑表达的时空性（图 5-3），目前在基因表达分析方面，静态分析占多数，考虑基因表达的时间序列的数据虽然不多，但是已有一些研究报道，即利用时间序列建立动态的调控网络。而考虑基因表达空间因素的研究还比较少见，这将是生物信息学工作者下一步研究的重要方向之一。

目前常见的基因表达测定的方法可简单分为低通量和高通量两类技术，低通量的基因表达测定方法如 RT-qPCR，其方案见图 5-4，图中 CT 值（C: cycle；T: treshold）代表每个 PCR 反应管内的荧光信号达到设定域值时所经历的循环数；RT-qPCR 测定基因表达的原理是利用 CT 值和起始拷贝数的对应关系，通过外标准曲线精确计算未知样品的起始拷贝数。相对高通量的测定

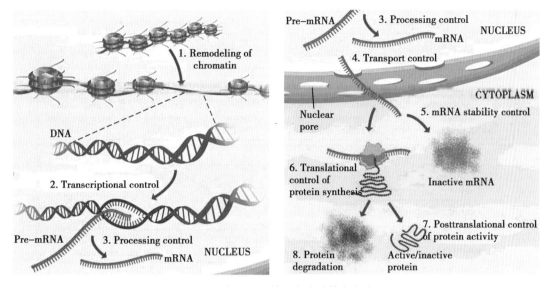

图 5-1　真核生物基因表达的基本方式

基因表达调控可发生在转录前(1)，转录期间(2,3)，转录后翻译前(4,5)，翻译时(6)，或者翻译后(7)(引自：http://classconnection.s3.amazonaws.com/929/flashcards/1460929/jpg/potential_points_for_the_regulation_of_gene_expression1335852321988.jpg)

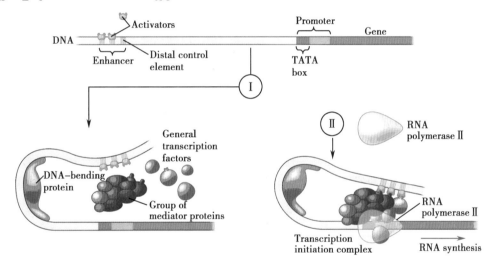

图 5-2　基因表达调控示意图

(引自：http://classconnection.s3.amazonaws.com/768/flashcards/752108/jpg/18.9.jpg)

结果，RT-qPCR 的灵敏度和准确性高；是高通量数据筛选结果验证的"金标准"。

　　RT-qPCR 测定基因表达，可以测定表达的相对量或绝对量，在相对定量方法中系统用一个内源对照来标定样品的量。在绝对定量方法中系统首先测定样品的 CT，然后用一条标准曲线来测定起始的拷贝数。在标准曲线的绘制中，系统首先用已知的起始拷贝数的几种稀释度计算它们的 CT 值，接着使用测得的 CT 值对应于起始拷贝数的对数值作图。当然 PCR 方法也可与芯片结合，即 PCR 芯片，可一次性定量检测几十至几百个基因。

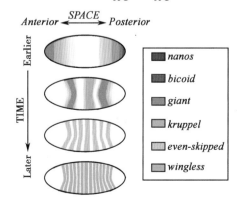

图 5-3　基因表达的时空性

基因表达分析不只是定量分析，还有时空问题(引自 http://upload.wikimedia.org/wikipedia/commons/2/2f/ Gene-expression-patterns.png)

Notes

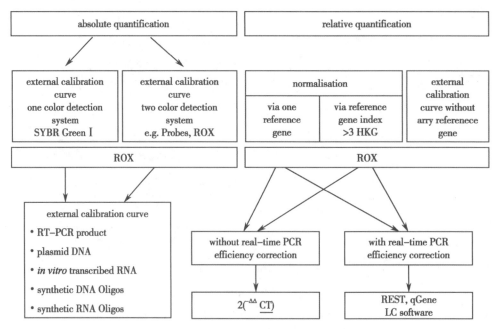

图 5-4　基因表达测定方法：RT-qPCR
（引自：http://www.bioscience-events.com/leipzig/strategy-1.gif）

　　高通量技术可用于各组学层次的海量基因表达数据的测定，通过生物信息学方法寻找基因表达的统计规律，利用计算系统生物学方法建立网络模型，寻找到重要的基因如疾病的分子标志物、关键靶点等，这些结果则需要进一步低通量 RT-qPCR 的方法进一步验证。高通量的基因表达测定有基因芯片、新一代测序技术（又称深度测序）两类。基因芯片（microarray）方法最常用的主要有 cDNA 芯片（cDNA microarray）、Affemetrix 芯片（Affemetrix microarray）和寡核苷酸芯片（oligonucleotide microarray）；新一代测序技术用于测定表达组的主要是 RNA-Seq 技术，从图 5-5 可以看出，cDNA 芯片技术现在应用越来越少，而从 2008 年起，RNA-Seq 技术，即新一代测序技术用于基因表达测定越来越普及。高通量基因表达测定平台和原理见下一节介绍。

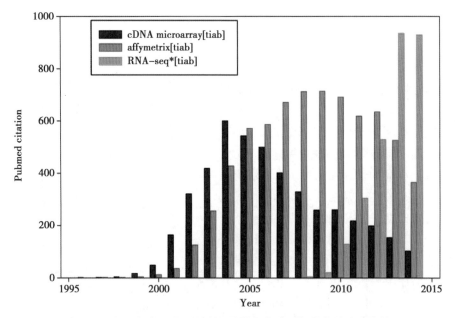

Notes

图 5-5　近 20 年来三种不同高通量基因表达测定技术的应用趋势

三、基因表达测定的应用

高通量基因表达测定应用很广泛，包括组织特异的基因表达、发育遗传学、遗传病的分子机理、复杂疾病的分类、药物靶点的发现、动植物的培育、环境监测等多方面。高通量基因表达测定可以应用到几乎所有的生物医学的研究领域，这一技术的广泛应用极大地推进了生命科学新的研究范式如系统生物学、转化医学、个性化医学等学科的产生和发展。表 5-1 列出了一些典型的应用和代表性文献。读者可以对原始文献进行阅读，研究其文章的创新意义和学科贡献。

表 5-1 高通量基因表达测定的应用实例

生命科学问题	代表性论文
测定组织特异性基因表达	1. Discovery of tissue-specific exons using comprehensive human exon microarrays. PMID：17456239 Genetic control of ductal morphology，estrogen-induced ductal growth，and gene expression in female mouse mammary gland. Endocrinology. PMID: 24708240
基因功能分类	1. Cluster analysis and display of genome-wide expression patterns. PMID: 9843981 2. Transcriptome-based functional classifiers for direct immunotoxicity. PMID: 24356939
癌症的分类和预测	1. Molecular classification of cancer：Class discovery and class prediction by gene expression monitoring. PMID: 10521349 2. At last：classification of human mammary cells elucidates breast cancer origins. PMID：24463442
临床治疗效果预测	1. Gene expression profiling predicts clinical outcome of breast cancer. PMID: 23113900 2. Robust clinical outcome prediction based on Bayesian analysis of transcriptional profiles and prior causal networks. PMID: 24932007
基因与小分子药物、疾病之间的关联	1. The connectivity map：Using gene-expression signatures to connect small molecules，genes，and disease. PMID: 17008526 2. Predictive Performance of Microarray Gene Signatures：Impact of Tumor Heterogeneity and Multiple Mechanisms of Drug Resistance. PMID: 24706696
干细胞的全能型、自我更新和细胞命运决定研究	1. The Oct4 and Nanog transcription network regulates pluripotency in mouse embryonic stem cells. PMID: 16518401 2. Sex-dependent gene expression in human pluripotent stem cells. PMID: 25127145
动植物的发育研究	1. A gene expression map of Arabidopsis thaliana development. PMID: 15806101 2. Stage-specific differential gene expression profiling and functional network analysis during morphogenesis of diphyodont dentition in miniature pigs，PMID: 24498892
环境对细胞基因表达的作用	1. Genomic expression programs in the response of yeast cells to environmental changes. PMID: 11102521 2. Expression profiling reveals functionally redundant multiple-copy genes related to zinc，iron and cadmium responses in Brassica rapa. PMID: 24738937
环境监测	1. Urban aerosols harbor diverse and dynamic bacterial populations.PMID：17182744 2. GeoChip 4：a functional gene-array-based high-throughput environmental technology for microbial community analysis. PMID: 24520909
物种的繁育	1. Genomics-assisted breeding for crop improvement. PMID：16290213 2. Genome-Wide Gene Expression Profiles in Lung Tissues of Pig Breeds Differing in Resistance to Porcine Reproductive and Respiratory Syndrome Virus. PMID：24465897

Notes

第二节　基因表达测定平台与数据库
Section 2　Microarray Platform and Databases

近 20 年来高通量基因表达测定平台也随着科学技术的发展而不断演变,随着新一代测序技术的迅猛发展和个性化基因组时代的到来,基因表达数据的分析变得不可缺少。在本节中将主要介绍一些常见的高通量程序平台和常用的数据库,例如芯片技术的两个平台(cDNA 芯片和 Affymetrix 芯片)。而下一代测序技术的几个常见的技术如:Roche-454,Illumina MiSeq,Ion Torrent PGM 等将在第 13 章介绍。

一、基因表达测定平台介绍

基因芯片测定基因表达的原理是杂交测序方法:即通过与一组已知序列的核酸探针杂交进行核酸序列测定和定量的方法。先在一块基片表面固定了序列已知的靶核苷酸的探针。将待测样本中的 mRNA 提取后,通过反转录反应过程获得标记荧光的核酸序列,然后与基片探针进行杂交反应后,再将基片上未互补结合反应的片段洗去,对基片进行激光共聚焦扫描,测定芯片上各点的荧光强度来推算待测样品中各种基因的表达量。在基因芯片的历史上,最常用的两种技术平台为 Stanford School of Medicine 的 cDNA 芯片和 Affymetrix 公司的寡核苷酸芯片(oligonucleotide microarray)。前者所用探针为 cDNA,后者为寡核苷酸。图 5-6 为 cDNA 芯片实验流程图,Affymetrix 的寡核苷酸芯片的流程大同小异,两种的比较可见表 5-2。

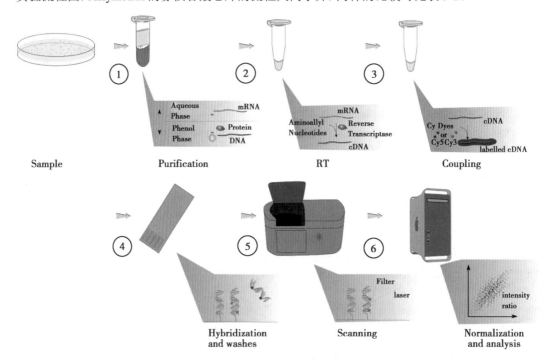

图 5-6　cDNA 芯片实验流程图

(引自:http://en.wikipedia.org/wiki/File: Microarray_exp_horizontal.svg)

表 5-2　Stanford 的 cDNA 芯片和 Affymetrix 的寡核苷酸芯片技术比较

技术细节	Stanford 的 cDNA 芯片	Affymetrix 的寡核苷酸芯片
开发应用时间	1995 年 Stanford, Patrick O. Br 教授将 cDNA 技术公布于网上。该技术得以广泛推广。见 PMID: 7569999	1996 年 Stephen P.A. Fodor 将芯片技术商业化(Affymetrix)。见: Genetics Institute, Affymetrix sign DNA chip agreement, Biotechnology LawReport, 15(2): 240-241; MAR-APR 1996

续表

技术细节	Stanford 的 cDNA 芯片	Affymetrix 的寡核苷酸芯片
实验	一次实验一个基片（slide）、双通道（two-channel）	一次实验一个芯片（chip）、单一通道（single-channel）
基因表达测量	一个基因一个点（spot）或者几个点（重复）	一个基因多个（11～22个）探针（probe）
参照	参照点，两种荧光染色（Cy3/Cy5）	用核苷酸相配合错配作为参照
优缺点	需要做染色互换（Dye-swap）实验，整个实验周期长，工作量大，费用高。由于探针的长短不一，杂交条件也不同，实验体系本身导致信号强弱的变化甚至已经超过了待检测的样品，可靠性和重复性很差，目前已经不常用，只用于通量不高的已知样本或标志物的检测	Affemetrix 后来发展了原位合成芯片，在芯片基质上通过化学反应直接合成。这样同一批芯片上的所有探针都是在一个条件下完成的，因此同一批芯片的探针浓度的均一性很好，使得检测数据的重复性很好。Affemetrix 芯片和 cDNA 芯片的共同缺点在于只能检测在芯片上固定的已知的靶核苷酸基因，而且浓度数量级也有限制，这些缺点可以用下一代程序技术加以弥补

二、Microarray 技术与 RNA-seq 技术的比较

RNA-Seq 技术自 2008 年以来发展迅猛（见图 5-5），逐渐成为高通量基因表达测定的主要方法之一。RNA-Seq 与传统芯片技术相比有如下几点优势：① RNA-Seq 技术不仅可以检测已知的基因组序列的转录本，而且对没有已知的参考基因组信息的非模式生物 RNA-Seq 同样可以用来测定其转录本信息；② RNA-Seq 技术测定转录本的精度可达到一个碱基，注释过程中短的序列可以反映两个外显子的连接，长的或者双末端（pair-end）的短序列可以反映多个外显子的连接，因此与芯片技术相比，RNA-Seq 可以用来研究复杂的转录关系；③ RNA-Seq 可以同时测定序列的变异；④由于 DNA 序列可以准确无误地定位到基因组上，因此 RNA-Seq 的背景信号很小，测定的动态范围更大，其测定表达的比值可达到 9000 倍、甚至更大，而芯片技术敏感度低，因而其测定的动态范围要小得多；⑤ RNA-Seq 在基因表达的定量上准确性很高；⑥ RNA-Seq 在测定技术上和生物上重复性更好；⑦ RNA-Seq 的测定需要 RNA 样本量少；⑧在应用上 RNA-Seq 技术对 ISOFORM 的测定和等位基因的区分比芯片技术有更好优势。

三、基因表达数据库

建立数据库是生物信息学研究的第一步，好的数据库是生物信息学发现的重要基础，表 5-3 列出了常用的基因表达数据库，表 5-4 是疾病相关基因表达数据库。随着高通量技术的普及和应用，基因表达数据库还在不断地发展。有很多针对专门的生物医学问题的数据库，例如 CircaDB 数据库是哺乳动物生理节律的基因表达谱等，对某些特殊问题感兴趣的读者可以检索 PUBMED。

表 5-3 常用基因表达数据库

数据库名称	数据库内容	文献/网址
Gene Expression Omnibus（GEO）	目前最常用的基因表达数据（NCBI）	http://www.ncbi.nlm.nih.gov/geo/
Expression Atlas	欧洲生物信息学中心的基因表达数据库	http://www.ebi.ac.uk/gxa/
ArrayExpress	欧洲生物信息学中心表达数据库	http://www.ebi.ac.uk/arrayexpress/
The Cancer Genome Atlas（TCGA）	美国政府发起的癌症和肿瘤基因图谱	http://cancergenome.nih.gov/
SMD	Stanford 基因表达数据库	http://smd.princeton.edu/

Notes

续表

数据库名称	数据库内容	文献 / 网址
RNA-Seq Atlas	正常组织的基因表达谱数据	http://medicalgenomics.org/rna_seq_atlas
GEPdb	基因型、表型和基因表达关系	http://ercsbweb.ewha.ac.kr/gepdb
GXD	老鼠发育基因表达信息	http://www.informatics.jax.org/expression.shtml
EMAGE	老鼠胚胎的时空表达信息	http://www.emouseatlas.org/emage
AGEMAP	老鼠老化的基因表达数据	http://cmgm.stanford.edu/~kimlab/aging_mouse

表 5-4　疾病相关基因表达数据库

数据库名称	数据库内容	文献 / 网址
GENT	肿瘤组织与正常组织的表达数据	http://medicalgenome.kribb.re.kr/GENT/
ParkDB	帕金森病的基因表达数据库	http://www2.cancer.ucl.ac.uk/Parkinson_Db2/
cMAP	小分子化合物对人细胞基因表达的影响	http://www.broadinstitute.org/cmap
Anticancer drug gene expression database	抗癌化合物的基因表达数据	http://scads.jfcr.or.jp/db/cs/
CGED	癌症基因表达数据库（包括临床信息）	http://cged.hgc.jp

第三节　数据预处理与差异表达分析
Section 3　Preprocessing of Microarray Data and Analysis of Differential Expression Gene

由于获取的芯片原始数据来自不同的芯片平台，数据信息会有差异，在对基因芯片数据进行聚类、分类分析之前，需要对数据先进行预处理（pre-procession），之后才能进行深层次的数据挖掘。预处理过程主要包括数据提取，将高通量的荧光信号转化成基因表达数据；数据过滤，去除异常数据和噪声数据；补缺失值，保证数据的完整性；数据对数转化，以满足正态分布的分析要求；标准化处理，纠正系统的误差，以发现真正的生物学差异。

一、基因芯片数据预处理

（一）基因芯片数据的提取

双通道芯片使用 Cy5（红）和 Cy3（绿）两种荧光分别标记实验样本和对照样本的 cDNA 序列，然后杂交至同一芯片上。用不同波长的激光扫描芯片，获得荧光强度值。每个荧光点的原始信号值包括前景值和背景值，该点的荧光强度则用前景值减去背景值表示。cDNA 芯片扫描的结果反映了基因在实验样本和对照样本中的相对表达水平。对于双通道的 cDNA 微阵列芯片和寡核苷酸芯片，扫描后的一张芯片图像及将某个荧光点（spot）放大后的图像如图 5-7 所示，红色的荧光点表示该点所检测的基因在两种实验条件下相比表达有上调，绿色的表示表达有下调，黄色的表示表达无改变。图像中主要包含的信息有：通道 1 的前景荧光强度值 $CH1I$ 代表第一种条件下基因的表达值，通道 1 的背景荧光强度值 $CH1B$ 代表第一种条件下非特异的荧光强度背景值；通道 2 的前景荧光强度值 $CH2I$ 代表第二种条件下基因的表达值，通道 2 的背景荧光强度值 $CH2B$ 代表第二种条件下非特异的荧光强度背景值。该基因在两种条件下的荧光强度比值为：

$$Ratio = (CH1I - CH1B)/(CH2I - CH2B)$$

Notes

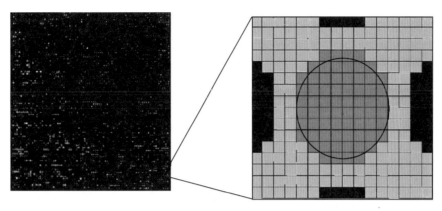

图 5-7 cDNA 微阵列芯片荧光信号

圈内红色像素为前景信号，一般用圈内像素的中值或均值表示前景荧光强度值 *CHI*；灰色像素为背景信号，一般用圈外灰色像素的中值或均值表示背景荧光强度值 *CHB*，该基因在某种条件下的荧光强度值为两者之差（*CHI* − *CHB*）；黑色像素为邻居荧光点

图 5-8 为寡核苷酸芯片单通道芯片（左图）及扫描后的基因芯片荧光图像（中图）和放大后荧光图像（右图），右图中黑色的荧光块表示无荧光强度，即该荧光块对应的基因没有杂交信号，荧光强度水平按照颜色从低到高依次为蓝黑、蓝、高蓝、绿、黄、橙、红、白。荧光强度越高表示与探针杂交的核苷酸片段数量越多，基因的表达量越高。

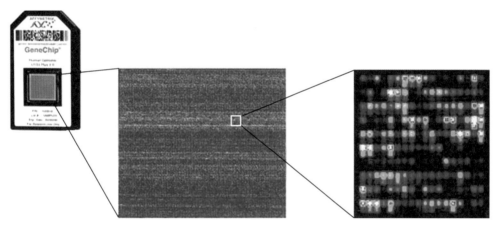

图 5-8 Affymetrix 公司生产的商品化芯片外观及扫描后的荧光图像

寡核苷酸芯片对于某个待检测的基因设计了探针集进行检测，因此芯片检测的探针数远大于基因数，例如 Human Genome U133 芯片包含了 100 万个不同的寡核苷酸探针，代表了 33 000 个人类基因。芯片扫描系统的图像处理软件不仅包括将荧光信号转化成数字信号的数据提取，还包括基于探针集的基因表达值汇总提取。运用数据提取软件提取后的原始探针水平的数据以扩展名 .cel 的文件格式进行保存。而通常以文本形式存储的原始数据是经过汇总和标准化后的基因表达信息，包括定性和定量信息。定性信息以 P/A/M（Present/Absent/Marginal）表示，说明某基因在某条件下的表达判断有、无或不确定。定量基因是基于探针集汇总后的基因水平的荧光信号强度值。

提取后的大规模基因表达数据通常可以用矩阵形式表示，行代表基因，列代表样本，矩阵中的元素代表基因在样本中的表达水平，这种类型的数据通常被称为基因表达谱（gene expression profile）数据。例如，采用点有 p 个基因探针的 DNA 芯片检测 n 个样本的表达谱数据可由 $p \times n$ 矩阵 $X = (x_{ij})$ 表示，其中 x_{ij} 可代表第 i 个基因 g_i 在第 j 个样本 X_j 的表达水平。则样本集 $X = \{X_1, X_2, ..., X_n\}$ 中的每个样本 X_j 为一个 p 维向量；基因集 $g = \{g_1, g_2, ..., g_p\}$ 中的每个基因 g_i 为一个

n 维向量。基因表达谱中蕴含着丰富的信息，许多生物信息学的研究都致力于挖掘其中有意义的信息。

（二）数据对数化处理

芯片原始数据一般呈偏态分布，影响数据的进一步分析，将数据对数化转换后，数据可近似服从正态分布，从而为后续的数据分析带来方便，通常取以 2 为底的对数进行转换。

（三）数据过滤

数据过滤是数据分析前必须进行的一项工作。基因芯片中每个点的荧光信号强度通常为前景信号值减去背景信号值。在某些情况下，由于邻近基因背景信号值很大，而该点对应基因的表达量很低或没表达，从而导致该点基因的荧光信号值为负没有生物学意义；另外由于芯片存在如划伤、手指印等物理因素导致的信号污染、杂交效能低或点样问题等都可能导致数据的不真实，会给后期的处理带来噪音，所以需要对数据进行过滤处理。数据过滤的目的是去除表达水平很小、负值的数据或者明显的噪音数据，通常的处理方法是将它们置为缺失、赋予统一的数值或去除。

（四）补缺失值

基因表达谱中的数据缺失大致分为两种类型：一种是非随机缺失，在这种情况下数据缺失跟基因的表达丰度有关，例如基因的表达丰度过低，背景值超过前景信号值；或基因的表达丰度过高，高表达基因的荧光强度值超过了能检测的最大信号强度阈值（图 5-9）。对于这种情况，目前的数据补缺方法还无法有效的处理。另一种是随机缺失，即基因表达谱中的数据缺失与基因表达值的高低无关，而是与其他的因素，例如杂交效能低、物理刮伤、指纹、灰尘、图像污染等，数据补缺处理对于这种情况比较有效。

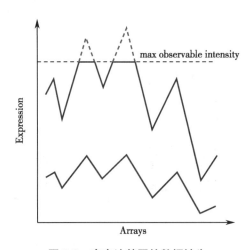

图 5-9　高表达基因的数据缺失
（引自：Shaffer J: Missing Value Imputation for Microarray Data. Power Point 2006）

设基因表达谱矩阵 X 中第 i 个基因在第 j 个样本下表达值 x_{ij} 缺失，对于缺失值的处理有两种方法：一是直接删除含有缺失值的行或列，这种方法的处理会丢失一些有用信息，很难评估其与真实值的接近程度。二是数据补缺，常用的补缺方法有以下几种。

1. 简单补缺法　用 0、1、每行或每列的均值作为缺失值的可能信号值。一般用 0 值补缺时认为该基因在某种条件下无表达或在两种条件下的表达无差异；用 1 值补缺时认为该基因在两种不同条件下无差异表达；用每行或每列的均值补缺时，则认为某基因在某样本中表达的缺失值估计为该基因在其他样本中表达的平均水平或所有基因在该样本中表达的平均水平。

2. k 近邻法　基本思想是用在总样本空间中与待补缺基因距离相近的 k 个邻居基因的表达值推测缺失值。首先确定含有缺失值的基因 i 的 k 个邻居基因，设 $x_{1j}, x_{2j}, \cdots, x_{kj}$ 分别为基因 i 的 k 个邻居基因在第 j 个样本中的表达值，常用的定义邻居基因的距离函数有欧氏距离或相关系数；然后运用邻居基因在该样本中信号值的加权平均估计缺失值：

$$x_{ij} = \sum_{g=1}^{k} w_g x_{gj} \tag{5-1}$$

这里 w_g 为权重系数，由邻居基因 g 与基因 i 的距离决定，距离越近 w_g 越大。

3. 回归法　与 k 近邻法相似，区别在于 k 近邻法用邻居基因对应表达值的加权平均估计缺失值，而回归法用回归模型预测缺失值，然后再加权平均。回归法的基本步骤为：

Notes

（1）首先确定含有缺失值的基因的 k 个邻居基因，设 $X_1, X_2 \cdots X_k$ 为基因 i 的 k 个邻居基因在 n 个样本中的表达向量。

（2）具有缺失值的基因 X_i 较之邻居基因分别作线性回归模型，基于回归模型预测缺失值：

$$x_{ij}^1 = a_1 + b_1 x_{1j}$$
$$x_{ij}^2 = a_2 + b_2 x_{2j}$$
$$\vdots$$
$$x_{ij}^k = a_k + b_k x_{kj}$$

（5-2）

（3） k 个缺失值的加权平均为最终的缺失值估计值：

$$x_{ij} = \sum_{g=1}^{k} w_g x_{gj}^g$$

（5-3）

这里 w_g 为邻居基因的权重，若邻居基因与第 i 个基因的距离近，权重大，反之权重小。

（五）数据标准化

预处理过程最主要的一个步骤是数据标准化（normalization）。由于基因芯片数据中存在不同来源的变异，即感兴趣的变异和混杂变异，前者指生物来源的变异，例如正常组样本和疾病组样本基因转录本表达的差异，而后者指在芯片实验过程中引入的变异，例如在样本的染色、芯片的制作、芯片的扫描过程中引入的系统误差，只有运用正确合理的标准化方法去除这些系统误差才能确保后期数据分析的可靠性。

在对芯片进行标准化处理时，一般是以具有稳定表达的基因作为芯片标化的参照基因，这些基因在不同条件下的表达值相同，因此测得基因的荧光强度值的差异主要是由系统误差造成的，这样便可估计出系统误差的大小。稳定表达的基因主要有：持家基因（housekeeping genes）和人工合成的控制基因（control genes）；此外，在芯片中，真正表达异常的基因只有一小部分，大部分基因在不同条件下表达是稳定的，所以通常运用这大部分稳定的基因（所有基因）及相对稳定基因子集（invariant set）作为参照基因。

不同芯片平台的制作原理不同，引入的系统误差不同，标准化的方法也有差异。下面以双通道的 cDNA 芯片和单通道的芯片为例介绍标准化的基本方法。

1. cDNA 芯片　根据实验设计的不同，cDNA 芯片数据标准化主要分为：片内标准化、染色互换标准化和片间标准化。

（1）片内标化：cDNA 芯片检测的荧光强度值表示的是基因的相对表达水平，即芯片上所有基因的 Cy5 染料标记（红光）的荧光强度跟 Cy3 染料标记（绿光）的荧光强度作比值，然后取对数值（称为 log-Ratios 值），经过此处理后芯片上所有的基因基本满足正态分布。片内标化对于一个实验中包含的不同芯片独立操作，主要方法有：全局标化、荧光强度依赖的标准化和点样针组内标准化。

全局标化（global normalization）：全局标化假设红光的荧光强度（R）和绿光的荧光强度（G）相差一个常数 k，即 $R = k \cdot G$，由于芯片上的大部分基因都是稳定表达的，且芯片上基因的荧光强度值经对数转换后基本满足正态分布，所以芯片上所有基因的 log-Ratios 值均值应该为 0，其密度分布如图 5-10 的黄色曲线所示：

而实际上由于红光和绿光的荧光强度存在差异，即使是具有相同表达水平的两个基因经 Cy3 和 Cy5 标记后所测得的荧光强度也不一致，黄线的峰值会偏离 0 的位置，由于通常 Cy3 的荧光强度值高于 Cy5，所以峰值会向左偏移，如图中红色曲线所示。全局标化的目的就是要将实际测得的 log-Ratios 值分布的峰值位置移至 0 处：

$$\log_2 R/G \rightarrow \log_2 R/G - c = \log_2 R/(kG)$$

（5-4）

这里，位置参数 $c = \log_2 k$，表示芯片上所有基因的 log-Ratios 值的中值或均值。

全局标化法由于纠正了染料偏倚（dye bias），其标化方法的简单可行而被普遍应用，但是它

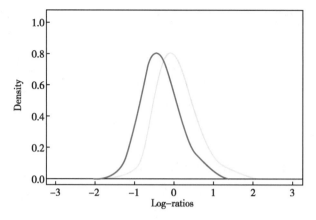

图 5-10   全局标化前后 log-Ratios 值分布图

（引自：Yang YH，Dudoit S，Luu P，Lin DM，Peng V，Ngai J，Speed TP: Normalization for cDNA microarray data: a robust composite method addressing single and multiple slide systematic variation. Nucleic Acids Res.，2002，30（4）：e15.）

并没有考虑芯片的空间差异带来的偏倚和荧光强度依赖的染料偏倚。这种方法对以相对稳定基因子集、持家基因或控制基因作为参照基因时同样适合，只不过在估计位置参数时仅采用相对稳定基因子集、持家基因或控制基因来估计，在其他方法中如合适也可以考虑类推。

荧光强度依赖的标化（intensity dependent normalization）：在许多情况下，染料偏倚的大小依赖于荧光强度，Yang 等对荧光强度与染料偏倚的关系作过如下的研究，即以 log-Ratios 值 $M = \log_2 R/G$ 作为纵坐标，以平均荧光强度 $A = \log_2\sqrt{RG}$ 作为横坐标，根据芯片上所有基因对应的 M 值与 A 值作散点图，结果如图 5-11 所示：

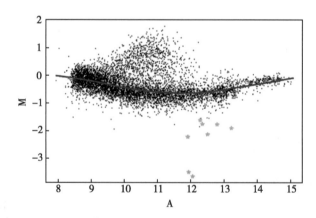

图 5-11   荧光强度依赖的标化前的 M-A 散点图

（引自：Yang YH，Dudoit S，Luu P，Lin DM，Peng V，Ngai J，Speed TP: Normalization for cDNA microarray data: a robust composite method addressing single and multiple slide systematic variation. Nucleic Acids Res.，2002，30（4）：e15.）

这说明对于不同 A 值处的大部分基因的 M 值偏离 0 的幅度不同，对它们进行校正时也应该区别对待。荧光强度依赖的标化的目的就是要将不同 A 值对应的 log-Ratios 值分布的峰值位置移到 0 处，经过标化后的 M 值与 A 值的散点图中散点应该分布于 $M=0$ 的轴周围，见图 5-12：

$$\log_2 R/G \rightarrow \log_2 R/G - c(A) = \log_2 R/(k(A)G) \tag{5-5}$$

这里 $c(A)$ 是 M 对 A 的拟合曲线对应的函数，由于大部分基因是稳定表达的，所以认为少数差异的基因不会影响曲线的拟合。

Notes

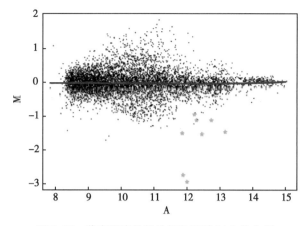

图 5-12 荧光强度依赖的标化后的 M-A 散点图

（引自：Yang YH，Dudoit S，Luu P，Lin DM，Peng V，Ngai J，Speed TP: Normalization for cDNA microarray data: a robust composite method addressing single and multiple slide systematic variation. Nucleic Acids Res., 2002，30（4）: e15）

点样针标化（within-print-tip-group normalization）：一张芯片可以分成几个栅格（grid），一个栅格内的探针采用同一根点样针点样，不同栅格采用不同的点样针。由于不同点样针针尖的长短粗细、磨损程度等存在细微差异，导致在不同的栅格间存在系统误差。图 5-13 中不同颜色的拟合曲线对应于不同的栅格。

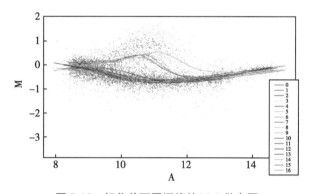

图 5-13 标化前不同栅格的 M-A 散点图

（引自：Yang YH，Dudoit S，Luu P，Lin DM，Peng V，Ngai J，Speed TP: Normalization for cDNA microarray data: a robust composite method addressing single and multiple slide systematic variation. Nucleic Acids Res., 2002，30（4）: e15.）

点样针标化实际上是考虑了点样针差异情况下的荧光强度依赖的标化：

$$\log_2 R/G \rightarrow \log_2 R/G - c_i(A) = \log_2 R/(k_i(A)G) \tag{5-6}$$

这里 $c_i(A)$ 指对应于第 i 个栅格的拟合曲线对应的函数，$i=1,2,\cdots,I,I$ 为栅格数。

双参数标化：以上提到的都是单参数标化法，即标化法仅调整了 log-Ratios 值，但是同时人们发现来自不同栅格的基因其 log-Ratios 值具有不同的离散度，即 log-Ratios 值的方差不同。图 5-14 为经过 log-Ratios 值单参数标化后的不同栅格的 log-Ratios 值分布箱式图。

双参数标化法就是兼顾了这两者的标化方法。具体的操作可以有所不同，例如：经过点样针标化法调整后，不同栅格的基因都被调整至峰值对应处的 log-Ratios 值为 0 的水平，然而来自不同栅格的基因的 log-Ratios 值可能具有不同的离散度，可以用求得的每个栅格中基因的 log-Ratios 值的标准差 σ_i 作为尺度，相应的每个基因的 log-Ratios 值除以其所在栅格的尺度就完

Notes

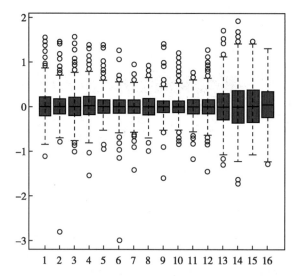

图 5-14　不同栅格的 log-Ratios 值分布盒状图

（引自：Yang YH, Dudoit S, Luu P, Lin DM, Peng V, Ngai J, Speed TP: Normalization for cDNA microarray data: a robust composite method addressing single and multiple slide systematic variation. Nucleic Acids Res., 2002, 30（4）：e15.）

成了离散度调整的过程。另一种好的方法是通过中位数求得尺度 $\hat{a}_i$，这种方法对于异常或者两端的 log-Ratios 值不敏感。通过一定的数学假设，可以推导出：

$$\hat{a}_i = \frac{MAD_i}{\sqrt[I]{\prod_{i=1}^{I} MAD_i}} \tag{5-7}$$

$$MAD_i = median_j \{|M_{ij} - median_j(M_{ij})|\} \tag{5-8}$$

这里 $i = 1, 2, \cdots, I$，I 为栅格数；j 为基因；$median_j(M_{ij})$ 第 i 个栅格中所有基因的 log-Ratios 值的中位数。求出尺度后就可以作相应的纠正了。

（2）染色互换标化（Paired-slides normalization，dye-swap）：这种标化方法被应用在特殊的实验设计——染色互换芯片实验中，实验设计如下所示：

	实验组	对照组
芯片 1	cy3	cy5
芯片 2	cy5	cy3

即与普通的 cDNA 芯片相比，每张芯片都会做相应的重复实验，除了实验组和对照组的染色作互换以外，其他的实验条件都保持不变。

这样对于芯片 1，采用 $\log_2 R/G - c$ 作标化，而对于芯片 2，采用 $\log_2 R'/G' - c'$ 作标化。这里 c 和 c' 分别表示标化函数，它可以由上面提及的任何一种片内标化方法获得。由于这种特殊的实验设计，那么结果标化以后的 log-Ratios 值应该满足等式（5-9）：

$$\log_2 R/G - c \approx -(\log_2 R'/G' - c') \tag{5-9}$$

由于芯片 1 和芯片 2 实验是在两种相同的实验条件下进行的，所以假定 $c \approx c'$，那么标化函数 c 的求法就可以写作：

$$c \approx \frac{1}{2}[\log_2 R/G + \log_2 R'/G'] = \frac{1}{2}(M + M') \tag{5-10}$$

染色互换的标化方法简单，但是相对其他的实验设计它的成本翻了一倍，另外在作 $c \approx c'$ 的前提

Notes

假设时，一定要根据实验获得的数据作相应的分析，如图5-15，黑色和蓝色的散点分别来自于两张重复实验的芯片，只有当两种散点的拟合曲线相似时才支持假设 $c \approx c'$，从而才能运用此种标化法进行标化。

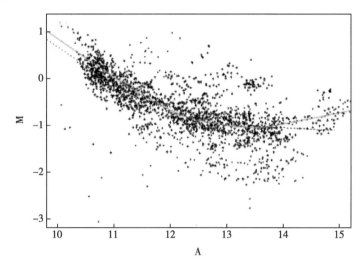

图5-15　染色互换实验 M-A 散点图比较

（引自：Yang YH，Dudoit S，Luu P，Lin DM，Peng V，Ngai J，Speed TP：Normalization for cDNA microarray data: a robust composite method addressing single and multiple slide systematic variation. Nucleic Acids Res.，2002，30（4）：e15.）

（3）片间标化：线性标化法（linear scaling methods）不管采用何种片内标化法处理，log-Ratios值的峰值将会移至0处。片间标化的目的是去除不同芯片间的系统误差，使片间的log-Ratios值具有可比性。

非线性标化法（non-linear methods），例如，sACE（simultaneous alternating conditional expectation），通过对芯片数据进行非线性转换优化数据，使两张重复芯片的相关性最大化，这种非线性标化法尤其适合于重复实验，通常采用分位数标化法。其前提假设是每张芯片所测的数据都具有相同的分布。这种标化法来自于 quantile-quantile plot 思想，即如果 quantile-quantile plot 在一条对角线上则两个数据向量的分布相同，否则不同。这种思想可以延伸至处理 n 个数据向量，那么 n 个数据向量的分位数在 n 维空间中可用单位向量 $\left(\dfrac{1}{\sqrt{n}}, \cdots, \dfrac{1}{\sqrt{n}}\right)$ 表示，这说明 n 个数据向量具有相同的分布。

令 $q_k = (q_{k1}, q_{k2} \cdots q_{kn})$ 为 n 张芯片的 k 分位数向量，这里 $k = 1, 2 \cdots p$。$d = \left(\dfrac{1}{\sqrt{n}}, \cdots, \dfrac{1}{\sqrt{n}}\right)$ 为单元对角阵。为了将 n 张芯片的 k 分位数向量通过某种转换排列在对角线上，可以作如下的 q_k 到 d 的映射：

$$proj_d q_k = \left(\frac{1}{n}\sum_{j=1}^{n} q_{kj}, \cdots, \frac{1}{n}\sum_{j=1}^{n} q_{kj}\right) \tag{5-11}$$

这表明采用 k 分位数的均值代替原始数据就能够保证每张芯片具有完全相同的数据分布。

具体的算法如下：

1）将基因表达谱中的每列（每张芯片）数据分别按照从大到小排序。

2）在排序后的矩阵中，每行每个位置的数据均用该行的均值代替。

3）将新矩阵的每列数据分别按照在原始矩阵中的位置重新排序，得到标化的矩阵即基因表达谱。

Notes

2. 单通道芯片 单通道芯片采用的是一种染料标记后的一组样本与芯片上探针进行杂交，因此单通道芯片的系统误差主要是由不同芯片间的差异引起的，其标准化方法与双通道标准化方法类似。

单通道芯片设计了两类探针：与目标样本完美匹配（perfect match，PM）的探针及对应的在完美匹配的探针序列中发生一个碱基替换（mismatch，MM）后的探针，这两类探针构成了一个探针对。对于一个基因而言，通常会设计16～20个这种探针对，使它们构成一个探针集。所以对于单通道芯片，除了标准化处理外还要基于探针集进行汇总分析得出基因转录物表达的信号估计。理论上PM的荧光强度应高于MM。图5-16是一个10个探针对组成的探针集的示意图。

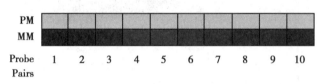

图5-16 探针集杂交结果示意图

每个探针集中的探针将共同决定某基因杂交信号，包括定性和定量的。定性的信号包括有Present、Absent 和 Marginal，定量的信号为该基因实际的荧光强度值（real signal）。不管是定性还是定量的信号都是综合了该基因对应的所有探针对的结果，表示该基因在某种条件下的表达情况。

二、差异表达分析基本原理与方法

标准化处理就是要过滤非生物学来源的混杂变异，即差异表达基因和非差异表达基因的识别。差异基因的筛选方法倍数法、t 检验法、方差变异模型、SAM 和信息熵等方法。

（一）倍数法

运用倍数 f 值估计每个基因在实验条件下（x_I）较之对照条件下（x_C）表达量的倍数差异值。阈值的确定有一定的困难。

$$f = \frac{x_I}{x_C} \tag{5-12}$$

当 f 值等于 1 时，表明该基因在两种不同条件下的表达没有差异，反之，当 f 值明显大于 1 或小于 1 时，表示基因在条件 I 下的表达有上调或下调。f 值越偏离 1，差异表达越显著。但是对于不同的数据集通常以 2 倍差异为阈值。在芯片数据分析的早期被应用，目前通常被用于基因的大规模初筛。

（二）t 检验法

运用 t 检验法可以判断基因在两种不同条件下的表达差异是否具有显著性。零假设为 $H_0: \mu_1 = \mu_2$，即假设某基因在两种不同条件下的平均表达水平相等，与之对应的备择假设是 $H_1: \mu_1 \neq \mu_2$。t 检验的计算公式为：

$$t = \frac{\bar{x}_1 - \bar{x}_2}{\sqrt{s_1^2/n_1 + s_2^2/n_2}} \tag{5-13}$$

其中均值

$$\bar{x}_i = \sum_{j=1}^{n} x_{ij}/n_i \tag{5-14}$$

方差

$$s_i^2 = \frac{1}{n_i-1} \sum_{j=1}^{n} (x_{ij} - \bar{x}_i)^2 \tag{5-15}$$

Notes

n_i 为某一条件下的重复实验次数，x_{ij} 为某基因在第 i 个条件下第 j 次重复实验的表达水平测量值。根据统计量 t 值，得到 p 值，设定假设检验水准 α，若 $p < \alpha$，则拒绝零假设，认为某基因在两不同条件表达差异具有统计学意义；反之，则接受零假设，认为某基因在两不同条件下表达无差异。

由于芯片实验成本较高，n_i 较小，从而对总体方差的估计不很准确，t 检验的检验效能降低。

为解决这个问题，随机的方差模型法对总体方差的估计进行了修改。这种模型的前提假设为：不同的基因具有不同方差，但这些方差可以看作是来自同一分布的独立样本，方差的倒数满足参数为 a, b 的 λ 分布，其中 $1/ab$ 为期望方差，那么 t 统计量的计算公式中的分母，即合并方差的估计修改为：

$$s^{2'} = \frac{(n_1 + n_2 - 2)s^2 + 2a(1/ab)}{(n_1 + n_2 - 2) + 2a} \tag{5-16}$$

其中

$$s = \sqrt{s_1^2/n_1 + s_2^2/n_2} \tag{5-17}$$

（三）方差分析

方差分析可用于基因在两种或多种条件间的表达量的比较，它将基因在样本之间的总变异分解为组间变异和组内变异两部分。组间变异体现了不同条件带来的基因表达的差异，组内变异体现了包括个体差异和测量带来的随机误差。通过方差分析的假设检验判断组间变异是否存在，如果存在则表明基因在不同条件下的表达有差异。分别计算总变异、组间变异和组内变异：

$$SS_{总} = \sum_i \sum_j (x_{ij} - \bar{x})^2 \tag{5-18}$$

$$SS_{组间} = \sum_i n_i (\bar{x}_i - \bar{x})^2 \tag{5-19}$$

$$SS_{组内} = \sum_i \sum_j (x_{ij} - \bar{x}_i)^2 \tag{5-20}$$

其中 x_{ij} 为某基因在第 i 种条件第 j 个样本中的表达值；$\bar{x}$ 为该基因在所有样本中的平均表达值；$\bar{x}_i$ 为该基因在第 i 种条件下样本中的平均表达值，n_i 为该条件下的样本数。

将变异除以自由度计算均方，消除了自由度的影响：

$$MS_{组间} = \frac{SS_{组间}}{v_{组间}} \tag{5-21}$$

$$MS_{组内} = \frac{SS_{组内}}{v_{组内}} \tag{5-22}$$

$$F = \frac{MS_{组间}}{MS_{组内}} \tag{5-23}$$

其中 $v_{组间} = k - 1$，$v_{组内} = N - k$，$v_{总} = N - 1$。N 为样本的总个数，k 为条件数。

根据统计量 F 值，得到 p 值。设定假设检验水准 α，若 $p < \alpha$，则拒绝零假设，认为某基因在不同条件下的表达差异具有统计学意义；反之，则接受零假设，认为某基因在不同的条件下表达无差异。

（四）SAM 法

在运用 t 检验和方差分析进行差异基因筛选时，存在多重假设检验的问题。若芯片检测了 n 个基因，整个差异基因筛选过程需要做 n 次假设检验，若每次假设检验发生假阳性的概率为 p，则在这个差异基因筛选过程中至少有一个基因是假阳性的概率为 $P = 1 - (1 - p)^n$，由于芯片检测的基因数 n 较大，从而导致假阳性率 P 的增大。对于这种多重假设检验带来的放大的假阳性率，需要进行纠正。常用的纠正策略有 Bonferroni 校正，控制 FDR（false discovery rate）值等。

SAM（significance analysis of microarrays）算法就是通过控制 FDR 值纠正多重假设检验中

Notes

的假阳性率。计算相对差异统计量 d：

$$d = \frac{\overline{x}_1 - \overline{x}_2}{s + s_0}$$

(5-24)

统计量 d 衡量了基因表达的相对差异，是 t 统计量的修正。

计算所有基因的 d 值，这些 d 值的分布应该独立于基因的表达水平。然而在低表达丰度情况下，由于 s 较小，d 值的方差较大。为了确保 d 值的方差独立于基因表达水平，在分母上加上一个小的正常量 s_0。通过窗口法确定 s_0 值，该 s_0 值能使 d 值的变异系数最小。

扰动实验条件，模拟基因在两组间无表达差异的表达向量，计算扰动后的基因表达的相对差异统计量 d_p，随机扰动 $|P|$ 次，计算所有扰动的平均相对差异统计量，见图 5-17。

$$d_E = \frac{1}{|P|} \sum d_p$$

(5-25)

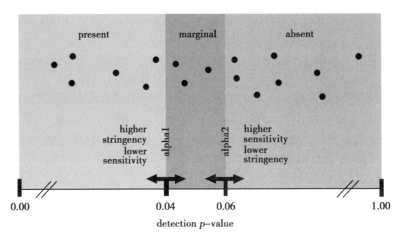

图 5-17　d 对 d_E 散点图

当 FDR = 0.058 时，阈值大概在 ±3 外，落在阈值以外的绿色标记的基因即为差异表达基因（引自：Tusher VG, Tibshirani R, Chu G: Significance analysis of microarrays applied to the ionizing radiation response. Proc. Natl. Acad.Sci. U S A., 2001, 98（9）: 5116-5121.)

确定差异表达基因阈值：以最小的 d 正值和最大的 d 负值作为统计阈值 $d(t)$，运用该阈值，统计在 d_E 值中超过该阈值的假阳性基因个数，估计假阳性发现率（FDR, false discovery rate）值，FDR 值为在所有判断为差异表达的基因中假阳性基因的比例：

$$FDR = \frac{\sum \dfrac{\#of(d_p > d(t))}{|P|}}{\#of(d \geqslant d(t))}$$

(5-26)

通过调整 FDR 值的大小得到差异表达的基因。

（五）信息熵

与上述差异基因筛选方法不同，信息熵进行差异基因挑选时不需要用到样本的类别信息，所以运用信息熵找到的差异基因并非指在两种不同条件下表达有差异的基因，而是指在所有条件下表达波动比较大的基因。

首先对每个基因进行离散化处理，然后计算该基因的信息熵。

$$H = -\sum_{i=1}^{m} p_i \log p_i$$

(5-27)

其中 p_i 表示某个基因表达值在某一段取值的概率（这里用某一段的频数值近似代替概率值），m 为离散的区段数。H 值越高，说明该基因在这些条件下表达值的变异程度越大，揭示该基因为差异表达基因。

Notes

三、差异表达分析应用

基因芯片数据预处理的常用软件是 BRB-Arraytools 软件，该软件能够处理不同芯片平台，单、双通道的表达谱数据，其基本功能有数据可视化、标准化处理、差异基因筛选、聚类分析、分类预测、生存期分析、基因富集性分析等。BRB-ArrayTools 还可以通过基因的 CloneID、GenBank、UniGene 号连接至 NCBI 数据库，或者通过芯片的 ProbesetID 连接至 NetAffy 站点获取探针的详细信息，进行基因的功能注释。ArrayTools 以 Excel 插件的形式呈现，计算由 Excel 外部的分析工具完成。ArrayTools 软件可以通过 http://linus.nci.nih.gov/～brb/download.html 下载安装。此外，差异表达基因分析软件 SAM 目前也使用广泛。它是由 Standford 大学开发的一个免费软件，SAM 通过控制 FDR 值纠正多重假设检验中的假阳性率，计算每个基因的统计量 d 值，寻找对疾病有鉴别力的基因。SAM 软件可以通过 http://www.stat.stanford.edu/～tibs/SAM/ 网页下载，安装后以 Excel 插件的形式运行。

在此，以一套阿尔海茨默病相关的基因表达谱数据（GSE5281）为例来详细介绍如何利用 BRB-ArrayTools 软件进行数据预处理，并对处理过的标准化的基因芯片数据利用 SAM 软件进行差异表达分析的过程。GSE5281 数据是利用 Affymetrix 公司的寡核苷酸芯片 HG-U133 Plus 2.0 Array 检测阿尔海茨默病病人和正常老年人大脑中六个不同区域的基因表达情况，本例仅选择其中一个区域——内侧颞回（middle temporal gyrus，MTG）的数据进行说明，具体步骤如下：

第一步：导入芯片数据图 5-18 使用"import data"下的"General Format Importer"导入基因芯片数据，在该文件中数据之间应为 Tab 键分隔（或使用 Excel 文件），也可以使用"Data Import Wizard"进行导入。

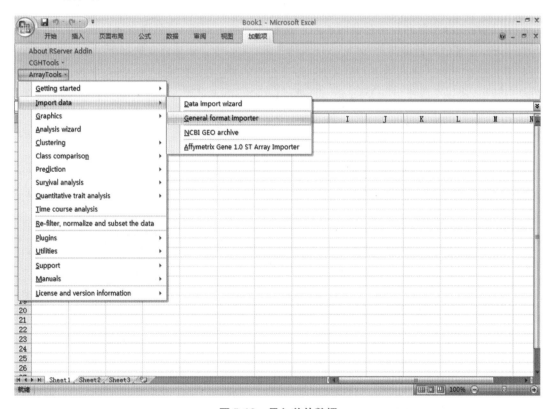

图 5-18 导入芯片数据

第二步：选择文件类型如图 5-19。如果需要导入的基因芯片数据是每张芯片用单独的文件存储，多个文件保存在一个文件夹，则选择"Array are saved in separate files stored in one folder"；如果多张芯片数据组织成一个矩阵形式，存储在一个文件中，则选择"Array are saved in horizontally

Notes

aligned file"，本例数据是存储在一个文件中，因此选择后者。

图 5-19　选择基因芯片数据文件类型

第三步：选择芯片数据文件所存储的路径如图 5-20。注意路径中不能包含中文。

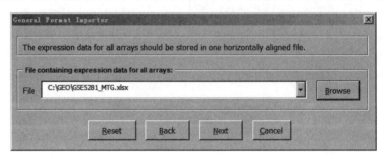

图 5-20　选择基因芯片数据文件所在路径

第四步：选择基因芯片平台如图 5-21。选择芯片的平台类型（单通道或双通道）。如果是 Affymetrix 公司的单通道芯片，还需指出具体型号，另外该步骤还需要选择所导入的数据是否进行了 log2 的转换。本例采用的是 Affymetrix 公司的 HG-U133 Plus 2.0 Array 平台，且未进行 log2 的转换，所以不选择"The Data are already log2 transformed"。

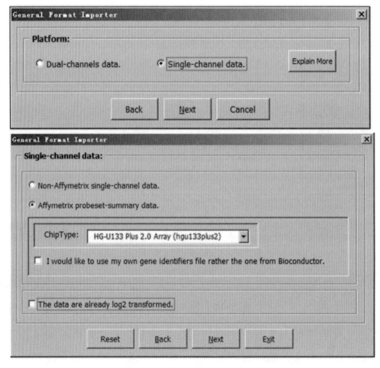

图 5-21　选择基因芯片平台

第五步：选择文件格式如图 5-22。通过选择文件中的标题行、第一行数据、探针所在的列、第一列数据和第二列数据来确定基因表达谱的数据区域。点击"Next"会显示导入的文件中所包含的基因芯片的个数，即数据的列数。

第六步：数据的过滤和标准化如图 5-23。首先是探针的标准化，删除那些表达强度很低或

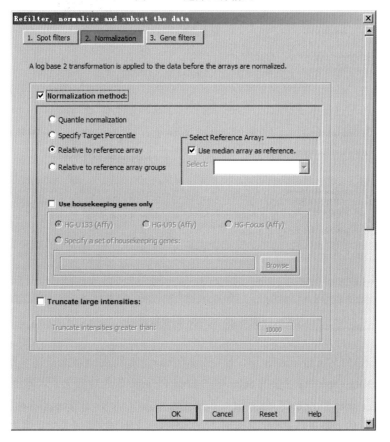

图 5-22　选择文件格式

图 5-23　选择标准化的方法

 Notes

无意义的探针数据；然后是数据的标准化，最后是基因的过滤，因为我们只关心那些随着实验条件的改变表达水平发生变化的基因，因此在这步可将那些表达波动较小的基因去除。

　　第七步：基因注释如图 5-24。由于基因芯片检测的是探针的表达情况，而探针和基因之间往往不是一一对应，所以，在数据导入后软件会询问是否需要进行基因注释，及是否需要将探针转换成相应的基因名（gene symbol）或 Entrez ID。

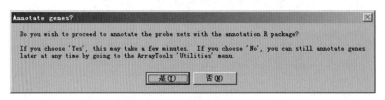

图 5-24　选择是否对基因注释

　　第八步：将经过处理的标准化数据用 Excel 打开并选中所有数据，在 Excel 菜单的加载项中找到 SAM，运行 SAM 得到设定所需参数的界面如图 5-25，本例我们选择两类非配对样本做统计检验，选择随机 100 次以获得统计量 d 值相应的 p 值，可以按照不同需要选择更大的随机次数，其余参数可选择默认值，点击"OK"，弹出 SAM Plot Controller 窗口如图 5-26。

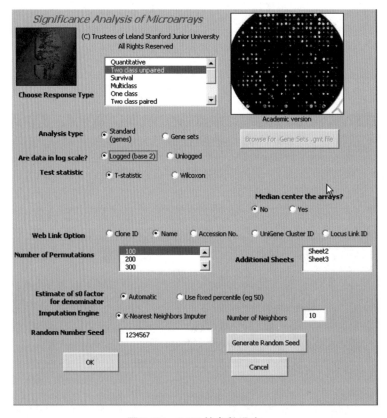

图 5-25　SAM 的参数设定

　　第九步：在 SAM Plot Controller 窗口设定 Fold Change 值和 delta 值来控制差异表达分析的结果，点击"List Delta Table"可以获得 delta 值与 Fold Change 值的对应关系。本例我们找到 FDR 为 0.01 时对应的 delta 值为 0.68，然后输入 delta 值，点击"List Significant Genes"就得到了相应的 FDR 小于 0.01 的差异表达基因，共选出 2209 个在阿尔海茨默病病人和正常人脑组织中表达发生显著性改变的基因。

Notes

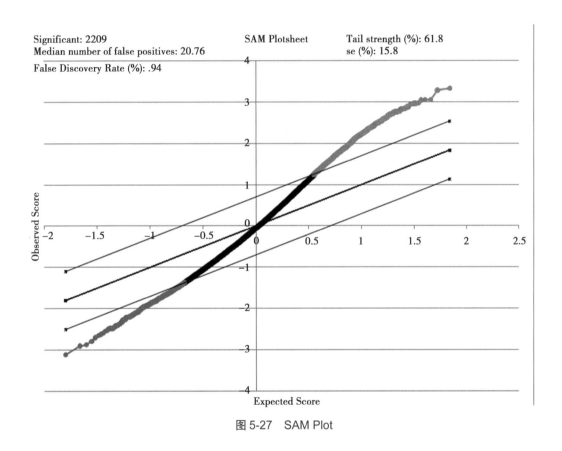

图 5-26　SAM Plot Controller

第十步：以图形化方式"SAM Plot"对结果进行展示如图 5-27，其中显示了差异表达基因的期望得分与观察得分的关联关系，上调基因用红色表示，下调基因用绿色表示。

Significant: 2209
Median number of false positives: 20.76
False Discovery Rate (%): .94

SAM Plotsheet

Tail strength (%): 61.8
se (%): 15.8

图 5-27　SAM Plot

第四节　聚类分析与分类分析
Section 4　Clustering Analysis and Classification

无监督的聚类分析是基于研究对象属性的相似性对研究对象进行分组，使组内样本相似，组间样本差异。

聚类分析中最主要的两因素是评价研究对象相似性程度的距离（或相似性）尺度（distance scale）和将研究对象分组的聚类算法（clustering algorithm）。

Notes

一、聚类分析中的距离(相似性)尺度函数

距离尺度函数的选择取决于研究者想发现哪种类型的关系。常用的表达相似性尺度有几何距离、线性相关系数、非线性相关系数和互信息等。

(一)几何距离

几何距离可以衡量研究对象在空间上的距离远近关系,如图 5-28 所示,空间上相近的物体运用几何距离可以判断为同一类,而空间上较远的物体则判断为不同类。

常见的几何距离函数有明氏距离(*Minkowski distance*):

$$d(x,y) = \left\{ \sum |x_i - y_i|^\lambda \right\}^{\frac{1}{\lambda}} \tag{5-28}$$

其中 x 和 y 分别为样本向量或基因向量, x_i 和 y_i 为对应的第 i 个分量,明氏距离通过综合考查各分量的差异来衡量两物体的远近关系。

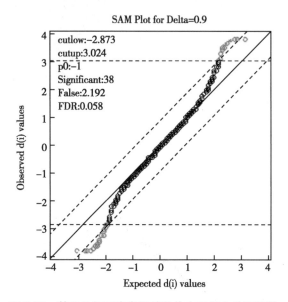

图 5-28   基于几何距离衡量的物体在空间上的相似性

当 $\lambda=1$ 时,明氏距离即为马氏距离(*Manhattan distance*);

当 $\lambda=2$ 时,明氏距离即为欧氏距离(*Eulidean distance*);

当 $\lambda=\infty$ 时,明氏距离即为切氏距离(*Chebyshev distance*),即:

$$d(x,y) = \max_i |x_i - y_i| \tag{5-29}$$

明氏距离在考查两物体的相似性时没有考虑不同分量量纲差异的影响,所以用明氏距离作相似性尺度时应该先对数据进行标准化处理,消除不同分量之间的量纲差异。

Camberra 距离则不需要考查各分量量纲差异的影响:

$$d(x,y) = \sum_{i=1}^{p} \frac{|x_i - y_i|}{|x_i + y_i|} \tag{5-30}$$

(二)线性相关系数

几何距离比较适合于衡量样本间的相似性,或者基因在样本空间(如不同组织间)的相似性。当基因表达数据是一系列具有相同变化趋势的数据时,运用几何距离会丢失重要信息。如图 5-29 所示,图中描述了三个基因在五个时间点的基因表达水平波动,如果用几何距离进行衡量,则基因 2 和基因 3 相似性高,而基因 1 与基因 2 和基因 3 相距较远会判断为相似性低。然而,基因 1 的表达水平在不同时间点与其他两个基因具有相似的波动趋势和波动幅度,通常这

Notes

种在不同时间点或样本中表达模式相似的基因也有可能具有功能上的相关性,但是用欧氏距离就会忽略这种具有生物学意义的基因相关关系。

采用皮尔森相关系数(Pearson correlation coefficient)来衡量基因表达模式的相似性。公式如下:

$$r = \frac{1}{n} \sum_{i=1}^{n} \left(\frac{x_i - \bar{x}}{\sigma_x} \right) \left(\frac{y_i - \bar{y}}{\sigma_y} \right) \tag{5-31}$$

其中 $\bar{x}$ 为基因向量 x 的期望值,σ_x 为 x 的标准差;$\bar{y}$ 为基因向量 y 的期望值,σ_y 为 y 的标准差,n 为向量的维数,即时间点数。

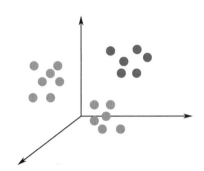

图 5-29　三基因在五时间点的表达值波动图

(引自:Haixun Wang WW, Jiong Yang and Philip S.Yu: Clustering by Pattern Similarity in Large Data Sets. In: International Conference on Management of Data 2002; 2002: 394-405.)

(三)非线性相关系数

某些在功能上有相关关系的基因虽然在表达上不具有严格的线性相关关系,但在时间点的波动趋势上却是相似的。如图 5-30 所示,两基因的表达具有同升或同降变化趋势,但明显不具有线性相关关系。在这种情况下可以用非线性相关模式来衡量基因间的距离。

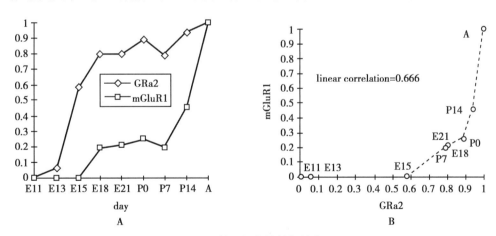

图 5-30　基因间非线性相关关系

(引自:Haixun Wang WW, Jiong Yang and Philip S.Yu: Clustering by Pattern Similarity in Large Data Sets. In: International Conference on Management of Data 2002; 2002: 394-405.)

非线性相关关系模式一般用斯皮尔曼秩相关系数(Spearman's rank correlation coefficient)进行衡量:

$$\gamma = 1 - \frac{6 \sum d^2}{n(n^2 - 1)} \tag{5-32}$$

Notes

其中 d 为每对观察值 x_i 与 y_i 的秩次之差，n 为时间点数。

（四）互信息

线性与非线性相关系数都只能衡量基因间的单调相关关系，而对于那些在整个时间序列上基因间的表达没有单调升降关系的，如图 5-31 所示。在前阶段两基因间是正相关关系，而在后阶段两基因间是负相关关系，两基因间的关系具有非单调性的特点。

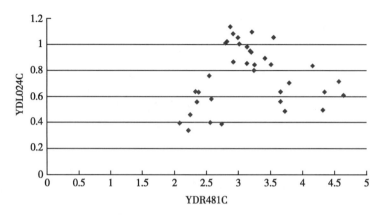

图 5-31 基因间的非单调相关关系
（引自：Wang H，Wang Q，Li X，Shen B，Ding M，Shen Z：Towards patterns tree of gene coexpression in eukaryotic species. Bioinformatics 2008，24（11）：1367-1373.）

对于这种非单调的表达相似关系，可以用互信息进行衡量：

$$\gamma = H(x) - H(x|y) \tag{5-33}$$

其中 $H(x)$ 表示 x 的熵，$H(x|y)$ 表示 x 的条件熵。当 x 和 y 为离散型向量时，条件熵的计算方式为：

$$H(x|y_J) = -\sum_{I=1}^{n} p(x_I|y_J) \log p(x_I|y_J) \tag{5-34}$$

$$H(x|y) = -\sum_{I=1}^{n} \sum_{J=1}^{m} p(y_J) p(x_I|y_J) \log p(x_I|y_J) \tag{5-35}$$

$p(\cdot)$ 为概率密度函数，可以由频数估计。n 和 m 分别为离散化 x 和 y 时的离散化单位。在计算互信息时采用的离散化方式会造成一定的信息损失，一般离散化单位的估计由向量 x 和 y 的长度决定。

$$n \leq \log_2 size(x) \tag{5-36}$$

$$m \leq \log_2 size(y) \tag{5-37}$$

二、聚类分析中的聚类算法

聚类算法主要包括有：分割算法（如 k 均值聚类、SOM 聚类等）、分层算法（如层次聚类等）、基于密度算法、基于网格算法等。这里主要介绍基因芯片数据中常用的层次聚类、k 均值聚类、SOM 聚类，以及基于子空间内的相似性进行基因和样本耦合的双向聚类算法。

（一）层次聚类

层次聚类（hierarchical clustering）算法是将研究对象按照它们的相似性关系用树形图进行呈现，如图 5-32 呈现的是白血病的两种亚型的层次聚类图。进行层次聚类时不需要预先设定类别个数，树状的聚类结构可以展示嵌套式的类别关系。

Notes

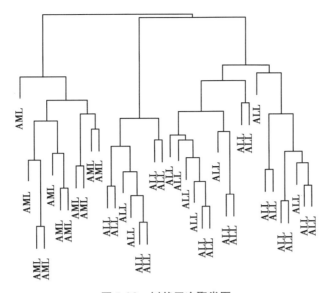

图 5-32 树状层次聚类图

（引自：Golub TR，Slonim DK，Tamayo P，Huard C，Gaasenbeek M，Mesirov JP，Coller H，Loh ML，Downing JR，Caligiuri MA et al: Molecular classification of cancer: class discovery and class prediction by gene expression monitoring. Science，1999，286（5439）：531-537.）

层次聚类按层次的形成方式可以分为凝聚法（agglomerative）和分裂法（division）。凝聚法是自下而上的聚类方法，从单个点作为个体簇开始，每一步合并两个最邻近的簇。分裂法是自上而下的聚类方法，从一个包含所有点的簇开始，每一步分裂一个簇，直到仅剩下单点簇为止。

在层次聚类中，类的合并和分解按照一定的距离函数度量。在对含非单独对象的类进行合并或分裂时，常用的类间度量方法有：最小距离（single linkage）、最大距离（complete linkage）、平均距离（average linkage）和质心距离（centroid linkage）。如图 5-33 所示，最小距离以两类间距离最近的两对象的距离作为两类的距离；最大距离以两类间距离最远的两对象的距离作为两类的距离；平均距离遍历两类中所有对象之间的距离，然后取平均值作为两类的距离；质心距离为分别计算两类的质心，然后以质心间的距离作为两类的距离。

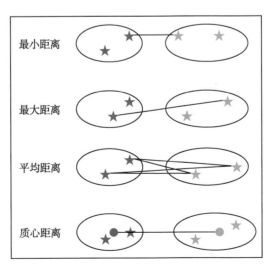

图 5-33 类间相似性度量方法

下面以一个例子说明自底向上的层次聚类算法的过程，该算法采用了欧氏距离衡量样本间的相似性。

Notes

1. 设有四个样本 A、B、C 和 D，每个样本自成一类，运用欧氏距离计算它们两两之间的相似性得出距离矩阵。

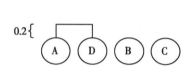

距离	A	B	C	D
A		2	0.7	0.2
B			1	2.5
C				0.3
D				

2. 由于 A 与 D 样本的距离最小，最先合并 A 与 D 样本。

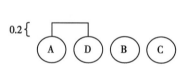

0.2 {

距离	A	B	C	D
A		2	0.7	(0.2)
B			1	2.5
C				0.3
D				

3. 合并后的类别数为三类，调整距离矩阵，即分别运用最小距离法计算 B 样本、C 样本与 AD 类的距离。

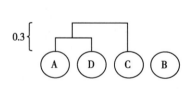

0.2 {

距离	AD	B	C
AD		2	0.3
B			1
C			

4. 基于新的距离矩阵，需合并 AD 类与 C 样本。

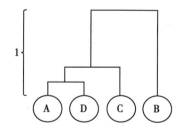

0.3 {

距离	AD	B	C
AD		2	(0.3)
B			1
C			

5. 继续调整距离矩阵，目前的类别数是两类。

1 {

距离	ADC	B		
ADC		(1)		
B				

6. 合并 ADC 类与 B 样本,得出最后的树状图。

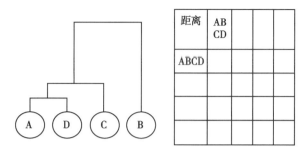

7. 根据聚类结果和表达值可以用 treeview 等软件生成可视化的聚类结果,从而对聚类结果有直观认识。图 5-34 中红色表示基因上调,绿色表示基因下调。

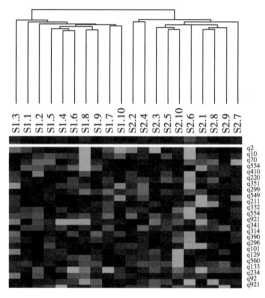

图 5-34 基因表达谱数据聚类结果可视化

(二)k 均值聚类

k 均值聚类是根据聚类中的均值进行聚类划分的分割算法,使用于各种数据类型,受初始化问题的影响较小,算法简单,运算速度较快。具体的分析流程(图 5-35)为:

1. 初始化类中心,随机选定 k 个类中心,例如可选取 k 个研究对象作为类中心。

2. 计算每个对象与这些类中心的距离,并根据最小距离重新对相应对象进行划分。

3. 重新计算每类样本的均值,作为更新的类中心。

4. 循环上述流程 2 至 3,直到每个聚类不再发生变化。

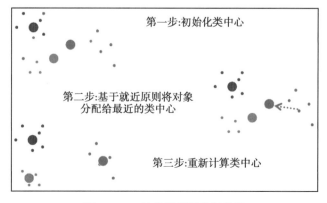

图 5-35 k 均值聚类的分析流程

k 均值聚类可以看作是个优化问题，它的优化目标是最小化类内样本两两间的距离之和：

$$w(C) = \frac{1}{2} \sum_{c=1}^{k} \sum_{C(i)=C(j)=c} d_E(x_i, x_j)^2 \tag{5-38}$$

这里 x_i 和 x_j 分别是属于同一个类别中的样本，$d_E(\cdot)$ 为欧氏距离函数，$C(i)$ 和 $C(j)$ 分别是样本 x_i 和 x_j 的类别，k 为类别数，C 为类结构。

k 均值聚类算法的聚类结果依赖于初始化的类中心，选取不同的类中心可能会有不同的聚类结构。为了克服这个问题，可以采用多个初始化方式，选定具有最小 $w(C)$ 对应的聚类结果作为最佳的类结构。另外，k 均值聚类需预先指定类别个数，但是很多情况下实际上不知道真正的类别数，一些启发式的方法可以帮助确定 k 的取值。例如，假设有八个研究对象，遍历八个对象可能的聚类类别数，计算各情况下的 $w(C)$ 值，选择 $w(C)$ 值下降最快时的 k 值作为最佳类别数。

（三）自组织映射聚类

自组织映射聚类（self organization mapping，SOM）与 k 均值聚类相似，也属于分割算法，需要预设类别个数。如图 5-36 所示，在 SOM 神经网络中，预设类别个数为 6，输出层的神经元 1 到 6 以栅格方式排列于二维空间，输出层的神经元有初始权重，根据输入样本向量与输出层神经元的距离，找到具有最短距离的神经元作为兴奋神经元，其他神经元根据与该兴奋神经元的距离确定不同的兴奋度，然后根据兴奋度的不同对神经元权重进行调整，完成一个学习过程，随着样本的继续输入，不断进行这种学习过程。最后神经元可以根据输入样本向量的特征，以拓扑结构展现于输出空间，如图中黑点表示学习样本，在不断的学习过程中，输出层的神经元根据输入样本的特点进行权重调整，最后拓扑结构发生了改变。

（四）双向聚类

上述的聚类算法都是基于基因表达谱行和列的全局相似性，但是从生物学角度讲，一组基因表达上的相似性可能只限制在某些实验条件内，运用所有实验样本对基因进行聚类会因为引入噪音而影响基因表达相似性的度量，而样本的相似性也常常不需要运用所有基因来计算，因而采用双向聚类来识别基因表达谱矩阵中同质的子矩阵（图 5-37），运用特定的基因子类识别样本子类。

双向聚类方法是寻找疾病样本和致病基因簇之间的对应关系，该方法按样本和基因两个方向同时进行迭代聚类。

设基因表达谱矩阵 M，定义初始的样本集和基因集分别为 S_1 和 G_1，$S_j(G_i)$ 表示以 G_i 为特征

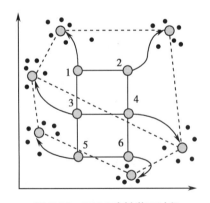

图 5-36　SOM 映射学习过程

（引自：Tamayo. Molecular Classification of Cancer: Class Discovery and Class Prediction by Gene Expression Monitoring. Science 1999 October 15；286：531-537.）

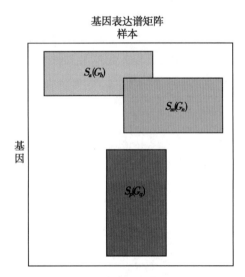

图 5-37　双向聚类识别同质的子结构

Notes

对样本集 S_j 聚类的结果。同理，$G_i(S_j)$ 表示以 S_j 为特征对基因集 G_i 聚类的结果。其详细的分析流程如下：

1. 初始化过程　首先以芯片上所有的基因 G_1 为特征，对 S_1 聚类：$S_1(G_1)=(S_j)$，$j=2,3,\cdots$；再利用数据集中所有的样本 S_1 作为特征对所有基因 G_1 进行聚类：$G_1(S_1)=\{G_i\}$，$i=2,3,\cdots$，此时聚类深度（cluster depth）为 0。

2. 识别稳定的样本类和基因类　发现稳定的基因簇 $G_i(i=2,3,\cdots)$ 和稳定的样本子集 $S_j(j=2,3,\cdots)$，进一步计算 $S_j(G_i)$（包括 S_1）和 $G_i(S_j)$（包括 G_1），这样又得到许多样本子集 $S_j(G_i)$ 和基因簇 $G_i(S_j)$，此时聚类深度为 1。

3. 重复步骤 2 过程，直至达到一定的阈值（聚类深度）或没有新的稳定基因簇或样本子集出现。

总之，聚类分析方法在基因表达谱数据中具有重要的应用，即使没有类别结构的随机样本也可以得到类别结构。一方面聚类证实方法可以检测聚类发现的类别是否为潜在的分组；另一方面，对于基因表达谱数据而言，mRNA 分子层面的分型只有与临床差异相吻合才更具有临床的诊断治疗意义。聚类分析应用于基因表达谱数据，为复杂疾病的亚型识别、致病机制及分子标记的识别提供了有效的工具。

三、分类分析

对于基因芯片数据，无监督的聚类分析可同时对样本和基因进行聚类，从而完成不同的分析任务。而有监督的分类分析一般是单向的，即以基因为属性，构建分类模式对样本的类别进行预测。因此，分类分析可以构建 mRNA 分子层面的预测模型，从而为疾病的预测提供新的手段；另外，参与分类模型的基因往往是对样本判别有重要作用的基因，所以在分类过程中还可以同时进行疾病相关基因的挖掘。目前常用的分类方法有线性判别分析（如 Fisher 线性判别）、k 近邻分类法、支持向量机（SVM）分类法、贝叶斯分类器、人工神经网络分类法、决策树与决策森林法，以及基因芯片数据分析中常用的 PAM 分类器。下面主要介绍 Fisher 线性判别、k 近邻分类法、PAM 分类法与决策树。

（一）Fisher 线性判别

线性判别函数是最简单的判别函数，相应的分类面是超平面 $g(x)$：

$$g(x)=w^T x+\mathrm{b}\begin{cases}>0, L_1\\>0, L_2\end{cases}\qquad(5\text{-}39)$$

其中 w 是分类面的法向量，b 是分类面的偏移，L_1 和 L_2 分别是两类别的类别标签。设计线性分类器的关键是估计 w 和 b，选择 w 就是寻找最佳投影方向，投影后变成一维数据的分类问题，见图 5-38。

Fisher 线性判别的基本思想是寻找一个最佳的投影方向，使得样本在投影后的一维空间内满足类间离散和类内紧致的特点，投影后的数据分别运用离散度和均值衡量类间和类内的数据特点。

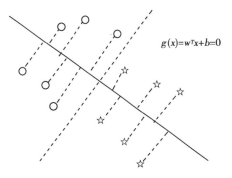

图 5-38　线性判别函数的分类思想

投影前数据的均值向量和离散度矩阵分别为：

$$m_i=\frac{1}{n}\sum x\qquad i=1,2\qquad(5\text{-}40)$$

$$S_i=\sum((x-m_i)(x-m_i)^T)\qquad i=1,2\qquad(5\text{-}41)$$

其中 m_1 和 m_2 分别是两类原始数据的均值向量；S_1 和 S_2 分别是两类原始数据的离散度矩阵。

Notes

原始数据与投影后数据统计量之间的关系是：

$$\mu_i = w^T m_i \tag{5-42}$$

$$\begin{aligned}
\sigma_i^2 &= \sum (w^T x - \mu_i)^2 \\
&= w^T \sum (x - m_i)(x - m_i)^T w \\
&= w^T S_i w
\end{aligned} \tag{5-43}$$

其中 μ_1 和 μ_2 分别是两类投影后数据的均值；σ_1 和 σ_2 分别是两类投影后数据的离散度。

Fisher 准则函数为：

$$J_F(w) = \frac{(\mu_1 - \mu_2)^2}{\sigma_1^2 + \sigma_2^2} \tag{5-44}$$

Fisher 准则函数的分母衡量了总类内离散度，分子衡量了类间距。找到最佳的投影方向使得 $J_F(w)$ 最大，从而使投影后的样本满足类间离散和类内紧致的特点。

$$w_{opt} = \arg\max J_F(w) \tag{5-45}$$

$J_F(w)$ 只与投影方向有关，求解 w 的最优解 w_{opt}，通过一系列的计算得到：

$$w_{opt} = (S_1 + S_2)^{-1}(m_1 - m_2) \tag{5-46}$$

以两类均值的中点作为分类阈值 b：

$$b = -\frac{\mu_1 + \mu_2}{2} \tag{5-47}$$

或投影后数据的均值作为分类阈值 b：

$$b = -\frac{n_1 \mu_1 + n_2 \mu_2}{n_1 + n_2} \tag{5-48}$$

对于样本 x，若 $w^T x + b > 0$，则判断为 L_1 类；若 $w^T x + b < 0$，则判断为 L_2 类。

（二）k 近邻分类法

k 近邻分类法的分类思想是：给定一个待分类的样本 x，首先找出与 x 最接近的或最相似的 k 个已知类别标签的训练集样本，然后根据这 k 个训练样本的类别标签确定样本 x 的类别。

如图 5-39 所示，三角形样本为待分类的样本 x，当邻居数 k 为 1 时（左图），与它最近的样本为圆形样本，从而可将圆形样本对应的类别标签赋予 x；当邻居数 k 为 3 时（中图），与它最近的样本有两个圆形样本，一个星形样本，占多数的圆形样本对应的类别标签赋予 x；当邻居数 k 为 5 时（右图），与它最近的样本有四个圆形样本，一个星形样本，占多数的圆形样本对应的类别标签赋予 x。

k 近邻分类法的算法步骤为：

1. 构建训练样本集合 X。

2. 设定 k（k 为奇数）的初值。k 值的确定没有一个统一的方法（根据具体问题选取的 k 值可能有较大的区别）。一般方法是先确定一个初始值，然后根据实验结果不断调试，最终达到最优。

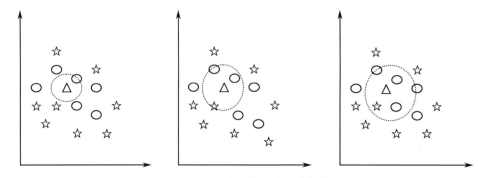

图 5-39　k 近邻分类法的分类思想

Notes

3. 在训练样本集中选出与待测样本 x 最近的 k 个样本，假定样本 x 检测的基因个数为 n，即 $x \in R^n$，x_i 为样本 x 的第 i 个基因的表达值，样本之间的"近邻"一般由欧式距离来度量。那么两个样本 x 和 y 之间的欧式距离定义为：

$$d(x, y) = \left\{ \sum |x_i - y_i|^2 \right\}^{\frac{1}{2}} \tag{5-49}$$

4. 设 $y_1, y_2 \cdots y_k$ 表示与 x 距离最近的 k 个样本，k 个邻居中分别属于类别 $L_1, L_2 \cdots, L_l, \cdots L_c$ 的样本个数为 $n_1, n_2 \cdots, n_l, \cdots n_c$，判别函数 $g_l(x) = n_l$，如果 $g_l(x) = \max_l (n_l)$，则将 x 的类别定为 L_l 类。

5. L_l 即是待测样本 x 的类别。

（三）PAM方法

PAM（prediction analysis for microarray）方法，又称 K-medoids 聚类，是 K-means 聚类方法的改进，是基于划分的聚类算法。其基本思想是：每类样本的质心向所有样本的质心进行收缩，即收缩每个基因的类均值，收缩的数量由 Δ 值决定。当收缩过程发生时，某些基因在不同类中将会有相同的类均值，这些基因就不具有类间的区别效能。PAM 方法的分析步骤为：

计算统计量 d，d 衡量了基因表达的相对差异，是 t 统计量的修正。

$$d_{ik} = \frac{\bar{x}_{ik} - \bar{x}_i}{m_k \cdot (s_i + s_0)} \tag{5-50}$$

$$s_i^2 = \frac{1}{n - K} \sum_k \sum_{j \in C_k} (x_{ij} - \bar{x}_{ik})^2 \tag{5-51}$$

$$m_k = \sqrt{1/n_k + 1/n} \tag{5-52}$$

其中 i 为基因，k 为类别。s_0 为正的常量，通过窗口法确定 s_0 值，该 s_0 值能使 d 值的变异系数最小。$\bar{x}_{ik}$ 为第 k 类样本在第 i 个基因维度上的均值，$\bar{x}_i$ 为所有样本在第 i 个基因维度上的均值，s_i^2 为方差，分母为校正后的标准误。

对 d_{ik} 的公式经过变换得到：

$$\bar{x}_{ik} = \bar{x}_i + m_k (s_i + s_0) d_{ik} \tag{5-53}$$

收缩第 k 类样本在第 i 个基因维度上的均值得到收缩后的均值 $\bar{x}'_{ik}$，收缩通过调小 d_{ik} 值实现：

$$\bar{x}'_{ik} = \bar{x}_i + m_k (s_i + s_0) d'_{ik} \tag{5-54}$$

$$d'_{ik} = sign(d_{ik})(|d_{ik}| - \Delta)_+ \tag{5-55}$$

$sign(\bullet)$ 为符号函数，Δ 为调节参数，设定某个阈值 t，若 $|d_{ik}| - \Delta > 0$，则 $(|d_{ik}| - \Delta)_+ = |d_{ik}| - \Delta$，否则 $(|d_{ik}| - \Delta)_+ = 0$。

对于新样本 x^*，用以下公式判别属于哪个类别：

$$\delta_k(x^*) = \sum_{i=1}^p \frac{(x_i^* - \bar{x}'_{ik})^2}{(s_i + s_0)^2} - 2\log \pi_k \tag{5-56}$$

$$C(x^*) = l \quad 当 \delta_l(x^*) = \min_k \delta_k(x^*) \tag{5-57}$$

其中 π_k 为第 k 类样本的先验概率。

（四）决策树

决策树是一种多级分类器，利用决策树分类可以将一个复杂的多类别分类问题转化成若干个简单的分类问题来解决。决策树分类器呈一个树状的结构，内部节点上选用一个属性进行分割，每个分叉都是分割的一个部分，叶子节点可表示样本的一个分布。

图 5-40 为一棵二叉分枝的决策树，根节点 1 中包含 40 个肿瘤样本和 22 个正常样本，运用基因 $M26383$ 进行分割，当 $M26383$ 的基因表达水平大于 60 时，样本被分至右子节点 3，否则被分至左子节点 2，左子节点中包含 14 个正常样本，肿瘤样本为零，表示该节点内样本已经分纯，不需要再继续进行分割，定义为叶子节点。节点 3 的样子继续进行分割，运用基因 $R15447$ 进行

Notes

分割，当 *R15447* 的表达水平大于 290 时，样本被分至节点 5，否则被分至节点 4，节点 5 已分纯，不需要再进行分割。节点 4 继续用基因 *M28214* 分割，得到最后两个叶子节点 6 和 7。

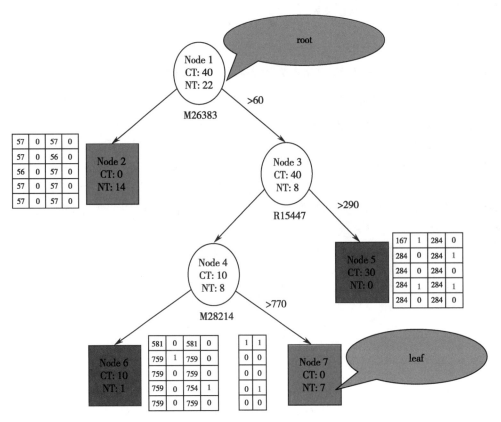

图 5-40　决策树应用于肿瘤基因表达谱的分类分析

（引自：Zhang H，Yu CY，Singer B，Xiong M：Recursive partitioning for tumor classification with gene expression microarray data. Proc Natl Acad Sci U S A 2001，98（12）：6730-6735.）

构造决策树的方法是采用自上而下的递归分割，采用贪婪算法，从根节点开始，如果训练集中的所有观测是同类的，如都为正常样本，则将其作为叶子节点，节点内容即是该类别标记。否则，根据某种策略选择一个属性（如基因），按照属性的各个取值，把训练集划分为若干个子集合，使得每个子集上的所有例子在该属性上具有同样的属性值。然后再依次递归处理各个子集，直到符合某种停止条件。

在构造决策树的过程中最重要的一点是在每一个分割节点确定选择哪个基因，以及该基因的哪种分割方式对样本进行分割，这需要通过分割准则衡量使用哪个基因更合理。分割准则主要包括有 *Gini* 指数、信息增益等。

1. Gini 指数变化（ΔGini） *Gini* 指数是用来测量节点纯度的指标，对于某节点 *N* 的 *Gini* 指数定义为：

$$Gini(N) = 1 - \sum_{j=1}^{k} p_j^2 \tag{5-58}$$

其中 p_j 是指第 *j* 类在某节点中的概率，即某节点中属于第 *j* 类的样本的频率。*k* 指分类变量的类别。一个完全纯的节点 *Gini* 指数为 0，*Gini* 指数越大说明节点越不纯。

如果结点 *N* 分成两子节点 N_1 和 N_2，则 *Gini* 指数变化：

$$\Delta Gini = Gini(N) - \left(\frac{n_1}{n} Gini(N_1) + \frac{n_2}{n} Gini(N_2) \right) \tag{5-59}$$

其中 $Gini(N_1)$ 和 $Gini(N_2)$ 为子节点 N_1 和 N_2 的 *Gini* 指数，*n* 为节点 *N* 中样本的个数，n_1 和 n_2 分

Notes

别为节点 N_1 和 N_2 中样本的个数。选取 $\Delta Gini$ 最大的作为分割的基因及对应的分割方式。

2. 信息增益　该指标运用分割前后熵值的变化衡量节点纯度的变化。对于某节点 N 信息熵的定义为：

$$H(N) = -\sum_{i=1}^{k} p_i \log_2 p_i \tag{5-60}$$

其中 p_j 是指第 j 类在某节点中的概率。k 指分类变量的类别。熵值越大说明节点越不纯。

如果结点 N 分成两子节点 N_1 和 N_2，则信息增益为：

$$Gain = H(N) - \left(\frac{n_1}{n} H(N_1) + \frac{n_2}{n} H(N_2)\right) \tag{5-61}$$

选择信息增益最大的作为分割的基因及对应的分割方式。

通过上述方法生成的决策树对训练集的准确率往往可能达到 100%，但其结果却会导致过拟合（对信号和噪声都适应），建立的树模型不能很好地推广到总体中的其他样本，因此需要对树进行剪枝。剪枝方法主要有前剪枝和后剪枝。前剪枝即在树的生长过程中通过限定条件停止生长；后剪枝即在长成一棵大树后，然后从下向上进行剪枝。

四、分类模型的分类效能评价

在分类的过程中，运用重抽样方法（re-sampling）把样本集合分为训练集（training set）和检验集（testing set）。训练集用于分类模型的构建，检验集用来检验分类模型的分类性能，评价分类效能的好坏。

（一）重抽样方法有：

1. n 倍交叉验证（n-fold cross-validation）　随机将样本集分为 n 等份，选取一份作为检验集，余下的 $(n-1)$ 份作为训练集，循环 n 次。这种方法产生不相重叠的训练集和检验集。

2. Bagging（bootstrap aggregating）　在原训练集上采用有放回抽样，每次随机抽取小于或等于原训练集大小的集合（称这种集合为原训练集的副本），当随机抽样的数目与原训练集大小一致时，每一副本训练集理论上包含原训练集的 63.2% 的样本，其余的为重复抽取的样本。由该副本作为训练集，余下的样本作为检验集。

3. 无放回随机抽样　每次抽取样本集的 $1/n$ 作为检验集，余下的样本集作为训练集。

4. 留一法交叉验证（leave-one-out cross validation，LOOCV）　该方法每次随机留出一个样本作为检验集，余下的作为训练集。

（二）分类效能指标

（1）灵敏度（sensitivity，recall）：$\dfrac{TP}{TP+FN}$。

（2）特异性（specificity）：$\dfrac{TN}{TN+FP}$。

（3）阳性预测率（positive predictive value，precision）：$\dfrac{TP}{TP+FP}$。

（4）阴性预测率（negative predictive value）：$\dfrac{TN}{TN+FN}$。

（5）均衡正确率（balanced accuracy）：$\dfrac{1}{2}\left(\dfrac{TP}{TP+FN}+\dfrac{TN}{TN+FP}\right)$。

（6）正确率（correct or accuracy）：$\dfrac{TP+TN}{TP+TN+FP+FN}$。

其中 TP，TN，FP，FN 分别表示真阳性（true positive），即样本标签为阳性类，分类模型也正

Notes

确地将之判断为阳性类的样本个数；真阴性（true negative），即样本标签为阴性类，分类模型也正确地将之判断为阴性类的样本个数；假阳性（false positive），即样本标签为阴性类，而分类模型却将之判断为阳性类的样本个数；假阴性（false negative），即样本标签为阳性类，而分类模型却将之判断为阴性类的样本个数。

总之，当分类分析应用于基因芯片数据时，可以构建疾病预测模型，从分子层面对复杂疾病进行诊断。然而，由于复杂疾病的发生并不是单个基因的改变，而是由环境因素与遗传因素共同作用的结果，在疾病的发生发展过程中涉及的基因较多，同种疾病往往分子机制也存在很大的异质性。因此即使是针对同种疾病，运用不同芯片数据进行分类分析时，其构建的分类模型中参与的基因往往重复性较差，这使得预测模型不具有代表性，目前很难能推广到临床的诊断中。

第五节　基因表达谱数据分析软件
Section 5　Software Tools for Gene Expression Profile Analysis

一、基因表达谱数据分析软件简介

基因表达分析软件众多，有一些商业软件如：GeneSpring 系列和 Matlab 生物信息学工具箱，但更多的是开源软件。基于 R 开发的众多基因表达分析软件收集在 Bioconductor 里（http://www.bioconductor.org/）；Bioconductor 是基于 R 的开源免费软件，应用十分广泛。我们首先介绍 R 语言和 BioConductor，然后介绍差异表达分析、聚类分析等软件，最后简单介绍一下 Matlab 生物信息学工具箱中关于基因表达分析的内容。

二、R 语言和 BioConductor

R 语言是目前开源、免费，强大的统计软件，可用于数值计算和图形展示，绝大多数的统计算法和数学建模方法都能在 R 语言中找到相应的程序包。如 BioConductor 就是基于 R 语言，面向生物信息学的软件集合。R 语言（www.r-project.org）学习并不难，初学者下载 R 程序在电脑上装好后，首先将 R 参考手册中的命令在电脑上练习（R 参考卡：http://cran.r-project.org/doc/contrib/Short-refcard.pdf），通过不断地熟悉例子和命令就可以慢慢学会 R 语言。表 5-5 显示了一个 R 程序和相关说明，读者可以在电脑上体验一下 R 程序的魅力。

表 5-5　R 程序示例

R 程序	说明
a = 49; sqrt(a)	赋值可用"="，也可用"-〉"；R 的语句可以写在一行，用";"分开
seq(0, 5, length = 6)	seq 是 R 的一个函数；具体可以输入命令"?seq"查找 seq 的具体使用方法
plot(sin(seq(0, 2*pi, length = 100)))	plot 是画图函数
a = "The dog ate my homework"	a 是一个字符串
sub("dog", "cat", a)	sub 的功能是将 a 中的"dog"用"cat"替代，结果为 "The cat ate my homework"
a =(1+1==3); a	a 是一个逻辑变量，结果为：FALSE
x <- 1: 6	":"在这里是 "from: to" 的意思，结果是 1, 2, 3, 4, 5, 6
dim(x) <- c(3, 4); x	dim 函数是维数的意思，这里的功能是将 x 变为 3×4 维的基阵

续表

R 程序	说明
a = c(7, 5, 1); a[2]	C 函数的功能是组合,这里将 3 个数组合赋值给 a,a[2] 是 5
doe = list(name = "john", age = 28, married = F)	doe 是 list,与向量的差别是可以由不同的变量组合
doe$name; doe$age	R 语言中,特殊符号 $ 的作用

Bioconductor 中有专门的软件分类用于基因芯片表达的数据分析,Bioconductor 提供了各种程序包用于分析来自不同平台的数据,包括 Affymetrix(3′-biased, Exon ST, Gene ST, SNP, Tiling 等)芯片、Illumina 芯片、Nimblegen 芯片、Agilent 芯片以及其他单色或双色技术平台产生的数据;支持分析表达谱数据,外显子组数据,SNP,甲基化等。其手续包括数据预处理,质量评估,差异基因表达,分类和聚类,富集分析等。同时 Bioconductor 还提供很多资源的接口如:GEO,ArrayExpress, Biomart, genome browsers, GO, KEGG 等数据库或注解资源。BioConductor 命令示例见表 5-6,该程序使用 affy 软件包的 RMA 函数对 Affymetrix 芯片数据进行预处理,然后用 limma(芯片数据的线性模型)程序包来分析差异表达。

表 5-6 BioConductor 命令示例

(引自:http://www.bioconductor.org/help/workflows/arrays/)

BioConductor 命令	说明
source("http://bioconductor.org/biocLite.R"); biocLite(c("affy", "limma"))	首先在 R 环境下安装 "affy", "limma" 两个程序包
library(affy) library(limma)	将两个软件包装载,前者用于 Affymetrix 预处理;后者用于差异表达分析
phenoData <- read.AnnotatedDataFrame(system.file ("extdata", "pdata.txt", package = "arrays"))	将实验数据的表型信息,读给变量 phenoData,数据在安装好的系统里
celfiles <- system.file("extdata", package = "arrays") eset <- justRMA(phenoData = phenoData, celfile.path = celfiles)	读入数据,利用 RMA 函数对数据进行标准化处理
combn <- factor(paste(pData(phenoData)[,1], pData(phenoData)[,2], sep = "_")); design <- model.matrix(~combn)	差异表达分析,首先进行模型拟合
fit <- lmFit(eset, design) efit <- eBayes(fit)	对探针组进行拟合后,用经验贝叶斯矫正
topTable(efit, coef = 2)	将差异表达列表

三、差异表达分析软件

SAM(significance analysis of microarrays)软件是斯坦福大学 Rob Tibshirani 教授课题组开发的基因表达分析软件。SAM 的最新版本不仅可以做基因富集分析、基因集分析,也能对 RNA-Seq 数据进行分析(用 SAMSeq 方法),SAM 的基本特征包括:将基因表达数据与各种临床参数,如诊断、治疗、生存期等关联起来,根据样本数量进行置换(permutation)计算,对多重验证提供假性发现率(false discovery rate),分析时间序列数据和时间趋势,对缺少的数据通过最近临算法进行自动补缺,修改变参数决定差异基因的数量,通过主成分分析或本征基因发现模式,基因列表可以以 EXCEL 形式,输入到 TreeView, Cluster 或者其他软件。基因可以通过网页链接到斯坦福的 SOURCE 数据库。

SAM 可在网站(http://statweb.stanford.edu/~tibs/SAM/)注册、下载后,在 EXCEL 环境下一

Notes

插件的方式运行，SAM 软件的安装有时候需要耐心检测并参考手册按步执行。可以处理 cDNA 和寡核苷酸芯片、SNP 芯片、蛋白质表达数据，相对应的 R 软件包为 samr。具体算法参见本章第三节以及 wikipedia 的说明：http://en.wikipedia.org/wiki/Significance_Analysis_of_Microarrays。

从第三节的图 5-25 可见软件的输入除了基因表达矩阵外，需要输入反应类型信息（response type），反应类型通常为临床参数，例如在比较正常样本和疾病样本时两种样本不是来源于同一病人，这时反应类型为两类非成对的（two class unpaired）。其他类型可以设置定量的（如肿瘤大小，心跳速度）、多个分类的（如肿瘤的不同分期、不同疗法等）、两类成对的（如治疗前与治疗后的成对比较，样本来源于同一病人）、单类的分析（如测定平均基因表达是否为 0）、生存期和时间序列（time course）等。如果没有明确的反应参数，使用者可以选择特征基因（eigengene，principal component）作为反应参数进行模式寻找。图 5-41 是 SAM 执行的示意图，从图中可见改变 Δ 值（delta：见图中两根对称的直线到直线：D[i]＝DE[i] 的距离）、或基因表达的倍数（fold change）可以调节，从而改变错误发现率。

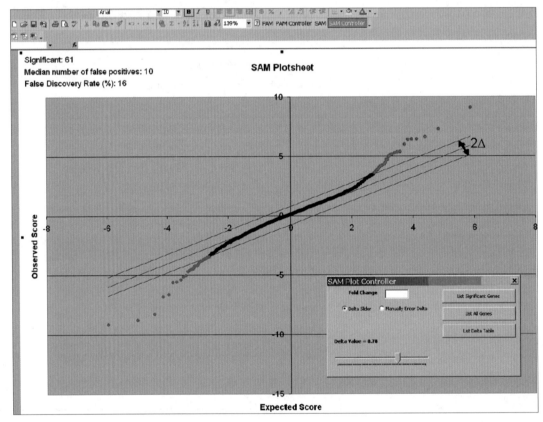

图 5-41　SAM 执行结果示意图
（引自 SAM 手册的第 19 页，另加了 Δ 值说明）

SAM 运行时注意事项：

1）数据格式严按照 SAM 手册，在运行时选择好数据格式。

2）确保基因不能只有一个或零个非缺失值（non-missing value），否则补缺（imputation）会出错。

3）当数据很大的时候可能会内存不够，这时候可以先进行补缺，然后将补缺好的数据存好，退出 EXCEL，再对补缺好的数据执行 SAM 分析。

四、聚类分析软件介绍（Cluster 和 TreeView）

Cluster 和 TreeView 是由 Michael Eisen 等开发的两个相互关联的软件，它们可用来分析基因芯

Notes

片数据并可视化。如图 5-42 所示 Cluster 软件的功能包括：层次聚类、自组织映射图、k hierarchical clustering、self-organizing maps（SOMs）、K 均值聚类法、主成分方法等。

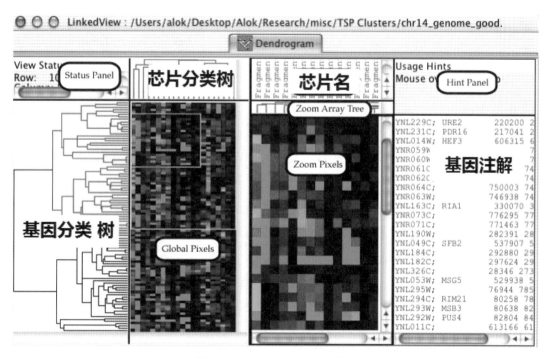

图 5-42　Cluster 软件界面

图 5-43 为 Jave Treeview 界面，分为基因分类树、芯片分类树、芯片名、基因注解，在界面上分析基因表达及其分类的细节。

图 5-43　Java TreeView 示意图

（引自 http://jtreeview.sourceforge.net/docs/JTVUserManual/figures/Dendrogram.gif）

Notes

五、Matlab 生物信息学工具箱

基因表达是指基因在生物体内的转录、剪接、翻译以及转变成具有生物活性的蛋白质分子之前的所有加工过程。人类基因组大约有两万多个基因，但是在单个细胞中，同时表达的基因往往只有几千甚至几百个，而且 Matlab 是一款强大易用的商业软件其中有专门的生物信息学工具箱（Bioinformatics Toolbox™）对下一代测序、基因芯片、基因本体论（gene ontology）分析提供算法和应用。可以直接读取生物信息学中常用的数据格式如：SAM，FASTA，CEL 和 CDF，也可以从在线数据库读取数据，它有强大的可视化工具用于分析序列、分类图，热图（heatmaps），进行各种统计与建模分析，你可以很容易的组合 MATLAB 各种工具箱及函数，来分析基因表达数据（http://www.mathworks.cn/products/bioinfo/）。

基因表达数据分析和可视化，包括：标准化（normalization），标准化方法如局部加权回归（lowess），全局平均（global mean），绝对离差中位数（median absolute deviation，MAD）和分位数标准化（quantile normalization）等；工具箱可以帮助你进行背景调节，通过稳健多阵列平均（robust multi-array average，RMA）和 GCRMA 方案来计算基因表达，同时可以对基因表达做多种可视化如火山图（volcano plots）（图 5-44）、盒形图、loglog 图等，你可以对表达数据进行聚类分析，展示 2 维的聚类图（clustergram）、热图、主成分分析图，对基因拷贝数的芯片数据还可以做 G 条纹染色法（G-banding）形式的染色体表意符号（chromosome ideograms）（图 5-45）。

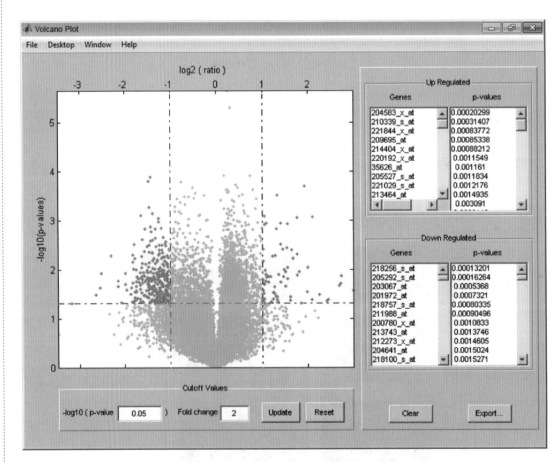

图 5-44　基因芯片数据分析的火山图显示差异基因及 _p_-value
（引自：http://www.mathworks.cn/cmsimages/59057_wl_bioinfo_fig5_wl.jpg）

Notes

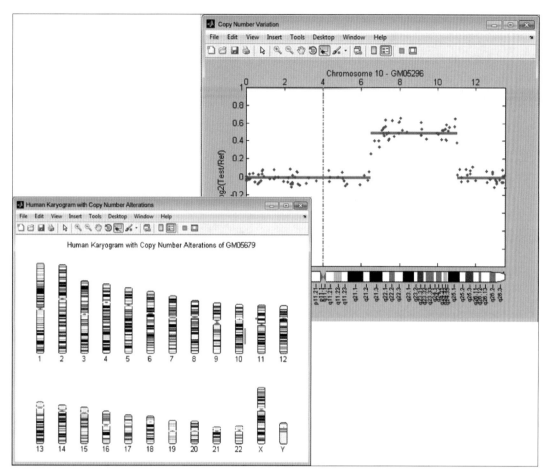

图 5-45　基因拷贝数改变（左）与对应的染色体表意符号图（右）
（引自：http://www.mathworks.cn/cmsimages/59055_wl_bioinfo_fig3_wl.jpg）

拓展阅读

　　基于基因表达组学的差异分析和聚类分析只是数据的初步分析，处理利用共表达等信息进行基因调控网络构建之外，还有很多深入的分析，如差异基因的分析是基于还原论思想的，其实疾病如癌症的机理是复杂、异质和鲁棒的，在进行差异分析时的统计平均可能会将某些只存在部分样本（sub-group samples）重要的特征给平均掉；针对同一种疾病，不同的样本找不到同样的差异表达基因等（参阅本章文献第12～13条）。在模式识别这个层次上，利用基因表达信息可以寻找到启动子和增强子的特征，从而可以对启动子和增强子进行生物信息学预测（参阅本章文献第14～15条），另外整合不同层次的基因表达数据可以帮助寻找生物标志物也是转化医学时代的一个热点（参阅本章文献第16条）。

小　　结

　　基因芯片技术的出现改变了现代生命科学研究的格局，即从还原论到整体论，从研究少数基因到研究整个系统或网络。本章主要介绍了高通量基因表达谱技术的应用价值、基因表达测定的技术常用平台以及生物信息学分析所需要的数据库；介绍了基因表达数据的初步分析：预处理、差异分析和分类分析。这些分析是进一步识别疾病相关分

Notes

子标记分析的基础，如果这一步分析的结果不可靠，后面的所有分析都将变得无意义，所以读者要进行基因表达数据分析，打好基础是十分必要的，当然这方面的分析仍然存在挑战：改善样本异质性，发展新的统计学方法，整合其他的生物医学信息建立整合模型或网络的、系统的、动态的模型，是进一步探索的基础。本章最后介绍了基因表达数据分析常用的程序和软件。通过本章的学习，读者可以掌握基因表达数据分析得基本知识、算法、软件和应用，为进一步探索打好坚实的基础。

Summary

The revolution of microarray technology have made the research paradigm of life science shift from reductionism to holism, from study of single or several genes to gene network or systems biology. This chapter introduces the basic concepts of high throughput gene expression measurement, their application, the pre-process of the data and the clustering and classification of the data. All this is the key step to the advanced mining of the biological knowledge in the gene expression data, there are still challenges in the fully understanding of the expression data, such as we need to develop novel statistical methods for the heterogeneity of the complex disease, the way to develop dynamic, network or systematic methods to integrate the biological knowledge to the models. But all the knowledge in this chapter is essential for the next step investigation. In addition, the open or commercial software tools are introduced to help the readers to get familiar with all the basics for gene expression data analysis.

（沈百荣 李冬果）

习题

1. 以下哪些是 cDNA 芯片数据的主要系统误差来源（   ）
   A. 不同染料的物理性质差异   B. 染料结合效能
   C. 点样针差异   D. 不同芯片间的差异
   E. 实验条件的差异
2. 比较集中测定基因表达平台的优缺点。
3. 简述多重假设检验对假设检验结果的影响，以及如何校正这种影响。
4. 芯片数据分析中常用到的是哪种方法？为什么？
5. 聚类分析的机器学习方法在芯片数据分析中的应用是什么？
6. 聚类分析中有哪些相似性函数，采用不同的相似性函数对结果会有什么影响？
7. 对于有监督的分类分析，如何评判分类效能的好坏？
8. 下列哪些数据库是基因表达数据库（   ）
   A. SMD   B. Gene
   C. GEO   D. ArrayExpress
   E. CGED   F. GO
9. 论述基因芯片数据的应用，说明两种常见基因表达分析软件的功能。
10. 从 GEO 数据库中查找一套肿瘤数据，然后运用所学的方法对其进行分析，讨论数据揭示的生物学意义。

Notes

参考文献

1. 孙啸，谢建明，周庆，等. R语言及Bioconductor在基因组分析中的应用. 北京：科学出版社，2006

2. 边肇祺，张学工. 模式识别. 第2版. 北京：清华大学出版社，2000

3. 蒋知俭. 医学统计学. 北京：人民卫生出版社，1997

4. Oliphant A，Barker DL，Stuelpnagel JR，et al. Enabling an accurate，cost-effective approach to high-throughput genotyping. Biotechniques，2002，Suppl：56-58

5. Yang YH，Dudoit S，Luu P，et al. Normalization for cDNA microarray data：a robust composite method addressing single and multiple slide systematic variation. Nucleic Acids Res，2002，30（4）：e15

6. Boes T，Neuhauser M. Normalization for Affymetrix GeneChips. Methods Inf Med，2005，44（3）：414-417

7. Li C，Wong WH. Model-based analysis of oligonucleotide arrays：expression index computation and outlier detection. Proc Natl Acad Sci USA，2001，98（1）：31-36

8. Tusher VG，Tibshirani R，Chu G. Significance analysis of microarrays applied to the ionizing radiation response. Proc. Natl Acad Sci U S A，2001，98（9）：5116-5121

9. Tibshirani R，Hastie T，Narasimhan B，et al. Diagnosis of multiple cancer types by shrunken centroids of gene expression. Proc. Natl Acad Sci USA，2002，99（10）：6567-6572

10. Zhang H，Yu CY，Singer B，et al. Recursive partitioning for tumor classification with gene expression microarray data. Proc Natl Acad Sci USA，2001，98（12）：6730-6735

11. Wang H，Wang Q，Li X，et al. Towards patterns tree of gene coexpression in eukaryotic species. Bioinformatics，2008，24（11）：1367-1373

12. Tang B；Wu X，Tan G，et al. Computational inference and analysis of genetic regulatory networks via a supervised combinatorial-optimization pattern. BMC Syst Biol，2010，4 Suppl 2：S3

13. Wang Y，Chen J，Li Q，et al. Identifying novel prostate cancer associated pathways based on integrative microarray data analysis. Comput Biol Chem，2011，35（3）：151-158

14. Hallikas O，Palin K，Sinjushina N，et al. Genome-wide prediction of mammalian enhancers based on analysis of transcription-factor binding affinity. Cell，2006，124（1）：47-59

15. Kim SY，Kim Y. Genome-wide prediction of transcriptional regulatory elements of human promoters using gene expression and promoter analysis data. BMC Bioinformatics，2006，7：330

16. Zhang W，Zang J，Jing X，et al. Identification of candidate miRNA biomarkers from miRNA regulatory network with application to prostate cancer. J Transl Med，2014，12：66

Notes

第二篇　功能基因组信息学
BIOINFORMATICS IN FUNCTIONAL GENOMICS

第六章 蛋白质组与蛋白质结构分析

CHAPTER 6 PROTEOMICS AND ANALYSIS OF PROTEIN STRUCTURE

第一节 引 言
Section 1 Introduction

随着人类基因组及诸多物种基因组计划的完成，生命科学研究已经进入以基因组学、蛋白质组学、代谢组学等"组学"为研究标志的后基因组时代（post-genomic era）。在后基因组时代，蛋白质组学研究越来越受到关注和重视。

蛋白质是由氨基酸以"脱水缩合"的方式组成的多肽链经过盘曲折叠形成的具有一定空间结构的有机物质，是生命的物质基础。蛋白质组（proteome）指由一个基因组（genome），或一个细胞、组织表达的所有蛋白质。虽然基因决定蛋白质水平，mRNA 只包含转录水平的调控，其表达水平并不能代表细胞内活性蛋白水平，且转录水平分析也不能反映翻译后的蛋白质功能和蛋白修饰过程，如酰基化、泛素化、磷酸化或糖基化等，因此，在生命科学和医学研究中，对蛋白质研究是不可替代的。但是，传统的对单个蛋白质进行研究的方式已无法满足后基因组时代要求。因为：①生命现象的发生往往是多因素、多水平影响的，必然涉及多个蛋白质；②多个蛋白质的参与是交织成网络的，或平行发生，或呈级联因果；③在执行生理功能时蛋白质的表现是动态的、多样的和可调控的。要全面、深入认识生命复杂活动，必然要在整体、动态水平上对蛋白质进行系统研究。

20 世纪 90 年代中期，一门新兴学科——蛋白质组学（proteomics）应运而生。蛋白质组由澳大利亚学者 Williams 和 Wilkins 于 1994 年首先提出，最早见诸 1995 年 7 月出版的 *Electrophoresis* 杂志。"Proteome"源于蛋白质与基因组两词结合，意指"一种基因组所表达的全套蛋白质"，即包括一种细胞乃至一种生物所表达的全部蛋白质。蛋白质组学是采用大规模、高通量、系统化的方法，研究某一类型细胞、组织或体液中的所有蛋白质组成、功能及其蛋白之间相互作用的学科。蛋白质组学注重研究参与特定生理或病理状态的所有蛋白质种类及其与周围环境（分子）的关系，其研究不仅能深化对生命活动规律的基本认识，也能为众多种疾病的机制阐明及防治提供理论根据和解决途径。因此，蛋白质组学已逐步成为联系基因组序列与细胞行为研究的学科，成为表观遗传学研究的重要手段，应用于医学研究中各个领域。

根据不同研究目的和手段，蛋白质组学分为表达蛋白质组学、结构蛋白质组学和功能蛋白质组学。①表达蛋白质组学：主要采用经典蛋白质组学技术如双向凝胶电泳和图像分析技术，开展细胞内蛋白样品表达的定量研究；②结构蛋白质组学：以绘制出蛋白复合物结构或存在于一个特殊的细胞器中的蛋白为研究目标的蛋白质组学，主要用于建立细胞内信号转导网络图谱并解释某些特定蛋白表达对细胞产生的特定作用；③功能蛋白质组学：以细胞在某一特定时间所表达或与某个功能相关的蛋白质集合为研究对象进行研究和描述，能够提供有关蛋白糖基化、磷酸化，蛋白信号转导通路，疾病机制或蛋白 - 药物之间相互作用的重要信息。功能蛋白质组学研究是从生命大分子（基因、蛋白质）水平到细胞水平研究的重要桥梁，成为后基因组时代研究重要组成部分。

第二节 蛋白质组数据的获取与分析
Section 2 Proteomics Data Acquisition and Analysis

蛋白质组数据（proteome database）包含已被鉴定的蛋白质组信息，如蛋白质的氨基酸序列或核苷酸序列、2-D PAGE、3-D 结构、翻译后的修饰等。蛋白质组数据的获取和分析可采用二维凝胶电泳技术、蛋白质芯片分析技术、酵母双杂交技术以及 Rosentta Stone 等方法。

一、二维凝胶电泳分析技术

二维凝胶电泳（two-dimensional electrophoresis，2-DE）是蛋白质组学研究的常用技术之一。

（一）定义及特点

广义的 2-DE 定义是将样品进行电泳后在它的直角方向再进行一次电泳，又称双向电泳。第一向是等电聚焦（isoelectric focusing，IEF），蛋白质沿 pH 梯度分离至各自的等电点。第二向是十二磺酸钠 - 聚丙烯酰胺凝胶电泳（sodium dodecyl sulfate-polyacrylamide gel electrophoresis，SDS-PAGE），蛋白质进行分子量的分离。样品经过电荷和质量两次分离后，可获得样品分子等电点（isoelectric point，pI）和分子量（molecular weight，MW）等信息，分离的结果不是获得蛋白条带，而是蛋白斑点。这是迄今为止分辨率最高、信息最多的蛋白电泳技术。目前使用广泛的 2-DE 蛋白分离的方法为固相 pH 梯度 -SDS 双向凝胶电泳。

（二）固相 pH 梯度 -SDS 双向凝胶电泳（IPG-DALT 电泳）

作为目前分辨率最高的电泳方法，固相 pH 梯度二维凝胶电泳的操作原理及技术流程主要包括以下六个步骤：

1. **样品制备**　目的是从成分复杂的细胞、组织等材料中取得纯度高的完整蛋白质组分。蛋白质提取质量的高低，直接影响获取蛋白质组信息的完整性，因此样品制备是双向电泳实验首要关键环节。

2. **蛋白质定量**　凝胶间蛋白差异比较以及不同长度、pH 梯度胶条和不同检测方法的选择，都要求对蛋白质进行定量。常用蛋白质定量方法有 BCA 法、Bradford 法及 UV280 法等，但由于这些定量方法都基于吸光度测定，而样品溶液中往往含有高浓度尿素等溶剂可能影响吸光度的准确测定，故推荐使用双向电泳蛋白质定量专用试剂盒进行检测。

3. **一向电泳**　一向电泳等电聚焦（isoelectric focusing，IEF），是根据蛋白质 pI 值不同，在电场力的作用下将其分离。pH 值梯度对等电聚焦技术相当重要。在 pH 梯度胶内，不同 pI 的蛋白质分子在电场作用下，将移动到胶条上不同 pH 值梯度位置。一向电泳不仅能将蛋白质在其等电点上浓缩，还能根据不同蛋白质所带电荷的微小差异将蛋白质分离。

4. **一向胶条的平衡**　进行第二向电泳前，需要对 IPG 胶条进行平衡（equilibration），平衡过程是将 IPG 胶条浸没在第二向电泳所必需的 SDS 缓冲体系中，以便被分离蛋白质与 SDS 完全结合并顺利转移入二向电泳的凝胶中。平衡后应立即进行第二向电泳。

5. **二向电泳**　即十二烷基磺酸钠 - 聚丙烯酰胺凝胶电泳，是根据分子量大小各异的蛋白质在电场中的泳动速率不同的原理而分离蛋白质的方法。

6. **凝胶检测**　分离后的斑点检测（spot detection）对于 2-DE 至关重要，尤其对于"差异蛋白质组"研究。适用于 SDS 凝胶中蛋白质检测的方法都可用于双向电泳凝胶检测。银染和考马斯亮蓝（R250、G250）染色，是蛋白质组研究中最为广泛使用的两种染色方法。

二、蛋白质组质谱分析技术

质谱（mass spectrometry，MS）是按照物质的质量与电荷的比值（质荷比，mass-to-charge ratio，

Notes

m/z)顺序排列成的图谱。质谱分析法是按照离子的质荷比大小对离子进行分离和测定,从而对样品进行定性和定量分析的一种方法。自 20 世纪初质谱技术发明以来,质谱已成为连接蛋白质与基因的重要研究手段,也是蛋白质组研究中发展最快、最具活力和潜力的技术。

(一)质谱仪

质谱仪(mass spectrometer)是利用电磁学原理使离子按照质荷比进行分离,从而测定物质的质量与含量的科学实验仪器。

基质辅助激光解吸 / 电离(matrix assisted laser desorption/ionization,MALDI)和电喷雾(electrpspray ionization,ESI)是蛋白质组学质谱分析中最常用的两种电离技术。MALDI 利用激光脉冲将与基质结晶混合的蛋白质样品升华并电离出来。ESI 将分析物从溶液中电离出来,可以方便地与液相色谱(liquid-chromatography,LC)联用。MALDI-MS 通常用来分析成分相对简单的肽混合物,而集成液相色谱的 ESI-MS 系统(LC-MS)是分析较复杂样品的首选。

(二)质谱的应用

1. 分子量测定 分子量是蛋白质、多肽最基本的物理参数之一,是蛋白质、多肽识别与鉴定中首先需要测定的参数。

2. 肽谱测定 肽谱是基因工程重组蛋白结构确认的重要指标,肽谱分析是蛋白质组研究中大规模蛋白质识别和发现新蛋白质的重要手段。生物质谱通过与特异性蛋白酶解相结合,可测定肽质量指纹图(peptide mass fingerprint,PMF),并获得全部肽段的准确分子量,结合蛋白质数据库检索就可实现蛋白质的快速鉴别和高通量筛选。

3. 肽序列测定 串联质谱技术可直接用于肽段的测序,从一级质谱产生的肽段中选择母离子进入二级质谱,经惰性气体碰撞后,肽段沿肽链断裂,由所得各肽段质量数差值推定肽段序列,并用于数据库查寻,称为肽序列标签技术(peptide sequence tag,PST),目前广泛应用于蛋白质组大规模筛选。

4. 巯基和二硫键定位 利用生物质谱的准确分子量测定特性,同时结合碘乙酰胺、4- 乙烯吡啶等化学试剂对蛋白质进行烷基化和还原烷基化以及蛋白质酶切、肽谱技术等,可实现对二硫键和自由巯基的快速定位。

5. 蛋白质翻译后修饰 目前已有将生物质谱技术应用于蛋白质翻译后修饰的识别与鉴定研究的报道,如用 MALDI-TOF-MS 对双向电泳分离蛋白质磷酸化位点进行定位、MALDI-TOF-MS 结合不同酶解方式确定糖基化位点等。

(三)基质辅助激光解吸电离飞行时间质谱(MALDI-TOF-MS)分析技术

1. MALDI-TOF 质谱测定肽质量指纹图 肽质量指纹图分析为目前双向凝胶电泳分离的蛋白质进行微量鉴定时使用最广泛的方法。将质谱分析获得的肽段分子质量与蛋白质数据库中理论肽段的分子质量进行比较(理论肽是由实验所用的酶来"断裂"蛋白所产生的),通过软件分析可获得蛋白质信息,根据匹配情况判断出所鉴定分析的蛋白质是已知的还是未知的。这一技术能够完成的肽质量可精确到 0.1 个分子量单位,是大规模蛋白质鉴定的重要手段。

互联网上常用于蛋白质肽质量指纹图鉴定的网站见表 6-1。

表 6-1 用于蛋白质 PMF 鉴定的数据库搜索软件及地址

软件 / 程序名称	地址
Mascot	http://www.matrixscience.com/
PepBank	http://pepbank.mgh.harvard.edu
Peptide Search	http://immunet.cn/mimodb/cgi-bin/peptide_search.pl
MS-Fit	http://prospector2.ucsf.edu/prospector/cgi-bin/msform.cgi?form＝msfitstandard
ProFound	http://prowl.rockefeller.edu/prowl-cgi/profound.exe

Notes

　　2. MALDI-TOF 质谱技术用于蛋白质 C- 端序列分析　肽质量指纹术对其自身而言并不能揭示所衍生的肽片段或蛋白质，为进一步鉴定蛋白质，出现了一系列质谱方法描述肽片段（peptide fragment）。在质谱仪内，应用源后衰变（post-source decay，PSD）和碰撞诱导解离（collision-induced dissociation，CID）可产生包含有仅异于一个氨基酸残基质量的一系列肽峰质谱。此外，用酶或化学方法从 N- 或 C- 末端按顺序除去不同数目氨基酸，亦可形成大小不同的一系列梯形肽片段，所得的一定数目肽质量由 MALDI-TOF-MS 测量。

　　（四）电喷雾质谱分析

　　1. 电喷雾电离质谱测定蛋白质和多肽分子质量　蛋白质和多肽分子经电喷雾电离时，会吸附一个或多个质子，形成一系列带电荷状态不同的分子离子，在质谱中形成荷质比不同的谱峰。一般可根据谱峰的同位素离子峰分布情况以及利用相邻两峰的荷质比和电荷数关系计算求得离子分子质量。

　　2. 液相色谱 - 电喷雾质谱法鉴定双向凝胶电泳蛋白质　对双向凝胶电泳分离的蛋白质点经酶解后的多肽混合物进行液相色谱 - 电喷雾质谱联用（LC-ESI MS）鉴定分析，同样可以得到 PMF。

　　（五）串联质谱（MS/MS）

　　单纯用 PMF 不能明确鉴定时，就要用其他信息来鉴定蛋白质。串联质谱的使用能够对基于 PMF 的结果进行再分析或对未赋值的质谱峰信号进行研究。对于初始用 PMF 法鉴定的蛋白，可选择其中部分肽段峰进行 MS/MS 分析，得到肽段的序列。

三、蛋白质芯片分析技术

　　蛋白质芯片（protein chips）技术又称蛋白质微阵列（protein microarrays），是一种高通量的、小型化的、平行性的生物检测技术。

　　（一）基本原理与特点

　　蛋白质芯片是将已知蛋白点印在固定于不同种类支持介质上，制成由高密度蛋白质或多肽分子微阵列组成的蛋白微阵列，阵列中固定分子的位置及组成已知，未经标记或标记（荧光物质、酶或化学发光物质）的生物分子与芯片上探针反应，通过扫描装置如激光扫描系统（laser scanner basessystem）或电荷偶联照像系统（charge coupled device-camera，CCD-camera）检测信号强度，量化分析杂交结果，检测蛋白质。

　　蛋白质芯片具有以下特点：①特异性强，由抗原与抗体之间、蛋白与配体之间特异性结合决定；②敏感性高，可检测出样品中微量蛋白的存在，检测水平达 ng 级；③高通量，一次实验可对上千种目标蛋白同时检测，效率极高；④重复性好，不同批次实验间差异很小；⑤应用性强，样品的前处理简单，只需对少量实际样本进行沉降分离和标记后，即可加于芯片上进行分析和检测；⑥适用范围广，适用于包括组织、细胞及体液等多种生物样品。

　　（二）分类

　　1. 根据功能　可分为功能研究型芯片（functional protein microarrays）和分析检测型芯片（analytical protein microarrays）。功能研究型芯片多为高密度芯片，载体上固定的是天然蛋白质或融合蛋白，主要用于蛋白质活性以及蛋白质组学相关研究。分析检测型芯片密度相对较低，载体固定抗原或抗体等，主要用于生物分子的大量、快速检测。

　　2. 根据蛋白质种类　可分为抗体芯片和抗原芯片。抗体芯片载体固定特异性抗体或抗体类似物，检测标本中是否存在抗原及抗原浓度。抗原芯片检测自身免疫性疾病中的特异性抗体、过敏性疾病的过敏原和受微生物感染的宿主体内抗体等。

　　3. 根据芯片表面化学成分　可分为化学表面芯片和生物表面芯片。化学表面芯片分为疏水、亲水、阳离子、阴离子和金属螯合芯片，用于检测未知蛋白质，并获取指纹图谱。生物表面

Notes

芯片结合生物活性分子于芯片表面,用于捕获靶蛋白,分为抗体 - 抗原、受体 - 配体及 DNA- 蛋白质芯片等。

4. 根据点样蛋白质活性功能　分为无活性芯片和有活性芯片。无活性芯片将已经合成好的蛋白质点在芯片上,分为原位合成、点合成及光蚀刻术 3 类;有活性芯片将活的生物体(如细菌)点在芯片上,在芯片原位表达蛋白质。相对于无活性芯片,有活性芯片可提供模拟机体内环境,能够更有效分析蛋白质功能。

5. 根据载体　可分为普通玻璃载体芯片(plain-glass slide)、多孔凝胶覆盖芯片(porous gel pad chip)及微孔芯片(microwell chip)等。

(三)蛋白质芯片检测及分析

1. 待测样品准备　蛋白质芯片检测对象包括蛋白质、酶底物或其他小分子。以蛋白质为例,首先标记待测蛋白质,标记物包括荧光剂(如 Cy3、Cy5、Bodipy- FL)和酶(如辣根过氧化物酶、碱性磷酸酶、β-D- 葡萄糖醛酸酶等)。也可根据实验需要,待被测蛋白质与芯片反应后进行特异性标记,如在免疫反应中,利用酶标二抗进行间接标记。

2. 反应过程　待蛋白质芯片与被测样品溶液在适宜温度下孵育一定时间后用 PBST 洗去未反应分子,再根据不同标记物直接检测(如荧光标记)或显色后检测(如酶标记)。

3. 芯片检测　生物芯片技术核心是芯片制备及反应信号检测。对于荧光标记芯片,用荧光扫描仪或激光共聚焦显微镜扫描,利用计算机分析各点平均荧光密度;对于酶标记芯片,显色后可用 CCD 照相机拍摄,利用计算机处理信号得到各点灰度。

4. 结果分析　芯片制作过程应设计对照反应,或设定阴阳性结果阈值。排除各点荧光密度或灰度背景干扰后与阈值比较并定量分析。结果分析中需利用相应软件处理大批量数据。

(四)应用领域

1. 基因表达筛选　制备 cDNA 文库表达蛋白芯片,筛选特异性基因表达产物。

2. 特异性抗原抗体检测　蛋白质芯片上的抗原抗体反应具有很好的特异性,结合使用特异性抗体,可检测整个细胞或组织中蛋白质丰度和修饰程度。

3. 蛋白质组学研究　基于高通量分析技术定量检测组织和细胞中蛋白质表达水平,比较健康、患病或用药等不同条件下蛋白质谱表达差异性,弥补了传统二维凝胶电泳和质谱分析技术的不足。

4. 蛋白质相互作用研究　芯片上蛋白质能保持生物活性,多个高密度待测蛋白质,能够并行、高通量地研究蛋白质 - 蛋白质、蛋白质 - 小分子以及酶 - 底物之间相互作用,以筛选新蛋白。还能够高通量、大规模地筛选药物靶分子。

四、酵母双杂交系统

酵母双杂交系统(yeast two-hybrid system)是一种直接于酵母细胞内检测蛋白质 - 蛋白质相互作用且灵敏度很高的分子生物学方法。1989 年由 Fields 和 Song 等在研究酵母真核基因转录调控中首次建立并得到广泛应用。

(一)酵母双杂交系统原理

真核细胞调控转录起始位点特异转录活化因子通常具有 2 个彼此可分割开的结构域,即 DNA结合结构域(DNA-binding domain, DNA-BD)以及转录激活结构域(transcriptional activation domain, AD)。这 2 个结构域各具功能,互不影响,但完整的特定基因表达激活因子必须同时含有 2 个结构域,任何一个单一结构域均不能激活功能。此外,真核生物中有一种特殊的上游激活序列(upstream activating sequence, UAS),可以在转录水平上进行基因表达调控,与激活蛋白结合从而大大增加启动子转录速度。酵母中转录活化因子 GAL4 蛋白能激活转录主要因为其二个结构可分、功能相互独立的结构域,即位于氨基(N)端的 DNA-BD 及位于羧基(C)端的 AD。

Notes

根据 GAL4 特性，可构建两种重组质粒载体，分别表达 GAL4 蛋白的 DNA-BD（N 端 1～147 个氨基酸）和 AD（羧基端 768～881 个氨基酸）。若在 DNA-BD 上连接"诱饵"蛋白 X 基因，在 AD 上连接"猎物"蛋白 Y 基因，再将这两个质粒共同转入酵母体内表达。或将此两种重组质粒分别转入两种不同酵母，然后使两种酵母进行杂交配对融合从而达到两种重组质粒共转化目的，可显著增加重组质粒转化效率。如果酵母体内表达的蛋白 X 和 Y 在酵母核内发生交互作用，可使得 DNA-BD 和 AD 在空间上接近，从而激活 UAS 下游启动子调节的酵母特定报告基因（如 *LacZ*、*HIS3*、*LEU2*、*ADE2*）的表达，使转化子由于报告基因的表达而可以在特定的营养缺陷培养基上生长，同时因激活转录下游 *GAL1-LacZ* 和（或）*MEL1* 基因的表达，从而在 X-β-Gal 和（或）X-α-Gal 存在下显蓝色，可用于排除筛选假阳性克隆。这样可根据报告基因是否转录表达判断"诱饵"蛋白 X 与"猎物"蛋白 Y 之间相互作用。由于该系统将一个蛋白 X 与 *GAL4* 的 DNA-BD 杂交，再将第二个蛋白 Y 与 *GAL4* 的 AD 杂交，故称双杂交系统。目前双杂交系统大多都应用于酵母中，故称酵母双杂交系统。

酵母双杂交系统及其衍生系统基本操作程序包括：①诱饵蛋白表达质粒的构建和鉴定，即 DNA-BD 与诱饵 DNA 融合构建成诱饵重组质粒；②诱饵蛋白自身转录活性分析，即将诱饵重组质粒转化酵母，检测诱饵蛋白质自身激活能力；③猎物蛋白 cDNA 文库的构建；④酵母双杂交筛选 cDNA 文库获得阳性克隆；⑤阳性克隆在加有 X-Gal 的营养缺陷培养基的平板上进行回转验证鉴定，质粒提取纯化、序列测定。

（二）酵母双杂交系统特点与应用

1. 双杂交系统具有独特的特点 与传统蛋白质相互作用研究方法相比，该技术不仅可以精确测定蛋白质间微弱相互作用，且在 DNA 水平操作，不需要在体外进行大量表达和纯化蛋白质。

2. 应用 酵母双杂交系统可快速直接分析已知蛋白质间相互作用；可筛选 cDNA 文库，分离与已知蛋白作用的新配体及其基因序列。酵母双杂交技术已成为发现新基因的主要途径，是研究蛋白间交互作用最有力的工具之一。

（三）酵母双杂交系统的局限性及优化

1. 转化效率低 双杂交过程酵母细胞转化效率相当低，比细菌低约 4 个数量级，成为该技术瓶颈。基因文库筛选和建立时，质粒的转化效率是成败的关键。可采用共转化或依次转化提高效率。

2. 适用范围有限 双杂交过程在细胞核内完成，而许多蛋白质间相互作用不仅局限于核内，而依赖于在胞质内完成的翻译后加工，如糖基化等。因此对于研究膜蛋白、分泌蛋白、膜受体及胞质蛋白有较大局限性。可采用分离泛素系统（split-ubiquitin system）及 SOS 蛋白介导的双杂交系统（SOS recruitment system）研究发生在胞膜或胞质中蛋白相互作用。

3. 存在假阳性及假阴性 某些蛋白质具有激活转录功能使 DNA-BD 杂交蛋白在无特异激活结构域情况下激活转录，产生假阳性。另外假阴性也存在。因而需要更多物理和生化手段克服酵母双杂交假阳性及假阴性。

4. 外源蛋白毒性及翻译后修饰 酵母中大量表达的外源蛋白质可能对酵母产生毒性，影响菌株生长和报告基因表达。可以针对表达型载体进行改进。另外酵母对蛋白质翻译后的加工修饰水平较低。哺乳动物细胞双杂交系统可克服翻译后修饰。

此外，酵母双杂交衍生出的单杂交（one-hybrid system）、反向双杂交（reverse two-hybrid system）及三杂交（three-hybrid system）系统等补充和扩展传统双杂交系统方法。

总之，酵母双杂交技术在蛋白质相互作用研究领域发挥着重要作用：发现新蛋白质及蛋白质的新功能、细胞体内研究抗原和抗体的相互作用、筛选多肽药物作用位点及药物对蛋白质之间相互作用的影响、绘制蛋白质相互作用图谱及研究基因和蛋白质的结构与功能等。

Notes

五、Rosetta Stone 方法

随着测序技术的飞速发展,越来越多物种的基因组完成测序,能够应用高通量实验技术及计算方法构建基因组范围内蛋白质相互作用网络。近年来开发出 Rosetta Stone 方法,认为基因进化过程中发生融合的基因必然存在功能关联,可基于基因组上下文计算方法预测蛋白质相互作用。

(一)Rosetta Stone 方法来源

罗塞塔石碑(Rosetta Stone)是公元前 196 年的一块刻有古埃及法老托勒密五世(Ptolemy V)诏书的大理石石碑,最早是 1799 年在埃及罗塞塔(Rosetta)发掘出的。罗塞塔石碑为破译失传已久的象形文字提供关键线索。基于罗塞塔石碑原理预测蛋白互作的方法法又称基因融合法(gene fusion method)。例如某物种中基因 C 的两个片段分别与同一物种或另一物种中基因 A 及基因 B 同源,既可认为基因 A 与基因 B 存在功能相关性,借助于基因 C 能找到无同源性的基因 A 及基因 B 之间关联。基因 C 称为罗塞塔石碑基因(Rosetta Stone gene),其表达蛋白称为罗塞塔石碑蛋白。根据罗塞塔石碑蛋白 C 可预测蛋白质 A 与蛋白质 B 之间存在相互作用。该方法理论基础是基于功能相关蛋白常常共进化的性质。

(二)Rosetta Stone 方法的应用

利用 Rosetta Stone 方法,检索大肠埃希菌基因组中 4290 种编码蛋白基因在其他生物细胞基因组的融合情况,共发现 6809 对蛋白能构成 Rosetta Stone 序列,其中 3950 对蛋白能在 SWISS-PROT 数据库检索到注释功能,有 2682 对蛋白共享至少同一个关键词,说明蛋白对功能相关。应用此法检索酵母菌基因组,发现 45 502 对相关蛋白的基因序列。但是,Rosetta Stone 方法预测得到的蛋白互作网络,必须进一步通过实验分析以提高其准确性。可利用噬菌体展示技术、酵母双杂交系统、免疫共沉淀法、X 线结晶学以及表面等离子共振技术等有效检测蛋白质相互作用高通量实验技术,为蛋白质组学发展奠定坚实的基础。

六、蛋白质组学分析软件与数据库

数据库技术和相关分析软件,是蛋白质组学研究不可缺少的信息学工具,可用于数据的存储、管理与分析(表 6-2)。

表 6-2　常用蛋白质组学分析工具及网址链接

分析工具	网址链接
3DID	http://3did.irbbarcelona.org
Base Peak	http://base-peak.wiley.com
Binding MOAD	http://www.bindingmoad.org
dbest database	http://www.ncbi.nlm.nih.gov/dbest/index.html
DOMINE	http://domine.utdallas.edu
EMBL	http://www.narrador.embl-heidelberg.de
Expasy proteomics tools	http://www.expasy.ch/tools
Gelbank	http://gelbank.anl.gov
CentrosomeDB	http://centrosome.dacya.ucm.es
ConsensusPathDB	http://cpdb.molgen.mpg.de
EndoNet	http://endonet.bioinf.med.uni-goettingen.de
HPRD	http://www.hprd.org
InterPreTS	http://www.russell.embl.de/cgi-bin/interprets2
InterPro	http://www.ebi.ac.uk/interpro

Notes

分析工具	网址链接
Lutefisk97	http://www.lsbc.com: 70/lutefisk97.html
Mascot	http://www.matrixscience.com
Mowse	http://www.seqnet.dl.ac.uk/bioinformatics/webapp/mowse
M-scan	http://www.m-scan.com
NCBI homepage	http://www.ncbi.nlm.nih.gov
NOPdb	http://www.lamondlab.com/NOPdb3.0
PeptideSearch	http://www.narrador.emblheidelberg.de/Services/PeptideSearch/PeptideSearchIntro.html
PIR	http://pir.georgetown.edu
Predictome	http://predictome.bu.edu
ProteinProspector	http://prospector.ucsf.edu
ProFound	http://prowl.rockefeller.edu/cgi-bin/ProFound
Protana	http://www.protana.com
Proteome Analysis DB	http://www.ebiac.uk.proteome
Saccharomyces cerevisiae genome database	http://genome-www.stanford.edu/saccharomyces/
Sys-BodyFluid	http://www.biosino.org/bodyfluid
SysPIMP	http://pimp.starflr.info
SWISS-2DPAGE	http://www.expasy.org/ch2d
SEQUEST	http://fields.scripps.edu/sequest/start.html
UniHI	http://www.unihi.org
UniProt	http://www.uniprot.org
VirHostNet	http://pbildb1.univ-lyon1.fr/virhostnet/index.php

（一）常用蛋白质组分析工具

1. 蛋白质表达分布图数据库　与 GenBank 等核酸序列和表达序列标签（EST）相连接，如日内瓦大学的 xPASy 系统已成为现阶段蛋白质组学分析中最基础、最重要的信息来源。

2. 蛋白质组图谱自动识别软件包　肽图（peptide mapping）包含一个蛋白质全部质谱（MS）信息，肽段（peptide fragment）包含蛋白质多个片段质谱信息（类似于 EST）。这两种方法都需将实测的蛋白质谱与数据库中每种蛋白的理论质谱数据比较及统计分析。

此外，蛋白质结构预测方法（如多序列对位排列和结构排列等）也可提高蛋白质组分析的效率和准确性。

（二）蛋白质组分析软件

1. 图像分析　计算机图像分析系统能够分析双向凝胶电泳图谱，包括二维电泳图像采集系统和二维电泳凝胶分析系统。图像采集系统一般采用电荷耦合器件（CCD）相机、光密度扫描仪和激光诱导荧光检测仪等对图像进行数字化，根据吸光度大小获得蛋白质点的光密度信息。分析软件多是以控制斑点的重心或最高峰来进行边缘检测和邻近分析，一旦图像上的斑点被检测出来后就可匹配不同凝胶间（即样品间）蛋白质组分。

2. 微量测序（microsequencing）　蛋白质的微量测序已成为蛋白质分析和鉴定的基石。目前主要采用 N- 末端 Edman 降解技术，可实现自动化蛋白质微量测序。

3. 质谱数据　质谱鉴定主要包括数据的计算机处理和蛋白质的数据库搜寻鉴定。质谱数据经计算机处理后，可使用三种数据库搜寻方式"鉴定"蛋白质：①利用 MS 数据搜寻，即 PMF 法；②利用"原始"MS/MS 数据搜寻法，即不经过串联质谱数据解析而直接网上搜寻；③先对串联质谱数据进行解析，获得部分多肽片段氨基酸序列后对蛋白质进行序列查询法鉴定。

Notes

4. 肽质谱指纹图（PMF）与肽序列测定   由于氨基酸序列不同，蛋白质酶（如胰酶）酶解后产生的酶切肽片段序列也不同，其肽混合物质量数具一定特征，称为肽质谱指纹图（PMF）。PMF采用酶对由双向凝胶电泳分离的蛋白在胶上或膜上于精氨酸或赖氨酸 C- 末端处进行断裂，所产生的精确肽相对分子质量通过质谱来测量。所有肽质量最后与数据库中肽段质量相配比，理论肽由实验所用的酶来"断裂"蛋白所产生。用实测肽段质量搜索蛋白质序列库，结合适当算法鉴定蛋白质。

5. 氨基酸组分   利用氨基酸组分异质性，基于双向凝胶电泳图谱鉴定蛋白质。通过放射标记的氨基酸来测定蛋白质组分，或将蛋白质印迹到 PVDF 膜上并进行酸性水解，每一样品氨基酸自动衍生并由色谱分离。根据两组分间数目差异分数，可排列数据库中蛋白质，挑选出最可能的蛋白质。多种工具可用于氨基酸组分分析，如 AACompIdent、ASA、FINDER、AAC-PI 及 PROP-SEARCH 等。

（三）蛋白质组数据库

1. 综合性蛋白质 2DE 数据库   基于双向电泳图片的数据库是重要的蛋白质组数据库。具有数据直观性，以蛋白质双向电泳图片为基础，并整合其他数据库中信息，如蛋白质序列、结构及功能等。数据库包括：SWISS 2D-PAGE 数据库、Argonne 2D-PAGE 数据库、Max Planck 感染生物学研究所（MPIB）创建的蛋白质 2D-PAGE 数据库、美国 LSBC 公司研发的 2D-PAGE 数据库、上海生物科学研究所创建的 SBS 2D-PAGE 数据库、中国国家生物医学分析中心的双向电泳 - 质谱蛋白质数据查询平台（NCBA-2D）等。

2. 哺乳类 2DE 数据库   主要包括有：丹麦 Aarhus 大学人类基因组研究中心的 2D-PAGE 数据库、英国心脏科学中心 Harefield 医院维护的心脏内皮细胞 HSC 2D-PAGE 数据库、德国柏林心脏研究所的人类心肌 2D-PAGE 数据库、美国国立癌症研究中心建立的癌症细胞的 2DE 蛋白质表达数据库、澳大利亚 JPSL 网站组建的有关乳腺癌细胞等细胞组织的蛋白质表达数据库、日本东京首都老年医学研究小组创建的年龄相关蛋白质组数据库 TMIG 2D-PAGE 及美国华盛顿大学内耳蛋白质数据库（Wash U. Inner Ear PDB）等。

3. 微生物类和植物类 2DE 数据库   微生物类 2DE 数据库主要包括细菌（如新月柄杆菌、天蓝色链霉菌及流感嗜血杆菌等）、真菌（如酿酒酵母及白色念珠菌等）和寄生虫（如蠕虫及原虫等）三类。植物类 2DE 数据库包括：澳大利亚国立大学 ANU 2D-PAGE、法国 INRA Cestas 的树木 2D-PAGE 以及德国 Hannover 大学拟南芥菜属线粒体蛋白质组计划。

（四）质谱数据库查询和蛋白质鉴定常用软件

1. PepSea   一种简单、快捷的肽图分析软件，检索前必须先获得肽序列标签（PST）。在检索较大蛋白时积分较高，随机匹配的可能性也较大。

2. SEQUEST   可以使用未经解释的肽段质谱信息检索数据库，即基于整个质谱图谱查询数据库信息。主要采用交叉关联方法计算所测得的质谱数据中蛋白质序列间关系，并对数据库蛋白质序列进行排序。可使用多个肽片段序列信息进行查询，无需人工干预，但查询相当费时。

3. PeptIdent/MultiIdent   基于遗传算法的蛋白质鉴定软件，数据库中已有的蛋白质谱数据作为训练集。在检索较大蛋白质时随机匹配的可能性很大。

4. ProbID   基于概率模型的串联质谱结果分析方法，在分析肽质量图谱时采用贝叶斯公式，有关肽片段的信息可较容易地整合到记分函数中，考虑两种离子信息（b 离子和 y 离子），可有效计算记分函数。

5. MOWSE（molecular weight search）   即分子量搜索，基于概率算法的数据库查询软件，记分方法依据肽片段分子量在数据库中的出现频率。利用通过质谱（MS）技术获得的信息，并利用完整蛋白质分子量及其被特定蛋白酶消化后产物的分子量，一种未知蛋白质能被确认，得出由若干实验才能决定的结果。

6. ProFound　基于 Bayesian 算法对数据库中的蛋白质按其肽片段出现的概率进行排序，并综合考虑每个蛋白质序列详细信息，同时在算法中也考虑了实验室中观察到的酶解产生肽片段的蛋白质序列信息，大大提高算法的灵敏度和选择性。

（五）PMF 质谱分析基本步骤

1. 核对谱图，扣除本底等因素引起的失真，进行峰值校正，选择分析范围。

在分析质谱图谱前，需明确几个质谱图相关概念：

（1）相对丰度：以质谱中最强峰为 100%（称基峰），其他碎片峰与之相比的百分数。

（2）总离子流（TIC）：即一次扫描得到的所有离子强度之和，若某一质谱图总离子流很低，说明电离不充分，不能作为一张标准质谱图。

（3）动态范围：即最强峰与最弱峰高之比。若太窄，会造成有多个强峰出头，都成为基峰，而该要的（常为分子峰）却记录不出来。这样的图也是不标准的，检索、解析起来都很困难。因此，要确定好扫描的分子量范围。

（4）本底：未进样时，扫描得到的谱图，空气成分、仪器泵油、底物、缓冲液及吸附在离子源中其他样品等所导致的背景峰。

获得图谱后，需检查仪器检测质量数是否准确，扫描条件是否合适等，以得到一张标准而可靠的质谱图：①检查质谱图总离子流、动态范围及本底等值，要控制进样量及放大器放大倍数，还要扣除本底，以得到一张标准的质谱图；②以内标肽段峰质量数为基准对谱图肽段质量数进行校正。内标是指在质谱点样时在样品中加入已知理论质量的肽段，这样可以通过它来校准精确度，从而提高搜库时的可信度。有时，Matrix 和 Trypsin 的自酶解峰就可以作为内标。但通常加入一个分子量 3000 左右的肽段作为内标，这样大部分酶解的肽段在两个内标之间，校准的精度就更高。一般认为用分子量大于 800 的肽段去搜库的可信度较好。图 6-1 是牛血清白蛋白（bovine serum albumin，BSA）PMF 图谱实例，图 6-2 是其 500～900 区域的放大图。

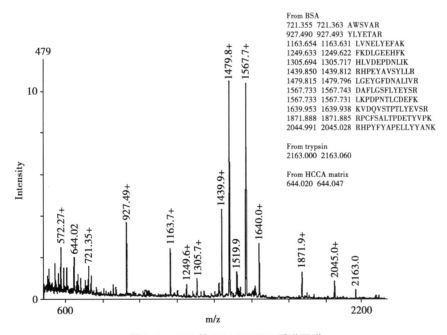

图 6-1　BSA 的 MALDI-TOF 质谱图谱

以牛血清白蛋白（bovine serum albumin，BSA）PMF 图谱为例。右上角显示质谱分析数据，数据分析由 VEMSmaldi v2.0 完成。第一列表示实验肽段质量数，第二列表示理论酶切后肽段质量数，第三列表示 BSA 酶切后各肽段序列。质谱图中各肽段峰上数字表示各峰相对应的质荷比（m/z）值，（+）表示该实验峰质荷比值与理论酶切后肽段峰质荷比值相匹配（图片来源于：Rune Matthiesen. Mass Spectrometry Data Analysis. Humana Press, 2003.）

Notes

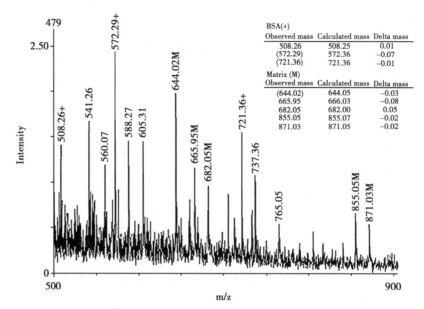

图 6-2 BSA 的 MALDI-TOF 质谱图谱 500～900 区域放大图

各标记肽段峰上,(+)表示 BSA 酶切后肽段峰,(M)表示基质峰。数据分析由 VEMSmaldi v2.0 完成

(图片来源于：Rune Matthiesen. Mass Spectrometry Data Analysis. Humana Press，2003.)

2. 确定肽指纹谱峰值数据集,剔除与所鉴定蛋白无关的质量峰 来源于其他杂质的肽段峰,如胰酶自消化酶解峰、角蛋白肽段峰及基质峰等会影响 PMF 的搜库结果,增加假阳性结果的可能,甚至能导致搜库的失败。因此在核对初始谱图时,需要把基质峰、酶自解峰、角蛋白峰、及知道的污染峰等给剔除掉,将剩下的峰值列表进行 PMF 搜索。

经剔除基质峰、酶自解峰等信号,图 6-1 中 BSA 的肽指纹质量数数据集为,721.355、927.490、1163.654、1249.633、1305.694、1439.850、1479.815、1567.733、1639.953、1871.888、2044.991。

3. 数据库搜索及参数设置 在将 PMF 结果进行数据库搜索之前,需要根据样品的准备方法对搜索参数进行设置,如样品来源于何种组织、是纯化还是经过凝胶分离所得、有无经过特殊的化学处理如还原和烷基化。特殊的化学处理有可能对蛋白质的氨基酸残基进行修饰,从而影响数据库的搜索结果。

（1）选择允许的化学修饰：通常根据样品在制备过程中的化学处理方法选择肽段的固定修饰（fixed modification）,根据样品的组织来源可选择肽段的可变 / 选择性修饰（variable modification）。对于真核组织蛋白质,常选择肽段 N 末端的乙酰化（acetylation）及甲硫氨酸的氧化,oxidation（M）,作为可变 / 选择性修饰;半胱氨酸（cysteine）常被还原及烷基化,据烷化剂的不同其固定修饰亦不同,如用碘乙酰胺（iodoacetamide）进行烷基化,应在固定修饰项中选择酰胺甲基化,carbamidomethylation（C）。

（2）确定可耐受的质量数精确度（mass tolerance）：可耐受的质量数精确度通常指对于这次搜索可以耐受的精确程度。这一参数描述实验所得肽段峰质量数与搜索理论数据库中质量数的匹配程度,用以反映实验所得数据的质量数准确性,单位可用道尔顿（Da）或百万分率（parts per million, ppm）。一般选择 50～200ppm 或 0.1～0.3Da,可根据需要变化。

（3）确定酶切所用蛋白酶：最常用来进行 PMF 分析的蛋白酶为胰蛋白酶（trypsin）。该酶酶切位点为 /K/R-\P,其中 /K/R 表明是在赖氨酸（lysine, Lys, K）和精氨酸（arginine, Arg, R）的前面切,-\P 表示若 K、R 后面紧跟着 P（脯氨酸）,则无法酶切。

（4）确定允许漏切的酶切位点个数：多数蛋白酶消化都可能产生含有酶切位点但未能被酶切的肽段。根据各种蛋白酶的酶切效率,在搜索时最好考虑此类可能被漏掉的酶切位点个数。对于胰蛋白酶,通常允许在每个肽段内有一个漏切的酶切位点。如果搜索失败,即无法得出显

Notes

著和可靠的匹配结果,可以将此参数设置为 0 或 2 进行再搜索。如果设置为 2,则在搜索后需要对匹配的结果进行人工分析和评价。

(5)确定肽段质量数值(mass values)及计算模式:肽段质量数值的选择是指确定该质谱图为哪种离子化法的谱图,一般 MALDI TOF 所电离的肽段都是 M+H 质子化的。质量数值计算模式有单同位素模式(monoisotopic)和平均值模式(average)两种。质谱仪测定的不是酶切后肽段本身的质量,而是质量同电荷的比值(m/z)。在 MALDI-TOF 高分辨率质谱仪检测中,产生的多为单电荷离子,肽段峰通常都是带有一个质子的峰,即单同位素峰。

(6)根据搜索蛋白的匹配对象选择合适的数据库及物种(taxonomy)限定:至少要选择包含有目标蛋白或其同源蛋白的数据库。通常选择 NCBI 数据库,该数据库涵盖了目前已公开的所有蛋白质序列,最大可能的包含了目标蛋白质的信息。数据库的大小也可通过限制其物种分类来缩小,如此不仅可以减少搜索时间,也可减少跨物种蛋白质鉴定结果的可能性。但这种基于同源蛋白质的跨物种间搜索有助于鉴定哪些全基因组序列尚不清楚的物种相关蛋白质。

物种限定不能设得太窄,至今对每个物种的基因还不完全清楚,不同物种可以相互补充的。

(7)确定估计等电点(pI)及分子量(molecular weight,MW)数值:用来 PMF 搜索的蛋白质样品制备通常都是通过凝胶分离,目标蛋白质的等电点及分子量等值可通过凝胶分析进行估计,并可作为附加参数用以限制搜索结果。但不是所有的搜索程序都会考虑此类参数,通常 pI 和 MW 都不用限制,根据检索结果和已知数据确定。

蛋白质鉴定的软件和算法 MASCOT 和 PEPTIDENT 的参数设置如表 6-3 和表 6-4 所示。

表 6-3 MASCOT 参数设置

参数	参数设置
Database searched	SWISS-PROT
Taxonomy	Mus musculus
Enzyme	Trypsin
Max missed cleavages	1 or 2
Fixed modifcation	Carbamidomethyl
Protein mass	None
Peptide mass tolerance	±0.5Da
Mass values are	Monoisotopic
Report top	20

注:mascot 的优点在于引入了显著性检验,即在多少分以上实验获得肽段与理论上的酶切肽段之间的匹配是由于蛋白质相同而不是由于随机原因造成的

表 6-4 PEPTIDENT 参数设置

参数	参数设置
Database searched	SWISS-PROT
Protein mass range	40～60kDa
PI range	4～6
Species searched	Mus musculus
Digested used	Trypsin
Peptide mass accurance	±0.5Da
Cysteines are treated with	Idoacetamide
Peptide masses are	Monoisotopic
Number of peptides requried for match	4
Number of missed cleavage sites	1
Number of matching proteins display	20

注:PepIdent 没有从统计学上来保证数据库的查询质量,其可信度有限

Notes

现以牛血清白蛋白（bovine serum albumin，BSA）为例，采用 MASCOT 搜索工具进行 PMF 分析鉴定（图 6-3、图 6-4、图 6-5、图 6-6）。

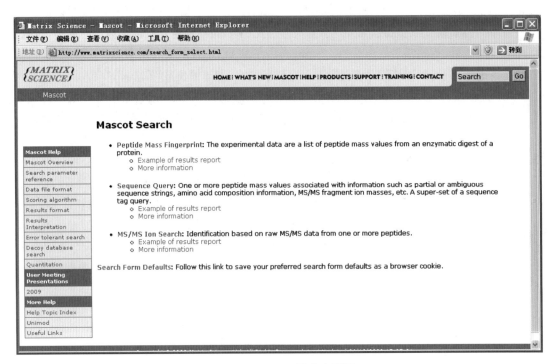

图 6-3　MASCOT 搜索主界面

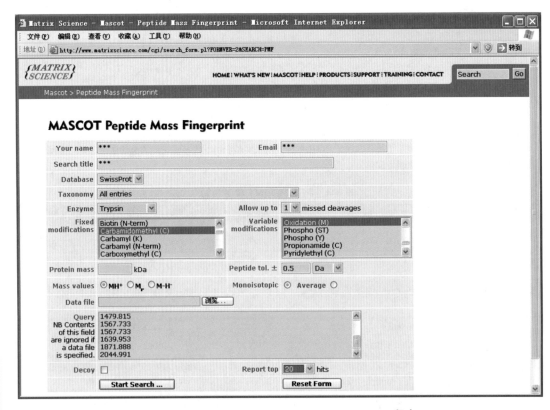

图 6-4　选择 MASCOT Peptide Mass Fingerprint 程序

Notes

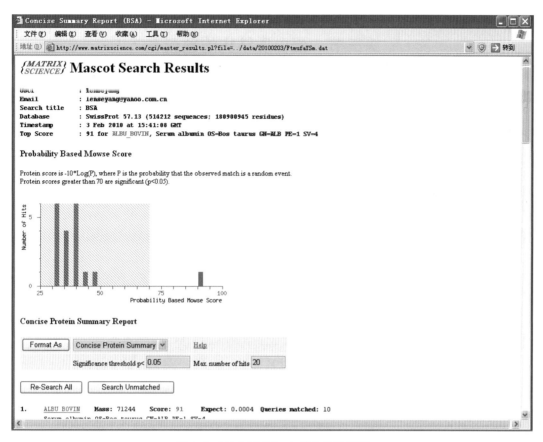

图 6-5 MASCOT PMF 搜索结果界面

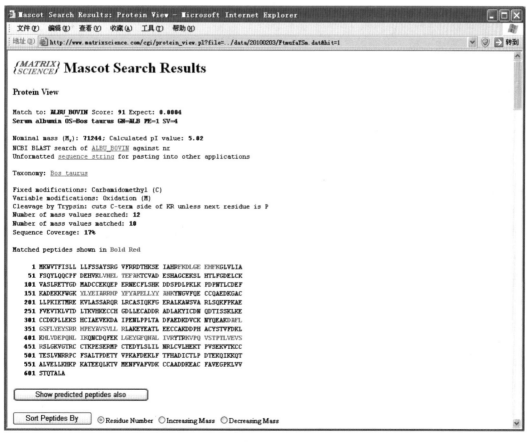

图 6-6 搜索结果蛋白详细信息

Notes

第三节 蛋白质结构的预测
Section 3 Prediction of Protein Structure

蛋白质功能多样性的基础是其分子结构的多样性和复杂性。丹麦生物化学家 Kai Linderstrom-Lang 首先将蛋白质结构划分为三级结构；之后英国科学家 Bernal 提出四级结构；随着技术发展，又出现了超二级结构和结构域的定义，从而揭示了蛋白质结构的丰富层次。大量实验证明，蛋白质的高级结构从根本上是由蛋白质一级结构决定的，但也受到所处溶液环境影响。目前随着技术的发展，蛋白质序列数据库数据量极速增长，但实验测定的蛋白质结构比已知蛋白质序列少得多。目前来看，要减少两者之间差距，不能完全依赖于结构测定技术，需要发展理论分析方法，运用适当算法从序列出发预测蛋白质结构。蛋白质结构预测是结构基因组学的重要内容，是后基因组时代主要研究任务之一。通过测定或预测获得的蛋白质结构三维模型，在研究蛋白质结构特征、其生物学功能的分子机制、与其他蛋白质或配体分子之间的相互作用等多方面有着广泛应用，例如点突变作用分析、酶促反应机制研究、蛋白质复合物和活性位点的界面相互作用分析、晶体衍射数据的定相（phasing）、相近家族的归类、配体类药化合物的设计和虚拟筛选等都离不开蛋白质三维结构。同时，大多数药物作用的靶点是蛋白质，因此获得那些与重要疾病相关的蛋白质三维结构对于设计新药具有非常重要的指导意义。

一、蛋白质结构预测概述

1961 年提出的 Anfinsen 原理为从氨基酸序列预测蛋白质空间结构奠定了理论基础，即蛋白质分子的一级序列决定其空间结构，而蛋白质天然构象是能量最低的构象。Li 和 Scheraga 等曾用随机搜索方法确定多肽构象，但单纯构象搜索对于结构和自由度复杂得多的蛋白质无能为力。

目前蛋白质三维结构预测方法主要发展自两个方向：

1. 物化理论分析 根据蛋白质天然构象处于热力学最稳定、能量最低状态的理论，计算蛋白质分子中所有原子间相互作用及蛋白质和溶剂间的相互作用，通过能量最小化方法获得体系能量最低的构象，即从头预测方法。但目前还缺乏有效的方法计算蛋白质构象的全局能量最小点。同时，复杂生物环境中，热力学条件下蛋白质周期性或无规则动态运动，与溶剂分子或配体小分子的相互作用，不同的溶剂环境、浓度环境，或者膜、凝胶、多孔吸附材料等界面条件，都可能导致实际条件下的蛋白质构象与理论计算的最稳结构有较大差距。但即使如此，理论计算所得的结构也往往能在一定程度上反映出实际结构中的大部分特征，如二级结构、超二级结构、结构域的组成和相互作用等。

2. 统计学方法 对已有蛋白质的构象进行统计分析，从一级序列预测其二级结构进而构建三级结构。目前二级结构预测的准确率已经达到 65% 左右。但是一般准确率达到 80%，才能通过二级结构准确搭建三级结构。这种方法已成功地用于蛋白质的同源建模，即从与目标蛋白同源性较好的蛋白质三维结构出发，预测目标蛋白的三维结构。同源建模是当前最被广泛使用的结构预测方法，但当找不到合适模板时，折叠识别方法更为实用。折叠识别方法不需要同源性模板，并且客服二级结构预测不十分精确的困难，直接得到有参考价值的三维结构。

随着计算方法的发展，这三种结构预测方法间的界限越来越模糊，且逐渐相互融合。同源建模在寻找模板时作用明显，折叠识别则运用序列进化信息提高序列比对的精确度，一些最新的从头预测算法有时也能达到折叠识别的效果。

二、蛋白质二级结构预测方法及软件

蛋白质中约 85% 的残基处于三种稳定二级结构，α 螺旋、β 折叠和 β 转角。二级结构预测

Notes

的目标是根据一级结构判断残基是否处于特定二级结构。其基本依据是：每段相邻的氨基酸残基具有形成一定二级结构的倾向，通过统计和分析发现这些倾向或者规律，二级结构预测问题可转化为模式分类和识别问题。

蛋白质一级结构预测始于 20 世纪 60 年代中期，大体分为三代。第一代是基于单个氨基酸残基统计分析，从有限的数据集中提取各种残基形成特定二级结构的倾向。第二代方法统计的对象是长 11 到 21 个氨基酸片段，以之体现中心残基所处的环境，从而以残基在特定环境形成特定结构的倾向作为依据预测中心残基的二级结构。这些算法可以分为：①基于统计信息；②基于物理化学性质；③基于序列模式；④基于多层神经网络；⑤基于多元统计；⑥基于机器学习的专家规则；⑦最邻近算法。前两代方法有共同的缺陷，即只利用局部，最多预测 20 个残基信息。统计分析表明局部信息仅包含 65% 左右的二级结构信息，长程相互作用不容忽视。因此，只利用局部信息二级结构预测方法准确率都小于 70%，尤其对 β 折叠预测的准确率仅为 28% 至 48%。第三代方法通过对一个蛋白质家族序列比对得到进化信息，计算各残基的保守程度，同时引入长程信息，描述其结构特征。此方法准确率能达到 70% 到 75%。特别是对 β 折叠，预测结果与实验观察趋于一致。首先达到 70% 的方法是基于统计的神经网络方法 PHDsec。

虽然二级结构预测准确率有待提高，其预测结果仍能提供许多结构信息，因此常作为蛋白质空间结构预测的第一步，是内部折叠、内部残基距离预测的基础，并可用于推测蛋白质功能，预测蛋白质结合位点等。

（一）蛋白质二级结构预测方法

1. DPM（双重预测方法） 先预测蛋白质的结构分类再预测序列的二级结构，分为四步：从氨基酸组分预测蛋白质结构分类，用简单算法初步预测二级结构，比对两个独立预测，最后优化参数得到二级结构。

2. DSC 算法 将二级结构预测分为两步，首先预测基本概念，然后利用简单线性统计方法结合概念预测二级结构，其准确率较高。

3. PHDsec 基于神经网络系统预测二级结构算法，被认为是二级结构预测的标准。首先将提交的靶序列进行 BLASTP 查询 SWISS-PROT 数据库得到同源序列，将查询结果过滤后再进行 CLUSTALW 多序列比对，得到的进化信息作为神经网络的输入值进行计算；同时采用 20 种氨基酸描述蛋白质序列的全局信息，根据局部序列间关系和整体蛋白质性质来预测残基二级结构。

4. SOPMA 位于法国里昂的 CNRS（centre national dela recherche scientifique）。它用 GOR（garnier-gibrat-robson）、Levin 同源预测方法、DPM、PHD 和 CNRS 的 SOPMA 这五种相互独立方法预测，并汇集整理"一致预测结果"，准确率达 69.5%。

5. MLRC 算法 集 GOR4、SIMPA96 和 SOPMA 为一体，处理蛋白质二级结构预测结果，并估计分类的后验概率。

6. Jpred 1998 年由 Barton Group 创建，运用 Jnet 神经网络算法，准确率可达到 76.4%。

（二）蛋白质结构域识别方法

结构域（domain）对应独立折叠的一段连续氨基酸序列，通常由一个基因外显子编码，并具有特定功能。一般是构成蛋白质亚基的紧密球状区域，在蛋白质中具有相对独立三级结构，在较大的蛋白质中结构域之间通过较短的多肽柔性区互相连接，形成较大的蛋白质分子中二级结构与三级结构之间的一个过渡层次。一般每个结构域约由 100～200 个氨基酸残基组成，构成独特空间构象，实现特定生物化学功能，是蛋白质工程化设计的基本单位。

目前结构域识别方法主要包括根据蛋白质空间结构信息利用机器学习方法获取结构域信息的方法、通过对具有代表性三级结构的蛋白质建立隐马尔可夫模型方法、分析蛋白质序列构象熵值判定结构域边界的方法、运用神经网络从蛋白质序列获取结构域边界方法和基于经验的人工划分方法等。

Notes

（三）蛋白质二级结构预测软件

目前较为常用的二级结构预测软件包括 PSIPRED、Jpred、PREDATOR、PSA、SOPMA 及 PredictProtein 等。以人基质金属蛋白酶（matrix metalloproteinase 14，MMP14，NCBI 蛋白质数据库编号 NP_004986）为例，介绍 Jpred、SOPMA 及 PredictProtein 等预测软件。

1. Jpred（http://www.compbio.dundee.ac.uk/~www-jpred/） Jpred 首页及部分分析结果见图 6-7，预测得到 MMP14 有 8 个 α- 螺旋区（H）和 21 个 β- 折叠区（E），其他区域均为无规则卷曲区（-）。

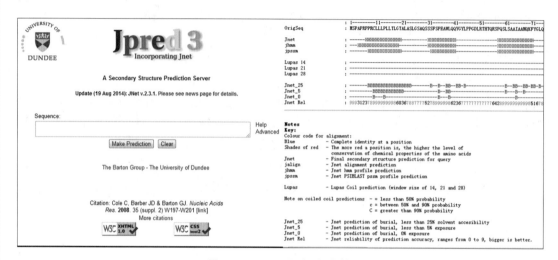

图 6-7 Jpred 预测二级结构

2. SOPMA（https://npsa-prabi.ibcp.fr/cgi-bin/npsa_automat.pl?page=/NPSA/npsa_sopma.html）SOPMA 主页及预测结果如图 6-8 所示，MMP14 含有 α 螺旋（h）27.66%、延伸链（e）19.24%、β 转角（t）11.34% 和无轨卷曲（c）41.75%。

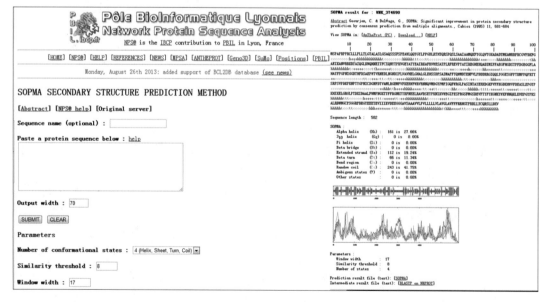

图 6-8 SOPMA 预测二级结构

3. PredictProtein（https://www.predictprotein.org/） 二级结构预测和溶剂可及性分析如图 6-9，目标蛋白序列中的 Helix（红）和 Strand（蓝）被 RePROF（上）和 PROFsec（下）两种方法预测出来，同时溶剂可及（Exposed，蓝）与不可及（Buried，黄）的残基也被 PROFacc 方法计算出来。各特征残基的比例以饼状图显示。

Notes

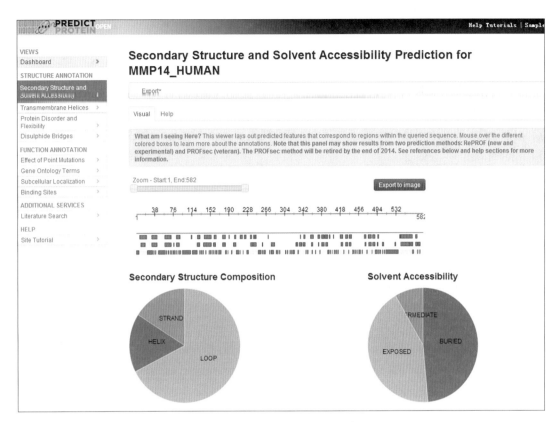

图 6-9 PredictProtein 预测

三、蛋白质三维结构预测方法及软件

目前,蛋白质三维结构预测方法有三类:①比较建模(comparative modeling,CM)需要与目标序列的相似度较高(>30%)的已知结构模板;②当缺乏同源性较高的模板时,就需用复杂方法获得合适的模板并产生更确切的比对,这种过程被称为远程同源建模(distant homology modeling)、折叠识别(fold recognition)或穿线法(threading);③不直接用已知模板的方法称为自由建模(free modeling)或从头预测(ab initio)法。

(一)比较建模法

1. 比较建模的原理 比较建模又称同源建模(homology modeling),原理较简单,基于进化相关的序列具有相似的三维结构且进化过程中三维结构比序列保守的原理,利用进化相关模板结构信息建模。

2. 比较建模基本步骤 比较建模包括以下几个步骤且常需不断重复才能获得满意的结构模型:①将目标序列作为查询序列来搜索 PDB 和 SWISS-PROT 等已知蛋白质结构数据库,确定和识别一个同源模板,或选择已知结构的同源序列作为建模的模板;②将目标序列和模板序列进行比对,利用多种比对方法或手工校正以改进和优化靶序列和模板结构的比对,比对中可以加入空格;③以模板结构骨架作为模型,建立目标蛋白质骨架模型;④构建环区(loops)和侧链,优化侧链位置;⑤优化和评估产生的模型,使用能量最小化或其他方法优化结构,如利用分子动力学、模拟退火等优化结构。

3. 比较建模法的局限性 传统的比较建模是通过 PSI-BLAST 找到已知结构的相关蛋白。比较建模最大的挑战是对模板链进行空隙和插入的建模。目标蛋白与模板结构保守性的程度及序列比对的正确性严重影响预测模型的准确性。与模板一致性超过 50% 的序列建模通常较为可靠,其 Cα 原子位置与实验结构的平均偏差约 1Å;蛋白质序列一致性在 30%~50% 时,至

Notes

少可共有 80% 的结构，在该范围的最好模型与实验结构中 Cα 原子位置平均偏差 <4Å（典型为 2～3Å），且其误差主要在环区；当序列一致性为 20%～30% 或甚至低于 20% 时，结构保守性能低至 55%。因此，比较建模主要在序列一致性大于 30% 的序列间进行。

4. 常用比较建模服务器和软件

（1）SWISS-MODEL 服务器（http://www.expasy.org/swissmod/SWISS-MODEL.html）：是目前最广泛使用的基于网络的免费蛋白质 3D 自动建模服务器。它与 ExPASy 网站和 DeepView 程序紧密相连。

（2）MODELLER 软件（http://salilab.org/modeller/）：此软件需要用户提供目标序列与其模板的比对结果，能够自动计算由非氢原子组成的模型，并通过搜索序列数据库、多序列比对、聚类、对高柔性环区进行从头建模和多模型优化等方法，进一步修正模型。

（3）HHpred 服务器和软件（http://toolkit.tuebingen.mpg.de/hhpred）：既可使用交互式服务器也可使用下载的软件进行模板的搜索、序列比对、二级结构预测等同源建模准备，并利用 MODELLER 构建三维模型。

（4）Accelrys Discovery Studio 软件（http://accelrys.com/products/discovery-studio/visualization-download.php）：是一个综合生物大分子结构分析和计算机辅助药物设计等多种功能的软件。整合 MODELLER 用于同源建模，和后续模型评价。并可进行相关结构域和活性位点分析。

（5）MOE（molecular operating environment）软件（http://www.chemcomp.com/）：综合生物大分子结构分析和计算机辅助药物设计等多种功能的商业软件。其优势在于可视化工具非常方便，便于对分子局部操作，对所建模型进一步局部优化和修正。

（二）折叠识别法

结构在进化上的保守性要高于序列。随着三维结构数据库的迅速扩充，已经积累了足够的数据来覆盖小的蛋白质结构，使得折叠识别法近年来发展很快，尤其在只能找到同源性小于 30% 的模板时比较适用。此方法包括两步：①将目标蛋白序列和已知的折叠进行匹配，根据比对的进化信息在已知的结构中找到一个或几个匹配最好的折叠结构，作为建模的模板；②将目标序列的：线"穿"到模板的折叠结构上，拼装出最好的匹配模型。显然此方法的关键仍在于目标序列与已有折叠模板的比对，现在已经有大量的算法如序列 PPA（profile-profile alignments）、structural profile alignments、隐马尔可夫模型和其他机器学习算法等。序列 PPA 可能是最常用和有效的穿线方法，与靶 - 模板单序列比对不同，PPA 将目标序列的多重序列比对（multiple sequence alignment，MSA）的序列谱（profile）与模板 MSA 的序列谱一起比对。在 Live-Bench-8 实验中，表现较好的方法是 BASD/MASP/MBAS、SFST/STMP、FFAS03 和 ORF2/ORFS 等基于序列 PPA 的算法。但这种方法局限性在于已有的蛋白质折叠类型还是有限的，序列相似的蛋白也可能具有明显不同的折叠模式等。

（三）蛋白质三维结构的从头预测方法

如果目标蛋白序列缺乏已知结构的同源蛋白质，则可采用从头预测方法或称自由建模法。从头预测法的理论依据是 Anfinsen 假说，即在给定条件下蛋白质的天然结构对应其自由能最低的状态。成功的从头预测依赖于以下因素的有效性：①通过能量优化找到的蛋白质结构具有充分的结构可靠性和计算可控性；②符合实际的力场或其他作用力描述方法；③高效而准确地搜索构象空间重要区域的算法；④对获得结构进行准确评估的方法。与前两种预测方法相比，从头预测方法的发展是缓慢而艰难的，单纯地从物理方法出发对蛋白质结构预测仍然是个假设，主要还是应用于局部的结构优化。

目前这三种结构预测方法间的界限越来越模糊，且逐渐相互融合。David Baker 的 Rosetta 方法最近取得了很大的进展，其 Robetta 服务器（http://robetta.bakerlab.org/）将穿线法、同源建模和从头预测有效整合，可望为弱同源模板结构的蛋白质结构预测发挥作用。

四、对结构预测结果的评价

面对多种的模型和预测方法，有一些公共范围的实验评估方法，主要有 LiveBench、CASP、CAFASP 和 EVA 等。

1. LiveBench（LB）实验方法 该实验方法由 Rychlewski 和 Fischer 创建。每周收集新公布的蛋白质结构，利用这些相对大量的预测靶，LB 不断地对各自动服务器进行能力评估，约半年评估这些预测方法一次。

2. CASP 和 CAFASP 实验方法 即蛋白质结构预测评估规范（critical assessment of protein structure prediction，CASP）和 CAFASP 实验。该方法每两年举行一次，用于检测现行建模方法的能力和局限、确定研发的进展并阐明问题的瓶颈，是蛋白质结构预测领域的一个重要里程碑。CASP1 始于 1994 年，至今已完成 CASP11。最新的 CASP 实验显示，在比较建模领域，最成功的方法是利用同义策略（consensus strategies），即基于多重模板或蛋白片段的重组构建最终模型。CAFASP（critical assessment of fully automated structure prediction）试验用于评估自动结构预测方法，与 CASP 针对相同的目标蛋白（target）。

3. EVA 实验方法 主要用于用于二级结构预测、接触预测、比较蛋白质结构建模和穿线法 / 折叠识别。

第四节 蛋白质结构数据库
Section 4 Protein Structure Databases

蛋白质结构数据库是结构生物信息学的关键组成。随 X 线晶体衍射技术、NMR 和冷冻电子显微镜技术等的发展，更多的蛋白质三维结构得到测定，丰富了蛋白质结构数据库 PDB（protein data bank）；随蛋白质结构分类研究的深入，出现了蛋白质家族、折叠模式、结构域和回环等结构层次的定义，构成了 SCOP（structural classification of protein）和 CATH 等蛋白质分类数据库；此外还有存储次级结构的 targetDB、FSSP 和 DSSP；或者是比较专业化的蛋白质建模结构数据库 SWISS-MODEL，生物磁共振数据库 BMRB 等。

一、蛋白质三维结构数据库

PDB（http://www.rcsb.org/pdb）是用于保存生物大分子结构数据的常用档案库，由美国 Brookhaven 国家实验室于 1971 年创建的。1998 年 10 月为适应结构基因组和生物信息学研究的需要，由美国国家科学基金委员会、能源部和国家卫生研究院资助成立了结构生物学合作研究协会（research collaboratory for structural bioinformatics，RCSB），主要负责 PDB 数据库的维护。目前主要成员为拉特格斯大学（Rutgers University）、圣地亚哥超级计算中心（San Diego Supercomputer Center，SDSC）和国家标准化研究所（National Institutes of Standards and Technology，NIST）。在世界各地有多个 PDB 的镜像网站，如表 6-5。

PDB 中包含了通过 X 线单晶衍射、磁共振和电子衍射等实验手段确定的蛋白质、多糖和核酸等生物大分子的三维结构数据。最初 PDB 中只含有七个生物大分子的结构，之后随着结构测定方法的成熟以及人们对数据共享观点的改变，PDB 库中的数据量迅速增加（图 6-10）。目前 PDB 库的信息是每周进行更新，截止到 2014 年 9 月 16 日，PDB 总共收录了 103 354 条结构数据，其中，收录包括 95 633 个蛋白质结构、2726 个核酸结构、4969 个蛋白 / 核酸复合物和 26 个其他结构。详细数据见表 6-6。PDB 数据库网站主页如图 6-10，在新一代的交互式界面的支持下，其大多数页面可由用户自行定义不同的显示面板。

PDB 数据库以文本文件的方式存放数据，每个分子各用一个独立的文件，都有唯一的 PDB-ID。

Notes

它包含 4 个字符，由大写字母和数字组成（如血红蛋白的 PDB-ID 为 4HHB）。文件中除了原子坐标外，还包括物种来源、化合物名称、结构以及有关文献等基本注释信息。此外，还给出分辨率、结构因子、温度系数、蛋白质主链数目、配体分子式、金属离子、二级结构信息、二硫键位置等和结构有关的数据。PDB 格式的文件可以用于一些图形软件直观观察蛋白质的三维结构，例如 VMD、Jmol、Swiss-PDBviewer 及 RasMol 等。

表 6-5　PDB 的主要镜像点

PDB 主要的镜像点	镜像所在国家	网址及 ftp 地址
圣地亚哥超级计算中心	美国	http://www.pdb.org/ ftp://ftp.rcsb.org/
拉特格斯大学	美国	http://rutgers.rcsb.org/
国家标准化研究所	美国	http://nist.rcsb.org/
剑桥晶体数据中心	英国	http://pdb.ccdc.cam.ac.uk/ ftp://pdb.ccdc.cam.ac.uk/rcsb/
新加坡国立大学	新加坡	http://pdb.bic.nus.edu.sg/ ftp://pdb.bic.nus.edu.sg/pub.pdb/
大阪大学	日本	http://pdb.protein.osaka-u.ac.jp/ ftp://pdb.protein.osaka-u.ac.jp/
米纳斯联邦大学	巴西	http://www.pdb.ufmg.br/ ftp://vega.cenapad.ufmg.br/pub/pdb/

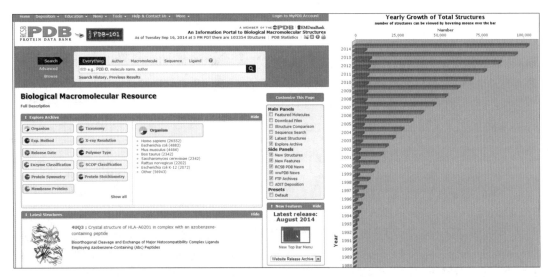

图 6-10　PDB 数据库及其快速增长的数据量

表 6-6　PDB 数据库收录条目一览表

实验方法	分子类型				总数
	蛋白质	核酸	蛋白质 / 核酸复合物	其他	
X- 射线衍射	85 540	1559	4551	5	91 655
磁共振	9291	1093	220	7	10 611
电镜	580	67	190	0	837
混合	63	3	2	1	69
其他	159	4	6	13	182
总计	95 633	2726	4969	26	103 354

Notes

PDB 数据库允许用户用各种关键字进行检索,如功能类别、PDB 代码、名称、作者、空间群、分辨率、来源、入库时间、分子式、参考文献和生物来源等项。用户不仅可以得到生物大分子的各种注释、原子空间坐标和三维图形,并能链接到一系列与 PDB 相关的数据库,包括 SCOP、CATH、Medline、ENZYME 和 SWISS-3DIMAGE 等。除了使用关键字搜索,用户也可以按照分类查看 PDB 数据库。分类方式以及各类中的条目数(至 2014 年 9 月 16 日)如表 6-7。

二、蛋白质结构分类数据库

(一) SCOP(http://scop.mrc-lmb.cam.ac.uk/scop/)

蛋白质结构分类数据库 SCOP,是对已知蛋白质结构进行分类的数据库(图 6-11),根据不同蛋白质的氨基酸组成及三级结构的相似性,描述已知结构蛋白的功能及进化关系。SCOP 数据库的构建除了使用计算机程序外,主要依赖于人工验证。SCOP 数据库建立于 1994 年,由英国医学研究委员会(Medical Research Council,MRC)的分子生物学实验室和蛋白质工程研究中心开发和维护。另外全世界的主要镜像站点如表 6-8。目前 SCOP 数据库的最新版本是 2009 年 2 月 23 日发布的 1.75 版,在该版本中共含有 38 221 个已有结构的蛋白质以及 110 800 个蛋白质结构域,详细的信息统计如表 6-9。除此之外,SCOP 提供一个非冗余的 ASTRAIL 序列库,通常被用来评估各种序列比对算法;一个 PDB-ISL 中介序列库,用于比对搜索与未知结构序列远源的已知结构序列;还可以链接到 PDB 等外部数据库来检索更多信息。

在 SCOP 数据库中对蛋白质的分类基于树状层级,从根到叶依次为类(class)、折叠类型(fold)、超家族(super family)、家族(family)、蛋白质结构域(protein domain)、来源物种(species)、单个 PDB 蛋白质结构记录。其中,家族用来描述相近的蛋白质进化关系。通常将序列相似度在 30% 以上的蛋白质归入同一家族,即其有比较明确的进化关系。某些情况下,尽管序列的相似度低于这一标准,也可以从结构和功能相似性推断其来自共同祖先,而归入同一家族。超家族用来描述远源的进化关系,如果序列相似性较低,但其结构和功能特性表明有共同的进化起源,则将其视作超家族。折叠类型用来描述空间的几何关系,无论有无共同的进化起源,只要二级结构单元具有相同的排列和拓扑结构,即归入相同的折叠方式。最后,顶级的种类 class 则依据二级结构组成分为:全 α 螺旋,全 β 折叠,α 螺旋和 β 折叠,α 螺旋 + β 折叠以及其他特殊种类。这样的树状层次,便于对目标蛋白的结构功能特征进行定位。

2014 年一个新的继承于 SCOP 的蛋白质分类数据库 SCOP2(http://scop2.mrc-lmb.cam.ac.uk/front.html)开始投入使用。SCOP2 借用了 SCOP 的 4 个分类层次,但其定义有所不同。而且不同于 SCOP 的树状层次结构,SCOP2 是基于复杂网络结构。目前这种新的数据库模式还在测试和发展之中,也许能够使蛋白质的分类与关系构建达到一个新的水平。

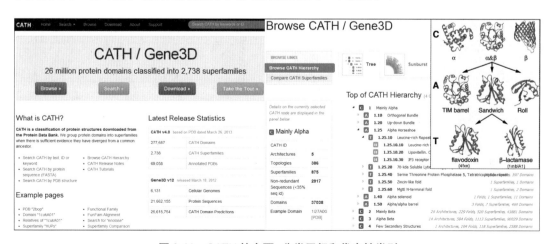

图 6-11 CATH 的主页、分类层级和代表性类别

Notes

表 6-7　PDB 数据库分类查询及各类条目数（至 2014 年 9 月 16 日）

Organism	Exp. Method	Release Date	Enzyme Classification	Protein Symmetry	Membrane Proteins	Taxonomy	X-ray Resolution	Polymer Type	SCOP Classification	Protein Stoichiometry
Homo sapiens (26552)	X-ray (91655)	before 2000 (10970)	Hydrolases (20659)	Asymmetric (58625)	ALPHA-HELICAL (1836)	Eukaryota (53015)	less than 1.5 Å (7090)	Protein (95633)	Alpha and beta proteins (a/b) (11955)	Monomer (48462)
Escherichia coli (4882)	Solution NMR (10543)	2000-2005 (17798)	Transferases (16164)	Cyclic (31087)		Bacteria (38185)	1.5 - 2.0 Å (30561)	Mixed (5097)		Homomer (38189)
Mus musculus (4466)	Electron Microscopy (837)	2005-2010 (33304)	Oxidoreductases (9498)	Dihedral (7789)	BETA-BARREL (343)	Viruses (6897)	2.0 - 2.5 Å (30588)	DNA (1515)	Alpha and beta proteins (a+b) (11046)	Heteromer (12025)
Bos taurus (2342)	Hybrid (69)	2010-today (41282)	Lyases (4118)	Icosahedral (464)	MONOTOPIC MEMBRANE PROTEINS (316)	Archaea (3823)	2.5 - 3.0 Å (16435)	RNA (1083)	All beta proteins (10672)	more choices...
Saccharomyces cerevisiae (2342)	Solid-State NMR (68)	this year (6865)	Isomerases (2363)	Tetrahedral (290)		Unassigned (2899)	3.0 and more Å (7015)		All alpha proteins (7622)	
Rattus norvegicus (2202)	Neutron Diffraction (45)	this month (515)	Ligases (2232)	Octahedral (221)		Other (954)	more choices...		Small proteins (2282)	
Escherichia coli K-12 (2072)	Electron Crystallography (43)	more choices...		Helical (200)					Multi-domain proteins (alpha an... (1196)	
Other (56943)	Fiber Diffraction (38)			more choices...					Peptides (773)	
	Solution Scattering (32)								Other (1592)	
	Other (24)									

Notes

表6-8 世界主要SCOP镜像站点

地区	位置	URL
UK	SCOP home server in Cambridge	http://scop.mrc-lmb.cam.ac.uk/scop/
USA	University of California, Berkeley	http://scop.berkeley.edu/
Taiwan	National Tsing Hua University	http://scop.life.nthu.edu.tw/
Singapore	National University of Singapore	http://scop.bic.nus.edu.sg/
Russia	Institute of Protein Research	http://scop.protres.ru/
India	Indian Institute of Science, Bangalore	http://iris.physics.iisc.ernet.in/scop/

表6-9 SCOP数据库1.75版的统计信息

蛋白质种类 （Class）	折叠子数目 （Folds）	超家族数目 （Superfamilies）	家族数目 （Families）
全α螺旋蛋白	284	507	871
全β折叠蛋白	174	354	742
α螺旋和β折叠	147	244	803
α螺旋+β折叠	376	552	1055
复合结构域蛋白	66	66	89
膜蛋白	58	110	123
小蛋白	90	129	219
总和	1195	1962	3902

（二）CATH（http://www.cathdb.info/）

另一个代表性蛋白质结构分类数据库是由伦敦大学于1993年开发和维护的CATH（图6-11）。该数据库的名称CATH分别是数据库中四种分类层次的首字母，即蛋白质的种类（class，C）、二级结构的构架（architecture，A）、拓扑结构（topology，T）和蛋白质同源超家族（homologous superfamily，H）。与SCOP不同，CATH的蛋白质种类为全α、全β、α-β（α/β型和α+β型）和低二级结构四类，其中低二级结构类是指二级结构成分含量很低的蛋白质分子。第二个层次是蛋白质分子的构架，就如同建筑物的立柱和横梁等主要部件，主要考虑α螺旋和β折叠形成超二级结构的排列方式，而不考虑其连接关系。这一层次的分类主要依靠人工方法。第三个层次为拓扑结构，即二级结构的形状和二级结构间的联系，与SCOP中的折叠模式fold相当。第四个层次为结构的同源性，是先通过序列比对再用结构比较来确定的。总的来说，SCOP注重从蛋白质进化角度进行分类，而CATH偏重于从结构角度对蛋白质分类，其分类基础是蛋白质结构域。除了结构上的四层分类外，CATH数据库还根据序列相似度将结构域分为同一序列家族（sequence family，>=35%）、直系家族（orthologous Family，>=60%）、相似结构域（like domain，>=95%）或相同结构域（identical domain，=100%）。

目前CATH数据库最新版本是基于2013年3月26日的PDB数据建立的4.0版，该版本中含有235 858个蛋白质结构域，40个二级结构构架，1375个拓扑结构以及2738个同源蛋白质超家族。同PDB蛋白质结构数据库相似，每一个蛋白质都会有一个不重复的标号。

三、其他常用蛋白质结构数据库

1. SWISS-MODEL数据库（http://swissmodel.expasy.org/） 收录的蛋白质结构都是使用SWISS-MODEL对Swiss-Prot蛋白质序列数据库或其他蛋白质序列进行自动同源建模所得到的结构数据，该数据库保持定期更新。建立该数据库的主要目的在于提供最新的蛋白质3D结构注释信息。同时SWISS-MODEL直接从PDB数据库获得最新的实测三维结构，存于其模板数据库（SMTL，SWISS-MODEL template library）。2014年9月为止，SMTL已收集385 274条模

Notes

板链，68 420 条特别残基序列，150 445 个四级结构组件（又称生物单位，biounits）。除了搜索模板，此数据库可提供蛋白质四级结构和必要的配体和辅助因子的注释，以方便构建完整的结构模型，包括寡聚体结构。通过结构模型的注释信息可与其他数据库进行交叉链接，就可以在蛋白质序列数据库和结构数据库之间自由切换。

2014 年最新版本的 SWISS-MODEL 网站允许用户以交互方式搜索模板，根据序列相似性对其聚类，从结构上比较不同模板，最后选择适当的模板用于建立模型，并且还允许用户对数据库中的模型质量进行评价。或者用户还可以使用旧版的 SWISS-MODEL 工作平台（http://swissmodel.expasy.org/workspace/），构建蛋白质的三维模型。

2. **生物磁共振数据库**（BMRB, http://www.bmrb.wisc.edu/）　由美国威斯康星大学麦迪逊分校组织构建的专门用于存放蛋白质、多肽、核酸等物质磁共振 NMR 波谱数据，以及对应的分子研究的源数据、研究所使用的实验条件和设备、与研究相关的重要出版物等信息。

随着测序技术和预测方法不断发展，涌现了很多蛋白质结构相关的数据库。这些数据库存储蛋白质序列、分类、家族、二级或三级结构、膜蛋白、结构域以及结构修饰等信息（表 6-10）。

表 6-10　常用蛋白序列和结构数据库

数据库	说明	网址链接
GenBANK	核酸序列数据库	http://www.ncbi.nlm.nih.gov/genbank
EMBL	核酸序列数据库	http://www.embl-heidelberg.de/
UniProKB（Swiss-Prot/TrEMBL）	蛋白质序列和功能	http://www.uniprot.org/
PIR	蛋白质序列数据库	http://pir.georgetown.edu/
OWL	非冗余蛋白质序列	http://www.bioinf.man.ac.uk/dbbrowser/OWL/
SWISS-MODEL	从序列模建结构	http://swissmodel.expasy.org/
PDB	蛋白质三维结构	http://www.rcsb.org/pdb
REAID	蛋白质结构修饰数据库	http://pir.georgetown.edu/cgi-bin/resid
生物信息科学数据共享平台（SDSPB）	蛋白质序列与功能	http://lifecenter.sgst.cn/protein/en/proteinHome.do
InterPro	蛋白质序列分析与分类	http://www.ebi.ac.uk/interpro/scan.html
SCOP	蛋白质分类数据库	http://scop.mrc-lmb.cam.ac.uk/scop/
CATH	蛋白质分类数据库	http://www.cathdb.info/
Pfam	蛋白质家族和结构域	http://pfam.xfam.org/
PROSITE	蛋白质功能位点	http://prosite.expasy.org/
BMRB	生物磁共振数据库	http://www.bmrb.wisc.edu/

第五节　蛋白质功能分析
Section 5　Analysis of Protein Function

蛋白质的结构与功能是统一的，其高度特异化的功能是由其高度特异化的结构所决定的，反过来针对蛋白质的结构分析很大程度上也是为对蛋白质的功能分析和预测所服务的。

一、蛋白质功能分析概述

蛋白质结构的高度复杂性以及趋同进化、趋异进化等多种进化关系的交叉，使得序列相似性、结构相似性和功能相似性不一定存在绝对的对应关系。但是随着结构生物信息学的飞速发展，多种通过蛋白质结构预测其功能的策略和方法不断涌现出来，并在不同的生物研究领域获得令人惊喜的成果。目前来说，主要存在两种方式：

Notes

（一）基于结构分类的蛋白质功能预测

蛋白质在进化中保守的结构通常对应某些保守的生物化学功能。一级结构相似性高于40%的蛋白质可能有某些相同的功能；序列保守性低于40%的，也可能根据高级结构的相似性预测功能。很多蛋白质由多个功能域组成，分别实现蛋白质的部分功能。因而通过对蛋白质结构，特别是功能域的分类、注释、统计和分析，能够在一定程度上根据结构上的相似性达成对蛋白质功能的部分预测。

当前对蛋白质功能进行分类和预测的方法主要还是依赖于结构比对，如 DaliLite、SSM、STRUCTAL、MultiProt 和 3DCoffee 等。基于"具有相似功能的蛋白质定位于结构空间图中相邻近的位置"，Hou 等（2005）使用多维度标度技术（multi-dimensional scaling，MDS）构建了一个蛋白质结构空间图（SSM），根据 DaliLite 结构比对方法进行相似性打分，最终在构建的结构空间中按照距离阈值将一个新的蛋白质归类到某个功能类别中。

还有一些方法试图将结构相似性方法与其他方法相结合进行功能预测。例如，考虑一个系统发育上下文中的结构相似性，会增加功能注释精确性。综合不同方法在特定生物学背景下辅之以结构比对，有助于提高结构预测功能精确性。

（二）基于结构预测蛋白质间相互作用

细胞内存在与细胞生命活动密切相关的蛋白质相互作用网络。目标蛋白质同其他蛋白质的相互作用是其重要的功能之一，预测蛋白质间的相互作用是预测这类功能的有效策略。预测蛋白质间相互作用涉及预测可相互作用蛋白质和相互作用位点。目前主要有如下策略用蛋白质的高级结构信息预测蛋白质相互作用。

1. 基于结构的物理对接　主要用于预测两个蛋白质间的相互作用位点，但对体积很大的蛋白质分子，相互作用的可能界面太多而计算工作量很大。目前有些软件将目标蛋白质作为刚性球体，通过评价候选作用蛋白质与其在表面形状和理化性质的互补性，并基于分子动力学等技术进行优化，尝试识别结合位点和探索复合物的结构信息。应用中此技术如考虑目标蛋白质的柔性则计算工作量更大。

2. 基于相互作用界面序列特征模式的预测　利用统计分析发掘蛋白质相互作用界面的序列特征信息。目前这是一种更易于实现的预测方法，主要分为几类：

（1）关联性突变法：能保持相互作用的蛋白质，相互作用界面的残基突变存在关联性。这种策略不需要目标蛋白的高级结构而只需要序列信息，且计算量比基于结构的物理对接小得多。

（2）联用方法：联用高级结构和序列信息可提高预测可靠性。用关联性突变法预测结合区域；通过刚性对接模式获得候选蛋白与其复合物的结构；再用关联性突变法提供距离限制标准筛选真正的候选蛋白质复合物。用这种方式已成功的预测了血红蛋白亚基之间的相互作用。

（3）人工神经网络学习法：利用高级结构信息和序列特征进行训练，可建立蛋白质间相互作用界面的预测方法。这种方法中利用高级结构信息来定义临近残基的界面区域，使用多序列比对获取这些界面的序列特征；用已知相互作用的蛋白质复合物进行训练；利用建立的相互作用界面区域信息预测已知结构的未知蛋白质的可能相互作用界面是否存在。这种方法的预测准确度可达到70%。

二、蛋白质功能预测方法

借助计算技术在硬件和软件上的高速发展，上述策略已经形成了众多蛋白质功能分析、注释、预测的方法和软件，并在许多不同的生物体系研究中得到了成功的应用。

（一）基于基序的方法

基于基序的方法（motif-based approaches）通过识别功能相关的蛋白质中保守的三维基序，并建立这些保守的基序和保守的蛋白质功能间的映射关系用于预测目标蛋白质的某些生物化

Notes

学功能。酶进化过程中其催化残基通常最保守。相同或相似功能的酶进化后序列差异可能很大,但围绕催化位点的结构信息可能具有很好的保守性。这种基于结构比对的保守性分析策略是预测未知功能酶蛋白的有效手段。这种策略已有大量成功应用,例如下列常用方法和软件。

1. SITE 程序和数据库储存了酶活性位点保守基序信息   此数据库用位点匹配程序寻找关键的功能位点残基作为保守残基。但是这些数据分析发现,即使高度同源的蛋白质,有些程序认证的功能位点残基也不保守,即不属于结构基序。因此,需要仔细分析这些信息以寻找新蛋白质的未知功能。

2. TESS 程序   采用了几何散列算法,通过模板研究和重叠,从蛋白质的高级结构中寻找保守的必需残基。通过匹配一个模板蛋白和未知功能的新蛋白,考察预期的保守残基是否存在来认证有无相似性。但 TESS 采用功能残基的侧链坐标进行匹配,对高级结构测定精度要求较高。

3. 模糊功能形态(FFF)   从三维信息角度认证与生物学功能相关位点的保守性。其用主链 α 碳原子坐标进行匹配。通常高级结构中主链 α 碳原子坐标解析精度较高,故 FFF 的适用性强于 TESS。此方法对硫氧化还原蛋白的功能预测比较成功,延伸到人肿瘤抑制基因产物 N33 也获得成功。

4. SPASM   同时用主链 α 碳原子和侧链基团作为分析对象,并列寻找保守残基,并用于搜寻结构数据库中能匹配的已知功能蛋白。

5. 分子识别策略分析   是基于已知功能域四周原子的叠合认证保守性预测蛋白质功能。这种策略认为当已知功能蛋白和目标蛋白在预期的功能域四周叠合较好时,其结构相似性较高,可能有类似功能。此方法对蛋白间的序列相似性要求很低。用于识别腺嘌呤结合域四周的原子叠合,发现需要结合腺嘌呤的蛋白激酶、依赖 cAMP 的蛋白激酶和酪氨酸蛋白激酶等蛋白质即使序列相似度极低但叠合结果很好;又被用于磷酸盐结合位点的分析也得到预期结果。

6. 蛋白质侧链的保守模式分析   类似于前述的 TESS、FFF 和 SPASM,分析重复出现的氨基酸侧链的保守性。这种方法只需新蛋白质的结构数据和与之关联的多重序列比对。保守性的主要约束机制是氨基酸残基和距离,但是不考虑与活性位点无关的残基的性质。此方法虽用统计算法进行评估,但判断标准为残基的偏离均方根差,本质上属于物理学方法。

(二)基于表面的方法

基于表面的方法(surface-based approaches)对给定蛋白质进行表面模型化,利用与结构相关联的蛋白质表面模型,识别蛋白质表面上的结构特征(如空间特征、裂隙等),进而利用这些特征来推断蛋白质功能。与基序分析相似,蛋白质结构模型可以通过蛋白质分子表面的互补性来展示在氨基酸或原子水平下由分子内相互作用所体现的特定的生化功能。例如,疏水性表面经常作为相互作用的接口,静电表面也常被用来解释蛋白功能。这些方法必须基于两个蛋白表面之间的匹配模型,常用图论技术解决结构匹配问题。

SURFACE 数据库提供对输入蛋白质局部表面特征模式的识别,以据此对蛋白质功能进行预测。该系统首先使用 SURFNET 算法搜寻蛋白质表面的裂隙;根据 PROSITE 数据库利用 GO 功能进行表面裂隙模式的功能注释;再用 RMSD 和 PAM 相似矩阵方法,综合考虑了结构和残基相似性预测蛋白质间的相互作用。这种匹配算法以多对多方式对 PDB_SELECT 数据组中结构所构建的结构模式进行估值,精确性一般能达到 90% 左右,但计算量很大。

(三)基于学习的方法

基于学习的方法(learning-based approaches)是利用有效的分类方法,从最相关的结构特征中识别最合适的功能类别,如 SVM 和 KNN 等分类方法。基于学习的方法以蛋白质结构特征作为分类依据,功能分类作为样本标签,通过数据对象之间的相似性矩阵对训练集中的蛋白质进行结构与功能关系的评估。例如,比较两个蛋白质结构的核函数(kernel):①两个亚结构间的相

Notes

似性 KPattern_Sim(S, T)；②基于蛋白质基序 CxxC 定义的巯基化合物 / 二硫化物和氧化还原酶蛋白的功能相似性 KRedox_Func(S, T)；③将蛋白质看成由多个氨基酸构成的具有给定半径的一组球体，而定义两个蛋白质的结构相似性为 K3Dball(P1, P2)。利用这些 kernel 函数，可构建 K-NN 和 SVM 分类器，针对两个独立的实验数据集（一个来自 SCOPe 的 10 个蛋白质超家族，一个来自 PDB 的 21 个巯基化合物 / 二硫化物、氧化还原蛋白）进行训练，最终发现 K-NN 方法获得了比 SVM 方法更好的基于蛋白质结构的功能预测效果。目前随着更多的蛋白质结构得到解析，这类方法能够获得更加完备的特征训练库，预测准确度有望超越其他现有的方法。

三、蛋白质结构与功能关系数据库

蛋白质结构与功能关系数据是进行蛋白质功能预测及蛋白质设计的基础。目前一些常用的蛋白质结构与功能关系的数据库包括 Pfam、PIR 和 InterPro 等。

（一）Pfam（the protein families database）蛋白质结构域家族数据库

Pfam（http://pfam.xfam.org/）收集了大量使用多重序列比对（multiple sequence alignments, MSA）和隐马尔可夫模型（hidden markov models, HMMs）对 UniProtKB 的蛋白质序列数据进行结构域归类形成的蛋白质家族，广泛用于通过序列比对推测蛋白质的结构域排布形式及功能。2012 年 Pfam 的网站开始搬迁至 European Bioinformatics Institute（EMBL-EBI），2014 年旧网站正式关闭。最新的 27.0 版本更新于 2013 年 3 月，包括了 14 831 个蛋白质家族。

Pfam 包括高质量、手工确定的 Pfam-A，和用 ADDA 算法自动分类的低质量、未注释的 Pfam-B 数据库。其中 Pfam-A 基于定时引用 UniProtKB 数据库而产生的 Pfamseq 序列数据，包括由家族中具有代表性的成员构成的"seed alignment"、以之构建的序列谱隐马尔可夫模型（profile HMMs）、和用 profile HMMs 搜索主要序列数据库获得的所有家族成员来进行自动比对生成的"full alignment"。当前版本的 Pfam 主要运用 HMMER3（http://hmmer.janelia.org/）软件对蛋白质序列数据库进行搜索，而使用维基百科进行蛋白质家族的功能注释。

Pfam 数据库可使用蛋白质或 DNA 序列搜索蛋白所属家族，查看该家族的功能注释和多序列比对，扩展至属于同一群落（clan）的多个家族，查看一个目标序列的结构域组成，链接到该序列在 PDB 数据库中的结构，或直接使用关键字搜索。

（二）PIR（the protein information resource）蛋白质功能预测数据库

PIR（http://pir.georgetown.edu/）是集成了蛋白质功能预测数据的公用数据库。PIR 是世界上最早的蛋白质序列分类与功能注释数据库，起始于 1965—1978 年的 Atlas of Protein Sequence and Structure 项目。后通过与 MIPS（the munich information center for protein sequences）、JIPID（the Japan international protein information database）合作，共同构成了 PIR- 国际蛋白质序列数据库（protein sequence database, PSD），而在八九十年代成为当时世界上最为全面的公共蛋白质序列数据库，直到 2004 年 12 月 31 日发布的最终版 80.00。2002 年 PIR 加入了 EBI（European Bioinformatics Institute）与 SIB（Swiss Institute of Bioinformatics）联合建立的 UniProt 数据库，实现了与 Swiss-Prot 与 TrEMBL 数据库的统一。PIR 的最新版本于 2014 年 8 月发布，包括了 107 198 274 条条目，目前由 University of Delaware 和 Georgetown University Medical Center 进行维护。

为了提高蛋白质功能预测可靠性，PIR 建立了一套系统用于递交、分类和提取文献信息。PIR 在超家族、域和模体水平上对蛋白质分类，同时提供蛋白质的结构和功能信息，并给出了与其他 40 个数据库之间的相互参考。PIR 自身提供非冗余的蛋白质数据库，对每条序列给出了一个符合的名称和相关文献。PIR 采用开放的数据库框架，利用 XML 技术进行数据发布。

除了蛋白质序列数据以外，PIR 还包含以下信息：①蛋白质名称、蛋白质的分类和蛋白质的来源；②关于原始数据的参考文献；③蛋白质功能和蛋白质的一般特征，包括基因表达、翻译后

Notes

处理、活化等；④序列中相关的位点、功能区域。PIR 提供三种类型的检索服务：①基于文本的交互式查询，用户通过关键字进行数据查询；②标准的序列相似性搜索，包括 BLAST、FASTA 等；③结合序列相似性、注释信息和蛋白质家族信息的高级搜索，包括按注释分类的相似性搜索和结构域搜索等。

（三）InterPro（integrated resources of proteins domains and functional sites）整合蛋白质结构域和功能位点资源数据库

InterPro（http://www.ebi.ac.uk/interpro/scan.html）是集成的蛋白质结构域和功能位点数据库，包含关于蛋白质家族、域和作用位点等数据资源，它最初是作为对 PROSITE、PRINTS、Pfam 和 ProDom 数据库工程的一种补充手段而建立的。当前版本为 48.0，发布日期为 2014 年 7 月 17 日，包含了 26 238 个蛋白质相关的条目信息，分为 17 620 个蛋白质家族、7497 个蛋白质结构域、277 个重复区域、108 个活性位点、73 个结合位点、647 个保守基序（motif）、16 个后转录修饰位点等信息。同时，InterPro 包含很多来自不同数据库的诊断签名的人工注释文件，形成了对一个给定的蛋白质家族、结构域和功能位点的独特描述（表 6-11）。

表 6-11　InterPro 子成员数据库信息

子数据库名称	版本号	子数据库蛋白质条目	整合到 InterPro 数据库的条目
CATH-Gene3D	3.5.0	2626	1718
HAMAP	201311.27	1916	1912
PANTHER	9.0	59 948	3673
PIRSF	2.84	3251	3225
PRINTS	42.0	2106	2024
PROSITE patterns	20.97	1308	1290
PROSITE profiles	20.97	1062	1038
Pfam	27.0	14831	14 134
PfamB	27.0	20 000	0
ProDom	2006.1	1894	1117
SMART	6.2	1008	998
SUPERFAMILY	1.75	2019	1372
TIGRFAMs	13.0	4284	4265

（四）常用数据库

目前常用的蛋白质结构和功能数据库见表 6-12。

表 6-12　蛋白质结构和功能关系数据库

数据库	结构信息	网址	功能信息
SignalP	信号肽	http://www.cbs.dtu.dk/services/SignalP	蛋白质信号肽信息
ScanProsite	结合位点	http://us.expasy.org/tools/scanprosite	检索 Prosite 数据库的快捷方式，提供结合位点描述信息
Pfam	结构域	http://pfam.xfam.org/	结构域常用数据库，提供结构域功能描述
SMART	结构域	http://smart.embl-heidelberg.de	结构域常用数据库，提供结构域功能描述
InterPro	结构域	http://www.ebi.ac.uk/interpro/scan.html	结构域常用数据库，提供结构域功能描述
TMHMM	跨膜结构	http://www.cbs.dtu.dk/services/TMHMM-2.0	常用的跨膜结构预测平台

Notes

续表

数据库	结构信息	网址	功能信息
PSORT	细胞定位	http://psort.hgc.jp/	查找细胞定位信号或基序
PDB	3D 结构	http://www.pdb.org	蛋白质三维结构数据库
MIP3	物理结构互作	http://mips.helmholtz-muenchen.de/proj/ppi/	哺乳动物中蛋白质相互作用
COG	同源性家族	http://www.ncbi.nlm.nih.gov/COG	存储多物种同源蛋白质信息,蛋白质家族信息

知识拓展

　　蛋白质构象的动态性是其复杂而精细功能的基础;分子动力学模拟可观察某些非常快或很小而重要的局部构象动态的特征,这也是探索蛋白结构功能关系和基于结构预测蛋白质功能的重要基础。常用分子动力学模拟方法以牛顿力学原理描述体系内原子间的相互作用及对体系能量的贡献,促进体系朝能量最小化方向演变,观察演变过程中原子间相互作用的变化,用统计力学原理将微观性质与宏观性质相关联。分子动力学模拟计算量大,已有 CHARMM、AMBER 和 Gromacs 等并行计算软件可用。详细介绍参见本书所附光盘。

第六节　蛋白质结构异常与疾病
Section 6　Abnormal Protein Structure and Diseases

　　当蛋白质保守位点发生性质截然相反的突变,如亲水性氨基酸被疏水性氨基酸替代时,蛋白质的高级结构可能被显著改变而影响其功能。另外,蛋白质序列不变而高级结构发生显著改变,例如变性(denaturation)或错误折叠(misfolding),也会造成蛋白质功能的显著改变,特殊情况下就造成病理生理现象。

一、蛋白质序列变化引发疾病

　　氨基酸序列决定了蛋白质的三维结构,有时即使是一个残基的变化也会引起结构的显著改变。Ratjen 和 Doring 研究表明囊性纤维化病的病因是在编码囊性纤维化跨膜调控蛋白(CFTR)的基因内发生了变异。比较普遍的变异是△F508 导致了 CFTR508 位苯丙氨酸的缺失。这种缺失的后果是改变了该蛋白质中 α 螺旋的含量。CFRT 正常情况下位于肺上皮细胞质膜,而这种结构变化在一定程度上阻碍了 CFTR 通过旁分泌到达此位点的过程。

　　与疾病关联的蛋白质序列变化并不一定导致蛋白质结构上的巨大变化,这样的一个例子是血红蛋白基因突变和镰刀形细胞贫血症。血红蛋白 β 基因第 6 位氨基酸由谷氨酸突变成缬氨酸所造成的镰状细胞贫血症,是蛋白质序列改变引起高级结构和功能显著改变继而引起疾病的典型代表。

　　血红蛋白为四聚体氧载体,含 α 和 β 亚基各两个,每个亚基都含有血红素辅基(图 6-12)。目前发现的血红蛋白基因突变类型多达 1000 种,约有 40% 左右的突变伴随临床症状。其中,β 链的第 6 位氨基酸由谷氨酸突变成缬氨酸造成镰状细胞贫血,其对应血红蛋白为 HbS。Hb 高级结构中第 6 位谷氨酸位于 N 端第一个 α 螺旋起点;第 6 位突变为缬氨酸后,HbS 表面的静电分布,尤其是对应螺旋两端的静电分布发生了显著的改变,这可能会影响第一个 α 螺旋同其他螺旋的偶极相互作用和疏水相互作用,使得 HbS 结合氧前后的构象差异比正常 Hb 更大。当 HbS 与氧结合后其构象显著不同于未结合氧的 HbS,其不形成聚集的纤维丝,对红细胞行为无影响。

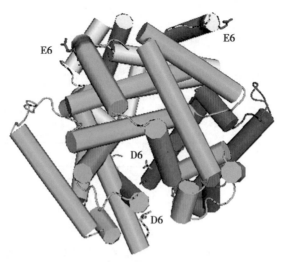

图 6-12   血红蛋白结构示意图（1VWT.pdb）

图中标示了 α 亚基上第 6 位的天冬氨酸（D6）和 α 亚基

上第 6 位的谷氨酸（E6，红色）

红细胞中 Hb 浓度太高；HbS 在未与氧结合时其特殊的构象和表面性质诱发聚集生成 HbS 纤维，并与细胞膜接触，降低了细胞膜的变形性，使得红细胞通过毛细血管末端释放氧后容易破裂，造成贫血。

二、蛋白质折叠错误引发疾病

诱发神经系统退行性病变的淀粉样蛋白（amyloid-β-protein，Aβ）、突触核蛋白（synulcein）是蛋白质序列相同但四级结构不同而诱发疾病的典型代表，朊蛋白也是这种作用机制的致病蛋白之一。

在阿尔兹海默病（Alzheimer disease，AD）发生过程中出现 Aβ。Aβ 是由特殊水解酶对其前体蛋白的水解作用产生的，有两种构象：一种为单体没有四级结构的 α 螺旋，可溶而存在于健康个体脑组织；另一种为多个 Aβ 聚集形成的 β 片层，不溶且出现在 AD 患者脑组织（图 6-13）。

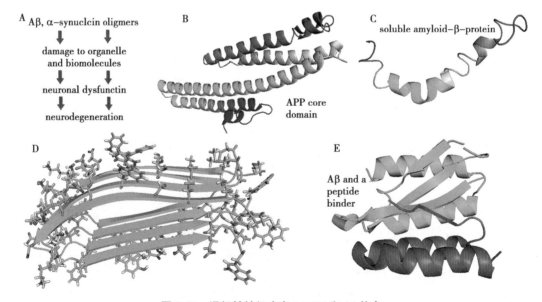

图 6-13   退行性神经病变（NDD）和 Aβ 构象

A. NDD 的假设；B. Aβ 核心结构域（1RW6.pdb）；C. 可溶 Aβ 构象（1ZOQ.pdb）；D. 聚集的纤维状 Aβ 构象（2NNT.pdb）；E. Aβ 和结合蛋白的复合物构象（2OTK.pdb）

Notes

诱发 A 从可溶螺旋转变成不溶片层聚集体的机制还不清楚，但已广泛证实这种构象转变是 AD 的重要诱因。由图 6-13D 可见其每条链 N 端和 C 端首尾靠近区域全是强疏水残基，片层外侧也主要是疏水或中性残基，这种特殊形状和表面结构必然降低其水溶性。针对这种难溶的错误折叠蛋白质，通过设计能与其稳定结合的多肽等小分子，与其组装成可溶复合物（图 6-13E），这是治疗 AD 的药物研发方向之一。

另一个代表性例子是朊蛋白，最早发现于疯牛病；此蛋白质也可诱发退行性神经病变，已证实多数动物都有这类同源蛋白质（图 6-14）。这类蛋白质和 Aβ 一样也都是错误折叠而聚集不溶的蛋白质。但与 A 不同的是朊蛋白有传染性，即错误折叠的朊蛋白可诱发本来可溶的朊蛋白转变成不溶的聚集体。至今只明确朊蛋白致病和传染的病理作用同其聚集生成不溶性聚集物有关，并初步发掘了其可能的聚集位点，但这些聚集物如何诱发疾病仍不清楚。

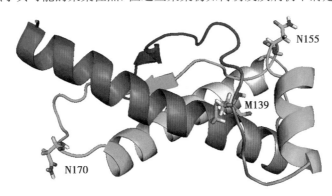

图 6-14　仓鼠朊蛋白的结构示意图

M139、N155 和 N170 是初步推测的聚集接触位点

三、蛋白质相互作用的变化引发疾病

蛋白质的高级结构决定了其在生物体内功能，但很多情况下是由多个蛋白质相互作用形成复合物（complex）产生生物学功能。这里每个蛋白质可以看成复合物的一个亚基（subunit），亚基间相互作用形成紧密的复合物结构或共同组成复合物的活性中心。这些产生相互作用的结构组成蛋白质的功能结构域，当其中发生结构变化，会导致复合物失稳（destablization），破坏了原有蛋白质间的结构互作关系，阻碍复合物形成而引起特定的功能或表型异常，引发疾病。随着蛋白质精细结构的逐步解析，从蛋白质结构互作的角度来研究和探索复杂疾病的潜在发生机制，将会成为结构生物信息学十分有意义的研究方向。

人体内的一种转录因子复合物 - 核心结合因子（CBF）由两部分组成，其一是直接和 DNA 发生结合的 CBFα；其二是能够帮助 CBFα 结合 DNACBFβ。2009 年 4 月 *Nature* 报道 Allan Warren 教授及其合作者运用 X 线衍射成功解析了 CBFα 亚基和 DNA 复合物的三维结构。他们发现，CBFα 亚基中的一段保守序列 -Runt 结构域，是其结合 DNA 并和 CBFβ 起反应的关键结构；Runt 结构域的变异，导致 CBF 失去结合 DNA 的能力，CBFα 和 CBFβ 之间不能正常反应，进而引发了各种急性骨髓样白血病（AML）。

知识拓展

基于大规模基因组测序和高通量蛋白质三维结构预测，可以获得全基因组中各个基因的结构分布信息。将 SNP 分配到三维蛋白质结构中可为蛋白质结构和功能相关性研究提供极大的便利，非同义 SNP 由于其可能影响蛋白质的序列、结构和功能，所以有可能与人类疾病的进程相关。TopoSNP 正是一个将非同义 SNP 与三维结构结合起来，以助于了解 SNP 在疾病进程中的作用的数据库。

Notes

小 结

蛋白质组是指"由一个细胞或一个组织的基因组所表达的全部相应的蛋白质"。蛋白质组学以蛋白质组为研究对象,采用大规模、高通量、系统化的方法,研究某一类型细胞、组织或体液中的所有蛋白质组成、功能及其蛋白之间相互作用的学科。蛋白质组学为发掘新的疾病相关生物标志物和揭示疾病发生机制提供了重要的研究基础。蛋白质组数据的获取和分析可采用二维凝胶电泳技术、蛋白质芯片分析技术、酵母双杂交技术以及 Rosentta Stone 等方法。生物信息学在蛋白质组学应用主要包括:构建与分析双向凝胶电泳图谱、蛋白质结构与功能预测、蛋白质数据库的建立和搜索等。蛋白质的三维结构是形成蛋白质功能的基础,故而解析或预测蛋白质的三维结构特征是解释其生命活动机制的重要基础,尤其是在当前结构数据相对于序列数据的极其有限的情况下。本章节专门介绍了蛋白质二级结构预测、结构域或超二级结构的分类与识别,以及三级结构预测的方法及软件。另外介绍了蛋白质结构数据库 PBD、蛋白质分类数据库 SCOP 和 CATH 以及其他多种蛋白质序列和结构数据库,为蛋白质结构分析和预测提供数据基础。以蛋白质结构信息为基础,多种分析和预测蛋白质功能的方法得以实现,并形成了多种蛋白质结构与功能数据库。最后多种疾病的发生机理反映了不同层级蛋白质结构变异对于其功能的影响。

Summary

The proteome is the entire set of proteins encoded by the genome from a given cell or tissue". Proteomics is the discipline of studying proteome, particularly their structures and functions, by using the large scale, high throuput and systematic approaches. Application of proteomics will pave the way for mining of new biomarkers of diseases, for understanding mechanisms of occurrence, migration and drug-resistance of diseases and for early-stage diagnosis, targeted treatment, development of drugs and vaccines. The approaches for production and analysis of Proteomic data include two dimensional gel electrophoresis, protein chip analysis techniques, yeast two-hybrid system and Rosentta Stone etc.Application of bioinformatics on proteomics includes construction and analysis of 2-DE map, structure and function prediction of protein, construction and search of protein database.As we all know, the three dimensional structure of a protein is the basis of its function. Hence, the exploration on protein structures contributes significantly to the understanding of the biological mechanisms of their activities. In this chapter, there are introductions on the methods and softwares for the prediction of protein secondary structures, the classifications and recognitions of domains or motifs, as well as the prediction of three dimensional structures. There are also introductions of the protein structure and classification databases supporting those predictions, like PBD, SCOP, CATH, etc. Based on these structual analyses of proteins, the analysis and predictions of protein functions come to be true using a variety of algorithms, and are annotated in multiple databases like Pfam, PIR and InterPro. At last, the structure-activity relationship of proteins is described by a series of examples how mutations in protein structures change their functions and lead to severe diseases.

Notes

(吴忠道 魏冬青)

习题

1. 当前蛋白质三级结构预测的主要方法有（　　　）
   A. 神经网络法　　　　　　　　　　B. 从头预测法
   C. 比较建模法　　　　　　　　　　D. 折叠识别法
   E. 机器学习法

2. 蛋白质二级结构预测工具主要预测特定残基处于（　　　）等稳定二级结构中。
   A. α 螺旋（helix）　　　　　　　　B. β 折叠（sheet）
   C. β 转角（turn）　　　　　　　　D. 无规卷曲（random-coil）
   E. 环（loop）

3. 以下关于蛋白质数据库错误的有：
   A. PDB 是最主要的蛋白质三维结构数据库
   B. FSSP 是蛋白质二级结构数据库
   C. SWISS-MODEL 存有自动同源建模所得到的结构数据
   D. Pfam 是一个对蛋白质结构域家族进行分类的数据库
   E. SCOP 是对已知蛋白质结构进行分类的数据库

4. 解释以下名词的含义：①结构域；②蛋白质二级结构预测。

5. PDB 是当前最主要的蛋白质三维结构数据库，在最新版的 PDB 中如何检索蛋白质三维结构和其他相关信息？

6. 简单比较蛋白质三维结构预测的几种主要方法。

7. 简述几种蛋白质功能预测的策略。

8. 举例说明蛋白质结构变化影响其功能而致病的几种类型。

参考文献

1. Aloy P，Pichaud M，Russell RB. Protein complexes：structure prediction challenges for the 21st century. Curr. Opin. Struct Biol，2005，15（1）：15-22

2. Chautard E，Thierry-Mieg N，Ricard-Blum S. Interaction networks：from protein functions to drug discovery. A review. Pathol Biol（Paris），2009，57（4）：324-333

3. Jellinger KA. Recent advances in our understanding of neurodegeneration. J Neural Transm，2009，116：1111-1162

4. Gherardini PF，Helmer-Citterich M. Structure-based function prediction：approaches and applications. Brief Funct Genomic Proteomic，2008，7：291-302

5. Larkin SE，Zeidan B，Taylor MG，et al. Proteomics in prostate cancer biomarker discovery. Expert. Rev Proteomics，2010，7（1）：93-102

6. Marco B，Stefan B，Andrew W，et al. SWISS-MODEL：modelling protein tertiary and quaternary structure using evolutionary information. Nucleic Acids Res，2014，42（W1）：W252-W258

7. Sacan A，Toroslu IH，Ferhatosmanogl H. Integrated search and alignment of protein structures. Bioinformatics，2008，24（24）：2872-2879

8. Tseng YY，Dundas J，Liang J. Predicting protein function and binding profile via matching of local evolutionary and geometric surface patterns. J. Mol Biol，2009，387（2）：451-464

9. Watson JD，Laskowski RA，Thornton JM. Predicting protein function from sequence and structural data. Curr. Opin Struct Biol，2005，15（3）：275-284

10. Wolfson HJ，Shatsky M，Schneidman D. From structure to function：methods and applications. Curr Protein Pept Sci，2005，6：171-183

11. PE 波恩，H 魏西希，著. 结构生物信息学. 刘振明，刘海燕，译. 北京：化学工业出版社，2009

Notes

12. GA 佩特斯科, D 格林, 著. 蛋白质结构与功能入门. 葛晓春, 译. 北京: 科学出版社, 2009

13. 卡尔·布兰登, 约翰·图兹, 著. 蛋白质结构导论. 王克夷, 龚祖埚, 译. 上海: 上海科技出版社, 2007

14. Jonathan P, 著. 生物信息学与功能基因组学. 孙之荣, 译. 北京: 化学工业出版社, 2008

15. 邱宗荫, 尹一兵. 临床蛋白质组学. 北京: 科学出版社, 2008

Notes

第七章 基因注释与功能分类
CHAPTER 7 GENE ANNOTATION AND FUNCTIONAL CLASSIFICATION

第一节 引 言
Section 1 Introduction

随着后基因组（post-genomics）时代研究的不断深入，基因组学的主要任务是对大量的基因在整体水平上进行研究，一个重要的标志是功能基因组学（functional genomics）的不断发展。在早期的人类基因组计划中，生物信息学的研究重点是识别基因组序列，当前的功能基因组学中，生物信息学的研究重点则是阐明识别出的基因组序列的生物学功能，以及基因组编码序列的转录、翻译的过程和结果，尤其是分析基因表达的调控信息及其产物的功能。功能基因组学的主要任务之一是进行基因组功能注释（genome annotation），识别基因的功能，认识基因与疾病的关系，掌握基因的产物及其在生命活动中的作用等。在使用全局方法进行研究时，研究人员往往同时检测大量基因的表达水平，从而在整体水平上获得关于基因功能及基因之间相互作用的信息。如何应用生物信息学方法，高通量地注释这些基因的生物学功能是一个重要的挑战。快速有效的基因注释对进一步识别基因，识别基因转录调控信息，研究基因的表达调控机制，研究基因在生物体代谢途径中的地位，分析基因与基因产物之间的相互作用关系，绘制基因调控网络图，预测和发现蛋白质功能，揭示生命的起源和进化等，具有重要的意义。

本章主要介绍当前常用的基因及其产物的功能注释方法和生物信息学工具，以及在此基础上发展起来的基因集功能富集分析与基因产物功能预测等方法。

第二节 基因注释数据库
Section 2 Gene Annotation Database

当前，研究人员已经可以获得大量的全基因组数据，同时关于基因、基因产物以及生物学通路的数据也越来越多。如何利用这些数据从基因组水平系统地解释生物学实验的结果是一个重要的问题。某个物种的基因组往往包括成千上万的基因，它们在分子水平的复杂网络中相互作用。这些分子网络趋于模块化，相近的模块再形成一种组合的单元发挥功能。此外，这些模块还可以按照进化时间组装成层级结构来发挥更高级的功能。描述单一的蛋白质功能已经十分复杂，如果在基因组范围内进行描述就会更加复杂，可能最好的工具就是计算机程序。因此提供一个结构化的标准生物学模型，便于计算机程序进行分析，成为从整体水平系统研究基因及其产物的一项基本需求。本节主要介绍当前应用较为广泛的基因及其产物注释数据库。

一、Gene Ontology 数据库

（一）简介

基因本体数据库（gene ontology，GO）是 GO 组织（GO consortium）在 2000 年构建的一个结构化的标准生物学模型（图 7-1），旨在建立基因及其产物知识的标准词汇体系，涵盖了基因的生物学过程（biological process，BP）、分子功能（molecular function，MF）和细胞组分（cellular component，CC）三个方面，已经成为当前应用最广泛的基因注释体系之一。GO 数据库最初收录的基因信息来源于 3 个模式生物数据库，包括果蝇、酵母和小鼠，随后相继收录了更多数据，其中包括国际上主要的植物、动物和微生物等数据资源（表 7-1）。目前，GO 术语在多数的生物学数据库中可以统一使用，促进了各类数据库对基因描述的一致性。

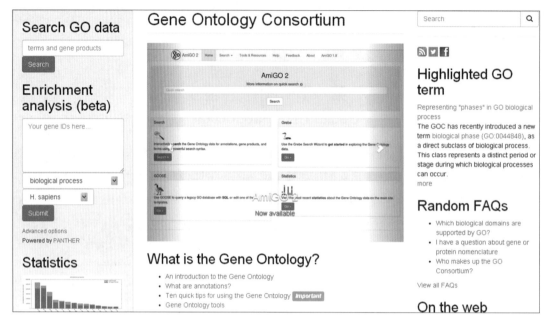

图 7-1　GO 数据库主页

表 7-1　GO 数据库收录的基因组数据列表

机构简称	收录的基因组数据	网站
BBOP	果蝇	http://www.berkeleybop.org
BHF-UCL	心血管基因	http://www.cardiovasculargeneontology.com
dictyBase	黏菌盘基网柄菌	http://dictybase.org
EcoliWiki	大肠埃希菌	http://ecoliwiki.net
FlyBase	果蝇	http://flybase.bio.indiana.edu
GeneDB	裂殖酵母 恶性疟原虫 硕大利什曼原虫 布氏锥虫	http://www.genedb.org
GOA	UniProt 和 InterPro 注释	http://www.ebi.ac.uk/GOA
Gramene	农作物基因数据库	http://www.gramene.org
MGD and GXD	小家鼠	http://www.informatics.jax.org
RGD	褐家鼠	http://rgd.mcw.edu
Reactome	生物过程知识库	http://www.genomeknowledge.org
SGD	芽殖酵母 酿酒酵母	http://www.yeastgenome.org
TAIR	拟南芥	http://www.arabidopsis.org
IGS	基因组研究的工具和数据	http://www.igs.umaryland.edu
JCVI	若干种细菌基因组数据库	http://www.jcvi.org
WormBase	线虫	http://www.wormbase.org
ZFIN	斑马鱼	http://zfin.org

Notes

GO 通过控制注释词汇的层次结构,使研究人员可以从不同层面查询和使用基因注释信息。从整体上来看,GO 注释系统是一个有向无环图(directed acyclic graphs)的结构,包含 BP、MF 和 CC 三个分支。注释系统中每一个结点(node)都是对基因或蛋白质的一种描述,结点之间具有严格的关系,即"is a"或"part of"关系(图 7-2)。因此,一个基因或蛋白质可从三个层面得到注释,即基因或蛋白质参与的生物学过程(BP)、在细胞内的特定组分(CC)以及分子功能(MF)上所扮演的角色。随着生命科学研究的逐步深入,GO 注释数据库也在不断的积累和更新中。目前 GO 已经成为生物医学研究领域中一个重要的方法和工具,并逐步改变着人们对各种生物学数据的组织和理解方式,它的存在已经大大加快了生物数据的整合和利用。

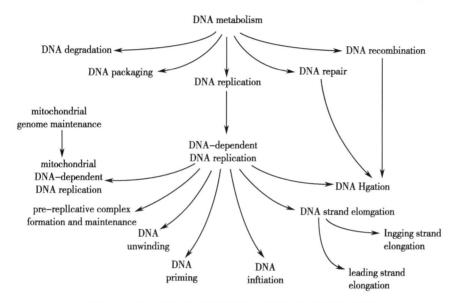

图 7-2 GO 中生物学过程的 DNA 代谢部分功能类示意图

(二)GO 数据库的使用

1. 用关键词检索 GO 数据库 检索 GO 数据库通常先进入 AmiGO 2 的首页(图 7-3)。在 GO 数据库中,每条记录都有一个标识号(GO:XXXXXX)和对应的名称。因此检索时需要知道待查基因的标识号或名称,将它们直接输入框中检索即可。

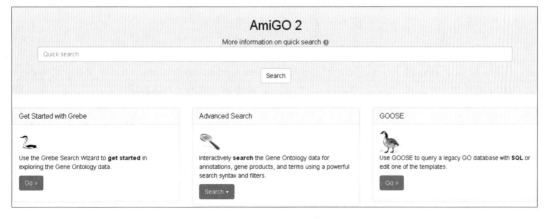

图 7-3 AmiGO 2 检索网页

这里以检索人类神经细胞分化因子 6(neurogenic differentiation factor 6,NEUROD6)为例,选择"Advanced Search"下的"Genes and gene products"选项,在检索框中输入"NEUROD6",运

Notes

行后所得基因产物检索结果如图 7-4 所示。

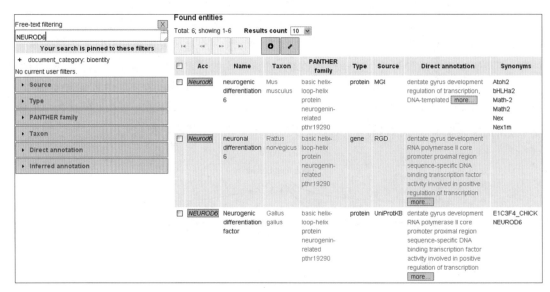

图 7-4　AmiGO 2 检索结果示例

检索得到的六个记录分别是不同物种中的神经源性分化因子 6，点击物种为人类"Homo sapiens"的"NEUROD6"记录，得到结果如图 7-5 所示，显示了该基因产物的基本信息，包括类型、物种、名称来源等信息。

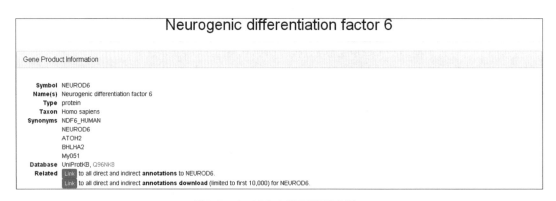

图 7-5　AmiGO 2 基因描述示例 1

同时，检索下方还显示了该基因产物的关联（gene product associations）图（图 7-6），要查看该基因的分子功能，可点击"Direct annotation"中的记录查看，如点击"protein dimerization activity"（见图 7-6）。

此外，在图 7-6 的下方还列举了该功能的详细注释，包括"Associations"、"Graph Views"、"Inferred Tree View"、"Ancestors and Children"和"Mappings"等。如点击可视化视图"Graph Views"就可清晰地显示该分子功能构成的复杂功能网状结构，既有上下隶属关系，也存在平行关系（图 7-7）。

2. 用序列检索 GO 数据库　在 AmiGO 1.8 版本中，对于未知基因名的序列，还可以用序列直接检索 GO 数据库。点击 AmiGO 1.8 版本首页上方的"BLAST"，进入检索界面。在检索框中输入氨基酸或核酸序列，检索工具能自动识别并相应地选择 BLASTP 或 BLASTX 来与数据库中的存储序列进行比对。这里以检索 *RPIA* 基因的序列为例，如图 7-8 所示。

Notes

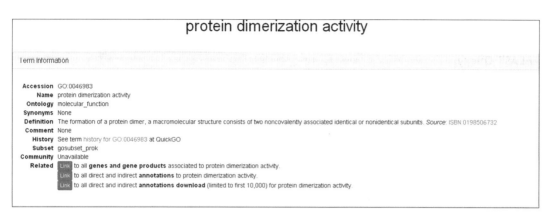

图 7-6　AmiGO 2 基因描述示例 2

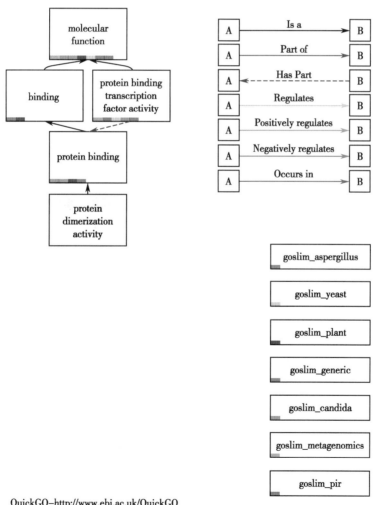

QuickGO–http://www.ebi.ac.uk/QuickGO

图 7-7　AmiGO 2 查询结果图形视图

Notes

BLAST Search

The sequence search is performed using either BLASTP or BLASTX (from the <u>WU-BLAST</u> package), depending on the type of the input sequence.

BLAST Query

Enter your query ❓

Enter a UniProt accession **or** upload a text file of queries **or** paste in FASTA sequence(s)

UniProt accession: _____

Text file (maximum file size 500K): _____ [浏览...]

FASTA sequence(s):

Sequences should be separated with an empty line.

```
CCCTGCAAGGAGCAGAGTGTGTTCACCTTGAGTCTCCAGCCCACAGCCAA
GGTGGACGTACCTCTCCAGGAGCCTTTGCCTTAATGTATCTCTGCCTGGA
CAACTTGTGGTGGGGGGTGGGGGGAAGAGTGGGAGGGGGAGTTAAATCCA
GTCTTATGAAGTATTGTTATTAAATGTCTTTTTAAAAAGAGAAATATAAA
CATATATTTTTACTATTAAAATATTCAGTTTTTTAAATGAAGTAGAACTT
GAGTTCATGTTTTATATGAAATATTTACCAAAAAAAAAAAATGAGGTAAA
CTGTATTTAAAACCTTTGACTTGAGTCTGCTGGTAAAGCTTCTGAATATT
GAGTTTGCTGAGAAATAAAAATCAAAACTTCTTTAAGCTGGTAAAGTGAG
GGGCCCACCAGCAGTGATCTCCTGATGCCTTACTGGAAACTTTGTTTACT
TGTCTGCTACCCTCTGATTTGTTTTTAGTTAGTTTTTATTGTGAGCACAC
ATAGTACCTAGTTACATCTTAAGATCAGGTTTATAAAACTGTGGAGTGGA
GCGGTATGGTATGGAATGACTTGGAATGTAAGCTGTCAGGGAGAAAATGT
TGTTACACTTTTGCTAAGATCTGGGGGTTTCTTCATATTCCTGCTGTTGG
AAGCAGTTGACCAGAAATGCTTGCCAGTACTGCCAAAGCACTGCTGTGAA
ATGTGAAGTACTTTGTTTTTTTATTTTTAATGATTTTCTTTTTGTTATTA
ATATTTTTCTCTGTTCCTTTGTTATTACTTGCATGGTTTGGCGTCAGAAG
TCCTTACCTCTTTATATTGTTTGCAGGTTTAAATAAAACAGTGTGGTGCC
ATTTTG
```

Maximum number of sequences: 100
Maximum total length of sequence: 3,000,000 residues

[提交查询内容]

BLAST settings ❓

Expect threshold [0.1 ▾]

Maximum number of alignments [50 ▾]

BLAST filter: ⦿ On ○ Off

[提交查询内容]

图 7-8　AmiGO 1.8 BLAST 序列检索网页

二、KEGG 通路数据库

京都基因与基因组百科全书数据库（Kyoto encyclopedia of genes and genomes，KEGG）是系统分析基因功能和基因组信息的数据库，它整合了基因组学、生物化学以及功能组学的信息，有助于研究者把基因及表达信息作为一个整体的网络进行研究。

KEGG 提供的整合代谢途径查询十分出色，包括碳水化合物、核苷酸、氨基酸等代谢及有机物的生物降解，不仅提供了所有可能的代谢途径，还对催化各步反应的酶进行了全面的注解，包括其氨基酸序列和 PDB 数据库的链接等。此外，KEGG 还提供基于 Java 的图形界面显示基因组图谱、比较基因组图谱和表达图谱以及进行序列比较、图形比较和通路计算等。因此，KEGG 数据库是进行生物体内代谢分析和代谢网络分析等研究的有力工具之一。

（1）KEGG 数据库的存储内容：KEGG 目前共包含了 19 个子数据库，它们被分类成系统信息、基因组信息和化学信息三个类：

①基因组信息存储在 GENES 数据库里，包括全部完整的基因组序列和部分测序的基因组序列，并伴有实时更新的基因相关功能的注释，更高级的功能信息则存储在 PATHWAY 数据库里，包括图解的细胞生化过程如代谢、膜转运、信号传递、细胞周期和同系保守的子通路等信

Notes

息；一些直系同源的基因数据作为 PATHWAY 数据库的补充，形成了 PATHWAY 数据库中一些保守的子通路（pathway motifs），这些子通路通常有一些在染色体位置上邻近的基因编码，这对于基因功能的预测十分重要。

② KEGG 中化学信息的 6 个数据库被称为 KEGG LIGAND 数据库，包含化学物质、酶分子、酶化反应等信息。KEGG BRITE 数据库是一个包含多个生物学对象的基于功能进行等级划分的本体论数据库，它包括分子、细胞、物种、疾病、药物以及它们之间的关系，该数据库将基因与外界环境影响联系起来。例如，可以通过 BRITE 数据库分析药物和靶点之间的关系。

③一些小的通路模块被存储在 MODULE 数据库中，该数据库还存储了其他的一些相关功能的模块以及化合物信息。

④ KEGG DRUG 数据库存储了目前在日本所有非处方药和美国的大部分处方药品。

⑤ KEGG DISEASE 是一个存储疾病基因、通路、药物以及疾病诊断标记等信息的新型数据库。

（2）KEGG 数据库的注释与检索：KEGG 通常被看做是生物系统的计算机表示，它囊括了生物系统中的各个对象与对象之间的关系。在分子层面、细胞层面和组织层面都可以对数据库进行检索。每个数据库中的检索条目按照一定规律被赋予一个检索号，也就是 ID。表 7-2 中列出了 KEGG 的 13 个核心数据库的检索号，其中 GENOME 和 ENZYME 使用了这一领域通用的标准命名规则，GENOME 使用了 3～4 个字母作为名称来区分不同的物种。此外，其他的数据库 ID 命名均采用 5 个数字，并以一个大写英文字母（如 K、C 等）或者 2～4 个小写字母（如 map、br 等）为前缀。例如：C00047 代表赖氨酸，hsa05210 代表结肠癌通路。应用这些 ID 号在 KEGG 提供的搜索工具 DBGET 中进行检索，可以直接获得各个数据库的相应结果。另外，这些 ID 号也被当今比较流行的网络搜索引擎（如 Google 等）所接受，可以直接在 KEGG 相应的数据库中得到搜索结果。

表 7-2 KEGG 的 13 个核心数据库的检索号

Release	Database	Object Identifier
1995	KEGG PATHWAY	map number
	KEGG GENES	locus_tag / GeneID
	KEGG ENZYME	EC number
	KEGG COMPOUND	C number
2000	KEGG GENOME	organism code / T number
2001	KEGG REACTION	R number
2002	KEGG ORTHOLOGY	K number
2003	KEGG GLYCAN	G number
2004	KEGG RPAIR	RP number
2005	KEGG BRITE	br number
	KEGG DRUG	D number
2007	KEGG MODULE	M number
2008	KEGG DISEASE	H number
2009	KEGG PLANT	
Future releases	KEGG MEDICUS	Integrate KEGG DISEASE, KEGG DRUG, and various aspects of human body systems

KEGG 通过 KO 标识（KEGG Orthology，也称为 KO 号）对基因进行注释，每个 KO 标识代表一个来自不同物种的直系同源基因组。在 KEGG 通路中，每个 KO 标识代表着通路图中一个网络结点（在通路图中以一个方盒子表示）。在 KEGG 对每个对象的功能及其他等级划分中，KO 标识则代表着底层的叶子结点。

Notes

　　KO 标识是基因组通过 KEGG 通路以及 KEGG 等级划分与生物学系统关联的基础。对于 KEGG 中的每个物种来说，物种特异性通路以及功能等级的划分是通过计算的方法自动实现的，在这一过程中 KO 标识是必不可少的。有了这些物种特异性通路以及功能等级划分，由基因芯片表达谱等高通量方法得到的基因便可以注释到相应的位置，以此来系统的分析该基因在细胞或组织中的功能。除了对基因或蛋白质的功能等级划分之外，KEGG BRITE 数据库还包含了化合物（C、D、G、R 标识）以及其作用关系的等级划分。

　　KO 标识还可以将基因的基因组信息以及转录组信息与通路总化合物分子的化学结构联系起来，因此，KO 分类系统还可以应用化学信息注释上。这一过程实现的基本原理是每个 KO 下的基因所标识的酶不同，其对应的化学底物也不同，另外，还有对生物合成通路信息的不断积累、不断更新作为数据支撑的基础。例如：糖类的生物合成是通过一系列的生化反应来完成的，这些反应都是由糖基转移酶催化。在 KEGG PATHWAY 中，与糖类生物合成相关的通路图中各种糖类相关的化合物都是通过一条边与糖基转移酶的一组同源基因（KO group）直接相连，一旦在通路中确定了基因的注释位置，则与其相关的糖类化合物也被找到。应用相似的方法可以对基因芯片表达谱数据进行糖类结构及其功能的预测，这一方法已被广泛使用。除了糖类化合物之外，在 KEGG 数据库中还存储了很多其他化合物（多聚不饱和脂肪酸、萜类化合物、聚酮化合物等）的结构和功能信息，通过以上方法可以对基因进行化学信息的注释。

　　另外一种化学注释的方法是以小分子化学结构的生物学意义为特征来实现的。和先前提到的一样，在 KEGG 数据库中，酶与酶之间的反应信息以及相关的化学结构信息分别存储在 KEGG REACTION 数据库和 KEGG REPAIR 数据库中。每个化合物的化学结构都被转化为 RDM（atom type changes at R：reaction center，D：difference atom，M：matched atom）模式（图 7-9）。大多数的 RDM 模式在 KEGG 数据库中都会被唯一存储，并且相对于其他存储的化合物会被优先找到。利用这一点可以预测代谢中较为重要的异生化合物。

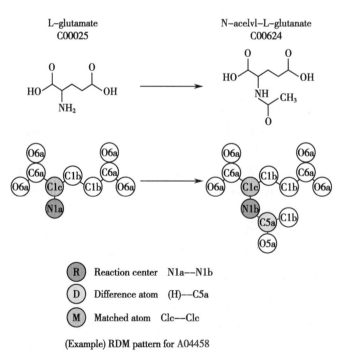

图 7-9　KEGG 数据库存储的 RDM 模式

Notes

下面以人类编码磷酸葡萄糖变位酶的基因"phosphoglucomutase，*PGM1*"为例。首先进入 KEGG 首页，在首页顶端的输入框中输入葡萄糖磷酸变位酶的基因名称"*PGM1*"（图 7-10）。

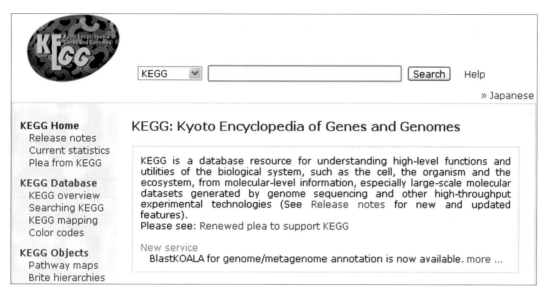

图 7-10　KEGG 查询首页

点击搜索按钮"Search"进入查询结果页面（图 7-11），该页面会列出针对基因"*PGM1*"在 KEGG 数据库中的搜索结果，除人类外，包含"*PGM1*"基因的其他物种条目也会被列出。

图 7-11　查询结果

其中排在第一位的是人类基因"*PGM1*"的相关信息，点击该条目进入到详细信息页面（图 7-12）。

该页面以表格的形式列出了该基因有关的详细信息，包括基因编号、基因的详细定义、所编码酶的编号、基因所在通路以及序列的编码信息。同时，在页面右侧还提供了该基因在其他分子生物学数据库中的链接，如 OMIM、NCBI、GenBank 等。

通过点击相应的链接，可以进入该基因相应信息的页面。在 pathway 这一栏中列出了该基因所在的生物学通路，点击编号为 hsa00010（糖酵解或糖异生通路）的通路，进入到该通路的相应页面（图 7-13）。

	KEGG	**Homo sapiens (human): 5236**	Help

Entry	5236	CDS	T01001
Gene name	PGM1, CDG1T, GSD14		
Definition	phosphoglucomutase 1 (EC:5.4.2.2)		
Orthology	K01835 phosphoglucomutase [EC:5.4.2.2]		
Organism	hsa Homo sapiens (human)		
Pathway	hsa00010 Glycolysis / Gluconeogenesis hsa00030 Pentose phosphate pathway hsa00052 Galactose metabolism hsa00230 Purine metabolism hsa00500 Starch and sucrose metabolism hsa00520 Amino sugar and nucleotide sugar metabolism hsa01100 Metabolic pathways		
Module	hsa_M00549 Nucleotide sugar biosynthesis, glucose => UDP-glucose		
Disease	H00069 Glycogen storage diseases (GSD)		

Brite	KEGG Orthology (KO) [BR:hsa00001]
	  Metabolism
	    Carbohydrate metabolism
	      00010 Glycolysis / Gluconeogenesis
	        5236 (PGM1)
	      00030 Pentose phosphate pathway
	        5236 (PGM1)
	      00052 Galactose metabolism
	        5236 (PGM1)
	      00500 Starch and sucrose metabolism
	        5236 (PGM1)
	      00520 Amino sugar and nucleotide sugar metabolism
	        5236 (PGM1)
	    Nucleotide metabolism
	      00230 Purine metabolism
	        5236 (PGM1)
	Enzymes [BR:hsa01000]
	  5. Isomerases
	    5.4 Intramolecular transferases
	      5.4.2 Phosphotransferases (phosphomutases)
	        5.4.2.2 phosphoglucomutase (alpha-D-glucose-1,6-bisphosphate-dependent)
	          5236 (PGM1)
	  BRITE hierarchy		

图 7-12   详细信息页面

该编号为 hsa00010 的通路页面以简单的几何图形显示出了糖酵解 / 糖异生相关生物学过程。图中红色的方框即为基因"*PGM1*"所编码的酶,以此就可以通过该酶所在位置以及通路的拓扑结构来综合分析基因的功能。

此外,还可以通过页面顶部的下拉列表框选择该通路在其他物种中的信息,也可以通过该列表框的选择来查看相关的基因、酶、反应、化合物等相关通路信息。

(3) KEGG 数据库在医疗和药物研究中的应用:KEGG PATHWAY 还存储了一些人类疾病通路数据,这些疾病通路被分为六个子类:癌症、免疫系统疾病、神经退行性疾病、循环系统疾病、代谢障碍和传染病循环系统疾病。尽管这些疾病通路数据在不断地增长和更新中,但当前一些数据片段还很零散,没有组建出完整的疾病通路。

此外,KEGG DRUG 数据库也在不断地完善中,其存储的药物数据几乎涵盖了日本所有的非处方药和美国的大部分处方药品。DRUG 是一个以存储结构为基础的数据库,每条记录都包含唯一的化学结构以及该药物的标准名称,以及药物的药效、靶点信息、类别信息等。药物的靶点通过 KEGG PATHWAY 查询,药物的分类信息是 KEGG BRITE 数据库的一部分,通过药物

Notes

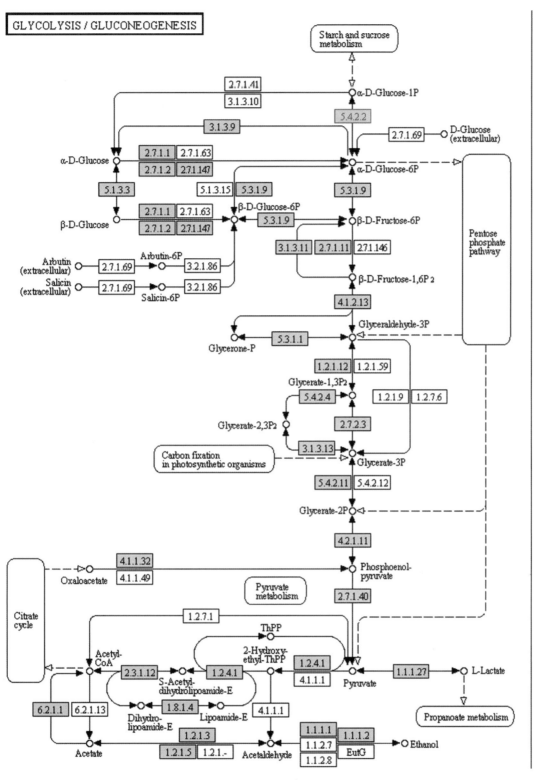

图 7-13　通路图

的标准名称可以找到该药物的商品名,还可以找到药物销售的标签信息。此外,DRUG 还包括一些天然的药物和中药的信息,有些药物被日本药典所收录。

　　(4) KEGG 数据库的改进与更新。为了满足日益增长的科学研究需求,KEGG 数据库在最近几年里不断地完善和更新。此外,KEGG 还提供了一张全局通路图(图 7-14),这张全局通路图是通过手工拼接 KEGG 的多个现存通路图生成的,存储为 SVG 文件。在全局通路图中每个

Notes

结点（在图中以圆圈表示）代表一种化合物，两个结点的连线（包括直线以及曲线）代表若干个连续的生化反应。这张全局通路图为研究人员提供了整个代谢通路的分布情况，可以通过这张图对若干个代谢通路进行比较。同时，这张通路对应的 XML 文件也便于操作。KEGG 还提供了一个功能模块数据库（KEGG MODULE），这是一个收集了通路模块以及其他一些功能单元的数据库，功能模块是在 KEGG 子通路中被定义为一些小的片段，通常包括几个连续的反应步骤、操纵子、调控单元以及通过基因组比对得到的系统发生单元和分子的复合物等。

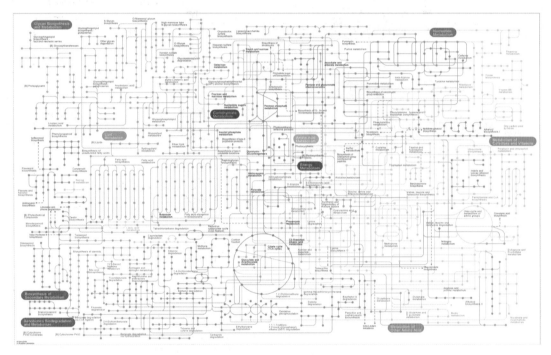

图 7-14　KEGG 全局通路图

第三节　基因集功能富集分析
Section 3　Gene Set Enrichment Analysis

已建立的基因及其产物注释数据库包含了丰富的知识和复杂的结构，促使研究人员开展以注释数据库为知识基础的基因功能研究，以便更好地利用这些注释系统。在研究中多个基因直接注释的结果是得到大量的功能结点，这些功能具有概念上的交叠现象，导致分析结果冗余，不利于进一步的精细分析。因此，研究人员希望对得到的功能结点加以过滤和筛选，以便获得更有意义的功能信息。目前最常用的方法是基于 GO 或 KEGG 的富集分析方法。科研人员通过多种方法获得大量的感兴趣基因集合，如差异表达基因集合、共表达基因集合、蛋白质复合物基因簇等，然后寻找某一基因集合内大量基因共同的功能或相关通路，即显著富集的 GO 结点或 KEGG 通路，这有助于指导进一步的功能研究和验证。

一、富集分析算法

一个生物过程通常是由一组基因共同参与，而不是单个基因单独完成的。富集分析的主要依据是：如果一个生物学过程在已知的研究中发生异常，则共同发挥功能的基因集可能被选择出来作为一个与这一过程相关的基因集合。因此，富集分析方法通常是分析一组基因在某个功能结点上是否过出现（over-presentation），这个原理可以由单个基因的注释分析发展到大基因集合的成组分析。由于分析的结论是基于一组相关的基因集合，而不是根据某个单独的基因，所

Notes

以富集分析方法可以增加研究的可靠性,同时也能识别出与生物现象最相关的生物过程。富集分析中常用的统计方法有累积超几何分布、Fisher 精确检验等。

累积超几何分布的公式(7-1)如下所示:

$$P(X>q)=1-\sum_{x=1}^{q}\frac{\binom{n}{x}\binom{N-n}{M-x}}{\binom{N}{M}} \qquad (7\text{-}1)$$

其中 N 为注释系统中基因的总数,n 为要考察的结点或通路本身所注释的基因数,m 为感兴趣的基因集大小,x 为基因集与结点或通路的交集数目。

Fisher 精确检验的公式(7-2)如下所示:

$$P=\frac{\binom{a+b}{a}\binom{c+d}{c}}{\binom{n}{a+c}} \qquad (7\text{-}2)$$

n 为系统中基因总数,a 为感兴趣的基因集合中的基因数目,b 为将要考察的结点或通路本身所注释的基因数目,c 为去除感兴趣基因以外的基因数目,d 为待考察结点基因去除与感兴趣基因重合的数目。

此外,还有其他统计方法可以用于富集分析,如 Z-score 和 Kolmogorov-Smirnov-like statistic 等,这里不做详细介绍。由于在进行富集分析时通常需要进行大量检验(多重检验),所以需要采用多重检验校正的方法对结果进行校正。这些方法主要包括邦弗朗尼校正(Bonferroni)、邦弗朗尼递减校正(Bonferroni step down)、本杰明假阳性率校正(Benjamini false discovery rate)等。

二、常用富集分析软件

当前,有很多利用富集分析方法开发的生物信息学分析工具,这些工具对基因功能分析以及研究高通量的生物学数据起到了重要的促进作用。基于不同的算法原理,可以将目前常用的富集分析工具分为三类:单一富集分析(singular enrichment analysis)、基因集富集分析(gene set enrichment analysis)、模块富集分析(modular enrichment analysis)。第一类富集分析方法利用预先选定的注释基因计算每个 GO 结点的显著性,之后显著富集的结点被列出,这一方法是最传统的算法,也是最常用的方法;第二类基因集富集分析方法无需预先选择感兴趣的基因集,实验值整合成 P 值计算;第三类模块富集分析方法继承了单一富集分析的主要思想,但是在计算 P 值时考虑了结点间或基因间的关系。这一方法的优点是考虑了结点间或基因间关系的生物学意义,而这些生物学意义无法由单个基因体现,这种模块化的分析更接近生物数据结构的本质。表 7-3 中列举了一些常用的富集分析工具。

表 7-3 常用富集分析工具集

Enrichment tool name	Year	Key statistical method
Cao et al.	2014	Bayesian Extension of the Hypergeometric
GOMA	2013	Hypergeometric; GO module enrichment
CytoSaddleSum	2012	Fisher's exact; Lugannani Rice's statistics
GeneTerm Linker	2011	Hypergeometric
NOA	2011	Hypergeometric; Network analysis
GOing Bayesian	2010	Bayesian model
GO-Bayes	2010	Bayesian model

Notes

续表

Enrichment tool name	Year	Key statistical method
GENECODIS	2009	Hypergeometric; chi-square
DAVID	2009	Fisher's Exact (modified as EASE score)
GOEAST	2008	Hypergeometric
GOHyperGAll	2008	Hypergeometric
EasyGO	2007	Hypergeometric;
g: Profiler	2007	Hypergeometric
GO-2D	2007	Hypergeometric; binomial
GOSim	2007	Resnik's similarity
BayGO	2006	Bayesian; Goodman and Kruskal's gamma factor
eGOn/GeneTools	2006	Fisher's exact
Gene Class Expression	2006	Z-statistics
GOALIE	2006	Hidden Kripke model
GOFFA	2006	Fisher's inverse chi-square
GOLEM	2006	Hyerpgeometric
JProGO	2006	Fisher's exact; Kolmogorov-Smirnov test; student's t-test; Wilcoxon's test; hypergeometric
PageMan	2006	Fisher's exact; chi-square; Wilcoxon
STEM	2006	Hypergeometric
WEGO	2006	Chi-square
FuncCluster	2006	Fisher's exact
topGO	2006	Fisher's exact
ADGO	2006	Z-statistic
BiNGO	2005	Hypergeometric; binomial
gfinder	2005	Fisher's exact
Gobar	2005	Hypergeometric
GOCluster	2005	Hypergeometric
GOSSIP	2005	Fisher's exact
GSEA	2005	Kolmogorov-Smirnov-like statistic
T-profiler	2005	t-Test
GO: : TermFinder	2004	hypergeometric
GOStat	2004	Fisher's exact; chi-square
EASE	2003	Fisher's exact (modified as EASE score)
FatiGO/FatiWise/FatiGO+	2003	Fisher's exact
GoMiner	2003	Fisher's exact
Onto-express	2002	Fisher's exact; hypergeometic; binomial; chi-square

三、富集分析应用实例

上面列举了多个富集分析工具,这里以目前应用较为广泛的 DAVID 为例,展示基因集功能富集分析的基本过程。DAVID 是一个综合工具,不但可以进行基因富集分析,还提供基因间 ID 的转换、基因功能的分类等工具(图 7-15)。

Notes

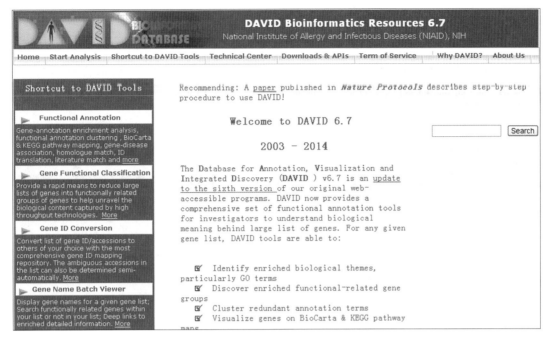

图 7-15　DAVID 工具应用首页

点击"Functional Annotation"后，第一步为提交基因集，选择基因标识名和基因集类型；第二步得到注释结果摘要，包括多种注释数据；然后选择感兴趣的注释内容得到富集分析结果，见图 7-16。

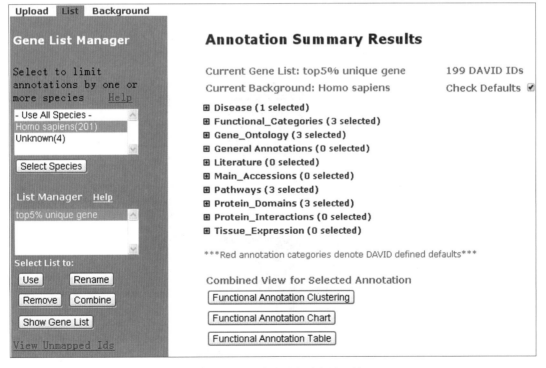

图 7-16　DAVID 富集分析注释结果摘要

这里以 KEGG 通路的富集分析为例。提交之后的结果如图 7-17，可以看到，对提交的基因集做富集分析，找到多个具有显著性的通路。这里的"P-Value"是通过 Fisher 精确检验得到的 p 值，"Benjamini"指的是本杰明假阳性率校正方法。

Notes

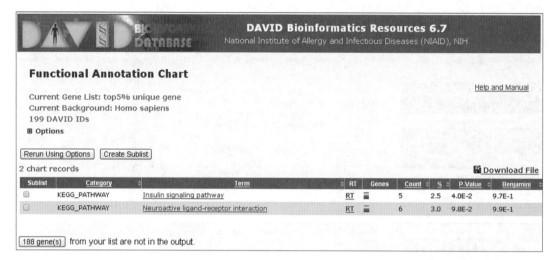

图 7-17　DAVID 在 KEGG 上富集结果实例

第四节　基因功能预测
Section 4　Gene Function Prediction

一、基因功能预测算法

目前,大量参与重要生命活动基因的功能仍然未知。因此,生物信息学的重要任务之一是在全基因组范围内对基因功能进行预测。传统的基因功能预测方法主要依赖于序列的同源性,而近年来已经发展了很多基于 GO 数据库或 KEGG 数据库的方法,其中一些新开发的方法试图整合多种数据类型,如高通量的基因表达和蛋白质互作数据,通过构建功能相关网络的方式预测基因功能(图 7-18)。GO 数据库包含了基因参与的生物学过程,所处的细胞位置及具有的分

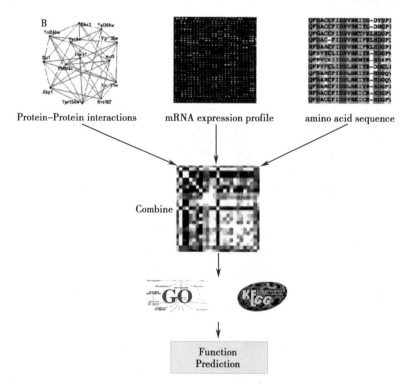

图 7-18　整合蛋白质互作数据、表达谱和序列数据的功能预测

Notes

子功能三方面功能信息，通过 GO 数据库的注释信息，可以对基因的功能进行预测。KEGG 是系统分析基因功能、联系基因组信息和功能信息的知识库，KEGG 的 PATHWAY 数据库提供了基因编码的生物学大分子酶或者蛋白质在生命体内相互联系相互影响的情况，同一生物学通路内的基因大多参与了此代谢通路所揭示的生命过程。根据功能相似的基因可能导致相似的表型这一生物学假设，可以通过网络拓扑性质对基因的功能进行预测，并利用 GO 和 KEGG 功能富集分析方法进行进一步的预测。当前基于 GO 和 KEGG 数据库的基因功能预测策略一般为：首先，从总体上宏观地概括抽取信息，如不同样本间、不同发育时间的差异基因集合；其次，通过 GO 或 KEGG 分析，即从 GO 分类结果找到实验涉及的显著功能类别或将差异基因映射到通路中，根据基因在通路中的位置及表达水平的变化识别出受影响显著的通路，从而预测未知的基因功能等。

基于 GO 或 KEGG 的基因功能预测通常需要定义基因集，基因集的定义是基于统一的先验生物学知识，如已发表的有关基因共表达、生物通路等。一个基因集是基因芯片上一组具有相同生物学功能或位于同一生物通路的基因，产生基因集的数据包括基因表达谱数据和蛋白质互作数据等。

（一）基于 GO 的基因功能预测

1. 对差异表达基因进行功能预测　GO 应用的一个重要方面就是用来指导基于基因表达数据的基因功能预测。在基因芯片的数据分析中，研究者可以找出哪些差异表达基因属于一个共同的 GO 功能分支，并用统计学方法检验结果是否具有统计学意义，从而得出差异表达基因主要参与了哪些生物学功能。

目前，大量的基因功能预测方法利用 GO 作为功能分类的来源或结果证实。在已知的大多数相关研究中，研究者首先将感兴趣基因注释到 GO 上，然后筛选出显著富集的 GO 结点作为功能标签，考察这组基因是否共同注释到同一个功能结点上，或注释的结点是同一个结点的直接子结点，并认为这样的基因具有相似的功能，这项工作实现了对未知基因功能的预测，是 GO 结构信息的进一步发掘。这是直接利用 GO 注释的方法进行基因功能预测。

目前许多已知功能的基因只注释到了描述很不具体的功能类，称之为部分功能已知的蛋白质。显然寻找这些基因的精细功能对于了解这些基因和提供必要的数据来学习其他基因的功能都具有重要意义。为了寻找部分功能已知的基因更精细的功能，目前有一种深层预测算法：该算法利用蛋白质互作数据，将基因从其已注释到的功能类向下预测一层或多层，发现其更精细的功能。由于部分功能已知的基因参与一个子功能类的先验概率增大，预测的可靠性可能会提高，因此使用注释到同一个功能类中的基因可以过滤部分假阳性互作。

具体做法为：首先，选定一个 GO 结点作为深层预测的目标结点，定义它的任何一个祖先结点为预测空间，按照 GO 注释的提示，将注释到预测空间而没有注释到它的任何一个子结点的基因定义为部分功能已知的基因，即预测对象；然后，通过连接注释在预测空间中互作的基因构建一个功能特异的子网，孤立的基因被排除在外，在互作子网中，注释到目标结点的蛋白质被当作阳性样本，而除预测对象外的其他蛋白质被当做阴性样本。

通常一个蛋白质被赋予与其直接相互作用的邻居蛋白质中出现频率最高的几个功能。尽管一个蛋白质可以执行多个功能，这里选择只为蛋白质赋予一个可信度最高的子功能。因为目标结点中阳性样本要和预测空间中所有其他子结点的阴性样本竞争，因此修改大数法对于预测一个阳性结果来说是保守的。可以采用留一法来评价分类器的预测效果。每一个训练样本都要被轮流留出来作为测试样本。计算真阳性（TP）、真阴性（TN）、假阳性（FP）和假阴性（FN），再计算精确度、覆盖率和 F 指标。基于蛋白质互作数据和深层预测方法，以高于 90% 的精确率，为几千个部分功能已知的酵母和人类蛋白质预测了精细的功能。预测的精细功能对于指导随后的实验和提供必要的功能知识来学习其他蛋白质的功能都具有重要的意义。

Notes

2. 蛋白质互作网络用于基因功能预测   传统的基因功能注释及预测方法是根据基因相关的一些统计特征集,利用机器学习方法来得出功能注释的规则用于预测。基因功能实现的复杂性以及功能定义的模糊性,使得传统的利用特征预测的方法很难准确地进行预测。而蛋白质相互作用网络能够利用蛋白质之间的相关性,对未知功能的基因进行注释。目前,利用相互作用网络进行功能注释主要有两种方法,即直接注释方法(direct annotation schemes)和基于模块的方法(module assisted schemes)。

(1) 直接注释方法:根据网络中某个蛋白质的连接情况直接推测该蛋白质的功能。这类方法基于的假设是:在蛋白质相互作用网络中,距离相近的两个蛋白质更加倾向于拥有相似的功能。而通过两蛋白质在网络中的距离来计算并判断这两个蛋白质功能相似性有许多的方法:

①邻居结点计算法(neighborhood counting):这种方法是最简便也是相对较早出现的方法。它根据网络中某个蛋白质直接相关的邻居蛋白质的已知功能来确定该未知蛋白质的功能注释。这种方法假设某未知蛋白质的邻居中有超过 n 个蛋白质具有一样的功能,就将这种功能赋予给该蛋白质。这种方法虽然简单并且有时候非常有效,然而它在功能注释过程中不能为这种关联性提供非常有显著意义的解释,并且它也没有考虑到网络的全局拓扑结构。

②图论方法(graph theoretic method):图论方法不同于邻居结点计算法,它可以考虑网络的全局拓扑结构。基本思路是:对一个未知功能蛋白质赋予某种功能,要使得注释为相同功能的蛋白质(未注释或者已注释)的连接数目最多。

③马可夫随机场方法:注释方法中有许多基于概率的方法,它们均基于马可夫假设,即蛋白质的功能独立于与其直接相邻的邻居之外的所有蛋白质。根据这个假设,人们也提出了马可夫随机场模型用于蛋白质功能的注释。

(2) 基于模块的方法:首先将网络相关的蛋白质组成不同的模块,然后根据该模块中成员的功能来得到整个模块所共有的可能的功能,从而用来预测其中未知成员的功能。一个功能模块指其中的蛋白质所处的细胞位置以及相互作用使得它们可以实现一个特定的功能。而基于功能模块的蛋白质功能注释方法也不再单独地预测单个蛋白质的功能,而是试图发现模块中所有蛋白质的共同内在的功能。一旦模块确定,那么可以通过一些简单的方法来预测其功能,比如该模块中如果大部分的蛋白质都具有某种功能,那么这种功能就将赋予该模块。对蛋白质相互作用网络进行模块划分的常用方法有以下几种:

①分级聚类方法(hierarchical clustering based methods):聚类就是将相似功能的蛋白质归为同一类(模块)。分级聚类的关键问题是如何评判蛋白质对之间的相似性,最简单的方法是以两个蛋白质之间的距离作为基准。但是在分级聚类中,大量蛋白质对之间的距离都是相同的,通常认为同一个模块中的蛋白质成员更加可能拥有最短的路径距离谱(path distance profiles)。根据这个假设,所有短路径的蛋白质对聚成一类。这个方法实施比较复杂,很难在整个基因组水平的网络上进行分析,但在一些子网络中它已经得到很好的应用,比如对酿酒酵母的核蛋白的相互作用网络分析。

②图形聚类方法(graph clustering methods):大量的图形聚类方法也用于图形化描述二元相互作用。早期的图形聚类方法用于相互作用网络模块的构建主要有两类,一类是基于 SPC 聚类(super paramagnetic clustering)方法,另一类为基于蒙特卡洛算法(monte carlo algorithm)。其中 SPC 算法在决定那些内部密度很高但松散的连接于其他部分的模块效果非常好。在最近,又不断发展出许多新的图形聚类算法,如高连通子图算法(highly connected sub graphs,HCS)、有限邻居搜索聚类算法(restricted neighborhood search clustering,RNSC)以及马可夫聚类算法(Markov clustering,MCL)等。

3. 利用 GO 体系结构比较基因功能   此外,还有一些基于信息理论的相似性概念比较基因间的功能相似性,从而对基因功能进行预测。通常认为如果两个基因产物的功能相似,那么

Notes

它们的表达也就相近,同时它们在 GO 中注释的结点就相似,所以只要能找出 GO 中结点对的相似度,就可以近似估计两基因表达的相似度,从而判断两基因产物的功能的相似度。被人们广泛了解的是 Resnik 在 1995 年提出的对分类系统中的每个类定义的语义相似性算法,计算两个类的语义相似性,后有多位科学家经过改进等提供了多种类相似性的计算测度。在 2002 年 Lord 第一次提出把语义相似性理论应用到 GO 分类系统中,计算两个结点之间的相似性,从而可以利用不同的方法计算基因间的功能相似性,最后可以根据功能相似性得分预测未知基因的功能。

在分类系统中,利用 GO 结构信息和基因注释信息,首先设一个函数,计算得到每个结点的信息含量值:$p(c) = \dfrac{freq(c)}{N}$,freq(c) 表示结点及它的子结点上注释的所有基因数,p(c) 是结点 c 的概率,并且随着结点 c 在层级结构中的升级,概率 p 是单调递增的,top 结点概率是 1。越往上层,概率越大,信息含量越小。即如果 c1 是 c2 的下属,则 p(c1)<=p(c2)。则结点 c 的信息含量值为:$IC = -\log(p(c))$。得到每个结点的信息含量值后,计算任意两个结点的相似性方法有多种,Resnik 最早提出语义相似性概念,它的定义为两个结点的公共祖先中最近距离的祖先结点的 IC 值即为它们的相似性值,即:

$$sim(c1, c2) = \max_{c \in S(c1, c2)} \left[-\log p(c) \right] \tag{7-3}$$

$$sim(c1, c2) = \frac{2IC_{ms}(c1, c2)}{IC(c1) + IC(c2)} \tag{7-4}$$

在 GO 系统中,可以计算得到任意两个结点的相似性值,则可根据基因注释在哪些结点上而计算两个基因之间的功能相似性。最简单的方法是取两个基因所注释的结点对的最大值或平均值,来作为两个基因的功能相似性,还有最优分配法,目前已经有一些比较基因间的关联程度的算法和工具,利用语义相似性原理计算基因间的功能相似性的工具已经有 GOSim、csbl.go、G-SESAME 等。

(二)基于 KEGG 通路分析的基因功能预测

通路分析是现在经常被使用的芯片数据基因功能分析法。与 GO 分类法(应用单个基因的 GO 分类信息)不同,通路分析法利用的资源是许多已经研究清楚的基因之间的相互作用,即生物学通路。研究者可以把表达发生变化的基因集导入通路分析软件中,进而得到变化的基因都存在于哪些已知通路中,并通过统计学方法计算哪些通路与基因表达的变化最为相关。现在已经有丰富的数据库资源帮助研究人员了解及检索生物学通路,对芯片的结果进行分析。主要的生物学通路数据库有以下两个:① KEGG 数据库:迄今为止,KEGG 数据库是向公众开放的最为著名的生物学通路方面的资源网站,在这个网站中,每一种生物学通路都有专门的图示说明;② BioCarta 数据库:它在其公共网站上提供了用于绘制生物学通路的模板。研究者可以把符合标准的生物学通路提供给 BioCarta 数据库。BioCarta 数据库不会检验这些生物学通路的质量,因此其中的资源质量参差不齐,并且有许多相互重复。然而 BioCarta 数据库数据量巨大,且不同于 KEGG 数据库,包含了大量代谢通路之外的生物学通路,所以也得到广泛的应用(图 7-19)。

芯片数据通路分析的第一步是差异基因的通路定位,一些商业软件如 Genespring 可以做到,基于 EASE 算法的开放在线程序 DAVID 也可以实现定位。目前的通路分析方法还存在很多局限性,例如,只注意到基因集合定位到了哪个通路而忽略了其在通路中的位置,如果一个通路由某个基因产物触发或被单个受体激活,并且特定的蛋白质没有表达,这个通路就会受到严重影响甚至关闭;相反,如果多个基因与某个通路相关但都只出现在通路的下游,那么其表达水平的变化就可能不会对通路造成很大影响。另外,一些基因往往有多个功能分布于不同的通路发挥不同的作用,要得到相对准确的结果还必须考虑通路的拓扑结构。目前很少有能将基因差

Notes

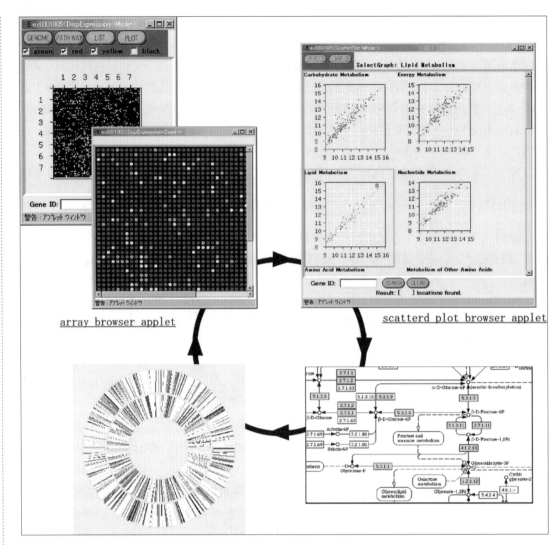

图7-19   通过表达谱数据进行通路定位

异表达值变化应用于通路分析的方法，Pathwayexpress 提出了一种基于 IF（impact factor）的通路分析方法，综合了差异基因标化的差异表达值、通路中基因的统计学显著性以及信号通路的拓扑学三方面内容。Pathwayexpress 主要基于 KEGG 库，结果输出中自动把差异基因以不同颜色定位于通路中，红色为上调，蓝色为下调，这些定位着上调和下调基因的通路图可以在 Java 控制台中找到绝对路径，在浏览器中打开或保存，也可以 GML 格式导出，然后直接导入 Cytoscape，用 merge 结点功能把多个相关 pathway 连接起来，显示互作网络，并分别以红蓝色显示显著性通路中上调下调的基因（结点），以及这些基因与其他基因间的相互作用（边），可以从不同视角观察其位置，不断放大就可以看到结点的基因名称。其他的可视化工具还有 pathwaystudio、genmapp、arrayxpath、osprey 等。Biolayout 也是一款分子作用网络展示工具，所不同的是结果为三维图形界面。

二、常用基因功能预测软件

（一）基于 GO 的基因功能分析软件

EASE（expressing analysis systematic explorer）是比较早的用于芯片功能分析的网络平台。由美国国立卫生研究院（NIH）的研究人员开发。研究者可以用多种不同的格式将芯片中得到的基因导入 EASE 进行分析，EASE 会找出这一系列的基因都存在于哪些 GO 分类中。其最主

Notes

要特点是提供了一些统计学选项以判断得到的 GO 分类是否符合统计学标准。EASE 能进行的统计学检验主要包括 Fisher 精确概率检验,或是对 Fisher 精确概率检验进行了修饰的 EASE 得分(EASE score)。

由于进行统计学检验的 GO 分类的数量很多,所以 EASE 采取了一系列方法对"多重检验"的结果进行校正。这些方法包括 Bonferroni 校正法、Benjamini falsediscovery rate 和 bootstraping。同年出现的基于 GO 分类的芯片基因功能分析平台还有底特律韦恩大学开发的 Onto-Express。2002 年,挪威大学和乌普萨拉大学联合推出的 Rosetta 系统将 GO 分类与基因表达数据相联系,引入了"最小决定法则(minimal decision rules)"的概念。它的基本思想是在对多张芯片结果进行聚类分析之后,与表达模式不相近的基因相比,相近的基因更有可能参与相同的生物学功能的实现。比较著名的基于 GO 分类法的芯片数据分析网络平台还有很多,这里列举了其中的一部分(表 7-4)。

表 7-4 用 GO 分类法进行芯片功能分析的网络平台

Name	Internet Site
Onto-Tools	http://vortex.cs.wayne.edu/projects.htm
ROSETTA	http://rosetta.lcb.uu.se/general/
GOToolBox	http://burgundy.cmmt.ubc.ca/GOToolBox/
GOstat	http://gostat.wehi.edu.au/
GFINDer	http://www.medinfopoli.polimi.it/GFINDer/
FatiGO	http://www.fatigo.org/
EASE	http://david.abcc.ncifcrf.gov/ease/ease.jsp
Babelomics	http://www.babelomics.org
FIDEA	http://www.biocomputing.it/fidea
INMEX	http://www.inmex.ca
JProGO	http://www.jprogo.de

(二) 基于 KEGG 的基因功能分析软件

最先出现的通路分析软件之一是 GenMAPP(gene microarray pathway profiler),它可以免费使用,其最新版本为 Gen-MAPP2。在这个软件中,使用者可以用几种灵活的文件格式输入自己的表达谱数据,GenMAPP 的基因数据库包含许多从常用的资源中得到的物种特异性的基因注释和识别符(ID)。这些 ID 可以将使用者输入的基因与不同的生物学通路的基因联系起来。这些生物学通路存在于 GenMAPP 的 MAPP 文件中。MAPP 文件需要时常下载更新。它包含有许多 KEGG 生物学通路,一些 GenMAPP 自己的生物学通路和许多 GO 分类的 MAPP 文件,全部操作简单明了。而且依靠其自带的 MAPPBuilder 和 MAPPFinder 两个软件,使用者可以自己绘制生物学通路和对 MAPP 文件进行检索。由于使用者可以自己绘制生物学通路保存为 MAPP 格式,这个文件很小易于在网络上传播,所以 GenMAPP 数据库更有利于研究者之间的及时交流。由于上述特点,GenMAPP 数据库及软件仍是现今免费平台里应用比较广泛的。

2004 年发表的 Pathway Miner 也是应用较为广泛的免费通路分析网络平台,由美国亚利桑那大学癌症中心建立维护,其最突出的特点就是信息全面,操作简便。使用者可以在这个网站中获得单个基因的序列、功能注释,以及有关它们编码的蛋白质结构功能,组织分布,OMIM 等信息。对于通路分析部分,使用者给出基因集及他们的表达变化值,网站可以根据三大公用的通路数据库:KEGG、GenMAPP 和 BioCarta,生成变化基因参与的通路,并用 Fisher 精确概率检验。PathwayMiner 自动把得到的通路分成两大类:代谢通路和细胞调节通路。方便使用者根据不同的研究目的选择需要查看的结果。2006 年国内也开发了用于通路分析的网络平

Notes

台，即 KOBAS（KO-based annotation system），其基于 KEGG 数据库建立，由北京大学生命科学院开发和维护。其特点是可直接采用基因或蛋白质的序列录入基因，并对录入的基因集进行 KO 注释。对于结果的可靠性检验提供了四种统计方法。使用者可以在网站进行注册，网站会为使用者保存输入的数据，方便日后直接调用。最近推出的软件 Eu.Gene 整合了来自 KEGG、Gen-MAPP 以及 Reactome 的通路数据，并采用 Fisher 精确概率检验及基因集富集分析（gene set enrichment analysis，GSEA）来检验结果是否具有统计学意义。这里列举了部分通路分析的网络平台及它们的网址（表 7-5）。

表 7-5　通路分析网络平台

Name	Internet Site
GenMAPP	http://www.genmapp.org/
PathwayMiner	http://www.biorag.org/pathway.html
KOBAS	http://kobas.cbi.pku.edu.cn
GEPAT	http://gepat.bioapps.biozentrum.uni-wuerzburg.de/GEPAT/index.faces
VitaPad	http://bioinformatics.med.yale.edu/group
KEGGanim	http://biit.cs.ut.ee/kegganim/
WholePathwayScope	http://www.abcc.ncifcrf.gov/wps/wps_index.php
VisANT 3.0	http://visant.bu.edu/
Eu.Gene	http://www.ducciocavalieri.org/bio/Eugene.htm
GS2PATH	http://array.kobic.re.kr: 8080/arrayport/gs2path/
ProdoNet	http://www.prodonet.tu-bs.de
PathExpress	http://bioinfoserver.rsbs.anu.edu.au/utils/PathExpress/
CLAIM	http://bio.cs.put.poznan.pl/research_fields
3Omics	http://3omics.cmdm.tw

（三）利用 Onto-Express 预测基因功能

Onto-Express 是 Wayne State University 开发的 Onto-Tools 软件包中的一个表达谱数据分析工具，利用 Gene Ontology 中的数据信息对基因的功能进行分析，可以在 http://vortex.cs.wayne.edu: 8080/index.jsp 上免费下载该软件。

1. 数据输入　下面通过提供的测试数据阐述 Onto-Express 的使用方法，该芯片的测试数据可在 http://www.ebi.ac.uk/~jane/TestData/ 下载，输入数据为 total 和 under.over，输入数据为文本格式，包含 accession numbers、cluster identifiers 或 probe identifiers。进入 Onto-Express 的输入窗口，如图 7-20 所示。

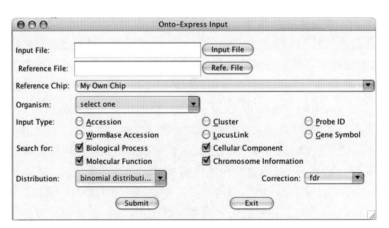

图 7-20　Onto-Express 输入窗口

Notes

点击"Input File"按钮输入 under.over 文件,这个文件包含一系列实验产生的上调或下调基因集合。点击"Reference File"按钮输入 total 文件,这个文件包含了实验中的所有基因,并选择"My Own Chip",这里注意到:如果实验中使用的是商业芯片,可以不用上传芯片的基因,选择芯片的类型即可。

对于物种选项,这里选择 homo sapien,"Input Type"选择 Gene Symbol。其他的选项默认即可,然后点击"Submit"结果将在几分钟后生成。

2. **结果页面** 返回的结果页面见图 7-21。选择"Tree View",将显示 GO 的树状图,可以单击收缩或展开显著 term 的信息。GO term 上的黑体字是输入的上调或下调基因集合注释到该 term 上的数目。p 值是该结点含有上调或下调基因的数目大于随机期望的概率。

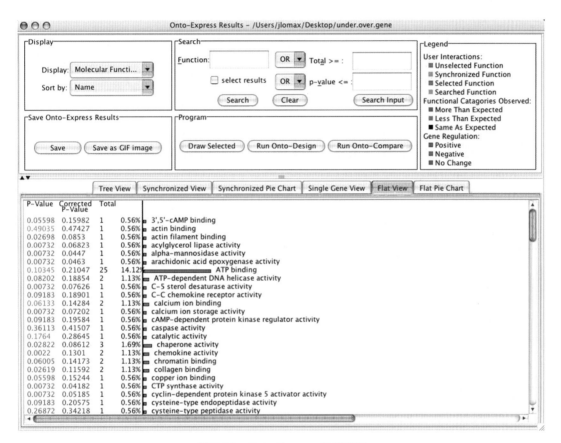

图 7-21 Onto-Express 结果窗口

小　结

　　基因注释与功能分类是功能基因组学和计算系统生物学的重要研究内容。本章重点介绍了 GO 数据库和 KEGG 数据库,分别从基因功能注释和通路注释两个层面阐述功能注释与分类的基本方法。随着功能基因组学在人类复杂疾病研究中应用的逐步深入,基因功能注释方法也逐步从单基因注释发展到特定基因集合注释。基于 GO 和 KEGG 发展起来的 David、GOEAST、GOSim、PathwayMiner 等软件可以从不同角度实现注释、富集分析和功能预测等,方便科研人员对感兴趣的基因或基因集合进行研究。

Notes

Summary

Gene annotation and functional classification are important research topics for functional genomics and computational systems biology. In this chapter，GO and KEGG are introduced while functional annotation and classification are summarized in terms of gene functional annotation and pathway annotation. As functional genomics are widely used in human complex diseases，gene functional annotation also improved from single gene annotation to gene set annotation. Softwares such as David，GOEAST，GOSim，PathwayMiner can perform annotation，enrichment analysis and functional prediction which quicken the study of gene and gene set for researchers.

（李亦学　李　霞）

习题

1. 富集分析方法的目的是什么？
2. 简述多重检验校正的作用。
3. 常用富集分析软件可以分为几类，请简述各类特征。
4. 应用 DAVID 找出一组基因在 GO 中 BP 分支上的显著结点。
5. 简述利用 GO 和 KEGG 进行基因功能预测的基本步骤。
6. 列举常用的基因功能预测软件和分析平台。
7. 简述基于 GO 的软件 EASE 预测基因功能的基本步骤。
8. 简述 GenMAPP 软件预测基因功能的基本步骤。

参考文献

1. Hung JH，Yang TH，Hu Z，et al. Gene set enrichment analysis: performance evaluation and usage guidelines. Brief Bioinform，2012，13（3）：281-291

2. Moreau Y，Tranchevent LC. Computational tools for prioritizing candidate genes: boosting disease gene discovery. Nat Rev Genet 2012，13（8）：523-536

3. Wang K，Li M，Hakonarson H. Analysing biological pathways in genome-wide association studies. Nat Rev Genet 2010，11（12）：843-854

4. Eeles RA，Kote-Jarai Z，Giles GG，et al. Multiple newly identified loci associated with prostate cancer susceptibility. Nat Genet，2008，40（3）316-321

5. Huang DW，Sherman BT，Lempicki RA. Bioinformatics enrichment tools: paths toward the comprehensive functional analysis of large gene lists. Nucleic Acids Res，2009，37（1）：1-13

6. Huang DW，Sherman BT，Lempicki RA. Systematic and integrative analysis of large gene lists using DAVID Bioinformatics Resources. Nat Protoc，2009，4：44-57

7. Ashburner M，Ball CA，Blake JA，et al. Gene ontology: tool for the unification of biology. The Gene Ontology Consortium. Nature Genet，2000，25：25-29

8. Hu P，Bader G，Wigle DA，et al. Computational prediction of cancer-gene function. Nature Reviews Cancer，2007，7（1）：23-34

9. Murali TM，Wu CJ，Kasif S. The art of gene function prediction. Nature Biotechnology，2006，24（12）：1474-1476

10. Sharan R，Ulitsky I，Shamir R. Network-based prediction of protein function. Molecular System Biology，2007，3（88）：1-13

11. Zhou Y，Young JA，Santrosyan A，et al. In silico gene function prediction using ontology-based pattern identification. Bioinformatics，2005，21（7）：1237-1245

Notes

第八章　转录调控的信息学分析
CHAPTER 8　BIOINFORMATICS ANALYSIS OF TRANSCRIPTIONAL REGULATION

第一节　引　言
Section 1　Introduction

　　基因表达是指基因在生物体内的转录、剪接、翻译以及转变成具有生物活性的蛋白质分子之前的所有加工过程。人类基因组大约有两万多个基因,但是在单个细胞中,同时表达的基因往往只有几千甚至几百个,而且很多基因只在特定组织或发育阶段表达。从一套基本不变的基因组中产生出多元化的细胞类型,是由调控基因活性的各种信号途径所控制。作为基因表达的第一步——转录是调控机制的中心。转录调控因子(transcription factors,TF),也称之为反式作用因子(trans-acting factor)有序地结合在目标基因启动子(promoter)序列中的特殊位点,启动基因的转录和控制基因的转录效率(图 8-1)。这些位点被称为转录因子结合位点(transcription factor binding sites,TFBS),又被称为顺式调控元件(*cis*-regulatory elements),其长度从几个到十几个碱基对不等。每个转录因子的结合位点通常都有特定的模式,被称为模体(motif)。找到这些特定的序列片段对研究基因的转录调控有着重要意义。

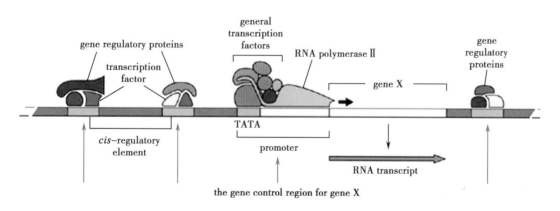

图 8-1　基因转录调节模式图

　　实验中常常选用荧光素酶报告基因(luciferase report gene)、凝胶迁移(electrophoreticmobility shift assays)、染色质免疫沉淀(chromosome immunopreciation,ChIP)或 DNase 足迹法(DNase footprinting)等方法来确定 TFBS。尽管这些方法比较准确,但是尚不能够实现大规模、高通量的分析。近些年来,随着基因芯片(chip)和新一代测序(next-generation sequencing)技术的迅猛发展,对哺乳动物在全基因组水平上,进行高分辨率的 DNA 结合蛋白研究成为可能。由此,就诞生了在 ChIP 技术基础上建立的高通量分析蛋白质与 DNA 相互作用的技术平台,ChIP-chip 和 ChIP-seq。并且,利用 ChIP-chip 和 ChIP-seq 的海量数据和日益完善的生物信息学分析工具,对基因转录调控区进行详细分析,已成为实验手段的重要补充。

第二节　转录因子结合位点的信息学预测方法
Section 2　Prediction of Transcriptional Factor Binding sites

　　大量的实验证据表明，TFBS 的长度一般在 6～12bp 之间。然而，ChIP-chip 技术的分辨率在 200～800bp 左右，远大于 TFBS 的长度，所以需用计算方法来确定 TFBS 的确切位置。与之相比，ChIP-seq 技术的分辨率可以达到 100bp，甚至更高。因此随着基因芯片和深度测序等高通量数据的出现，计算方法在 TFBS 的分析中得到了广泛的应用。对 TFBS 的计算研究可分为两类问题：第一类问题是根据若干已知 TFBS 的 motif，在所研究的某个基因启动子区域内，搜索相应转录因子可能的结合位点，称之为转录因子结合位点的定位（location of transcription factor binding site）。第二类问题是通过收集多个基因启动子序列，在其中寻找具有统计显著性的短片段，作为同一转录因子可能的结合位点，称之为转录因子结合位点的识别（identification of transcription factor binding site）。

一、转录因子结合位点的表示方法

　　1. 共有序列（consensus sequence）　TFBS 最简单的表示方法是共有序列（consensus sequence）。不同基因的启动子区域中，同一转录因子的结合位点并不完全相同。可以对同一个转录因子结合的所有 DNA 片段按照对应位置进行排列（图 8-2），在每个位置上选择最可能出现的碱基，组

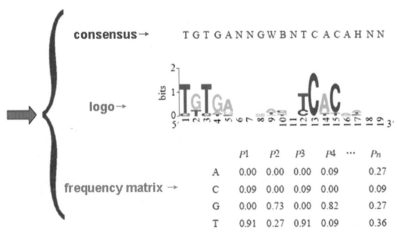

图 8-2　转录因子结合位点表示法

Notes

成了该 TFBS 的共有序列。共有序列中用 A、C、G、T 之外的字母来表示结合位点中各个位置上可能出现的碱基组合（表 8-1），这些字母称为 IUPAC 简并码（IUPAC degenerate codes）。共有序列的表示方法简明易懂，却不能够反映每个位置上不同碱基出现的概率。

表 8-1　IUPAC 简并码

IUPAC code	Nucleotide	IUPAC code	Nucleotide
W	A or T	B	C, G or T
R	A or G	D	A, G or T
K	G or T	H	A, C or T
S	C or G	V	A, C or G
Y	C or T	N	A, C, G or T
M	A or C		

2. 位置频率矩阵（position frequency matrix，PFM）　相对于共有序列表示方法，位置频率矩阵可以反映出每个位置上不同碱基出现的概率（见图 8-2）。该模型的一个前提假设是，各个位置上碱基出现的概率相互独立。矩阵每一列表示 motif 相应位置上四种碱基出现的概率。对于长度为 n 的 motif，碱基 i（$i=\{A, C, G, T\}$）在 motif 第 j 个位置上出现的频率为 $q_{i,j}$，则整个 motif 用矩阵 $\boldsymbol{M}$ 表示如下：

$$\boldsymbol{M} = \begin{cases} q_{A,1} q_{A,2} \cdots q_{A,n} \\ q_{C,1} q_{C,2} \cdots q_{C,n} \\ q_{G,1} q_{G,2} \cdots q_{G,n} \\ q_{T,1} q_{T,2} \cdots q_{T,n} \end{cases}$$

目前位置频率矩阵是在 TFBS 研究中应用最广泛的模型。

3. 序列标识图（sequence logo）　为了更加直观地区分结合位点中不同位置上的碱基倾向性及其在结合过程中的作用，人们提出了序列标识图（sequence logo）的概念（见图 8-2）。序列标识图依次绘出 motif 中各个位置上出现的碱基，每个位置上所有碱基的累积反映了该位置上碱基的一致性，每个碱基字母的大小与碱基在该位置上出现的频率成正比。这种表示方法直观地给出 motif 各个位置上碱基出现的倾向性和整个 motif 序列的一致性，应用非常广泛。

二、转录因子结合位点的定位

有些研究中，人们关心某一个基因受哪些已知的转录因子调控。这种情况下，可以搜索目标基因的启动子区中，包含哪些已知的 TFBS。这类根据已知 TFBS 的 motif，搜索其可能结合位点的问题，称为转录因子结合位点的定位。

（一）转录因子结合位点定位的计算方法

对任一长度为 n 的已知 motif 位置频率矩阵 M，TFBS 定位就是判断某一长度为 n 的序列片段与 M 的匹配程度。考虑到 DNA 序列本身有可能存在碱基组成上的偏向性，通常把位置频率矩阵转换为位置权重矩阵（position weight matrix，PWM），用位置权重矩阵的打分来衡量 motif 与任意给定序列的匹配程度。在位置权重矩阵中，引入碱基 i（$i=\{A, C, G, T\}$）在背景序列中出现的频率记为 b_i 来消除 DNA 序列本身碱基组成偏向性的影响。位置权重矩阵中的每一个元素记为 $S_{i,j}$：

$$S_{i,j} = \log\left(\frac{q_{i,j}}{b_i}\right) \tag{8-1}$$

Notes

这里，$q_{i,j}$ 是碱基 i 在 motif 中第 j 个位置处出现的频率。

则 M 被转换为的位置权重矩阵 S 为：

$$S = \begin{cases} S_{A,1}\, S_{A,2} \cdots S_{A,n} \\ S_{C,1}\, S_{C,2} \cdots S_{C,n} \\ S_{G,1}\, S_{G,2} \cdots S_{G,n} \\ S_{T,1}\, S_{T,2} \cdots S_{T,n} \end{cases}$$

对于长度为 n 的 DNA 序列片段，它作为模体 M 对应的 TFBS 的打分为：

$$S_{i,j} = \sum_{j=1}^{n} S t_j, j \tag{8-2}$$

其中，t_j 表示相应序列第 j 个位置上出现的碱基。给定阈值 T，如果序列片段由上式给出的打分 $S \geq T$，则认为它有可能是相应转录因子的结合位点。在实际应用中，对长度为 L 的区域，用一个长度为 n 的窗口在序列上滑动，每次步长为 1，遍历所有长度为 n 的片段。选出对数似然比打分高于阈值 T 的那些片段，则为可能的结合位点（图 8-3）。

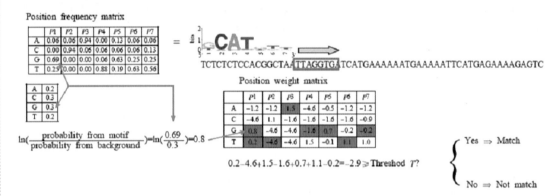

图 8-3　应用位置权重矩阵预测潜在结合位点

在应用中一个重要的问题是如何选择阈值 T。如果 T 很高，大部分片段都不符合打分高于阈值 T 的要求，这时可以避免高假阳性的出现，但同时也会丢掉很多真的 TFBS；如果 T 很低，在包含更多真实 TFBS 的同时就会引入假阳性结果。实际应用中可以根据研究问题的需要，在高检出率和低假阳性率之间取一个折中。阈值 T 的选择可以根据打分 S 的统计显著性，其中最具代表性的是 Staden 方法。对于特定 motif 的 M 和打分 S，Staden 方法可以计算随机位点的打分大于等于 S 的概率，概率越低说明 S 的统计显著性越强。数据库 TRANSFAC 的 MATCH 算法提供了基于大规模采样的阈值选取规则。在其基础上，TRANSFAC 数据库还开发了一种结合序列搜索和对数似然比打分方法的 P-Match 算法。

在 TFBS 的定位问题中，一个值得注意的问题是分析结果的假阳性率较高。TFBS 通常只有几个到十几个碱基长，这么短的序列片段在基因组上随机出现的概率很大，况且转录因子对其结合位点的识别并不要求完全匹配，这些因素都导致了 TFBS 定位问题中假阳性率较高。如何结合具体的生物问题降低 TFBS 定位的假阳性，是值得研究的重要问题。

（二）转录因子结合位点定位的预测

目前，一些生物学数据库，收录了大量转录因子的结合位点及其位置频率矩阵，这些信息为解决 TFBS 的定位问题提供了可能。TRANSFAC、JASPAR 和 TRED 等是其中最常用的数据库（详见本章第三节），其收录的数据都是经过实验验证的，利用数据开发的预测 TFBS 定位的相应软件，方便了研究者的使用。在 TRANSFAC 中就包括了多种转录因子及其结合位点的预测工

Notes

具，如 Patch、P-Match、AliBaba 和 MatrixCatch 等。在这些工具的主界面上，都有对其计算方法和各项参数含义的详细描述，可随时查阅。进入 TRANSFAC 主页后（http://www.gene-regulation.com/index2.html），首先要进行注册登记（免费），然后点击"programs"超链接进入工具栏，接着就可以根据自己的目的选择各种工具进行序列分析。现就几种常用的预测程序和使用流程简述如下。

1. AliBaba 2.1　是一个预测未知 DNA 序列中 TFBS 的商业性程序。2000 年由 Niels Grabe 借助于 TRANSFAC 4.0 数据库中所收集的结合位点编写而成。AliBaba 2.1 是目前预测结合位点比较特异的工具之一，可以在线使用，但需预先注册（免费）。在其主界面有超链接"Documentation"，点击进入后，可了解 AliBaba 2.1 的详细使用信息，如各项参数的含义与设定等。图 8-4 为 AliBaba 2.1 的操作流程。

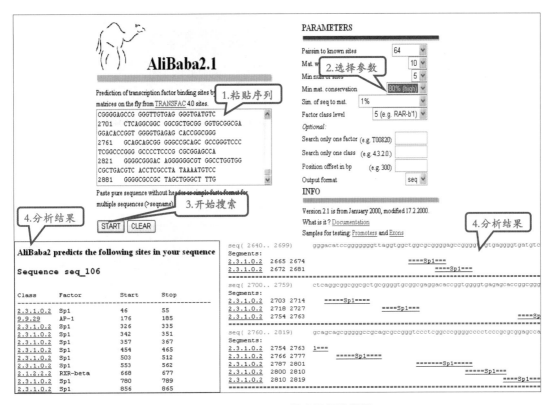

图 8-4　AliBaba 2.1 程序运行流程图

2. P-Match　P-Match-1.0 Public 是由 Dmitry Chekmenev、Carla Haid 和 Alexander Kel 等三人联合建立的鉴定 DNA 序列中 TFBS 的工具。P-Match 综合了模式匹配（pattern matching）和权重矩阵策略两种方法，大大提高了识别结合位点的准确性。P-Match 是使用来自 TRANSFAC Public 6.0 中收集的单核苷酸权重矩阵以及与这些矩阵相关的位置排列（site alignment）编写而成的。P-Match 不仅可以直接搜索 TFBS，而且还可以针对特定的组织或器官（如肌肉组织和肝脏等），对特异转录因子表达模式进行限定，即只搜索在特定组织或器官表达的转录因子，使输出的结果更集中。另外，P-Match 还可以建立、编辑和删除自己感兴趣的某种细胞、组织或器官的 TFBS 矩阵模式。P-Match 可以免费在线使用，并有"Help"菜单进行详细注释。图 8-5 为 P-Match-1.0 Public 的操作流程。

Notes

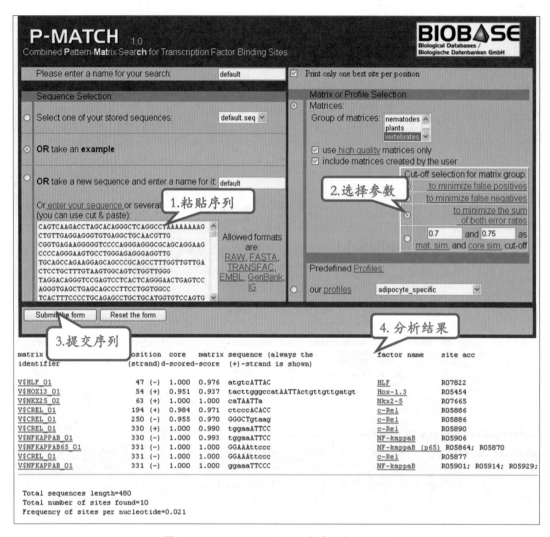

图 8-5　P-Match-1.0 Public 程序运行流程图

3. Patch　Patch 1.0 是利用模式匹配方法寻找感兴趣序列中潜在的 TFBS 的一种工具,是由 Jochen Striepe 和 Ellen Goessling 共同建立的。所采集的数据来自 TRANSFAC Public 6.0 数据库中的 TFBS 和权重矩阵共有序列。Patch 1.0 可以免费在线使用。图 8-6 为 Patch 1.0 的操作流程。

4. MatrixCatch　MatrixCatch 2.7 工具是 Gor Deyneko 和 Alexander Kel 为了在 DNA 序列中寻找潜在的转录因子复合元件(composite elements,CE)而设计的。MatrixCatch 所使用的 CE 矩阵模型(CE matrix model)程序库是在 TRANSCOMPEL 数据库中收集的复合元件以及 TRANSFAC 6.0 公共数据库中的单核苷酸权重矩阵基础上建立的。MatrixCatch 2.7 可以免费在线使用,并有"Help"菜单进行详细注释。图 8-7 为 MatrixCatch 2.7 的操作流程。

Notes

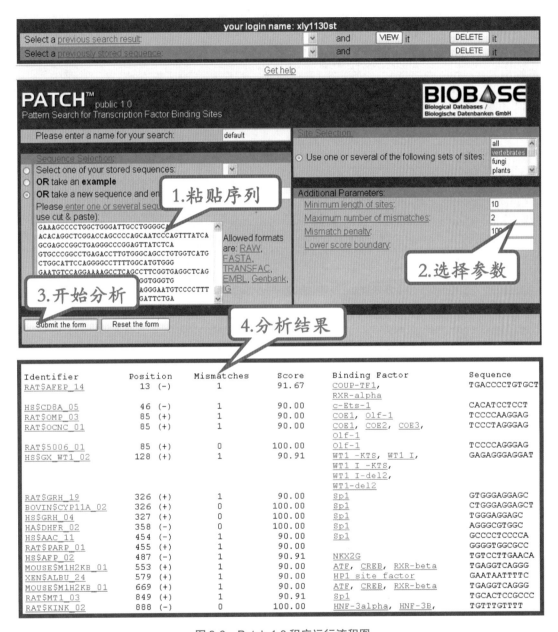

图 8-6　Patch 1.0 程序运行流程图

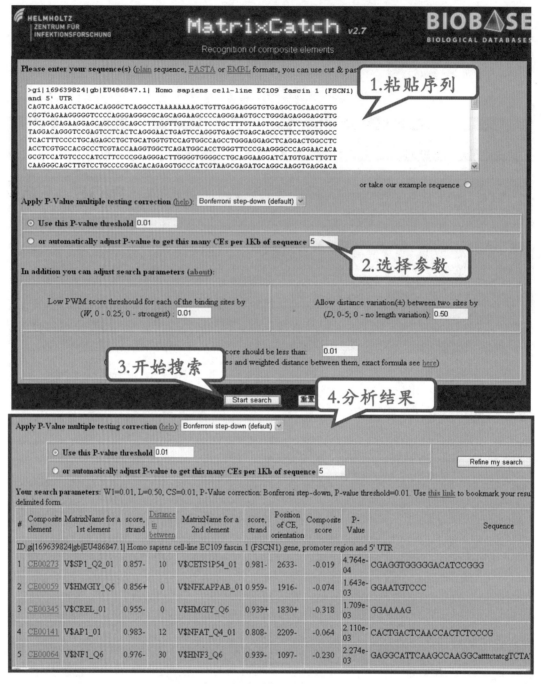

图 8-7 MatrixCatch 2.7 程序运行流程图

三、转录因子结合位点的识别

有些研究中,人们关心的是一组基因是否接受同一转录因子的调控,这就是转录因子结合位点(TFBS)的识别问题。要鉴定出同一转录因子调控多个靶基因表达的共有结合位点,收集可能被同一转录因子调控的多基因序列是首要步骤。然后通过多种计算方法从不同角度或不同层面去进行计算、评估和分析,尽可能地屏蔽掉冗余序列和噪音序列,寻找出具有统计显著性的短片段,作为转录因子可能的结合位点;最后到相关转录因子数据库中查询以确定是什么转录因子。图 8-8 所示为转录结合位点识别的全部流程。表 8-2 是识别转录因子结合位点可利用的部分资源网站。

Notes

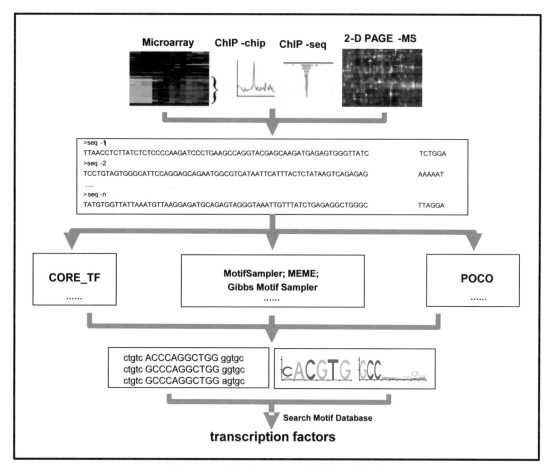

图 8-8 转录因子结合位点识别的工作流程

表 8-2 转录因子结合位点分析可利用网络资源

网站名称	网址	网站特点
CORE_TF	http://www.LGTC.nl/CORE_TF	可输入批量序列，或输入 ENSEMBL GENE IDs；可限定 promoter 序列长度；考虑物种保守性；寻找一群序列的共同转录因子
MotifSampler	http://bioinformatics.psb.ugent.be/webtools/MotifSuite/motifsampler.php	需输入一个序列文件；基于概率的从头（de novo）预测；应用于一群序列的共同 motif；由邮件返回分析结果
Gibbs Motif Sampler	http://ccmbweb.ccv.brown.edu/gibbs/gibbs.html	输入批量序列；运用 Gibbs 抽样分析算法，能够从 DNA 或蛋白质序列预测 motif 或序列保守区；由邮件返回分析结果
MEME	http://meme.nbcr.net/meme/cgi-bin/meme.cgi	输入批量序列；运用位点依赖的概率矩阵（position-dependent letter-probability matrices），分析一群序列的共同 motif；可限定 motif 的出现次数和长度；由邮件返回分析结果
POCO	http://ekhidna.biocenter.helsinki.fi/poco	输入两群批量序列；运用 ANOVA、honestly significantly difference（HSD）test 和 P-values 等统计方法分析两群序列的差异 motif；motif 可选择 JASPAR 等数据库预测潜在的转录因子

Notes

（一）获取靶基因序列

随着基因组学和蛋白质组学的迅速发展,获得可能被同一转录因子调控的多基因序列主要来自以下几个方面。

1. 从基因差异表达谱芯片数据出发获取多靶基因启动子序列　一张基因芯片可以同时检测数万个基因在某个组织样本中的表达值,对在不同条件下获得的基因芯片数据进行聚类分析和功能注释(详见第五章和第七章),可以得到一组或几组有相似表达模式的基因,提示这些基因很可能受到共同转录因子的调控。

2. 从差异表达蛋白质数据出发获取多靶基因启动子序列　一个基因的转录表达,最终是通过翻译成蛋白质行使其功能的。配对样品(实验组和对照组)的双向电泳结合生物质谱分析,可以同时获得数十到数百个差异表达的蛋白。通过蛋白质组的功能分析(详见第六章),就可以得到一组或几组由同一信号通路调控的蛋白质,表明他们的转录可能被同一转录因子调控。

找到一组共调控的基之后,首先需要利用 DAVID Bioinformatics Resource(http://david.abcc.ncifcrf.gov/home.jsp)的"Gene ID Conversation"将靶基因不同格式(如 Gene_ID,gene_symbol,Ensembl Gene_ID 或 protein IPI_ID 等)转换输出成 Refseq_MRNA 格式(NM_XXXXXX),并下载至本机(图 8-9);然后,在 UCSC 数据库中的"Table Brower"(http://genome.ucsc.edu/),输入 Refseq_MRNA ID 号获取靶基因的启动子区序列(图 8-10)。一般认为,TFBS 主要在转录起始位点(transcription start sites,TSS)附近出现,但还有一些转录因子结合在基因上游很远的区域(被称为远程作用)。根据研究问题的不同,启动子序列的长度可以取几百到几千个碱基不等,通常选取转录起始位点附近 1000~2000bp 的长度作为启动子区,例如,转录起始位点上游 1000bp 和下游 200bp。序列太短会丢失部分结合位点。如果序列取的过长,在包含了少量真实结合位点的同时,却引入了大量的背景噪声,使真正的 TFBS 淹没在噪声中无法区分。

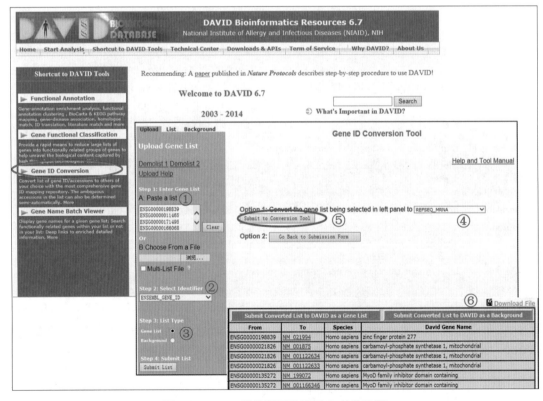

图 8-9　DAVID 操作界面及基因 ID 转换流程

Notes

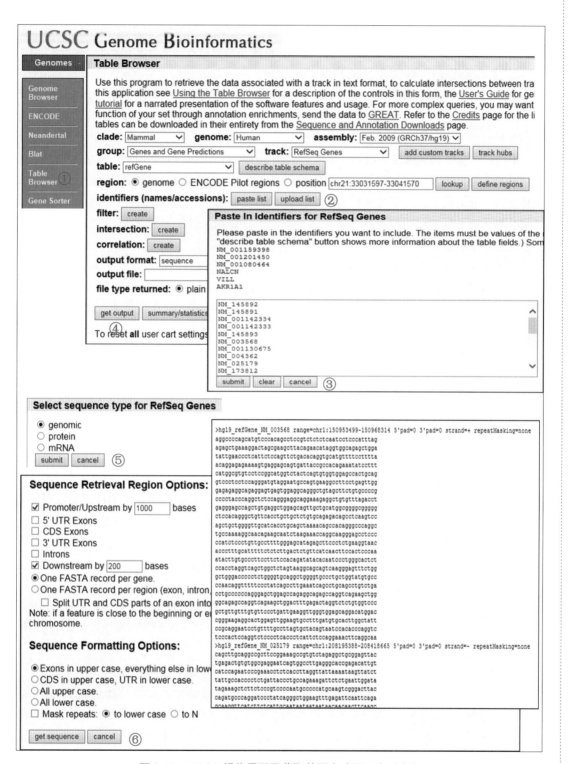

图 8-10 UCSC 操作界面及获取基因启动子区序列流程

3. 从 ChIP-chip 和 ChIP-seq 数据出发获得结合位点序列　与由基因芯片和功能蛋白质组获得的多靶基因启动子序列相比，ChIP-chip 和 ChIP-seq 确定的包含共同结合位点的区域更加准确，也更广泛；不仅在启动子区域，也会出现在内含子和 3′UTR，甚至间隔区。利用相应公司提供的软件对 ChIP-chip 和 ChIP-seq 数据进行分析后，最终提供给用户的文件应至少包括 Ensembl Gene_ID，gene_symbol，染色体起始与终止位置，及潜在结合位点序列等文件。

（二）转录因子结合位点识别的预测

TFBS 的预测问题也就是所谓的 motif 发现问题，它一直是生物信息学中非常活跃的研究领域。研究者开发了很多算法来解决这个问题。目前已有很多在线软件在网上公开。在这里仅介绍几种典型算法与应用。

1. 单个 motif 预测算法　得到一组候选启动子序列后，可以直接利用计算方法寻找其中具有统计显著性的短片段作为转录因子可能的结合位点。根据不同的表示方法，TFBS 识别算法总体上可以分为基于共有序列和基于位置频率矩阵两类。第一类是基于共有序列的识别方法，通过穷举所有可能的序列组合得到具有统计显著性的 TFBS，例如 MobyDick 和 YMF 算法等。第二类是基于位置频率矩阵的识别方法，利用贪婪算法、期望最大化（expectation maximization，EM）或 Gibbs 采样方法（Gibbs sampling method）等得到 TFBS 对应的位置频率矩阵，这类方法包括 MEME 和 Gibbs Motif Sampler 等。MEME 基于 EM 算法，它的优点是具有较高的敏感度，但计算复杂度高，计算时间较长。Gibbs Motif Sampler 计算速度快，但需要多次重复实验得到稳定的结果。图 8-11 显示了 MEME（http://meme.nbcr.net/meme/cgi-bin/meme.cgi）的操作界面，计算结果会发至提交者的电子邮箱中，所获得的潜在共同 TFBS，依次按照：①位置打分排列（sites sorted by position p-value）；②框图形式（block diagrams）；③模块形式（block）；④以位点特异打分矩阵形式（position-specific scoring matrix）；⑤以位点特异概率矩阵形式（position-specific probability matrix）；⑥共有序列；等格式呈现。

2. 比较基因组学　由于 TFBS 功能上的重要性，结合位点所在区域的突变速度会慢于无功能序列。因此，比较基因组学在 TFBS 的识别中可以起到重要作用。随着多个真核生物全基因组测序的完成，人们可以通过比较基因组学的方法得到启动子序列在多个物种间的保守性，并将保守性信息同传统的方法相结合进行识别。比较基因组学在 TFBS 分析中的应用可以分为两类：一类先利用传统的方法进行 motif 识别，然后再检测得到的 motif 在不同物种中的保守性，筛除不保守的 motif；另外一类是以候选启动子区及其在不同物种中的直系同源序列为输入序列，在识别过程中考虑不同物种间的保守性和 motif 的信号强度这两种因素。图 8-12 所显示的 CORE_TF（conserved and over-represented transcription factors: http://www.LGTC.nl/CORE_TF），就是采用了第一类模式。该算法能从 TRANSFAC 转录因子数据库搜索位置权重矩阵，分析与随机序列相比，非随机出现在实验组基因序列启动子区的 TFBS，并确定预测的 TFBS 的跨物种保守性。

3. bootstrapping 算法　通常，从表达谱芯片等高通量数据中能获得显著上调和下调两组差异表达基因群。可以设想这两组表达完全相反的基因群，或者存在同一转录因子调控，或者接受不同转录因子调控。为了同时解决这两个问题，芬兰赫尔辛基大学的 Kankainen，M. 和 Holm，L. 利用自助抽样法（bootstrapping），结合方差 F- 值（ANOVA F-statistics）和 Tukey's 检验及 P- 值分析，建立了 POCO 程序（http://ekhidna.biocenter.helsinki.fi/poco）。两组不同表达模式的基因群启动子区，分别粘贴或上传至两个对话框（图 8-13），选定各种参数，运行该程序；输出结果将显示六组结果：①上调基因群的共用 motif；②下调基因群的共用 motif；③上调和下调基因群的共用 motif；④与下调基因群比，上调基因群显著的 motif；⑤与上调基因群比，下调基因群显著的 motif；⑥全部为"N"的 motif。根据需求，选定任何一组，即可进行可视化（visualize），聚类（cluster），及筛选（screener）等多种后续的 motif 展示。

Notes

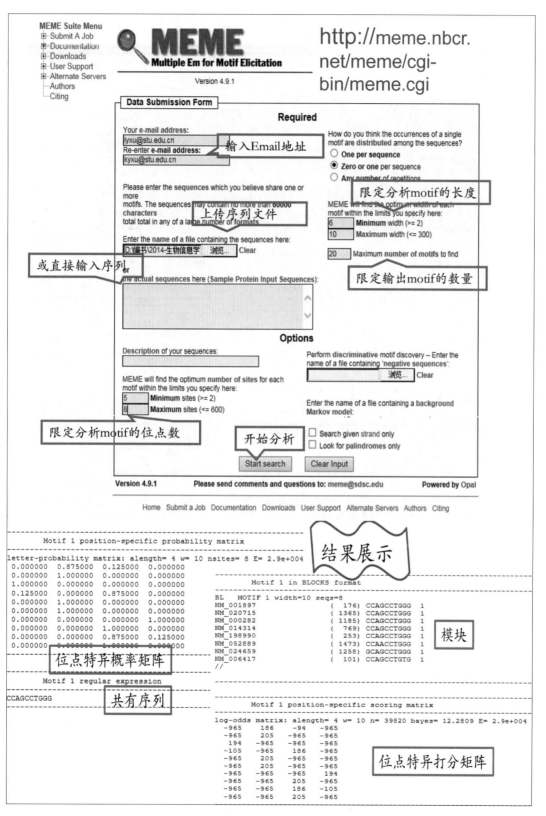

图 8-11 MEME 操作界面及输出结果举例

Notes

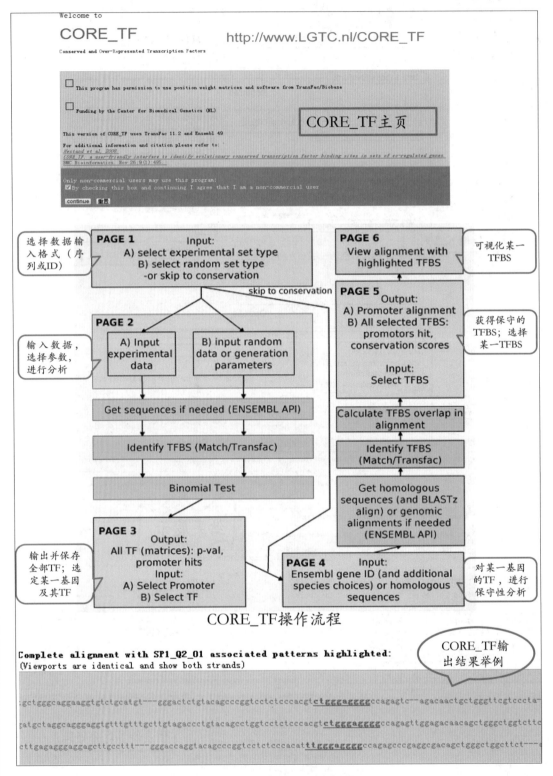

图 8-12　CORE_TF 运行流程图

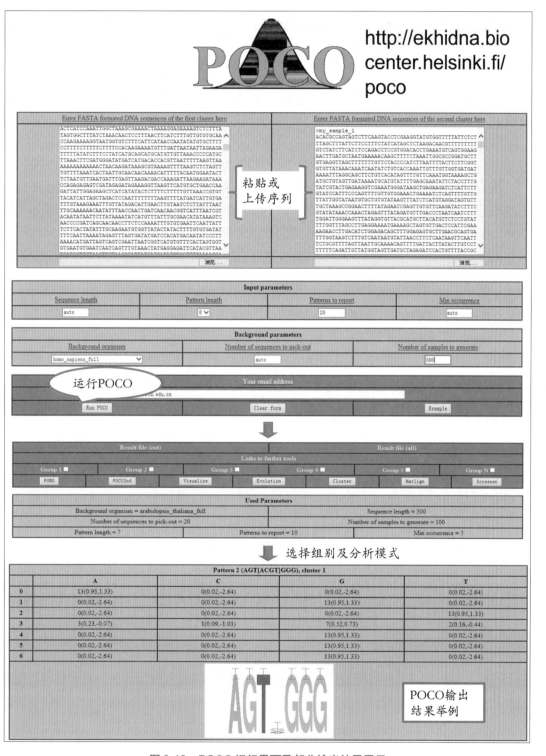

图 8-13　POCO 运行界面及部分输出结果展示

第三节　转录调控相关数据库
Section 3　Transcriptional Regulation Databases

基因转录是遗传信息传递过程中第一个具有高度选择性的环节,对基因转录调节的研究一直是基因分子生物学的研究中心和热点,发表了大量实验数据,也增强了人们对基因转录调控机制的认识。在此基础上,随着生物信息学的崛起,人们建立了许多很有价值的数据库资源,对这些数据库的了解将为进一步深入研究带来极大便利,本节将对其中一些数据库进行简要介绍。

一、TRANSFAC 数据库

TRANSFAC 数据库是一个真核生物顺式调控元件和反式作用因子数据库,数据搜集的对象从酵母一直到人类跨多个物种,而且全部是来自实验证实的数据。TRANSFAC 目前由 BIOBASE GmbH 维护和管理。TRANSFAC 数据库中的数据资源被分为六大数据表,可根据自己的偏好进行使用和搜索。这六大数据表包括:① FACTOR 描述了结合到 TFBS 的蛋白信息;② SITE 给出了 TFBS 的相关信息;③ MATRIX 给出了 TFBS 的核苷酸矩阵信息;④ GENE 给出了转录因子的基因信息;⑤ CLASS 包含了转录因子背景介绍及其所属类别;⑥ CELL 给出了转录因子与其结合位点发生相互作用时的细胞信息。

TRANSFAC 数据库分为学术(免费)和专业(付费)两个版本。自 1996 年发布第一版以来已作了多次更新,目前学术版已更新至 TRANSFAC 7.0(2006 年),所收集的数据信息详见表 8-3;专业版本已升至 TRANSFAC 2014.2(2014 年)。与学术版相比,专业版的信息量更多,不仅包含了全部学术版的内容,而且还增加了 ChIP-chip 的数据,2009 年 12 月还增加了 ChIP-seq 的数据。

表 8-3　TRANSFAC 7.0 数据库收集的数据

Table	TRANSFAC_7.0
FACTOR	6133
其中:	
Homo sapiens(人类)	1040
Mus musculus(小鼠)	765
D.melanogaster(黑腹果蝇)	233
A.thaliana(拟南芥)	1751
S.cerevisiae(啤酒酵母)	368
SITE	7915
MATRIX	398
GENE(all entries)	2397
其中:	
H.sapiens	608
M.musculus	417
D.melanogaster	145
A.thaliana	115
S.cerevisiae	195
GENE(entries with SITE links)	1504
CLASS	50
CELL	1307

Notes

TRANSFAC 学术版及其相关数据库可以免费检索和查询(http://www.gene-regulation.com/pub/databases.html)。使用时,如同本章第二节所述进入主页后,首先注册登记,然后点击进入"Database"主页,选择 TRANSFAC7.0 下设的超链接"Search"即可进入 TRANSFAC7.0 主界面。值得注意的是,上述六个数据表是相互独立的(除部分 GENE 和 SITE 有交叉),所以存在冗余现象,应予以筛选,与此同时,同一个转录因子在不同数据表中又可以获得不同的信息描述,起到相互补充的作用。图 8-14 显示的是用同一个转录因子"Sp1"在六个数据表中搜索的部分结果,从中也可以看出各数据表中的 ID 号等设置完全不同。

图 8-14　TRANSFAC 数据库的应用

此外,还有几个与 TRANSFAC 密切相关的扩展库:① TRANSPATH 数据库提供了参与信号转导通路的信号分子数据和它们所介导的反应,以及最终形成的相互作用组分之间的复杂网络关系,其着重强调的是在一定的细胞环境下信号转导级联放大所导致的转录因子活性及其下游基因表达谱的变化。② TRANSCompel 数据库收集了影响真核基因转录的复合调控元件。③ PathoDB 数据库收集了与病理现象有关的转录因子及其结合位点的突变形式,它主要由已确

Notes

证能引起病理障碍的缺陷型转录因子或突变的 TFBS 组成。④ S/MARt DB 数据库呈现了真核基因组上的核骨架或核基质结合区以及与之相结合的蛋白质相关信息。⑤ Cytomer 数据库显示了人类和小鼠转录因子在各个器官、细胞类型、生理系统和发育时期的表达状况。

二、JASPAR 数据库

JASPAR 是收集有注释的、高质量的多细胞真核生物转录因子结合部位的开放数据库(表 8-4)。所有序列均来源于通过实验方法证实能结合转录因子,而且通过严格筛选的序列,再通过 motif 识别软件 ANN-Spec 进行联配。ANN-Spec 是利用人工神经网络和吉布斯(Gibbs)取样算法寻找特征序列模式的软件(频数矩阵)。联配后的序列再利用生物学知识进行注释。

表 8-4   JASPAR 数据库的特点

数据库名称	特点
JASPAR CORE	高质量,非冗余的转录因子数据库,收录了 656 个序列模式,用于寻找特异转录因子模型或其结构类型
JASPAR FAM	包含 11 种转录因子结构类型的模型,用于搜索未知基因组序列某一转录因子家族的共有模式和鉴定新模式的分类
JASPAR PHYLOFACTS	由 174 种系统发育中保守的基因上游调控元件组成,用于分析启动子的组织特异性
JASPAR POLII	保存了 13 种与 RNA 聚合酶Ⅱ核心启动子连接的 DNA 模型,用于分析潜在的核心启动子
JASPAR CNE	收集了 233 个人类保守的非编码元件,但是其生化和生物学功能尚不清楚,用于分析潜在的增强子
JASPAR SPLICE	包含有 6 种人类高度可靠的经典和非经典剪切位点的矩阵模式。用于分析剪切位点和选择性剪切
JASPAR PBM	保存有 104 种小鼠转录因子矩阵模式
JASPAR PBM HOMEO	保存有 176 种小鼠同源结构域矩阵模式
JASPAR PBM HLH	保存有 19 种线虫碱性螺旋环螺旋(bHLH)转录因子模型

2004 年创建以来,JASPAR 已多次进行更新。除了包括最常用的 JASPAR CORE 数据库外,还包括一些与转录调控相关的扩展数据库。这些数据库的特点比较见表 8-4。从中可以看出,尽管各数据库容量不大,但是各有特色。与相似领域数据库相比,JASPAR CORE 数据库具有很明显的优势:①它是一个非冗余的可靠的转录因子结合部位序列模式数据库;②数据的获取不受限制;③功能强大且有相关的软件工具使用。JASPAR 与 TRANSFAC 有较明显的差异,后者收录的数据更广泛,但包含不少冗余信息且序列模式的质量参差不齐,是商业数据库,只有一部分可以免费使用。

JASPAR CORE 数据库所有内容可到主页下载(http://jaspar.genereg.net)。通过主页界面(图 8-15),用户可进行下列操作:①通过用转录因子 ID 号、物种(species)、转录因子家族(class)或种群(taxonomic group,仅指脊椎动物,昆虫,植物和脊索动物)浏览转录因子结合的序列模式;②通过矩阵(matrix)或 IUPAC 字符串(IUPAC string)以及转录因子名称(name)等搜索序列模式;③将用户提交的序列模式与数据库中的进行比较;④利用选定的转录因子搜索特定的核苷酸序列。JASPAR 其他数据库的使用与此相类似。

Notes

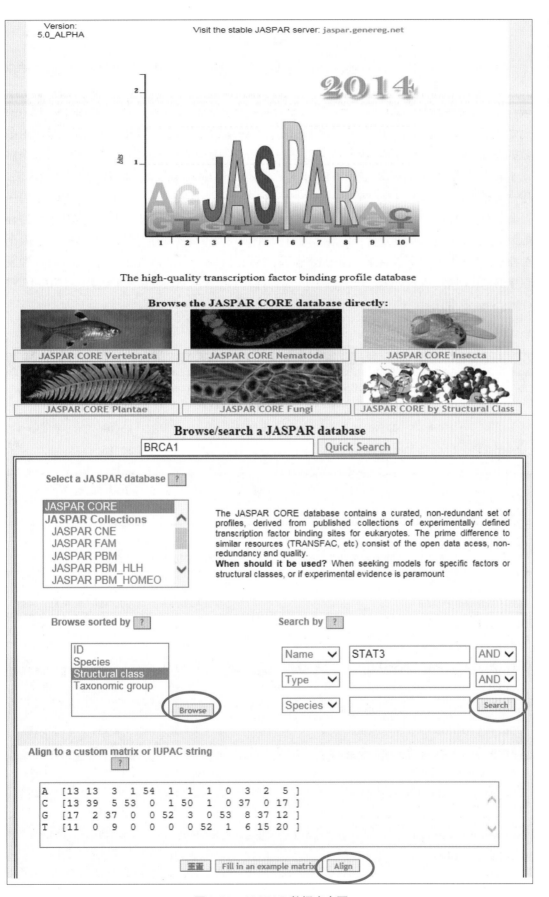

图 8-15 JASPAR 数据库主页

三、TRED 数据库

TRED（transcriptional regulatory element database）数据库是美国冷泉港实验室于 2007 年建立的。TRED 收集了哺乳动物的转录调控元件的数据库，对人、小鼠、大鼠等物种的启动子区域有相对完整的注释。其启动子数据主要来自某些数据库如 GenBank，EPD 和 DBTSS 等中的已知数据，并通过使用启动子发现程序 FirstEF 和 mRNA/EST 的信息以及物种交叉比较对这些数据进行了测评。TRED 数据库还采用人工操作进一步确认了所收集数据的准确性，每一个启动子的注释都有可靠的证据支持。TRED 的网址是 http://rulai.cshl.edu/TRED。通过主页界面，用户可以进行下列操作：①浏览数据库的全部内容及所涉及的人、小鼠和大鼠物种转录因子及其靶基因、启动子结合 motif 的总数（表 8-5）；②搜寻启动子，检索转录因子靶基因及其结合 motif，特别是针对与肿瘤发生和发展相关的 36 个转录因子有详细注释（表 8-6）；③检索 36 个肿瘤相关转录因子的调控网络。图 8-16 显示了转录因子雌激素受体（ER）分别在人、小鼠和大鼠中的调控网络。此外，TRED 还提供了丰富的与其他相关网站的链接，如上节提到 MEME 和 Gibbs Samper 算法。

表 8-5　TRED 数据库统计表

相关数据	人类	小鼠	大鼠
版本	hg15：UCSC Human GoldenPath Apr. 03	mm3：UCSC Mouse GoldenPath Feb. 03	rn2：UCSC Rat GoldenPath Jan. 03
基因数	30 981	31 683	26 064
启动子数	58 229	50 764	30 386
转录因子有效靶点	3409 个基因，9085 个启动子，1249 个结合 motif	1126 个基因，3089 个启动子，366 个结合 motif	461 个基因，1132 个启动子，150 个结合 motif
同源组数（两种或三种）	23 471		

表 8-6　与肿瘤相关的 36 个转录因子家族成员所靶向的启动子/基因数

转录因子家族	人类	小鼠	大鼠
AP1（Activator Protein 1）	432/383	217/190	157/143
AP2（Activator Protein 2）	338/318	123/123	90/86
AR（Androgen Receptor）	69/49	19/19	24/15
ATF（Activating Transcription Factor）	189/173	59/59	26/26
BCL（B-cell CLL/lymphoma）	21/19	15/15	0/0
BRCA（breast cancer susceptibility protein）	20/20	4/4	0/0
CEBP（CCAAT/enhancer binding protein	335/325	152/134	241/179
CREB（cAMP responsive element binding protein）	224/220	138/133	95/93
E2F（E2F transcription factor）	1593/1329	141/127	11/11
EGR（early growth response protein）	120/111	67/55	33/26
ELK（member of ETS oncogene family）	47/41	15/13	6/6
ER（Estrogen Receptor）	169/152	40/39	32/31
ERG（ets-related gene）	21/21	5/5	0/0
ETS（ETS-domain transcription factor）	445/412	207/196	51/51
FLI1（friend leukemia integration site1）	41/41	17/16	0/0
GLI（glioma-associated oncogene homolog）	16/16	8/8	0/0

Notes

续表

转录因子家族	人类	小鼠	大鼠
HIF（Hypoxia-inducible factor）	119/112	63/60	29/29
HLF（hepatic leukemia factor）	10/10	5/5	2/2
HOX（homeobox gene）	65/57	93/81	5/5
LEF（lymphoid enhancing factor）	40/33	26/23	5/5
MYB（myeloblastosis oncogene）	253/239	40/40	6/6
MYC（myelocytomatosis viral oncogene homolog）	2676/785	108/38	128/62
NFI（nuclear factor I；CCAAT-binding transcription factor）	136/127	75/62	73/65
NFKB（Nuclear factor kappa B，reticuloendotheliosis oncogene）	445/396	202/181	87/87
OCT（Octamer binding proteins）	232/195	123/108	34/34
p53（P53 family）	337/313	135/130	32/30
PAX（paired box gene）	52/47	76/61	13/11
PPAR（Peroxisome proliferator-activated receptor）	149/149	125/124	88/84
PR（Progesterone Receptor）	31/27	14/14	10/10
RAR（retinoic acid receptor）	233/218	71/71	40/40
SMAD（Mothers Against Decapentaplegic homolog）	139/130	76/75	17/17
SP（sequence-specific transcription factor）	655/515	296/263	235/220
STAT（signal transducer and activator of transcription）	245/218	111/106	48/46
TAL1（T-cell acute lymphocytic leukemia-1 protein）	15/14	9/6	0/0
USF（upstream stimulatory factor）	235/215	94/91	72/62
WT1（Wilms tumor 1（zinc finger protein）	78/49	16/16	8/8

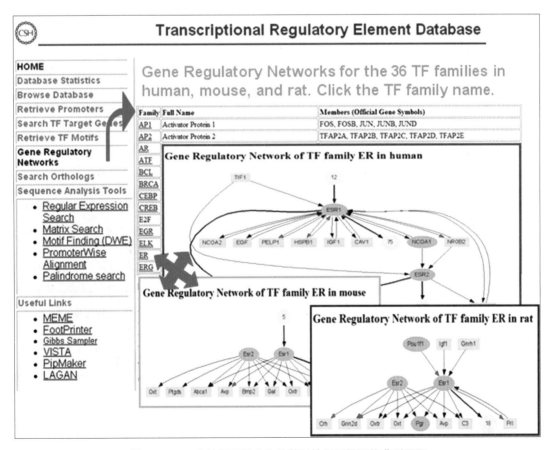

图 8-16　36 个转录因子家族的基因转录调控网络典型页面

Notes

四、其他转录调控相关数据库

除了上面介绍的数据库以外,还有许多有关转录调节位点和转录因子的数据库,如:① DBTSS (dataBase of transcriptional start sites)是人类基因转录起始位点(transcription start sites, TSS)数据库,网址是 http://dbtss.hgc.jp;② EPD 是关于真核 RNA 聚合酶Ⅱ型启动子的非冗余数据库(http://www.epd.isb-sib.ch);③ DBTBS 是针对枯草杆菌转录调控的数据库,包括枯草杆菌的启动子、操纵子和终止子等(http://dbtbs.hgc.jp.);④ DPInteract 是关于大肠埃希菌(E.coli)的 DNA 结合蛋白及其结合位点的数据库(http://arep.med.harvard.edu/dpinteract);⑤ PLACE 是关于植物顺式调控 DNA 元件的数据库(http://www.dna.affrc.go.jp/PLACE);⑥ HvrBase 是注释灵长类线粒体 DNA 调控区序列的数据库(http://www.hvrbase.org/)。

对真核生物转录调控区进行计算机预测和鉴定是一项具有挑战性的研究工作。到目前为止,尽管相关数据库和软件资源得到了很大的丰富和发展,但仍存在着明显不足,如:①大多数数据库对于数据的创新、精确性和准确性缺少权威评价,数据过多、重复、分类较粗等;②公共数据库中,针对人类只有极少数被实验证实的顺式作用元件,绝大多数基因的转录调控区或启动子仍然未知;③采用人类基因组信息来预测植物、真菌等远缘物种的基因结构时,数据准确性不高,但目前针对植物、真菌等的生物信息学数据库远没有人类的全面和完善;④真核生物的顺式作用元件比原核生物的复杂,需要考虑多种因素;⑤基因的转录不仅具有时空性和组织特异性,还呈现网络化,基因转录调控网络的预测方法还较少。因此高效的实验方法和设计良好的预测软件仍是生物学家面临的严峻课题。随着分子生物学、遗传学和生物信息学的高速发展,更多的真核生物启动子序列将得到分析,各顺式作用元件的功能也会逐渐明确,启动子的计算机预测研究工作也将有更广阔的发展空间。

小　结

基因的转录是通过转录因子结合到靶基因的特异位点(转录因子结合位点,TFBS)来完成的。近年来随着基因芯片和下一代测序技术的发展,高通量鉴定转录因子及其结合位点的实验方法 ChIP-chip 和 ChIP-seq 开始应用。两者的共同特点是数据多,信息量大,为生物信息学分析提供了重要条件。在信息学分析中常常采用共有序列、序列标识图、位置频率矩阵和位置权重矩阵等来表示 TFBS。基因转录调控的信息学分析包括三方面的研究内容:一是根据已知 TFBS 的 motif,预测目的基因调控区序列中 TFBS,称为 TFBS 的定位。其主要方法是应用一些软件或程序进行打分,给出预测结果。其数据的多少与所设定的阈值和相关参数密切相关。目前比较常用的程序有 AliBaba、P-Match 和 MatrixCatch 等。二是从众多序列中鉴定出同一转录因子的共有序列,称之为转录因子的识别。其主要步骤是首先筛选出可能被同一转录因子调控的多基因序列;然后分别应用单个 motif 测算法、比较基因组学和自助抽样法等多种方法进行评估和分析,找出具有统计显著性的短片段,目前比较常用的程序有 MEME、CORE_TF 和 POCO 等;最后通过搜索相关转录调控数据库确定可能与之结合的转录因子。三是对海量实验数据进行整理和挖掘,建立转录调控相关数据库。目前比较公认的数据库有 TRANSFAC、JASPAR 和 TRED 等。这些数据库各有所长,它们为 TFBS 的识别和定位研究提供了重要数据资源。

Notes

Summary

Gene transcription is performed through transcription factors binding to the specific sites (transcription factor binding sites, TFBS) of target gene. Recently, ChIP-chip and ChIP-seq approaches have been applied to identify transcription factors and their binding sites with the development of gene chip and next-generation sequencing technologies. Since there is a lot of data in both ChIP-chip and ChIP-seq, bioinformatics has displayed an important role. In the bioinformatics analysis, the transcription factor binding site is often represented by consensus sequence, sequence logo, position frequency matrix (PFM) and position weight matrix (PWM). The bioinformatics analysis of the transcriptional regulation includes three directions of study content. One is called the location of transcription factor binding site that is to compare with the known motif of transcription factor site using some programs or software and to predict the transcription factor binding site in the sequence of target gene regulation region. The export data depend on selected threshold value and parameters. Some programs or software, such as AliBaba, P-Match and MatrixCatch are frequently used. Another one is called identification of transcription factors to identity the consensus sequence for each transcription factor from multitude sequences, the first step of which is to screen possible sequences regulated by each transcription factor. The second is to evaluate and analyze them with a series of methods: motif discovery, comparative genomics analysis and bootstrapping, and find out the short fragment with statistical significance. Some programs or software, such as MEME, CORE_TF and POCO are frequently used. At last, define the transcription factor possibly binding to the site through retrieving the correlated transcriptional regulation database. The third one is to collect and integrate the great experimental data and to construct transcriptional regulation databases. TRANSFAC, JASPAR and TRED are relatively received databases, in which each has a unique, providing significant data resource to study the identification and location of transcription factor binding site.

（许丽艳）

习题

1. 从多个基因启动子序列，找出一个或几个转录因子共有结合位点的研究，称之为：

    A. 转录因子结合位点的识别   B. 转录因子结合位点的定位

2. 根据已知的转录因子结合位点 Motif，在感兴趣靶基因启动子区域内搜索相应转录因子可能结合位点的研究，称之为：

    A. 转录因子结合位点的识别   B. 转录因子结合位点的定位

3. 简述共有序列、位置频率矩阵和位置权重矩阵的概念。

4. 试述转录因子结合位点识别的详细操作流程。

5. 简述 MEME、CORE_TF 和 POCO 等程序或软件的主要特点。

6. 简述 P-Match、Patch 和 MatrixCatch 等程序或软件的主要特点。

7. 比较 TRANSFAC、JASPAR 和 TRED 等数据库的优劣势。

8. 试述转录调控数据库的现状和存在的不足。

9. 应用 NCBI 等核酸数据库的基因信息或基因表达谱数据，尝试进行转录因子结合位点的识别和定位分析。

Notes

参考文献

1. Euskirchen GM, Rozowsky JS, Wei CL, et al. Mapping of transcription factor binding regions in mammalian cells by ChIP: com-parison of array- and sequencing-based technologies. Genome Res, 2007, 17(6): 898-909

2. Wingender E, Dietze P, Karas H, et al. TRANSFAC: a database on transcription factors and their DNA binding sites. Nucleic Acids Res, 1996, 24(1): 238-241

3. 李婷婷, 蒋博, 汪小我, 等. 转录因子结合位点的计算分析方法. 生物物理学报, 2008, 24(5): 334-347

4. Huang DW, Sherman BT, Lempicki RA. Systematic and integrative analysis of large gene lists using DAVID Bioinformatics Resources. Nature Protoc, 2009, 4(1): 44-57

5. Karolchik D, Hinrichs AS, Furey TS, et al. The UCSC Table Browser data retrieval tool. Nucleic Acids Res, 2004, 32(Database issue): D493-D496

6. Bailey TL, Boden M, Buske FA, et al. MEME SUITE: tools for motif discovery and searching. Nucleic Acids Res, 2009, (Web Server issue): W202-W208

7. Hestand MS, van Galen M, Villerius MP, et al. CORE_TF: a user-friendly interface to identify evolutionary conserved transcription factor binding sites in sets of co-regulated genes. BMC Bioinformatics, 2008, 9: 495

8. Kankainen M, Holm L. POCO: discovery of regulatory patterns from promoters of oppositely expressed gene sets. Nucleic Acids Research, 2005, 33(Web Server issue): W427-W431

9. Mathelier A, Zhao X, Zhang AW, et al. JASPAR 2014: an extensively expanded and updated open-access database of transcription factor binding profiles. Nucleic Acids Res, 2014, 42(Database issue): D142-D147

10. Jiang C, Xuan Z, Zhao F, et al. TRED: a transcriptional regulatory element database, new entries and other development. Nucleic Acids Res, 2007, 35(Database issue): D137-D140

Notes

第九章　生物分子网络与通路

CHAPTER 9　BIOMOLECULAR NETWORK AND PATHWAY

第一节　引　言
Section 1　Introduction

生命体系实际上是一种由不同的生物化学反应通路模块组成的分子网络系统。大量的蛋白质、核酸等生物大分子以及部分小分子是构建分子网络的主要成员,大量小分子、代谢产物以及影响反应的各种化学环境是生物网络系统的重要参与者。生物分子网络作为一种描述生物分子间相互作用关系的方式,在揭示生物体的生长、发育、衰老和疾病等生命系统的基本分子过程和规律中受到越来越多的重视。可以说,网络是复杂系统存在的普遍形式。而通过已有的经验和知识重构网络,并以其为工具进一步分析复杂系统的内在规律是研究复杂系统的有效和重要途径。

随着高通量生物实验技术的进步,可以获得大量的生物"组学"数据(如基因组、蛋白组、代谢组等)。近几年,复杂网络的研究正成为广泛关注的热点,网络也成为刻画数据关系的重要的工具。各种各样的大规模生物分子网络(蛋白质相互作用网络、基因调控网络、代谢网络等)成为研究生物系统的重要材料。为揭示海量的生物大分子及其间的相互作用如何在复杂的生存环境中行使生物学功能,需要研究者采用不同于传统生物学研究手段的新技术。本章将介绍生物分子网络和通路分析在系统生物学中的应用。

第二节　生物分子网络和通路概述
Section 2　Overview of Biomolecular Network and Pathway

一、生物分子网络与通路的基本概念

近年来,复杂网络理论和技术发展迅速,发掘和分析大量复杂的技术网络和社会学网络。在生物系统中同样包含很多不同层面和不同组织形式的网络。目前,基因转录调控网络、蛋白质相互作用网络、生物代谢与信号转导通路是最常见的生物分子网络。这些网络通常由许多不同的参与生物过程的分子元件组成,其中最重要的元件是基因和蛋白质。但对"系统"而言,关键不是元件本身,而是元件之间的关系。从生物分子的角度来看,关系可以是分子与分子之间的相互作用,也可以是某种化学反应。为了能够清晰地重构与分析这些网络,必须先明确网络和通路的基本概念。

(一)网络的定义

网络(network)通常可以用图 $G=(V, E)$ 表示,其中 V 是网络的节点集合,每个节点代表一个生物分子,或者一个环境刺激;E 是边的集合,每条边代表节点之间的相互关系。当 V 中的两个节点 v_1 与 v_2 之间存在一条属于 E 的边 e_1 时,称边 e_1 连接 v_1 与 v_2,或者称 v_1 连接于 v_2,也称作 v_2 是 v_1 的邻居。

（二）网络的分类

1. 有向网络与无向网络　根据网络中的边是否具有方向性或者说连接一条边的两个节点是否存在顺序，网络可以分为有向网络与无向网络，边存在方向性为有向网络（directed network），否则为无向网络（undirected network），如图 9-1A、9-1B 所示。生物分子网络的方向性取决于其所代表的关系，如转录调控网络中转录因子与靶基因之间是存在顺序关系的，因此转录调控网络是有向网络，而基因表达相关网络中的边代表的是两个基因在多个实验条件下表达的相关性，因此是无向的。

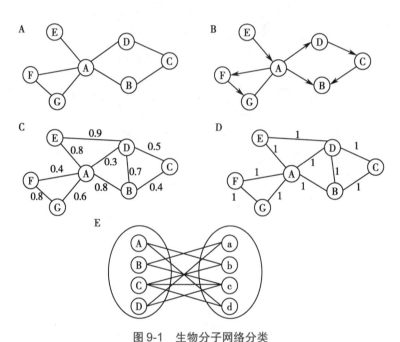

图 9-1　生物分子网络分类
A. 无向网络；B. 有向网络；C. 加权网络；D. 无权网络；E. 二分网络

2. 加权网络与等权网络　边在网络中具有不同意义或在某个属性上有不同的价值是网络中普遍存在的一种现象。比如交通网中，连接两个城市（节点）的道路（边）一般具有不同的长度，而在互联网中任意两台直接相连的计算设备间通讯的速度也不尽相同。

如果网络中的每条边都被赋予相应的数值，这个网络就称为加权网络（weighted network），所赋予的数值称为边的权重（图 9-1C）。权重可以用来描述节点间的距离、相关程度、稳定程度、容量等各种信息，具体含义依赖于网络和边本身所代表的意义。

如果网络中各边之间没有区别，可以认为各边的权重相等，称为等权网络或无权网络（unweighted network）（图 9-1D）。

3. 二分网络　如果网络中的节点可分为两个互不相交的集合，而所有的边都建立在来自不同集合的节点之间，则称这样的网络为二分网络（bipartite network），如图 9-1E 所示。例如，药物分子与其靶蛋白的结合关系即可以用二分网络的形式来表示。

（三）生物学通路

生物学通路（biological pathway）是指由生物体内一系列生物化学分子（包括基因，基因产物以及化合物等）通过各种生化级联反应来完成某一具体的生物学过程。生物体内最主要的生物学通路包括代谢通路和信号传导通路。作为一种特殊的生物分子网络，我们同样可以用图的形式来表示生物学通路，其中节点代表参与生化级联反应的底物、产物或者酶，而网络的边表示节点之间的联系。大部分的生物学通路网络是有向网络。

Notes

二、转录调控网络

所有生物在生长发育和分化的过程中，以及在对外部环境的反应中，各种相关基因有条不紊的表达起着至关重要的作用。与原核生物相比，真核生物基因表达的调控更为复杂，真核生物基因表达的调控主要是指编码蛋白质的 mRNA 产生和行使生物功能过程中的调节与控制。从理论上讲，基因表达调控可以发生在遗传信息传递过程的各个水平上，其中转录调控是基因表达调控中最重要、最复杂的一个环节，也是当前研究的重点。

转录因子可以结合在基因上游特异的核苷酸序列上，以此调控基因的表达。通过基因转录调控数据可以构建基因转录调控网络。基因转录调控网络（transcriptional regulatory network）描述转录因子及其靶基因之间的关系，可以用有向图表示（图 9-2A），其中点表示转录因子或者靶基因，边表示转录因子对靶基因的调控关系，箭头指向靶基因。有的时候，根据转录因子是促进还是抑制靶控基因的表达，调控网络中的边可以分为正调控和负调控。理论上，基因转录调控网络包含所有可能发生的基因调控关系和实现某种生物学功能的不同调控关系的组合机制。通过手工注释和高通量实验获得的基因调控关系使大范围地分析基因调控网络成为可能。但是，哺乳动物的基因调控信息还是远远不够的。

三、转录后调控网络

microRNA（miRNA）是近年来发现在真核生物中起转录后调控作用的小分子非编码 RNA（详见本书第 12 章）。miRNA 在干细胞维持、细胞分化、增殖、凋亡以及免疫应答等生命活动中发挥重要的作用。然而，人们对于 miRNA 调控的分子机制仍知之甚少。

miRNA 是基因调控网络中的主要组分，在人类细胞中有大约 1200 条 miRNA，这些有限的miRNA 可以在转录后和翻译水平上调控多于 30% 的编码基因的表达。miRNA 和靶基因间不是简单的一对一的关系，而是复杂的多对多的关系，形成了复杂的转录后调控网络。其中网络中包含两种类型的节点，miRNA 和靶基因，网络的边代表 miRNA 对靶基因具有调控作用（图 9-2B）。miRNA- 靶基因的转录后调控网络是一种典型的二分网络，网络的边只存在于 miRNA 集合和靶基因集合之间，而 miRNA 集合或靶基因集合内部并不存在调控关系。目前 miRNA 介导的转录后调控网络主要是基于靶基因预测算法识别潜在的靶基因构建的。由于靶基因预测算法的假阳性较高，结合配对的 miRNA 和靶基因的表达数据识别特定条件下的转录后调控网络是比较常用的方法。

四、蛋白质互作网络

蛋白质是构成生物体的重要物质，也是行使生物功能的重要生物大分子。单独蛋白通过彼此之间的相互作用构成蛋白质相互作用网络来参与生物信号传递、基因表达调节、能量和物质代谢及细胞周期调控等生命过程的各个环节。系统分析大量蛋白在生物系统中的相互作用关系，对于了解生物系统中蛋白质的工作原理，了解疾病等特殊生理状态下生物信号和能量物质代谢的反应机制，以及了解蛋白间的功能联系都有重要意义。蛋白质互作通常可以分为物理互作和遗传互作。物理互作是指蛋白间通过空间构象或化学键彼此发生的结合或化学反应，是蛋白质互作的主要研究对象。而遗传互作则是指在特殊环境下，蛋白或其编码基因的功能受到其他蛋白质或基因影响，常常表现为表型变化之间的相互关系。

蛋白质互作网络（protein interaction network）是系统显示蛋白质互作信息的基本方法。将蛋白作为节点，相互作用关系作为边，将蛋白质组整体连接到一个系统网络当中，见图 9-2C。一般情况下，蛋白质互作网络是一个规模较大的无向网络。目前蛋白质互作网络是被研究最充分的生物分子网络之一，蛋白质互作网络也往往是规模最大的生物分子网络，常常包含数千甚

Notes

至上万个节点以及维数更多的边。

五、信号转导通路和代谢通路

在生物化学领域,代谢通路(metabolic pathway)是指细胞中代谢物在酶的作用下转化为新的代谢物过程中所发生的一系列生物化学反应。而代谢网络则是指由代谢反应以及调节这些反应的调控机制所组成的描述细胞内代谢和生理过程的网络。

生物中的信号传导(signal transduction)则是指细胞将一种类型的生物信号或刺激转换为其他生物信号最终激活细胞反应的过程。同代谢通路一样,信号传导的过程中多个生物分子在酶作用下按照一定顺序发生的一系列生理化学反应,由此得到了信号传导通路。信号传导网络即是指参与信号传导通路的分子和酶以及其间所发生的生化反应所构成的网络。

这些网络是研究和分析代谢过程和信号传导过程的重要工具,随着许多物种基因组测序的逐步完成以及新的生物检测技术的开发,对生物细胞内生化反应的认识也正以极快的速度增加,这就使构建人类等物种完整的生物代谢网络和信号传导网络成为可能。目前代谢和信号传导通路信息被收集和整理到一些重要的通路数据库当中,这些信息是构建代谢网络与信号传导网络的基础。代谢网络和信号传导网络中包括大量不同的通路,而每条通路也包含不同的生物分子之间的多种生理和化学反应,因此代谢网络具有不同于其他生物分子网络的复杂性。根据研究的目的常常需要构建不同层次的代谢网络。其中包括:

1. **完全网络**　最完整的保存代谢通路中各个反应,以及每个反应中的底物、产物和酶,如果同一个酶参与不同反应则在网络中应以不同的节点表示,见图 9-2D、9-2E。

2. **多反应物网络**　包含参与生物通路的代谢物即底物、产物和酶的有向网络,其中每种代谢物只由一个节点表示,边由底物指向产物,酶与底物、产物之间的边则可以由双向边来表示,也可以作为边的属性。

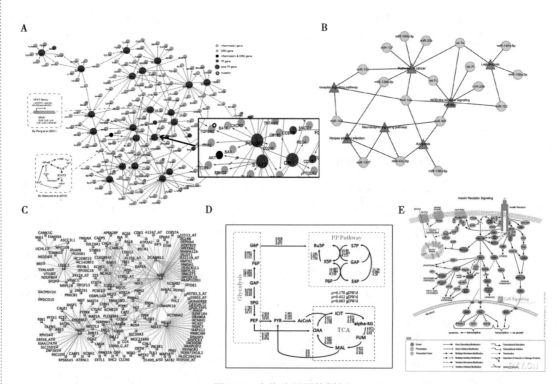

图 9-2　生物分子网络样例

A. 为转录调控网络;B. 转录后调控网络;C. 为蛋白质互作网络;D. 为完全代谢网络;E. 为完全信号转导网络

3. 主要反应物网络　在部分研究中,研究者不关心代谢反应中的酶和其他一些如提供能量与磷酸键的 ATP 等的共反应因子,由此就得到了只包含主要代谢底物指向主要产物的网络。

六、其他类型的生物网络

在复杂的生物体内,除了上面介绍的生物分子网络外,各种生物分子间也不是彼此独立的,而是互相联系,形成了错综复杂的生物网络。理解这些复杂调控网络的结构,了解基因表达的调控机制,对于我们认识生物学过程和疾病的发生机制都起到了重要的作用。

1. 复合调控网络　在真核生物中,有两类重要的调控因子:转录因子和 miRNA。转录因子是一类具有特定功能的蛋白质,它通过结合到基因的启动子区域来开启基因的转录过程。与此同时,转录因子间存在广泛的协同调控。它们对应的结合位点组合在一起形成顺式调控模块,共同调控基因转录。miRNA 是近年来研究发现的一种新的基因调控元件。它是长度约为22 个碱基的非编码 RNA,通过与 mRNA 的 3'UTR 结合,抑制 mRNA 的翻译或使 mRNA 降解,从而实现基因的转录后调控。转录因子、顺式调控模块以及 miRNA 在基因表达调控中发挥了重要的作用,这种调控作用遍及各种生物活动以及疾病发生过程。在此基础上,研究发现转录因子和 miRNA 存在着广泛的相互作用和协同调控,它们组成了一个复合调控网络。

2. 组合调控网络　转录调控和转录后调控的一个重要特征是基因受多个转录因子和 miRNA 的组合调控。识别转录因子和 miRNA 之间的组合调控是理解复杂疾病的关键步骤。Ravasi 等人在 2010 年 *Cell* 上发表了一篇题为 *An atlas of combinatiorial transcriptional regulation in mouse and man* 的研究报告,识别了人类中 762 对以及鼠中 877 对转录因子的组合调控,并分析了位于网络中不同位置的转录因子的拓扑性质,为以后研究基因调控、组织分化以及进化等奠定基础。

此外,Xu 等于 2011 年借助 miRNA 对共调控的功能模块构建了 miRNA-miRNA 功能协同网络(MFSN)。功能模块有三个特征:被 miRNA 对共调控,富集在同一个 GO 功能类中,在蛋白质互作网络中距离近。在该工作中,研究者发现疾病 miRNA 间有更多的协同作用,表明它们有更高的功能复杂性。同时,它们还倾向定位在包含 miRNA 比较多的模块中,特别是这些模块的交叠处,表明疾病 miRNA 倾向是 MFSN 的全局中心,对不同或相似生物过程起到衔接作用。另外,和同一疾病相关的 miRNA 在网络中的距离较近,暗示着同一疾病的 miRNA 调控相同或者相似的功能。该方法不仅能有效的识别协同调控的 miRNA 对,而且也从系统的水平揭示了疾病 miRNA 的作用机制。

3. 二分网络　整合多层面的信息,构建二分网络是目前利用计算系统生物学方法研究复杂疾病的重要方式。目前大部分工作结合两个层面的信息,如结合疾病和基因、疾病和通路、疾病和 SNP、疾病和 miRNA、药物和靶蛋白、SNP 和基因表达等,构建整合两层面的二分网络。Goh 等在 2007 年在 *PNAS* 上发表了一篇题为 *The human disease network* 的研究报告,这项工作可以认为是通过疾病和基因关联关系研究复杂疾病的奠基文章。随后,在 *Genome Biology*、*Molecular Systems Biology* 等杂志上发表了多篇利用二分网络研究复杂疾病机制的文章,例如 Jiang 等人构建了 miRNA- 子通路的二分网络,该研究首次从全局性的角度建立 miRNA 对子通路的调控关系,并对 miRNA 的调控进行了深入分析。该成果不但有助于解析 miRNA 的调控机制,而且对准确定位疾病基因具有重要的参考价值和帮助。

七、生物分子网络和通路数据资源

随着近年来生物实验方法和检测手段的发展,积累了大量生物学数据,尤其是分子生物学实验数据,通过对这些数据的分类、收集和整理,产生了很多生物分子网络和通路的数据库,涉及转录和转录后调控的各个层面。

1. 转录调控数据资源　常用的基因转录调控数据库包括 TRANSFAC、TRRD、COMPEL 和

Notes

RegulonDB 数据库。TRANSFAC 数据库是关于转录因子及它们在基因组上的结合位点的数据库。关于转录调控的检测技术和数据库信息，可以参考本书第 8 章。

2. 转录后调控数据资源　miRBase 是一个集 miRNA 序列、注释信息以及预测的靶基因数据为一体的数据库，是目前存储 miRNA 信息最主要的公共数据库之一（网址：http://www.mirbase.org/）。miRBase 提供便捷的网上查询服务，允许用户使用关键词或序列在线搜索已知的 miRNA 和靶基因信息。此外，TarBase 是一个目前使用最广泛的、存储真实 miRNA 靶关系的数据库（网址为：http://diana.cslab.ece.ntua.gr/tarbase/），存储来自大约 200 篇文献由多种实验方法验证的 1333 个 miRNA 与靶基因关系对。随着研究的不断深入，miRNA 靶基因的识别方法也得到了迅速的发展，具体的 miRNA 靶基因识别算法信息可以参考本书第 12 章。

3. 蛋白质互作网络资源　早期的蛋白质互作检测工作主要基于免疫共沉淀技术（co-immunoprecipitation）。近些年来，一些高通量的检测技术应用于检测蛋白质间的相互作用关系（蛋白质互作）。其中较为常用的技术有酵母双杂交（yeast two hybrid，Y2H）技术和串联亲和纯化 - 质谱分析（tandem affinity purification - mass spectrometry，TAP-MS）技术。目前，已经有大量蛋白质互作数据存储在公共数据库中，提供了大量的蛋白质相互作用信息，其中包括 HPRD 数据库、BIND 数据库、DIP 数据库、IntAct 数据库和 BioGRID 数据库等（表 9-1）。从这些数据库中，可以得到不同物种的蛋白质互作数据信息及其实验证据。

表 9-1　蛋白质互作网络资源

数据库	网址	蛋白	互作	文献	物种
HPRD	http://www.hprd.org	9182	36 169	18 777	1
BIND	http://bond.unleashedinformatics.com	23 643	43 050	6364	80
DIP	http://dip.doe-mbi.ucla.edu	21 167	53 431	3193	134
IntAct	http://www.ebi.ac.uk/intact	37 904	129 559	3166	131
BioGRID	http://www.thebiogrid.org	23 341	90 972	16 369	10
MINT	http://mint.bio.uniroma2.it/mint	27 306	80 039	3047	144

4. 生物分子通路网络资源　目前代谢和信号传导通路信息被收集和整理到一些重要的通路数据库当中，这些信息是构建代谢网络与信号传导网络的基础。KEGG 数据库是关于基因、蛋白质、生化反应以及通路的综合生物信息的数据库。它由多个子库构成，其中的 KEGG PATHWAY 数据库中包含有大量物种的代谢与生物信号传导通路信息。该数据库的网址为：http://www.genome.jp/kegg/。此外，比较常用的通路数据库还有 Biocarta 数据库、ERGO 数据库、BioCyc 数据库以及 GeneDB 数据库等。

第三节　生物分子网络分析
Section 3　Analysis of Biomolecular Network

一、网络的拓扑属性

网络的拓扑属性是描述网络本身及其内部节点或边结构特征的测度。这些测度对进一步分析网络结构和探索关键节点有重要的意义。

（一）连通度

连通度（degree）是描述单一节点的最基本的拓扑性质。节点 v 的连通度是指网络中直接与 v 相连的边的数目。例如，对于无向网络（图 9-3A），节点 A 的连通度为 3。对于有向网络往往还要区分边的方向，由节点 v 发出的边的数目称为节点 v 的出度，指向节点 v 的边数则称为节点

Notes

v 的入度。在本章中，符号 k 表示连通度，k_{out} 表示出度，k_{in} 表示入度，在图 9-3B 中，节点 A 的入度为 1，出度为 2。

连通度描述了网络中某个节点的连接边的数量，整个网络的连接性可以使用其平均值来表示，对于由 N 个节点和 L 条边组成的无向网络，其平均连通度为 $2L/N$。

连通度是一种简单而十分重要的拓扑属性。在研究中，连通度较大的节点称为中心节点 (hub)，它们很自然地成为目前研究的重点。研究显示，在蛋白质互作网络等生物分子网络中，支持生命基本活动的必需基因或其翻译产物在中心节点中出现的频率显著高于其他节点。同时，人类蛋白质互作网络的研究表明，中心节点显著富集着与癌症等遗传性疾病相关的基因。

(二) 聚类系数

在很多网络中，如果节点 v_1 连接于节点 v_2，节点 v_2 连接于节点 v_3，那么节点 v_3 很可能与 v_1 相连接。这种现象体现了部分节点间存在的密集连接性质，可以用聚类系数 (clustering coefficient) 来表示，简称 CC。在无向网络中，聚类系数定义为：

$$CC_v = \frac{n}{C_k^2} = \frac{2n}{k(k-1)} \tag{9-1}$$

其中 n 表示节点 v 的所有 k 个邻居间边的数目。在无向网络中，由于 n 的最大数目可以由邻居节点的两两组合数 $C_k^2 = k(k-1)/2$ 来确定，所以 CC 值位于 $[0, 1]$ 区间。当节点 v 的所有邻居都彼此连接时，v 的聚类系数 $CC_v = 1$；相反，当 v 的邻居间不存在任何连接时，$CC_v = 0$。在图 9-3A 中，节点 A 有三个邻居 $\{B, C, D\}$，其间只有一条边连接，所以节点 A 的聚类系数 $CC_A = \frac{2 \times 1}{3 \times (3-1)} = \frac{1}{3}$。

在有向网络中，由于两个节点间可以存在两条方向相反的边，则标准化的聚类系数被定义为：

$$CC_v = \frac{n}{P_k^2} = \frac{n}{k_{out}(k_{out}-1)} \tag{9-2}$$

其中 k_{out} 指 v 的出度，n 指所有 v 所指向的节点彼此之间存在的边数。在图 9-3B 中，节点 A 连接 2 个节点 B 和 C，其间只有 1 条边 $\{C \rightarrow B\}$，则节点 A 的聚类系数为 $CC_A = \frac{1}{2 \times (2-1)} = \frac{1}{2}$。

(三) 介数

一个节点的介数 (betweenness) 是衡量这个节点出现在其他节点间最短路径中的比例。节点 v 的介数 B_v 定义如下：

$$B_v = \sum_{i \neq j \neq v \in V} \frac{\sigma_{ivj}}{\sigma_{ij}} \tag{9-3}$$

其中，σ_{ij} 表示节点 i 到节点 j 的最短路径的条数，σ_{ivj} 表示 σ_{ij} 中通过节点 v 的路径条数。

介数也可以用标准化至 $[0, 1]$ 区间的形式表示：

$$B_v = \frac{1}{(n-1)(n-2)} \sum_{i \neq j \neq v \in V} \frac{\sigma_{ivj}}{\sigma_{ij}} \tag{9-4}$$

介数表明了一个节点在其他节点彼此连接中所起的作用。介数越高，意味着节点在保持网络紧密连接性中越重要。

如在图 9-3A 中，A 以外的节点有 4 个，彼此间存在 $C_4^2 = 6$ 对节点关系，每对关系都只能找到 1 条最短路径，则所有的 $|\sigma_{ij}| = 1$，而只有 $\{B, A, D\}$，$\{C, A, D\}$，$\{D, A, C, E\}$ 以及它们的逆序路径共 6 条最短路径通过节点 A，所以，节点 A 的介数为 6。

而在图 9-3B 中，由于存在方向性，节点 A 以外 4 个节点间彼此间可能存在的连通路径按排列数计算有 $P_4^2 = 12$ 条，但真正连通的路径只有 $\{C, B\}$，$\{D, A, B\}$，$\{D, A, C\}$，$\{D, A, C, B\}$，$\{E, C\}$，$\{E, C, B\}$。其中经过节点 A 的路径有 2 条，则节点 A 的介数为 2。

（四）紧密度

紧密度（closeness）是描述一个节点到网络中其他所有节点平均距离的指标。节点 v 的紧密度 C_v 定义如下：

$$C_v = \frac{1}{n-1} \sum_{j \neq v \in V} d_{vj} \tag{9-5}$$

其中 d_{vj} 表示节点 v 到节点 j 的最短距离。紧密度测度衡量节点接近网络"中心"的程度，紧密度测度越小，节点越接近中心。

在图 9-3A 中，节点 A 到 B、C、D、E 的距离分别为 1、1、1、2。则节点 A 的紧密度为 1.25。

（五）拓扑系数

类似于聚类系数，拓扑系数（topology coefficient）是反映互作节点间共享连接比例的测度，节点 v 的拓扑系数 T_v 可以定义为：

$$T_v = \frac{1}{|M_v|} \sum_{t \in M_v} C_{v,t} / \min\{k_v, k_t\} \tag{9-6}$$

其中，$C_{v,t}$ 表示与节点 v 和节点 t 都连接的节点数。M_v 为所有与节点 v 分享邻居的节点集合。拓扑系数反映了节点的邻居间被其他节点连接在一起的比例。

例如图 9-3A 中，与 A 节点共享邻居的节点共有 3 个，则 $M_A=\{B,C,E\}$，其连通度分别为 $k_B=2, k_C=3, k_E=1$。则节点 A 的拓扑系数 $T_A = \frac{1}{3}\left(\frac{1}{2} + \frac{1}{3} + 1\right) = \frac{11}{18}$。

（六）网络中的路径与距离

网络中的路径（path）是指一系列节点，其中每个节点都有一条边连接到紧随其后的节点。对于包含节点数目有限的路径来说，第一个节点称为起点，最后一个节点称为终点，二者均可称为路径的端点，其余的节点则称为路径的内点或中继点。这样的路径也称为连接起点与终点的路径。例如在图 9-3A 中，节点 A 到节点 E 的路径有 $l_1=\{A, B, C, E\}$，$l_2=\{A, C, E\}$。对无向网络来说，只要将路径的顺序颠倒就可以得到从终点指向起点的路径。但是在有向网络中，起点与终点是不可逆的。例如，图 9-3B 所示网络中由节点 D 出发到节点 C 间存在路径 $l=\{D, A, C\}$，但 C 不能找到路径回到 D。

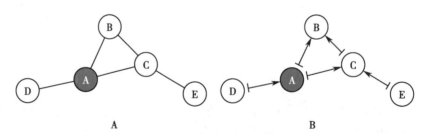

图 9-3　有向网络与无向网络

在网络中，如果两个节点能够由一条路径连接，则称这两个节点是连通的。所有能够彼此连通的节点和它们之间的边构成了一个连通分量。

路径中所经过边的权重之和称为路径的权重，也称为路径的长度。对于等权网络而言，路径的长度即为路径中所经过边的数目，上述图 9-3A 上从节点 A 到节点 E 的路径中，l_1 长度为 3，l_2 长度为 2。

在连接两个节点的所有路径中，长度最短的路径称为最短路径，最短路径的长度称为从起点到终点的距离，上述图 9-3A 中从节点 A 到节点 E 的距离为 2。

（七）直径

直径（diameter）是描述网络总体性质的一个属性。网络的直径是指网络中任意两个连通节

Notes

点间距离的最大值。网络的直径代表了网络中节点连接可能出现的最远距离,标志着网络的紧密程度。

(八)平均距离

网络的平均距离(average distance)也是描述网络总体性质的一个属性。网络的平均距离是指网络中任意两个连通节点距离的平均值,也是衡量网络紧密程度的重要指标。

(九)连通度的分布函数和聚类系数函数

通过统计不同连通度的节点占全部节点的比例,能够得到一种描述网络连通性的重要属性:连通度的分布函数 $P(k)$, $k=1, 2, \cdots$。而类似的还可以建立起随连通度变化的聚类系数函数 $C(k)$,当自变量等于 k 时,$C(k)$ 即为连通度为 k 的节点聚类系数的平均值。与连通度分布函数 $P(k)$ 类似,$C(k)$ 也广泛应用于描述网络结构的基本性质。相比于拓扑性质指标的平均数,连通度的分布函数以及依赖于连通度的聚类系数函数包含更多的信息,对分布函数的分析往往可以揭示更为深刻的网络性质。

二、无标度网络

无标度(scale free)网络是 1999 年首次提出的。近年来,人们在互联网和人际关系网络等社会学网络的研究中都发现了这一特性。无标度网络中,大部分节点通过少数中心节点连接到一起,这就意味着节点在网络中的地位是不平等的,中心节点在连接网络完整性方面起更加重要的作用。

(一)无标度网络定义

无标度网络,是指网络中连通度的分布符合幂率分布,即 $P(k) \sim k^r$ 的网络,如图 9-4B 所示。这种分布说明,在无标度网络中大部分节点的连通度较低,但存在少数连通度非常高的节点使网络连接在一起。在这种网络中,平均连通度等标度已经不足以描述网络的规模和结构。

如果网络中节点间的连接完全是随机的,那么连通度的分布应该符合泊松分布或者在大尺度的情况下近似认为符合正态分布,即度的分布比较均匀,大部分节点的连通度都与平均连通度相差不多,只有极少数节点具有很低或很高的连通度,如图 9-4A 所示。

随机网络中直径或网络平均距离与节点数目的对数成正比,即 $l \sim \log(N)$。对于包含大量节点的网络,其直径相对要小得多,任意两个节点间只需要较少的转接即可以连接在一起。一方面网络中包含有大量节点和边,表现出"大世界"的景象;另一方面,连接任意节点间的距离却相对较小,呈现"小世界"的特征。这种"小世界"网络是复杂系统互作网络的共同特性,因此成为目前网络研究分析的一个热点问题。

无标度网络另一个重要特征是网络的直径相对较小。一般来说,无标度网络直径的大小正比于网络中节点数目的对数值的对数值,即 $l \sim \log[\log(N)]$。由此可以发现无标度网络比一般小世界网络直径更小,联系更紧密。

(二)无标度网络形成的生物模型

为了解释无标度网络为何会成为包括大部分生物分子网络在内的复杂系统网络模型,Barabási 和 Albert 提出了形成无标度网络的 Barabási-Albert 模型。

该模型首先从一个包含 m_0 个节点的网络开始,其中 $m_0 \geqslant 2$,初始网络中每个节点的连通度都应大于零,否则在后续过程中将无法与网络连接。而后,通过一个循环过程扩大网络,在每次循环中只增加一个节点,并依次按照概率 $\pi_i = \dfrac{k_i}{\sum\limits_{v \in V} k_v}$ 决定是否与原网络中节点 i 建立连接,其中 k_i 是节点 i 的连通度。因此,原有连通度较高的节点将更有机会与新加入节点连接,从而获得更高的连通度。按照这种机制构建起的网络即可以得到无标度网络。

Notes

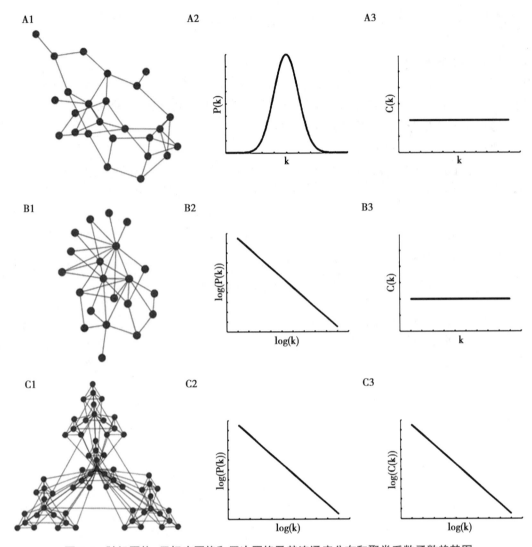

图 9-4　随机网络，无标度网络和层次网络及其连通度分布和聚类系数函数趋势图

A. 为随机网络，其连通度分布符合泊松分布，在大尺度情况下近似服从正态分布；B. 为无标度网络，其连通度分布符合幂率分布，平均聚类系数函数曲线水平；C. 为层次网络，其连通度分布与符合幂率分布，平均聚类系数与连通度的倒数成正比

　　例如，在互联网形成的初期，网络中的连接呈现随机特性，而当一个新的节点加入网络时，人们会倾向于访问已经具有一定知名度的网站，也就更有可能与这样的网页建立连接。这样随着越来越多的节点引入网络，网络连接便呈现出无标度特性。这个模型很好地解释了网页连接网络中少数权威网站存在的现象，也为生物分子网络中无标度特性的形成原因提供了很好的启示。

　　根据这一模型，有学者提出蛋白质网络中出现无标度特性的原因在于基因复制，即在细胞分裂过程中复制产生的基因产物会与相同的蛋白发生相互作用。因此，与发生复制的蛋白连接的蛋白节点将会获得新的连接。高度连接的节点更有可能与发生复制的基因产物发生互作，从而获得额外的连接。因此，在生物进化的过程中，就出现了蛋白网络的无标度特性。

　　同时，还有另一种不同的看法存在，即目前蛋白网络中呈现的无标度特性是来自于目前的诱饵 - 猎物模式的蛋白质相互作用检测方式和目前还远未完善的数据资源。在来自不同结构的随机网络背景中按照诱饵 - 猎物模式抽取部分网络，结果发现来自其他模型的数据也可能随机抽选出无标度的子网。

Notes

三、生物分子网络的模块性

细胞功能经常以模块化的形式展现出来。模块是指彼此协同工作从而执行一致功能并在物理上或者功能上紧密联系的一组生物分子（节点）。事实上，在复杂系统中通常包含很多模块，例如，人类通过结成不同层次的各种团体，联系成为整个复杂的人类社会；计算机互联网中相关内容的网页通过页面间的链接密集连接组成一个个独特的模块；近似领域的科学文献间互相引用的频率较高等。在人类的工业化生产中，也往往有意识地采用模块化设计，从而提高工程效率和稳定性。这种模块化的属性已经应用在小到移动电话、个人电脑，大到大型客机、航天器械的设计和制造当中。

生物系统同样包含有大量的模块化现象。例如蛋白质往往结合成为相对稳定的复合物来行使生物学功能，而蛋白质与核酸分子所组成的复合物在从核酸合成到蛋白质降解的生物基本功能中都发挥了重要的作用。在生物应激反应过程中，共同调控的生物分子也协同完成了使生物体适应内外环境变化的生物功能。总之，细胞中的大多数生物分子或者参与到多分子复合物中行使功能，或者在某个时刻与受到同样调控机制的其他分子协同参与某个生物过程。也就是说，生物分子行使功能的机制中往往会包含有模块化的特性，而网络中这种由许多分子相互结合形成的，有着稳定结构和功能的复合体，称为网络"模块"（module）。

网络的模块性指网络间的节点存在着内部彼此高度连接的子节点集合。由此，模块化的网络连通更为紧密。与同样规模的随机网络相比，虽然拥有相同的节点数与边数，模块化网络的连接却更为密集，这一现象可以由聚类系数 CC 的提高表现出来。同时，模块化的网络往往也同时具有无标度的特性，即存在一些连通度较大的中心节点连接起不同的模块。连通度的分布 $P(k)$ 符合 k 的幂率分布，如图 9-4C2 所示。

此外，聚类系数是依赖于连通度的函数 $C(k)$，在网络的模块性判别中也起到了重要的指示作用。模块化的性质说明大尺度的网络是由内部密集互作的小模块通过少数中心节点连接在一起的。这就意味着，大型模块化网络中连通度较低的节点往往具有较高的聚类系数，而另一方面，连通度较高的节点连接了不同的模块，从而使其聚类系数比较低。

考虑到很多真实网络同时具备模块性、无标度性以及局部高连接性的特征，学者提出节点集整合成为网络的过程类似一个循环迭代的过程，从而使网络成为一个层次性网络，见图 9-4A1。在此类网络中，聚类系数函数 $C(k)$ 正比于 k 的倒数，如图 9-4C3 所示。

研究显示，不同的生物分子网络往往表现出相似的性质。大部分的真实生物网络如代谢网络、蛋白质互作网络、蛋白质结构域网络等都是无标度网络，其网络平均聚类系数都比具有同样大小和连通度分布的随机网络更高，且聚类系数均值正比于连通度的倒数，从而表明层次化是生物网络的一项基本性质。

四、网　络　模　序

网络模序（motif）是指网络中出现次数远超过随机期望的子网模式。这里子网模式是指一组节点按照特定的顺序连接而成的结构。针对不同网络的研究显示，在真实的网络中不同的子网模式出现的频率并不一致，有些模式在网络中频繁出现，远远超过随机网络中期望出现的次数。在某些网络中，特定出现的模序甚至是整个网络的基本组织形式，网络可以被看作是这些网络模序的组合。在生物学网络中，无论是有向网络还是无向网络，都包含有这些特殊的网络模序。在生物网络中搜索特殊模序有助于深入理解生物网络执行生物功能的基本形式，也有助于进一步从网络中发现节点间的功能联系。

（一）有向网络模序

研究者从基因调控网络等有向网络中发现了一些特殊的模序，比较重要的有自调控环（auto-

Notes

regulator Loop，ARL）、前馈环（feed-forward Loop，FFL）和单输入模序等（single input motif，SIM）。

自调控环模序包括正向自调控环（图 9-5A）和负向自调控环（图 9-5B），即转录因子促进或抑制自身转录的机制。在大肠埃希菌（*E.Coli*）基因调控网络中存在较多的自调控模序。

前馈环模序则是在很多物种中常见的一种调控机制，即转录因子 A 调控转录因子 B 和基因 C，而同时转录因子 B 也调控基因 C（图 9-5C）。事实上，由于调控机制本身可以为正向和负向，前馈环还可以分为 8 种不同的类型。出现频率较多的有两种，一种是全部正向调控的一致前馈环，另一种是 A 正向调控 B 和 C，但 B 负向调控 C 的不一致前馈环。

单输入模序由同一个转录因子同时调控多个基因的表达，转录因子通常是自调控的，而所有调控符号（正、负向）都相同，且受控基因都不再受其他因子调控。这种模块在随机网络中并不多见，但在对大肠埃希菌基因调控网络的分析中发现该模序经常出现在与蛋白质组装和代谢通路相关的基因调控中。在此类问题中，由一个转录因子控制参与生物过程基因的表达，能够有效地保持受控基因的比例，提高效率，见图 9-5D。

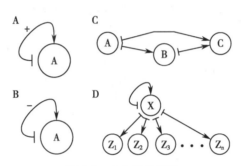

图 9-5　有向网络模序
A. 为正向自调控环；B. 为负向自调控环；
C. 为前馈环；D. 为单输入模序

除上述模序外，研究者在调控网络中还发现了其他一些模序，如密集重叠调控（dense over-lapping regulation，DOR）、多输入模序（multi input motif，MIF）和调控链（regulator chain，RC）等。这些不同的网络模序结构代表了不同的转录调控机制，对这些模序的研究将极大地帮助人们了解生物过程的控制机理。

（二）无向网络模序

在无向网络中也可能存在一些特殊的模序，在生物网络中出现的频率远超过随机的情形，其中比较重要的是全连接集（clique）。

全连接集是指任意两点都被边连接在一起的子网。如果全连接集中包含 n 个节点，则称这个全连接集为 n- 全连接集（图 9-6）。

（三）网络模序搜索算法

网络模序搜索算法指在网络中寻找与模序同构的子网的过程。从一个包含 N 个节点的网络搜索模序的过程包括：①定义包含 k 个节点的子网模式；②在网络中搜索全部 C_N^k 个包含 k 个节点的节点子集，并检查结构与所搜寻的模式相符的个数；③将各个模式在真实网络中出现的频数和在大量随机背景网络中所出现的频数进行比较，从而发现网络模序。

这一过程在算法上是 NP 完全问题，即解决这一问题的计算时间可能需要花费多项式时间的计算问题。因此，对包含节点数目更多的子网模式来说，网络中存在的组合数目比较多，待比较的类型也会更多，从而导致搜索的复杂度更高。因此，目前网络模序的搜索往往只针对一些较小的子网模式来进行分析。

理论上，模序的搜索也可以从边出发。在现实中，生物分子网络大多是比较稀疏的，也就是大部分的节点间不存在边的连接，因此，基于边的搜索会比基于节点的算法更快。

Notes

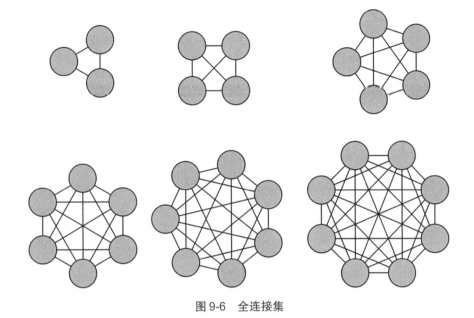

图 9-6 全连接集

五、生物分子网络的动态性

生物分子网络并不是静态不变的。生物分子间发生相互关系需要特定的时间和空间条件。例如在富氧和缺氧状态下，葡萄糖的代谢途径并不相同；在应激反应中，生物体针对不同的外界刺激开启不同的信号通路予以应对；分子组装和能量代谢发生在特定的细胞器上。在不同的时间和空间，生物体执行着不同的生物过程。要揭示生命活动的真正过程，必须要考虑到生物分子网络的动态特性。

（一）含有时空信息的生物分子网络

基因芯片技术等针对特定实验条件的检测技术，提供了在特定时间和空间上生命活动的重要信息。通过对这些信息整理和分析，能够得到实验条件特异的生物分子网络。例如，利用一组在不同时间点获得的基因表达谱信息，可以构建表达相关网络，获取基因组中共同行使功能的基因集合，也可以构建基因调控网络，分析细胞循环过程中内在的调控机制等。

（二）整合时空信息的生物分子网络

生物分子网络的时空特异性是一项普遍存在的性质，即便是主要由一些非实验条件相关的检测技术所检测得到蛋白质相互作用信息，同样存在着时空特异性。蛋白间相互作用的发生并非是静态而一成不变的，部分相互作用是稳定而持久的，还有一些相互作用则是在特定的时间与空间场合才会发生。

受检测技术的限制，蛋白质互作网络等生物分子网络的时空检测标准还不存在，但可以通过结合包含有明确时间或空间信息的其他实验技术所测的结果来为这些网络补充时空信息。例如，基因表达相关性可以为转录调控和蛋白质互作在相应条件下是否存在提供旁证。即在特定的实验条件下，转录因子及其靶基因的表达水平显示了表达调控的开放状态，一对互作蛋白质的表达水平可以表明是否存在互作关系。由此可以构建特定实验条件下的转录调控网络和蛋白质互作网络。

（三）生物分子网络的动力学分析

生命过程是一个动态的过程，生物分子网络也不可避免地具有动态性的特征。通过结合带有时空性质的实验信息，挖掘在特定时间、空间和环境条件下的生物分子网络，从而更加准确地理解生物分子网络行使功能的方式，为进一步地科学分析提供更准确的研究基础。

Notes

基于生物分子网络的动态性质,既可以类似普通静态网络对网络属性进行统计分析,也可以针对网络进行仿真计算以分析网络的动力学问题。如在基因转录调控,信号传导和代谢等生物过程中,信息的传递和生物反应是一系列在时间和空间上连续的过程,这个过程也就可以被设定为网络节点状态和拓扑结构的一系列变化。通过结合基因表达等动态信息,利用线性模型,微分模型,随机过程等算法可以构建出随时间、空间和环境条件等变化的动态生物分子网络,从而更为准确地描述、解释和预测生物过程。

六、生物分子网络分析软件

目前有很多软件应用于生物分子网络可视化和网络分析。其中包括一些可以依据 GNU 协议免费应用的软件,也包括一些商业软件。

(一) CytoScape 软件

CytoScape 是一款图形化显示网络并进行分析和编辑的软件,见图 9-7,它支持多种网络描述格式,也可以用以 Tab 制表符分隔的文本文档或 Microsoft Excel 文件作为输入,或者利用软件本身的编辑器模块直接构建网络。CytoScape 还能够为网络添加丰富的注释信息,并且可以利用自身以及第三方开发的大量功能插件,针对网络问题进行深入分析。

CytoScape 对非盈利性客户免费,下载网址:http://www.cytoscape.org。

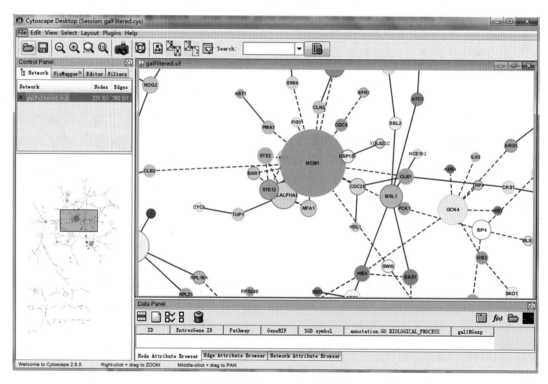

图 9-7　Cytoscape 工作界面

(二) CFinder 软件

CFinder 是一种基于全连接集搜索方法(the clique percolation method,CPM)进行网络密集集团模块搜索和可视化分析软件,见图 9-8。它能够在网络中寻找指定大小的全连接集,并通过全连接集中共享的节点和边构建更大的节点集团。软件中可以使用以制表符分割的文本文件作为输入。算法主要针对无向网络,但也包含对有向网络的一些处理功能。

CFinder 允许非盈利性用户免费使用,并可以在 http://cfinder.org 免费下载和获取帮助。

Notes

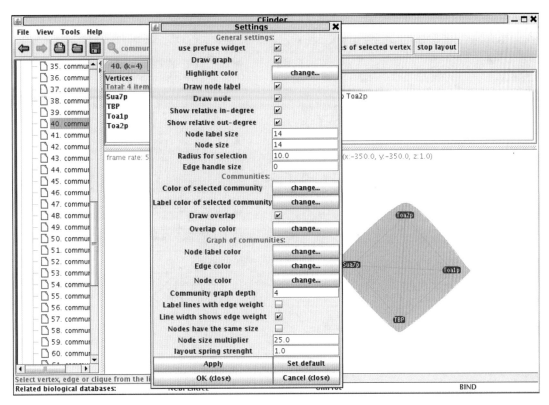

图 9-8 CFinder 工作界面

（三）mfinder 软件和 MAVisto 软件

mfinder 和 MAVisto 是两款搜索网络模序的软件，mfinder 需要通过命令行的形式进行操作，而 MAVisto 则包含一个图形界面，见图 9-9。两款软件均可以设置特定的网络模序规模（包含节点数目），并设计随机扰动以获取相应模序出现频率的显著性水平。

对于非盈利用户，两款软件均可免费下载使用。下载网址为：

mfinder：http://www.weizmann.ac.il/mcb/UriAlon/groupNetworkMotifSW.html，

MAVisto：http://mavisto.ipk-gatersleben.de/。

（四）BGL 软件及 Matlab BGL 软件

BGL 是一款网络拓扑属性分析软件，可以较为快速的计算网络中节点间的距离、最短路径、广度和深度优先算法以及多种拓扑属性。Matlab BGL 则是基于 BGL 开发的一款 Matlab 工具包，可以依托 Matlab 软件平台进行网络分析和计算。

两款软件均为免费软件，可以从以下网址下载使用：

BGL：http://www.boost.org/doc/libs/release/libs/graph，

Matlab BGL：http://www.stanford.edu/~dgleich/programs/matlab_bgl/。

（五）PathwayStudio 软件

PathwayStudio 生物通路可视化分析软件，是一款商业化生物信息学软件，见图 9-10，它能够以不同的模式绘制和分析生物通路，并且可以利用随带的 MedScan 软件通过公开发表的文献构建基于知识的生物通路网络。

（六）GeneGO 软件及数据库

GeneGO 是为系统生物学中的数据挖掘应用提供化学信息学和生物信息学软件解决方案的供应商。其主要产品包括 MetaBase，MetaCore，MetaDrug 等。其中 MetaBase 是 GeneGO 专业研制的哺乳动物生物学与药物化学数据库。MetaCore 主要针对系统生物学研究中的通路分析和生物标记物发现提供了数据挖掘工具套件。MetaDrug 为 GeneGO 开发的系统药理学平台。

Notes

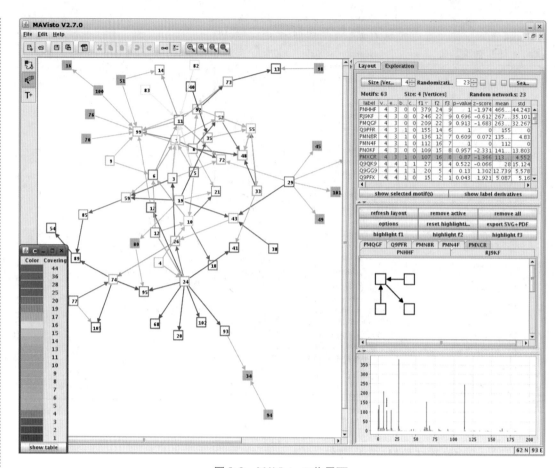

图 9-9　MAVisto 工作界面

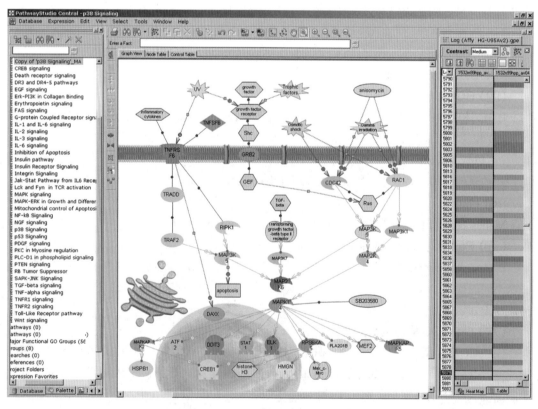

图 9-10　PathwayStudio 工作界面

Notes

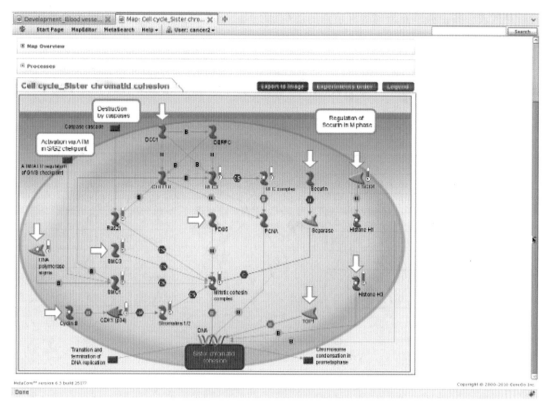

图 9-11　MetaCore 工作界面

第四节　生物分子网络的重构和应用
Section 4　Reconstruction and Application of Biomolecular Network

一、生物分子网络重构的一般方法

高通量实验方法的出现和广泛应用为生物学分析提供了海量的数据资源,这些资源组织形式多样,包含信息丰富。基于这些数据信息,利用计算机技术重新构建网络,有助于综合分析数据,利用网络计算方法挖掘相关信息,从系统上分析生物分子网络。

(一)网络的数据结构

在计算机中,存储网络的数据结构有很多形式,其中最常用的是邻接矩阵表示法和边列表表示法。

1. **邻接矩阵表示法**　邻接矩阵是一种比较直观的网络表示方法,通过构建与网络节点数目相同的方矩阵来表示网络。矩阵的每行表示有向网络中的源节点,每列则表示有向网络中的目标节点。矩阵中的非零元素代表一条由源节点指向目标节点的边,而该元素的值则代表这条边的权重,而无权网络中往往取为 1(图 9-12)。对无向网络而言,矩阵表示法中的上三角阵(或下三角阵)即可表示整个网络,而部分软件在处理这种格式时会要求以对称矩阵来表示无向网络以避免和其他有向网络混淆。

邻接矩阵表示法的缺点是占用较大的存储空间,由于在大型网络中,边的数量相对于可能存在的全部边数而言较少,邻接矩阵中大部分元素都为 0。此时,只记录存在的边将会大大减少存储所需的空间。

2. **边列表表示法**　记录方式一般包括两列数据,分别代表网络中的源节点和目标节点。每

Notes

一行则代表一条由源节点指向目标节点的边(见图9-12),还可以增加新的列表明边的类型、权重等信息。

3. **其他**   用于存储网络的数据结构还有其他类型,如节点连接表形式,通过为每个节点保存一个可连接节点列表的方式记录网络;距离矩阵表示法,矩阵中每个元素记录其行和列所代表节点在网络中的距离等。

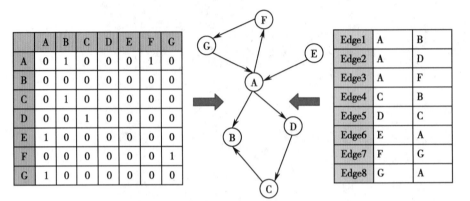

图 9-12   网络的数据结构

(二)网络重构的方法

描述相互作用关系是生物网络最简单的功能,同时也是网络重构的简单方法。对于基本数据形式,即表示为两两关系的生物信息资源,如生物实验证实的转录因子与靶基因对应关系、蛋白质相互作用关系、药物分子与靶蛋白关系等,均可以将分子作为节点,分子间关系作为边,从而重构生物分子网络。

然而对于信号传导通路和代谢通路等形式复杂的功能网络,参与网络的生物分子类型多种多样,分子间关系复杂,以简单网络完整描述整个网络比较困难,因此需要对原信息进行过滤和抽象,在感兴趣的层次提取网络信息。例如代谢网络中一种代谢物在酶的作用下转化为另一种代谢物并产生能量,在这个过程中,可以构建代谢物之间的转化网络,则酶与能量载体不以节点的形式出现在网络中;也可以将全部参与代谢通路的分子都作为节点,然后将其间发生的各种作用作为边,构建出更为复杂的网络。具体采用何种方式构建网络取决于构建网络的目的。

为了从实验数据中重构网络,需要通过数据统计或数据挖掘技术提取相应的作用关系。这种关系可能是简单的生物分子间是否存在连接,也可能是计算一系列定量指标,衡量分子间关系的紧密程度或可靠性等。

二、基因表达相关网络的重构和应用

DNA 微阵列、转录组测序等基因表达检测技术的广泛应用使研究者可以高通量并行研究大量基因在不同实验条件或细胞周期中的表达水平。为了完整系统地展示和分析基因间的共表达关系,可以构建基因表达相关网络。

基因表达相关网络可以以等权网络形式构建,构建步骤如下:

(1)利用基因表达谱计算表达相关矩阵,得到任意两个基因间的表达相关性指标。其中表达相关性指标可以根据研究目的选用 pearson 相关系数、互信息或欧氏距离等。

(2)选定阈值,获取显著相关的基因对。阈值的选定可以采取选定特定百分比、指标统计推断或者重排表达谱构建随机背景分布以获取显著性阈值等方法。

(3)以相关性超过阈值的基因对作为边,基因作为节点,构建基因表达相关网络。

基因表达相关网络可以是等权的,也可以以相关系数或由相关系数决定的函数作为权值,构建加权网络。通过对基因表达相关网络的分析,可以研究基因间的功能联系,进而获得在特定实验条件下的功能相关集合,也可以结合其他生物分子网络,构建实验条件特异的动态生物分子网络。

三、转录调控网络的重构和应用

转录调控网络中的节点包括转录因子和受控基因,如果受控基因的产物也是转录因子,往往会将受控基因及其产物视为同一个节点。由此,基因调控网络是一个有向网络,每条边由转录因子指向受控基因。从重构的方式来看,基因调控网络包括基于原始数据的网络和基于表达数据的网络。

(一)基于原始数据的基因调控网络

ChIP 等技术直接测得转录因子是否与 DNA 结合,因此可以比较简单的将转录因子作为源节点,受控基因作为目标节点,构建基于原始数据的有向基因调控网络。

例如在 ChIP-chip 实验中,经过基因芯片处理后,每一个元件(基因或 DNA 区域)都对应一个强度值,反映其经过特定感兴趣蛋白(the protein of interest, POI)免疫共沉淀处理后的富集水平。对于双通道芯片,这个强度值常表现为处理组与对照组的强度比值或配对 t 统计量;而对单通道芯片,则可以表示为处理组与对照组的两样本 t 统计量。通过中值百分位数顺序法(median percentile rank),单芯片误差模型(the single-array error model)和移窗法(sliding-window approach)等数值和统计方法,就可以得到 DNA 区域与感兴趣蛋白之间发生结合互作的富集程度分值或概率分值。通过设定阈值的方式能够筛选出显著的蛋白 -DNA 二元互作关系。由此即可得到由蛋白质指向相应基因或 DNA 区域的边,整合这些互作关系,即可以重构基因调控网络,见图 9-13。

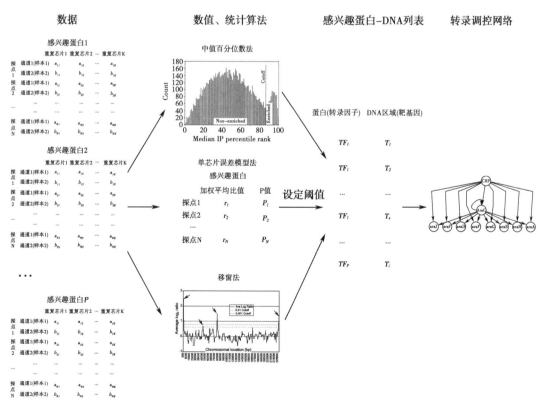

图 9-13　由 ChIP-chip 数据重构基因调控网络步骤

Notes

（二）基于表达数据的基因调控网络

基因转录调控在基因表达环节中起着非常重要的作用。例如受同一个转录因子调控的基因往往是共表达的，这些生物学原理可以用于指导基因调控网络的构建。因此，为了弥补基因转录调控检测所得数据缺乏的缺陷，可以从反映基因转录调控机制的 DNA 微阵列基因表达谱数据出发挖掘基因转录调控关系。

利用基因表达信息等高通量数据挖掘基因调控关系并重构基因调控网络，对基因调控的研究有着重要的意义。最常用的基于表达数据构建基因调控网络模型包括布尔网络模型、加权矩阵模型、线性组合模型等。

1. **布尔网络模型**   基于表达数据重构基因调控网络的一种最简单的模型就是布尔网络模型。在布尔网络中，每个节点代表一个基因，或者代表一个环境刺激。环境刺激可以是任何影响调控网络的生物、物理或化学因素，而不是基因或基因的产物。每条有向边代表基因之间的相互作用关系。当一个节点代表基因时，该节点与一个稳定的表达水平相联系，表示对应基因产物的数量。如果一个节点代表环境因素，则节点的值对应于环境刺激量。各节点的值或者是"1"，或者是"0"，分别表示"高水平"和"低水平"。

其中节点之间的相互作用关系可以由布尔表达式来表示，例如：

$$A \cap (\neg B) \rightarrow C \tag{9-7}$$

读作"如果 A 基因表达，并且 B 基因不表达，则 C 基因表达"。其中 ∩ 表示逻辑上的并且关系"and"，¬ 表示否定关系"not"。在网络上则可以表示为图 9-14A。布尔网络中的作用关系与上文所讨论的调控关系相比，增加了对多个因子综合作用（"并"，"或"，"与或"关系）的考虑，这种基于关系的信息输入称为连接。考虑网络中全部节点间的相互作用关系后就得到了如图 9-14B 所示的布尔网络。当布尔网络中每个节点被赋予初值后，网络中的节点即能够自动地对下一个状态进行预测。这一过程可以被理解为布尔网络转化为一种接线图，见 9-14C。使用这种方法能够推导出下一步各节点的值，并通过迭代的方法获得以后各步运算的结果。经过迭代后网络出现了稳定状态，但由于初值的影响，稳定形态并不相同，如图 9-14D 中，当选定初值为 A=0，B=0，C=0 时，一步迭代后网络各节点的值便稳定在 A=0，B=1，C=0 上。而当选定初值为 A=1，B=0，C=0 时，迭代结果则在第二次迭代时出现循环，结果始终在初值与 A=0，B=1，C=1 之间反复切换。

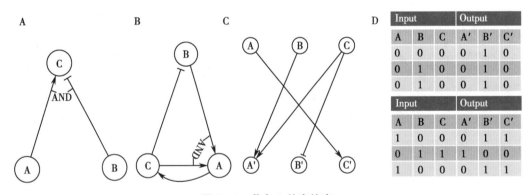

| A | B | C | D |

Input			Output		
A	B	C	A'	B'	C'
0	0	0	0	1	0
0	1	0	0	1	0
0	1	0	0	1	0

Input			Output		
A	B	C	A'	B'	C'
1	0	0	0	1	1
0	1	1	1	0	0
1	0	0	0	1	1

图 9-14   节点 C 的真值表

以上实验表明布尔网络能够模拟生物体的表达调控机制，布尔网络的迭代结果趋于稳定，类似于生物体在适应环境后的稳定状态。但在真实的问题中，布尔网络不是预先知道的。相反的，表达谱等数据信息能够为布尔网络模型提供前后不同时刻各个节点的取值。布尔网络模型分析的目的就是从多时刻的基因表达谱信息构建出特定环境下基因表达调控的网络结构。

基于表达数据使用机器学习或者其他智能训练的方法可以构建一个真实的布尔网络。其

Notes

基本原理是根据基因表达的实验数据建立待研究的基因之间的相互作用关系,确定每个基因的连接输入(或调控输入),并且为每个基因生成布尔表达式,或者形成网络系统的状态转换表。对于复杂的网络,在网络构造过程中,其搜索空间非常大,需要利用先验知识或合理的假设,以减小搜索空间,从而有效地构造布尔网络。

布尔网络模型简单,便于计算,但是由于它是一种离散的数学模型,不能很好地反映细胞中基因表达的实际情况。如布尔网络不能反映各个基因的表达数值差异,不考虑各种基因作用大小的区别等。而在连续网络模型中,各个基因的表达数值是连续的,并且以具体的数值表示一个基因对其他基因的影响。

2. 线性组合模型　是一种连续网络模型,在这种模型中,一个基因的表达值是若干个其他基因表达值的加权和。基本表示形式为:

$$X_i(t+1) = \sum_j w_{ij} X_j(t) \tag{9-8}$$

其中,$X_i(t+1)$是基因i在$t+1$时刻的表达水平,$X_j(t)$是基因j在t时刻的表达水平,而w_{ij}代表基因j的表达水平对基因i的影响。在这种基因相互关系表示形式中,还可以增加一个常数项,反映一个基因在没有其他调控输入下的活化水平。

将上述表达式转换为线性差分方程,描述一个基因表达水平的变化趋势。这样,在给定一系列基因表达水平的实验数据之后,即给定每个基因的时间序列$\{X_i(t)\}$,就可以利用最小二乘法或者多元分析法求解整个系统的差分方程组,从而确定方程中的所有参数,即确定w_{ij}。最终,利用差分方程分析各个基因的表达行为。实验结果表明,该模型能够较好地拟合基因表达实验数据。

3. 加权矩阵模型　与线性组合模型相似,在该模型中,一个基因的表达值是其他基因表达值的函数。含有n个基因的基因表达状态用n维空间中的向量$u(t)$表示,$u(t)$的每一个元素代表一个基因在时刻t的表达水平。以一个加权矩阵W表示基因之间的相互调控作用,W的每一行代表一个基因的所有调控输入,w_{ij}代表基因j的表达水平对基因i的影响。在时刻t,基因j对基因i的净调控输入为j的表达水平(即$u_j(t)$)乘以j对i的调控影响程度w_{ij}。基因i的总调控输入$r_i(t)$为:

$$r_i(t) = \sum_j w_{ij} u_j(t) \tag{9-9}$$

这一形式与线性组合模型相似,若w_{ij}为正值,则基因j激活基因i的表达,而负值表示基因j抑制基因i的表达,0表示基因j对基因i没有作用。与线性组合模型不同的是,基因i最终表达响应还需要经过一次非线性映射:

$$u_i(t+1) = \frac{1}{1 + e^{-[\alpha_i r_i(t) + \beta_i]}} \tag{9-10}$$

这种函数是神经网络中常用的 Sigmoid 函数,其中α和β是两个常数,规定非线性映射函数曲线的位置和曲度。通过上式计算出$(t+1)$时刻基因i的表达水平。在最初阶段,加权矩阵的值是未知的。但是可以利用机器学习方法,根据基因表达数据估计加权矩阵中各个元素的值。

对于这样的模型,可以利用成熟的线性代数方法和神经网络方法进行分析。实验表明,该模型具有周期稳定的基因表达水平,与实际生物系统相一致。在这种模型中还可以加入新的变量,模拟环境条件变化对基因表达水平的影响。

除上述模型外,还可以利用贝叶斯网络模型等方法由表达数据等信息重构基因调控网络,这些模型可以用于预测和验证基因间的转录调控关系,也为分析基因功能,研究生物信号与功能传递机制提供了重要的信息资源。

Notes

四、蛋白质互作网络的重构和应用

由于蛋白质相互作用数据本身可以提供蛋白与蛋白间相互作用关系信息,蛋白质互作网络的构建比较简单,只需将数据中的互作关系作为网络中的边,蛋白作为网络中的节点,即可以重构蛋白质互作网络。

蛋白质互作网络是无向的无标度网络,少数连通度极大的节点将高度模块化的子网连接在一起。在对酵母等模式生物的分析中,几乎覆盖整个蛋白质组的蛋白质互作网络已经被重构出来,人类等高等物种的互作数据也在以极快的速度积累着。目前,酵母、小鼠、人类等物种的蛋白质互作网络一般包含有数千个节点和数千到数万条边。在这样庞大的网络上,需要采用多种多样的计算方法对蛋白质网络进行分析。

(一)蛋白质网络的可靠性分析

目前,高通量的蛋白质互作检测技术和生物信息学预测方法极大地丰富了蛋白质互作数据资源,为进一步网络分析提供了数据基础,同时高通量检验结果中包含着大量不确定的结果,存在着严重的假阳性问题,因此确定数据的可靠性成为蛋白质互作网络分析前一项重要的工作。

一般认为,小规模生物实验所检测出的互作信息更为可靠。免疫共沉淀的阳性检测结果一般可以作为互作存在的金标准。而当互作的实验证据来自高通量实验时,往往用同一条互作信息在不同的高通量实验所证明的次数来反映互作信息的可靠程度。此外,还可以通过结合表达相关性等与互作关系密切相关的其他数据信息来检验互作信息的可靠性。

(二)基于蛋白质网络的蛋白功能预测方法

蛋白质通过彼此的连接来行使生物学功能,因此,存在一个很自然的假设,即彼此互作的蛋白具有相同或相近的功能。基于这一假设,开发了一系列基于蛋白质网络预测蛋白功能的方法。

这些方法中,邻居计数法是一种最简单的方法,即一个待测功能的蛋白应同与其连接的大部分蛋白的功能一致,通过统计它的邻居中属于不同功能的蛋白数目,将计数最多的功能作为对待测蛋白的功能。

在邻居计数法的基础上,研究者又开发出包括考虑功能类别本身规模影响的卡方法、结合全局信息的网络分割算法、基于不同概率模型的全局预测算法等。虽然这些方法普遍存在着预测准确率不高,预测范围有限等缺点,然而由于不需要利用同源信息,且其预测效率能够随互作信息和功能信息的完善而不断提高,因此,这类算法具有重要的意义。

(三)模序的搜索和分析

蛋白质互作网络中包含有大量密集互作的子网模式,模序的出现暗示了生物分子行使生物功能的基本模式,挖掘这些模式对了解蛋白如何行使功能,探索蛋白间的功能联系以及寻找新的功能通路都有着重要的意义。

全连接集是蛋白质网络中普遍存在的一类模序,无论是各种全连接集出现的频率,还是最大全连接集的规模,真实的蛋白质网络都远远超过随机网络,从而说明,组成高度连接的蛋白质复合物是蛋白质行使生物功能的一种基本形式。研究发现,部分全连接集之间存在重叠,将这些存在重叠的全连接集合并在一起,可以获得密集互作的蛋白质子网。结果显示这些子网中往往存在功能上的关联性。另一方面,很多研究显示连通度最高的蛋白往往没有出现在规模最大的全连接集中,表明此类高连通度的蛋白节点更倾向位于连接不同模块的枢纽位置,而不是直接参与大型的蛋白质复合物。

此外,挖掘其他类型的蛋白质互作网络模序同样对理解蛋白行使功能的模式有着重要的意义。有研究通过整合基因表达相关性与蛋白质互作信息,在互作网络中搜索高表达相关路径来预测潜在的生物通路等。

Notes

由多种互作关系所组成的复合生物分子网络存在特异性的模序,例如将蛋白质互作网络与表达调控网络结合,可以获得在复合网络中显著富集的调控互作模块。

(四)基于拓扑属性的分析

利用拓扑属性分析网络中的节点是网络生物学中独特的方法。在蛋白质互作网络中,具有独特拓扑属性的节点蛋白往往具有独特的生物学意义。

研究显示,连通度较高的中心节点(在蛋白质互作网络中常以连通度大于5的节点作为中心节点)对网络的连通性起着特别重要的意义,其中显著富集着与生命基本活动相关的必需基因、疾病相关基因以及药物靶点基因等具有重要意义的基因。中心节点的这种特性使得它们成为很多研究所关心的对象。介数和紧密度较高的节点往往也具有较高的连通度,这些节点在连接网络过程中同样具有重要作用。

节点的拓扑属性是揭示节点在网络中意义的重要工具,通过对蛋白质互作网络中节点拓扑属性的分析,能够进一步理解其在生物网络中的重要作用。还可以利用模式识别方法对特定蛋白节点的功能进行预测。

第五节　生物通路的重构和应用
Section 5　Reconstruction and Application of Biological Pathway

一、代谢网络重构和应用

生物代谢网络是一种较为复杂的网络,其原因在于其中包含的分子类型众多,反应类型多样。一个反应往往不是简单的两个生物分子的作用,而是以多个分子组成临时复合物的形式连接在一起。因而构建代谢网络的第一步重要工作是选择适当的水平来构建代谢网络。

(一)代谢网络的重构

根据选定代谢网络分子的类型可以将重构的代谢网络分为多反应物网络和主要反应物网络。多反应物网络是比较直观的一种构建代谢网络的方式。代谢通路中反应的参与者主要是代谢底物和酶,此外还有一些其他的共反应因子。多反应代谢网络包含由主要代谢底物指向代谢产物的转化关系,也包含酶与底物以及不同底物分子之间的相互作用关系。参与反应的生物分子被设定为节点,转化关系和催化作用作为边,有时在反应中临时形成的媒介复合物也被作为网络的节点。由此构建的网络包括$(N+E+R)$个节点,其中N表示底物数量,E表示酶数量,R表示媒介复合物的数目。由于酶反应经常具有双向催化性,网络中边的方向需要在具体情况下分别考虑。

主要反应物网络,则忽略了参与反应的共反应因子,而直接以底物产物关系为网络的边,代谢反应中的底物和产物作为节点构建代谢网络。当考虑反应发生的主要方向时,网络可以设定为有向网络,否则也可将代谢网络作为无向网络。

此外,还可以从其他的角度着手构建代谢相关网络,如以酶作为节点,以在两个反应中分别作为底物和产物的代谢物作为关系将不同的酶联系起来构成酶关联网络,可以用于分析酶参与反应的相关程度和不同酶在代谢通路中所发挥的作用。

(二)代谢网络一般特征

代谢网络是最早发现无标度特性和层次化特性的生物分子网络。在针对数十个物种的分析中,代谢网络表现出了类似的无标度特性和层次化特性。作为有向网络,无论是代谢网络的出度还是入度都表现出了幂率分布$P(k)\sim k^{r}$的特点。经分析在大肠埃希菌中,无论是作为产物的分子的入度分布还是作为底物参与反应数目的出度分布都有$r=2.2$左右。

不同物种的代谢网络在大尺度特征上显示了高度的一致性,这说明代谢网络的特征不是随

Notes

机的。高度模块化和无标度属性的一个直接反应是代谢网络的直径远小于随机网络，这就使生物体对外界环境变化以及内部突变所做出的反应更为迅速和有效。

二、信号转导网络的重构和应用

细胞借助各种信号利用信号传导网络把外界环境刺激信号或者细胞本身程序性的"刺激"传导细胞内相应的位置，以对刺激作出相应的反应。信号传导对于细胞行使功能尤为重要，大量的研究表明信号传导途径并非独立存在、独立完成特定的生物学功能，众多的途径在多种不同的层次上存在着信号的交流，因而构成了庞大而复杂的信号传导网络。信号传导是一个级联放大的非线性网络，网络结构错综复杂，并具有多层次的特点。目前还没有成熟的模型用来重构信号传导网络。

目前最常用的信号传导网络的构建是基于文本挖掘的，但是阅读大量的文献会耗费大量的物力和财力，急需开发计算的方法来构建全面的信号传导网络。Ma'ayan 等在 2005 年通过阅读文献手工构建了包含大约 500 个蛋白质的信号网络，这是第一个有关人类信号传导网络的报道。直到 2007 年，崔等人扩展了信号传导网络，通过整合 BioCarta 数据库和 Cancer Cell Map 数据库的资源，他们人工审核数据库中蛋白质的关系，构建了更加全面的人类信号传导网络。包含 1634 个节点间的 5089 条关系。整合的信号网络为后续的分析提供了新的资源。同时，研究者还分析了突变基因和甲基化癌相关的基因在网络中的性质，为识别癌症中关键的基因以及理解癌症的底层机制提供了新的视角。

三、子通路的重构和应用

虽然目前有很多关于通路的数据库已经被构建了，但是疾病的发生发展可能并不是整个生物学通路发生了功能的异常，很可能是部分通路的功能失调导致了复杂疾病的发生。识别这种通路的局部结构，即"子通路（subpathway）"对于理解复杂疾病的发生机制具有重要的意义。

（一）子通路的重构方法

目前有很多计算方法已经被用来重构子通路，例如陈等人根据深度优先搜索算法提取了所有的线性子通路。特别地，李等人提出的 SubpathwayMiner，通过提取 K-clique 子通路，也就是说，子通路中任意两个节点的距离不能大于 K。该研究为子通路的识别提供了新的视角。该方法主要是针对代谢通路进行分析的，进而识别了代谢子通路。首先通过下载 KEGG 通路中的代谢通路的 XML 文件，然后将代谢通路进行简化。每个代谢通路转化为以酶做节点的无向网络。两个酶对应的反应中有一个共同的化合物，就将两个酶用边连接起来。通过在由酶构建的网络中，设定 K 值，寻找 K 完全连通的子图，将这些 K-clique 定义为子通路。

（二）子通路网络的应用

随着对子通路结构理解的不断深入，研究者通过整合多维组学数据，构建了子通路相关的生物学网络，对网络进行分析，为复杂疾病的机制理解提供了深层次的视角。例如，李等人通过将 miRNA 靶基因进行子通路的富集分析计算，如果 miRNA 靶基因显著富集到某个子通路中，那么这个 miRNA 和其调控子通路的关系便建立起来，利用这种方式构建了 miRNA- 子通路网络。通过分析 miRNA- 子通路网络节点的拓扑特性，发现疾病 miRNA 较非疾病 miRNA 来说调控更多的子通路，并且 miRNA 调控的子通路数目和其关联的疾病数量明显相关。miRNA- 子通路网络不仅从全局的视角研究疾病、miRNA 和子通路之间的关系，而且也有助于我们从 miRNA 功能的角度来探索复杂疾病发生和发展的生物学机理。

随后，研究学者进一步通过基因作为桥梁构建了疾病 - 子通路、药物 - 子通路等多方面的子通路网络，对网络的性质进行了全面的分析。此外，通过整合基因表达数据以及子通路的结构

Notes

信息，也开发了一些识别疾病差异子通路或者激活子通路的方法，为理解子通路在复杂疾病中的机制提供了新的思路。

小　结

蛋白质、DNA、RNA 以及生物小分子等细胞成员之间的相互作用是大多数生物功能发生的基本方式。系统研究活体细胞内生物分子及其间的相互作用是后基因组时代的一个重要目标。生物分子网络和通路是研究和分析复杂生物分子系统的重要工具。

高通量的生物学检测技术产生了大量的信息资源，充实了各种生物信息学数据库。基于不同物种、不同类型的生物分子，出现了各种生物分子网络和通路。其中最重要的是蛋白质互作网络，基因转录调控网络，代谢通路和信号传导通路。

无标度性是生物分子网络表现出的特殊网络性质之一。生物分子网络的连通度分布一般都服从幂率分布，与随机网络完全不同。生物分子网络的无标度特性是生物在进化过程中形成的特性，并有助于生物适应周围的环境。

生物分子网络的平均聚类系数远高于随机网络，网络中连通度高的节点往往具有较低的聚类系数，生物分子网络是高度层次化的。

网络模序是生物分子网络中出现频率显著高于随机网络的特定连接模式。通过对网络模序的搜索，有助于了解生物分子行使功能的基本方式。

生物分子网络和通路的重构依赖于生物分子数据的组织形式，部分可以直接由原始数据构建，部分需要通过机器学习技术从生物数据中提取。

快速发展的网络生物学提供了研究生物学和疾病病理学的新视角，为解决复杂生物医学问题提供了新的途径。

Summary

Most biological characteristics arise from complex interactions between the cell's numerous constituents, such as protein, DNA, RNA and small molecules. To systematically study all molecules and their interactions within a living cell is one of the most important targets of postgenomic biomedical research. Biomolecular network is one of the major tools to analyze the complex biomolecular system.

Abundant bioinformatics sources generated by the high-through detected technology are stored in all kinds of bioinformatics dataset. Based on different organisms and different types of biology molecules, various kinds of biomolecular networks were reconstructed. The most important networks include protein-protein interaction network, gene regulatory network, metabolic network and signal transfer network.

"Scale free" is one of the universe signatures of biomolecular network. The degree of biomolecular network generally obeys the power distribution. Totally difference to the random network, "scale free" is one of the signatures during the biological evolutionary process and helps creature to adapt the surroundings.

The average clustering coefficient of biomolecular network is much higher than that of random network. The node with the higher degree is generally with the lower clustering coefficient. Those explain the high hierarchy of the biomolecular network.

Notes

Network motifs are the certain connected modes, which present significantly higher frequency in the biomolecular network than in the random network. Searching the network motifs will help to understand the essence manners of biomolecular function.

The reconstruction of the biomolecular network depends on the organism format of the biomolecular data. Part of them can be constructed by the original data, and part need to pick-up by biology data.

The development of the Network Biology provides the new view to study biology and pathology and the new approach for solving the complex biomedical problem.

（李　霞）

习题

1. 哪些生物分子网络通常是无向网络？

2. 如何通过网络拓扑属性分析节点在网络中的作用？

3. 请找出图 9-1A 中任意两点间的最短路径，并思考在包含更多节点的网络中应如何寻找网络的最短路径。

4. 什么是中心节点（hub）？生物分子网络中的中心节点有什么特点？

5. 计算图 9-1A 中各节点的连通度、聚类系数。

6. 什么是无标度网络？请举出一个例子。

7. 如何判断一个网络是层次网络？

8. 访问一个通路数据库，并获取数据，重构相应的生物通路网络。

参考文献

1. Barabasi AL, Oltvai ZN. Network biology: understanding the cell's functional organization. Nat Rev Genet, 2004, 5(2): 101-113

2. Han JD, Bertin N, Hao T, et al. Evidence for dynamically organized modularity in the yeast protein-protein interaction network. Nature, 2004, 430(6995): 88-93

3. Jeong H, Tombor B, Albert R, et al. The large-scale organization of metabolic networks. Nature, 2000, 407(6804): 651-654

4. Barabasi AL. Scale-free networks: a decade and beyond. Science, 2009, 325(5939): 412-413

5. Shen-Orr SS, Milo R, Mangan S, et al. Network motifs in the transcriptional regulation network of Escherichia coli. Nat Genet, 2002, 31(1): 64-68

6. Palla G, Derenyi I, Farkas I, et al. Uncovering the overlapping community structure of complex networks in nature and society. Nature, 2005, 435(7043): 814-818

7. Han JD, Dupuy D, Bertin N, et al. Effect of sampling on topology predictions of protein-protein interaction networks. Nat Biotechnol, 2005, 23(7): 839-844

8. Shannon P, Markiel A, Ozier O, et al. Cytoscape: a software environment for integrated models of biomolecular interaction networks. Genome Res, 2003, 13(11): 2498-2504

9. Schreiber F, Schwobbermeyer H. MAVisto: a tool for the exploration of network motifs. Bioinformatics, 2005, 21(17): 3572-3574

10. Xu J, Li CX, Li YS, et al. MiRNA-miRNA synergistic network: construction via co-regulating functional modules and disease miRNA topological features. Nucleic Acids Res, 2011, 39(3): 825-836

11. Ho Y, Gruhler A, Heilbut A, et al. Systematic identification of protein complexes in Saccharomyces cerevisiae by mass spectrometry. Nature, 2002, 415(6868): 180-183

12. Reguly T, Breitkreutz A, Boucher L, et al. Comprehensive curation and analysis of global interaction networks

Notes

in Saccharomyces cerevisiae. J Biol，2006，5（4）：11

13. Xu J，Li Y. Discovering disease-genes by topological features in human protein-protein interaction network. Bioinformatics，2006，22（22）：2800-2805

14. Yildirim MA，Goh KI，Cusick ME，et al. Drug-target network. Nat Biotechnol，2007，25（10）：1119-1126

第十章 计算表观遗传学
CHAPTER 10 COMPUTATIONAL EPIGENETICS

第一节 引 言
Section 1 Introduction

在生物学领域中，表观遗传学是研究不涉及 DNA 序列改变的情况下，DNA 甲基化谱、染色质结构状态和基因表达调控状态在细胞代间传递的遗传现象的一门学科。表观遗传信息模式在细胞分裂过程中稳定地遗传，使表观遗传调控成为决定细胞分化和细胞命运的关键机制。随机和环境诱导的表观遗传缺陷可引发衰老和癌症的发生，也可能导致精神性疾病和自身免疫性疾病等。高通量分子生物学实验技术的发展及其在表观遗传研究中的应用，如 BS-seq 和 ChIP-Seq 等，产生了许多高通量的表观遗传学数据，这些数据的处理与分析为生物信息学带来了巨大的挑战。基于计算方法对表观遗传事件的预测在解决表观遗传问题上起到了重要的作用。计算表观遗传学即把生物信息学的研究策略和方法应用到表观遗传学的研究领域，具有快速、高通量、低成本的特点，可以为当前的表观遗传学的实验研究提供指导；同时，生物学实验可以用来验证运用计算表观遗传学方法推测出的结论。结合实验方法和计算表观遗传学方法，是当前表观遗传学研究领域新兴的视角。计算表观遗传学所研究的内容主要是通过生物信息学技术储存管理大量的实验数据并开发适用于深度挖掘这些实验数据的生物信息学算法，有利于促进发育生物学和疾病发生发展相关的表观遗传调控机制的研究。

> **知识拓展**
>
> 1939 年，Waddington CH 首先在《现代遗传学导论》中提出了表观遗传学（epigenetics）的概念，在表观遗传学命名方面做出了贡献。1942 年，他把表观遗传学定义为"生物学的分支，研究基因与决定表型的基因产物之间的因果关系"。1979 年，Holliday 对表观遗传学进行了较为准确的描述，简单地说表观遗传是非 DNA 序列差异的核遗传。近几年，表观遗传学已经成为生命科学领域的研究热点之一，在"后基因组"时代，理解表观遗传学的运作机制可以帮助解决生物学和人类疾病中存在的疑问，例如发育、再生、肿瘤及衰老等。

第二节 基因组的 DNA 甲基化
Section 2 Genome-wide DNA Methylation

一、CpG 岛 DNA 甲基化调控基因表达

（一）DNA 甲基化与 CpG 岛

DNA 甲基化（DNA methylation）是一种发生在 DNA 序列上的化学修饰，可以在转录及细胞分裂前后稳定地遗传。DNA 甲基化是重要的表观遗传修饰之一。

1. **DNA 甲基化**　在哺乳动物中，大约 60%～90% 的 CpG 二核苷酸是被甲基化的，其中的 p 代表连接脱氧胞嘧啶核苷和脱氧鸟嘌呤核苷的磷酸基团。非甲基化（non-methylated）的 CpG 二核苷酸聚集成簇形成所谓的 CpG 岛（CpG islands, CGIs）。在哺乳动物细胞中，DNA 甲基化主要发生在 CpG 二核苷酸中胞嘧啶的第五位碳原子上，这样的胞嘧啶也叫做 5- 甲基 - 胞嘧啶（5mC），其化学式如图 10-1 所示。最新的研究表明胞嘧啶还可以在 CpNpG 和 CpNpN 环境中发生甲基化（这里 N 代表除鸟嘌呤外的其他碱基）。在真菌中，胞嘧啶的甲基化水平较低，大部分只有 0.1% 到 0.5%，有证据表明真菌的 DNA 甲基化参与调控状态特异的基因表达。由于甲基化最早是细菌用以识别自身的化学修饰，这种表观遗传代码可能是古细菌对其他生物感染后持续遗留的产物。

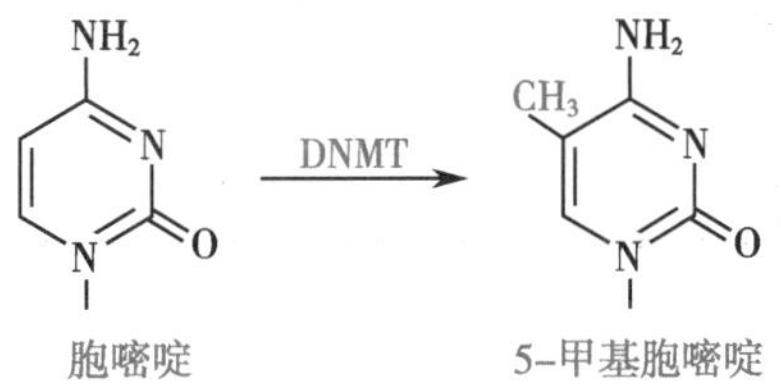

图 10-1　DNA 甲基化的发生机制

2. **DNA 甲基化相关的生物酶**　DNA 甲基化修饰发生时，甲基基团的添加主要由两类酶参与：从头甲基化酶和甲基化维持酶。DNMT3a 和 DNMT3b 是两个最重要的从头甲基化酶，它们负责在发育早期建立 DNA 甲基化模式。DNMT3L 是类似于其他 DNMT3 的蛋白，虽然并没有催化活性，但其能够通过与 DNA 的结合来辅助从头甲基转移酶。甲基化维持酶（如 DNMT1）负责 DNA 复制过程中子链的甲基化模式的保持，在保持 CpG 甲基化稳定性方面具有重要的作用。在每个 DNA 复制周期中，DNA 甲基化状态的稳定遗传对于保持基因组的稳定性是至关重要的。如果没有 DNA 甲基转移酶（DNA methyltransferase, DNMT），复制结束后，子链甲基化修饰将会被动地缺失，这种缺失可能与癌症等复杂疾病的发生有关。近期的研究发现 TET 羟化酶（TET hydroxylase）在 DNA 的去甲基化过程中扮演着重要的作用。

3. **CpG 岛与 DNA 甲基化的关系**　CpG 二核苷酸倾向于聚集成簇，这样的区域称做 CpG 岛。CpG 岛的主要特点是 GC 的含量及 CpG 的含量非常高且大部分是处于非甲基化（non-methylated）状态。CpG 岛覆盖了人类基因组大约 0.7% 的区域，但是却包含了所有 CpG 二核苷酸的 7%。CpG 岛主要分布在基因的启动子、5′ 非编码区以及第一外显子区域，哺乳动物中大约 60% 的基因的启动子含有 CpG 岛。这些区域的 CpG 二核苷酸的富集表明它们处于非甲基化状态（至少在生殖细胞中），因此避免甲基化的 CpG 带来高的突变率（这种突变是由于基因组的错配修复系统可以精确地识别并修正胞嘧啶碱基的脱氨基产物，而甲基化胞嘧啶的脱氨基产物则不被识别而发生缓慢的突变而转变为胸腺嘧啶，如果这种突变发生在生殖细胞中则是可遗传的）。尽管有研究认为 CpG 岛就应该是非甲基化状态，但是也有一些 CpG 岛在发育过程中被选择性地甲基化。哺乳动物基因组范围的研究表明大量 CpG 岛在终末分化细胞中是甲基化的。此外，大量的 CpG 二核苷酸处于重复元件中，但是它们在体细胞中被高度甲基化。

（二）DNA 甲基化对转录的调控

现已明确 DNA 甲基化的发生与转录沉默有关。DNA 甲基化参与的许多生物学过程都可以影响转录，其中一个公认的观点是 DNA 甲基化可以直接阻挡转录因子结合到 DNA 序列的靶点上而阻碍转录（图 10-2）。

1. **DNA 甲基化阻碍转录因子的结合**　许多转录因子倾向于结合包含 CpG 的序列，这些序列的 CpG 甲基化会阻止转录因子的结合（见图 10-2）。c-Myc 是在细胞生长和分化过程中负责调控的转录因子，凝胶电泳实验表明 DNA 甲基化阻止 c-Myc 与它亲和的序列的结合。此外，在缺失染色质或甲基结合蛋白的情况下,DNA 即使被甲基化也可以正常转录,这表明其他一些机制也可以导致基因沉默。

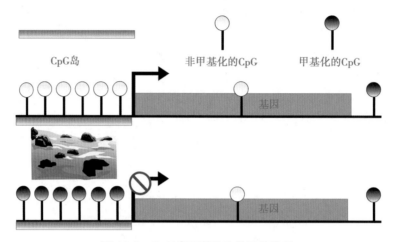

图 10-2　CpG 岛甲基化和转录的关系

2. DNA 甲基化排斥活性染色质标记　目前的研究表明通过 H3K4 甲基转移酶家族的催化,沉默的基因可以通过 H3K4 的甲基化而得以激活。一些 H3K4 甲基转移酶被认为靶向到包含 CpG 双核苷酸富集的区域。这些区域的 DNA 甲基化通过排斥这些组蛋白甲基转移酶的结合而阻止活性染色质标记在基因启动子区域的生成,进而阻止转录的进行,这个机制使得 DNA 甲基化可以稳定基因的沉默状态。

3. DNA 甲基化募集其他蛋白引起染色质沉默　除了直接抑制转录因子的结合外,DNA 甲基化还可以募集甲基化 CpG 结合蛋白(methyl-CpG binding proteins,MBPs)特异性地结合到甲基化的 CpG 位置上,它们在甲基化发生后的转录沉默过程中都扮演着重要的角色。MBPs 这类蛋白质家族包含五个成员,均包含一种同源的甲基 -CpG- 结合结构域(methyl-CpG-binding domain,MBD)。MBPs 可以结合沉默子以及组蛋白去乙酰酶,这是其导致染色质结构沉默的主要原因。

4. DNA 甲基化影响核小体定位　启动子区域内的 CpG 甲基化可以通过影响基因转录起始位点附近的核小体定位(nucleosome occupancy),进而影响这些基因的转录。核小体定位可阻碍转录因子和 RNA 聚合酶Ⅱ的结合,实验研究发现在转录起始位点附近,无核小体缠绕的 DNA 区域容易吸引转录激活因子和 RNA 聚合酶Ⅱ与 DNA 的结合。对 *MGMT* 和 *MLH1* 基因启动子的研究表明 DNA 甲基化缺失影响体内无核小体区域的核小体定位。此外,还发现 DNA 甲基化转移酶 DNMT3a 能够与染色质重构物结合,表明染色质重构物可能直接和 DNA 甲基转移酶结合。更多关于核小体定位的内容请参见本章第四节。

（三）DNA 甲基化的意义

1. DNA 甲基化与重复元件沉默　哺乳动物细胞必须保有使遗传元件沉默的机制才能使基因组达到长期稳定的目的,DNA 甲基化行使的即是这样的功能,而且在细胞分裂前后可以保持不变。哺乳动物基因组较低等生物基因组更复杂,主要是因为其不仅包含编码蛋白质的元素,还包含转座子和其他寄生元件,其中包括多种重复元件。许多重复元件包含长末端重复启动子,它可以使这些序列发生转录。由于这些序列的表达会导致基因组的寄生元件在基因组中的游动,因此通过 DNA 甲基化使其持久地沉默以保持基因组的稳定性。

2. DNA 甲基化与染色体的选择性沉默　DNA 甲基化除了具有沉默重复元件的作用外,还在 X 染色体失活及基因印记的维持中发挥作用。X 染色体失活及基因印记均是非孟德尔遗传方式的一部分,从父本或母本得到的等位基因的一个等位发生甲基化而导致单等位表达。在胚

Notes

胎形成过程中,两条 X 染色体中的一条发生失活也表现出单等位的表达,而在失活的 X 染色体上发现的 CpG 富集的启动子的甲基化使相应基因的抑制状态得到稳定。

3. DNA 甲基化与基因的组织特异表达　DNA 差异甲基化在发育过程中扮演着重要的角色。特别地,DNA 甲基化可以沉默生殖细胞特异的基因,而且大量的差异甲基化基因只是生殖细胞特异的基因,因此 DNA 甲基化通过抑制生殖细胞的关键基因而迫使细胞进入分化过程。在人类基因组中,CpG 岛的甲基化被认为对基因的沉默有直接的影响,然而大约 60% 的基因包含非 CpG 岛启动子。在发育和分化过程中,这些启动子的甲基化状态可能发生转变,从而介导基因的组织特异表达。

二、基因组 CpG 岛识别方法

对 CpG 岛的识别,大致有两种策略。一种是以生物信息学算法为基础开发的预测方法;一种是以限制性酶切法为代表的实验方法。CpG 岛最初是在对小鼠基因 DNA 使用甲基化 CpG 敏感的限制性酶 HpaⅡ进行酶切时发现的。

(一)CpG 岛识别的准则

1. 最初的 CpG 岛定义　CpG 岛的原始定义是 Gardiner-Garden 和 Frommer 于 1987 年提出的长度≥200bp,GC 含量≥50%,CpG O/E≥0.6 的一段序列。CpG 岛的这种定义方式看起来有些武断,许多启动子缺乏严格定义的 CpG 岛,但是却有组织特异的甲基化模式,与基因的转录活性有密切联系。例如 *Oct-4* 和 *Nanog* 启动子的甲基化状态和基因表达的相关性很高,尽管它们的启动子都没有 CpG 岛。

2. 改进的 CpG 岛定义　一直以来对 CpG 岛的定义主要是基于序列特征,目前有许多 CpG 岛定义的改变,包括在长度,GC 含量和 CpG O/E 比值的一个或全部阈值的变化。为了降低非 CpG 岛序列的错误引入,Takai 和 Jones 研究了增加最短长度、GC 含量和 CpG O/E 值分别到 500bp,55% 和 0.65% 对预测精度的影响。通过确定更加严格的阈值,最大程度地排除 Alu 重复元件,这样定义后却排除了占原来数量 10% 的 CpG 岛,这表明一些真正的 CpG 岛可能也被排除。重复元件(例如"年轻"的 Alu 元件)的碱基组成和 CpG 岛的特点十分类似,显著地增加了鉴别 CpG 岛的假阳性率。大多数的多拷贝序列可以通过 Repbase 数据库中已知的重复类型得以剔除,在 Takai 和 Jones 的基础上应用重复元件筛选后剔除 1890 个非 CpG 岛,从而得到更加保守的 CpG 岛的数目估计是 27 000 个。

NCBI Mapview 有两套不同的参数组合方式用来分别提供宽松的和严格的 CpG 岛识别标准,如表 10-1 所示。严格的标准预测了 24 163 个无重复的 CpG 岛,而宽松的标准识别了 307 193 个 CpG 岛。这种巨大的差异取决于以下因素:①长度、GC 含量和 CpG O/E 值的任意阈值的应用;②没有考虑到 CpG 岛的异质性;③基于 DNA 序列的预测方法忽略了 DNA 甲基化状态。

表 10-1　常见的 CpG 岛预测算法

预测方法	长度(bp)	GC 含量(%)	CpG o/e	重复元件屏蔽	备注
ENSEMBL	≥400	≥50%	≥0.6	否	严格的参数限制
NCBI 宽松	≥200	≥50%	≥0.6	否	总 CpG 岛数目 307 193
NCBI 严格	≥500	≥50%	≥0.6	否	总 CpG 岛数目 24 163
UCSC	>200	≥50%	>0.6	是	总 CpG 岛数目 28 226
EMBOSS	指定	指定	指定	否	参数可调
CpGProD	>500	>50%	>0.6	是	总 CpG 岛数目 76 793
CpGcluster	无限制	无限制	无限制	否	总 CpG 岛数目 197 727
CpG_MI	≥50	无限制	无限制	否	总 CpG 岛数目 40 926

Notes

3. 基于窗口滑动法的 CpG 岛预测算法　窗口滑动法与最初 CpG 岛准则有很大不同，它的一般步骤如图 10-3 所示。首先准备实验方法得到的候选 CpG 岛集合或全基因组序列，然后设定窗口宽度的大小。接着考察窗口内的序列片段是否满足 CpG 岛定义中的长度、GC 含量和 CpG O/E 值中的一个或几个阈值。一旦发现窗中的序列片段满足了 CpG 岛的定义，该片段就被选为候选 CpG 岛，同时扫描窗右移 1bp。如果扫描窗中的序列片段不满足 CpG 岛的定义，扫描窗右移一个窗口的长度。如果扫描得到的 CpG 岛区域有重叠，则将重叠部分合并。通过这一过程，得到了各种长度的 CpG 岛集合。然而，这种依赖于长度、GC 含量和 CpG O/E 值的一个或全部阈值的 CpG 岛识别算法有显而易见的缺陷：①由于这三个阈值的使用使得参数空间变得很大；②预测的 CpG 岛的长度和数目取决于窗口的长度和步长的预设值，存在主观任意性；③CpG 岛的起始点一般不是 CpG 二核苷酸；④预测和筛选过程依赖于相同的参数；⑤方法经常需要针对特定物种进行调整；⑥算法运行时间长，预测效率低。

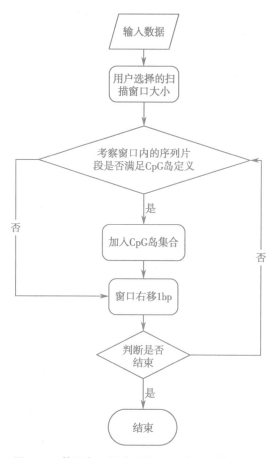

图 10-3　基于窗口滑动法的 CpG 岛预测算法框图

4. 基于相邻 CpG 二核苷酸距离的 CpG 岛预测算法　预测的 CpG 岛总数是随着使用的序列参数而高度可变的。CpGcluster 是一种独特的方法，它并不依赖于任何 CpG 岛定义的阈值，并且由于只涉及算术运算，计算速度较快。它的工作原理是计算基因组范围的相邻 CpG 二核苷酸之间的距离。该算法利用几何分布估计出该距离的理论分布，从而计算出 CpG 二核苷酸进行汇聚的统计学阈值（40bp）。最终，该算法得到 197 727 个 CpG 岛。这些 CpG 岛的特点是短而多，但其中包含大量的重复元件。该算法具体的工作原理如下：①假设有如下一条序列：TTGCGGGTCCTAGAAGTCGCCTCCCCGCCTTGCCGGCCGCCCTTGCAGCCCCGAGCCGAGCAGC；②CpGcluster 首先找到所有的 CpG 二核苷酸的位置 TTGCGGGTCCTAGAAGTCGCCTCCCCGCCTTGCCGGCCGCCCTTGCAGCCCCGAGCCGAGCAGC；③然后得到 CpG 二核苷酸的

Notes

位置 4；18；26；34；38；52；57；④通过公式 $d_i = x_{i+1} - x_i - 1$ 计算相邻二核苷酸之间的算术距离：13；7；7；3；13；4；⑤考虑到假设：CpG 是伯努利实验的结果，这里设成功为 CpG，失败为 non-CpG。伯努利实验的概率 p 可以通过大量的序列算出，令序列的长度为 L，N 为 CpG 的数目，则 $p = N/(L-N)$，所以临近的 CpG 一核苷酸的距离服从几何分布，距离 d 等于失败的次数；⑥绘制长度（d）分布和几何分布的直方分布图（图 10-4），从中可以发现观测值分布和理论分布差别很大，短距离出现的概率较大，中位数值恰好可以作为 CpG 二核苷酸富集的阈值；⑦为了计算之前步骤找到的 CpG 簇是 CpG 岛的概率，需要给出统计学 p 值，该 p 值可由负二项分布给出。基于 CpGcluster 的算法的原理，存在比随机出现 CpG 二核苷酸之间距离更短的 CpG 簇，通过合并重合的簇，最终得到的簇就被认为是 CpG 岛。

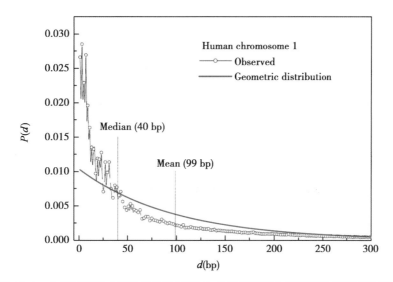

图 10-4　人类基因组 1 号染色体的邻接 CpG 二核苷酸之间距离的概率密度函数
观察值的分布以空心圆圈表示，而理论分布即几何分布则用实线表示。中位数值恰好和理论值吻合。距离小于中位数值的两个 CpG 二核苷酸则被纳入 CpG 岛的一部分。X 轴为距离 d，Y 轴为概率 p。Median 为中位数，Mean 为均值，带圈实线代表观测值的连线，实线代表几何分布的概率密度曲线
（来自于 CpGcluster: a distance-based algorithm for CpG-island detection）

另外，还有一种基于互信息的距离用于度量 CpG 二核苷酸距离预测 CpG 岛的方法。该方法通过计算累计互信息 $CMI(i) = \sum_{k=0}^{M} p_{(cg,cg)}^{(i)}(k) \log \dfrac{p_{(cg,cg)}^{(i)}(k)}{p_{cg} \times p_{cg}}$，$(i = 1, 2, \cdots, n)$，刻画 DNA 序列的不同距离的相邻二核苷酸之间的互信息的累加。利用该度量可对哺乳动物基因组进行 CpG 岛预测。该方法可得到比之前的方法更理想的预测效果。主要的 CpG 岛预测方法的比较在表 10-1 中列出。

5. 结合功能基因组数据的 CpG 岛定位方法　大多数的预测算法和序列选择技术鉴别的 CpG 岛数目在 24 000 到 27 000 之间。尽管这些方法之间的差别不大，但是许多鉴别出来的 CpG 岛在不同的预测结果中并不一致，可以通过结合包括 DNA 甲基化状态和染色质修饰在内的不同类型的信息添加到预测方法中减少预测结果的差别。在 CpG 岛预测算法中融合表观遗传信息和基因组属性可能有利于探测方法去除一些算法中定义的阈值。例如，Bock 等人使用了 DNA 结构、组蛋白修饰、DNA 甲基化、转录因子结合谱、重复元件、进化保守以及 DNA 序列模式等信息定位人类基因组 CpG 岛，是目前较好的 CpG 岛定位方法。但该方法很难扩展到非人类的物种中，因为注释数据在其他物种并不全面。

Notes

（二）实验方法寻找CpG岛

CXXC亲和纯化技术（CXXC affinity purification，CAP）通过提取非甲基化的CpG聚集的DNA片段识别CpG岛，克服了算法带来的假阳性等问题。该技术使用了半胱氨酸富集的对非甲基化的CpG位点有高亲和性的CXXC结构域。CXXC结构域对只包含甲基化的CpG位点或缺乏CpG位点的DNA片段几乎没有亲和性。从小鼠 *Mbd1* 中得到的重组的CXXC结构域对非甲基化的CpG位点有高的结合特异性，并被用于从全基因组DNA中提取CpG岛。使用这种方法从人类血液中提取了超过17 000个CpG岛。

（三）CpG岛的定位有助于发现新基因

CpG岛是重要的转录调控元件，是基因起始的标志，可用于新基因的发现。同时，CpG岛通常是不被甲基化的，可作为管家基因的重要标志之一。为了更好地认识和发现基因功能，需要开发定位CpG岛的新方法，以快速识别新测序物种的CpG岛，这有助于快速进行新基因组的注释。并不是所有CpG岛都在已知基因的转录起始位点附近，例如可以位于基因的5′区域、内含子以及基因间区（图10-5）。然而，基因内的CpG岛可能表明这段区域存在未发现的新基因。

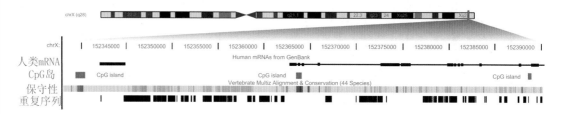

图10-5　UCSC数据库的截图（chrX：152，333，843-152，400，119）展示了三个CpG岛

三、实验检测技术测定DNA甲基化状态

（一）DNA甲基化的检测方法

DNA甲基化的检测比DNA碱基序列检测相对困难，这是因为甲基化的胞嘧啶并不影响C：G核苷酸的配对。目前常用的DNA甲基化检测方法是将待检序列中甲基化的胞嘧啶转化为其他碱基。基本做法主要有两类：一种是依赖甲基化和非甲基化的胞嘧啶对特定的酶切处理的不同反应来实现；另一种则是用重亚硫酸氢钠（sodium bisulfite）转化DNA序列，利用甲基化和非甲基化的胞嘧啶的化学活性不同将其区分开来。此外，最新的检测方法通过利用基因微阵列以及二代测序技术提高了DNA甲基化检测效率。下面对这些实验检测DNA甲基化的方法做简要介绍。

1. 限制性内切酶法　通过限制性内切酶特异性地将基因组DNA切割为甲基化和非甲基化的序列片段是识别基因组高/低甲基化区域的重要手段。如图10-6所示，基于限制性酶的方法可以同时用于构建甲基化DNA文库和非甲基化DNA文库。最常用的限制性酶是HpaⅡ和MspⅠ，它们可以识别CCGG序列模式。HpaⅡ受甲基化的胞嘧啶的阻碍较大，任何胞嘧啶的甲基化均会阻碍它的切割，而MspⅠ只会受到CpG环境外的胞嘧啶甲基化的阻碍。在基因组研究中，另外一种有用的酶是McrBC，McrBC能对DNA的甲基化位点进行识别而切割，可以将两个甲基化的胞嘧啶之间的片段剪切出来，从而得到非甲基化的序列片段。利用这些酶可以区分出甲基化和非甲基化的序列，得到感兴趣的DNA序列文库。

2. 亲和纯化　比较简单的建立甲基化DNA文库的方式是亲和纯化技术（图10-7）。该方法充分利用了甲基化CpG结合结构域（methyl-binding domain，MBD）结合甲基化的CpG位点的这一特点。首先需要从大肠埃希菌中提取表达的MBD结构域，将之提纯，用于提取甲基化的DNA片段。相应地，也可以使用市售的特异识别甲基化胞嘧啶的单克隆抗体来提取甲基化的

Notes

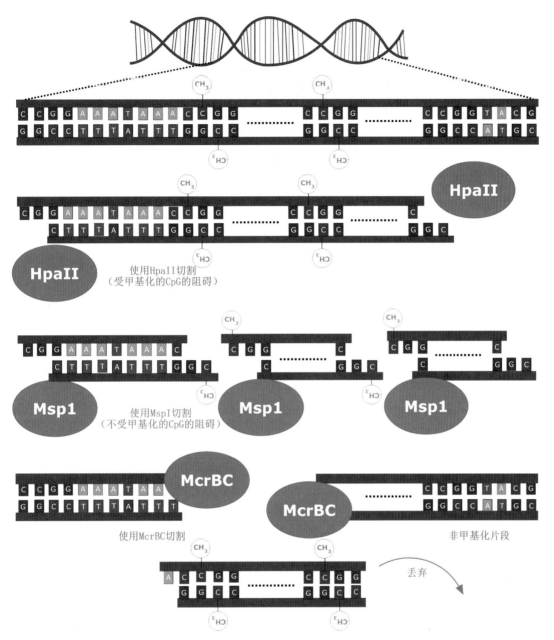

图 10-6　使用甲基化敏感的酶检测 DNA 甲基化

一段甲基化的基因组区域被 HpaⅡ、MspⅠ和 McrBC 切割。在最终的甲基化片段文库中,只包含 HpaⅡ处理的甲基化片段。基因组 DNA 被 McrBC 处理时,McrBC 切割甲基化的胞嘧啶位置(切点不确定),小片段被丢弃,得到非甲基化片段文库

DNA,这一过程被称作免疫共沉淀。对于哺乳动物研究而言,使用 MBD 方法的潜在优势是 MBD只对 CpG 甲基化的 DNA 片段进行提纯,而对其他非 CpG 环境中的 DNA 甲基化不起作用。

　　3. **重亚硫酸钠法**　在基因组 DNA 序列上,甲基化的胞嘧啶和非甲基化的胞嘧啶在碱基配对特性上并无差异,即单纯利用测序技术无法确定甲基化水平。为了克服甲基化测定的难题,使用重亚硫酸盐将非甲基化的胞嘧啶转化为其他碱基,在合适的条件下,重亚硫酸盐会将非甲基化的胞嘧啶转化成尿嘧啶,而使甲基化的胞嘧啶保持不变(图 10-8),转化的 DNA 在经过 PCR扩增后得以转变为胸腺嘧啶。再对 PCR 产物进行桑格法测序、焦磷酸测序或质谱分析后,可以定量地考察每个胞嘧啶位点的甲基化程度。

Notes

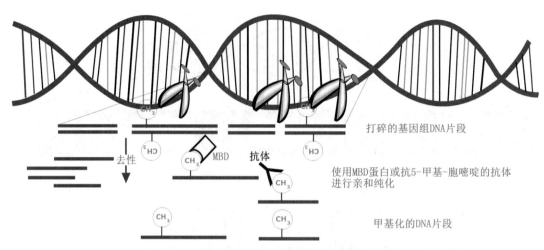

图 10-7　基因组 DNA 经过去性后使用抗体或 MBD 结构域而得以亲和纯化

重亚硫酸钠法检测 DNA 甲基化的基本原理是：重亚硫酸钠可以把非甲基化的胞嘧啶 C 转化为尿嘧啶 U，再经过 PCR 扩增克隆变成胸腺嘧啶 T 产生 T：A 配对，而对于甲基化的胞嘧啶重亚硫酸钠则没有作用。因此，通过重亚硫酸钠的处理，甲基化状态不同的 DNA 序列片段就转化为有碱基差异的序列片段，这种差异可以进一步用 DNA 测序的方法进行测定（图 10-8）。

（二）基因组范围高通量的 DNA 甲基化检测方法

高通量的芯片技术与传统测定 DNA 甲基化技术相结合产生了第一代高通量的 DNA 甲基化谱系测定技术（表 10-2）。目前，有许多方法支持大规模的 DNA 甲基化分析。早期的 DNA 甲基化微阵列的研究使用实验室或微阵列公司制作的斑点阵列。而现在，高质量的商业寡核苷酸阵列，包括 Illumina 推出的磁珠阵列，Affymetrix 和 NimbleGen 分别生产的平板阵列，以及 Agilent 推出的喷墨阵列都被广泛地使用。这些技术便利了近来的甲基化分析，例如 Illumina 阵列的设计便利了重亚硫酸盐转化的 DNA 的分析，而其他微阵列适合于限制性酶切和亲和纯化的实验（图 10-9），目前 Illumina 的两款商业化芯片 Infinium HumanMethylation450 和 Infinium HumanMethylation27 在测定人类多种细胞组织类型中得到了广泛的应用，特别是在测定大规模癌症样本 DNA 甲基化谱中起到了关键的作用。

二代测序技术与重亚硫酸盐处理的结合催生了第二代高通量的 DNA 甲基化组谱测定技术（见表 10-2）。高通量测序是最新发展起来的但却是最有前途的全基因组 DNA 甲基化分析方法。高通量测序技术最初是作为寡核苷酸微阵列的替代品而引入 DNA 甲基化分析中。在二代测序实验中，无需标记和杂交，样品可以直接得以测序。当测得足够多的序列后，测序能达到和微

表 10-2　各种测定 DNA 甲基化的技术

下一代测序技术			芯片杂交技术			其他
酶切	亲和纯化	重亚硫酸盐	酶切	亲和纯化	重亚硫酸盐	
⊙MSCC	⊙MeDIP-seq	⊙MethylC-Seq	⊙CHARM	⊙MeDIP	⊙GoldenGate	⊙MS-AP-PCR
⊙Methyl-MAPS	⊙MIRA-seq	⊙RRBS	⊙MCAM	⊙MIRA	⊙Infinium 27K	⊙RLGS
⊙Methyl-seq	⊙MiGS	⊙BS-Seq	⊙DMH	⊙mDIP	⊙Infinium 450K	⊙Sanger BS
		⊙BSPP	⊙MMASS	⊙mCIP	⊙BiMP	⊙MS-SNuPE
			⊙HELP			⊙COBRA
			⊙MethylScope			⊙Southern blot
						⊙AIMS

Notes

注：数据来源：Laird，PW（2010）Nat Rev Genet，11：191-203

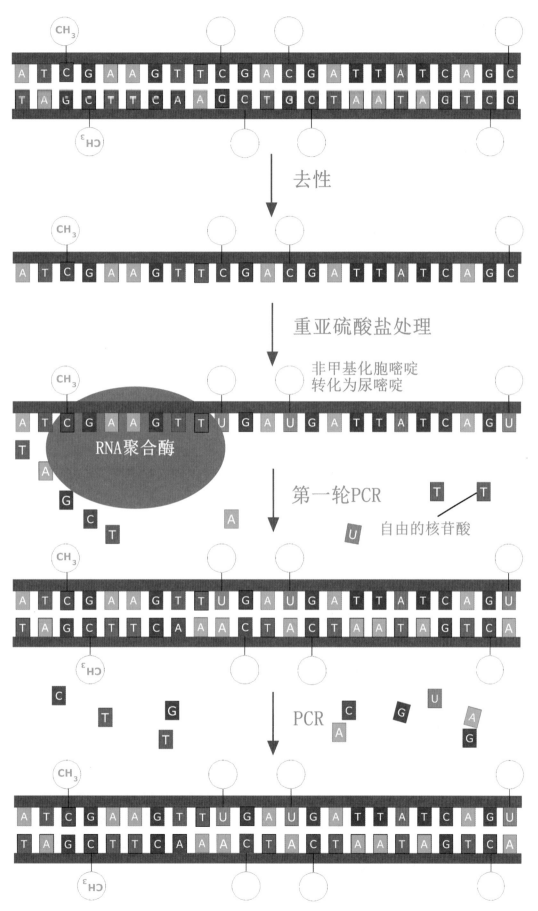

图 10-8　重亚硫酸盐转化实验原理

阵列相媲美的信息量。相比其他方法,直接测序有许多优点。首先,短序列提供了甲基化丰度的定量表示,这要优于基于微阵列方法提供的相对度量。其次,除了测序中的一步需要扩增外,样品也无需额外进行扩增。单分子的测序方法目前还在不断开发中,将完全不需要扩增。再次,避免了杂交所带来的偏差,也无需将待测片段设计成探针打印在玻璃板上。针对不同的实验要求,选择适用的甲基化测定技术尤为重要(图10-10)。目前应用比较广泛的有简约重亚硫酸盐测序(RRBS)和全基因组重亚硫酸盐测序(BS-Seq),RRBS 适合用于分析基因组范围内 CpG 位点富集区域(如 CpG 岛)的 DNA 甲基化谱,而 BS-Seq 则适合用于测定全基因组范围单碱基水平的 DNA 甲基化组谱,特别地,BS-Seq 技术在测定基因组非 CpG 背景的胞嘧啶甲基化方面具有重要的作用。随着第三代测序技术的不断发展,基于单碱基精度的测序技术也许在测定高精度的 DNA 甲基化方面会带来新的变革。

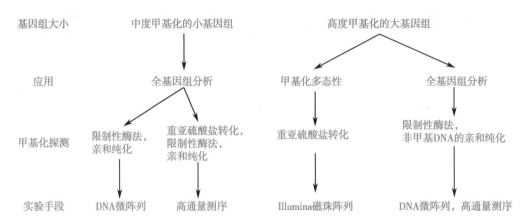

图 10-9　基因组尺度的 DNA 甲基化测定技术选择策略

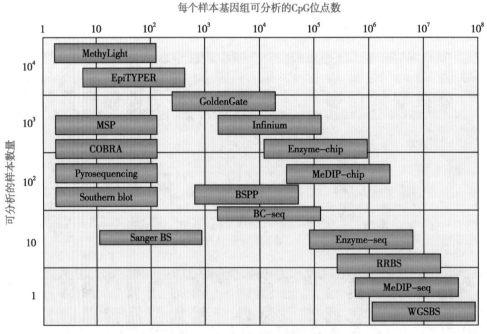

图 10-10　各种甲基化测定技术可测定的样本量及 CpG 位点数量

注:图片来源——Laird,PW(2010)Nat Rev Genet,11:191-203

Notes

四、异常 DNA 甲基化特征识别

异常的 DNA 甲基化往往是疾病发生的重要原因之一。DNA 甲基化在控制基因活性方面起到重要作用。在人类正常基因组中，3%～6% 的胞嘧啶是被甲基化的。CpG 二核苷酸在基因组中的分布不是随机的，CpG 岛一般和已知基因的 5′ 非编码区，启动子和第一外显子重叠。CpG 岛在正常细胞中通常是非甲基化的，使得包含它的基因在转录激活元件的辅助下得以转录。在癌症细胞中，通过 CpG 岛的异常高甲基化即超甲基化（hypermethylation），肿瘤抑制基因的转录受到抑制，这通常是癌症发生的前奏（图 10-11）。

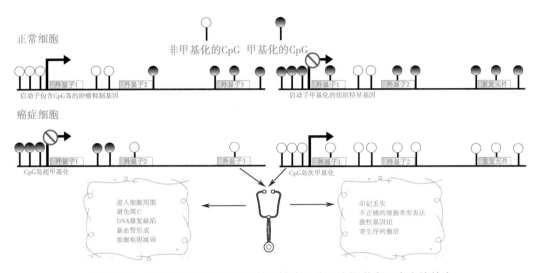

图 10-11　肿瘤中改变的 DNA 甲基化模式及分子生物学水平产生的效应

（一）癌症基因组整体低甲基化

重复元件所在基因组区域在正常基因组中是甲基化的，这会保证基因组的稳定性，防止转座和基因断裂的发生。在癌症基因组中会发生全局性的基因组去甲基化，这一现象被称为超低甲基化（hypomethylation）。超低甲基化可以进一步导致癌症基因组的遗传性变异，这通常是肿瘤发生的特征。在 CpG 岛发生超甲基化的同时，癌症基因组经历了全局性的超低甲基化。相比正常基因组，大约 20%～60% 的 5- 甲基 - 胞嘧啶的甲基基团脱落。癌症发展过程中经常伴随基因转录区域的整体性甲基化缺失以及重复元件 DNA 全局去甲基化。

（二）癌基因的印记丢失

DNA 甲基化还为生殖细胞特异基因和组织特异基因的表达提供表观遗传控制。基因组印记需要父本和母本等位中的一份发生超甲基化而建立单等位表达的模式。类似地，在正常情况下女性基因组中的一条 X 染色体发生异染色质化。同时，在基因组中还有一部分基因的启动子区域维持父母本特异的 DNA 甲基化模式。最新的研究表明在癌症基因组中某些印记基因的等位特异甲基化模式发生了异常，例如 Wei 等人的研究发现 97 个印记基因在肝癌中发生了异常的甲基化模式。在 DNA 甲基化的调控作用中，印记丢失（loss of imprinting）是许多癌症基因活化的一种机制。对癌症中异常的印记状态的研究将有助于解析 DNA 甲基化通过调控印记基因介导癌症发生发展的分子机制。

（三）基因超甲基化是癌症的标志

表观基因组方法对促进癌症生物学理解的一个重要方面就是获得全面的基因异常甲基化信息。目前，从人类众多肿瘤中取得了众多的癌症超甲基化基因。超甲基化被认为是所有人类癌症的一般标志，它几乎影响所有细胞通路。在过去几年内，癌症生物学中重要的一些基因，

Notes

例如 DNA 修复基因 *MLH1* 以及 *BRCA1* 都被发现在癌症中经历了甲基化相关的沉默。许多癌症超甲基化基因本身就是肿瘤抑制基因，癌症细胞系的 CpG 岛超甲基化抑制了抗增殖基因的转录。使用表观基因组技术有助于鉴别出癌症异常甲基化基因，使用生物信息学技术可以进一步分析受累的通路。在不同的肿瘤类型中，CpG 岛超甲基化基因通常是不同的。每一种肿瘤亚型可能被一些超甲基化基因或表观遗传学标记所区分，这通常是癌症诊断十分重要的标志。因此，癌症特异的超甲基化基因的识别与鉴定对于癌症的诊断、治疗具有重要的意义，有利于深入理解遗传学和表观遗传学异常对癌症的协同作用。MeInfoText 和 PubMeth 数据库汇总了癌症特异的异常甲基化信息。目前尚不清楚为什么一些基因在特定癌症中发生超甲基化，而另一些不表达的基因却保持非甲基化状态。

第三节　组蛋白修饰的表观基因组
Section 3　Epigenome of Histone Modifications

一、组蛋白密码是重要表观遗传标记之一

（一）核小体与组蛋白修饰

1. 核小体与组蛋白　组成染色质的基本单位是核小体（nucleosome）。每个核小体均由 5 种组蛋白共同构成。组蛋白是指所有真核生物的细胞核中，与 DNA 结合的碱性蛋白质的总称。在这些碱性蛋白质中，含精氨酸和赖氨酸等碱性氨基酸特别多，加起来为氨基酸残基总数的 1/4 左右。组蛋白与带负电荷的双螺旋 DNA 结合成复合物。组蛋白通常包括 H1，H2A，H2B，H3，H4 等 5 种。除 H1 外，其他 4 种组蛋白均分别以二聚体（共八聚体）的形式相结合，共同组成核小体的核心。DNA 完全缠绕在核小体的核心上。而 H1 则与核小体间的 DNA 结合。核小体间的 DNA 也叫连接部 DNA（linker DNA）。DNA 缠绕在组蛋白核心上。组蛋白缠绕 DNA 的松紧程度对基因表达乃至 DNA 损伤修复和 DNA 复制重组都有精确而动态的调节作用。鸟类、两栖类等含有细胞核的红细胞中，含有一种叫 H5 的特殊组蛋白。组蛋白可受到甲基化、乙酰化、磷酸化、聚 ADP 核糖酰化，以及泛素化等几种类型的修饰。组蛋白修饰扮演着十分重要的表观遗传调控作用。

2. 组蛋白修饰与转录　关于组蛋白修饰在转录中的作用，已经有许多模型如电中性模型、组蛋白密码以及信号通路模型被提出来。在电中性模型中，组蛋白乙酰化和磷酸化带的负电荷可以中和 DNA 的正电荷，使染色质纤维松弛。组蛋白密码的研究表明多种组蛋白修饰可以协同地调节下游功能，能够便利酶和染色质结合并发挥功能，而不同的组蛋白修饰可以使生物学信号的转导更加鲁棒和特异。不同的组蛋白修饰类型的作用不尽相同。组蛋白乙酰化主要促使基因表达和 DNA 复制，使组蛋白乙酰化定位的基因得到动态的调控；组蛋白去乙酰化则使基因沉默；组蛋白的磷酸化可以改变组蛋白的电荷，对基因转录、DNA 修复和染色质凝聚等过程起调控作用；组蛋白的泛素化在细胞有丝分裂前后发生显著变化，被认为是信号传导的关键；类型较多的组蛋白的甲基化则扮演着不同的角色，如 H3K4me3 是活性基因的标记，而 H3K27me3 则是抑制基因表达的表观遗传标记。

3. 组蛋白修饰的命名法　一个组蛋白修饰的精确表示由三部分组成：组蛋白名称＋组蛋白尾巴上的位点＋修饰类型和个数。例如基因转录起始位点富集普遍存在 H3K4me3 修饰，它发生在组蛋白 H3 上，具体的位置为第四个位置即赖氨酸（lysine，K），该位置存在三个甲基基团。又如 H3K9ac，代表组蛋白 H3 上第九个位置即赖氨酸上发生的乙酰化修饰。当忽略组蛋白修饰的一部分时，例如 H3ac，则表示组蛋白 H3 上的乙酰化修饰，并没有指定位点信息；再如 H3K9me，则表示组蛋白 H3 上的第九位置上的甲基化修饰，但并没有指定甲基集团的数目，则泛指组蛋

Notes

白甲基化修饰,这些模糊记法已被广泛地使用。目前,利用高通量实验技术广泛测量的组蛋白修饰类型如表10-3所示。

表 10-3 高通量实验测定的组蛋白修饰类型

组蛋白类型	组蛋白修饰
H2A	H2AK5ac,H2AK9ac,H2AZ
H2B	H2BK120ac,H2BK12ac,H2BK20ac,H2BK5ac,H2BK5me1,UbH2B[*]
H3	H3K14ac,H3K18ac,H3K23ac,H3K27ac,H3K27me1,H3K27me2,H3K27me3,H3K36ac,H3K36me1,H3K36me3,H3K4ac,H3K4me1,H3K4me2,H3K4me3,H3K79me1,H3K79me2,H3K79me3,H3K9ac,H3K9me1,H3K9me2,H3K9me3,H3R2me1,H3R2me2,H3ac[*]
H4	H4K12ac,H4K16ac,H4K20me1,H4K20me3,H4K5ac,H4K8ac,H4K91ac,H4Kac,H4R3me2,H4ac[*]

[*] 没有使用特异的抗体

(二)激活性和抑制性的组蛋白修饰

根据对基因起到激活还是抑制作用,组蛋白修饰可以大致分为两类:激活性的组蛋白修饰和抑制性的组蛋白修饰。激活性的组蛋白修饰中最常见的就是H3K4me。H3K4me包括三种甲基化状态,且都是激活性的修饰。H3K4me的三种修饰在基因组的分布差别较大,H3K4me3的修饰主要在基因5′端的转录起始位点上下游附近。H3K4me2和H3K4me1分别分布在H3K4me3的上下游外沿,强度比H3K4me3稍弱,沿着转录起始位点成对称状分布,且下游的强度较上游更强。除了定位活性基因外,H3K4me1还被发现定位基因的增强子。抑制性的组蛋白修饰中最常见的是H3K27me。H3K27me包括三种甲基化状态,但三种状态的组蛋白修饰都是抑制性的修饰。H3K27me的分布强度较H3K4me要平坦许多,在活性基因中分布较少。H3K9me的三种修饰和H3K27me具有类似的分布模式,对基因的调控功能也较为类似。

(三)组蛋白密码

1. 动态而又稳定的组蛋白密码 组蛋白的氨基酸残基可以接受许多种化学修饰,包括甲基化和乙酰化等修饰。质谱分析检测到组蛋白H2A有13个可以接受修饰的位点,H2B,H3和H4则分别有12个,21个和14个可以接受修饰的位点。每个氨基酸残基位点可以发生至少一种化学修饰。例如,一些赖氨酸残基可以发生甲基化和乙酰化修饰,对于甲基化而言,最多可以同时接受三个甲基基团的修饰。组蛋白修饰可能受到细胞的生理状态的改变和外界信号的刺激而发生瞬时的变化。在细胞周期的循环中,组蛋白修饰能够稳定地进行遗传。一个对人类肝脏组织的细胞周期过程中的组蛋白修饰模式的研究发现,*HNF-1*,*HNF-4*和*albumin*基因启动子上的H3K4me2/me3,H3K79me2,H3和H4乙酰化保持稳定。此外,在有丝分裂过程中这些活性组蛋白修饰并没有促使转录的发生,但染色质状态在细胞间得以稳定地保持。这说明组蛋白修饰在细胞分裂过程中的细胞间传递以表观遗传的方式进行。

2. 细胞分化过程中的组蛋白密码 组蛋白修饰的调控在许多生理过程中起到重要作用,其中包括细胞分化。研究发现组蛋白乙酰化对维持细胞的多能状态十分重要。使用组蛋白去乙酰酶抑制剂有助于维持干细胞的多能性(pluripotency)。相反,用去乙酰酶抑制剂刺激人类成熟细胞或癌症细胞会诱导分化的进行。因此,表观遗传调控对于细胞成熟至关重要。到底是什么类型的组蛋白修饰或组蛋白修饰组合控制分化呢?如前所述,组蛋白乙酰化有助于保持细胞的多能性。此外如图10-12所示,H3K9me3和H4K20me3也有类似的作用。H4K20甲基化和转录沉默有关,它可以控制DNA修复过程。然而,H4K20甲基化被认为在细胞分化过程中高度变化。小鼠胚胎干细胞向多能神经前体细胞的分化过程中,H4K20me1水平较高,而H4K20me3较低。随着分化的逐步进行,H4K20me3的水平开始增加。在小鼠干细胞中,许多具有分化调

Notes

控作用的基因都有二价结构域(bivalent domains),包括具有转录抑制作用的 H3K27me3 和转录激活作用的 H3K4me3,拥有这样结构域的基因不会表达,看上去这是 H3K27me3 在发挥作用;在细胞分化过程中,二价结构域消失而只保留 H3K27me3 和 H3K4me3 中的一种修饰。在胚胎干细胞状态,基因都有 H3K4me3 标记,不管基因转录与否。这样看起来,H3K4me3 是一个活性染色质修饰,但并不一定引起转录。拥有二价结构域的基因尽管受到 H3K27me3 的抑制不会转录,但 H3K4me3 和 H3K27me3 的平衡状态一旦被打破,基因就有可能倾向表达。

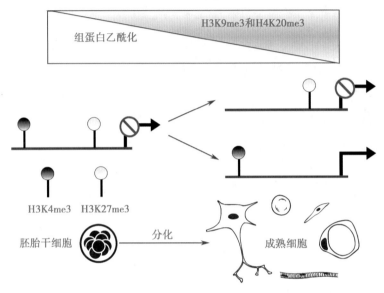

图 10-12 细胞分化过程中的组蛋白修饰变化

二、组蛋白修饰的高通量测定及分析技术

(一)测定组蛋白修饰的高通量技术

从开始研究组蛋白修饰到现在,已经过去了几十年。但最近的几年却是发现组蛋白共价修饰的功能信息最多的几年,这得益于测定组蛋白修饰的高通量技术的不断成熟。这些高通量的实验技术提供了全面的表观遗传修饰图谱。基因组范围的数据的不断增多并结合计算表观遗传学的分析技术会增进对组蛋白修饰的理解。

1. ChIP-chip 在基因组范围上,检测组蛋白修饰的最流行技术就是染色质免疫共沉淀(chromatin immunoprecipitation,ChIP)与微阵列的结合即 ChIP-chip。简要地说来,染色质片段被特异性的抗体(例如针对 H3K4me3 的抗体)所沉淀,接着分离得到的片段,并进行扩增和荧光标记,最后使用 DNA 微阵列进行杂交检测。目前,该技术已被应用于啤酒酵母及哺乳动物等众多物种的组蛋白修饰测定中。

2. ChIP-SAGE 另外,针对 ChIP-chip 进行改进的技术正在日趋流行,其中之一是 ChIP 结合 SAGE(serial analysis of gene expression)的 ChIP-SAGE。也就是需要先进行 ChIP 实验,再进行 SAGE。从 SAGE 得到的测序文库中可以取得 21bp 的短序列标签,通过标签可以映射到基因组上。在某一基因组区域检测到的 tag 标签数据和该区域的修饰强度是成正相关关系。因为该改进技术没有探针杂交过程,该技术被认为比 ChIP-chip 更加定量化。

3. ChIP-Seq 近来快速兴起的一项新技术 ChIP-Seq 可以以高通量并行的方式分析 ChIP DNA。简单地说,ChIP 得到的 DNA 片段的两头被加上 adaptor,并且进行有限次的扩增产生大量的 DNA。接下来,使加上 adapter 的序列在种有可与之共价互补结合的固相载体上杂交。通过桑格测序法确定结合到载体上的 DNA 片段的末端的 25～50bp 的碱基。因为 ChIP-Seq 不需

Notes

要太多的 PCR 扩增循环,所以无需考虑探针杂交的效率问题,这使得 ChIP-Seq 标签是可以直接比较的,而 ChIP-chip 通常不能这么做。目前 ChIP-Seq 是测定全基因组范围组蛋白修饰的最常用的技术。三种技术的比较见表 10-4:

表 10-4　ChIP-chip,ChIP-SAGE 和 ChIP-Seq 的比较

检测技术	ChIP-chip	ChIP-SAGE	ChIP-Seq
定量性	受杂交效率影响	定量	定量
分辨率的影响因素	染色质长度及探针密度	酶切效率	染色质长度,测序深度
全基因组范围实验花销	多	多	少
实验对于测定区域的局限性	局限于预设的基因组区域	受酶切位点的限制	可覆盖大部分基因组区域

(二)分析基因组范围的组蛋白修饰数据

在进行全基因组范围的组蛋白修饰的 ChIP 实验后需要关注的一个问题就是如何从大规模的数据中抽取出有意义的生物学解释。通常,这些技术首要关注的是找出对应于特定基因组区域的信号尖峰以及确定它的统计学水平。

1. 高通量组蛋白修饰分析工具　分析瓦式微阵列实验数据的分析工具中最有用的是 TileMap (http://biogibbs.stanford.edu/~jihk/TileMap/Index.htm)和基于模型的瓦式芯片分析算法(model-based analysis of tiling-array algorithm,MAT,http://chip.dfci.harvard.edu/~wli/MAT)。这两个软件优于其他工具的地方在于它们支持多个样品的比较以及同一样品的重复测量的比较。序列标签分析和汇报工具(sequence tag analysis and reporting tool,START)是一个可以分析许多物种基因组的 ChIP-SAGE 产生的数据的工具。START 以 SAGE 文库的序列作为程序输入,运行后报告标签附近的基因,miRNAs 和预测的转录因子结合位点的信息。

ChIP-Seq 数据的分析工具目前最实用是 CisGenome(http://biogibbs.stanford.edu/~jihk/CisGenome/index.htm)。CisGenome 还支持 ChIP-chip 数据的分析。作为一个全面的整合分析平台,CisGenome 支持峰值探测以及下游的基因注释、从头 motif 发现、保守性分析以及基因组尺度的可视化。由于 Solexa 系统进行的 ChIP-Seq 实验测出的标签长度通常不超过 32bp,将这样的短片段对应到参考基因组上并且控制错配的碱基数小于 2 是比较困难的。ELAND (efficient large-scale alignment of nucleotide databases)程序可以对这样的数据进行处理,输出的标签对应到基因组上的精确位置。CisGenome 支持 ELAND 程序的输出文件的分析。除了 ELAND 格式,对于一种更为精练的 BED 格式,CisGenome 同样支持。一旦得到一组精确的组蛋白修饰定位信息后,如何进行有效的显示也是较为困难的。目前,UCSC,CisGenome,整合基因组浏览器(Integrated Genome Browser,IGB)均可以进行 ChIP-Seq 数据的可视化。这类可视化工具有助于从基因组角度解释表观遗传学修饰。

2. 组蛋白修饰峰值探测　与其他基于 ChIP 的高通量技术一致的是,从 ChIP-Seq 标签数据鉴别出可靠的组蛋白修饰谱,等价于从一段基因组区域内寻找统计学显著的组蛋白修饰标签的峰。一个最直接的想法是,对于一段长度一定的基因组区域来说,需要包含 R 个序列标签才可以从统计学水平支持这段区域被组蛋白修饰所定位。要固定这个数值,需要同时考虑几个参数的影响,即有效的基因组长度 gsize、期望的标签数 λ(为总标签数和与 gsize 的比值)、超声波降解得到的片段长度 bandwidth、倍数富集 mfold 和标签偏移 d。通过构造泊松模型$(1 - \sum_{n=0}^{R-1} e^{-\lambda} \lambda^n / n!)$,可以在一定统计学水平下(如 $p = 0.01$)进行标签数估计,使得这个数值保证错误呼报(即窗口本不包含组蛋白修饰却被认为包含组蛋白修饰)的概率低于这个统计学水平。如果同时伴随 ChIP-Seq 实验数据还有实验控制数据的话,可以考虑使用实验控制数据对显著的标签数进行估计。

Notes

即使没有实验控制数据，前述的两种分析程序也可以通过前面描述的统计模型构造背景模型。在众多的峰值探测软件中，MACS（Model-based Analysis of ChIP-Seq, http://liulab.dfci.Harvar d.edu/MACS/）是目前应用最为广泛的。下面以 MACS 软件为例，解释影响 ChIP-Seq 峰值探测的一些因素（图 10-13）：

①有效的基因组长度 gsize：由于人类基因组有些区域无法使用较短的序列进行唯一匹配，因此有效的基因组长度要小于期望值 3.2Gb。MACS 默认 gsize 为 2.7Gb。该值影响到基因组水平的 λ 计算，即 λ_{BG}。

②标签偏移 d：由于 ChIP-Seq 的标签是对应于染色质片段的末端，标签对应到参考基因组的位置距离真正的组蛋白修饰的中心还有一定的偏差，所以需要对染色质标签进行位置调整以精确地反映组蛋白修饰的中心，通常的做法是将标签按给定测序方向的反方向移动 75bp，即差不多半个核小体 DNA 的长度。MACS 会随机挑选 1000 个高质量的峰，将沃森链和克里克链分开，分别计算两类链的标签的中点位置。如果沃森链在克里克链的左边，那么就将两类链向中心移动，形成混合的标签分布。如果沃森链和克里克链的标签分布的中心距离为 d 的话，那么两类链各自移动的距离为 d/2。

③倍数富集 mfold：给定一个 bandwidth 长度和 mfold 值，MACS 在基因组范围内生成 2× bandwidth 大小的众多窗口，以发现相对于背景分布的多于 mfold 倍数的富集标签的区域。MACS 默认设置 mfold 为 32。

MACS 进行峰值探测与其他算法相比有一些不同之处。首先是去除冗余标签。有的时候，相同的标签可能被重复地测序，这样的标签可能来自于 ChIP DNA 扩增和测序文库准备中所带来的偏差，这可能对最终的探测结果产生噪声。因此，MACS 去除了重复的标签。

目前，大多数的 ChIP-Seq 峰值探测算法均使用泊松分布进行建模。这个模型的优势在于只有一个参数：λ_{BG}，它既代表均值也代表方差。在 MACS 移动每个标签 d/2 的距离后，就滑动 2× bandwidth 的长度寻找显著标签富集的可能的峰（泊松分布默认 p 值为 10^{-5}）。交叠的峰值应当合并。最终的 tag 标签叠加后最高处即最可能为抗体的结合区域。

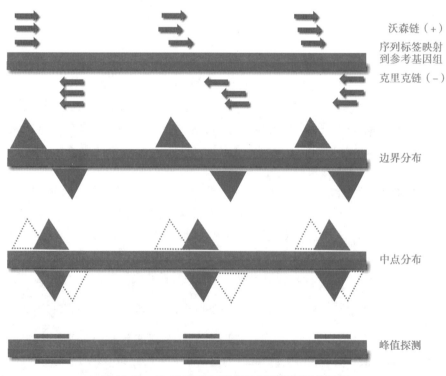

沃森链（+）

序列标签映射到参考基因组

克里克链（−）

边界分布

中点分布

峰值探测

图 10-13　从 ChIP-Seq 数据进行峰值探测的原理

Notes

在控制样本中，经常观测到标签分布具有摆动和偏差的特点，这可能是局部染色质结构、DNA 扩增和序列偏好合力造成的结果。因此，使用 λ_{BG} 作为唯一的 λ 值是不合理的。MACS 因而使用一种动态的参数 λ_{local} 来估计局部的 λ。λ_{local} 被定义为 $\max(\lambda_{BG}, [\lambda_{1k}], \lambda_{5k}, \lambda_{10k})$。其中，$\lambda_{1k}, \lambda_{5k}, \lambda_{10k}$ 分别是从控制样本中的峰值位置为中心的 1kb，5kb 和 10kb 窗口范围估计的 λ。当没有控制样本时，λ_{1k} 不需要计算。λ_{local} 侧重于局部偏差的刻画，对于小区域的标签数目较少的情况亦有效。MACS 使用 λ_{local} 计算每个候选峰的 p 值，并去除由于局部偏差导致的潜在的错误的峰（即在 λ_{BG} 情况下满足，而使用 λ_{local} 则不满足）。p 值小于预设值（默认是 10^{-5}）的候选峰则被认为是真实的峰，真实数据的标签数与 λ_{local} 的比值则为倍数富集值，在结果文件中随峰一起展示。

对于一个有对照的 ChIP-Seq 实验来说，MACS 可以为每个探测的峰估计错误发现率——FDR 的经验值。在每个经验 p 值下，MACS 使用相同的参数来发现相对于控制样本的 ChIP 峰和相对于 ChIP 峰的控制峰（交换）。经验 FDR 被定义为控制峰的数目与 ChIP 峰的数目的比值。MACS 也可以被应用于两个条件下的差异结合位点的情形，即将一个样本当做对照。因为任何一个样本均有生物学意义，所以不能通过使用交换计算 FDR。取而代之，需要选择一个真正的对照来评估每个样本的质量。

三、组蛋白修饰与其他表观遗传修饰的协同调控

（一）DNA 甲基化和组蛋白修饰的相互作用

1. DNA 甲基化对组蛋白修饰的影响　　DNA 甲基化对细胞分裂过程前后的组蛋白修饰模式的维持具有重要作用。在转录过程中，复制叉（replication fork）附近的染色质结构完全被破坏，因此在复制叉经过后，应该有一定的机制可以保持染色质状态得到很好的复原。DNA 甲基化模式应该是细胞分裂后重建染色质状态的主要标记。包含甲基化的 CpG 的区域在转录后重新组装为紧密的染色质结构，而非甲基化的区域倾向于重新形成开放的染色质构象。使用 ChIP 技术发现，非甲基化的 DNA 倾向于和包含乙酰化修饰的组蛋白共处，而这种组蛋白正是开放染色质的标志；然而甲基化基团的出现和包含非乙酰化的组蛋白 H3 和 H4 的组装相关，这会导致紧密的染色质结构。DNA 甲基化和组蛋白修饰之间的关系可以部分受甲基化胞嘧啶结合蛋白例如 MECP2 或 MBD2 的调节。有证据表明 DNA 甲基化会抑制 H3K4 的甲基化。因此，发育过程中形成的 DNA 甲基化模式可能作为模板以维持许多代细胞分化的转录抑制模式。

2. 组蛋白修饰对 DNA 甲基化的影响　　研究表明在发育早期的 DNA 甲基化基础状态的建立可能受到组蛋白修饰的调节。根据这个模型，H3K4 甲基化的模式可能在 DNA 从头甲基化之前形成。H3K4 甲基化受 RNA 聚合酶Ⅱ的指导，因为 RNA 聚合酶Ⅱ募集特定的 H3K4 甲基转移酶。因为在早期胚胎基因组中，RNA 聚合酶Ⅱ大多结合在 CpG 岛，所以只有这些区域被 H3K4 甲基化标记，而其他基因组区域就不能被 H3K4 甲基化所标记。从头 DNA 甲基化是 DNA 甲基转移酶 DNMT3a 和 DNMT3b 所行使的功能。由于 H3K4me 的干扰，胚胎中的从头甲基化只在基因组中的 CpG 位点发生，但是可能在 CpG 岛受到阻止。

（二）通过贝叶斯网络重构表观遗传修饰协同调控基因表达网络

DNA 甲基化和组蛋白修饰之间存在相互作用，且二者对基因表达都有直接的影响。贝叶斯网络是一种概率图形化的网络。目前，贝叶斯网络对于解决复杂多因素的关联研究已有广泛应用。首先计算全基因组范围基因的组蛋白修饰和 DNA 甲基化的含量，然后，借助贝叶斯网络软件就可以进行表观遗传学网络的重构。在图 10-14 中，DNA 甲基化和 H3K4me3 之间存在密切的关系，而 H3K4me3 受到 PolⅡ间接的影响。此外，基因表达只受到 PolⅡ的直接影响。该网络中的大部分属性的关系可以得到生物学证据的支持，另一部分新发现的关系为进一步的组蛋白代码的研究提供了很好的线索。

Notes

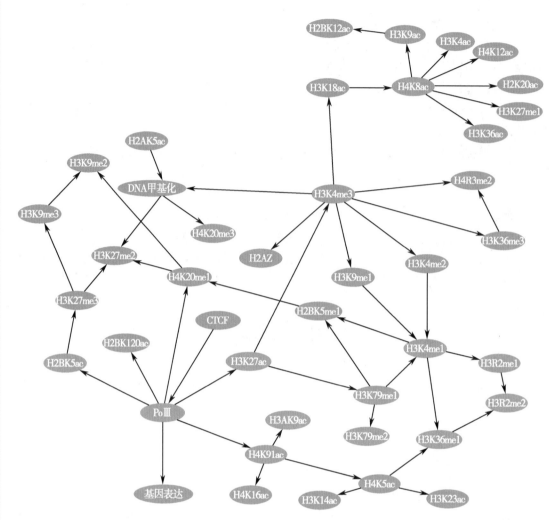

图 10-14   组蛋白修饰、DNA 甲基化和基因表达的贝叶斯网络

四、组蛋白修饰异常与人类疾病

尽管早在 20 世纪 80 年代中期就发现组蛋白修饰和染色质之间的联系，然而人们在最近的研究中才发现组蛋白修饰和癌症的关系，这比发现甲基化和癌症的关系要晚得多。许多研究表明 DNA 甲基转移酶以及其他辅助 DNA 甲基酶的效应蛋白都和组蛋白修饰酶有关联。因此，DNA 甲基化、组蛋白修饰模式和人类癌症有密切的关系。

（一）异常组蛋白修饰模式与癌症

许多组蛋白乙酰转移酶（histone acetyltransferase，HAT）基因在癌症中发生了改变，从而导致肿瘤抑制基因的 H3 乙酰化丢失。负责维持平衡的组蛋白修饰状态如 H3K4，H3K27 和 H3K79 的甲基化的蛋白的转座或过表达都会诱使癌症的发生。最近的研究证据表明了组蛋白修饰和癌症发生的关系，一个特异识别 H3K4 和 H3K9 的单甲基化和双甲基化形式的组蛋白去甲基转移酶 LSD1 的过表达和前列腺癌的发展有关。一个靶向 H3K4me3 的组蛋白去甲基转移酶 PLU-1 的上调和乳腺癌及睾丸癌相关。在，食管癌中，一个编码 JMJD2C 结构域而特异识别 H3K9me 的组蛋白去甲基转移酶被频繁检测到。这些结果都无疑地证明了由酶介导的组蛋白修饰模式的异常与癌症的发生发展有着密切的联系，对这一关系的深入理解将有助于对癌症发生发展机制的解析。

Notes

（二）组蛋白修饰与其他疾病

组蛋白修饰除了与癌症密切相关外，与其他疾病包括神经退行性疾病、脑血管病、脱髓鞘性疾病和癫痫均有密切关系。在这些疾病中，均发现了组蛋白乙酰转移酶的升高，从而激活相关基因的乙酰化程度，促使机体保护机制相关的基因的表达。如果组蛋白乙酰转移酶发生突变或被组蛋白乙酰转移酶抑制剂抑制的话，将会导致疾病的发生。MeCP2 可募集组蛋白去乙酰酶到甲基化的 DNA 区域而使组蛋白去乙酰化进而使染色质紧缩，以及有证据表明 MeCP2 的异常可引起 Rett 综合征。

（三）食品营养与组蛋白修饰

尽管人们已经发现癌症等复杂疾病中存在异常的组蛋白修饰，然而对这一异常现象的发生机制仍知之甚少。近期人们普遍认为饮食习惯对于组蛋白修饰等表观遗传修饰具有重要的影响，也可能是影响肿瘤的易患性的重要原因。例如组蛋白甲基化由组蛋白甲基化酶所催化，组蛋白甲基化酶活性主要受到 S- 腺苷甲硫氨酸（S-adenosyl methionine，SAM）的正性调节和其代谢产物 S2 腺苷同型半胱氨酸（S2-adenosyl homocysteine，SAH）的负性调节。如果饮食中缺乏蛋氨酸和叶酸，则可引起 SAM 和 SAH 总量的降低，甲基化的能力降低。维生素 B_{12}、叶酸、胆碱和维生素 B6 可促进半胱氨酸的甲基化促使 SAM 和 SAH 的降解，增强组蛋白甲基化酶的活性进而抑制肿瘤的发生。这类研究有望成为今后表观遗传学新的研究方向。

第四节　基因组印记
Section 4　Genomic Imprinting

一、基因组印记是表观遗传现象

哺乳动物中印记基因在发育和疾病发生中作用使得基因组印记（genomic imprinting）成为后基因组学时代具有重要意义的生物学问题之一。基因印记一直以来都是一个谜，部分是由于它们并不遵循传统的孟德尔遗传学规律。

基因组印记是在母本和父本之间产生功能性区别并在哺乳动物发育与生长中起重要作用的一种表观遗传学机制。在人类的基因组中有大量的基因易受基因组印记，主要表现为当亲本一方的基因被表达时另一方则被沉默。一个等位基因的沉默预先决定了所有与该基因有关的功能都只依赖于另一个活跃的等位基因。在传统的遗传学中，子女会继承一个基因的两份拷贝，一份来自于父本，一份来自于母本，这两份拷贝的活性形式会影响子女的发育。但是印记基因则呈现了特殊的表达模式——即这两个拷贝中一个会被来母本或父本的分子调控机制所关闭，子女只会继承基因的一份拷贝的信息，从而承受更大的突变压力：如果一个功能拷贝受到损伤或遗失，那么就没有顶替的后备基因发挥作用。只拥有一个活跃等位的基因更可能影响发育和导致人类疾病。印记基因对哺乳动物的发育非常重要，这类基因的突变会引起疾病。若维持印记机制的表观遗传标记发生异常也可能引起癌症等复杂疾病。

基因组印记是一种单等位基因表达的表观遗传现象。很多假设用于解释基因组印记在哺乳动物中的进化，但很少能解释其是如何产生的。宿主防御假说认为印记产生于细胞内现存的机制对插入到基因组中的外源 DNA 元件的沉默作用。最近的研究则发现 DNA 甲基化等表观遗传修饰在介导基因组印记方面具有重要的作用。研究表明印记基因在基因组中通常是成簇出现，这些印记基因簇所对应的染色体区域被称作印记区（imprinted region），在印记区中往往存在印记控制区（imprinting control region，ICR），印记控制区内 CpG 岛的等位特异甲基化往往与相关基因的等位特异表达相关。这些结果表明基因组印记可能是一种单等位基因表达的表观遗传现象。

Notes

虽然人们目前已经初步认识了发生及维持及进行印记的可能的分子机理，但还远未清楚这些单独起作用的印记基因的表达调控、功能及进化的分子机制。基于实验确定印记基因是具有挑战性的，因为一个特定印记基因的单等位表达可能只发生在特定的组织，或仅在特定的发育阶段。事实上，实验鉴定印记基因的速度非常缓慢，通过预测发现潜在的印记基因被认为是扩充基因列表的一个有效方法。根据最新发表的印记基因数据库 MetaImprint（http://bioinfo. hrbmu.edu.cn/MetaImprint）提供的信息，自 1991 年在小鼠中识别第一个印记基因 *Igf2* 以来，逐年增加的印记相关的研究工作在哺乳动物中识别到了大概 500 个左右的印记基因，在人类基因组中识别到的印记基因有 317 个，其中被实验验证具有印记表达的基因有 65 个。尽管近几年新印记基因的发现有所缓慢，但有研究人员预计印记基因占人类所有基因的 1%，因此尚有一些新的印记基因有待发现。因此，利用机器学习技术识别印记基因仍是一种可行的方法，这将帮助研究人员揭示印记基因如何对人类健康起作用以及开展印记相关疾病的治疗（图 10-15）。

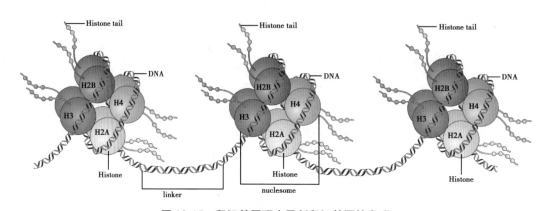

图 10-15　印记基因研究及新印记基因的发现

二、基于生物信息学方法识别新印记基因

目前实验检测印记基因的主要方法是分析 DNA 甲基化和基因的差异表达。实验检测只是关注染色体的一小段区域。自从单等位和双等位基因不同的重复序列和 DNA 序列特性的被广泛关注，人们开始基于序列特征高通量地预测哺乳动物基因组的印记基因。目前预测印记基因的方法主要是用机器学习算法基于基因的序列特征预测全基因组印记基因。通过使用各种基因组特征和复杂的策略预测印记基因，对印记基因的发现有潜在价值。

1. 基于多元统计的方法　通过分析人类印记基因的 DNA 序列特征，发现序列组成对印记基因的识别有一定作用。在观察印记基因和非印记基因的编码区 DNA 水平的变量，通过适当的多元方法〔主成分分析（PCA）和二次判别分析（QDA）〕分析定量的基因组数据，得到对筛选印记基因有用的基因组属性。主成分分析（PCA）是一种多元统计方法。PCA 的主要思想是降低（代表大量相关变量）数据集的维度，同时保留尽可能多的数据集中的变量。二次判别分析（QDA）主要用于预测序列特征集中的成员。预测变量与二次判别相结合可以最好地预测组成员，使每一个基因基于它的序列特征可区分为印记基因和非印记基因。

通常使用的基因组特征分别是 [bp]%CpG 岛，[bp]% 串联重复序列，[bp]% 简单重复序列，它们能够区分人类印记基因的编码区，可以用于印记基因的预测。预测的流程图如图 10-16（左）所示。

应用这种序列分析方法，扫描人类全基因组基因，可以确定那些序列组成和印记基因相似的基因，对初步识别印记基因和后续的实验室工作指导具有潜在的价值。

预测模型如下：基于 n 个样本 $\{x_i, y_i\}$，$i = 1, 2, \cdots, n$（其中 x_i 为 d 维特征构成的向量，分为阳

Notes

性样本集和阴性样本集，y_i取自$\{1,-1\}$而代表类别，使用 1 标记印记基因，-1 标记非印记基因）进行模型训练，利用主成分分析得到 p 个主要的基因组参数。主要原理：$Fp = a_{1m}Z_{X_1} + a_{2m}Z_{X_2} + \cdots a_{pm}Z_{X_p}$，其中 $a_{1i}, a_{2i}, \cdots, a_{pi}(i = 1, \cdots, m)$ 为 X 的协方差矩阵 Σ 的特征值对应的特征向量，$Z_{X_1}, Z_{X_2}, \cdots, Z_{A_p}$ 是经过标准化的原始变量值，因为在实际应用中，往往存在指标的量纲不同，所以在计算前须先消除量纲的影响，而将原始数据标准化。$A = (a_{ij})_{p \times m} = (a_1, a_2, \cdots a_m)$，$Ra_i = \lambda_i a_i$，R 为相关系数矩阵，$\lambda_i$，$a_i$ 是相应的特征值和单位特征向量，$\lambda_1 \geq \lambda_2 \geq \cdots \lambda_p \geq 0$。

根据软件的功能，利用内部和外部的验证方法对分类进行评估。

QDA 模型，使用一个内部验证方法称为交叉验证。此方法使用训练集检验模型。在这里，训练集分为 N 份。其中一份保留来进行验证结果，其余的用来建立模型。这一过程反复多次，即是 N 倍交叉验证。最后，所有的部分都被用来建立和验证模型。PCA 模型则使用外部验证检验集的方法。检验集的个数必须足够大（至少为训练集大小的 25%），独立于训练集，而且检验集必须代表训练集。检验集的印记情况是已知的，用与建立模型不同的集合来评估 PCA 模型。

2. 基于支持向量机（SVM）方法　目前有一种方法通过训练一个基于 DNA 序列特征的判别模型，不但能识别潜在的印记基因，还可以预测亲本的表达模式。在 23 788 个注释的常染色体小鼠基因中，模型预测出 600（2.5%）个可能的印记基因（64% 的印记基因为母本表达）。预测结果可以提供识别假定的候选基因，和亲本起源相关的复杂疾病的基因，可能涉及的疾病如老年痴呆症、孤独症、双相障碍、糖尿病、肥胖症以及精神分裂症等。研究发现一个基因侧翼重复序列的数目类型及方向对预测一个基因是否印记很重要。基于 SVM 的预测流程如图 10-16（右）所示。

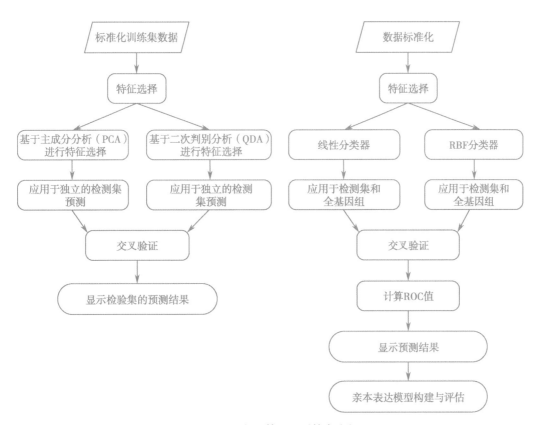

图 10-16　印记基因预测基本流程

预测模型如下：基于 n 个样本 $\{x_i, y_i\}$，$i = 1, 2, \cdots, n$（其中 x_i 为 d 维特征构成的向量，y_i 取自 $\{-1, 1\}$ 而代表类别，-1 作为印记基因，1 作为非印记基因）进行模型训练，SVM 利用下面的判别函数进行训练和检验：$f(x) = \text{sgn}\{\sum_{i=1}^{n} \alpha_i y_i K(x_i, x) + b\}$。其中，$\alpha_i$ 和 b 为待估参数，使得判别函数更好地拟合训练数据。具体的预测过程如下：

首先，收集供训练的阳性训练集印记基因共 44 个，阴性训练集非印记基因共 530 个。从 Ensembl 数据库中提取小鼠基因组注释及基因组区域包括：串联外显子的序列，串联内含子序列，基因上下游 100kb, 10kb, 5kb, 2kb 和 1kb 范围内序列，CpG 岛含量及转录因子结合位点等。接下来，用 RepeatMasker 确定重复序列的出现率。计算不同重复序列类的统计量：每个窗口的总数和窗口内的属性重叠率。为了描述特征集之间的依赖性，用 t 检验计算所有训练集的互作对的两个特征，然后按 p 值排秩。在印记基因和非印记基因模型中，训练前 4000 个配对互作，把它们加到原始特征矩阵。因为所有这些互作的 p 值均满足 Bonferroni 控制的显著性阈值。在亲本表达预测模型中，前十个配对互作被保留（$p < 0.0003$）。最后，在一系列位点内和侧翼的 DNA 序列特征中对如重复元件，转录因子结合位点和 CpG 岛等进行定量化。根据这些特征，采用基于支持向量机构建模型预测小鼠全基因组的候选印记基因和它们的亲本表达方式并通过交叉验证和独立的检验基因集评估预测模型。

三、印记基因的表观遗传异常与人类疾病

哺乳动物的基因印记抑制基因表达，印记基因的异常表达会引发伴有复杂突变和表型缺陷的多种人类疾病。研究发现许多印记基因对胚胎和胎儿出生后的生长发育有重要的调节作用，对行为和大脑的功能也有很大的影响，印记基因的异常同样可诱发癌症。如果抑癌基因有活性的等位基因失活便提高了发生癌症的几率，例如 IGF2 基因印记丢失将导致多种肿瘤，如 Wilm 瘤。和印记丢失相关的疾病还有成神经细胞瘤、急性早幼粒细胞性白血病、横纹肌肉瘤和散发的骨肉瘤等。与基因组印记相关的疾病常常是由于印记丢失导致两个等位基因同时表达，或突变导致有活性的等位基因失活所致。调控印记基因簇的印记控制区发生突变将导致一系列基因表达失调，引发复杂综合征。基因组印记的本质为 DNA 修饰和蛋白修饰，所以和印记相关的蛋白发生突变也将导致表观遗传疾病。印记基因的缺陷可以导致一些严重的遗传疾病，如 Prader-Willi 综合征（PWS）、Angelman 综合征（AS）、Beckwith-Wiedemann 综合征（BWS）、假性甲状旁腺功能减退症（pseudohypoparathyroidism）和 Russell-Silver 综合征等（表 10-5）。

表 10-5　人类疾病与引起疾病的印记基因

	疾病	相关基因
妊娠期与生长发育相关疾病	巨大舌 - 脐膨出综合征	*IGF2*（P），*LIT1*（P）*CDKN1C*（M），*H19*（M）
	生长缺陷和代谢异常	*ARH1*（P），*IGF2*（P），*PEG1*（P），*INS*（P）*ESX1L*（M），*GNAS1*（M），*H19*（M），*TSSC3*（M）
	胰岛功能亢进	
	先兆子痫	*STOX1*（M）
	假性甲状腺功能减退	*GNAS1*（M）
	Silver-Russell 综合征	*SGCE*（P）
	新生儿暂时性糖尿病	*PLAGL*（P），*LOT1*（P），*HYMAI*（P）
产后疾病	Angelman 综合征	*UBE3A*（M），*ATP10C*（M）
	Prader-Willi 综合征	*NDN*（P），*SNRPN*（P），*PWCR1*（P），*IPW*（P），*MAGEL2*（P），*MKRN3*（P）

Notes

续表

	疾病	相关基因
癌症	肾上腺皮质细胞癌	*H19*（M）
	乳腺癌	*PEG1*（P），*PLAGL1*（P）
	肝母细胞瘤	*H19*（M）
	肝癌	*IGF2*（P）
	无功能垂体腺瘤	*PLAGL1*（P）
	眼癌（有遗传性）	
	Wilms 瘤	*IGF2*（P），*NNAT*（P），*CDKN1C*（M），*H19*（M），*IGF2R*（M），*p57*（M）
其他疾病	孤独症	*ATP10C*（M）
	狂躁抑郁症	
	McCune-Albright 综合征	*GNAS1*（M）
	肌阵挛 - 肌张力障碍综合征	*SGCE*（P）
	精神分裂症	
	Williams-Beuren 综合征	

注：（M）为母本表达，（P）为父本表达

第五节 表观遗传学数据库及软件
Section 5 Databases and Softwares in Epigenetics

高通量实验技术的不断推出及改进使表观基因组水平的数据与日俱增。在各哺乳动物基因组中产生的基因组范围的表观遗传学修饰的图谱对这些数据的存储和分析提出了挑战。将生物信息学应用于基因组研究可解决这一难题。世界范围的研究者构建了专门的数据库用于存储表观遗传学实验测定的数据，并且开发了相应的算法对基因组范围内的数据进行分析。下面将分别介绍几个常用的表观遗传学数据库和分析软件。

一、表观遗传学常用数据库

表观遗传学数据库无疑促进表观遗传学的快速发展，促进相关数据的重复利用。特别是近年来高通量技术的持续进步，从原来几个基因的实验到现在上百万的 CpG 位点甲基化的测定，数据量呈指数级上升。研究者在开发新的实验技术的同时也在不断开发新的数据库，用来存储高通量实验技术测定的数据。表观遗传学数据库主要是用来存储各种表观遗传学修饰（如 DNA 甲基化、组蛋白修饰等）的数据，例如表观基因组数据库（epigenomics）、人类表观基因组图谱（human epigenome atlas）、人类组蛋白修饰数据库 HHMD 等，此外还有表观遗传修饰修饰与某些生物学现象（如癌症等）的关系数据库，如人类疾病甲基化数据库（DiseaseMeth）与小鼠发育甲基化数据库（DevMouse）等（表 10-6）。下面将简单介绍三种典型表观遗传学数据库为例介绍其使用。

1. 表观基因组数据库 表观基因组数据库 Epigenomics，网址：http://www.ncbi.nlm.nih.gov/epigenomics。表观基因组数据库的首页如图 10-17。表观基因组数据库旨在存储高通量测序技术测定的基因组范围的各种表观遗传修饰数据，包括 DNA 甲基化、组蛋白修饰以及转录因子结合位点等。涵盖人类及多个模式生物基因组，如小鼠、果蝇、线虫和拟南芥。该数据库是在 NCBI 的其他数据库（如 GEO、SRA 等）的基础上，将其中表观基因组的数据进行系统地整理存储，并与这些基础的数据库无缝连接，通过该数据库，可以获得绝大部分的表观基因组数据。

Notes

表 10-6　常用表观基因组数据库

分类	数据库名	简介	网址
综合的表观基因组数据库	表观基因组数据库（epigenomics）	多物种的表观基因组数据存储、下载及在线分析	http://www.ncbi.nlm.nih.gov/epigenomics
	人类表观基因组图谱（human epigenome atlas）	人类不同细胞组织类型的表观基因组数据及可视化浏览	http://www.genboree.org/epigenomeatlas
	DNA 元件百科全书组织（ENCODE）	人类及小鼠基因组的表观基因组注释数据集可视化浏览	http://genome.ucsc.edu/encode/
	癌症基因组图谱（TCGA）	人类多种癌症中的表观基因组图谱数据集	http://cancergenome.nih.gov/
	人类组蛋白修饰数据库（HHMD）	人类细胞组织的组蛋白修饰基因组数据及可视化浏览	http://bioinfo.hrbmu.edu.cn/hhmd
	参考甲基化组数据库（MethBase）	多物种 BS-Seq 甲基化组数据库	http://smithlabresearch.org/software/methbase/
	下一代测序甲基化数据库（NGSmethDB）	存储基于测序技术测定的单胞嘧啶精度的甲基化数据	http://bioinfo2.ugr.es/NGSmethDB/
专业的表观遗传数据库	人类疾病甲基化数据库（DiseaseMeth）	人类疾病相关的甲基化基因在线分析及可视化浏览	http://bioinfo.hrbmu.edu.cn/diseasemeth
	小鼠发育甲基化数据库（DevMouse）	小鼠不同发育阶段的甲基化谱在线分析及可视化浏览	http://devmouse.org
	脑甲基化组数据库（MethylomeDB）	人类和小鼠脑不同发育阶段年龄时期的甲基化谱数据	http://www.neuroepigenomics.org/methylomedb
	哺乳动物印记基因信息资源（MetaImprint）	哺乳动物印记信息及表观遗传修饰数据及可视化浏览	http://bioinfo.hrbmu.edu.cn/MetaImprint

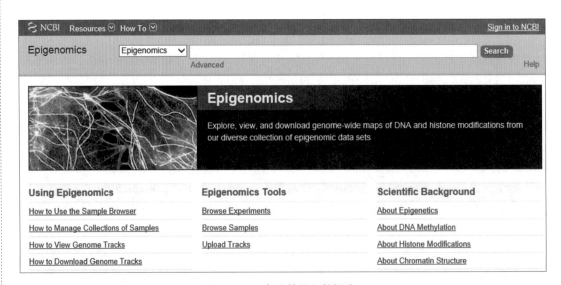

图 10-17　表观基因组数据库

Notes

　　该数据库提供功能强大的数据搜索界面，用户可以通过点击的方式设置要搜索的关键词、生物样本来源、实验特征类型、物种、细胞组织类型等（图 10-18）。

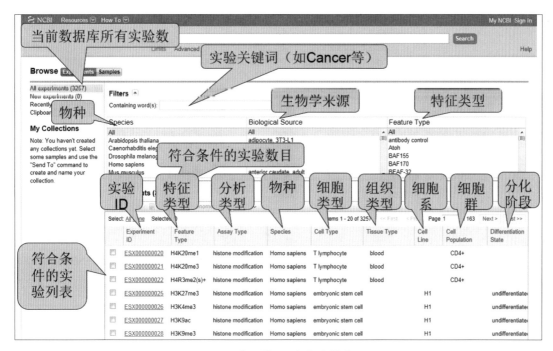

图 10-18　表观基因组数据库搜索界面

以上搜索结果如图 10-19 所示。所有满足以上搜索条件的数据会以简洁的表格形式呈现。用户可以点击感兴趣的数据了解详情。

Experiments (15)

Experiment ID	Feature Type	Assay Type	Species	Cell Type	Tissue Type	Cell Line	Cell Population	Differentiation State
ESX000003750	DNA methylation	DNA methylation	Homo sapiens	epithelial cell		LNCaP		
ESX000003749	DNA methylation	DNA methylation	Homo sapiens	epithelial cell		LNCaP		
ESX000003748	DNA methylation	DNA methylation	Homo sapiens	epithelial cell		LNCaP		
ESX000003747	DNA methylation	DNA methylation	Homo sapiens	epithelial cell		LNCaP		
ESX000003746	DNA methylation	DNA methylation	Homo sapiens	epithelial cell	prostate epithelium	PrEC		
ESX000003745	DNA methylation	DNA methylation	Homo sapiens	epithelial cell	prostate epithelium	PrEC		
ESX000003744	DNA methylation	DNA methylation	Homo sapiens	epithelial cell	prostate epithelium	PrEC		
ESX000003743	DNA methylation	DNA methylation	Homo sapiens	epithelial cell	prostate epithelium	PrEC		
ESX000003742	DNA methylation	DNA methylation	Homo sapiens	epithelial cell		LNCaP		
ESX000003061	DNA methylation	DNA methylation	Homo sapiens	epithelial cell			CD24+	
ESX000003057	DNA methylation	DNA methylation	Homo sapiens	epithelial cell			CD24+	
ESX000000666	DNA methylation	DNA methylation	Homo sapiens	blast cell	bone marrow	NB4		
ESX000000665	DNA methylation	DNA methylation	Homo sapiens	blast cell	bone marrow	NB4		
ESX000000115	DNA methylation	DNA methylation	Homo sapiens	epithelial cell	mammary gland	MDA-MB-231		
ESX000000114	DNA methylation	DNA methylation	Homo sapiens	fibroblast	dermis	CHP-SKN-1		

图 10-19　表观基因组数据库搜索结果

为了更形象地展示以上搜索得到的结果，该数据库提供了数据的可视化功能，如图 10-20 所示，用户可以查看感兴趣的基因组区域中各样本的 DNA 模式其基因组背景信息。

为了便于用户在线比较分析同一个基因在不同样本间的甲基化差异情况，该数据库开发了在线甲基化差异分析工具。如图 10-21 所示，用户可以通过该工具比较各基因在两个样本间的差异甲基化状态，有利于对疾病相关基因的识别和后续的分析。

Notes

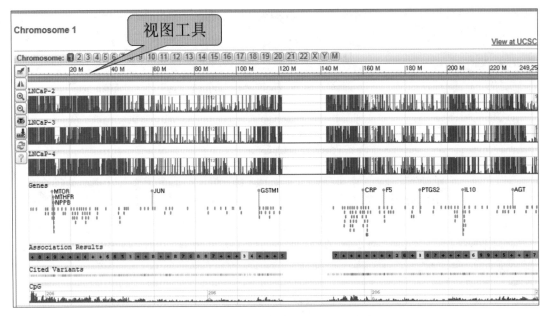

图 10-20　表观基因组数据库数据可视化

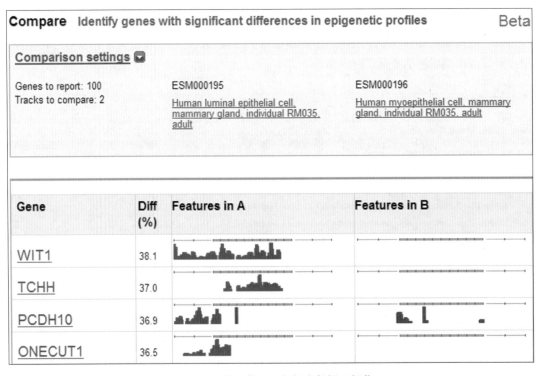

图 10-21　表观基因组数据库数据可视化

　　2. 人类表观基因组图谱　网址: http://www.genboree.org/epigenomeatlas, 如图 10-22 所示。人类表观基因组图谱是美国表观基因组路线图计划 (Epigenomics Roadmap Consortium) 开发的用于存储人类不同细胞系或组织 (目前共涵盖 23 个大类) 中的各种表观基因组数据, 这些数据包括 BS-Seq 技术测定的 DNA 甲基化谱, 基于 ChIP-Seq 测定的 30 种组蛋白修饰谱, 包括 H3K4me3、H3K27me3 等。对于这些高通量组学数据的深度挖掘将有利于对人类细胞或组织类型特异的表观遗传调控模式的解析, 对于认识哺乳动物的发育及疾病过程具有重要意义。

　　3. 人类疾病甲基化数据库　网址: http://bioinfo.hrbmu.edu.cn/diseasemeth, 如图 10-23 所示。组蛋白修饰在染色质重塑、转录调控和人类疾病中起着重要的作用, 当前基于 ChIP 技术的实验

Notes

技术测定了人类基因组高通量的修饰位置信息，人类组蛋白修饰数据库是迄今为止收录各种实验测定的人类基因组组蛋白修饰最为全面的数据库，当前版本共涵盖了 43 种人类组蛋白修饰的大通量实验数据，并提供了通过文献得到的 9 种癌症相关的组蛋白修饰 24 信息。该数据库提供了五种搜索组蛋白修饰的方式，分别是组蛋白修饰类型、基因 ID、功能注释、染色体定位和癌症类型，并提供了用于可视化组蛋白修饰的工具 HisModView，为研究组蛋白修饰与其他表观遗传调控元件如 DNA 甲基化之间的相互作用关系提供了一个很好的平台。

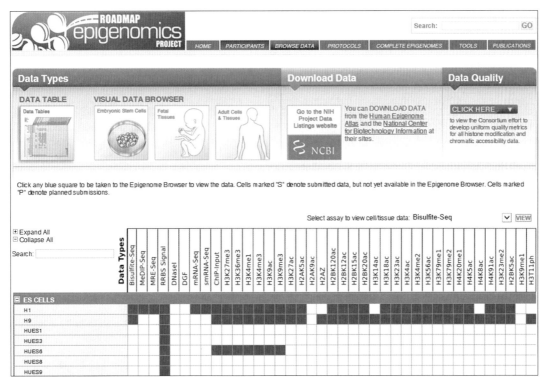

图 10-22　人类表观基因组图谱

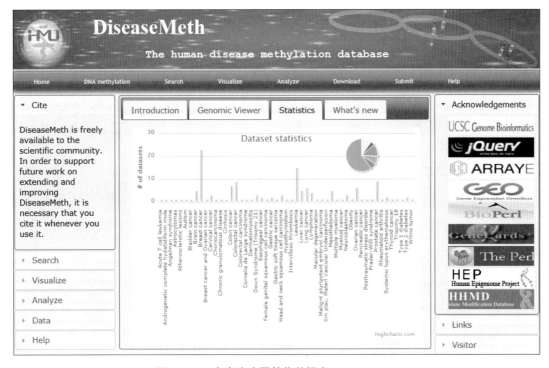

图 10-23　人类疾病甲基化数据库 DiseaseMeth

Notes

二、表观遗传学常用软件

随着实验技术的不断进步及表观基因组数据的不断增加，多种（表观）基因组数据分析软件也逐渐被开发。为了从基因组水平研究表观遗传学修饰，需要开发对表观遗传修饰进行功能基因组分析的软件。目前广泛应用的表观遗传学软件包括用于 DNA 甲基化数据分析的差异甲基化区域筛选的软件 QDMR、BS-Seq 数据识别甲基化模式的软件 CpG_MPs 以及各种用于 BS-Seq 测序片段的基因组拼装软件；用于组蛋白修饰数据标准化及峰值探测的软件；用于基因组 CpG 岛预测的算法软件；以及用于可视化表观基因组数据的各种表观基因组浏览器等（表 10-7）。下面将以这三个计算表观遗传学软件的应用为例进行简单的介绍。

表 10-7 常用表观遗传学分析软件

类别	软件名	简介	网址
DNA 甲基化分析软件	差异甲基化筛选软件（QDMR）	用于识别不同样本间 DNA 甲基化发生差异变化的基因组区域，可用于多种技术平台	http://bioinfo.hrbmu.edu.cn/qdmr
	甲基化模式识别软件（CpG_MPs）	基于 BS-Seq 数据识别 DNA 甲基化模式人类不同细胞组织类型的表观基因组数据及可视化浏览	http://bioinfo.hrbmu.edu.cn/CpG_MPs
	BS-Seq 序列拼装定量软件（Bismark）	基于 Bowtie 的重亚硫酸盐测序片段基因组拼装及甲基化定量软件	http://www.bioinformatics.babraham.ac.uk/projects/bismark/
	BS-Seq 序列拼装软件（BS Seeker）	用于对重亚硫酸盐测序片段的基因组拼装	http://pellegrini.mcdb.ucla.edu/BS_Seeker
	基于模型的 BS-Seq 分析软件（MOABS）	集成序列组装、甲基化模式识别及差异筛选于一体的 BS-Seq 数据分析软件	https://code.google.com/p/moabs/
组蛋白修饰分析软件	全基因组 ChIP 数据分析系统（CisGenome）	ChIP 数据标准化、可视化、峰值探测及序列模体分析系统	http://www.biostat.jhsph.edu/~hji/cisgenome/
	ChIP-Seq 峰值探测软件（MACS）	ChIP-Seq 数据峰值探测、差异筛选软件	http://liulab.dfci.harvard.edu/MACS/
基因组 CpG 岛预测	脊椎动物 CpG 岛预测软件（CpG_MI）	基于互信息预测脊椎动物基因组 CpG 岛的在线预测软件	http://bioinfo.hr bmu.edu.cn/cpgmi/
	基于表观特征预测 CpG 岛	基于 DNA 甲基化等表观遗传特征预测基因组 CpG 岛	http://epigraph.mpi-inf.mpg.de/download/CpG_islands_revisited/
表观基因组浏览器	WashU 表观基因组浏览器	多物种表观基因组浏览器	http://epigenomegateway.wustl.edu/browser/
	Roadmap 表观基因组浏览器	基于 UCSC 的人类表观基因组浏览器	http://www.epigenomebrowser.org/
	ZENBU 二代测序数据浏览器	整合包括 RNA-Seq 和 ChIP-Seq 在内的二代测序数据的基因组浏览器	http://fantom.gsc.riken.jp/zenbu/

1. 差异甲基化区域筛选软件（QDMR） 是一个界面友好的基于信息熵的定量筛选差异甲基化区域的软件，网址：http://bioinfo.hrbmu.edu.cn/qdmr/，首页如图 10-24 所示。QDMR 面向实验室用户和生物信息学研究者，分析高通量实验测定的各物种全基因组 DNA 甲基化数据，用于筛选各种生命状态（如发育过程、各种复杂疾病）之间的差异甲基化区域，并对其予以图形化展示。基于信息熵，QDMR 定量各样本间特定基因组区域的甲基化差异程度，并指出差异甲基化区域在哪个生命状态下特异的发生高 / 低甲基化，从而可以研究不同类别的区域在不同生命过

Notes

程中所扮演的角色。该方法独立于具体的实验平台和物种,具有良好的应用性和可扩展性。基于 Java 构架开发了界面友好的可视化软件便于生物学家和生物信息学家方便快捷的使用,方便研究者筛选基因组范围内具有调控作用的差异甲基化区域,对于研究组织分化、衰老和癌症等复杂疾病的发生有重要的作用。

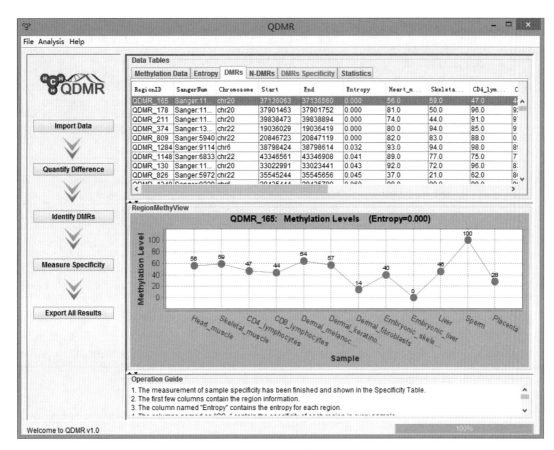

图 10-24　QDMR 软件界面

该软件提供功能强大的数据输入界面,用户可以通过点击的方式设置数据格式、最大甲基化值、物种信息等(图 10-25)。

基于用户输入的数据,该软件会进行全自动的分析,识别各样本间差异甲基化区域,并以表格和图的形式展示分析结果,便于用户更直观地查看感兴趣区域的差异甲基化状态,如图 10-26 所示。

此外,该软件在数据分析的基础上,汇总了差异甲基化在基因组中的比例及其在各染色体上的分布(图 10-27)。有利于用户对筛选的差异甲基化区域的深入分析。

2. 基于 BS-Seq 数据的甲基化模式识别软件(CpG_MPs)　是基于 BS-Seq 数据识别高 / 低甲基化模式的软件,网址:http://bioinfo.hrbmu.edu.cn/CpG_MPs。目前 DNA 甲基化研究的瓶颈之一就是基于测序的重亚硫酸盐转换法 BS-seq 技术检测的数千万个单碱基通量的 DNA 甲基化位点数据的处理和分析。该软件提供了四个主要功能模块(图 10-28):① BS-seq 数据标准化;②单样本上基因组范围内甲基化和非甲基化区域的识别;③成对样本或多样本间保守和差异甲基化区域识别和④序列特征挖掘分析和可视化。CpG_MPs 克服传统算法依赖窗口大小和窗口滑动的大小等阈值的影响,且能识别出长度较短的甲基化和非甲基化区域。进一步基于识别出来的基因组上不同甲基化模式的基因组区域,采用组合算法和信息熵评估相结合的新算法来识别多样本间差异或特异的甲基化区域。

Notes

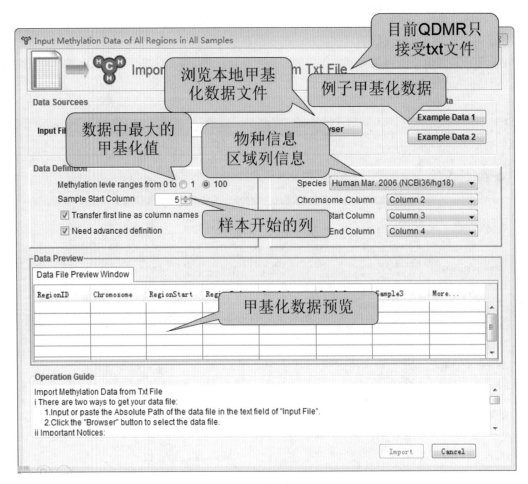

图 10-25 QDMR 软件的数据输入界面

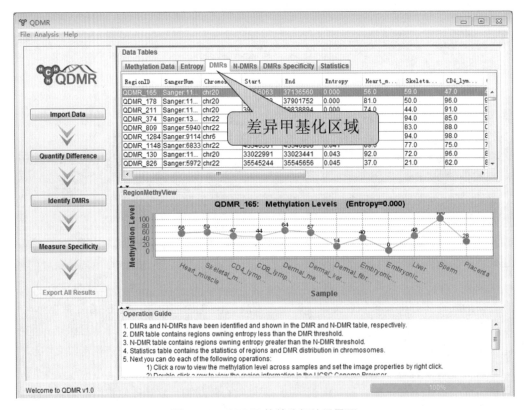

图 10-26 QDMR 软件分析结果界面

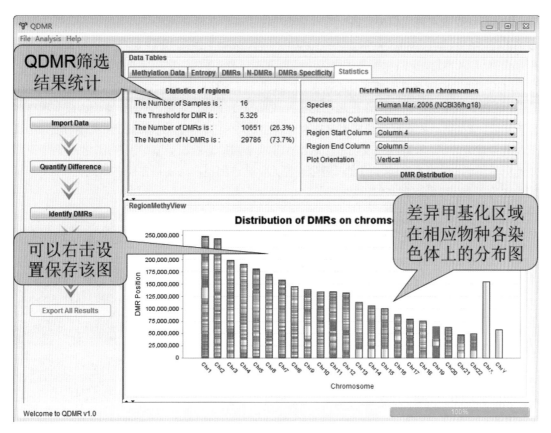

图 10-27　QDMR 软件分析结果汇总

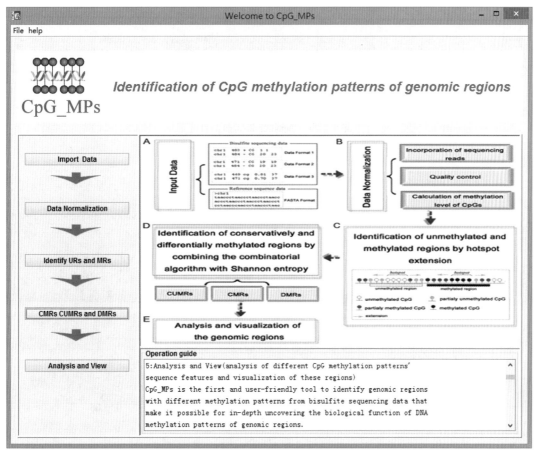

图 10-28　CpG_MPs 软件界面

　　3. WashU 表观基因组浏览器　是一个专门用于展示高通量表观基因组数据而开发的基因组浏览器，地址：http://epigenomegateway.wustl.edu/browser/，如图 10-29 所示。该浏览器能帮助用户获得与 UCSC 浏览器标准基因组为中心的视图以外的数据，例如支持了解某个途径（如一个 KEGG 通路）中所有基因的多维表观基因组数据，尽管这些基因来自不同的染色体和基因组位置，这种谷歌地图样式的操作更加便利多元数据整合分析。此外，该浏览器还通过多项在线分析功能，如根据一种表观遗传修饰 H3K4me3 在 150 多个样本中的修饰情况，对样本进行层次聚类和主成分分析，从而研究表观遗传修饰在分类不同细胞组织类型中的作用，也有利于更直观地分析细胞 / 组织类型特异的表观遗传调控元件。该浏览器还支持在用户本地化，用于展示用户实验室大规模的表观基因组数据。

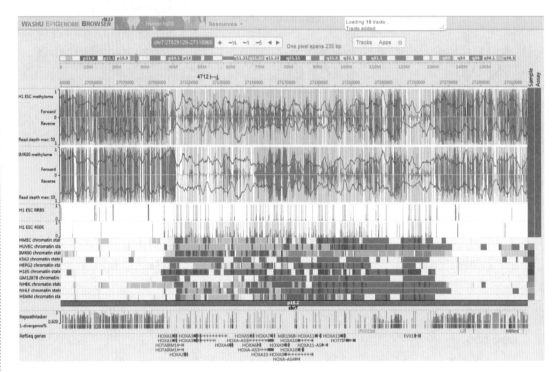

图 10-29　WashU 基因组浏览器

小　结

　　下一代测序技术的不断发展极大地促进了各领域的表观基因组研究，特别是各种表观基因组计划的提出，更是产生了空前的表观基因组数据资源，在处理分析这些数据时同时也促进了计算表观遗传学的长足发展，世界各地的科研人员开发了多种计算表观学算法、模型、数据库及软件，为处理海量表观基因组数据以及克服数据存在的异质性做出了重要贡献。然而，目前的信息学方法仍不能满足广大科研工作者分析表观基因组数据的需求，更大更简单实用的计算表观遗传学工具平台有待进一步开发。开发新的系统平台整合高通量多维组学数据系统研究各表观遗传修饰调控基因的分子机制成为下一阶段的计算表观遗传学研究重点；利用二代测序技术产生的表观基因组学数据挖掘表观遗传调控元件将是未来计算表观遗传学研究领域的又一重要方向；基于表观遗传修饰开发预测模型对于挖掘基因组未知的调控元件至关重要；对正常生理及疾病状态下的表观遗传调控网络的构建将有利于理解表观遗传异常的致病原理；对发育过程中各种表观遗传修饰动态分析将有助于理解细胞分化过程的染色质变化及其意义；针对即将蓬勃兴起的

Notes

第三代单碱基精度的测序技术开发实用的表观遗传学研究工具也将是计算表观遗传研究者的科研使命。总而言之，计算表观遗传学研究在高通量的表观基因组研究中起到了关键的促进作用，也将继续做出其应有的科学贡献。

Summary

The continuous development of next-generation sequencing technology has greatly promoted the epigenomic researches in various fields. Especially, various epigenomic projects have generated unprecedented epigenomic data sources. The processing and analysis of these data would promote the rapid development of Computational Epigenetics. The researchers around the world have developed a variety of computational learning algorithms, models, databases and software for handling massive genomic data and overcoming the existence of heterogeneous data. However, urgent questions in Epigenetics should be tackled and the current bioinformatic methods can not satisfy the needs from the epigenetic scientists. More simple and practical tools should be further developed in future. The development of new integration platforms for storing high-throughput omics data and studying various epigenetic regulation mechanisms of genes has become the focus of the next phase. Mining epigenetic regulatory elements using second-generation sequencing epigenomic data will be another important direction for future research in the field of Epigenetics. Novel predictive models based on epigenetic modifications would be useful for mining novel genomic regulatory elements. The comparisons of epigenetic profiles between normal physiological and disease states and the construction of epigenetic regulatory networks will facilitate the understanding of the pathogenesis of epigenetic abnormality. The dynamic analysis of epigenetic chromatin changes in variety of developmental processes will help to understand the significance of epigenetic modifications in cell differentiation processes. The development of practical epigenetic research tools at single-base resolution for the upcoming boom of the third-generation sequencing provides important tools for computational epigenetic researchers. All in all, the computational epigenetic research has played a key role in promoting the high-throughput epigenomic research, and would continue to make its due contribution to science.

（张 岩）

习题

1. 下列哪种现象不属于表观遗传异常
   A. 印记丢失　　　　　　　　　　B. 全基因组整体去甲基化
   C. 抑癌基因沉默　　　　　　　　D. 基因印记

2. 下列说法正确的是
   A. DNMT1 是一种从头甲基化酶
   B. 在体细胞中，甲基化的 CpG 可突变为 TpG，并可遗传
   C. Alu 元件是一种特殊的 CpG 岛
   D. DNA 甲基化阻碍转录因子的结合从而抑制转录

Notes

3. 以下因素对提升 CpG 岛甲基化预测准确性的贡献最小是

    A. 是否整合表观基因组特征

    B. 是否特征筛选

    C. 是否使用最新的人类基因组版本的序列进行预测

    D. 是否只使用序列模式

4. 简单介绍 DNA 甲基化在转录调控中的作用。

5. 简单介绍 CpG 岛预测常用算法的基本原理。

6. 简单介绍 DNA 甲基化研究常用的实验方法和计算方法。

7. 简述 MACS 软件探测 ChIP-Seq 峰值的基本步骤。

8. 简述差异甲基化区域筛选在表观遗传研究中的作用。

9. 简述二代测序技术在当前表观遗传研究中的应用。

10. 通过查找相关文献，论述计算表观遗传学的应用前景。

参考文献

1. 薛京伦. 表观遗传学——原理、技术与实践. 上海：上海科学技术出版社，2006

2. Bock C, Lengauer T. Computational epigenetics. Bioinformatics, 2008, 24(1): 1-10

3. Esteller M. Epigenetics in cancer. N Engl J Med, 2008, 358(11): 1148-1159

4. Suzuki MM, Bird A. DNA methylation landscapes: provocative insights from epigenomics. Nat Rev Genet, 2008, 9(6): 465-476

5. Ferguson-Smith AC, Greally JM, Martienssen RA. Epigenomics, Springer, Netherlands, 2009

6. Bernstein BE, Stamatoyannopoulos JA, Costello JF, et al. The NIH Roadmap Epigenomics Mapping Consortium. Nat Biotechnol, 2010, 28(10): 1045-1048

7. Laird PW. Principles and challenges of genomewide DNA methylation analysis. Nat Rev Genet, 2010, 11(3): 191-203

8. Su J, Zhang Y, Lv J, et al. CpG_MI: a novel approach for identifying functional CpG islands in mammalian genomes. Nucleic Acids Res, 2010, 38(1): e6

9. Zhang Y, Lv J, Liu H, et al. HHMD: the human histone modification database. Nucleic Acids Res, 2010, 38 (Database issue): D149-154

10. Zhang Y, Liu H, Lv J, et al. QDMR: a quantitative method for identification of differentially methylated regions by entropy. Nucleic Acids Res, 2011, 39(9): e58

11. Consortium EP. An integrated encyclopedia of DNA elements in the human genome. Nature, 2012, 489 (7414): 57-74

12. Lv J, Liu H, Su J, et al. DiseaseMeth: a human disease methylation database. Nucleic Acids Res, 2012, 40 (Database issue): D1030-1035

13. Karnik R, Meissner A. Browsing (Epi) genomes: a guide to data resources and epigenome browsers for stem cell researchers. Cell Stem Cell, 2013, 13(1): 14-21

14. Su J, Yan H, Wei Y, et al. CpG_MPs: identification of CpG methylation patterns of genomic regions from high-throughput bisulfite sequencing data. Nucleic Acids Res, 2013, 41(1): e4

15. Zhou X, Lowdon RF, Li D, et al. Exploring long-range genome interactions using the WashU Epigenome Browser. Nat Methods, 2013, 10(5): 375-376

16. 李霞. 生物信息学理论与医学实践. 北京：人民卫生出版社，2013

17. Liu H, Zhu R, Lv J, et al. DevMouse, the mouse developmental methylome database and analysis tools. Database (Oxford) 2014, 2014: bat084

18. Wei, Y., et al. MetaImprint: an information repository of mammalian imprinted genes. Development, 2014, 141(12): 2516-2523

Notes

第三篇　生物信息学与人类复杂疾病
BIOINFORMATICS IN HUMAN DISEASES

第十一章　复杂疾病的分子特征与计算分析

CHAPTER 11　MOLECULAR CHARACTERS AND COMPUTATIONAL ANALYSIS OF COMPLEX DISEASE

第一节　引　言

Section 1　Introduction

人类常见疾病（common disease），包括恶性肿瘤、心脑血管病、代谢系统疾病、神经系统疾病、精神和行为异常等，在发病机制上呈现复杂化特征，因此也称为复杂疾病（complex disease）。复杂疾病与单基因缺陷遗传病不同，一般不遵循孟德尔遗传定律，疾病的发生和发展涉及复杂的生物学过程。如何诊断和治疗复杂疾病是 21 世纪生物医学面临的重大挑战之一。近年来，随着生命科学、计算机技术的迅速发展，人们在生命活动的各个层面，尤其是在分子水平积累了大量的实验数据和研究成果，对疾病的认识更为更深刻。新开展起来的生物组学和系统生物学（systems biology）方法的不断发展，为从跨层面的研究复杂疾病发病机制提供了有力工具，复杂疾病研究进入了系统和生物组学的新时代。应用复杂体系和整合医学（integrative medicine）的研究模式揭示复杂疾病的本质，认识其发病机制，寻找到正确的诊断和防治方法，是当前乃至未来几十年复杂疾病研究的主要内容。本章将从计算分析的角度介绍复杂疾病的基本概念和分子特征、疾病相关的重要数据库、常用的疾病候选基因筛选方法、基因组层面的复杂疾病遗传定位研究策略，及常用的分析软件。

第二节　复杂疾病的分子特征与数据资源

Section 2　Molecular Characters and Data of Complex Disease

疾病是机体在一定病因的损害作用下，因机体自身调节紊乱而发生的异常生命过程。现代医学认为复杂疾病是由内因和外因共同作用的结果，内因主要是遗传物质的改变，包括染色体异常、基因突变、单核苷酸多态性、插入缺失变异、拷贝数变异、DNA 修饰和核小体修饰等，这些遗传变异可能直接导致机体功能先天异常，或使机体对外界刺激的敏感性发生变化等。外因是诱发变异基因导致疾病风险的多种外界因素，包括感染、损失、环境、情绪和情感因素等。当具有特定遗传状态的人接触到相应不良外界因素时，疾病的发病率可能增加几倍、几十倍甚至上百倍。随着现代分子生物学和医学研究的不断发展，尤其是人类基因组计划和国际人类基因组单体型图计划（the international hapmap project，HapMap）的完成，以及对疾病发病机制分子水平的认识，使人类不仅可以认识疾病的本质，而且可利用这些知识探索和创造疾病诊疗的新方法和技术。

一、复杂疾病的分子特征

复杂疾病是多种遗传和环境因素共同作用导致的疾病。与单基因病相比，复杂疾病具有多基因性、遗传异质性、基因微效性、分子互作性以及环境相关性等特点。在大多数复杂疾病中，遗传因素均起着重要的作用。人群中任意两个不相关个体的 DNA 序列有 99.8% 是一致的，而剩下的 0.2% 由于包含了遗传上的差异因素，造成人们不同的生理表型、罹患疾病的风险及不同的药物反应表型,这些差异在人类多样性形成中也具有同等重要的意义。这 0.2% 的差异在基因组序列中具有不同的类型和作用形式。其中,不同个体 DNA 序列上的单个碱基的差异,称作单核苷酸多态性(single nucleotide polymorphism, SNP)(图 11-1A),例如,某些个体染色体上某个位置的碱基是 A,而另一些个体染色体的相同位置上的碱基则是 G。同一位置上的每个碱基类型称为等位基因(allele)。除性染色体外,每个人体内的染色体都有两份,即同源染色体。一对同源染色体上的两个等位基因的组合称为基因型(genotype)(图 11-1B)。对上述列举的 SNP位点而言,一个个体的基因型有三种可能性,即 AA, AG 和 GG。而检定基因型的过程,称作基因分型(genotyping)。由于 SNP 在人群数量最丰富、分布最广泛且易于分型,已经成为现代遗传变异与复杂疾病或复杂形状研究中最重要的研究对象。

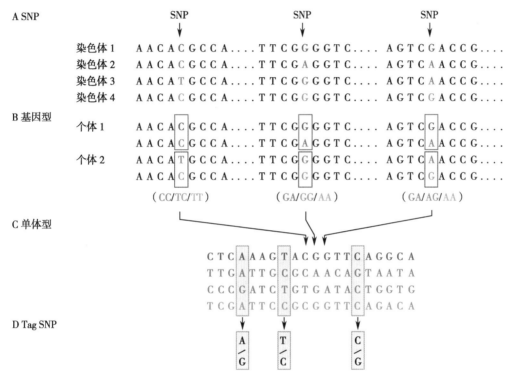

图 11-1　SNP、基因型、单体型与 Tag SNP

A. 图中彩色标记出不同的 SNP 位点,及其在不同个体中的等位情况;B. 显示同一个体某个基因座上两个等位位点组合,即基因型;C. 图中将某个个体的同一条染色体上的等位基因放在一起,将其定义为单体型,这里的单体型是一个狭义的概念,也是本章研究的单体型含义;D. 图是在单体型基础上提出的基于群体分布的单体型标签,即 Tag SNP

　　人类基因组中大约存在 10 000 000 个 SNP 位点,这些 SNP 绝大多数呈现二态性,并且具有不同的等位基因频率,其中在群体中出现较少的等位基因的频率被称为少数等位频率(minor allele frequency, MAF)。依据 MAF 的高低,可将 SNP 分为常见和罕见两类。一般说来,常见 SNP 的 MAF 应当大于 5%,这类 SNP 往往具有比较广泛的群体分布,与个体表型差异和疾病易感性有关;而罕见 SNP 的 MAF 应低于 5% 或低于 1%(有时将 MAF 低于 1% 的 SNP 称作单核苷酸的变异),它们往往是某些单基因病或偶发疾病的承载者。由于减数分裂过程中,染色体发生重组的位置具有选择性,染色体上距离越近的 SNP 越倾向于以一个整体遗传给后代,这样,位于染色体上某一区域的一组相互关联的 SNP 又称为连锁块(linkage block)。确定 SNP 连锁块是将 SNP 作为一种重要的遗传标记进行复杂性状和复杂疾病遗传定位的分子基础。

　　值得注意的是,人类的遗传变异具有多样性,有些遗传变异可通过连锁不平衡原理由 SNP进行发现和解释,但有些变异本身行使着复杂的生理和病理学功能,是 SNP 所不能替代的。人

Notes

类基因组中存在的一些其他类型的遗传变异，如插入/删除多态(in/del)、拷贝数变异(copy number variants，CNV)、微卫星(microsatellite，MS)等。

如图 11-2 所描述的人类染色体上的各种遗传变异，以 1kb 长度为界，可将遗传变异分为两类，其中一类的自身影响范围比较小，是包括 SNP 在内的序列变异；另一类是从微卫星、插入删除多态到长重复片段的结构变异，更大的染色体变化称为染色体畸变，也是复杂疾病遗传学研究中的重要范畴，这里不详细介绍。

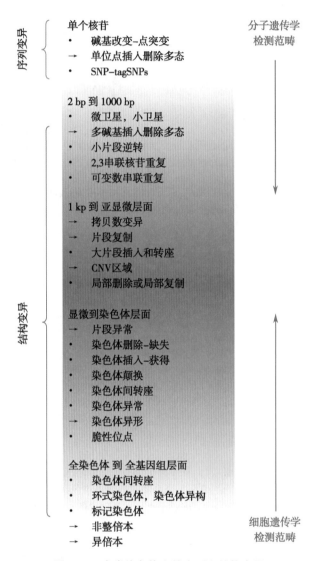

图 11-2　人类染色体上的序列和结构变异

二、人类孟德尔遗传疾病数据库(OMIM)

MIM(Mendelian Inheritance in Man)是一个将遗传病分类连接到相关人类基因组的基因数据库，其在线版本是人类孟德尔遗传在线(Online Mendelian Inheritance in Man，OMIM)，可通过网址 http://www.ncbi.nlm.nih.gov/omim/ 进行访问。OMIM 是目前最权威的人类遗传疾病数据库之一，在多个领域广泛应用，对临床医生和科研人员都是一种重要的网络资源。例如，临床医生可以将病人的临床表型输入到数据库查找相关的疾病信息，也可针对某些感兴趣的基因或者疾病进行搜索。在 OMIM 中搜索基因和疾病时，可同时查询到基因和疾病相关的信息如基因的序列、染色体位置、以及一些相关的参考文献等。OMIM 数据库的发布以及相关软件的

Notes

开发目前由 National Library of Medicine(NLM)的 NCBI 负责。

　　OMIM 的首页如图 11-3 所示,在搜索栏输入搜索关键词并运行后,网站会在搜索结果中列出与搜索记录最相近的 20 条记录,读者可依照个人习惯更改显示记录的数目。在 OMIM 数据库中,每一条记录都会有唯一的 6 位数编码,这种编码可以表示这种遗传病是常染色体显性(隐性)遗传、X 连锁还是 Y 连锁等,详见表 11-1。

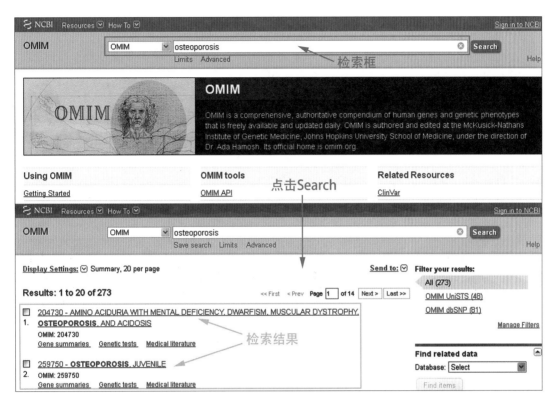

图 11-3　OMIM 的主页和内容

表 11-1　OMIM 编号代表的遗传方式

MIM 编号范围	遗传方式
100000-199999	常染色体显性遗传或表型(于 1994 年 5 月 15 号创建)
200000-299999	常染色体隐性遗传或表型(于 1994 年 5 月 15 号创建)
300000-399999	X 连锁位点或表型
400000-499999	Y 连锁位点或表型
500000-599999	线粒体位点或表型
600000-	染色体位点或表型(于 1994 年 5 月 15 号创建)

三、基因型和表型数据库(dbGAP)

　　随着分子分型技术的不断进步和完善,高通量研究如全基因组关联研究广泛开展,为了充分挖掘和利用这些已发表的有关基因型、表型和环境因素数据,美国国立卫生研究院(National Institutes of Health,NIH)于 2006 年建立了基因型和表型数据库(genotype and phenotype database,dbGAP),该数据库以前所未有的力度将多年研究中采集到的海量受试者的基因、健康状况和生活方式等方面的信息纳入其中,形成了一个信息丰富的疾病相关性数据库,并对研究人员实行有限制的开放。研究人员可以下载这些数据对自身的研究进行验证或是进行数据挖掘以获取全新的研究结果。目前该数据库主要收集复杂疾病或性状相关的全基因组关联研究或全基因

Notes

组测序研究中受试者的原始基因分型数据和表型数据。

dbGAP 中的数据库根据开放程度分为公开数据（public data）和控制访问数据（controlled access data）。公开数据可以在 dbGAP 的服务器中免费下载，控制访问数据的获取和使用则有一系列的限制。首先，研究人员须向 dbGAP 管理机构提交申请，获批后才能获得下载所申请数据的权限。其次，必须严格遵循数据使用规定。dbGAP 中所有的数据均有一个禁止日期（embargo day），为了保护数据共享者的权益，数据在未通过禁止日期前，获得该数据的研究人员不得使用该数据发表论文，如果利用未通过禁止日期的数据发表文章将被要求撤销论文，删除所下载数据并取消有限访问数据的使用权。目前，绝大多数有限访问数据都未通过禁止日期。

dbGap 数据库的主页为 https://www.ncbi.nlm.nih.gov/gap。用户可通过疾病或性状名称、研究名称、基因分型平台等关键词查询数据库中收录的相关研究，并了解该研究的基本信息如研究类型、分型平台、数据版本、研究表型、研究结果和禁止日期等。dbGAP 数据库包含 4 个主要功能部分（位于 dbGAP 主页中间）如图 11-4 所示：①申请访问控制数据，可按照要求对特定的访问控制数据进行申请；②公开数据下载平台，可查找和下载已公开的数据；③关联结果浏览器，可浏览数据库收录研究的相关研究结果；④表型 - 基因型整合器，可按照疾病名称、基因或突变名称、染色体区域查找某种表型和基因型的关联信息。

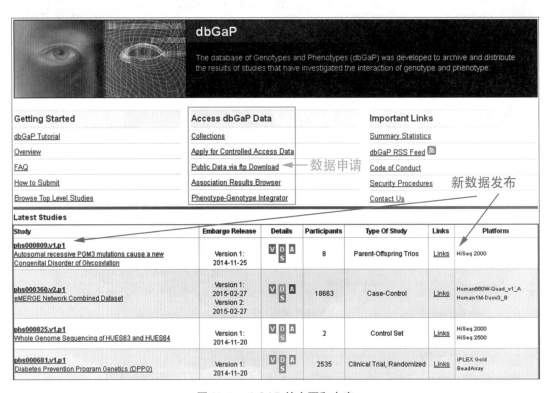

图 11-4　dbGAP 的主页和内容

四、人类疾病相关多态数据资源

除了前面介绍的数据库以外，还有许多复杂疾病相关的数据库，如癌症基因数据库（cancer genome anatomy project，CGAP），人类基因突变数据库（human gene mutation database，HGMD），基因卡片数据库（gene cards）等。

（一）CGAP 数据库

CGAP 是一项由美国癌症研究所（National Cancer Institute，NCI）于 1996 年发起并建立和主持的交叉学科计划，其目的在于产生用于解码肿瘤细胞的分子结构所需的信息，并创建一系列

Notes

技术工具以挖掘与肿瘤相关的基因、蛋白及其他的生物标记，最终为癌症的研究提供信息资源和技术方法。CGAP 的总体目标是检测正常、癌前病变以及癌细胞的基因表达谱，使得研究人员可借助于这些表达数据描述出肿瘤形成过程中的一系列细胞分子特征，最终改善对患者的检测、诊断和治疗。该计划通过与全世界范围内科学家的合作来增强其信息的科学性和完整性，为癌症相关科研人员提供方便。

CGAP 被分为五个部分，每一部分都有各自的目的、生物信息学工具和资源。人类肿瘤基因索引（the human tumor gene index，hTGI）提供了在人类肿瘤发生过程中的基因表达信息；分子表达谱（molecular profiling，MP）从分子水平分析了人类组织样本的概念；癌症染色体变异计划（the cancer chromosome aberration project，CCAP）描述了与癌症恶性转移相关的染色体变异；遗传注解索引（the genetic annotation index，GAI）描述了与癌症相关的多态性；小鼠肿瘤基因索引（the mouse tumor gene index，mTGI）确定了在小鼠肿瘤发生过程中的基因表达。用户可通过该网址 http://cgap.nci.nih.gov/cgap.html 对 CGAP 的网站进行访问，并通过左侧导航栏 CGAP Info 中的相关链接了解更多有关该计划的更为详细的信息。

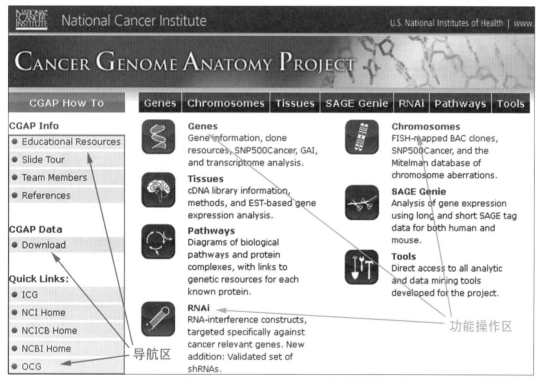

图 11-5　CGAP 数据库主页

（二）HGMD 数据库

HGMD 是由卡迪夫大学医学遗传研究所（Institute of Medical Genetics，Cardiff University）的 Cooper 等人开发和维护的，该数据库存储了大量的人类遗传病相关的基因突变数据，其主页网址为 http://www.hgmd.cf.ac.uk/ac/index.php。截止到 2014 年 8 月 17 日，该数据库中已经包含了发生在 6800 个基因位点的 156 932 个突变。尽管其最初的建立目的仅仅是为了研究人类基因的突变机制，目前 HGMD 已经在众多领域得到了广泛应用，其用户范围已经遍及科研人员、临床医生等学术工作者以及生物制药、生物信息学等商业公司。目前，该数据库允许学术研究等非盈利性组织免费注册并从中获得数据，而商业用户则必须购买授权后才可以使用。

HGMD 数据库中存储了多种类型的突变数据，具体的突变类型及相应类型的记录见图 11-6。HGMD 中不仅存储了疾病导致的突变，还存储了大量的与疾病表型相关联的多态性 DNA 序列

Notes

变异,以及临床表型仍不明确但具有明确功能的突变,这些突变对于研究不同个体间的疾病易感性差异具有非常重要的价值。HGMD 中存储的突变及多态性数据主要通过整合现有突变数据库中所包含数据以及文本挖掘的方式获得,这些数据经过了严格的筛选,是具有较高可信度的非冗余数据,但该数据库中只存储了与人类遗传病相关的核基因突变数据,并不包含体细胞突变和线粒体基因突变。

The Human Gene Mutation Database at the Institute of Medical Genetics in Cardiff		BIOBASE BIOLOGICAL DATABASES

Home Search help Statistics New genes What is new Background Publications Contact Register Login LSDBs Other links

Gene symbol	Go!		Symbol:	Missense/nonsense	Go!

Table:	Description:	Public entries:	Total entries:
	Mutation totals (as of 2014-12-02)	108508	156932
Gene symbol	The gene description, gene symbol (as recommended by the HUGO Nomenclature Committee) and chromosomal location is recorded for each gene. In cases where a gene symbol has not yet been made official, a provisional symbol has been adopted which is denoted by lower-case letters.	4037	6800
cDNA sequence	cDNA reference sequences are provided, numbered by codon.	3896	6567
Genomic coordinates	Genomic (chromosomal) coordinates have been calculated for missense/nonsense, splicing, regulatory, small deletions, small insertions and small indels.	0	138180
HGVS nomenclature	Standard HGVS nomenclature has been obtained for missense/nonsense, splicing, regulatory, small deletions, small insertions and small indels.	0	138879
Missense/nonsense	Single base-pair substitutions in coding regions are presented in terms of a triplet change with an additional flanking base included if the mutated base lies in either the first or third position in the triplet.	60713	87173
Splicing	Mutations with consequences for mRNA splicing are presented in brief with information specifying the relative position of the lesion with respect to an numbered intron donor or acceptor splice site. Positions given as positive integers refer to a 3' (downstream) location, negative integers refer to a 5' (upstream) location.	10238	14302
Regulatory	Substitutions causing regulatory abnormalities are logged in with thirty nucleotides flanking the site of the mutation on both sides. The location of the mutation relative to the transcriptional initiation site, initiation codon, polyadenylation site or termination codon is given.	1909	3024
Small deletions	Micro-deletions (20 bp or less) are presented in terms of the deleted bases in lower case plus, in upper case, 10 bp DNA sequence flanking both sides of the lesion. The numbered codon is preceded in the given sequence by the caret character (^).	17123	23731
Small insertions	Micro-insertions (20 bp or less) are presented in terms of the inserted bases in lower case plus, in upper case, 10 bp DNA sequence flanking both sides of the lesion. The numbered codon is preceded in the given sequence by the caret character (^).	7058	9917
Small indels	Micro-indels (20 bp or less) are presented in terms of the deleted/inserted bases in lower case plus, in upper case, 10 bp DNA sequence flanking both sides of the lesion. The numbered codon is preceded in the given sequence by the caret character (^).	1606	2282
Gross deletions	Information regarding the nature and location of each lesion is logged in narrative form because of the extremely variable quality of the original data reported.	7012	11683
Gross insertions	Information regarding the nature and location of each lesion is logged in narrative form because of the extremely variable quality of the original data reported.	1473	2797
Complex rearrangements	Information regarding the nature and location of each lesion is logged in narrative form because of the extremely variable quality of the original data reported.	1040	1567
Repeat variations	Information regarding the nature and location of each lesion is logged in narrative form because of the extremely variable quality of the original data reported.	336	456

图 11-6　HGMD 收录的变异数据类型及公共发布条目情况

　　HGMD 可应用于多个方面:通过对数据库中存储的突变数据的搜索可确定基因突变在之前的研究中是否被发现过;通过对数据库的查询可获得某个特定基因的所有已知的突变谱;另外,该数据库还可用于查询发生在特定位置上的特定类型突变的例证,以作为研究发现的某一特定变异的病理学真实性的支持依据。

(三) GeneCards 数据库

　　GeneCards 建立于 1997 年,由以色列 Weizmann 科学研究所(Weizmann Institute of Science in Israel)的 Crown 人类基因组中心(Crown Human Genome Center)开发和维护,是一个整合了人类已知及预测基因的基因组、蛋白质组、转录组、遗传以及功能等多方面信息的综合性数据库。数据库中包含了同源、疾病、突变及 SNP、基因表达、基因功能、通路、蛋白互作、相关药物及化合物等丰富的内容。目前,该数据库已经发展到了 3.12 版本(更新时间为 2014 年 8 月 12 日),记录数已经达到了 169 579 条(其中有 38 656 条可以在 HGNC 中找到相应的 Symbol),可通过 http://www.genecards.org/ 对该数据库进行访问(图 11-7)。

　　GeneCards 搜集并整合了包括 OMIM、GAD、CGAP、HGMD、GenBank、Ensembl、EntrezGene、HGNC、UniGene、SwissProt、dbSNP、GO 在内的许多数据库中的数据。该数据库侧重于信息的全面性,因此相对于其他疾病数据库而言,GeneCards 对人类疾病的具体描述相对较少,但它提供了更为全面的功能基因组数据及相关数据库的外部链接。另外,该数据库不仅支持简单搜

Notes

索，还可以实现数据的模糊查询、多个单词构成的字符串的查询以及高级搜索等功能，可通过查询 GeneCards 获取疾病相关基因的染色体定位、表达数据、同源基因、对应的蛋白产物等众多信息。

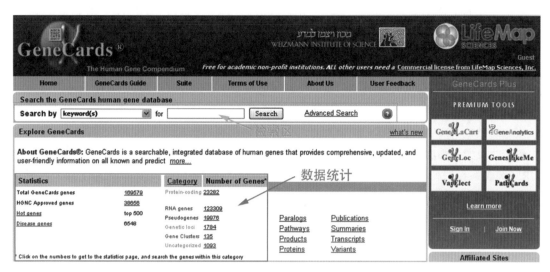

图 11-7　GeneCards 主页及收录条目情况

其他疾病相关数据库还有：由癌症导致突变的基因、原癌基因、抑癌基因等相关信息的肿瘤基因数据库（the tumor gene database，TGDB），可以通过如下网址进行访问：http://www.tumor-gene.org/TGDB/tgdb.html；包含群体发病率、基因与疾病的关联关系、基因与基因及基因与环境间互作等信息的人类基因组流行病学导航（The Human Genome Epidemiology Navigator，HuGE Navigator，http://www.hugenavigator.net/HuGENavigator/home.do）；肿瘤及血液病相关的遗传学和细胞遗传学数据库（ATLAS of genetics and cytogenetics in oncology and haematology，http://atlasgeneticsoncology.org/）等。

第三节　复杂疾病的遗传易感与遗传定位分析
Section 3　Genetic Susceptibility and Gene Mapping of Complex Disease

一、遗传标志物的筛选识别技术

开展复杂疾病易感位点的定位研究，首要任务是实现对研究对象的基因分型，其中最主要的工作是 SNP 分型。SNP 分型技术总体上可以分为等位基因特异性和等位基因非特异性两类。前者主要利用突变位点碱基的不同来进行分析，后者则对待检测序列片段进行整体分析。与为数有限的蛋白质测序方法相比，SNP 测定的基本方法达数十种。目前有以下一些常用的 SNP 检测方法：

1. **限制性片段长度多态性**（restriction fragment length polymorphism，RFLP）　是实验室中最常用的低通量 SNP 分型方法之一。由于 DNA 上的多态性致使 DNA 分子的限制酶切位点及数目发生改变，用限制酶进行消化时，所产生的片段数目和每个片段的长度不同，即所谓的限制性片段长度多态性，导致限制片段长度发生改变的酶切位点，又称为多态性位点。最早是用 Southern Blot/RFLP 方法检测，后来采用 PCR 与限制酶酶切相结合的方法。现在多采用 PCR-RFLP 法研究基因的限制性片段长度多态性。

2. **TaqMan 探针法**　TaqMan 探针能与 PCR 产物杂交，其 5′ 端和 3′ 端分别标记报告基团和淬灭基团,在探针未与产物结合时报告基团发出的荧光能被淬灭基团吸收,而当该探针与 PCR 产物结合时,激发 Taq 酶的 3′ 外切酶活性,将探针 5′ 端连接的荧光分子从探针上切割下来,报告基团远离淬灭基团从而发出荧光。如果探针与目标序列中存在错配碱基,就会减少探针与目标序列结合的紧密程度及酶的切割活性,从而影响其释放荧光的强度。通过检测反应液中的荧光强度可以对 SNP 进行分型。

3. 高分辨率熔解曲线(high-resolution melting curve analysis,HRM)　是近年来快速兴起的一种 SNP 分型方法,其基本原理是通过对 PCR 反应的熔解曲线分析实现分型。PCR 扩增的熔解曲线取决于其扩增序列,序列中任意一个碱基的突变都可以导致双链 DNA 的解链温度发生变化。将标记有荧光染料的 PCR 产物在一定范围内变性,使 DNA 双链逐渐解链,荧光染料将从局部解链的 DNA 分子脱落,荧光信号下降,通过使用实时荧光定量 PCR 仪监测这种细微的温度变化下荧光强度的变化,可以确定扩增的序列中是否有突变发生,从而对其进行基因分型。HRM 分型特异性高、成本低、操作简单并且可以闭管操作减少污染,是目前常用的 SNP 分型方法之一。

4. 基因芯片方法　基因芯片集成了大量的密集排列的已知的序列探针,通过与被标记的若干靶核酸序列互补匹配,与芯片特定位点上的探针杂交,利用基因芯片杂交图像,确定杂交探针的位置,便可根据碱基互补匹配的原理确定靶基因的序列。对多态性和突变检测型基因芯片采用多色荧光探针杂交技术可以大大提高芯片的准确性、定量及检测范围,是一种高效的基因组范围 SNP 分型技术手段。目前常用的 SNP 芯片单次测量数量可达 1000 万个。

5. 基质辅助激光解吸电离飞行时间质谱(matrix assisted laser desorption/ionization time of flight mass spectrometry,MALDI-TOF-MS)　是一种广泛使用的通过质谱方法判断生物分子质量以进行 SNP 分型的方法。MALDI-TOF-MS 利用一种被称为基质的小有机分子,该分子可以吸收离子激光的能量。将待分析的 PCR 产物与基质混合并结合后用激光照射,基质可从激光中吸收能量传递给 PCR 产物,使结合后的产物发生电离。产生的离子在电场作用下加速通过飞行管道,它们的质量和所带电荷可影响其飞行时间。不同的碱基具有不同的分子质量,因此根据不同的样品到达检测器飞行时间的不同对待检测产物进行分离。MALDI-TOF-MS 可以同时对多个样本的多个 SNP 进行分型,如果只检测样品和 SNP 均较少则成本较高,因此适用于大样本多位点的 SNP 分型,如 GWAS 中的验证分析。

6. Sanger 测序法　是基于 Frederick Sanger 发明的双脱氧核苷酸(ddNTP)末端终止法的第一代测序方法,是 DNA 序列测定的经典方法,可直接读取 DNA 序列,被认为是 SNP 检测的金标准。与 dNTP 相比,ddNTP 在脱氧核糖位置上缺少一个羟基,因此在 DNA 延伸过程中,它虽然可以跟上一个 dNTP 的羟基发生反应形成磷酸二酯键,但是却不能跟后续的 dNTP 继续结合,从而使 DNA 链的延伸终止。利用此特性,Sanger 测序法根据核苷酸在某一固定点开始延伸,随机在某一特定碱基处终止,并在每个碱基后面进行荧光标记,产生以 A、T、C、G 结束的四组不同长度的一系列不同长度的脱氧核苷酸(dNTP),然后进行毛细管电泳检测,从而获得可见的 DNA 碱基序列。

7. 焦磷酸测序法(pyrosequencing)　是由 DNA 聚合酶、ATP 硫化酶、荧光素酶和三磷酸腺苷双磷酸酶 4 种酶催化的同一反应体系中的酶级联化学发光反应。它的基本原理是在引物与模板 DNA 退火后,向测序体系中加入 1 种 dNTP,如果在 DNA 聚合酶的作用下结合则产生焦磷酸,焦磷酸与 ATP 硫化酶结合生成 ATP,ATP 与荧光素酶作用发出可见光,多余的 dNTP 被三磷酸腺苷双磷酸酶降解开始下一个循环,测序仪检测荧光的释放和强度即可实时测定 DNA 序列。焦磷酸测序广泛应用于已知和未知基因突变的检测,其缺点是检测片段较短,仅为 50bp 左右,因此检测时间也很短,仅需 10～30 分钟。

8. 新一代测序(the next generation sequencing,NGS)　近年随着基因组研究的飞速发展,传

Notes

统的测序方法已经无法完全满足研究的需要，对于费用更低、通量更高、速度更快的测序技术的需求越来越强烈，NGS 应运而生。目前常用的 NGS 技术包括 454、Solexa 和 SOLID 等，它们均利用当前的智能化技术对基因组进行测序。NGS 适合用于全基因组测序、全外显子测序或对某一段区域进行靶向测序（targeted sequencing）。虽然近年来 NGS 技术飞速发展，测序的通量越来越高，成本也逐步下降，但是如果用于少量 SNP 的检测性价比仍非常低。

除以上列举的方法外，等位基因特异寡核苷酸片段分析、变性梯度凝胶电泳、扩增阻滞突变系统和变性高效液相色谱等技术也可用于 SNP 检测或分型。

二、遗传定位研究中的实验设计与统计分析方法

（一）遗传定位研究的分子基础

开展复杂疾病的遗传定位研究首先需要了解连锁不平衡、单体型、单体型块和 tagSNP 的概念，其中连锁不平衡是其中最重要的概念。

连锁不平衡（linkage disequilibrium，LD）是指相邻基因座上等位基因的非随机相关，当位于某一基因座上的特定等位与同一条染色体另一基因座位上的某等位同时出现的几率高于或低于人群中的随机分布，就称这两个位点处于连锁不平衡状态。假定两个 SNP 1 和 2 各有两个等位型（A，a；B，b，SNP 等位应为 A、C、G、T 四种，这里用 A、B 表示便于描述），那么同一条染色体上将有四种可能的组合方式：A-B，A-b，a-B，a-b。假定等位 A 的频率为 P_A，B 的频率为 P_B，那么在连锁不平衡条件下，等位组合 A-B 的频率 $P_{AB} \neq P_A \times P_B$，而是 $P_A \times P_B + D$（D 表示两位点间的连锁不平衡程度）。

导致连锁不平衡的主要因素有遗传漂变、人口增长与群体结构改变、重组率变化、突变率变化和基因转换。人群迁移、隔离、再分能够增加 LD 程度，而人口增长、世代增加、CpG 源新 SNP 发生、基因转换能够削弱 LD 程度。相对于短暂的人类史，人口历史因素对 LD 的影响很大。世界上不同地域的群体经历了不同程度的迁移、混合或遗传，造成了不同区域间的 LD 程度差别很大，如欧洲人群的 LD 程度远高于非洲人群。另外，LD 程度在基因组不同区域也有很大差别，某些区域两个相距很近的位点具有很弱的 LD，而另一区域的两个相隔 100kb 的位点却可能具有较强的 LD。

目前常用的连锁不平衡度量方法主要是 D'、r^2 和 LOD 值，这里主要对前两个度量进行介绍。D'、r^2 的取值范围均在 0（连锁平衡）和 1（连锁不平衡）之间，但具有不同的意义。

1. r^2 值量度 LD r^2 代表两位点在统计学上的关系，其表达式为：

$$r^2 = (P_{AB} - P_A P_B)^2 / P_A P_a P_B P_b \tag{11-1}$$

式 11-1 中，P_A，P_a，P_B，P_b 分别为 A，a，B，b 等位频率，P_{AB}、P_{Ab}、P_{aB}、P_{ab} 分别是 AB，Ab，aB，ab 四种单体型的频率。r^2 等于 1 说明两位点没有被重组分开，且等位基因频率相同。r^2 的数值表示一个位点可反映另一位点信息量的程度，$r^2 = 1$ 称为完全连锁不平衡，这时两位点等位基因频率相同，只观察一个标记即可提供另一个标记的全部信息。另外，需要指出的是，r^2 在小样本中不会显著增加。

2. D' 值量度 LD D' 值又称为连锁不平衡系数，其表达式为：

$$D' = D / D_{\max}, \quad D = P_{AB} - P_A P_B \tag{11-2}$$

公式 11-2 中，P_{AB} 为 A、B 两个等位连锁出现的频率，A、B、a、b 的频率分别为 PA、PB、Pa、Pb，$D_{\max} = \max(P_A P_b, P_a P_B)$，即 $D_{\max}$ 取 $P_A P_b$、$P_a P_B$ 当中的最大值。当 $D' = 1$ 时，说明两个位点间没有发生重组，与 r^2 相比较，D' 等于 1 时两位点等位基因频率并不需要相同，它只是反映最近一次突变发生后突变位点与临近多态性位点的关系。如果 $D' < 1$，则说明这两个位点间发生过重组或新发生了突变，如果 D' 值接近于 1，则两位点 LD 历史上发生重组的可能性很小，但如果 D' 处于中间值，则不能用它来比较两位点 LD 程度的差别。

Notes

仅考虑两个位点的 LD 度量方式在使用和计算上具有优势，但是当有多个位点需要综合考虑的时候，两点的度量方式将损失信息，因此，多点度量具有极大的应用研发价值。D' 度量能够比较方便地扩展到多个位点 LD 情况，有较为广泛的应用。

单体型（haplotype）是指一条染色体上紧密连锁的多个基因的线性排列（见图 11-1C）。SNP单体型就是不同 SNP 位点上核苷酸碱基的线性排列，每一种线性排列称为一种 SNP 单体型。如果在某一段 DNA 片断上发现 10 个 SNP，理论上可能存在 1024（2^{10}）种单体型，但由于 LD 的存在，实际上真实出现的单体型数远少于理论数。

基因组中单体型呈"块状"分布。这样的块状结构称为单体型块（haplotype block）。同一单体型块中的 SNP 间处于高度的 LD 状态，有共同遗传的趋势。不同单体型块中的 SNP 个数、单体型类型、块跨度是不同的。另外，由于基因组不同区域的重组率大不相同，从而形成间隔不同的单体型块，而单体型块之间的区域重组几率大，这些位置被称为重组热点（recombination hot spot）。

如果单体型块已经确认，就可以精确地查找到其中某些特异的 SNP，利用这些 SNP 与周围 SNP 之间的紧密连锁，可以从中选择一定的组合来代表整个单体型块中的绝大多数单体型类型，这些 SNP 被称为标签 SNP（tag SNP）（见图 11-1D）。通过对 Tag SNP 的识别和分型来研究疾病，能够有效识别疾病相关的染色体位点，并且能够用最少的 SNP 数量实现全基因组范围扫描，极大地降低研究成本，因此是目前商业 SNP 分型芯片的主要组成部分。着眼于单体型块可以更好的阐明 LD 结构。如果可以确认单体型，可以从中发现 Tag SNP，从而捕获单体型或研究 LD 区域，还可以把每个单体型块看作一个等位基因，来进行 LD 分析，而单体型块方法比单个 SNP 更能精确反映生物基因组的多样性，并能够提供更清晰的 LD 图。

由于现有的高通量 SNP 分型技术主要是基于基因芯片的方法，测定结果不能直接反映 SNP 的相型（phase）特征，所以基于单体型块和 tag SNP 的研究方法需要首先对单体型块和 tagSNP 进行推断，这样的方法已经有很多，但有各自的侧重，因此，开发更为完善的推断方法也是 SNP 研究的一个重要领域。

（二）遗传定位研究中的样本选取

遗传定位以疾病为研究对象。准确的疾病定义，特别是细化疾病的分类层次对于获得有针对性的致病因子有重要的意义，同时也是指导实验样本选取的首要条件。在遗传定位研究中选择疾病和疾病样本一般遵循约定的 5 个原则，同时也是影响遗传定位结果的 5 个重要因素。

1. 临床表型　在临床中，同一疾病的不同亚型往往具有不同的临床症状，而特定的症状可能隐含着特定的遗传特征。以结肠癌为例，如果结肠癌病人有严重的结肠息肉，这一型的结肠癌实际上是一种与 APC 基因相关的显性遗传病，其他类型的结肠癌也可以根据临床表型进行区分。而在高血压研究中，由于原发性高血压往往伴发高血脂，可以就此进行原发性高血压病人的选取。由以上的两个例子可以看出，对病人临床表型的深入分析对于疾病分型，从而正确的选择遗传定位样本很重要。

2. 发病年龄　亲属风险（relative risk）能够表述疾病在亲属中发生的相关性，是流行病学中衡量遗传效力的重要参数。根据长期的调查，乳腺癌、阿尔兹海默病等大部分复杂疾病的早发个体具有较高的亲属风险，这表明选取疾病早发个体进行研究有利于进行遗传定位研究。

3. 家族史　某个个体家族中如果有成员罹患某种疾病有助于对其本身的疾病进行诊断，同时，具有家庭史也是很多复杂疾病亚型（如息肉型结肠癌）的重要特征，有利于辅助疾病分类。

4. 严重程度　遗传定位实验设计中，偏好选择疾病发生严重程度比较高的个体，一方面患病严重的个体易于正确诊断，另一方面这些个体可能会具有更为典型的遗传特征。

5. 群体分层　由于相同疾病在不同的群体中往往有不同的遗传特性，样本选择过程应该尽量选择同质性的群体。同时，由于连锁不平衡在群体中的分布特性，选择同质性的群体也有利

Notes

于进一步获得候选基因。

因此，复杂疾病遗传定位研究的疾病组样本应该尽可能选择具有明确的临床症状、偏向于早发、具有家庭史、病情较严重、同质性的个体；相对的，对照组中就应当避免出现与疾病组个体特征接近的个体。遵循这样的原则，才能为最大程度上获得真实可靠的分析结果打下良好的数据基础。

（三）连锁分析及其统计分析方法

连锁分析（linkage analysis）是根据家系中遗传标记重组率来计算两等位之间距离的方法，主要是通过分析已知的性状或疾病表型与基因型在家系中遗传模式，来定位新的易感位点和易感区域。根据连锁分析过程中是否依赖于假设模型，连锁分析方法可分为参数连锁分析和非参数连锁分析，本小节重点介绍参数连锁分析。

对于孟德尔遗传病（单基因病），研究人员易于比较清楚地知道该疾病的遗传方式、外显率、基因频率等指标，从而确定一个准确的遗传模型进行连锁分析（图 11-8）。随着统计方法的不断发展，某些遗传模型并不清楚的疾病也通过改变策略而适用于连锁分析，但无论如何，相对准确的模型建立是参数连锁分析成功的基本条件。直接计分法和 LOD 值法是最常用的参数连锁定位方法，这里以 LOD 值法为例进行简要的介绍。

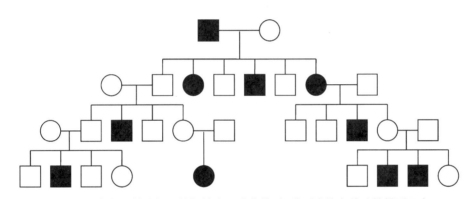

图 11-8　参数连锁分析所依据的家系遗传模型：典型常染色体隐性模型示意

LOD 值法进行连锁分析首先针对某一疾病收集一定数量的家系资料并进行分离分析，确定遗传模型；然后通过文献检索了解其可能的决定性状的染色体区域，并对该区域的 SNP 进行查询和筛选，基于选定的 SNP，对该家系成员进行基因分型；最后通过连锁分析估计疾病与 SNP 在子代中重组的发生率，计算 LOD 值，确定重组分数及相应的遗传距离，并进行假设检验，判断易感基因是否与遗传标记连锁。

LOD 值是指在一定重组率 θ 条件下，两个位点相连锁的似然性和不连锁的似然性比值的对数值。即

$$LOD = \log_{10} \frac{两位点连锁的似然性}{两位点不连锁的似然性} \tag{11-3}$$

在进行连锁分析时，要计算 $\theta = 0.0$（不重组）到 $\theta = 0.5$（随机分配）的一系列 LOD 得分。当 LOD 得分为 +3 或更大时，肯定连锁；当 LOD 得分小于或等于 −2 时，排除连锁。LOD 得分最大时的 θ 值被接受为最大似然估计值。由于现有的 S.A.G.E.（http://darwin.cwru.edu/sage/）等自由软件包提供了包括 LOD 值法在内的多种参数连锁分析工具，这里对具体的算法不再展开。目前，参数连锁分析方法已经被应用于几百种孟德尔遗传病的遗传定位研究中，同时也在某些复杂疾病研究，特别是大家系研究中获得成功。

非参数连锁分析是一种在分析前不需要确定疾病遗传模式（如基因型频率、外显率等）或半依赖模型的分析方法。最常用的非参数连锁分析方法是等位共享方法。等位共享方法不依赖

Notes

于遗传模型的构建,而是一个排除模型的过程。通过显示受累亲属间高于随机情况的共享遗传相同的染色体区域(或位点)概率来证实染色体区域的遗传模式与孟德尔遗传之间的差别。由于等位共享的方法是一种非参数方法,比参数连锁分析方法有更宽泛的应用范围,而且即使在受累亲属中不完全显性、表型复制、遗传异质性和高频等位等影响因素存在时,也有较好的表现。其主要缺陷是结果一般而言没有参数连锁分析方法显著。

(四)关联分析及其统计分析方法

关联分析(association analysis)是不依赖于家系信息的一种遗传定位分析方法,由于资源丰富,使用简便,是目前遗传定位研究中最常用的分析方法。根据研究表型的不同,关联分析又分为质量性状关联分析和数量性状关联分析,其中质量性状关联分析是复杂疾病遗传定位研究中最常用的分析方法。依靠关联分析方法进行易感位点定位的研究称为关联研究(association study)。

1. 质量性状关联分析　质量性状(discrete characters)指能观察而不能测量的属性性状,在同一种性状的不同表型间不存在连续性的数量变化,而呈现质的中断性变化。疾病的有无、分类等都是质量性状。病例-对照(case-control)研究设计是质量性状关联分析中最常用的研究设计。质量性状关联分析通过检验某个特定的等位在病例组和对照组中出现的频率差异来判断此等位是否是疾病易感等位。质量性状关联分析中常用的统计方法包括χ^2检验、Fisher精确检验、逻辑回归分析等。由于常用的统计分析软件如SPSS、SAS以及本节后半部分介绍的集成软件工具中均已包含,本部分不再一一介绍这些统计方法的算法。这里仅以χ^2检验为例简要的介绍质量性状关联分析的流程。

【例 11-1】　某医院对 200 名高血压病人和 200 名对照个体进行检测,通过限制性内切酶方法对采自这些个体的外周血淋巴细胞进行分析,获得了 SNP rs39461 的基因型(表 11-2),假定此次研究不存在采样上的缺陷,问这个 SNP 是否与高血压的发生相关?

表 11-2　高血压病人及对照个体的基因型统计表

分组	基因型			合计
	CC	CT	TT	
病例组	3	36	161	200
对照组	3	57	140	200
合计	6	93	301	400

在一般的 SNP 分型实验中,首先获得的数据就是个体的基因型数据,对这些个体按疾病和对照组进行统计就能得到类似于表 11-2 的统计表格。这个例题事实是一个两样本频数(计数资料)差异比较问题,如果直接从基因型频率考虑,这个问题适用于自由度为 2 的卡方检验,可进行以下的处理:

(1)建立检验假设,确定检验水准:

H_0: 在检测群体中,这个 SNP 与高血压的发生相关

H_1: 在检测群体中,这个 SNP 与高血压的发生不相关

$\alpha = 0.05$。

(2)计算检验统计量:

$$\chi^2 = n\left(\sum \frac{A^2}{n_R n_C} - 1\right), \quad v = (R-1)(C-1) \tag{11-4}$$

n 为总例数,R、C 分别为行数和列数,A^2 为每格的频数,v 为自由度,将表格中各数值代入公式得 $\chi^2 = 0.45$,$v = 2$。

(3)确定 p 值,作出推论:查表得 $\alpha = 0.05$,$v = 2$ 的临界 $\chi^2 = 5.99 > 0.45$,因此 $p > 0.05$,按 $\alpha = 0.05$

Notes

的水准,接受 H_0,即在此检测群体中,SNP rs39461 与高血压的发生没有相关性。

2. 数量性状关联分析 数量性状(quantitative trait)指一个群体内各个个体间表现的连续性的数量变化,如身高、体重、血压等等。与质量性状相比,数量性状的遗传研究要困难得多,主要是由于质量性状可通过表型来辨别,而数量性状表型上的差异不明显,基因型与表型间难以找到准确的对应关系。与某些数量性状形成相关的 DNA 区域又称为决定这个性状的数量性状位点(quantitative trait loci,QTL)。数量性状关联研究的主要目的就是鉴定 QTL。数量性状关联研究一般基于随机群体样本,通过研究某个特异位点不同等位下研究表型数据分布的差异来判断此等位是否为 QTL。数量性状关联分析中常用的统计方法包括方差分析、t 检验、线性回归分析等。与质量性状的关联分析的方法一样,这些算法也包含在常用软件中,这里仅以 t 检验为例。

【**例 11-2**】 某医院对 30 名高血压病人采用氢氯噻嗪进行降压治疗,获取了这些病人的基因组 DNA 和 6 周后血压降低情况的随访记录,通过基因分型获得了 SNP rs4961 的基因型,初步分析发现 GG 携带者有 19 人,他们的平均收缩压的下降值为 8.3mmHg,标准差为 2.3mmHg,GT+TT 携带者有 11 人,他们的平均收缩压的下降值为 7.1mmHg,标准差为 1.8mmHg,假定此次研究血压下降值符合正态分布,两样本方差无显著差异,问这个 SNP 是否与氢氯噻嗪降低收缩压的疗效相关?

(1)建立检验假设,确定检验水准:

H_0:在检测群体中,这个 SNP 与降低收缩压疗效相关

H_1:在检测群体中,这个 SNP 与降低收缩压疗效不相关

$\alpha = 0.05$。

(2)计算检验统计量:

$$t = \frac{\overline{X_1} - \overline{X_2}}{\sqrt{\dfrac{(n_1-1)S_1^2 + (n_2-1)S_2^2}{n_1+n_2-2}\left(\dfrac{1}{n_1}+\dfrac{1}{n_2}\right)}}, \quad v = n_1 + n_2 - 2 \tag{11-5}$$

$\overline{X_1}$,S_1^2,n_1 分别为 GG 携带者的平均收缩压的下降值,方差及样本数,$\overline{X_2}$,S_2^2,n_2 分别为 GT+TT 携带者的平均收缩压的下降值,方差及样本数,v 为自由度。将例子中的上述数值代入公式中求得 $t = 1.46$,$v = 28$。

查表得 $\alpha = 0.05$,$v = 28$ 的临界 $t = 2.048 > 1.46$,按 $\alpha = 0.05$ 的水准,接受 H_0,即在此检测群体中,SNP rs4961 与氢氯噻嗪降低收缩压的疗效无关。

此外,在进行数量性状数据的统计分析时,如果样本量足够大,还可将数量性状极端值转为质量性状进行分析。如在进行骨质疏松症的遗传学研究,通常将骨密度作为研究表型,骨密度是一种数量性状,进行统计分析时可将所收集样本中骨密度最高 5% 的样本设为高骨密度组,最低 5% 的样本设为低骨密度组,然后采用质量性状的统计分析方法鉴定骨密度相关的候选基因。这种思路可以提高统计功效,找到一些潜在的候选基因,但为此缩小了样本量。

上述例题均采用了简单的统计方法开展基于 SNP 的关联研究,方法上的简捷性显而易见。然而关联研究也有比较明显的缺点。由于关联分析可能针对任何一个分子标记进行,而不存在先验的假设,对关联分析发现的风险 SNP 尚需要进行可靠的功能验证。因此,关联研究中对标记信息的分析比研究方法本身更重要,下面将以质量性状关联分析为例从关联研究机理上来探讨风险 SNP 发现应注意的问题。

质量性状关联分析中发现 SNP 与疾病的显著相关性可能存在三个原因:①SNP 本身就是一个致病的 SNP(图 11-9A);②SNP 本身不能导致疾病,但与导致疾病的基因处于连锁不平衡状态(图 11-9B);③研究群体选择失误或群体分层造成的统计学显著性。第三种情况是关联研

Notes

究过程中需要避免的,所以关联研究过程中还应注意三点:①关联研究的样本选取要严格限制在同质性群体中;②关联研究对照组选取应当谨慎,必要时选择未受累亲属作为内对照;③如条件允许,对获得的阳性位点可进行传递不平衡检验(transmission disequilibrium test,TDT)分析,以确定发现的致病等位在家庭遗传中倾向于向患病子代遗传。

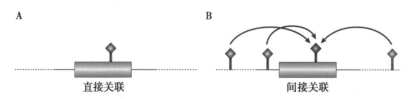

图 11-9　显著关联潜在的生物学机理

(五) 遗传分析中的统计显著性

遗传分析方法虽然笼统的分为两类,但相应的研究方法众多,既有传统的统计分析方法,也有衍生而来的机器学习分析方法,但无论采用何种方法进行复杂疾病的遗传分析,最终都将面对统计结果的取舍问题,即如何进行统计显著性的阈值设定。而且,这个问题,还将因为遗传分析中分子标记的增多或检验模型的增加而变得更为严峻。

在进行 SNP 与疾病之间的连锁或关联分析时,要求设置一个可以接受的假设检验显著性水平 α (一般为 5%)。这样,每一次检验,都有 5% 的可能引入一个假阳性的结果(Ⅰ类错误)。当进行 n 次独立的连锁或关联检验时,引入的Ⅰ类错误水平将满足 $\alpha = 1 - (1 - \alpha')^n$,当 n 变大时,引入的假阳性结果也将增多,从而使得在进行数以千计的 SNP 关联或连锁分析时,需要对 α 进行 Bonferroni 校正 $\alpha' = \alpha/n$ 。在这种情况下,如果对 1000 个 SNP 进行检验,且要达到显著性水平 $\alpha = 0.05$,需要达到真实的显著性水平为 $\alpha = 5 \times 10^{-5}$,而 100 万个 SNP 进行检验时,所需要达到的真实显著性水平为 $\alpha' = 5 \times 10^{-8}$,这对于高维度 SNP 遗传定位是个灾难性的结果,直接导致单次关联或连锁分析所能获得的显著性结果极少,同时使得许多真正相关的 SNP 没有被发现,造成假阴性;另外,在发现的极少显著性结果中依然存在着较大的假阳性。

因此,对于遗传定位的结果取舍,特别是多重检验问题一向都是人们关注的重点,采用多次随机进行 SNP 与疾病相关性检验进行显著性水平选取是目前为回避多重检验校正而广泛采用的一种方法。另外,考虑到基因组中广泛存在的连锁不平衡问题,对待检 SNP 进行 LD 修正是降低多重检验校正影响的一种有效方法。此外,在芯片分析中采用的错误发现率(false discovery rate,FDR)也经常用于遗传定位结果的修正。

三、全基因组关联研究

随着 HGP 和 HapMap 计划的开展和完成,已识别的人类 SNP 已达千万,常见 SNP 数量也已经达到 300 万以上,同时 HapMap 计划推动的商业分型芯片发展,已经促使遗传定位研究由最初的几个至数千个分子标记的研究发展到当前 200 万 SNP 的研究维度,极大地推动了复杂疾病的遗传学研究,遗传分析已经进入了全基因组关联研究(genome-wide association study,GWAS)阶段。2005 年 Klein 等人在《科学》杂志上发表了第一个 GWAS,开启了复杂疾病 GWAS 时代。截止至 2014 年 8 月 8 日,全世界已发表 1961 篇与 GWAS 有关的 SCI 论文,鉴定了 14 012 个疾病或者性状相关的 SNP 位点,这些位点散布在整个基因组内,覆盖了人类绝大多数类型的复杂疾病或性状(数据来自美国国家人类基因组研究所,http://www.genome.gov/gwastudies/)。GWAS 研究目前已覆盖的复杂性状和疾病包括癌症、糖尿病、心脏病、药物反应性等。图 11-10 显示了截止至 2013 年 12 月全球 GWAS 研究中发现的 $p \leqslant 5 \times 10^{-8}$ 的 SNP 所在染色体位置及其相关性状(http://www.ebi.ac.uk/fgpt/gwas/#diagramtab)。

Notes

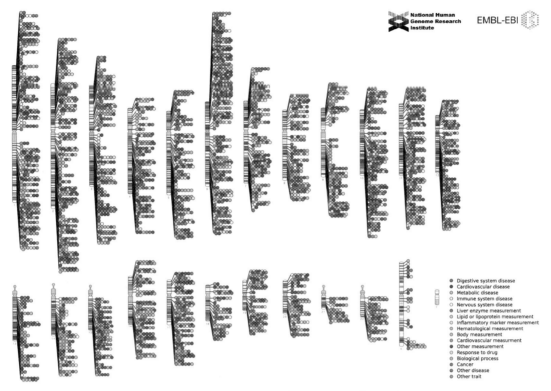

图 11-10　2013 年 12 月前出版的 $p \leqslant 5 \times 10^{-8}$ SNP 定位

　　GWAS 的基因分型主要基于全基因组芯片，一种基于寡核苷酸杂交的微阵列芯片。目前主流的 GWAS 芯片包括 Human610-Quad Beadchip 和 Genome-Wide SNP 6.0，前者可同时检测 4 个样品的 230 万个 SNP 位点，后者可同时检测 90 万个 SNP 位点和 90 万个 CNV 位点。由于这两款基因芯片的 SNP 的挑选是基于欧美人群的，且大多数 SNP 处于内含子和基因沙漠区域，近年来商业公司又推出了基于中国人群基因组的 GWAS 芯片和全外显子芯片。

　　虽然 GWAS 在复杂疾病的遗传学研究中作出了巨大的贡献，但它仍然面临着不少问题。首先，高维度的 SNP 数据给统计学方法带来了很大的压力；其次，由于纳入的位点太多，面临的多重检验问题相当严重；再次，它对群体分层极为敏感，容易出现因样本选择不合适造成的假阳性结果。

　　目前，GWAS 主要通过两个策略来实现风险 SNP 和风险基因的发现。一方面，采用合并不同实验室样本数据的方法，通过提高研究某个疾病的样本量来加大风险 SNP 的显著性水平，即常说的 meta 分析方法，并且成功地应用于乳腺癌、结肠癌和 2 型糖尿病研究中，与之相伴的是基因型推断技术的发展。另一方面，采用候选区域精细定位的方法，在较低样本量情况下采用基因组范围关联分析获得候选风险区域，缩小范围后对候选区域加大样本量，进行精细的 SNP 分型，采用多轮重复策略，最终获得高显著、高精确度的风险位点（图 11-11）。这些策略的实施为发现真实的风险 SNP 提供了可靠的保障，但依然存在花费大、效率低的缺点。

　　在这样的情况下，人们逐渐将目光从统计方法研究和提高统计显著性角度转移到关联分析结果的信息挖掘上，称之为第二代关联分析策略。第二代关联分析策略将关联分析作为疾病风险权重，期望借助于已知的通路、网络、互作、功能等知识进行位点和基因层面之外的更高层次的信息发现。这样的策略不仅坚持了疾病基因层面的发现，同时获得的结果还能够从细胞过程和机理的角度来解释疾病的发生，相比原有的方法，有着不言而喻的优势。但由于作为研究基础的高通量先验知识本身还存在不完整和假阳性，因此第二代关联分析策略还处于起步和摸索阶段，真正意义上的高层面信息发现还需要对现有知识进行深入、系统的梳理和总结。

Notes

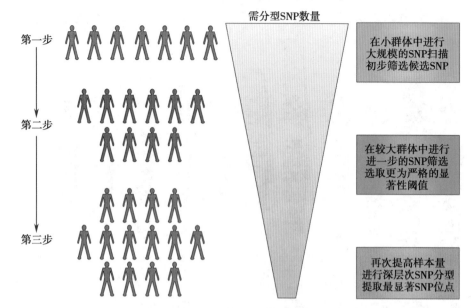

图 11-11   精确定位策略提高关联分析可靠性

四、罕见变异位点的分析方法

人类基因组的变异可以根据 MAF 进行划分。MAF 介于 5%～50% 之间称为常见变异（common variants），MAF 介于 1%～5% 之间的称为稀有变异（infrequent variants），而 MAF 小于 1% 的变异称为罕见变异（rare variants）。通常罕见变异在一些罕见疾病的发病过程中起重要作用，而在复杂疾病中罕见变异的重要性还存在争议。常见疾病 - 常见变异（common disease-common variant）假说认为复杂疾病是由多个常见变异共同作用的结果，这些常见变异是微效的，多个微效常见变异的累积引起了疾病的发生。而多重罕见变异（multiple rare variant）假说认为疾病的发生取决于一些效应较大的罕见变异。目前学术界对这两种观点意见不一。

罕见变异在基于高通量测序的遗传学研究中比较常见，如全基因组测序研究、全外显子测序研究和靶向测序研究等。另外，在 GWAS 芯片中也包含了少量已知的罕见变异位点。然而在常规的复杂疾病遗传学统计分析中，罕见变异大多会被排除。如进行 GWAS 统计分析时，为了保证统计功效，会首先对分型数据进行质量控制，其中一条质控的标准为排除 MAF 小于 1% 或 5% 的 SNP。实际上罕见变异也可能在复杂疾病的发生发展过程中起重要作用，因此进行统计分析时不应排除。目前鉴定复杂疾病相关罕见变异的分析方法主要分为 3 类，分别是单位点分析、多位点分析和折叠方法（collapsing methods）。

（一）单位点分析方法

在测序数据或 GWAS 数据中最简单的罕见变异关联分析方法就是单位点分析，分析方法与常见变异分析方法一致，如病例 - 对照的数据即采用 x^2 检验、Fisher 精确检验、Cochran-Armitage 趋势检验和逻辑回归分析；数量性状则采用 t 检验、线性回归分析等。通过上述分析辅以多重检验校正得到校正后的 p 值即可判定罕见变异是否与被研究疾病有关。常规的单位点分析方法最大的问题在于统计功效不足。分析发现，在病例对照组研究中如果要发现 MAF 为 0.05、0.01 和 0.001 的突变位点在全基因组范围内与被研究疾病相关（P 值达到 $5×10^{-8}$ 水平，OR 达到 2，统计功效达到 0.8），分别需要 2500，12 000 和 117 000 个样本。实际研究中由于样本量的限制，在绝大多数高通量关联研究中，运用单位点分析方法都无法筛选到罕见变异。

（二）多位点分析方法

多位点分析指采用多变量的分析方法将罕见突变与常见突变位点的信息纳入统计模型中进

行合并分析。由于多位点合并后效应会提升，因此多位点分析的统计功效比单位点分析要高。一些常见的多变量分析方法都可以开展多位点分析，如 Fisher 方法、Hotelling T2 检验以及多元回归分析（线性或逻辑）等。但这些分析都要求多自由度，会降低检验的统计效能，尤其是在被分析的位点中只有一个信号较强的情况下。它们也对被检测位点的 MAF 非常敏感，纳入模型的罕见变异位点越多，统计效能越低。此外，有些分析方法仅仅为单位点分析结果的合并，依赖于单位点的分析结果，如 Fisher 方法。为了提升多位点分析的统计功效，统计学家们开发了一些能够降低自由度的多位点统计方法，如 Schaid 等开发的 Zglobal 算法，但这些分析方法与Fisher 方法一样，过度依赖于单位点分析方法，进行分析前必须先进行单位点分析以确定被分析位点的风险等位基因以及作用方向。目前也存在一些不依赖单位点分析结果的多变量分析方法，如基于矩阵距离的多元回归分析（multivariate distance matrix regression，MDMR）和核函相关检定法（kernel-based association test，KBAT）。MDMR 对于较小基因组区域范围内的多个位点进行统计分析时统计功效较高，不适合于对距离较远的多个位点进行分析。模拟研究发现，在多位点中包含罕见变异时，KBAT 是目前统计功效最高的分析方法。

（三）折叠方法

折叠方法是一种用于将多位点效应合并以降低自由度从而提升统计功效的方法，是目前最常用的罕见变异位点关联分析方法。折叠方法用于罕见变异分析的思路如下：对于单个罕见突变来说，它出现的频率很低，但如果将所有罕见变异一起考虑，一种疾病的患者中出现至少一种罕见变异的情况会很常见。因此，可以采用预先设定的标准对被研究的变异进行筛选和折叠以整合多个位点的效应并生成新的自变量，然后将新的自变量纳入统计分析模型即可确定某组位点与研究表型间的关联关系。例如以某个基因内所有突变为筛选标准，以至少存在一个罕见变异为折叠标准。折叠后所有样本将会分为没有罕见变异组和至少有一种罕见变异组。然后通过卡方检验等单因素分析方法检测病例对照组中这两组比例的差异即可确定该基因与疾病的关联关系。此外，将折叠方法与多位点分析方法结合还可以分析多组突变与研究表型间的关系。突变筛选和折叠的标准有很多依据，如基因组区域、基因、通路、MAF 等，研究人员可依据研究需要自行设定。

第四节　常用的集成软件工具
Section 4　Statistical Genetics Softwares and Application

一、Haploview 软件与单体型分析

（一）软件介绍

Haploview 软件由剑桥大学编写的免费软件，必须在 JAVA 环境下运行，其主页网址为：http://www.broadinstitute.org/scientific-community/science/programs/ medical-and-population-genetics/haploview/haploview。Haploview 是目前最常用的单体型分析软件，可推断单体型块和估算单体型频率。Haploview 通过三种不同的方法分析基因型，得到不同的单体型及单体型块，并且分别对不同方法所得到的不同的单体型块进行连锁分析或关联分析，得出群体中传递频率高的单个等位基因及单体型在每代之间的遗传频率，从而找到与疾病相关性最大的等位基因，单体型及高度连锁分析的等位基因。下面将介绍如何使用 Haploview 进行单体型分析。

（二）数据的统计描述

对所载入的数据，Haploview 设置了一些指标的阈值来选定具有特征性的 Marker。当数据的 SNP 满足以下默认条件时：

Notes

> 哈代 - 温伯格平衡检验：$HWE \geqslant 0.001$
> 最小等位基因频率：$MAF \geqslant 0.001$
> 未缺失的基因型频率：$\%Geno \geqslant 75\%$
> 孟德尔遗传规律错误的个数：$MendErr \leqslant 1$

Haploview 将最终选取这些 SNP 进行有效的分析。而对于那些不满足这些衡量标准的 SNP，软件将自动删除。除此之外，Haploview 不会对未被完全检验的 Marker 进行后续的分析及检验。

（三）Haploview 中的单体型分析相关模块

1. 连锁不平衡分析   Haploview 通过对输入数据的处理，计算 SNP 之间的 LD 量度（D'、r^2、LOD 值），并用不同的颜色表示不同标记之间的连锁不平衡强度，实现可视化（图 11-12）。

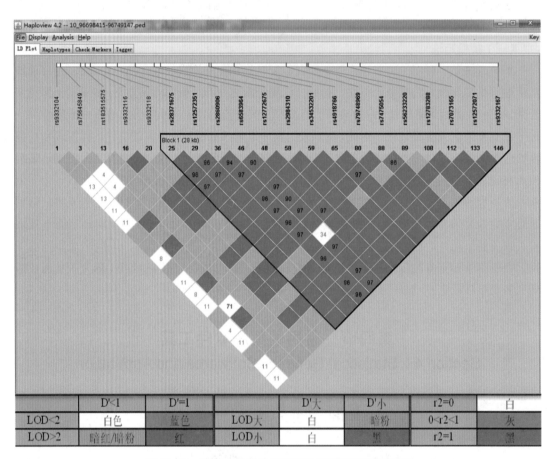

图 11-12   连锁不平衡分析界面及其对应的颜色说明

2. 单体型块分析   Haploview 提供了三种不同的方法进行单体型块估计，可以自动产生单体型块，也可以由用户手动自定义形成。

（1）致信区间法（confidence interval）：根据 Gabriel 等的研究，利用 D' 值来判定 SNP 的连锁不平衡程度即高度连锁不平衡，不确定性或高度重组。他们将高度连锁不平衡和高度重组的 SNP 认为是富含信息量的，即非不确定性的。当 95% 的富含信息量的 SNP 是高度连锁时，则认为这些 SNP 形成一个单体型块。但是首先必须保证这些 SNP 的最小等位基因频率 $MAF \geqslant 5\%$。

（2）四配子检验（four-gamete test, FGT）：FGT 是通过突变体的重组关系来确定单体型的连锁块。每对 $MAF \geqslant 1\%$ 的 SNP，当发生突变时，由于重组关系可能形成 4 种由两个 SNP 形成的

Notes

单体型。当每个单体型出现的频率 $f \geqslant 0.01$ 时,则认为发生了重组。这种情况下,单体型的连锁块由连续的不发生重组的连锁块组成,即在这个块中,每个单体型都只可能存在三种组合。

在 m 个 SNP 中,可对每对 SNP 进行 FGT 来识别过去的重组事件。如图 11-13 所示,11-13A 考虑两个 SNP(SNP_1 和 SNP_2),每个 SNP 有两个等位 A/T 和 C/G。在群体事件中,A 转变为 T,C 转变为 G,从左边可以看到两个 SNP 形成的三种单体型(A/C,A/G 和 T/C);右边则因为发生重组,使两个 SNP 之间形成了四种单体型(A/C,A/G,T/C 及 T/G)。图 11-13B 是单体型块的识别(此时 $m=8$)。利用 0 和 1 表示是否在某两个 SNP 间形成四种单体型,确定每个块中包含所有不发生重组的单体型。当出现重组即有标志 1 出现时,即把它认为是另一个块的开始,直到下一个标志 1 出现为止。

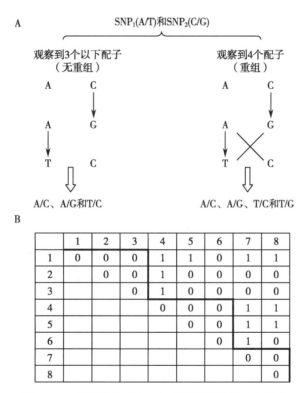

图 11-13　四配子检验方法识别单体型块的基本原理

(3)连锁不平衡的稳定连接限制:在连锁不平衡计算过程中,Haploview 寻找两个 SNP 之间高度连锁不平衡的证据,将这两个 SNP 作为连锁块的头尾两个 SNP。即在确定的块中,头尾两个 SNP 必须与中间所有的 SNP 高度连锁不平衡,而中间的 SNP 之间则不必要连锁不平衡。

3. 单体型分析　Haploview 运用最大期望算法(expectation-maximization algorithm,EM)对未知位置的单体型进行位置预测。EM 运算法则是在哈代 - 温伯格平衡(Hardy-Weinberg equilibrium,HWE)条件下计算连续的单体型频率的方法。

如图 11-14 所示,Haploview 提供的单体型窗口显示了块中每个单体型的群体频率及单体型块之间的关系。在交叉区域中,计算出了多等位基因的 D' 值,反映了块之间的重组水平;同时显示单体型中的 SNP 标识及 Tag SNP。

单体型也可通过调整以不同的形式来表现。在窗口的底部,有几种选择:等位基因、数字、及红色和蓝色框架。其中,等位基因用 A,C,T,G,X 来表示,X 代表不确定的数据;数字 1,2,3,4 分别表示碱基 A,C,T,G,8 则表示 X;蓝色框架代表最多的等位基因,红色则代表最少的等位基因。

Notes

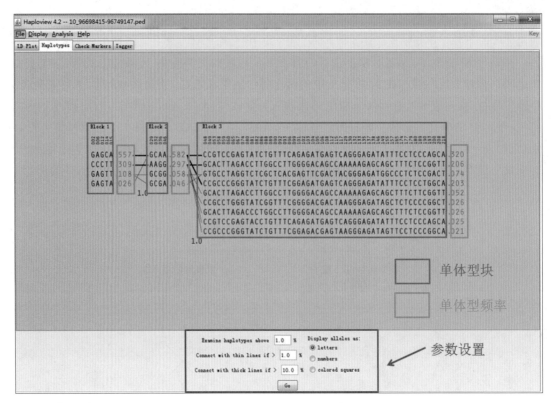

图 11-14   Haploview 估计单体型类型及频率

二、统计遗传学集成分析软件 Plink

Plink（http://pngu.mgh.harvard.edu/~purcell/plink/）是由哈佛大学开发的一个免费、开源的全基因组关联分析工具集，旨在用有效地计算方式进行常规的及大规模的遗传分析。PLINK 的主要功能包括：数据处理和统计描述、群体分层检测、关联分析、IBD 估计单体型分析、家系关联分析、置换检验、多重检验校正及上位效用检测等。本部分简要介绍一些 PLINK 的基本操作。

Plink 可在 windows 系统下通过 DOS 运行，下载完成后经 DOS 进入 Plink 主程序和数据输入文件所在的文件夹下即可进行统计分析。

Plink 的输入文件有两个，分别以 .ped 和 .map 作为后缀。PED 和 MAP 文件是用空格或 Tab 分割的文件，PED 文件的每一行代表一个样本描述，并且前六列描述信息是必需的，如缺失应当用 0 代替，但必须含有表型信息。MAP 文件的每一行是一个 SNP 的染色体定位（表 11-3）。

表 11-3   PED 和 MAP 文件说明

列数	PED 文件	MAP 文件
第 1 列	个体所在家系 ID[a]	SNP 所在染色体[b]
第 2 列	个体在家系中的编号	SNP 标识符
第 3 列	个体对应的父亲编号	SNP 的遗传距离
第 4 列	个体对应的母亲编号	SNP 的绝对位置
第 5 列	性别	
第 6 列	表型状态[c]	

[a] 1 代表男性，2 代表女性，其他标记表明性别未知；[b] 分别使用 1～22 数字和 X、Y 表示，0 代表所在染色体未知；[c] 1 表示为对照个体，2 表示为疾病个体

Notes

Plink 的基本输入语法格式为：

```
plink --file mydata -- 命令
```

其中命令可以是单个命令也可以是符合规则的连续多个命令。表 11-4 列出采用 Plink 进行关联分析中常用的一些命令。

表 11-4 Plink 计算上位效应的参数列表

命令	参数或缺省值	描述
--file		指定 .ped 和 .map 文件
--assoc		SNP 和表型之间的关联分析
--freq		计算 SNP 的 MAF
--hardy		计算 SNP HWE P 值
--adjust		对 P 值进行多重检验校正
--maf	0.01	排除 MAF 小于 0.01 的 SNP
--hwe	0.001	排除 HWE 检验 P 小于 0.001 的 SNP
--out		制定输出结果的名称
--epistasis		进行 SNP-SNP 的上位分析
--tdt		进行基于家系的 TDT 分析

这里以上位效应为例介绍 PLINK。PLINK 用于检测 SNP-SNP 间上位效应所用的默认检验模型主要有线性回归和逻辑回归两种，取决于表型是数量性状还是二值性状。基于每一个 A 和 B 的等位基因情况，建立一个模型：

$$Y \sim b_0 + b_1 A + b_2 B + b_3 AB + e \tag{11-6}$$

互作检验基于系数 b_3，因此检验过程中只是考虑等位基因之间的上位效用，不考虑协变量。SNP-SNP 上位效应检验可以在病例/对照样本中进行，也可以只在疾病样本检测（也叫做 Case-only）。在病例/对照样本中检测 SNP×SNP 上位效应，用以下命令：

```
plink --file mydaya --epistasis
```

--epistasis 命令用来检验大量的 SNP-SNP 互作，但大部分互作没有显著意义或不符合用户要求，虽然可能一次操作会进行数百万或数十亿行的计算，但默认只输出 $p < 10^{-4}$ 的互作，或者用 --epi1 参数设定。如果数据集比较小，期望输出所有的检验结果，可以用 --epi1 参数测定，如：

```
plink --file mydata --epistasis --epi1 0.0001
```

同时也可以通过命令设定进行检验的 SNP 集合，相应的模式如下：

```
任意 SNP 之间: plink --file mydata --epistasis
集合 1 内部: plink --file mydata --epistasis --set-test --set epi.set
集合 1- 全部: plink --file mydata --epistasis --set-test --set epi.set --set-by-all
集合 1- 集合 2: plink --file mydata --epistasis --set-test --set epi.set
```

epi.set 可以只含有一个数据集，也可以包含有多个数据集。对于每一个数据集开头有数据集名称，数据结尾有 END 符号。

在病例样本中检测 SNP-SNP 上位效应，有两种近似但更快速的参数命令：--fast-epistasis 和 --case-only，用以下命令执行：

```
plink --file mydata --fast-epistasis --case-only
```

Notes

目前,在 case-only 分析中,默认状态下只考虑距离 1Mb 以上或不在同一条染色体上的 SNP,其他 SNP 上位效应计算,可以通过 -gap 参数设定 SNP 之间的距离,如下:

```
plink --file mydata --fast-epistasis --case-only --gap 5000
```

-gap 是一个很重要的参数,但使用时应当慎重,因为用 case-only 检验上位效应的两个 SNPs 在群体中应处于连锁平衡状态。

上位分析的输出文件包括 plink.epi.cc 和 plink.epi.cc.summary。plink.epi.cc 文件显示以下信息:① CHR1,第一个 SNP 所在的染色体;② SNP1,第一个 SNP 识别符;③ CHR2,互作的 SNP 所在的染色体;④ SNP2,互作的 SNP 识别符;⑤ OR_INT,两位点互作的 odd ratio 值;⑥ STAT,自由度为 1 的卡方检验统计量;⑦ P,显著性水平。plink.epi.cc.summary 文件显示以下信息:① CHR,染色体编号;② SNP,SNP 标识符;③ N_SIG,上位效应的显著性检验(p <= "--epi2" 阈值);④ N_TOT,可执行检验;⑤ PROP,可执行检验的百分数;⑥ BEST_CHISQ,与互作的 SNP 检验结果;⑦ BEST_CHR,互作的 SNP 染色体编号;⑧ BEST_SNP 互作的 SNP 标识符。

三、SNPtest 与 Meta 分析

SNPtest(http://mathgen.stats.ox.ac.uk/genetics_software/snptest/old/snptest_v 1.1.5.html)是一个强大的基因组范围关联研究软件包,它可以对单个 SNP 关联进行频率检验或贝叶斯检验,可以根据任意的协变量集进行设置,并且能够考虑基因型的不确定情况。目前,被广泛应用的 WTCCC 中,7 套复杂疾病的基因组范围关联研究,就是采用该软件进行的数据分析。SNPtest 同时提供了 2000 个个体中 100 个 SNP 的疾病 - 对照示例文件。

SNPtest 允许分析多组个体。每组数据存为两个文件:第一个文件为样本文件,存储的是 ID 号、关联协变量和每组个体的表型信息;第二个文件为基因型文件,存储的是每组基因型数据。软件当中包括的例子数据集中每组的样本和基因型文件分别有符合要求的 _sample 和 _gen 样文件。

基因型文件格式(_gen):该文件每行表示一个 SNP 信息,前 5 列分别为:SNP ID、RS ID、SNP 碱基对位置、两个等位基因(M、N);接下来的 3 个数字表示三种基因型 MM、MN、NN 在第一个个体中出现的概率值,再接下来的 3 个数字表示三种基因型在第二个个体中出现的概率,以此类推。并且个体的顺序应该与 _sample 文件中个体的顺序相同。同时,考虑到缺失基因型情况,因此基因型概率之和不必均为 1。

例如:已知 5 个 SNP 在 2 个个体中的基因型,转化为正确的 _gen 文件,如图 11-15 所示(红色线内的为个体 1,蓝色线内的为个体 2):

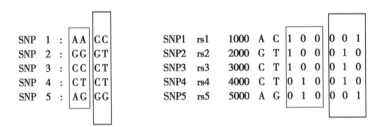

图 11-15 SNPtest 数据格式

当对多组执行 SNPtest 时,假设每组数据的 SNP 集大小相同并且这些 SNP 在每组的基因型文件中的存储顺序相同。

样本文件格式(_sample):该文件包括三个部分:第一行,表示每一列的名字;第二行,每一列所存储变量的类型;接下来的每行表示一个个体的详细相关信息。例如:

Notes

ID_1	ID_2	missing	cov_1	cov_2	cov_3	cov_4	phenotype_1
0	0	0	1	2	3	3	p
1	1	0.007	1	2	0.0019	−0.008	1.233
2	2	0.009	1	2	0.0022	−0.001	6.234
3	3	0.005	1	2	0.0025	0.0028	6.121
4	4	0.007	2	1	0.0017	−0.011	3.234
5	5	0.004	3	2	−0.012	0.0236	2.786

第一行分别表示：个体的第一个 ID 号、第二个 ID 号、个体中缺失值的比例，这三个是必须要有的，接下来的分别表示变量的名字。上面的例子中，有 4 个协变量 cov_1, cov_2, cov_3, cov_4 和 1 个表型名字 phenotype_1。

第二行表示每列中变量的类型，前 3 个设置为 0，接下来的位置应遵循下面的规则：

1	离散的协变量（用正整数表示），对关联进行 Mantel-Haentzel 检验
2	离散的协变量（用正整数表示），对关联进行跨群体的整合检验
3	连续协变量
p	表型

SNPtest 中的统计模块包括 9 个方面的内容，分别是：①数据的统计描述；②压缩文件输入命令；③计算数据缺失率；④排除 SNP 及（或）个体；⑤哈代温伯格平衡检验；⑥基本的关联检验；⑦协变量处理；⑧贝叶斯检验；⑨基因型不确定时数据分析。这里以病例对照样本的关联分析为例示范 SNPtest 的基本操作方法。

在病例对照研究中对加性、显性、隐性、常规及杂合子 5 个模型的关联进行标准频率病例对照检验，可由命令 -frequentist 来执行。例如，下面的命令行被用来对这 5 种模型进行检验：

```
./snptest -cases ./example/cases.gen ./example/cases.sample -controls ./example/
controls.gen ./example/controls.sample -o ./example/ex.out -frequentist 1 2 3 4 5
```

5 种不同的模型编号为：1- 加性模型，2- 显性模型，3- 隐性模型，4- 常规模型，5- 杂合子模型。加性模型是对加性遗传效应进行 Cochran-Armitage 检测。显性模型和隐形模型是将 AA 基因型当作起点基因型。常规模型则是对关联进行自由度为 2 的标准检验。

输出文件为 ./example/ex.out，包含了每个 SNP 所有如前面描述的梗要信息。四个检验的 p 值分别在 frequentist_add，frequentist_dom，frequentist_rec，frequentist_gen and frequentist_het 列中给出。

Meta 分析又称为荟萃分析，是复杂疾病遗传学研究中一种常用的方法。Meta 分析起源于 Fisher 1920 年提出的"合并 P 值思想"，1976 年正式发展成为 Meta 分析。简单地说，Meta 分析就是收集所有相关研究并逐个进行严格评价和分析，再用定量合成的方法对资料进行统计学处理得出综合结论的过程。Meta 分析通过合并多个研究数据的方式增加样本量，提高统计统计把握度，有利于发现单个研究中无法发现的信息。在复杂疾病遗传学研究中，尤其在 GWAS 中，通过 Meta 分析可以迅速的扩增样本量，有利于发现新的的易感位点。如 DIAGRAM 协会开展了国际上首个基于 GWAS 的 Meta 分析，他们通过合并 3 个 GWAS 研究中 10 000 例样本的数据鉴定了 6 个新的二型糖尿病易感位点。在开展 Meta 分析时需要关注研究异质性的问题，不同研究的研究设计、人群、表型界定多不一致，存在一定的异质性，这个异质性是影响 Meta 分析结果准确性的最大因素。

目前已有许多软件能开展基于 GWAS 的 Meta 分析，如 Meta、Comprehensive Meta-analysis、Stata 等。由于 Meta 软件能够直接使用 SNPtest 的结果输出文件，因此本节将简要介绍 Meta 软

Notes

件的使用方法。Meta 软件是由牛津大学开发的基于 GWAS 的 Meta 分析专用软件,其主页为:http://www.stats.ox.ac.uk/~jsliu/meta.html。运用 Meta 软件进行分析时首先需准备输入文件,不同的研究结果分别存储于不同的输入文件中。输入文件可从 SNPtest 软件直接输出,然后通过下面的命令进行 Meta 分析。

```
./meta --method 1 --cohort example1.txt example2.txt --output meta.txt
```

其中 example1.txt 和 example2.txt 为不同研究的关联分析结果文件,meta.txt 为结果存储文件。meta.txt 中 P-value 代表两个研究通过 Meta 分析获得的合并 p 值。

Meta 软件中提供了 3 中方法开展 Meta 分析,分别是固定效应模型的逆方差分析,随机效应模型的逆方差分析以及固定效应模型的 Z 值合并方法,这三种方法分在 Meta 软件的分析命令中别用 1,2,3 代替。

四、Merlin 与数量性状分析

Merlin(http://www.sph.umich.edu/csg/abecasis/Merlin/index.html)是一个利用稀疏遗传树进行系谱分析的软件包。Merlin 利用稀疏树来代表系谱中的基因,它是最快的谱系分析软件包之一。Merlin 能够被用于参数或非参数的连锁分析,以回归为基础的连锁分析或对数量性状的关联分析,IBD 和亲属关系的估计,单体型分析,错误检测和模拟分析。在大部分分析中标记之间可以存在连锁不平衡状态,并且能够比其他的系谱分析软件包处理更多的标记。

Merlin 进行普遍的家系分析。输入文件描述数据集中个体之间的关系,储存了标记基因型,疾病的状况和数量性状标记信息,并提供了位点定位及等位基因频率信息。Merlin 支持 QTDT 或 LINKAGE 格式的输入文件。这两种格式非常相似,在以下的讨论中将主要关注 QTDT 格式。

(一)家系输入文件的构建

在一个家系文件中所有用于重建个体间关系的信息可以概括为 5 个项目:一个家庭的标识符,个体识别码,与每位家长的链接(如果有的话),最后一个指标是每个个体的性别。

以下为是一个虚拟的家系文件:

FAMILY	PERSON	FATHER	MOTHER	SEX
example	granpa	unknown	unknown	m
example	granny	unknown	unknown	f
example	father	unknown	unknown	m
example	mother	granpa	granny	f
example	sister	father	mother	f
example	brother	father	mother	m

这些关键值构成了任何一个家系文件的前五列。由于在早期的遗传程序中存在的限制,文本标识符通常被唯一的数值所取代。每个标识符被唯一的整数所替代且将性别编码为女性为 2,男性为 1 之后,一个基本的以空格分隔的家系文件会是以下这种形式:

<contents of basic.ped>				
1	1	0	0	1
1	2	0	0	2
1	3	0	0	1
1	4	1	2	2
1	5	3	4	2
1	6	3	4	1
<end of basic.ped>				

Notes

一个家系文件可以包括多个家庭。每个家庭都有唯一的结构,在数据集中与其他家庭之间存在独立性。

通常标准的 5 列之后的各种类型的基因数据,包括离散的表型数据,数量性状数据和标记基因型数据。

疾病状况通常在单独的一列进行编码:

> U or 1 for unaffecteds,A or 2 for affecteds,and X or 0 for missing phenotypes.

编码数量性状时用 X 表示缺失值(也可以使用一种特殊的数值表示缺失的表型值,但该程序容易出错,不推荐)。

标记基因型被编码成用两个连续的整数,对于每一个等位基因用一个"/"进行分隔,或自 1.1 版本后使用字母"A","C","T"和"G"来编码。为了表示缺失的基因,可以用 0,X 或 N。以下是所有有效的基因型项 1/1(等位基因为 1 的纯合子),0/0(缺失的基因型),及 3/4(等位基因为 3 和 4 的杂合子)。在 Merlin 的较新版本 A/A,A/C 和 C/C 也是有效的基因型。对于 X 染色体,男性应该像他们好像有两个相同的等位基因那样被编码。

以下为前面的家系文件添加了疾病状况,对数量性状的测量值和两个标记的基因型后所呈现的形式:

```
<contents of basic2.ped>
    1    1    0    0    1    1    x      3    3    x    x
    1    2    0    0    2    1    x      4    4    x    x
    1    3    0    0    1    1    x      1    2    x    x
    1    4    1    2    2    1    x      4    3    x    x
    1    5    3    4    2    2    1.234  1    3    2    2
    1    6    3    4    1    2    4.321  2    4    2    2
<end of basic2.ped>
```

注意第 5 个个体和第 6 个个体,她们都被标记成易感(她们在第 6 列的值为 2),其他的每个个体都被标记成非易感的(他们在第 6 列的值为 1)。她们的数量性状(第 7 列)值为 1.234 和 4.321。尽管每个个体在第一个标记上都进行了基因分型,但对于第二个标记,只有个体 5 和个体 6 进行了基因分型。

(二)家系数据分析

家系文件所包含的标记基因型,疾病的状况和数量性状变量的个数只受可用内存的限制。由于每个家系文件具有唯一的结构(除了第一个 5 列),其内容必须在与其配对的数据文件中被描述。

数据文件包括家系文件中的每行数据项,显示出了数据类型(将标记编码为 M,将易感状况编码为 A,将数量性状编码为 T,并将相关变量编码为 C)并为每一个数据项提供了一个用一个单词表示的标签。对应于上述家系的包含有一个易感状况,接下来是一个数量性状和两种标记基因型的数据文件的具体形式如下所见:

```
<contents of basic2.dat>
        A        some_disease
        T        some_trait
        M        some_marker
        M        another_marker
<end of basic2.dat>
```

Notes

可以利用 pedstats（包含在 Merlin 分布中）得到任何一组家系文件和数据文件的概括性描述。要运行 pedstats 你必须提供你的数据文件的名称（-d 命令行选项）和家系文件的名称（-p 命令行选项）。在 Merlin 的例子的目录中，尝试下面的命令：

```
prompt > pedstats -d basic2.dat -p basic2.ped
```

（三）数量性状关联分析

Merlin 也可以检测一个 SNP 与一个或多个数量性状之间的关联性。在 Merlin 中进行的关联性检测包括一个集成的基因型推理功能，它可以在一些基因型缺失的情况下提高工作效能。在这个例子中，将向大家展示如何利用 Merlin 进行关联分析，以及如何利用集成的基因型推理功能估计缺失的基因型。

要运行 Merlin 中的关联分析，首先需要指定数据集合（-d 参数），一个家系（-p 参数）和定位文件（-m 参数）。其次，需要选择下列关联性检测之一：打分检测（-fastAssoc）或似然比检验（-assoc）。打分检测（-fastAssoc）能够快速、理想的筛选大量的标记（例如，在一个全基因组范围关联扫描的第一阶段中），而更精确的似然比检验（-assoc）可以用来评估数量较少的标记（例如，可用于在候选区域进行挑选的后续分析中）。在只包含较小家系的数据集或当被评估的影响较小时，这两项检测会给出类似的结果。

```
prompt > merlin -d assoc.dat -p assoc.ped -m assoc.map –fastAssoc
prompt > merlin -d assoc.dat -p assoc.ped -m assoc.map –assoc
```

-assoc 和 -fastAssoc，是两个最常用于检测关联性的命令，上面的命令行是采用这两个命令的输入格式。这些命令在 Merlin 中用于常染色体分析，且在 Minx 中用于 X- 连锁标记分析。命令运行中，还可以采用 -PDF 选项和 -inverseNormal 选项对结果进行了图形化的概括或自动变换性状使它们遵循平稳的正态分布。

小　结

本章介绍了复杂疾病的概念和分子特征。包括 OMIM、dbGAP、CGAP 等重要疾病数据库存储的主要信息和基本使用方法。这些数据库从实验、文献挖掘、关联分析等不同角度收录了疾病相关的基因、染色体风险位点、相关的文献支持、实验证据等多方面的信息。掌握这些数据库的使用方法，合理使用数据库中存储的疾病信息是复杂疾病的遗传定位研究的重要保障。本章还介绍了复杂疾病遗传定位研究的基本策略、方法及一些遗传定位研究常用的软件。在实际应用中，我们应当对方法学方面的知识有所了解，对于不同的问题能够知道采用何种方法，选取适当的软件进行分析，在理论基础上进行适当的拓展，并能够对结果进行科学的解释。同时也应当在学习过程中，掌握生物信息学方法和实验设计相结合的技能，结合本章，就是合理的利用遗传变异数据资源，运用统计遗传学、系统遗传学思想进行疾病机理研究中的候选致病因子或靶标筛选，相信在实验和临床工作中会有所收益。

Summary

This chapter describes the concepts, molecular characteristics of complex disease. A brief introduction and usage of OMIM, dbGap, CGAP and other important diseasesis presented

Notes

with useful examples. These databases contain information from experiments，literatures and association analyses，including disease-related genes，the risk loci，the relevant documentary evidence supports，and other aspects. Information stored in these databases is very useful in complex disease study. This chapter briefly describes the strategy，method and softwares for genetic study of complex disease. We should understand statistical genetics and system genetics theory in human disease research，grasp the basic experimental design and analyzing methods，and have the ability to explain the obtained results.

（陈小平　徐良德）

习题

1. 什么是复杂疾病？复杂疾病有哪些特点？

2. 人类的 DNA 组成碱基有 A、C、G、T 四种，为什么绝大多数 SNP 却是二态的分子标记？

3. OMIM 数据库包括哪些主要内容？请以白血病为例在 OMIM 数据库中获取白血病相关的信息。

4. dbGap 数据库包括哪些主要内容？如何下载其中的数据？

5. 列举出 3 种 SNP 的方法，并减少说明其技术原理？

6. 什么是靶向测序？靶向测序的主要方法有哪些？

7. 什么是稀有变异？稀有变异的统计分析方法包含哪些？

8. 什么是全基因组关联研究？其主要研究策略包括哪些？

9. 通过用户手册，了解 Plink 软件包计算遗传互作之外的其他工作模块，了解不同的关联分析方法的软件实现。

10. 通过本章的介绍，和你自己的理解，设计一个基于 SNP 的通路与疾病相关性实验设计，并分析其可行性。

参考文献

1. Cooper DN，Krawczak M. Human Gene Mutation Database. Hum Genet，1996，98（5）：629

2. McKusick VA. Mendelian Inheritance in Man and its online version，OMIM. Am J Hum Genet，2007，80（4）：588-604

3. Safran M，Chalifa-Caspi V，Shmueli O，et al. Human Gene-Centric Databases at the Weizmann Institute of Science：GeneCards，UDB，CroW 21 and HORDE. Nucleic Acids Res，2003，31（1）：142-146

4. Stenson PD，Mort M，Ball EV，et al. The Human Gene Mutation Database：building a comprehensive mutation repository for clinical and molecular genetics，diagnostic testing and personalized genomic medicine. Hum Genet，2014，133（1）：1-9

5. Abecasis GR，Cherny SS，Cookson WO，et al. Merlin--rapid analysis of dense genetic maps using sparse gene flow trees. Nat Genet，2002，30（1）：97-101

6. Balding DJ. A tutorial on statistical methods for population association studies. Nat Rev Genet，2006，7（10）：781-791

7. Barrett JC，Fry B，Maller J，et al. Haploview：analysis and visualization of LD and haplotype maps. Bioinformatics，2005，21（2）：263-265

8. Conrad DF，Jakobsson M，Coop G，et al. A worldwide survey of haplotype variation and linkage disequilibrium in the human genome. Nat Genet，2006，38（11）：1251-1260

9. Frazer KA，Ballinger DG，Cox DR，et al. A second generation human haplotype map of over 3.1 million SNPs. Nature，2007，449（7164）：851-861

Notes

10. Hirschhorn JN, Daly MJ. Genome-wide association studies for common diseases and complex traits. Nat Rev Genet, 2005, 6(2): 95-108

11. Jakobsson M, Scholz SW, Scheet P, et al. Genotype, haplotype and copy-number variation in worldwide human populations. Nature, 2008, 451(7181): 998-1003

12. Mackay TF, Stone EA, Ayroles JF. The genetics of quantitative traits: challenges and prospects. Nat Rev Genet, 2009, 10(8): 565-577

13. Asimit J, Zeggini E. Rare variant association analysis methods for complex traits. Annu Rev Genet, 2010, 44: 293-308

14. Welter D, MacArthur J, Morales J, et al. The NHGRI GWAS Catalog, a curated resource of SNP-trait associations. Nucleic Acids Res, 2014, 42(Database issue): D1001-D1006

Notes

第十二章 非编码RNA与复杂疾病

CHAPTER 12 NON-CODING RNA AND COMPLEX DISEASE

第一节 引 言
Section 1 Introduction

根据分子生物学中心法则,DNA转录为mRNA,然后进一步翻译成蛋白质。mRNA被认为是从编码遗传信息的DNA到行使具体分子功能的蛋白质之间的桥梁。正因为如此,长期以来,分子生物学及生物医学的研究是围绕蛋白编码基因展开的。然而,随着人类基因组计划的完成,人们发现编码蛋白质的DNA只占人类基因组总DNA的2%左右。根据传统的分子生物学中心法则,也就是说"功能DNA"只占人类基因组总DNA的2%左右。那么,剩下的98%的DNA真的是没有功能的吗?高通量转录组学研究表明:人类基因组DNA一半以上都能够转录成RNA。但是大多数RNA都缺乏编码蛋白质的能力,而是直接在RNA水平发挥功能,因此被统称为"非编码RNA"。其中包括管家特点的rRNA,tRNA,snRNA和snoRNA等多种已知功能的RNA等,作为调控子行使功能的微小RNA和长非编码RNA(long noncoding RNA,lncRNA)是目前生物医学研究领域的两颗新星。

非编码RNA的发现,彻底改变了人们对基因组的认识,也极大丰富了分子生物学"中心法则"。由于大部分新发现的非编码RNA是调控性功能分子,而蛋白质大多数是结构性功能分子,因此,根据这一性质,人们又把蛋白编码基因叫做结构基因,把具有调控作用的非编码基因叫做调控基因。大量的研究表明miRNA和lncRNA可以通过调节编码基因进而参与发育、细胞分化、增殖、细胞凋亡以及应激反应等生物学过程。非编码RNA研究的一个最重要的应用领域是人类疾病,包括理解疾病发生发展机制、寻求新的疾病诊断与治疗新型生物标志物和药物靶标等。基于非编码RNA的庞大数量和重要功能,我们有理由相信非编码RNA将在未来疾病与健康研究领域居于中心地位。在非编码RNA研究伊始,生物信息学就起到了十分重要的作用,从非编码RNA识别,到非编码RNA靶基因预测;从非编码RNA进化,到非编码RNA网络生物学,我们都可以看到生物信息学的身影。同样,在非编码RNA和人类疾病的分析、建模与预测领域,生物信息学也正在并将继续发挥重要作用。本章将就miRNA和lncRNA与人类疾病关系的生物信息学研究进展展开讨论。

第二节 非编码RNA与其靶基因
Section 2 Non-coding RNAs and Targets

一、miRNA概述

miRNA是一类短的内源性的单链非编码RNA分子,它的成熟体只有22个核苷酸左右,主要在转录后水平通过与靶mRNA互补配对的方式抑制靶mRNA的翻译或直接降解靶mRNA。研究表明miRNA在诸如生长发育、细胞增殖、凋亡等多种生物学过程中发挥重要调节作用。其表达具有组织特异性和时空特异性,并能够精细地调控基因的表达。据推测,人类有超过三分之二的基因受 miRNA 调控。

(一) miRNA 的发现

第一个 miRNA 是 1993 年在对秀丽新小杆线虫发育过程的研究中首次被发现的,当时被命名为 *Lin-4*。它通过与 *Lin-14* 的 3′UTR 相互作用来调节线虫的发育。2000 年,同样在利用秀丽新小杆线虫研究生物发育、生长和老化的过程中发现了 let-7 微小 RNA 分子。随后,利用多序列比对的方法把 let-7 应用于人类身上,结果发现 let-7 能够调控的重要致癌基因,并且 let-7 的低表达有助于肿瘤的生长。随后,随着生物信息学的发展,分子克隆技术的改进和模式物种 cDNA 文库的建立,相继又在人类、果蝇、斑马鱼、拟南芥和水稻等多种真核生物,甚至病毒中识别了成百上千个类似的小分子 RNA,并将其统称为 miRNA。

miRNA 之所以发现的比较晚,很大程度上是由于它们比较短和较强的时空表达特异性。相较于之前检测 miRNA 的技术,新一代测序技术在检测 miRNA 表达水平的同时能够发现新的 miRNA。从 2007 年至今,发现的 miRNA 数量倍增,比如目前在 miRBase v21 中人类已知的成熟 miRNA 达到了 2588。因此,更多表达水平低的、具有更强时空表达特异的 miRNA 正在不断被识别。

(二) miRNA 的生物合成

miRNA 的生物合成受到严格的时间和空间的调控,它们的失调和许多人类疾病相关,特别是癌症。在动物中,miRNA 基因在 RNA 聚合酶Ⅱ或 RNA 聚合酶Ⅲ的作用下转录生成长度在几百至几万 nt 的初始 miRNA 转录本(primary miRNA,pri-miRNA)。很多 pri-miRNA 被加上了 5′帽子和 3′多聚腺苷酸尾。pri-miRNA 被一种由 Drosha 酶和 DGCR8 形成的微处理器复合物剪切为长度在 70～90nt 间并具有发夹结构的单链前体 miRNA(pre-miRNA)。pre-miRNA 通过转运蛋白质 Exportin-5 被转运至细胞质中,经过 Dicer 酶及其辅因子 TRBP 共同加工形成长度在 19～24nt 的 miRNA 以及 miRNA*。随后组装进 RNA 诱导的沉默复合体(RNA-induced silencing complex,RISC),然后通过碱基配对引导 RISC 到达其靶 mRNA 的 3′UTR 上从而行使功能(图 12-1)。除了这种典型的 miRNA 生物合成通路外,不涉及 Drosha 或 Dicer 的非典型 miRNA 合成通路也正在不断被发现。

(三) miRNA 的特点、作用机制及分类

研究表明 miRNA 在序列、表达、调控和物理位置等方面主要有如下特征:①在序列特征上主要有两方面特点,即 miRNA 本身不具有开放阅读框,不编码蛋白质;成熟的 miRNA 5′端为单一磷酸基团,3′端为羟基;②miRNA 的表达具有时序性以及组织特异性;③miRNA 与其靶基因间呈多对多的调控关系,即一个 miRNA 可能调控多个靶基因,而一个基因也可能受多个 miRNA 调控;④miRNA 的物理位置倾向于成簇地出现在染色体上,形成 miRNA 簇(miRNA cluster);⑤miRNA 还具有在物种间高度保守的特点。⑥以 miRNA 为桥梁和中介,通过竞争性结合 miRNA,各种 RNA 分子之间就可能互相调控、互相影响,这就是内源性竞争性 RNA 假设(ceRNA)。

成熟 miRNA 主要通过抑制和降解两种方式调节其靶基因的表达,具体采用哪种机制取决于 miRNA 与其靶 mRNA 间的互补程度,即"种子区域"(通常指 miRNA 5′端第二位到第八位的核苷酸序列)与靶 mRNA 3′端的互补性。如果两者完全互补则 miRNA 直接使其靶 mRNA 降解;若两者不完全互补则抑制其靶 mRNA 的翻译。根据与靶基因结合方式的不同,miRNA 可大致分为三类:①第一类以线虫中的 Lin-4 为代表,该类 miRNA 与其靶基因以不完全互补配对的方式结合,抑制 mRNA 的翻译但不影响其稳定性(目前发现的大部分 miRNA 属于这一类);②第二类以拟南芥中的 miR-171 为代表,该 miRNA 与其靶基因以完全互补的方式结合,其作用方式和功能与小干扰 RNA(small interfering RNA,siRNA)非常类似,即直接靶向降解 mRNA;③第三类以 Let-7 为代表,该类 miRNA 可以通过上述两种方式作用于靶基因。例如,在果蝇和 Hela 细胞中的 Let-7 直接介导 RISC 降解其靶 mRNA;而线虫中的 Let-7 则与其靶 mRNA 3′UTR

Notes

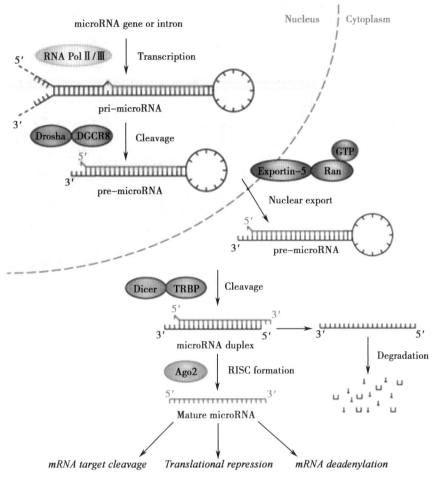

图 12-1　miRNA 的生物合成

以不完全互补配对的方式结合进而抑制其靶基因的翻译。

　　研究 miRNA 生物学功能和作用机制的关键是准确识别 miRNA 的靶基因。miRNA 主要通过结合 RISC 并作用于 mRNA 的 3′UTR 上，降解其靶 mRNA 或抑制其靶 mRNA 的翻译，广泛参与细胞的增殖、分化、发育、凋亡等多种生物学过程，并对多种疾病的产生有重要影响。但到目前为止，仅有少量的 miRNA 靶基因得到了实验证实，仍旧有很多 miRNA 的靶基因不能确定，导致这些 miRNA 的功能不能得到充分的研究。因此，如何快速准确地鉴定 miRNA 的靶基因是当前研究的一项重要挑战。靶基因的识别对认识 miRNA 的功能、参与的生物学过程和疾病的发生，以及最终将 miRNA 用于临床实践具有十分重要的意义。近年来科研人员开始利用生物信息学的方法和高通量测序技术对 miRNA 靶基因进行预测和识别。

二、基于序列的 miRNA 靶基因预测方法

　　miRNA 的靶基因通常分为两类：① 5′端主导型；② 3′端补充型（图 12-2）。其中，5′端主导型又分为 5′端主导的"标准型"和"种子型"：5′端主导的"标准型"是指 miRNA 的 5′端和 3′端都具有较好的碱基互补配对；5′端主导的"种子型"是指 miRNA 的 3′端没有发生较好的碱基互补配对，但 miRNA 的 5′端至少有连续的 7 个碱基与 mRNA 的 3′UTR 完全互补；3′端补充型指 miRNA 序列 3′端有多个碱基和 mRNA 的 3′UTR 发生互补配对，允许种子区 4~6 位碱基或 7~8 位碱基不互补。

　　从 2003 年开发的第一个基于序列的 miRNA 靶基因预测算法 miRanda 开始，已涌现出多种 miRNA 靶基因预测算法。基于序列的 miRNA 靶基因预测算法虽然各不相同，但通常遵循以下

Notes

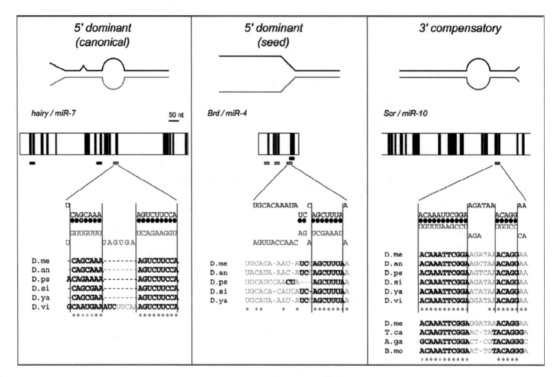

图 12-2 三类 miRNA 靶点

几个原则：① miRNA 的"种子区"与 mRNA 的 3′UTR 序列碱基互补；②靶点在多物种间的序列保守性；③ miRNA 与 mRNA 形成双链结构的热力学稳定性；④靶基因二级结构和靶点外的序列对靶基因预测的影响。

尽管遵循的原则基本相同，但不同 miRNA 靶基因预测算法的侧重点有所不同。第一个利用生物信息学方法开发的基于序列的 miRNA 靶基因预测算法是 miRanda，其选取了黑腹果蝇的所有 miRNA 序列。miRanda 采用一种类似于 Smith-Waterman 的算法来构建打分矩阵，允许G-U 错配，互补的打分规则为：A-U 和 G-C 为 +5，G-U 为 +2，其他错配方式为 −3，空位罚分为−8，空位延伸罚分为 −2。为了体现出 miRNA 的 5′ 端和 3′ 端在与靶基因结合过程中作用的不均一性，miRanda 软件设定了 scale 参数，即 miRNA 5′ 端前 11 个碱基的互补得分乘以 scale 参数，再和 3′ 端 11 个碱基互补得分相加作为序列的最终碱基互补得分。其次，在 miRNA 与靶基因形成二聚体的热力学稳定性方面，miRanda 利用 Vienna 软件包中的 RNAlib 计算 miRNA 与 mRNA 3′UTR 结合的自由能。最后，miRanda 要求靶点在多物种间保守，即靶点在多物种 3′UTR 序列比对中相同位置具有相同的碱基。

TargetScan 主要考虑物种间保守的 miRNA 靶基因，并且在 TargetScan 中首次提出了"种子匹配"（seed match）的概念。在 TargetScan 算法中，"种子匹配"被定义为 miRNA 5′ 端的第 2～8位碱基与 mRNA 3′UTR 上的一段 7nt 种子序列完全互补。从种子区开始向 miRNA 两侧寻找互补碱基，允许 G-U 配对，直到出现碱基错配为止。在物种保守方面，TargetScan 算法发现随着物种数目的增多，预测的靶基因数目逐渐减少，但预测结果的准确率得到提高。2005 年，TargetScan 中添加了更多的物种，改进的算法称为 TargetScanS，与 TargetScan 相比，TargetScanS 在人、小鼠、大鼠三个物种的基础上增加了狗（Canis familiaris）和鸡（Gallus gallus）的数据，并将 miRNA"种子区"由之前定义的 miRNA 5′ 端第 2～8 位 7 个碱基调整为第 2～7 位 6 个碱基，在"种子区"完全互补的前提下，同时要求 miRNA 5′ 端第 8 位碱基与靶基因互补或第 1 位碱基是腺嘌呤（adenine；A）。研究人员同时检测了一组已知的秀丽新小杆线虫 miRNA 靶点，识别出一种连续的 GC 富集（GC-rich）碱基对模式，并命名为"结合核"（binding nucleus），这些"结合核"的长度

Notes

通常为6～8个碱基并分布在接近miRNA的5′端。针对"结合核"设计的打分机制充分考虑了连续碱基GC、AU以及G-U对的权重。2007年，Andrew等人研究了miRNA"种子区"外的序列特征对miRNA靶基因预测的影响，并对TargetScanS的算法进行了改进。新的算法加入了miRNA"种子区"外第12～17个碱基通常与mRNA的3′UTR互补、miRNA靶点多位于mRNA 3′UTR的AU富集区、功能相似的miRNA靶点距离较近、miRNA靶点多位于mRNA 3′UTR的两端等特征。

在预测miRNA靶基因的算法中，RNAhybrid考虑了靶基因结合自由能对预测结果的影响。该算法利用动态规划算法寻找一条短链RNA（miRNA）和一条长链RNA（mRNA 3′UTR）杂交时的最优自由能来鉴别miRNA的靶点。与其他的RNA二级结构预测软件mfold、RNAfold等相比，RNAhybrid除了具有明显的速度优势外，RNAhybrid在算法上禁止miRNA分子间和靶基因间杂交产生二聚体。RNAhybrid没有考虑靶基因的物种间保守性，允许用户自己定义自由能的阈值、P值，也允许用户自己设置miRNA"种子区"的位置和长度以及是否允许出现G-U错配等。

此外，基于序列的miRNA靶基因预测研究中还使用了机器学习的方法，通过在少量实验证实的miRNA靶基因集合内提取miRNA与靶基因的结合特征，并利用这些特征训练分类器来预测miRNA的靶基因。如TargetBoost和miTarget等算法都是从实验证实的miRNA靶基因集出发，评估miRNA与靶基因结合的序列特征、二聚体结构特征和热力学特征等参数，最后对预测的靶基因进行打分。

在miRNA与靶基因结合的过程中，mRNA的3′UTR二级结构起着重要作用。研究发现，miRNA靶点几乎都在入3′UTR的二级结构不稳定区域内，通过计算mRNA的3′UTR二级结构被破坏、形成或破坏碱基互补配对、形成miRNA-mRNA二聚体时获得或损失的自由能，可以鉴别miRNA靶基因；同时，通过实验发现，提高靶点附近序列二级结构的稳定性大大降低了miRNA对靶基因的作用。

靶点外的序列也对miRNA调节靶基因起到重要作用。已有实验表明靶点后的一段序列对miRNA与靶基因的识别起着重要的作用，该段序列的突变将使miRNA对靶基因的调控作用明显减弱，而将该段序列完全删除则miRNA对靶基因的调控作用完全消失。最近的研究表明在miRNA调控靶基因的过程中，靶点外的其他序列甚至整个3′UTR序列都起到了关键作用，这些序列可能是RNA结合蛋白的作用位点。

三、基于表达信息预测miRNA靶基因

在最初的研究中，研究人员认为miRNA结合在mRNA的3′UTR上抑制mRNA翻译成蛋白质，降低蛋白质丰度，并不会影响到相应mRNA的表达水平。但现在已经明确认为：在许多情况下，miRNA还能直接对mRNA的表达产生影响。科研人员已经开发了整合表达信息的miRNA靶基因预测算法，并证明了表达信息在miRNA靶基因预测上的重要价值。

Huang等人利用88个组织中同时检测的miRNA和mRNA表达数据，并结合贝叶斯方法开发了靶基因预测算法GenMiR++，在基于序列算法预测结果的基础上对靶基因进行进一步筛选，提高预测精度。结果共得到了104个人类miRNA的高精度靶基因，并通过实验证实了预测的let-7b靶基因。结果表明，与基于序列的方法相比，利用相同样本中同时检测的miRNA和mRNA表达谱可以更准确地预测miRNA靶基因。

Gennarino等人通过研究miRNA宿主基因（host gene）的表达情况，开发了miRNA靶基因预测算法HOCTAR。HOCTAR是第一个利用miRNA宿主基因表达与mRNA表达信息对miRNA靶基因预测的算法，它基于两者表达的逆相关（inversely correlated）特征对预测的miRNA靶基因进行筛选。通过对178个人类miRNA的宿主基因分析，发现预测准确性优于现存的基于序列的预测方法，HOCTAR减少了基于序列算法预测的靶基因数量。

Notes

Bandyopadhyay 等人利用 miRNA 的表达谱和 mRNA 表达谱构建了一组阴性样本集，并利用机器学习方法开发了 miRNA 靶基因预测算法 TargetMiner。由于当前实验证实的 miRNA 靶基因阴性数据较少，用机器学习方法预测 miRNA 靶基因常具有较高的假阳性率，作者从 miRNA 和 mRNA 的表达谱中得到了 300 多个组织特异的阴性样本，并结合实验证实的 miRNA 靶基因数据，利用支持向量机（SVM）方法开发了新的 miRNA 靶基因算法。

四、基于高通量测序结果预测 miRNA 靶基因

一些生化方法被开发来帮助识别被 miRNA 直接靶向的基因。miRNA：mRNA 靶向关系对能够通过 RISC 成员蛋白（如，AGO 或 TNRC6）的免疫沉淀反应进行提纯。被直接调控的 mRNA 序列也伴随着共沉淀下来，然后通过芯片或新一代测序技术完成 mRNA 的识别。目前常用的两种方法为：紫外交联免疫沉淀和高通量测序（crosslinking-immunprecipitation and high-throughput sequencing, CLIP-seq）与光活性增强的核糖核苷交联和免疫共沉淀（photoactivatable-ribonucleoside-enhanced crosslinking and immunoprecipitation, PAR-CLIP）这些捕获 miRNA：mRNA 靶向关系对的方法允许我们在降解和翻译抑制的水平上都能识别 miRNA 对 mRNA 调控。

CLIP-seq 方法首先将活体细胞被暴露在紫外灯下，使得 RNA- 蛋白结合起来然后用免疫共沉淀的方法使特异性的蛋白以及与其结合 RNA 一同被分离出，最后通过测序来全面识别被结合的 RNA 分子（图 12-3）。该方法已经为我们提供了丰富的 miRNA 结合位点的数据。但是，CLIP 是有局限的，由于 UV 交联的低效率，非交联的 RNA 分子更加容易被反转录，结果导致高的噪声比和很难分辨出交联与非交联的靶 RNAs。此外，CLIP-seq 测序结果不能准确定位出 RNA 和蛋白的交联位点，因此只能识别大约 100nt 的靶向区域。

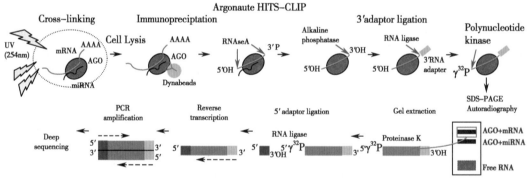

图 12-3　CLIP-seq 方法流程

类似地，PAR-CLIP 实验首先也是在活体细胞中，通过紫外光照射将 RNA 与 RNA 结合蛋白共价结合起来。这个方法中最重要的一点就是方依赖了具有光活性的核糖核苷类似物，例如 4- 硫尿核苷，在活体细胞中将其插入到新生 RNA 转录本中。然后分离被交联和共沉淀的 RNA，RNA 随即被转换成 cDNA 文库并且进行深入测序。PAR-CLIP 方法具有高效的紫外线交联，重获 RNA 的能力比 CLIP-seq 高出 100 甚至 1000 倍。并且 PAR-CLIP 可以提供交联位点的具体位置，主要是依靠所准备的 cDNA 文库中 cDNA 序列的突变位置。当使用 4- 硫尿核苷时，交联的序列将会产生 T-C 的转变。这种在被测序的 cDNA 序列中的转变提供了一个巧妙地解决准确绘制 RNA 结合蛋白的结合位点方法，从而从噪声中获得了真实的交联的 RNA 序列。因此在识别靶向关系时更准确。

PAR-CLIP 和 CLIP-seq 检测获得数据提供了基因组范围的 miRNA 结合位点的位置信息，但是引导 AGO 与 mRNA 互作的 miRNA 仍然需要通过计算方法来推断。一些计算方法也被开发来识别 miRNA 调控子，例如 microMUMME，PARma 和 MIRZA 等。microMUMME 把序列保

Notes

守性，miRNA 种子匹配的类型，CLIP-read 峰中结合位点的位置和 CLIP-read 峰的序列组成等特征整合进多变量的马尔科夫模型用于识别 miRNA 靶基因。

五、整合已有知识预测 miRNA 靶基因

在当前的 miRNA 靶基因预测研究中，研究人员逐渐意识到单一依靠序列信息或表达信息已不足以提高 miRNA 靶基因的预测效能。因此，整合功能信息、蛋白质互作信息、表达信息、序列信息以及当前实验证实的 miRNA 靶基因等已有资源预测 miRNA 靶基因是十分必要的。在过去的研究中，研究人员利用生物信息学的方法整合多种数据资源，已成功对疾病候选基因、药物靶基因等进行了筛选和优化，这些方法将为新的 miRNA 靶基因预测算法的开发提供重要参考；同时，利用高通量的实验方法对 miRNA 靶基因的预测也在不断的发展中，这些研究将对最终揭示 miRNA 功能和参与的生物学过程具有重要意义。

在系统生物学中，识别癌症相关关键的 miRNA-gene 互作仍然是个挑战。Xiao 等通过手工搜索目前已发表的文献完成了对已知关键的癌症相关的 miRNA-gene 互作的系统分析，其中搜索范围包含序列、表达和功能等方面的内容。通过分析发现与非疾病相关的互作相比，已知关键的癌症相关的 miRNA-gene 互作具有更多的 miRNA 结合位点，更可靠的 miRNA 靶基因结合区域，更高的表达关联和更广泛的功能覆盖度。通过整序列、表达和功能特征，他们提出了一种生物信息学方法"PCmtl"用于优化癌症相关的关键的 miRNA-gene 互作对（图 12-4）。

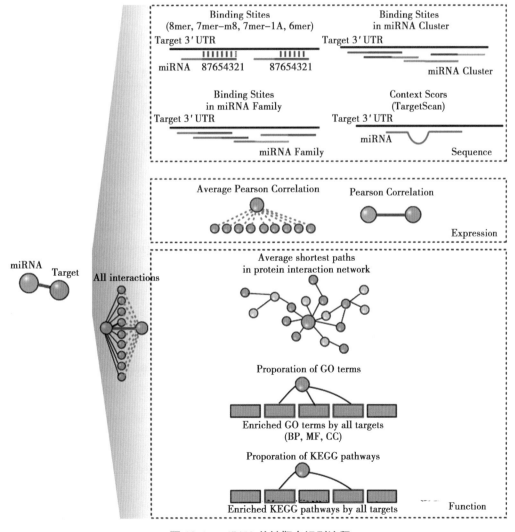

图 12-4　miRNA 关键靶点识别流程

此外，Wang 等基于功能基因组学数据，系统地分析了实验证实 miRNA 靶基因的功能特性，并发现被同一个 miRNA 调控的靶基因之间具有很强的功能关联。基于这些发现，开发了一个名为 mirTarPri 的 miRNA 靶基因优化方法（图 12-5），以此来优化筛选预测的 miRNA 靶基因列表。应用交叉证实发现该方法可以较好地识别实验证实的 miRNA 靶基因，ROC 曲线下面积达到了 0.84。应用高通量数据对该方法进行验证，发现 mirTarPri 是一个无偏的优化方法。应用 mirTarPri 对六个常用的 miRNA 靶基因预测方法进行优化后，在优化列表排序靠前的位置找到

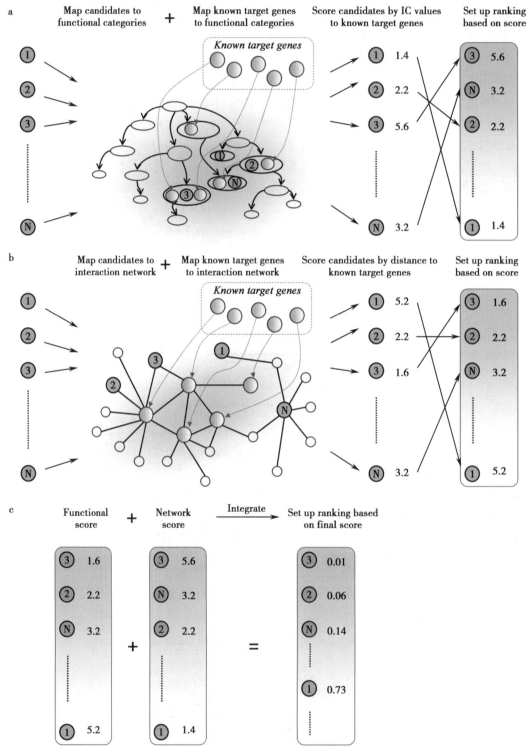

图 12-5 miRNA 靶点优化算法流程

了更多的阳性 miRNA 靶基因集合。将 mirTarPri 与其他的类似方法进行比较,在对金标准数据以及 CLIP 数据的优化上,mirTarPri 都强于其他方法。因此,mirTarPri 在提高当前靶基因预测结果列表的效能上是一个非常具有实用价值的方法。此外,基于 mirTarPri 方法开发了一个在线的优化平台,可以通过 http://bioinfo.hrbmu.edu.cn/mirTarPri 来进行访问。

六、lncRNA 概述及靶基因识别

lncRNA 是一类转录本长度大于 200 个核苷酸的非编码 RNA 分子的统称,也是目前已知最大的一类非编码 RNA 分子,具有十分重要的功能。因为,lncRNA 的定义还很粗糙,lncRNA 展现出来的功能方式也是五花八门,不一而同。从其相互作用分子种类来说,lncRNA 可以和蛋白质相互作用,包括转录因子、组蛋白以及其他蛋白等;lncRNA 可以和 RNA 相互作用,包括 mRNA、miRNA 以及其他 lncRNA 等,lncRNA 还可以和 DNA 相互作用。因此和 lncRNA 有关的异常有可能和疾病有关系,lncRNA 也正在成为理解疾病发生发展的新型分子,亦正在成为疾病生物标志物和药物靶标的潜在分子。根据 NONCODE 数据库的记录,目前人类基因组中已有 9 万多条 lncRNA 被发现。但目前有功能报道的仅 200 条左右,我们对绝大多数 lncRNA 其功能以及和疾病的关系仍然是一无所知。因此,通过生物信息学揭示和预测 lncRNA 和人类疾病的关系则显得尤为重要。

相比 miRNA,lncRNA 可以作为正向、负向或中性作用 RNA 分子,参与更为复杂的调控机制。目前已发现的 lncRNA 的作用机制主要涉及以下八种,如图 12-6:① lncRNA 可以作为顺式(cis-)和反式(trans-)作用因子调控基因表达,并且这两种方式可以组合出现;②通过改变染色质重塑和组蛋白修饰,从而调控基因表达;③ lncRNA 调控选择性剪接;④生成小的双链的内源性干扰 RNA,siRNA;⑤调控蛋白活性;⑥ lncRNA 可以作为大分子复合物或细胞组分的支架 RNA 或组成部分;⑦改变蛋白定位;⑧生成小的单链 ncRNA,例如 miRNA。最近研究还揭示了 lncRNA 和 miRNA 之间的相互作用关联,即 lncRNA 可作为内源性的——miRNA 海绵,特异性地与 miRNA 结合,影响 miRNA 的表观遗传修饰作用;同时 lncRNA 可作为竞争性内源 RNA(ceRNA)与其他具有相似 miRNA 调控模式的编码基因进行交互作用,进而互相影响彼此的表达。

虽然研究人员发现了多种 lncRNA 的靶向作用机制,但是 lncRNA 的靶基因仍旧知之甚少。目前主要是基于高通量实验技术(RIP-seq、ChIRP 等)获得的 lncRNA 结合蛋白、DNA 的生化和

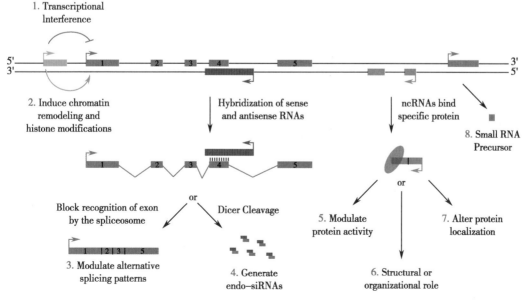

图 12-6 lncRNA 作用的八种主要方式

Notes

结构等特征,开发高效的生物信息学方法系统地识别 lncRNA- 蛋白质、lncRNA-DNA 结合关系是目前紧迫的任务之一。

七、ncRNA 数据资源

目前,ncRNA 数据资源众多,根据数据库提供资源的偏向性,可以分为四大类:ncRNA 注释数据库、nRNA 表达相关数据库、靶基因数据库以及 ncRNA 相关功能和参与疾病信息的数据库,如表 12-1 所示。

表 12-1　ncRNA 常用数据库

类型	数据库名字	网址
ncRNA 注释数据库	miRBase	http://www.mirbase.org/
	LNCipedia	http://www.lncipedia.org
	lncRNAdb	http://www.lncrnadb.org/
	GENCODE	http://www.gencodegenes.org/
	NONCODE	http://www.noncode.org
靶基因数据库	TarBase	http://diana.cslab.ece.ntua.gr/tarbase/
	TargetScan	http://www.targetscan.org/
	MicroCosm	http://www.ebi.ac.uk/enright-srv/microcosm/htdocs/targets/v5/
	DIANA-microT	http://diana.cslab.ece.ntua.gr/microT/
	RNAhybrid	http://bibiserv.techfak.uni-bielefeld.de/rnahybrid/
	miRTarBase	http://mirtarbase.mbc.nctu.edu.tw/
疾病或其他综合型信息数据库	microRNA.org	http://www.microrna.org/microrna/home.do
	NRED	http://jsm-research.imb.uq.edu.au/nred/cgi-bin/ncrnadb.pl
	miRDB	http://mirdb.org/miRDB/
	TransMiR	http://www.cuilab.cn/transmir
	ChIPBase	http://deepbase.sysu.edu.cn/chipbase/

(一)miRBase 数据库

miRBase 是一个集 miRNA 序列、注释信息以及预测的靶基因数据为一体的数据库,是目前存储 miRNA 信息最主要的公共数据库之一(网址:http://www.mirbase.org/)。根据 miRBase 最新的记录(miRBase,Release 21)目前人类基因组中已发现 2000 多个 miRNA 基因,2500 多个成熟 miRNA。miRBase 提供便捷的网上查询服务,允许用户使用关键词或序列在线搜索已知的 miRNA 和靶基因信息。该数据库主要包括三部分内容,即 miRBase Registry、miRBase Sequence 以及 miRBase Targets。miRBase Registry 主要是为新发现的 miRNA 命名服务;miRBase Sequence 包含所有已发布的成熟 miRNA 序列,同时提供对应的预测的发卡结构、注释信息以及与其他数据库的链接;本节将重点介绍 miRNA 注释部分,首先用户通过"Search"按钮进入搜索界面,可通过选择物种、输入 miRNA ID、基因名称、Ensembl 标识符以及关键词进行 miRNA 的查询。点击"Download"则可以根据物种下载相关的 miRNA 注释数据。

(二)TarBase 数据库

TarBase 是一个目前使用广泛的存储实验检测的 miRNA 与靶基因间关系的数据库,其网址为:http://diana.cslab.ece.ntua.gr/tarbase/,涵盖多种实验方法的超过 60 000 个 miRNA 与靶基因关系对。用户可通过选择物种、miRNA 名称以及基因名称对 miRNA 与靶基因的对应关系进行查询,结果将按自动编号顺序列出概要信息,点击结果条目编号旁的加号图标即可展开,得到详细信息(图 12-7)。其主要由三部分组成:第一部分为 miRNA Information(miRNA 信息),提供来自 miRBase 的 miRNA 序列、mRNA 序列等基本信息;第二部分为 Gene Information(基因信息），提供靶基因的染色体定位、表达信息以及编码的蛋白质在 SWISS-PROT、Ensembl 数据库的链接；第三部分为实验条件，提供直接或间接的实验技术支持。数据库以 Excel 文件形式存储，可供用户下载使用。

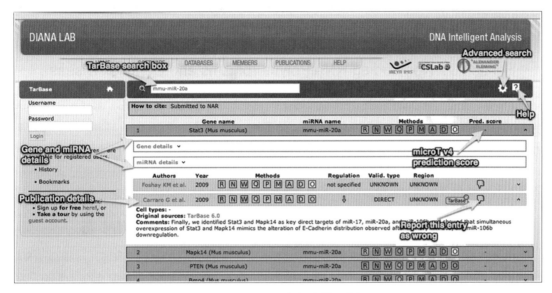

图 12-7 TarBase 数据库界面介绍

（三）microRNA.org 数据库

microRNA.org（网址：http://www.microrna.org/microrna/home.do）是一个包含 miRNA 靶基因以及表达谱数据的综合性数据库。靶基因数据主要是利用 miRanda 算法预测得来。miRNA 表达谱数据来自一个针对人类主要器官和细胞系进行小 RNA 测序的项目。针对解决问题的不同期查询功能主要包括以下四个方面：

①已知 miRNA 寻找其调控的靶基因。方法是选择导航条中的"miRNA"、选择物种、输入 miRNA 的部分名称（如 let-7，当勾选允许模糊匹配时将匹配包括 let-7a 等 miRNA）或全名（如 let-7a）。从返回的结果中点击"view targets"链接即可打开感兴趣的 miRNA 的靶基因列表。

②已知一个基因，寻找它被哪些 miRNA 调控及其位点。方法是选中导航条中的"Targeted mRNA"、输入基因名称，从匹配的基因列表中选择感兴趣的基因（具有同样名称的基因通常都是有相同的 3′UTR），最终将得到 miRNA 基因及其靶位点。

③已知一个或一个 miRNA 集合，寻找其在组织中的表达情况。方法是选择导航条中的"miRNA"，输入全部或部分 miRNA 名称，在结果列表中选择"view expression profile"，将得到排在前 20 位的组织，用户可以通过添加或删除组织或 miRNA 改变结果图。结果的显示方式有三种，即二维柱状图、部分三维柱状图以及热图，且提供 miRNA 与靶基因的链接。

④已知一个或多个组织，寻找哪些 miRNA 在其中表达。方法是选择导航条上的"miRNA Expression"，然后在结果中选择感兴趣的物种和组织。同样，将得到在这个组织中排名前 20 位的 miRNA。结果的图形显示方式的调整与第三点相同。该数据库提供了详细的下载服务，用户可以在导航条中点击"Download"，进入下载界面，可以下载不同版本的数据及其说明。

（四）LNCipedia 数据库

因为 lncRNA 是一个非常新的研究领域，lncRNA 在疾病中的作用的研究还是起步阶段，数据量还不够大，因此，相关的数据库也是处于起步阶段，相关数据库还不多，也不够丰富。

LNCipedia 数据库用于注释人类的长链非编码 RNA 的序列和结构。数据库网址：http://www.lncipedia.org/。该数据库存储了不同的高通量方法用来识别新的 lncRNA，包括 RNA 测序和染

Notes

色质状态图谱的注释。这些方法识别了许多不相关联的 lncRNA。该数据库提供了不同来源的
32 188 个注释的人类 lncRNA 转录本。除了提供基础的转录本信息和基因结构外，还提供了二
级结构信息，编码潜能和 miRNA 结合位点信息。研究者发现 lncRNA 有显著的二级结构，这和
它们与蛋白或蛋白复合物有关联的推断是一致的。

第三节　非编码 RNA 多态和复杂疾病
Section 3　Non-coding RNA Polymorphisms and Complex Disease

ncRNA 多态能够从不同的层面影响 ncRNA 功能。剖析非编码 RNA 与人类复杂疾病的关
联是当前生物医学研究的热点之一，越来越多的研究表明，非编码 RNA 不仅具有广泛的生物学
功能，还与人类疾病的发生发展密切相关。近年的研究发现，非编码 RNA 相关的突变对其发挥
转录后调控功能有重要的影响，甚至导致疾病的发生。系统研究非编码 RNA 突变可以为阐明
人类复杂疾病的致病机制提供新的参考，为疾病的预防、诊断和个体化治疗提供理论支持。

一、位于 miRNA 基因内部影响 miRNA 生物学形成的多态

miRNA 通过与 mRNA 的 3′UTR 区域结合对成百上千的 mRNA 进行转录后调控。影响 miRNA
生物学形成的多态不仅会影响 miRNA 自身的表达，也会对 miRNA 调控的基因产生影响。在
染色体基因组水平上单个核苷酸变异引起的 miRNA 序列多态性对 miRNA 的转录、形成、输出
和调控具有重要影响。Saunders 等对人类 474 个 miRNA 的 SNP 进行系统的分析发现 SNP 在
miRNA 序列内的密度低于其周围的侧翼序列。49 个 pre-miRNA 内存在 65 个 SNP 位点，其中 3
个 miRNA 的种子序列存在 SNP。Gong 等识别了人类 757 个 SNPs 落在了 pre-miRNA 上，发现
了相似的结果，这意味着 miRNA 基因内部普遍存在多态。

在 miRNA 形成的不同阶段有不同的蛋白质和蛋白质复合物参与其中，这些蛋白质包括 RNA
聚合酶Ⅱ复合物、Drosha/Pasha、Exportin-5/Ran-GTP、核孔复合体、Dicer 和 RISC。如果一些多
态影响上述这些蛋白质参与 miRNA 的形成，那么这些多态也会对 miRNA 产生效应。这些影响
蛋白质表达的多态可能会导致 miRNA 表达的下调。而其中某些位于 miRNA 基因或者靶基因
序列的多态可以通过 miRNA 或者参与 miRNA 形成的蛋白质影响 miRNA 的合成和成熟，导致
新的 miRNA 和其相应的靶基因的产生，使得 miRNA 的功能缺失或者进一步影响疾病的易感性
和药物的敏感性。本节主要讲述位于 miRNA 基因内部影响 miRNA 形成和生物学功能的多态。
根据目前 miRNA 多态的研究，可以将影响 miRNA 生物学形成的多态分为以下三类：

（一）位于 pri-miRNA 和 pre-miRNA 基因序列内部

Saunders 和 Duan 等人利用生物信息学的方法研究发现在 pri/pre-miRNA 内部存在单核苷
酸多态。位于 pri/pre-miRNA 内部的多态可能会影响 miRNA 的表达，产生新的 miRNA 或影响
miRNA 与靶基因的结合，甚至与疾病的风险相关。

Duan 等人研究发现 miR-146a 的 pre-miRNA 内部存在一个 SNP（rs2910164），此位点的 C 等
位可以增加 miR-146a 的表达。Calin 和 Raveche 等在一些家族的慢性淋巴细胞白血病患者中
发现 miR-15a/miR-16 的初级转录本（pri-miRNA）内部存在 C > T 改变，此多态与 miR-15a/miR-16
表达的减少相关，这两个 miRNA 在几乎 70% 的白血病患者中具有比较低的表达水平。这意味
着位于 miR-15a/miR-16 初级转录本的多态与白血病的发生有关。miRNA 的生物学形成过程中，
存在一些蛋白质参与其中。影响这些蛋白质参与 miRNA 形成的多态可能会影响 miRNA 的表
达和调控，很可能会导致 miRNA 的下调。Gottwein 等人研究疱疹病毒相关的 miRNA 时发现，
位于 pri-miR-K5 的 SNP 显著地抑制了 Drosha 对 pri-miR-K5 的剪切，使得 pre-miR-K5 和成熟的
miR-K5 的表达显著降低。

Notes

位于 pri/pre-miRNA 内部的多态也导致新的 miRNA 的产生。研究发现，miR-146a 前体会产生 miR-146a（正链）和 miR-146a*（负链）两种 miRNA。位于 miR-146a 前体的 rs2910164 不仅会影响 miR-146a 的表达，而且会导致 miR-146a*C 和 miR-146a*G 两种 miRNA 的产生。

位于 pri/pre miRNA 的多态会影响 miRNA 的表达或者产生新的 miRNA，从而影响与靶基因的结合或表达。这些多态通过影响 miRNA 与靶基因的结合，从而可能与多种疾病的发病风险相关。之前研究的位于 miR-146a 前体的多态（rs2910164）会产生两种 miRNA，其中 miR-146a*C 调控 *PTC1* 基因，miR-146*a*G 调控 *IRAK1* 基因。位于该位点的 C 等位影响 miR-146a 调控的乳腺癌基因 *BRCA1* 和 *BRCA2* 的表达。这就可以说明此多态位点 CG 杂合子基因型患乳腺癌的风险降低，而 CC 和 GG 两种纯合的基因型患病的风险增加。

总之，位于 pri/pre-miRNA 内部的多态可能会产生新的 miRNA，影响 miRNA 的表达进而影响靶基因的表达，甚至与复杂疾病的发病风险相关。

（二）位于成熟的 miRNA 序列内部

成熟的 miRNA 通过与 mRNA 的 3′UTR 区域结合对 mRNA 进行转录后调控。miRNA 与 mRNA 结合的区域包括两部分：一部分是 miRNA 的 5′ 端第 2～8 个碱基，称为种子区域，这一部分区域要求与 mRNA 完全匹配；另一部分是种子区域附近的 3′ 端方向，允许一定的程度的错配称为 3′ 容错区域（3′MTR）。位于成熟 miRNA 序列的多态会影响其对靶基因的调控，甚至能够消除、弱化、增强或者产生新的结合靶点。Warthmann 等在植物中发现位于 miR-319a 内部的突变会导致该 miRNA 功能的丢失。

根据 miRNA 与靶基因结合的两部分区域，可以将位于成熟 miRNA 上的多态分为以下两类：

1. 位于 miRNA 的 5′ 种子区域 根据 Saunders 等的研究结果发现，位于 miRNA 种子区域的 SNP 不足 1%。而目前的研究发现，位于 miRNA 种子区域的多态会影响 miRNA 的表达以及与靶基因的结合。位于 miR-125a 种子区域的多态显著抑制了 pri/pre-miRNA 的生成过程，导致 miRNA 表达的减少。miR-206 调控 ERα 的表达，miR-206 存在两个与 ERα 结合的靶点。位于 miR-206 种子区域的多态导致两个靶点都失活，消除了与原来靶的结合。

由于 miRNA 调控成百上千的 mRNA，那么理论上认为位于 miRNA 种子区域的多态会影响成百上千的基因的表达，但是这需要进一步的实验的证实。

2. 位于 miRNA 的 3′ 容错区域（3′MTR） 3′MTR 区域不同于种子区域，允许一定碱基的错配。然而，在这一区域存在的多个 SNP、插入、删除或者异位可能会对 miRNA 调控靶基因产生影响。但是，目前没有发现确切的效应还需要将来进一步的研究。

二、miRNA 靶点的多态

miRNA 靶点的多态性指的是靶基因上影响 miRNA 与靶基因结合的序列多态性。相对于生成 miRNA 的染色体区域，基因的 3′UTR 区域具有较弱的序列保守性，因此在 3′UTR 中出现序列变异的频率更高，这表明在人类基因组中，与 miRNA 自身的多态性相比 miRNA 靶点的多态性具有更高的分布密度。由于靶点的多态性会影响 miRNA 对靶基因的调控强度，导致基因调控的失常，所以它们与多种遗传疾病的发病风险有关，成为遗传药理学研究的重要内容之一。根据多态性位点与 miRNA 靶位点的位置关系，可以进一步把 miRNA 靶点的多态性分为 miRNA 结合位点上的多态性和 miRNA 结合位点上下游的多态性。

（一）miRNA 结合位点上的多态性

对 miRNA 与靶基因的结合机制的研究表明，一个 19～22 碱基的靶结合位点可以分为种子区域和非种子区域。种子区域一般为结合位点的前 2～7 个碱基，miRNA 结合靶位点时对此区域的序列匹配程度要求很高，SNP 的出现会严重影响 miRNA 与靶基因的结合。非种子区域则允许有一定程度的碱基错配，因此也将其称为错配容忍区。

Notes

（二）miRNA结合位点上下游的多态性

转录出来的靶mRNA的3′UTR区域在细胞中不是以单链的形式存在的,它会自我折叠形成由各种茎环和柄组成的二级结构。因此它的某些部分不能或不容易与蛋白质或miRNA结合,这样mRNA和蛋白质或miRNA是否能相互作用还要依赖于靶mRNA上是否具有某些特定二级结构的元件。例如:当miRNA结合位点位于柄区域时,miRNA与靶mRNA的结合需要破环柄结构将结合位点暴露出来,这一过程需要辅助蛋白提供较多的能量,因此miRNA较难与靶mRNA在此区域结合。当miRNA结合位点位于茎环区域时,由于结合序列直接以单链的形式存在,所以miRNA与靶mRNA的结合比较容易。Zhao等的研究发现大多数的靶mRNA 3′UTR上的miRNA结合位点都具有较简单的二级结构,因此更容易使miRNA-RISC复合物进入与靶点结合,位于靶点附近的多态位点可能会改变mRNA的二级结构从而影响miRNA与靶基因的结合。

在对日本人群的SNP分析中,Mishra等发现 *DHFR* 基因3′UTR上的miR-24靶点附近的SNP 829（C>T）能够影响miR-24与靶位点的结合。当SNP 829等位基因型为T时,miR-24不能与 *DHFR* 上的靶点结合。

此外,位于结合靶点上下游的SNP会影响miRNA与3′UTR上其他调控元件的协同作用。3′UTR是mRNA分子3′端的非编码片段,从编码区末端的终止密码子延伸至多聚A尾巴(Poly-A)的末端,除miRNA结合位点外,还包含很多顺式作用元件和功能结构元件,例如CPEARE序列(3′UTR中的AUUUA重复序列)等。位于miRNA结合位点附近的多态性会影响miRNA与其他位于3′UTR的顺式调控元件的作用,从而影响miRNA对靶基因的调控,如图12-8所示。

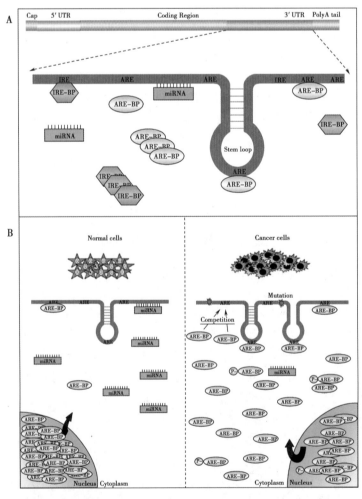

图12-8   多态性位点影响miRNA与3′UTR区域其他顺式元件的作用

Notes

mRNA 中的特殊序列元件影响 mRNA 的稳定性，不稳定元件往往出现在 3′UTR 区域，它可以缩短 mRNA 的寿命。不稳定 mRNA 的一个普遍特征是其 3′ 尾部存在约长 50 个碱基的富含 AU 的序列（称为 ARE）。ARE 中的共有序列是重复几次的五聚核苷酸 AUUUA，它控制着 mRNA 的降解。在含有 ARE 的 mRNA 的降解过程中，还需要一些蛋白（例如，Dicer1 和 Ago1 等）的参与，这些蛋白组分也是在 miRNA 合成和行使功能时所必需的。进一步研究发现 miR-16 含有与 ARE 互补的序列，这说明 miR-16 可能会和 ARE 顺式调控元件相互作用，进而控制 mRNA 的降解。因此多态位点会影响 miRNA 与其他位于 3′UTR 的顺式调控元件的相互作用。

三、miRNA 多态影响药物反应

miRNA 多态性位点是一类新的功能多态位点，它们可以通过影响 miRNA 与药物作用蛋白的结合，从而增强药物敏感性或者导致药物抗药性，如图 12-9 所示。

有研究表明人类基因 3′UTR 区域的 SNP 与 α- 地中海贫血、人类乳头瘤病毒感染、胰岛素敏感、尿石症和 5- 氟尿嘧啶化疗治疗的敏感性相关。作为人类基因 3′UTR 区域上的调控因子，miRNA 靶点上或者临近区域的 SNP 能够影响 miRNA 与靶基因的结合，产生新的 miRNA 调控关系或者失活已有的 miRNA 调控关系，从而导致疾病或者抗药性的产生。

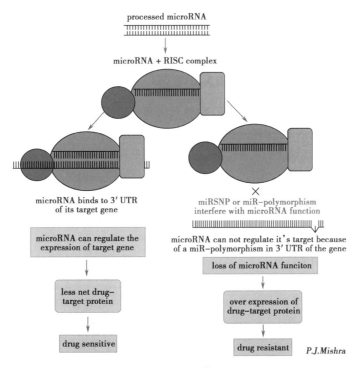

图 12-9　miRNA 多态对药物反应的影响

Mishra 等的研究发现，miRNA 多态性位点的出现与甲氨蝶呤（MTX：一种抗肿瘤药物）的抗药性有关。当 *DHFR* 基因 3′UTR 上 miR-24 靶点附近的 SNP 829 等位基因型为 T 时，miR-24 将不能与 *DHFR* 上的靶点结合，miR-24 的功能失活诱发 *DHER* 基因堆积，堆积的 *DHFR* 直接导致了甲氨蝶呤抗药性的产生。在此工作基础上，Mishra 等提出 miRNA 多态性对药物作用产生影响的两种可能途径。首先，miRNA 多态性能够产生新的 miRNA 靶向关系。当药物作用蛋白是药物靶点蛋白时，新产生的 miRNA- 药物靶点蛋白调控对能够下调药物靶点蛋白的表达，从而增强药物敏感性；当药物作用蛋白是药物激活蛋白时，新产生的 miRNA- 药物激活蛋白调控对会下调药物激活蛋白的表达，从而导致药物抗药性。与之相对应，miRNA 多态性也能够失活已有的 miRNA- 药物作用蛋白调控对的靶向关系，当药物作用蛋白是药物靶点蛋白时，失活

的调控关系会导致靶点蛋白的过量表达,从而导致药物抗药性;当药物作用蛋白是药物激活蛋白时,失活的调控关系增加激活蛋白的表达,从而增强药物敏感性。同时,Mishra 进一步提出了 miRNA 药物基因组学的概念。miRNA 药物基因组学可以被定义为通过分析 miRNA 和影响 miRNA 功能的多态性,从而预测药物作用效果和提高药物作用有效性的学科。miRNA 药物基因组学有着很强的临床应用前景。miRNA 是很值得研究的药物靶点,因为它们能够调控细胞中一些关键蛋白的表达,同时其自身在癌症组和正常组中也存在差异表达。miRNA 多态性能够导致 miRNA 对药物靶点蛋白调控的失活从而产生抗药性。因此,随着利用病人的基因型值来确定病人对药物的耐受程度的研究方法的不断发展,miRNA 多态性位点能够作为临床药物作用效果的预测因子,使得药物使用过量发生的可能性逐渐减小。

四、miRNA 多态改变表观遗传调控

很多 miRNA 由于异常的高甲基化受表观遗传修饰沉默的影响。miRNA 的表观沉默最初在乳腺癌的发病过程中被发现。Lehmann 等针对 71 例乳腺癌患者研究发现 miR-9-1、miR-148、miR-152 和 miR-663 在 34%～86% 的患者中具有异常的高甲基化。因此,miRNA 的异常高甲基化会导致癌症的发生。引起 miRNA 表观遗传调控改变的多态研究是一个新的还没有探索的领域,由于 miRNA 多态导致的原癌基因或抑癌基因表观遗传调控的缺失或者获得在细胞中可能具有决定性的影响。因此,可以利用改变表观遗传调控的 miRNA 多态研究疾病发生的机制。

五、lncRNA 多态与复杂疾病

当前很多研究已经证实 lncRNA 上的 SNP 与人类疾病的发生发展也密切相关。例如,科研人员在一个叫做 ANRIL 的 lncRNA 上发现了 8 个具有组织特异性表达的剪接变异体,而 ANRIL 的特异性表达与多种疾病相关。此外,在 ANRIL 上还发现了多个与人类复杂疾病相关的 SNP,这些疾病包括动脉粥样硬化、Ⅱ型糖尿病和冠心病等。因此,lncRNA 上的 SNP 可能是复杂疾病的候选风险突变,在生物医学研究和临床应用中具有重要的研究价值。

同时,也有研究证实了 SNP 可以在转录水平直接影响 miRNA 的表达。而最新的研究结果显示,大部分疾病相关的 SNP 位于人类基因组的非蛋白质编码区域内,表明这些疾病相关的 SNP 可能通过影响 lncRNA 的表达导致疾病。因此,研究 lncRNA 上游启动子区域的 SNP 对其表达的调控影响十分必要。研究人员通过整合 lncRNA 上游启动子区域 5kb 内保守的转录因子结合位点,并系统识别了位于这些转录因子结合位点上的 SNP,并构建了基于 web 的数据库 SNP@lincTFBS。当前,SNP@lincTFBS 数据库中共存储了 6091 条人类 lncRNA,在这些 lncRNA 的上游启动子区域 5kb 内共识别出了 37 762 个人类转录因子结合位点,超过 6300 个 SNP 位于这些结合位点内。SNP@lincTFBS 将为识别影响 lncRNA 表达的 SNP、进而阐明这些 SNP 的生物学功能和致病机制提供重要依据。

近些年,高通量技术(如 GWAS,全基因组关联分析)已经确定大量和疾病相关的 SNP。科研人员很难解释这些风险 SNP 导致疾病的致病机理,因为它们不影响蛋白质序列的改变。因此,如果该 SNP 是位于一个 lncRNA 上的话,很可能是该 SNP 影响了此 lncRNA 的功能,从而和疾病有关。因此,通过这个办法,我们可以识别和某疾病有关的 lncRNA。宁等人系统分析了人类 lncRNA 上的 SNP 分布特征,发现人类 lincRNA 具有较低的突变水平,lncRNA 上进化保守区域内的 SNP 对其二级结构有较大的影响,提示这些 SNP 可能是功能性或疾病相关突变。此外,他们还识别出了人类 lncRNA 上所有疾病相关风险 SNP,发现 lncRNA 与多种人类复杂疾病相关,某些 lncRNA 可能在疾病中发挥关键的调控作用。另外,也有研究探讨了再某种疾病下 SNP 对 lncRNA 的影响。例如,科研人员利用两套 GWAS 数据进行了荟萃分析(meta-analysis),它们

Notes

在一个 lncRNA 的序列上发现了前列腺癌相关的风险 SNP。还有研究发现了乳头状甲状腺癌（papillary thyroid carcinoma，PTC）相关的风险 SNP（rs944289）位于一个 lncRNA（PTCSC3）的上游 3.2kb 处，这个风险 SNP 可以影响该 lncRNA 的表达，并阐明了这个 SNP 通过影响 lncRNA 功能导致乳头状甲状腺癌发生的致病机制。另一个研究发现，lncRNA（HULC）上的 SNP（rs7763881）可以降低乙肝病毒携带者所患肝细胞癌（hepatocellular carcinoma）的疾病易感性。因此，准确识别影响 lncRNA 调控的疾病风险 SNP 可以为这些非编码区域的 SNP 提供重要的生物学解释，同时 lncRNA 相关的 SNP 研究可以扩展我们对复杂疾病发病机制的理解。

六、非编码 RNA 多态数据资源

dbSMR 是一个分析基因 3′UTR 上的 SNP 对 miRNA 与靶点结合关系影响的数据库。由于转录出来的基因 3′UTR 在细胞中不会以一条单独的核苷酸长链的形式存在，它会自我反向互补形成由柄和茎环组成的二级结构，当 miRNA 的靶点序列位于柄上时，miRNA 结合比较困难，而靶点在茎环上时，结合则比较容易。SNP 会影响 3′UTR 的二级结构，改变柄和茎环的位置与大小，从而影响 miRNA 与靶点的结合。通过分析 3′UTR 上靶点上下游 200bp 内的 SNP 对于靶点的二级结构的影响，能够获得 SNP 对 miRNA 与靶点结合关系的影响程度。

数据库 PolymiRTS 通过整合序列多态性位点数据、表型数据和基因表达谱数据来挖掘潜在的、可以用于解释表达和表型数量性状位点效应的 miRNA 靶基因的结合区域上的多态性位点，并把这些多态称作 PolymiRTS。当一个靶基因的 miRNA 结合位点上出现了多态性位点（PolymiRTS，图 12-9 中用三角表示），那么可能会引起基因表达的变异，此时可能会寻找到相应的表达数量性状位点（eQTL），进而基因表达的改变又会引起表型的改变，此时一个表型数量性状位点就会被观察到，然而真正引发这一系列效应的很可能是 PolymiRTS。

LincSNP 是一个为了识别和注释人类 lncRNA 上疾病相关的 SNP 而构建的全面的综合数据库。目前该数据库中包括大约 140 000 疾病相关的 SNP，这些 SNP 位于大约 5000 个人类的 lncRNA 周围。这个数据库也包含了注释的，实验证实的 SNP-lncRNA-疾病的关联数据以及疾病相关的 lncRNA 数据，并提供了友好的界面和有效的工具获得疾病相关的 SNP 以及 lncRNA。

第四节 非编码 RNA 表达谱与复杂疾病
Section 4 Non-coding RNA Expression Profile and Complex Disease

一、ncRNA 表达谱识别癌症相关 ncRNA

随着对癌症发病机制的逐渐了解，科学家将癌症的本质归结为多种因素引起的基因结构和功能的异常。这些异常通常表现为致癌基因的高表达以及抑癌基因的低表达。作为一类重要的基因调控子，ncRNA 通过调节大量靶基因广泛参与各种生物学过程。癌症过程中 ncRNA 表达水平的变化会对其靶基因的活动产生深远的影响。正是由于 ncRNA 具有高效的调控作用，ncRNA 便很自然地被认为参与癌症的发生，并因此被引入到癌症的研究及治疗中。

现在基因组数据的蓬勃发展大大加快了基因结构和功能的研究，同时也改变了人们对基因调控的认识和理解。毫无疑问的是新一代测序技术和微阵列技术已经在基础和应用性研究中做出了巨大贡献，为将来实现临床研究中的个性化诊断和治疗提供了可能。对于 ncRNA 这个相对崭新的领域，其特有的性质（如低丰度、组织特异性、发育阶段特异性和疾病状态特异性）使得 ncRNA 表达的检测受限。尽管如此，目前有许多新的检测方法，包括基于放射性标记探针的 Northern 印迹、克隆、定量 PCR 扩增、SAGE 技术、磁珠技术和寡核苷酸芯片技术，已经被用于 ncRNA 表达水平的检测。研究表明，新一代测序技术和 ncRNA 芯片能够同时检测成千上万

Notes

个 ncRNA 的表达水平。如今,越来越多的研究者开始利用新一代测序技术和 ncRNA 芯片来揭示 ncRNA 的组织特异性、干细胞的发育、肿瘤的发病机制以及疾病诊断与预后。

随着检测技术的突飞猛进,ncRNA 表达数据层出不穷。基于 ncRNA 表达谱来挖掘人类疾病相关的 ncRNA 进而阐释发病机制受到越来越多研究者的关注。迄今,许多癌症相关的 ncRNA 表达谱数据已经被提交到 Gene Expression Omnibus(GEO),Sequence Read Archive(SRA)和 ArrayExpress 数据库。图 12-10 显示了利用 ncRNA 表达谱研究复杂疾病的流程:ncRNA 表达谱的产生及获取、数据预处理、差异表达 ncRNA 筛选、后期生物学实验的证实以及基于 miRNA 靶基因或者 lncRNA 邻近基因功能富集的异常生物学过程的识别。虽然目前对 ncRNA 直接进行功能注释无法实现,但是编码蛋白质的基因的注释信息非常丰富,如 GO,KEGG 等。因此,通过靶 mRNA 的功能来推测 ncRNA 的功能是合理并且可行的。例如,利用本章第二节中介绍的 miRNA 靶基因预测算法:Targetscan、miRanda、PicTar 等,获取癌组织中异常表达 miRNA 的靶基因集合,对靶基因进行 GO 功能注释以及 KEGG 通路分析,得到靶基因集合显著富集的生物学过程。由此可推测异常 miRNA 正是通过调节这些生物学过程而参与癌症发生。

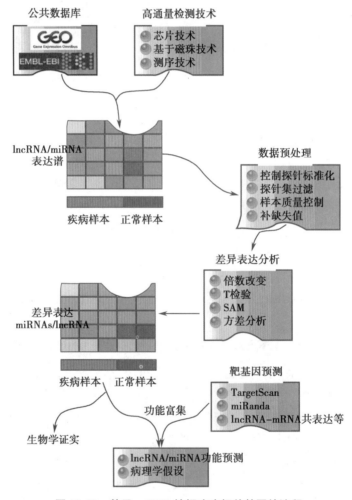

图 12-10　基于 ncRNA 挖掘疾病相关基因的流程

1. 基于 miRNA 表达谱识别癌症相关 miRNA　一般而言,很多研究基于芯片或 qRT-PCR 等高通量技术检测 miRNA 在疾病和正常样本之间的差异表达程度来识别疾病相关的 miRNA。miRNA 通过靶向癌相关基因,进而行使癌基因或者肿瘤抑制基因功能。例如,miRNA 簇 miR-15a 和 miR-16-1 位于慢性淋巴细胞白血病(CLL)频繁缺失的区域 13q14.3,其在癌症样本中呈现显

Notes

著下调,而其靶基因且具有抗凋亡功能的 *BCL-2* 在癌症样本中显著地上调,最终促进癌症的生长。*miR-17-92* 基因簇是一个高度保守的基因簇,包含 miR-17-5p、miR-17-3p、miR-18a、miR-19a、miR-20a、miR-19b-1 和 miR-92-1 等 7 个 miRNA,由于它们能参与哺乳动物多个器官发育并与多种实体瘤的发生密切相关而受到广泛关注。现已发现,*miR-17-92* 基因簇在肺癌、B 细胞淋巴瘤、肝癌、膀胱癌、结肠癌、前列腺癌、胃癌、胰腺癌等多种肿瘤细胞中均高表达,而且在淋巴瘤、肺癌等多种癌细胞中均存在 *miR-17-92* 基因扩增现象。*miR-17-92* 基因簇诱导肿瘤发生主要是通过抑制抑癌基因和细胞周期调控基因的表达实现的。O'Donneu 等使用反转录病毒介导 *miR-17-92* 基因簇过表达,促进了原癌基因 *c-Myc* 诱导的淋巴瘤发生。这些研究表明 *miR-17-92* 基因簇能作为致癌基因诱导肿瘤的发生。然而,最近的研究发现,miR-17-5p 和 miR-20a 在人乳腺肿瘤中低水平表达,它们可能作为抑癌基因起作用。乳腺癌扩增基因 -1(*AIB1*)是一种核受体共激活因子,*AIB1* 作为致癌基因与多种肿瘤的细胞增殖、转移相关,并且在乳腺癌、卵巢癌中高表达,它提高雌激素受体(ER)和 E2F1 以及一些转录因子调节基因转录的活性,而 miR-17-5p 能通过抑制 *AIB1* 的翻译导致雌激素受体调节基因表达的能力下降,使乳腺癌细胞的增殖减慢。因此,要判断 miRNA 在癌症发生过程中的功能机制,除了考虑其表达改变外,还依赖于其调控的靶基因。

2. 基于 lncRNA 表达谱识别癌症相关 lncRNA 相比较 miRNA,lncRNA 在复杂疾病中的研究正处于起步阶段。现阶段,基因芯片技术发展趋于成熟稳定,在此平台上,通过设计不同的 lncRNA 探针,可以更加快速、高通量地筛选出疾病或特定生物学过程中差异表达的 lncRNA 和 mRNA 信息。LncRNA 的改变会导致其靶基因的表达改变或者通过异常调控某些重要的表观修饰蛋白进而诱导疾病的发生。研究者采用 Arraystar lncRNA 芯片,比较 HCC 细胞株和良性人肝细胞的 lncRNA 表达水平,找到了在 HCC 细胞中表达显著下调的 lncRNA MEG3(the maternally expressed gene-3)。对肝癌组织和癌旁肝硬化组织的实时定量 PCR 实验,以及对非肿瘤肝组织和 HCC 组织的 ISH 实验,同样发现 MEG3 在肝癌中的特异性表达下调。体外细胞实验初步研究了 MEG3 的肿瘤抑制功能,包括对细胞生长和细胞凋亡的调控等。ANRIL 是三个肿瘤抑制基因 INK4b/ARF/INK4a 基因簇的反义 lncRNA,通过募集 PRC1 和 PRC2 复合物,促进该簇的抑制信号 H3K27me3 修饰,引发 p15INK4B 的转录沉默,从而使得肿瘤抑制基因的表达异常,进而参与癌症的发生发展过程。MALAT-1 是一种转移肺癌相关的 lncRNA,它在非小细胞肺癌(NSCLC)的转移肿瘤中异常的高表达。研究发现它可以通过与 SR 蛋白质互作来调控可变剪切过程。当使用 RNAi 沉默 MALAT-1 以后,会使得肺癌细胞的迁移能力降低。MALAT-1 高表达的病人常常预后效果较差。虽然研究人员发现了一些的癌症相关的 lncRNA,但是 lncRNA 的靶基因仍旧知之甚少,是目前急需解决的问题之一。

综上所述,ncRNA 表达谱可作为特定癌症的表型标签,用于癌症的诊断和预后研究。但是,癌症中的 ncRNA 表达变化是因还是果,需要对 ncRNA 功能的进一步研究。

二、ncRNA 表达谱分类人类癌症

迄今,癌症的分子分型已经取得了巨大的进步。许多研究已经表明编码蛋白的基因可以有效地区分各种癌症。这些与癌症相关的基因作为一种可靠的生物学标记已被广泛应用于各种癌症的分型、诊断和预后研究。

1. miRNA 表达谱 近十几年,随着人们对 miRNA 的了解以及实验技术的进步,越来越多 miRNA 被发现。同时,这些 miRNA 的功能得到了更深入的研究和证实。重要的是,许多研究表明 miRNA 的表达异常通常与癌症的发生发展有密切关系。因此,目前一些研究已经开始探索利用 miRNA 表达谱数据对癌症进行分类的可行性,并且将 miRNA 作为一种新的生物学分子标记用来判断癌症发生、发展或者预后。2005 年,Lu 等成功地利用磁珠流式细胞术检测技术检

测 334 个样本中的 217 个 miRNA 的表达水平，并使用该表达谱首次全面的证实了 miRNA 在癌症分类中的有效性。本小节将采用此套 miRNA 表达谱数据来探索基于 miRNA 表达水平的癌症分类。

首先从 http://www.broadinstitute.org/cancer/pub/migcm/ 获取所有相关数据，其中包括 334 个样本的原始 miRNA 表达数据、预处理后的 miRNA 表达数据、探针信息、样本信息等。该数据集也被提交到 GEO 数据库，其访问号为 GSE2564。该表达谱数据利用两个芯片平台（两套 miRNA 探针集）检测 334 个样本的 miRNA 表达谱。所采用的预处理过程包括基于控制探针的标准化（两套 miRNA 探针集中包含了一些控制探针）、修正表达强度偏低的探针、删除所有控制探针、以及对表达值进行以 2 为底的对数转换等。检测的 334 个样本中包括多种人类组织，如胃、结肠、肺等，其中某些组织取自癌症患者，例如肺癌、白血病患者等。由于某些 miRNA 的表达并没有被检测到或其表达值很低，简单地把这些 miRNA 表达值包含在表达谱数据集中只会增加数据的噪音，会影响后续的分析结果。因此，首先对 miRNA 表达谱进行过滤，删除那些在所有样本中不表达或表达值很低的 miRNA。如果某一 miRNA 在某一样本中的表达值低于 7.25（此阈值是基于一个先行实验所确定的），则认为该 miRNA 在该样本中不表达或者其所检测的表达值过低。随后，对每套 miRNA 的表达数据进行均值为 0、标准差为 1 的标准化。

然后，采用层次聚类方法（平均链路算法、皮尔森相关系数）分别对样本和 miRNA 进行聚类分析，研究者发现几乎所有的 miRNA 表达值在不同的癌症中都不相同（图 12-11）。而且，从聚类图中可以明显看出具有相同组织发育起源的样本被聚到一类。例如，起源于上皮组织的样本几乎都被聚到一起，而造血相关的恶性肿瘤样本明显的分布在另一主要分支上。该结果表明 miRNA 表达谱能够很好地区分不同组织起源的样本。

除了上述所用到 218 个样本，该数据还包括了检测自 73 个急性淋巴细胞白血病患者骨髓样本的 miRNA 表达水平。如图 12-12，经过聚类，这些样本被划分进入三个主要的分支：其中一个分支包含所有 5 个 BCR/ABL 阳性样本以及来自 11 个 TEL/AML1 样本中的 10 个样本；第二个分支包含了 19 个急性 T 细胞淋巴细胞白血病样本中的 13 个。该结果说明即使对于同一组织起源的样本，仍然能观测到不同的 miRNA 表达模式。

从图 12-12 可以发现来自结肠、肝、胰腺以及胃部的样本被很好地聚在一类。这正好反映出它们共同起源于胚胎的内胚层，进一步表明对 miRNA 表达谱进行聚类分析能够揭示出样本的组织起源。数据集中还包括了来自 218 个样本中的 89 个组织的 mRNA 表达水平。当利用大约 16 000 个 mRNA 表达谱数据对同样的样本聚类时，起源相同的组织并未被聚到一起。这种现象的发生，很有可能是由于在高维度的 mRNA 表达谱数据中存在大量的噪音或者是不相关的信号。

利用 T 检验方法对正常组织与肿瘤组织的 miRNA 表达水平进行比较，并使用随机扰动的方法为每个 miRNA 产生一个 p 值，最后对 p 值进行 bonferroni 多重检验校正。可以发现大多数的 miRNA 在肿瘤组织中呈现显著的低表达（217 个 miRNA 中的有 129 个 p 值小于 0.05），并且该现象并不依赖于某一种特定的肿瘤类型。

为了进一步的证实 miRNA 表达谱能否用于肿瘤的诊断，研究者还选取了 68 个高分化的肿瘤样本（代表 11 种肿瘤类型），并利用概率神经网络算法对这些样本的 miRNA 与 mRNA 表达谱数据分别训练产生相应的多类别分类器。随后，利用所产生的分类器来预测 17 个低分化的肿瘤样本的组织类型。通过上述过程，每个测试样本都能得到 11 个组织类型的预测概率。选取具有最高概率的组织类型作为样本的预测组织类型。尽管 miRNA 表达水平在肿瘤样本中整体偏低，但是基于 miRNA 表达的分类器正确分类了 17 个低分化肿瘤样本中的 12 个样本，而利用 mRNA 构建的分类器只能正确分类其中的一个样本。

Notes

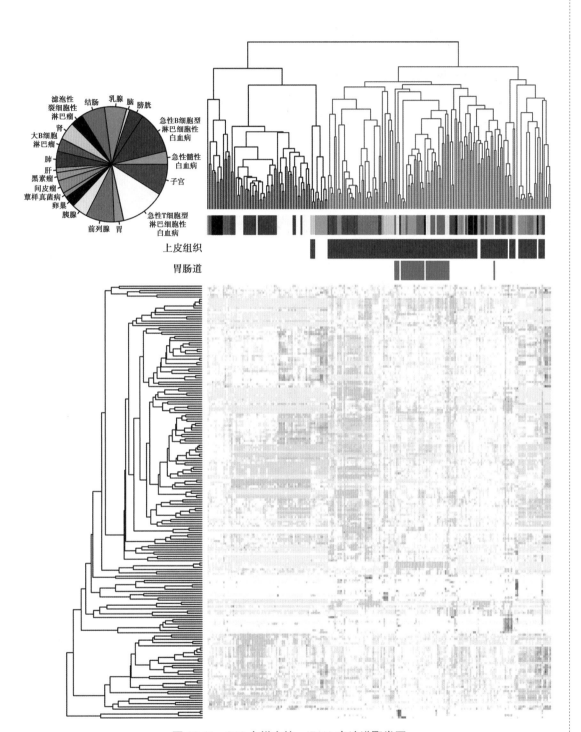

图 12-11 218 个样本的 miRNA 表达谱聚类图

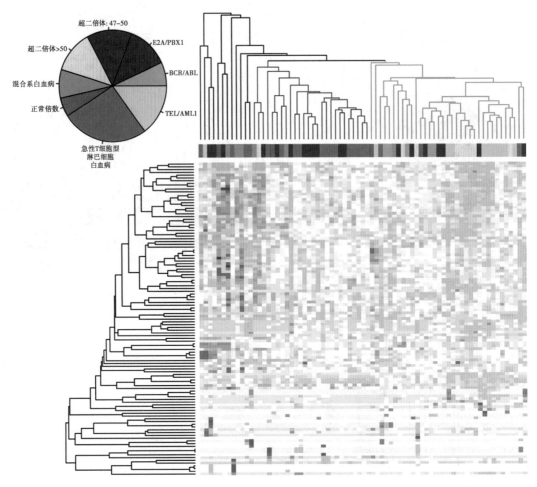

图 12-12　来自 73 个急性淋巴细胞白血病患者的骨髓样本的 microRNA 表达聚类图

2. lncRNA 表达谱　lncRNA 也正在成为理解疾病发生发展的新型分子,亦正在成为疾病生物标志物和药物靶标的潜在分子。目前主要通过 lncRNA 芯片或新一代测序等方法对 lncRNA 进行表达测定和进一步的疾病研究。新一代测序技术的不断发展产生了大量 lncRNA 的表达数据,让我们能够识别复杂疾病中功能异常的 lncRNA。2012 年斯坦福大学医学院研究人员进行首个大型的癌症 lncRNA 表达谱分析并发表在 *Genome Biology* 上。他们对 64 个肿瘤样品进行高通量 RNA-seq 测序,在各种肿瘤类型之间找出差异表达的 1065 个 lncRNA(图 12-13)并推测这些 lncRNA 可以成为生物标志物。

上述研究结果表明 ncRNA 表达数据蕴含着惊人的信息量,能够有效的反映出组织起源和肿瘤分化状态。同正常组织相比较,大多数 ncRNA 在肿瘤样本中呈低表达状态。而且,同 mRNA 数据相比较,利用 ncRNA 表达谱数据能够更有效的预测出低分化肿瘤样本的组织类型。总之,ncRNA 表达谱数据为癌症的诊断提供了潜在的可能性。

Notes

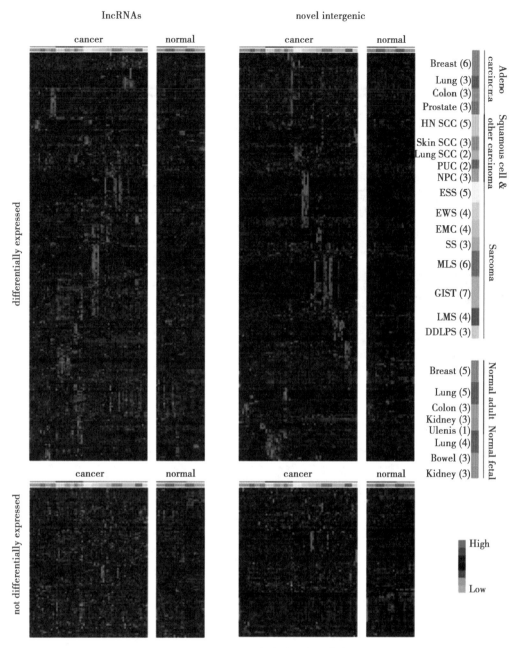

图 12-13　lncRNA 表达谱分类人类癌症

三、ncRNA 表达谱与 mRNA 表达谱的整合分析

随着实验检测技术的不断发展，大量的生物学资源陆续涌现。生物信息学研究者已经不仅仅局限于使用一种数据资源，而是通过整合多种类型的生物数据（如各种表达谱数据、互作网络、调控网络、SNP 数据、表型数据等）来解决复杂的生物医学问题。整合 ncRNA 和 mRNA 的表达数据研究复杂疾病将有助于提高研究结果的准确性。

虽然预测算法发现一个 miRNA 可以调控几百个甚至几千个靶基因，但是在特定的生物学背景下也只有几十个靶基因是真正被调控的。因此整合 miRNA 和 mRNA 表达谱有利于识别特定疾病背景下 miRNA 的调控关系，便于进一步阐明 miRNA 参与复杂疾病的过程，Li 等通过整合分析 160 例不同级别的中国胶质瘤病人样本配对的 miRNA 和 mRNA 表达谱数据，该研究者提出一种整合的计算方法来识别胶质瘤恶性进展中 miRNA 调控的功能靶基因，构建了胶质瘤

Notes

进展背景下的 miRNA-mRNA 调控网络。结果发现了很多新的胶质瘤相关的 miRNA，它们的功能和癌症的发生紧密相关，并且大部分扮演抑癌的角色（图 12-14）。然后，该研究从该调控网络中获得了在进展过程中起核心调控作用的 21 个 miRNA。进一步利用机器学习方法挖掘了胶质瘤恶性进展相关的 miRNA 预后标记物，能够有效地区分不同阶段胶质瘤病人的生存。研究结果从 miRNA 协同的角度阐述了这些 miRNA 标记物在胶质瘤恶性进展过程中的功能作用，并揭示 hsa-miR-524-5p 等不仅是预后标记物的重要组成成分，还在胶质瘤的恶性进展中扮演着重要的角色，调控细胞周期等重要功能。

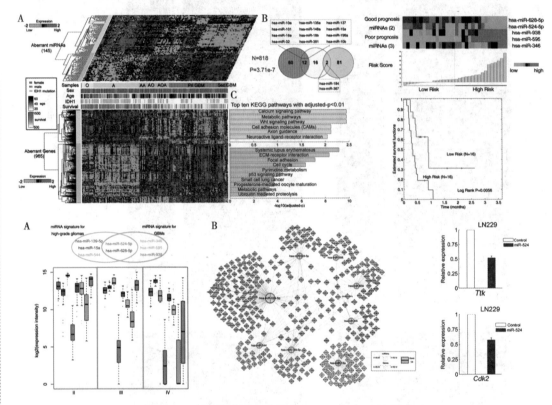

图 12-14　恶性胶质瘤进展 miRNA-mRNA 表达模式

此外，Xu 等提出基于 miRNA- 靶基因失调网络优化复杂疾病 miRNA 的新方法。首先，整合癌和癌旁组织对应的 miRNA 和 mRNA 双重表达谱与 miRNA- 靶基因调控关系构建癌症背景下的 miRNA- 靶基因失调网络，然后提取在失调网络中已知疾病 miRNA 和非疾病 miRNA 存在显著差别的拓扑指标，进而依据这些拓扑指标以及模块化的性质对 miRNA 进行优化，从而识别新的疾病 miRNA。该工作从一个全新的角度阐述了 miRNA 的调控机制，并为复杂疾病的机理探究、预防、诊断和治疗的发展起到积极的推动作用。该方法不仅能有效的识别疾病 miRNA，而且也从系统的水平对疾病 miRNA 的作用机制进行了阐述。

第五节　复杂疾病非编码 RNA 的计算识别
Section 5　Computational Identification of Complex Diseases Associated Non-coding RNAs

一、概　述

系统地识别疾病相关的 ncRNA 是在分子水平上理解 ncRNA 诱导疾病的发病机制的前体，是为疾病诊断、治疗和预防设计关特定分子工具的关键。通过实验方法通常只局限于单一或者

Notes

少量的 ncRNA，难以从系统的角度研究疾病相关的 ncRNA。计算生物学的方法成为解决这一问题的关键，为未来实验设计提供优先的对象。目前，对于在复杂疾病中起重要作用的 ncRNA 的识别及其调控网络的研究仍旧缺乏，特别是对于目前研究尚浅的 lncRNA 而言，其在复杂疾病中的作用研究仍只是刚刚起步。系统识别非编码 RNA 在复杂疾病中的作用将大大提升对非编码 RNA 功能的全面认识。更重要的是，由于 lncRNA 与 miRNA 在作用机制上存在很大差异，大量疾病 miRNA 识别方法的并不能应用于 lncRNA。因此，发展疾病 lncRNA 的计算识别方法尤为迫切。

二、复杂疾病相关 miRNA 的计算识别

虽然目前一些疾病 miRNA 数据库已经报道了将近 600 个 miRNA 和人类疾病有关系。但考虑到人类基因组已发现 2000 多个 miRNA，况且每年还新发现为数不少的 miRNA，因此，开发相应的生物信息学方法和技术对 miRNA 和疾病关系进行预测则显得非常重要。并且我们对 miRNA 在癌症中的生物学作用和调控机制的了解还远远不够。大量的问题依旧存在，如哪些 mcRNA 与疾病发生相关？是如何参与疾病发生的？与转录因子形成的调控网络是如何驱动疾病的发生？及哪些靶基因成为其诱导疾病的关键？

通过生物信息学分析，我们可以揭示 miRNA 和疾病背后的规律和特征，有了规律和特征，就可以进一步开发预测方法。

1. 基于 miRNA- 靶基因预测 累积的实验证明 miRNA 通过调控一些关键的靶基因行使癌基因和抑癌基因的功能，进而导致肿瘤的发生。识别癌症相关的关键 miRNA 和靶互作成为一把理解 miRNA 在癌症发生机理的关键钥匙。虽然许多计算靶预测算法预测 miRNA 靶基因，但是预测出来的 miRNA 靶基因列表具有很高的假阳性。Liu 等提出一个简单的算法识别癌症中异常调控 miRNA- 靶基因对，这些互作满足：①种子序列的完美匹配且在物种间具有保守性；② miRNA 和靶基因在癌症样本中显著差异表达；③ miRNA 和靶基因在表达上呈现显著逆向相关。我们利用功能基因组数据系统分析实验证实的 miRNA 靶，发现由相同 miRNA 调控的基因有显著的功能相关性。基于此，提出了从常用的靶预测算法预测的 miRNA 靶基因中优化 miRNA 靶的算法 -mirTarPri。同时，Xiao 等通过阅读大量文献，构建已知癌症相关的 miRNA- 靶互作对，发现癌症相关的关键 miRNA- 靶互作比非疾病相关 miRNA- 靶互作拥有更多的 miRNA 绑定位点（尤其是 8-mer 结合位点）、更可靠的结合作用、更高的表达相关性和更广泛的功能覆盖度，并整合 miRNA- 靶互作不同的特征，包括整合序列、表达和功能等多方面的基因组信息，系统地分析优化癌症相关的 miRNA- 靶互作。此外，Li 等提出了一种计算的方法，可以通过计算 miRNAs 靶基因和癌症基因之间的功能一致性得分（FCS）来衡量 miRNAs 和癌症之间的关联性。FCS 方法成功地识别了 11 种人类常见癌症的已知癌症基因，作出的 ROC 曲线 AUC 值达到了 71.15% 到 96.36%。相对于微阵列表达谱分析方法，FCS 方法可以显著的识别微效差异表达的 miRNAs，例如在结肠直肠癌中表达的 miR-27a。最后，以甲状腺癌为例，利用 FCS 显著地发现了癌症相关的 miRNAs miR-27a/b，并且利用 qRT-PCR 实验验证在甲状腺癌中表达上调。另外 FCS 方法可以在一个在线的 web 页面上计算（CMP: http://bioinfo.hrbmu.edu.cn/CMP）。这一计算方法可以有效节省试验时间和花费，对后续的试验研究是非常有利的，可以帮助对癌症发病机理中 miRNAs 参与作用的未来研究。

2. 基于 miRNA 调控网络预测 识别非编码 RNA 的靶基因进而通过其靶基因参与的生物学过程来判定非编码 RNA 的功能是剖析非编码 RNA 功能的另一主要方式，也是识别复杂疾病相关非编码 RNA 的主要方法。系统研究 miRNA 的靶基因发现它们倾向调控信号蛋白、代谢酶、互作网络 HUB（互作关系多的蛋白）等一系列网络中起关键作用的基因。同时，被 miRNA 靶向的基因也倾向被转录因子调控。这些结果说明 miRNA 通过控制一些在分子网络中起关键

Notes

作用的编码基因从而调控整个分子网络。基于这些系统的发现，一些相对成熟的复杂疾病相关 miRNA 预测方法被开发出来。Li 等系统地剖析了人类对子通路的调控相关的性质。首先构建了一个二部的 miRNA 和子通路网络。通过分析构建的网络，他们发现一些 miRNA 是全局调节子，能够调控大部分的子通路。miRNA 能够协同调控一组具有相似功能的子通路。整合已知的疾病信息，将 miRNA 分为疾病相关的 miRNA 和非疾病相关的 miRNA，发现疾病相关的 miRNA 比非疾病相关的 miRNA 调控更多的子通路，而且 miRNA 参与的疾病的数目与 miRNA 调控的子通路不存在相关性。该研究不但提供了 miRNA，疾病和子通路的全局的研究，而且揭示了 miRNA 调控发挥的功能，探究了复杂疾病潜在的机制。此外，该研究还开发了一个可视化平台收录了本研究整合得到的 miRNA 调控的子通路关系（图 12-15）。目前，该平台已被近 40 个国家的研究者访问超过 1700 次。

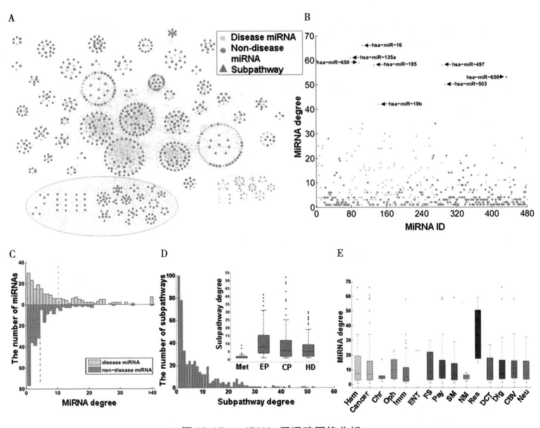

图 12-15　miRNA- 子通路网络分析

此外，Shi 等从 miRNA 靶基因和疾病的风险基因出发，利用它们在蛋白质互作网络上的功能联系，提出一种系统识别疾病风险 miRNA 的生物信息学方法。此方法综合运用全局网络距离测度 - 随机游走分析与基因集合富集分析方法，结果发现该算法可以有效识别疾病风险 miRNA。基于识别的 miRNA- 疾病对，该研究进一步构建了 miRNA- 疾病网络，并基于此网络系统分析了 miRNA 对人类疾病的调控影响。结果显示只有很少的一部分 miRNA 调控大量的疾病基因，起着全局调控的作用，而大部分 miRNA 都调控较少的疾病基因。在所分析的 18 类疾病中，与神经系统疾病相关的基因倾向于被较多的 miRNA 所调控，而与自身免疫类疾病相关的基因倾向于被较少的 miRNA 所调控。此外，他们还考察了 miRNA- 疾病网络中的功能簇现象，结果显示网络中属于同一个疾病类的疾病与其相应的 miRNA 倾向于成簇。最后通过对 miRNA- 疾病网络进行层次聚类，识别了一些 miRNA 与疾病的协同调控模块，模块中多数疾病属于同一个疾病类，意味着这些疾病可能具有相似的 miRNA 调控机制。

Notes

miRNA 和疾病关联数据是由两个不相交 miRNA 和疾病集合构成的,该数据没有给出 miRNA 之间的关系,也没有给出疾病之间的关系,只给出了 miRNA 和疾病之间的关系。根据二分图模型,如果任意两个 miRNA 至少参与一个共同的疾病,那么就给这两个 miRNA 一个连接,如此便可以根据 miRNA 和疾病关联数据构建一个 miRNA 网络,同样,也可以构建一个疾病网络。Lu 等由 2007 年 6 月时 HMDD 中的 miRNA-疾病关联数据构建了一个人类疾病网络,如图 12-16 所示。该网络表现出明显的模块化结构,如所有癌症(绿色节点)都聚在一起,所有心血管疾病(红色节点)也都聚在一起。然而,癌症和心血管疾病被比较清晰的隔离开来,这说明在 miRNA 分子水平,两类疾病存在显著区别,这进一步说明 miRNA 分子具有成为疾病至少是疾病大类生物标志物的潜力。

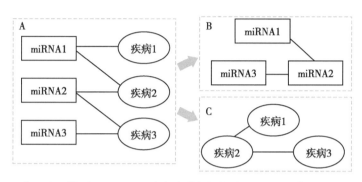

图 12-16　由二分图模型和 miRNA-疾病关联数据构建 miRNA 网络和疾病网络示意图

3. miRNA 协同与复杂疾病　在生物调控网络中,协同相互作用无疑是一个基本的特征,是基因时空特异性表达的必不可少条件。调控因子通过不同的组合方式共同来调控某些目标基因或蛋白,为生物体中基因组编码的有限的调控子带来无数的组合,从而构成了调控的多样性。因此,识别和分析 miRNA 间的协同作用,甚至 miRNA 和 lncRNA 间的协同作用也是其功能研究中不容忽视的另一重要因素。Xu 等借助 miRNA 对共调控的功能模块构建了 miRNA-miRNA 功能协同网络(MFSN),与其他的生物网络性质类似,MFSN 呈现无尺度,小世界和模块化结构。这些网络特性允许多个 miRNA 同时发挥调控作用,从而对干扰快速地作出响应。在该工作中,我们发现疾病 miRNA 在 MFSN 中的拓扑测度是不同于非疾病 miRNA 的。疾病 miRNA 间有更多的协同作用,表明它们有更高的功能复杂性。他们还倾向定位在包含 miRNA 比较多的模块中,特别是这些模块的交叠处,表明疾病 miRNA 倾向是 MFSN 的全局中心,对不同或相似生物过程起到衔接作用。另外,和同一疾病相关的 miRNA 在网络中距离近,暗示着同一疾病 miRNA 调控相同或者相似的功能。该方法不仅能有效的识别协同调控的 miRNA 对,而且也从系统的水平对疾病 miRNA 的作用机制进行了阐述。

三、复杂疾病相关 lncRNA 的计算识别

根绝 NONCODE 数据库的记录,目前人类基因组中已有 9 万多条 lncRNA 被发现。但目前有功能报道的仅 200 条左右,我们对绝大多数 lncRNA 其功能以及和疾病的关系仍然是一无所知。因此,通过生物信息学揭示和预测 lncRNA 和人类疾病的关系则显得尤为重要。

1. 根据 lncRNA 表达谱预测　最近的研究进一步揭示 lncRNA 能够通过多种机制调控复杂疾病相关的编码基因,进而导致疾病的发生,例如 HOTAIR。同时,研究人员也逐渐意识到 lncRNA 具有强烈的时空特异性,在细胞命运的决定上起着重要作用。近些年,RNA-seq 等高通量技术检测了大量 lncRNA 的表达谱。组织特异的 lncRNA 可以很容易的被识别,并预测为和其特异表达的疾病相关。对于非组织特异 lncRNA,则可以构建其和编码基因的共表达网络。如果一个 lncRNA 的共表达的基因显著和某疾病相关,则该 lncRNA 则被预测为也和该疾病相关。根

Notes

据这一思想,Sun 等确定了和肺癌相关的 intergenic lncRNA。Liu 等提出一个基于 lncRNA 表达谱的预测框架(图 12-17),并取得了较高的 lncRNA- 疾病关系预测精度。该框架首先判断一个 lncRNA 是否是组织特异的,如果是组织特异的,则直接预测该 lncRNA 和其特异表达的组织相关;如果该 lncRNA 不是组织特异的,则根据表达谱计算和其共表达的编码基因,再通过疾病基因富集分析,计算出和其共表达基因显著相关的疾病,以此预测为可能和该 lncRNA 相关的疾病。

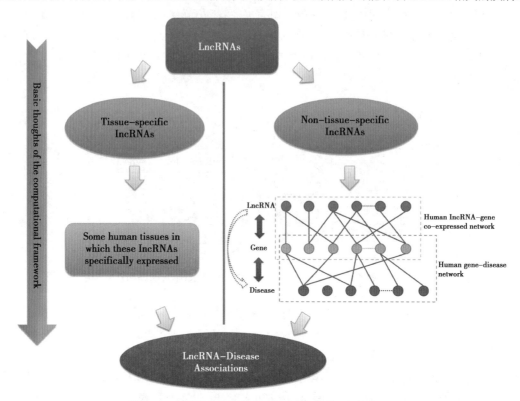

图 12-17　基于表达谱的 lncRNA- 疾病关系预测框架

2. 据 lncRNA 基因组位置预测　和 miRNA 一样,lncRNA 和其临近的蛋白编码基因、miRNA 等功能分子也具有功能相关性,因此,有相当大的可能性参与共同疾病。根据 lncRNA 和其他基因关系,lncRNA 又可分为 sense,anti-sense,bidirectional,intergenic 等类型,sense,anti-sense,bidirectional 等 lncRNA 往往和其对应的编码基因功能相关,对于 intergenic lncRNA,如果其和某基因距离不是很远的话(如小于 5 万核苷酸),其功能也往往是相关的。因此,根据 lncRNA 基因组位置,我们可以预测相当数量的 lncRNA 和疾病的关系。LncRNADisease 集成了该方法,通过输入目前 lncRNA 的基因组位置,LncRNADisease 自动搜索和其临近或重叠的基因或 miRNA,并通过 OMIM、HMDD 等数据库确定该 lncRNA 可能相关的人类疾病。

四、复杂疾病相关非编码 RNA 数据资源

(一) miRNA 疾病数据库

生物信息学一大特点是数据驱动的,因此,构建 miRNA 疾病数据库是进行 miRNA- 疾病关系研究十分关键的一步。自 2007 年开始,开始陆续有 miRNA 疾病数据库被创建,如 HMDD (human microRNA disease database)(2007 年创建;2012 年发布第二版)、miR2Disease(2008 年创建)、dbDEMC(癌症中差异表达 miRNA 数据库,2010 年创建)、PhenomiR(2010 年创建)、miREnvironment(miRNA、疾病、环境因素(大部分为药物)数据库,2011 年创建)、SM2miR(miRNA、疾病、药物数据库,2012 年创建)和 oncomiRDB(癌症相关 miRNA 数据库,2013 年创建)等(表 12-2)。

Notes

表 12-2　miRNA 疾病数据库一览表

名称	创建时间	网址
HMDD	2007	http://www.cuilab.cn/hmdd
miR2Disease	2008	http://www.mir2disease.org/
dbDEMC	2010	http://www.mirna.cn/dbDEMC/
PhenomiR	2010	http://mips.helmholtz-muenchen.de/phenomir/
miREnvironment	2011	http://www.cuilab.cn/miren
SM2miR	2012	http://bioinfo.hrbmu.edu.cn/SM2miR/
oncomiRDB	2013	http://bioinfo.au.tsinghua.edu.cn/member/jgu/oncomirdb/

自 2002 年到 2012 年间 HMDD 数据库中 miRNA- 疾病数据条目数量累计变化情况中可以看出，近年来 miRNA- 疾病数据条目数量急剧增加。另外，在疾病类型的分布方面，75% 都是癌症，心血管疾病占了 6%。

（二）lncRNA 疾病数据库

因为 lncRNA 是一个非常新的研究领域，lncRNA 在疾病中的作用的研究还是起步阶段，数据量还不够大，因此，相关的数据库也是处于起步阶段，相关数据库还不多，也不够丰富。2012 年，我国学者创建并发布了 LncRNADisease 数据库（http://www.cuilab.cn/lncrnadisease，图 12-18）。目前，LncRNADisease 数据库已收录了 1000 多条记录，包括 321 个 lncRNA 和 200 余种疾病。另外，LncRNADisease 数据库还提供了各种方法预测好的 lncRNA 和疾病关联数据。我们相信，随着 lncRNA 和疾病关系研究的深入，越来越多、各具特色的相关的数据库也将随之产生。

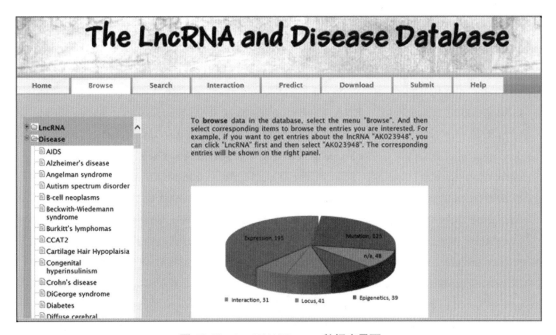

图 12-18　LncRNADisease 数据库界面

小　结

在这一章里我们阐述了 ncRNA 和复杂疾病尤其是与癌症的关系，ncRNA 可以作为一种独立的分子标记。在本章的第一节与第二节中我们简述了 ncRNA 的概念，重点总结了目前 miRNA 靶基因预测算法，给出了 ncRNA 常用数据库资源，期望这些 miRNA 靶

Notes

基因预测算法和数据库资源能够被了解并学会使用。为了进一步说明 miRNA 在复杂疾病发生和发展过程中的重要作用，第三节我们阐述 miRNA 多态与复杂疾病的关系，例如 miRNA 序列和靶点上的多态，结合位点上下游的多态等。近年来，随着新一代测序技术和芯片检测技术的不断发展，大量的 ncRNA 表达谱数据已经广泛应用于癌症诊断或预后，在本章的第四节里我们介绍了 ncRNA 表达谱在人类癌症分类中的应用。通过讲解 ncRNA 表达谱研究中寻找癌症相关 ncRNA 和对癌症进行分类的基本流程和结果，说明 ncRNA 的表达异常与癌症的发生密切相关及利用 ncRNA 表达谱能够准确对癌症进行分类，并且整合分析 miRNA 表达谱与 mRNA 表达谱能够增加疾病 miRNA 的优化及对 miRNA 致病机理的理解。最后在本章的第五节我们详细阐述了从不同的角度如何通过计算的方法来优化疾病 ncRNA。ncRNA 作为一种重要的生物学标记在复杂疾病研究中发挥着越来越重要的作用，相信随着各种 ncRNA 检测技术和研究的不断发展和深入，未来各种 ncRNA 数据会成为诊断复杂疾病的关键资源。

Summary

In this chapter, we are focus on demonstrating the relations of ncRNAs (including miRNA and long non-coding RNAs) and complicated diseases, especially with cancers. ncRNA have been served as a novel biomarker that applied in various cancers. As each ncRNA can regulate hundreds of genes, how to exactly find targets corresponding to ncRNAs is still a challenge. So we firstly summarized several known ncRNA target gene algorithms and database resources in the first and the second sections. We wish these databases could be fundamentally known and mastered by researches. To further explain ncRNAs play the important roles in the process of the onset and development of cancers, we demonstrated the relationship of cancer with ncRNAs' polymorphisms of its sequences: the polymorphisms of miRNA targets, upstream or downstream of binding sites, and so on. Moreover, with the development of detecting technologies of ncRNAs, a large number of ncRNAs have been used in the diagnosis and prognosis of cancers, so in the fourth section we illustrated the utilization of ncRNA expression profiles in human cancers. Through describing the basal workflows of finding ncRNAs that related to cancer and classification of cancers, suggested that abnormal expressions of ncRNAs corresponding to some cancers and utilization of ncRNA expression profiles are able to precisely classify the cancers, and the integration of ncRNA and mRNA expression profiles can increase the efficacy of classifying cancers, we then introduced some ncRNA could be biomarkers in various expression profile researches of cancers. Lastly, in the fifth section we detailedly recommended how ncRNA could be identified by the bioinformatic methods. The key biological biomarker of ncRNA has more and more essentially functions in researches of distinct complicated diseases. With the development of ncRNAs detecting technologies and deep investigations, various ncRNA data could be an important and critical resource to be used in different complicated diseases.

（崔庆华　李　霞）

Notes

习题

1. 简述 miRNA 的生物学合成过程。

2. 简述任意三个本章介绍的基于序列的 miRNA 靶预测方法。

3. 简述本章介绍的基于高通量实验技术获取 miRNA 靶的方法。

4. 简述 miRNA、mRNA 和 lncRNA 的差别和共同点，可以从定义，长度，表达，保守性，功能等方面论述。

5. miRNA 靶数据库有哪些？并简单介绍。

6. 位于 miRNA 基因内影响 miRNA 形成和功能的多态可以分为几类？并简单介绍。

7. 简述基于 miRNA 表达谱对复杂疾病分析流程。

8. 设计一个完整的实验，如何利用新一代测序技术检测 miRNA 的表达，然后识别疾病相关的 miRNA，并预测 miRNA 在疾病中所发挥的功能，可以以某种具体癌症为例。

参考文献

1. Bartel DP. MicroRNAs: genomics, biogenesis, mechanism, and function. Cell, 2004, 116(2): 281-297

2. Cimmino A, Calin GA, Fabbri M, et al. miR-15 and miR-16 induce apoptosis by targeting BCL2. Proc Natl Acad Sci U S A, 2005, 102(39): 13944-13949

3. Cui Q, Yu Z, Purisima EO, et al. Principles of microRNA regulation of a human cellular signaling network. Mol Syst Biol, 2006, 2: 46

4. John B, Enright AJ, Aravin A, et al. Human MicroRNA targets. PLoS Biol, 2004, 2(11): e363

5. Lewis BP, Shih IH, Jones-Rhoades MW, et al. Prediction of mammalian microRNA targets. Cell, 2003, 115(7): 787-798

6. Liang H, Li WH. MicroRNA regulation of human protein protein interaction network. RNA, 2007, 13(9): 1402-1408

7. Liu B, Li J, Tsykin A. Discovery of functional miRNA-mRNA regulatory modules with computational methods. J Biomed Inform, 2009, 42(4): 685-691

8. Lu J, Getz G, Miska EA, et al. MicroRNA expression profiles classify human cancers. Nature, 2005, 435(7043): 834-838

9. Li YS, Xu J, Chen H, et al. Comprehensive analysis of the functional microRNA-mRNA regulatory network identifies miRNA signatures associated with glioma malignant progression. Nucleic Acids Res, 2013, 41(22): e203

10. Mendes ND, Freitas AT, Sagot MF. Current tools for the identification of miRNA genes and their targets. Nucleic Acids Res, 2009, 37(8): 2419-2433

11. Xu J, Li CX. Prioritizing candidate disease miRNAs by topological features in the miRNA target-dysregulated network: case study of prostate cancer. Mol Cancer Ther, 2011, 10(10): 1857-1866

12. Tibiche C, Wang E. MicroRNA Regulatory Patterns on the Human Metabolic Network. Open Syst Biol J, 2008, 1: 1-8

13. Tsang J, Zhu J, van Oudenaarden A. MicroRNA-mediated feedback and feedforward loops are recurrent network motifs in mammals. Mol Cell, 2007, 26(5): 753-767

Notes

第十三章 新一代测序技术与复杂疾病
CHAPTER 13 NEXT-GENERATION SEQUENCING AND COMPLEX DISEASE

第一节 引 言
Section 1 Introduction

　　破译生命体 DNA 序列在几乎所有生物学研究分支中都是必不可少的。利用基于毛细管电泳（capillary electrophoresis, CE）技术的 Sanger 测序方法，科学家们获得了从任意指定的生物系统中阐明其遗传信息的能力。尽管这一技术已经在世界范围内的实验室中得到了广泛的采纳，但是由于其在测序通量、可扩展性、测序速度以及测序分辨率等方面存在的限制，使得科学家在获取信息的深度及速度上也受到了一定程度的限制。为了克服这些障碍，产生了一类全新的测序技术，即新一代测序（the next generation sequencing, NGS）技术。这一技术的使用不仅引发了众多突破性的发现，并且在基因组学的研究中点燃了一场革命。科学家们不仅在从生物系统中提取遗传信息的方式上发生了重大的转变，同时也在揭示任意物种的基因组、转录组以及表观遗传组的研究中展现出了无限的洞察力。

第二节 新一代测序技术概述
Section 2 Introduction of Next-generation Sequencing Technique

一、新一代测序技术基本概念

（一）读段、重测序与从头测序

　　在理论上，NGS 技术与 CE 具有相似的实验原理，即根据从 DNA 模板链重新合成出小段的 DNA 片段过程中发射的信号，顺序识别出每一小段 DNA 片段上的碱基组成。与 CE 将合成数量限制在单个或少量的 DNA 片段不同，NGS 技术以一种大规模并行的方式将这一过程扩展至几百万个 DNA 合成反应。这种进步产生了能够在单遍（a single run）测序中产生数百亿个碱基数据的仪器，使得对横跨整个基因组的大片 DNA 碱基对进行快速测序成为可能。为了说明这一过程，这里考虑一个单一的基因组 DNA（genomic DNA，gDNA）样本。首先将 gDNA 打碎形成小片段 DNA 的文库，这些小片段 DNA 能够在百万次平行反应中被一致且准确地测序。新识别出的碱基串，被称为读段（read）。可以使用一个已知的参考基因组作为支架将这些读段进行重新组合，这个过程被称为重测序（resequencing），或者在参考基因组缺失的情况下将读段进行组合，这个过程被称为从头测序（de novo sequencing）。将读段全部进行比对拼接后，就可以揭示出一个 gDNA 样本中每条染色体完整的序列信息。

　　自 NGS 技术被发明以来，它的数据输出以每年超过两倍的速率增长，超越了摩尔定律（Moore's law）。在 2007 年，一次单遍测序最多可以产生的数据量约为 1Gb。到 2011 年，这一数值已经达到了 1Tb，在四年的时间里约增长了 1000 倍。正是源于 NGS 这种可以快速产生大量测序数据的能力，使得研究人员能够在几个小时或几天的时间里快速地将研究思路转换成完整的数据集合。目前，研究人员可以在一次单遍测序中完成超过五个人类基因组的测序，产生测序数据的时间约为一周,用在每个基因组上试剂的花费不超过 5000 美金。可以与人类基因组计划做个对比,使用 CE 技术对第一个人类基因组测序用了大约 10 年的时间,然后用额外的三年完成了对数据的分析,整个计划标价将近 30 亿美金。NGS 大大降低了涉及多样本的研究时产生数据的时间,例如,使用 CE 技术产生数百个扩增产物一般需要几周甚至几个月,而相同数量的样本使用 NGS 在几小时之内就能完成测序,并且在两天之内就能完成对数据初步的分析。应用这种高度自动化、便于使用的实验方案,研究人员能够比以往任何时候都更便捷地经历从实验到获取数据到发表研究成果的过程。

(二)测序分辨率、覆盖度与测序深度

NGS 为目标实验在分辨率(resolution)水平的选择上提供了高度的灵活性。通过控制单遍测序产生数据的多少,NGS 既可以对基因组上某个特定区域进行高分辨率测序,也能够提供一个分辨率相对低但却更广阔的基因组图谱。研究人员可以通过调节一个特定类型实验的覆盖度(coverage),来控制分辨率的大小。覆盖度,又称为测序深度(depth),一般定义为比对到样本 DNA 中单个碱基的测序读段数量的均值。例如,一个全基因组测序的覆盖度为 30× 的意思是,在这个基因组中每个碱基上平均比对上了 30 个测序读段。NGS 技术能够方便地调整覆盖度及分辨率的特点可以对大量的实验设计进行优化。例如,在癌症研究中,体细胞突变可能只发生在某个特定组织样本的一小部分细胞中。由于测序使用的是混合的细胞样本,为了能够检测到细胞群体中这些低频突变,带有突变的 DNA 区域需要具备相当高的测序覆盖度,如 1000×。尽管这种类型的分析利用 CE 技术来完成也是可行的,但是对于每个额外的读段测序都会产生附加的费用。所以当要求对大量样本进行高深度的测序时,实验就会变得极其昂贵。而另一方面的例子是,在挖掘全基因组范围内的变异研究中,选择对目标群体中大量样本进行低分辨率的测序可以从统计学上获得更好的支持。

新一代测序平台支持各种广泛的应用,可以帮助研究者研究关于任意物种的基因组、转录组及表观基因组的几乎任何问题。测序应用很大程度上是由测序文库的制备方法和数据分析方法决定的,实际测序阶段的过程基本上是不变的。有许多标准文库的制备试剂盒提供了全基因组、信使 RNA(mRNA)、一些靶向区域如全外显子组(exome)、指定选择的区域、蛋白结合区域等的测序方案。当处理具体的研究课题时,研究者会针对与某个已知的生物学功能有关的基因组上的区域开发出新的方案进行测序。

二、新一代测序技术常见测序仪及工作流程

最近市面上出现了很多新一代测序仪产品,例如美国 Roche Applied Science 公司的 454 基因组测序仪、美国 Illumina 公司和英国 Solexa technology 公司合作开发的 Illumina 测序仪、美国 Applied Biosystems 公司的 SOLiD 测序仪、Dover/Harvard 公司的 Polonator 测序仪以及美国 Helicos 公司的 HeliScope 单分子测序仪。所有这些新型测序仪都使用了一种新的测序策略——循环芯片测序法(cyclic-array sequencing),也可将其称为"新一代测序技术"或者"第二代测序技术"。

所谓循环芯片测序法,简言之就是对布满 DNA 样品的芯片重复进行基于 DNA 的聚合酶链反应(模板变性、引物退火杂交及延伸)以及荧光序列读取反应。2005 年,有两篇论文曾对这种方法做出过详细介绍。与传统测序法相比,循环芯片测序法具有操作更简易、费用更低廉的优势,于是很快就获得了广泛的应用。

在开发新型高通量、高并行运行方法时碰到的一个关键问题是,如何将反应试剂同时加入数量如此之多的各个反应体系中?在焦磷酸测序的过程当中需要反复加入不同的碱基以供测序反应使用,而当时的自动化加样设备无法有效地做到对这么多的反应体系同时循环加样。于是,开发一种全新的高密度并行处理方法这一重要课题又再一次摆在了科研人员的面前。这一次,他们找到了一个非常简单但是又很巧妙地方法。在高密度的反应芯片表面使用层流(laminar

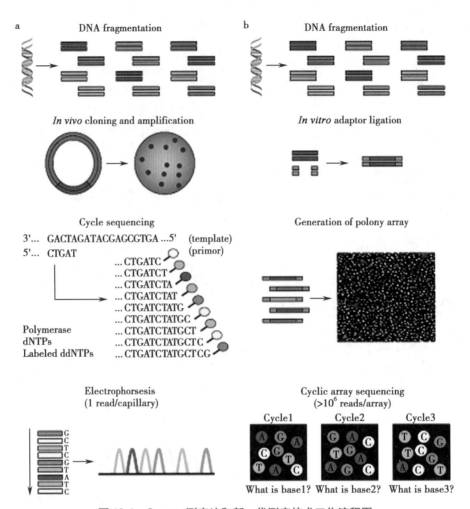

图 13-1 Sanger 测序法和新一代测序技术工作流程图

flow)加样方式,反应试剂会通过扩散作用很好地进入每一个反应体系,而且也可以用层流的方式洗去多余的反应试剂。现在,所有的新一代测序仪都采用了这种层流加样方法。

为了将每个单独的测序反应都分隔开来,一开始使用平板(芯片),不过在平板上平均每一平方厘米的面积上最多只能同时进行数百至数千个反应。但人们希望达到的是 100 万个,这样才能令测序仪小型化,同时节省试剂并进行快速成像和测序。为了实现更高密度的测序反应,在平板上制作很多小孔,将每个反应体系都安置在这些小孔中,这些小孔都足够深,足以分隔每个反应体系。虽然这种方法极大提高了测序反应的密度,缩小了平板的面积,但是要达到高通量的要求还是需要 60mm×60mm 大小的芯片才行。

针对图像采集问题使用了商业化的天文学照相(astrological grade camera)器材,在电荷偶合装置(CCD)的表面连接上光纤束(fiber-optic bundle)。这些光纤是锥形排列的,这样可以将大范围的光信号都传输到 CCD 表面上很小的一个范围。采取下面两个步骤,就可以制成含有高密度小孔的芯片:先将光纤束连接到类似于载玻片一样的一次性芯片上,然后用酸蚀刻(acid etching procedure)技术在玻片的另一面打上小孔。这种酸蚀刻技术是根据制作生物传感器的技术改进而来的。

（一）新一代测序技术流程

1. **样品准备与文库制备** 要想实现高通量基因组测序,只对测序步骤进行优化还是远远不够的。人类基因组计划花费的 30 亿美元经费中有很大一部分都用在了测序样品制备阶段。当时即使是采用最简单的制备样品方法也需要将目标片段克隆到细菌中,挑选克隆,再转到 96 孔

Notes

板,然后进行克隆扩增,提取质粒,制备测序模板。这种工作流程既耗时又耗钱。如果采用新型的文库制备方法就可以极大地节省这部分开支,这种新型的方法是先分离基因组 DNA,随机切割成小片段分子,然后通过有限稀释(limiting dilution)和聚合酶扩增反应,即体外克隆方式(clones without bacterial)制备模板片段。这样,从模板制备到最后的测序反应,整个过程都能够在体外完成。

文库制备包括以下几个步骤,首先随机切割样品基因组,获得大量 DNA 片段,然后接上接头进行扩增反应。新一代测序技术的样品制备程序和 Craig Venter 等的鸟枪法样品制备程序有着本质的差别。通过乳糜 PCR(emulsion PCR,emPCR)或桥式 PCR(bridge PCR)等方法对文库进行扩增,获得测序模板,而没有鸟枪法中的细菌克隆繁殖步骤。去掉细菌繁殖步骤极大地提高了整个测序工作的速度和效率,同时避免了由于细菌繁殖导致的序列丢失的可能性。这种方法对古老 DNA 和代谢基因组学的研究同样非常适用。末端配对文库制备方法的建立同样帮助测序仪获得了对复杂基因组从头测序、对重复片段测序以及对基因组结构(复制、重排)展开系统研究等三种能力。这种末端配对文库的制备方法是受到了 Bender 科研小组对果蝇(drosophila)制备跨步文库(jumping library)方法的启发而发展得来的。

emPCR 被 Roche 公司的 454 测序仪和 ABI 公司的 SOLiD 测序仪等采用。这种方法是将制备的 DNA 文库与水油包被的直径大约 28μm 的磁珠在一起孵育、退火,由于磁珠表面含有与接头互补的寡聚核苷酸序列,因此 ssDNA 会特异地连接到磁珠上。同时孵育体系中含有 PCR 反应试剂,因此可以保证每一个与磁珠结合的小片段都会在各自的孵育体系内独立扩增,扩增产物仍可以结合到磁珠上。反应完成后,破坏孵育体系并富集带有 DNA 的磁珠。经过扩增反应,每一个小片段都将被扩增大约 100 万倍,从而达到下一步测序反应所需的模板量。

在桥式 PCR 反应中,正向引物和反向引物都被通过一个柔性接头(flexible linker)固定在固相载体(solid substrate)上。经过 PCR 反应,所有的模板扩增产物就都被固定到了芯片上固定的位置。值得注意的是,Illumina 测序仪使用的桥式 PCR 与传统的桥式 PCR 有所不同,它会交替使用 Bst 聚合酶进行延伸反应以及使用甲酰胺(formamide)进行变性反应。这样,经过桥式 PCR 扩增之后,也会在固相载体上形成一个个的模板"克隆"。一块芯片的 8 条独立"泳道"上每一条泳道都可以容纳数百万的模板"克隆",这样一次就可以同时对 8 个不同的文库进行测序。

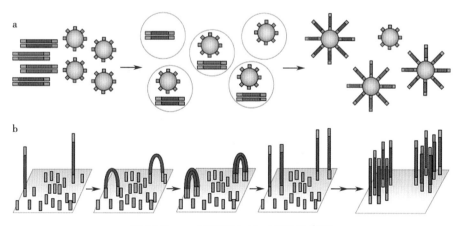

图 13-2　emPCR 和 bridgePCR 示意图

2. 合成测序法　摩尔定律不仅为计算机 CPU 的迅猛发展提供了原动力,也给测序平台提高通量和小型化带来了希望。很明显,常规的人类基因测序项目会对处理测序技术的能力提出更高要求,这与对计算机处理能力的要求是一样的。不过,只有将计算机的电子管换成晶体管,才为后来集成电路技术的发展提供了可能,这正是计算机产业发展的关键所在。而希望对传统的毛细管电泳技术进行改良,提高它的速度和处理规模,正如只用电子管直接制作集成电路一

Notes

样不可能。因此，如果将各种测序技术比作一个个晶体管，将一系列测序步骤整合起来比作集成电路，那么也就可以用摩尔定律来预测 DNA 测序技术的发展速度了。

合成测序法概念虽然在提出的时候还不算成功，但它的出现为测序仪小型化奠定了基础。基于合成测序法出现了两种策略：一种是循环可切除终止测序法（cyclic reversible termination technology），即依次逐个添加荧光标记的碱基，继而检测荧光信号，切除荧光基团，如此往复；另一种策略是焦磷酸测序法（sequenced by detecting pyrophosphate release）。454 测序仪采用的是小型化焦磷酸测序反应，测序模板准备和焦磷酸测序反应步骤都是在固态芯片上完成的。

实际上，早在 20 世纪 90 年代中期，焦磷酸测序技术就已经被科研界用来进行基因分型工作了，但那时的焦磷酸测序技术还不能够满足标准的测序实验要求，因为它的测序长度太短，因此只能用于旨在发现 SNP 的基因分型研究当中。当时进行基因分型操作时，是在微量滴定板（microtiter plate）上进行的，可以连续进行最多 96 次基因分型实验，平均每个样品花费 20 美分。那时焦磷酸测序还不能用于从头测序工作，因为从头测序需要对每一个尤其是第一个碱基都能准确地区分清楚，而焦磷酸测序只能简单地对已知位点的碱基进行检测，而且从头测序要求的测序长度也是焦磷酸测序法无法达到的。不过，由于焦磷酸测序的原理是通过检测碱基掺入时发出的光来进行测序的，所以它并不需要类似于电泳之类的物理分离过程来对碱基进行区分。这也就是说焦磷酸测序仪可以"缩小（减）"到只需要检测光线就够了，而不需要像传统的测序仪还需要电泳设备，而这正是限制传统电泳仪小型化的关键所在。发光检测方法还能够进行多路平行操作，但是直到 454 测序仪出现之前，还没有人这样做过，以前都是依次进行检测的。和晶体管早期的遭遇一样（当时人们也怀疑晶体管替代不了电子管），人们同时对高密度的，用于并行焦磷酸测序的反应也充满了疑问。不过，当不再在溶液中进行测序反应，而是将测序模板、所有的试剂（酶）都固定在平板上制成芯片之后，就获得了小型化的，能进行多路并行处理的测序仪，这就与晶体管被小型化并整合成集成电路的过程一样。此外，借助微量滴定板上一个个的小孔所达到的将不同测序反应进行分隔这一目的，也能通过在单个固相支持物上进行严密包裹（隔离）的反应来实现。在这些各自隔绝的反应体系中，链聚合反应速度和发光速度都能通过对反应试剂和产物弥散状况进行严密的控制来进行精密的调整。

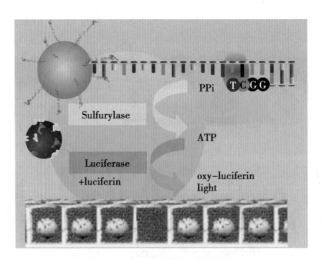

图 13-3　焦磷酸测序法原理

（二）单分子测序技术

近期出现的 Helicos 公司的 Heliscope 单分子测序仪、PacificBiosciences 公司的 SMRT 技术和 Oxford Nanopore Technologies 公司正在研究的纳米孔单分子技术，被认为是第三代测序技术。与前两代技术相比，他们最大的特点是单分子测序。其中，Heliscope 技术和 SMRT 技术利

Notes

用荧光信号进行测序,而纳米孔单分子测序技术利用不同碱基产生的电信号进行测序。

Helicos 公司的 Heliscope 单分子测序仪基于边合成边测序的思想,将待测序列随机打断成小片段并在 3′ 末端加上 Poly(A),用末端转移酶在接头末端加上 Cy3 荧光标记。用小片段与表面带有寡聚 Poly(T)的平板杂交。然后,加入 DNA 聚合酶和 Cy5 荧光标记的 dNTP 进行 DNA 合成反应,每一轮反应加一种 dNTP。将未参与合成的 dNTP 和 DNA 聚合酶洗脱,检测上一步记录的杂交位置上是否有荧光信号,如果有则说明该位置上结合了所加入的这种 dNTP。用化学试剂去掉荧光标记,以便进行下一轮反应。经过不断地重复合成、洗脱、成像、淬灭过程完成测序。Heliscope 的读取长度约为 30~35bp,每个循环的数据产出量为 21~28Gb。值得注意的是,在测序完成前,各小片段的测序进度不同。另外,类似于 454 技术,Heliscope 在面对同聚物时也会遇到一些困难。但这个问题并不会十分严重,因为同聚物的合成会导致荧光信号的减弱,可以根据这一点来推测同聚物的长度。此外,可以通过二次测序来提高 Heliscope 的准确度,即在第一次测序完成后,通过变性和洗脱移除 3′ 末端带有 Poly(A)的模板链,而第一次合成的链由于 5′ 末端上有固定在平板上的寡聚 Poly(T),因而不会被洗脱掉。第二次测序以第一次合成的链为模板,对其反义链进行测序。对 Heliscope 来说,由于在合成中可能掺有未标记的碱基,因此其最主要的错误来源是缺失。一次测序的缺失错误率约为 2%~7%,二次测序的缺失错误率约为 0.2%~1%。相比之下替换错误率很低,一次测序的替换错误率仅为 0.01%~1%。总体来说,采用二次测序方法,Heliscope 可以实现目前测序技术中最低的替换错误率,即 0.001%。

Pacific Biosciences 公司的 SMRT 技术基于边合成边测序的思想,以 SMRT 芯片为测序载体进行测序反应。SMRT 芯片是一种带有很多 ZMW(zero-mode waveguides)孔的厚度为 100nm 的金属片。将 DNA 聚合酶、待测序列和不同荧光标记的 dNTP 放入 ZMW 孔的底部,进行合成反应。与其他技术不同的是,荧光标记的位置是磷酸基团而不是碱基。当一个 dNTP 被添加到合成链上的同时,它会进入 ZMW 孔的荧光信号检测区并在激光束的激发下发出荧光,根据荧光的种类就可以判定 dNTP 的种类。此外由于 dNTP 在荧光信号检测区停留的时间(毫秒级)与

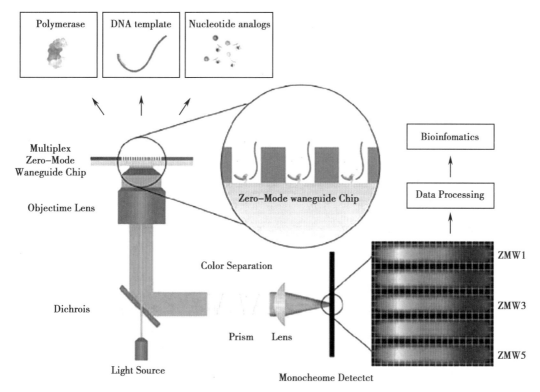

图 13-4 SMAT 测序技术流程

Notes

它进入和离开的时间（微秒级）相比会很长，所以信号强度会很大。其他未参与合成的 dNTP 由于没进入荧光型号检测区而不会发出荧光。在下一个 dNTP 被添加到合成链之前，这个 dNTP 的磷酸基团会被氟聚合物（fluoropolymer）切割并释放，荧光分子离开荧光信号检测区。SMRT 技术的测序速度很快，利用这种技术测序速度可以达到每秒 10 个 dNTP。

Oxford Nanopore Technologies 公司正在研究的纳米孔单分子技术是一种基于电信号测序的技术。他们设计了一种以 α- 溶血素为材料制作的纳米孔，在孔内共价结合有分子接头环糊精。用核酸外切酶切割 ssDNA 时，被切下来的单个碱基会落入纳米孔，并和纳米孔内的环糊精相互作用，短暂地影响流过纳米孔的电流强度，这种电流强度的变化幅度就成为每种碱基的特征。碱基在纳米孔内的平均停留时间是毫秒级的，它的解离速率常数与电压有关，180mV 的电压就能够保证在电信号记录后将碱基从纳米孔中清除。纳米孔单分子技术的另一大特点是能够直接读取甲基化的胞嘧啶，而不像传统方法那样必须要用重亚硫酸盐（bisulfite）处理，这对于在基因组水平研究表观遗传相关现象提供了巨大的帮助。纳米孔单分子技术的准确率能达到99.8%，而且一旦发现替换错误也能较容易地更改，因为 4 种碱基中的 2 种与另外 2 种的电信号差异很明显，因此只需在与检测到的信号相符的 2 种碱基中作出判断，就可修正错误。另外由于每次只测定一个核苷酸，因此该方法可以很容易地解决同聚物长度的测量问题。该技术尚处于研发阶段，目前面临的两大问题是寻找合适的外切酶载体以及承载纳米孔平台的材料。

三、新一代测序数据存储、处理与分析

过去，研究人员使用 Applied Biosystems（ABI）公司的 3730XL 毛细管电泳测序仪进行基因分析，每年至多能完成六千万碱基的测序量。随着测序技术日新月异的发展，这种情况已经成为历史。在 2005 年刚刚开始进行新一代测序技术开发时，Roche 公司和 454 公司联合开发的焦磷酸测序仪的分析速度就已经达到了上述提及的 ABI 仪器速度的 50 倍之上。也就是从那时起，因基因数据过多而产生的问题凸显了出来，而且这个问题随着其他制造商开发出更多更快的测序仪而愈加严重。举个例子，ABI 的新一代测序平台 SOLiD（supported oligonucleotide ligation and detection）单次运行，便可以分析 6Gb 的碱基序列；而 Roche/454 测序仪单次运行可以将上述结果转换成 12!15Gb 的数据信息；Illumina Genome Analyzer（GAII）测序系统仅在两个小时的运行时间里，就得到 10Tb 的信息。尽管对于像 Applied Biosystems 这样的制造商而言，可以为用户提供高达 11.25Tb 的存储量，但对于多数实验室所具有的信息管理系统来说，规模如此庞大的数据信息，就好像是迎面而来的洪水，让人感到难以控制。

海量信息所带来的一个问题是，用户无法将初始图像数据进行分类存档，而必须利用软件对数据进行读取，然后才能对数据进行保存。对于大多数研究人员来说，像这样在每次实验后对原始数据进行处理的方式既烦琐又不经济。

除数据处理问题之外，研究人员还需要拥有一个足够强大的计算机平台，以便将来自多个测序技术的短小基因片段进行组合，形成基因组外显子。目前问题在于，测序仪生产商仅仅提供用于某些特定基因信息分析的软件，如靶标重测序、基因表达分析、染色质免疫沉淀反应或基因组从头测序等，而并未提供任何其他类型的下游生物学信息分析软件，这就给生物信息学提出了新的问题。

（一）新一代测序数据格式与质量编码

目前，序列质量评分问题是受到广泛关注的一个问题。造成这种现象的原因主要是因为所有新一代测序仪的测序质量都不高，而且不同的序列情况都有各自的误差率。随着新一代测序仪产品的不断成熟，在临床及科研工作中的应用范围越来越广，它们的测序质量也就变得重要起来，而且也需要对各个测序仪的测序质量有一个清晰的、可靠的评价标准。由于这个问题还只是刚刚出现，所以有机会设立一个全球统一的、标准化的评价体系对目前现有的以及将来即

Notes

将出现的测序仪进行评价，也希望避免再次发生类似过去几个芯片厂家之间进行数据比较的尴尬局面。对于测序仪的应用范围进行标准化的质量评价也是有好处的。比如评价从头测序的质量、评价测序结果与参考序列的相似度、评价测序仪发现突变以及多态性的能力以及对测序仪在进行大规模测序项目研究时的质量可靠性进行评价等。

这些质量数据都应该以一种简单、标准化的方式包含在测序结果中。现在所有的测序仪器生产商也都在他们的测序报告中加入了测序质量信息，消费者可以借此对数据进行交叉比较，甚至还有可能各取所长，将不同测序仪的测序结果整合起来，获得最佳的测序结果。目前，旨在从短片段测序结果中发现多态性以及突变位点的重测序项目经常会依靠"主要投票机制（majority voting scheme）"。该方法易于操作，但是容易出错，假阴性率较高。

（二）测序短片段在参考基因组中的定位

新一代测序仪可以以极快的速度以及极其低廉的价格获得大量的序列，这已经改变了基因组学的面貌。这些新测序仪一经出现，马上就成为了全基因组测序的主力军，广泛应用于各种测序相关的实验检测，包括基因表达谱检测、DNA 与蛋白质相互作用检测和 RNA 剪切研究等。例如，它们可用于对 RNA 进行测序，即先通过反转录将其变成 cDNA，然后再对 cDNA 进行测序，这样就能发现一些未知的基因，或发现新的 RNA 剪切方式。也可以将测序技术应用于 ChIP，弄清楚与蛋白质共沉淀的 DNA 片段的序列。这种方法能用于研究转录因子与 DNA 调控元件之间的相互作用。此外，对肿瘤细胞全基因组测序也能发现一些新的致癌突变。随着新一代测序的完成，人们获得了大量的短片段序列，如何对这些短片段作图就成了一个大问题，即被称为"阅读片段作图（read mapping）"的问题。

美国 Illumina 公司、Applied Biosystems（ABI）公司和 Helicos 公司等开发的测序仪在测序时产生的都是长约 25～100bp 左右的读段，即"read"。这些读段都是待测样品大片段的某一部分。与对未知的全基因组进行测序，即将所有读段组装成一个完整基因组的工作相比，人们现在大部分的工作实际都可以参照"参考基因组"进行。因此，要了解读段的作用，首先要知道它们在参考基因组中的确切位置，而对这些读段进行定位的过程就称作"作图（mapping）"，或"定位（aligning）"到参考基因组中。在作图中，有一个问题需要注意，那就是进行定位时不能出现大的"间隙"。而在对 RNA 进行测序时，因为存在内含子的缘故，这一点就显得尤为突出。因此，对 RNA 进行测序时就允许有较大的间隙出现。此外，如果读段属于参考基因组里的一个重复元件，那么就应该弄清楚它来自重复元件中的哪一个拷贝。但这是不太可能实现的，所以分析程序一般都只能给出该短片段可能属于参考基因组中哪几个位点。同时，由于测序错误或者检测样品间以及检测样品和参考基因组间出现变异等情况，使上述问题变得更加严重。同样，在 RNA 剪切体作图中也存在上述问题，而且由于内含子的问题使得情况更为复杂。

当然，上述问题都不是伴随新一代测序仪的出现而出现的新问题，即使在经典的 Sanger 毛细电泳测序法中也有与之相应的专门用来处理定位问题的程序。不过，这些程序既不能处理短片段测序仪获得的大量序列数据，也不能定位长度较短的短片段序列。使用传统的 BLAST 或 BLAT 软件分析 ChIP 或 RNA 测序结果，可能会花上几百甚至几千个小时。幸运的是，人们现在有了新的分析软件。在选择一款分析软件之前，要先弄清楚，为什么用计算机处理作图问题会出现问题？人们现在已经解决了其中的哪些问题？还存在哪些问题？还有没有其他办法？

Illumina、ABI、Roche、Helicos 以及其他众多测序仪生产厂家开发的测序仪每一轮测序都能获得百万计的短片段序列，不过要对一个基因组进行完全测序则需要进行好几轮检测，这也就意味着要想获得一份完整的全基因组图谱必须对数百万甚至是数十亿的短小片段进行作图、定位和拼接。比如，最近由 Ley 小组做出的癌症基因组序列就是通过 132 轮测序，对 80 亿条短小片段进行作图后得到的结果。使用 BLAST 或 BLAT 比对法，借助大型的超级计算机只需要几天就能获得这个癌症的基因组序列结果，但这并非人人都能享有。为了能让更多的人用更廉价

Notes

的计算机也能进行类似的作图分析,人们开发了一套新的比对定位程序,使用这种新程序即使在普通的台式机上也能对数亿计的短小片段进行作图分析。测序仪器生产厂商也会提供一些专门的作图软件,例如 Illumina 公司开发的 ELAND 程序等。研究人员也开发了一些有针对性的第三方软件,这些软件中很大一部分都是开放源代码的免费程序。这些软件主要都是建立在这样一种算法之上,即充分利用短小 DNA 序列的特点来作图,而不需要依靠计算机强大的处理能力、内存容量等条件。

(三)新一代测序数据库

目前对于如何组织、存档以及发布这些新一代测序仪产生的短片段序列结果正处于热烈的讨论之中,人们希望制定一个类似芯片实验时制定的 MIAME(minimum information about a microarray experiment)规则。这些早期的工作经验在如何处理包括生物学注释信息、临床原始数据、关键实验细节(比如样品特征、样品处理方法)在内的元数据,以及如何处理、出版发行这些数据等方面给了研究者们良好的建议。如何对这些新一代测序仪的测序结果数据进行公共管理也是一个需要探讨的问题。NCBI 最近专门为短片段序列建立了数据库 Short Read Archive(SRA),并同步制定数据提交格式。SRA 数据库不仅会收集包括实验注释信息、实验参数等信息的数据,而且还会被整合到 Entrez 查询系统当中。目前的工作主要包括开发线上搜索工具、数据图形化工具。

四、新一代测序短片段比对

Maq 和 Bowtie 都属于第三方开发的短片段作图程序。它们使用的是一种称作"建立索引(indexing)"的策略。同时,人们也对大量的 DNA 序列建立了一份索引,借助这份索引就能快速地找到其中的短 DNA 片段了。Maq 软件是基于一种直接的但是很有效的策略——空位种子片段索引法(spaced seed indexing)。它将一个短片段(read)分成了 4 条长度相等的更短的片段——种子片段(seed)。如果整段短小片段(read)可以与参考基因组序列完全配对,那么很显然所有的种子片段(seed)也理所应当地应该与参考基因组序列完全配对。但如果其中有一处错配,例如 SNP,那么肯定有一条种子片段无法与参考基因组序列完全匹配。依次类推,如果出现了两处错配就会导致一条或两条种子片段无法与参考基因组序列完全匹配。因此,对所有种子片段两两组合后的片段(共有 6 种组合方式)进行比对,就有可能找出该短小片段在基因组中最有可能的位点。Maq 软件采用的这种"空位种子片段索引法(spaced seed indexing)"作图时的效率非常高。

Bowtie 软件采用的则是另一种完全不同的策略,该策略借鉴了 Burrows-Wheeler 转换(Burrows-Wheeler transform)这种数据压缩算法技术,将完整的人类基因组序列索引压缩到不到 2Gb 大小(这是当前主流台式机甚至是笔记本电脑都能达到的水平),而空位种子片段索引法至少需要 50Gb。Bowtie 每次都只把一段短片段序列中的一个碱基与经 Burrows-Wheeler 转换压缩过的参考基因组序列进行比对。经过这种连续的比对,最终也能找出这段短片段在参考基因组中的定位。如果 Bowtie 软件发现短片段中的某个碱基在参考基因组中没有很好地配对,那么软件就会退回到上一个碱基重新进行比对。实际上,Burrows-Wheeler 转换使得 Bowtie 软件通过碱基逐个比对,直至完成全长短序列比对的方法解决了短序列作图的问题。从本质上来说,Bowtie 软件使用的算法要比 Maq 采用的复杂得多,但 Bowtie 软件却比 Maq 软件分析的速度快 30 倍。

Bowtie 软件和 Maq 软件的默认模式中至多都只会允许两个错配位点,不过有时有些用户需要允许更多的错配位点存在。Bowtie 软件和 Maq 软件能够分析的短序列长度范围在 20~40bp 之间,它们都经过优化设计以使其适合用于人类基因组再测序计划(human resequencing project)。不过,现在 Illumina 公司最新的测序仪已经能够获得长约 100bp 的"短"片段序列,还

Notes

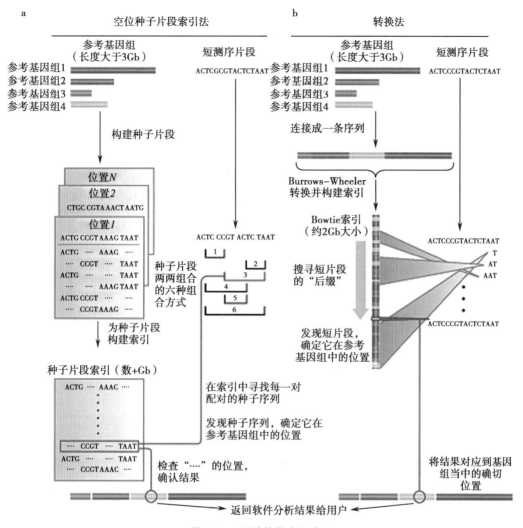

图 13-5 两种片段定位方法

有一些测序项目,例如细菌或真菌基因组测序项目等获得的片段序列与目前已经测得的类似物种全基因组序列之间存在着较大的差异。再加之随着新测序仪的不断涌现,测序结果的质量也在不断提高,但这些测序结果却极易受到各种因素的影响,例如样品文库的准备、测序操作步骤、甚至是放置测序仪器实验室的温度等。鉴于此,面对上述这些新出现的"问题",人们也应该采取相应的措施,调整 Maq 软件和 Bowtie 软件的各种参数使之适应这些新情况。

Bowtie 软件包中包括预置的大肠埃希菌基因组索引和部分大肠埃希菌短片段序列。要使用该软件分析数据只需输入下面的命令就会生成一个表格式的报告,给出每一个匹配短序列的编号、在参考基因组中的位置、以及发生错配的位点个数和具体位置。

对于一次实验来说,短序列片段能否与参考基因组相匹配实际上取决于很多因素。假设被测序的 DNA 片段中几乎没有错配位点,大多数作图软件也只能定位出 70%~75% 的短片段序列。这个结果和使用 Sanger 测序法获得的 80% 的结果比起来低得令人吃惊,说明现在第二代测序技术还不成熟。这提示人们,很多短片段都需要与参考基因组中的多个位点进行比对,而大部分的作图软件都只会给出短片段在参考基因组中的一个匹配位点。

有了序列定位的软件,接下来就可以了解这些短片段具体在参考基因组中的什么位置了,同时也可知道 SNP 都位于基因组中的什么地方。SAM 软件包能满足这些要求。SAM 软件包(http://samtools.sourceforge.net)包括一体化的碱基调用和浏览器(base caller and viewer),它能使用 Maq 和 Bowtie 两种分析软件。

Notes

实际上，大部分短片段作图软件设计的初衷都是为了服务于人类全基因组再测序工作，但是调整软件参数之后，它们也能应用于其他方面。Maq 和 Bowtie 这两种分析软件的操作手册都写得非常详细，它们给出的备选方案多到"吓人"的程度。现在还出现了越来越多的短片段作图软件，不过每一款软件都无法达到十全十美的境界，而且各有偏重，这就给人们选择软件及其配置参数带来了麻烦。幸运的是，人们能够得到帮助。SeqAnswers message board（http://www.seqanswers.com）就是一个非常好的论坛，它是一个短片段作图软件开发人员经常光顾的论坛。

第三节　DNA 测序技术及应用
Section 3　DNA Sequencing Technique and Application

一、全基因组测序与外显子组测序

外显子组是指全部外显子区域的集合，该区域包含合成蛋白质所需要的重要信息，涵盖了与个体表型相关的大部分功能性变异。外显子组序列捕获及第二代测序是一种新型的基因组分析技术。与全基因组重测序相比，外显子组测序只需针对外显子区域的 DNA 即可，覆盖度更深、数据准确性更高，更加简便、经济、高效。可用于寻找复杂疾病如癌症、糖尿病、肥胖症的致病基因和易感基因等的研究。同时，基于大量的公共数据库提供的外显子数据，科学家们能够结合现有资源更好地解释研究结果。目前许多科学家都利用这一方法找到了致病基因，比如美国国家心肺血液研究所就从 4 名弗里曼谢尔登综合征患者的 DNA 中准确找出了致病基因变异。他们的研究表明，对于单个基因变异引起的疾病，外显子测序同样可以准确找到致病基因，与全基因组测序无异。研究人员认为，外显子测序也可用于多重基因变异引起的常见疾病，如糖尿病和癌症的研究中，来揭示该种疾病的致病基因。

来自华盛顿大学医学院的研究人员利用外显子组测序方法，找到了一种致命性眼睛癌症的关键基因，这一研究成果可能作为未来治疗这种癌症的靶标，并且用于其他具有高度转移性的癌症的治疗靶标。葡萄膜恶性黑色素瘤（maligment melanoma of uvea）是成年人中最多见的一种恶性眼内肿瘤，在国外其发病率占眼内肿瘤的首位，在国内则仅次于视网膜母细胞瘤，居眼内肿瘤的第二位。此瘤的恶性程度高，易经血流转移，在成年人中又是比较多见，在临床工作中易和许多眼底疾病相混淆。由于这种癌症转移程度很高，因此要找到关键的基因并不容易，之前的研究发现这种癌症涉及调节蛋白降解的特别基因的缺陷，为了进一步分析葡萄膜恶性黑色素瘤，研究人员采用了外显子组测序方法，结果发现在研究人员分析的 31 个肿瘤样本中有 26 个（占 84%）在一个叫做 *BAP1* 的基因中存在着失活性突变。研究结果发现，*BAP1* 信号转导通路不但可作为葡萄膜黑色素瘤的一种治疗目标，而且它还有可能作为其他具有高度转移性的癌症的治疗目标。这一研究成果被评为《科学》（*Science*）杂志的年度重大科技突破。

二、DNA 测序数据分析方法

（一）数据的质量控制: FastQC

测序完成后的第一个分析步骤是对原始读段（raw read）质量的评价，包括移除、修剪或矫正不满足定义标准的读段。由测序平台产生的原始数据通常会受到碱基召回错误、插入删除（INDEL）错误、低质量读段及接头污染等的破坏。由于这些错误在测序数据中存在非常普遍，而许多下游分析软件又不具备检查低质量读段的能力，因此为了避免得到错误的生物学结论就需要对原始数据进行过滤及修剪。一般情况下，质量控制包括碱基质量得分及核苷酸分布的可视化和基于碱基质量得分及序列质量（如引物污染、控制 N 含量及 GC 偏性等）进行读段的修剪及过滤。

Notes

针对不同阶段的质量评估,已经开发出了大量的信息学分析工具。单机版工具 NGSQC Toolkit 和 PRINSEQ 能够处理 FASTQ 和 454(SFF)文件,产生摘要报告的同时还能够对原始读段数据进行过滤和修剪。另一个常用软件为 FastQC 工具(http://bioinformatics.bbsrc.ac.uk/projects/fastqc),它适用于大部分主流测序平台的结果文件并且可以通过输出摘要图表快速地进行数据质量的评价。在服务器上可以用命令行来运行 fastqc:

fastqc [-o output dir] [--(no)extract] [-f fastq|bam|sam] [-c contaminant file] seqfile1 …seqfileN

其中,-o 用来指定输出文件的所在目录,注意必须是系统已经存在的目录。输出的结果是 .zip 文件,默认自动解压缩,命令里加上 --noextract 则不解压缩。-f 用来强制指定输入文件格式,默认会自动检测。-c 用来指定一个 contaminant 文件,fastqc 会把 overrepresented sequences 往这个 contaminant 文件里搜索。contaminant 文件的格式是 "Name\tSequences",# 开头的行是注释。加上 -q 会进入沉默模式,即不出现下面的提示:

Started analysis of target.fq

Approx 5% complete for target.fq

Approx 10% complete for target.fq

如果输入的 fastq 文件名是 target.fq,fastqc 的输出的压缩文件将是 target.fq_fastqc.zip。解压后,查看 html 格式的结果报告(图 13-6)。

结果分为绿色的"PASS",黄色的"WARN"和红色的"FAIL"。

1. basic statistics 基本统计结果如图 13-7 所示。

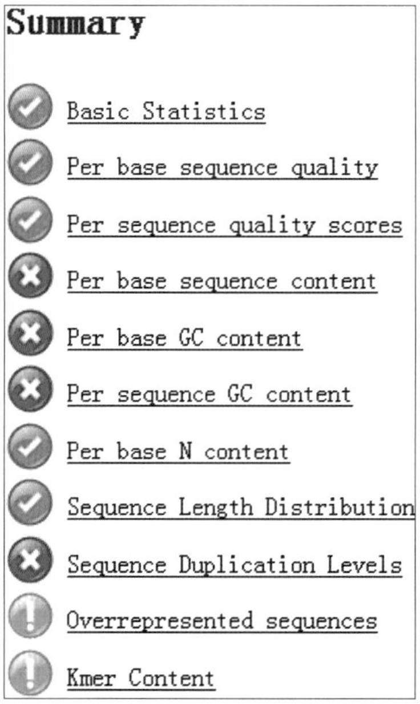

Summary

- ✅ Basic Statistics
- ✅ Per base sequence quality
- ✅ Per sequence quality scores
- ❌ Per base sequence content
- ❌ Per base GC content
- ❌ Per sequence GC content
- ✅ Per base N content
- ✅ Sequence Length Distribution
- ❌ Sequence Duplication Levels
- ⚠️ Overrepresented sequences
- ⚠️ Kmer Content

图 13-6　FastQC 程序结果

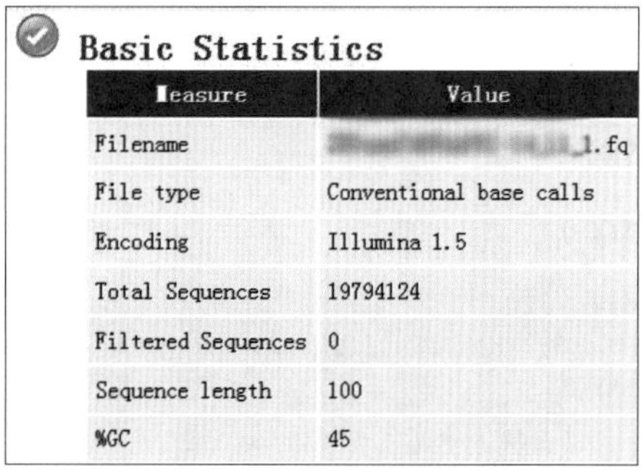

Basic Statistics

Measure	Value
Filename	▓▓▓▓▓▓1.fq
File type	Conventional base calls
Encoding	Illumina 1.5
Total Sequences	19794124
Filtered Sequences	0
Sequence length	100
%GC	45

图 13-7　FastQC 基本统计结果图

2. per base sequence quality quality 就是 Fred 值,$-10*\log10(p)$,p 为测错的概率。所以一条 reads 某位置出错概率为 0.01 时,其 quality 就是 20(图 13-8)。

横轴代表位置,纵轴 quality。红色表示中位数,黄色是 25%～75% 区间,触须是 10%～90% 区间,蓝线是平均数。若任一位置的下四分位数低于 10 或中位数低于 25,报"WARN";若任一位置的下四分位数低于 5 或中位数低于 20,报"FAIL"。

3. per sequence quality scores 每条 reads 的 quality 的均值的分布。横轴为 quality,纵轴是 reads 数。当出现图 13-8 的情况时,表明有一部分 reads 具有比较差的质量。当峰值小于 27(错误率 0.2%)时报"WARN",当峰值小于 20(错误率 1%)时报"FAIL"(图 13-9)。

Notes

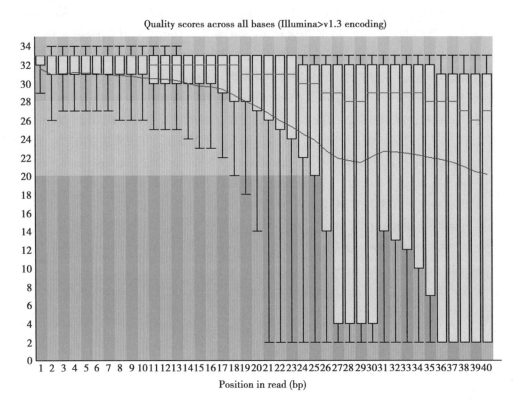

图 13-8　FastQC 每个碱基序列质量结果图

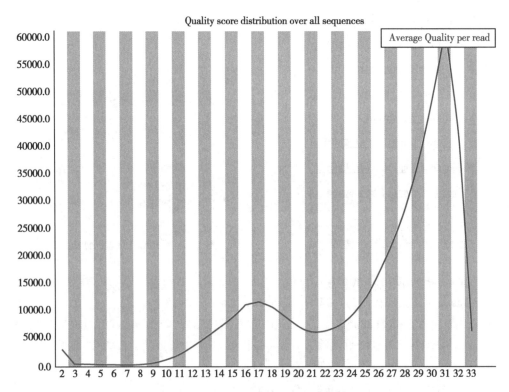

图 13-9　FastQC 每条序列质量得分结果

Notes

4. per base sequence content 对所有 reads 的每一个位置,统计 ATCG 四种碱基(正常情况)的分布。横轴为位置,纵轴为百分比。正常情况下四种碱基的出现频率应该是接近的,而且没有位置差异。因此好的样本中四条线应该平行且接近。当部分位置碱基的比例出现 bias 时,即四条线在某些位置纷乱交织,往往揭示有 overrepresented sequence 的污染。当所有位置的碱基比例一致地表现出 bias 时,即四条线平行但分开,往往代表文库有 bias(建库过程或本身特点),或者是测序中的系统误差。当任一位置的 A/T 比例与 G/C 比例相差超过 10%,报"WARN";当任一位置的 A/T 比例与 G/C 比例相差超过 20%,报"FAIL"(图 13-10)。

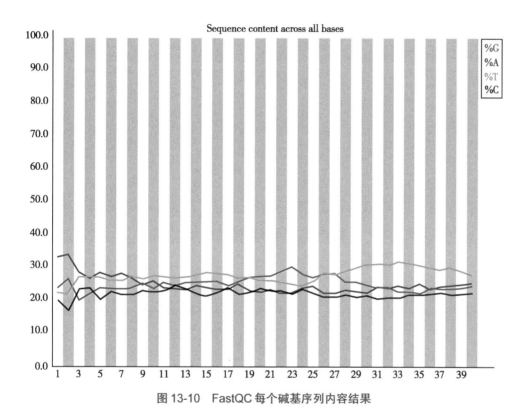

图 13-10　FastQC 每个碱基序列内容结果

5. per base GC content 对所有 reads 的每个位置,统计 GC 含量。如果建库足够均匀,reads 的每个位置应当是没有差异的,所以 GC 含量的线应当平行于 X 轴,反映样品(基因组、转录组等)的 GC 含量。当部分位置 GC 含量出现 bias 时,往往提示有 overrepresented sequence 的污染。当所有位置的 GC 含量一致的表现出 bias 时,往往代表文库有 bias(建库过程或本身特点),或者是测序中的系统误差。当任一位置的 GC 含量偏离均值的 5% 时,报"WARN";当任一位置的 GC 含量偏离均值的 10% 时,报"FAIL"(图 13-11)。

6. per sequence GC content 统计 reads 的平均 GC 含量的分布。红线是实际情况,蓝线是理论分布(正态分布,均值不一定在 50%,而是由平均 GC 含量推断的)。曲线形状的偏差往往是由于文库的污染或是部分 reads 构成的子集有偏差(overrepresented reads)。形状接近正态但偏离理论分布的情况提示可能有系统偏差。偏离理论分布的 reads 超过 15% 时,报"WARN";偏离理论分布的 reads 超过 30% 时,报"FAIL"(图 13-12)。

7. per base N content 当测序仪器不能辨别某条 read 的某个位置到底是什么碱基时,就会产生"N"。对所有 reads 的每个位置,统计 N 的比率。正常情况下 N 的比例是很小的,所以图上常常看到一条直线,但放大 Y 轴之后会发现还是有 N 的存在,这不算问题。当 Y 轴在 0～100% 的范围内也能看到"凸起"时,说明测序系统出了问题。当任意位置的 N 的比例超过 5%,报"WARN";当任意位置的 N 的比例超过 20%,报"FAIL"(图 13-13)。

Notes

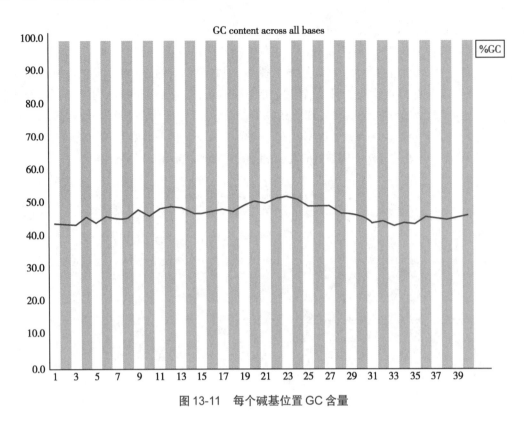

图 13-11　每个碱基位置 GC 含量

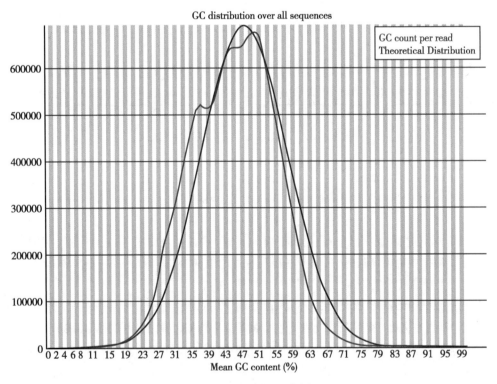

图 13-12　序列 GC 含量

8. sequence length distribution　reads 长度的分布。当 reads 长度不一致时报"WARN"；当有长度为 0 的 read 时报"FAIL"(图 13-14)。

9. duplicate sequences　统计序列完全一样的 reads 的频率。测序深度越高，越容易产生一定程度的 duplication，这是正常的现象，但如果 duplication 的程度很高，就提示可能有 bias 的

Notes

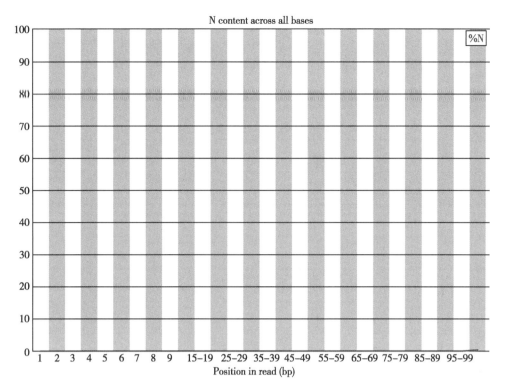

图 13-13　每个碱基 N 含量

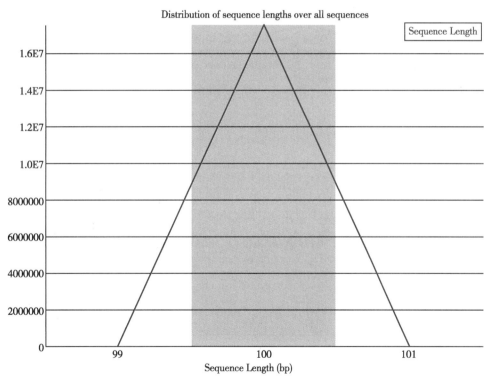

图 13-14　序列长度分布

存在(如建库过程中的 PCR duplication)。横坐标是 duplication 的次数,纵坐标是 duplicated reads 的数目,以 unique reads 的总数作为 100%。图 13-15 的情况中,相当于 unique reads 数目~20% 的 reads 是观察到两个重复的,~7% 是观察到三次重复的,依此类推。可以想象,如果原始数据 很大(事实往往如此),做这样的统计将非常慢,所以 fastqc 中用 fastq 数据的前 200 000 条 reads

Notes

统计其在全部数据中的重复情况。重复数目大于等于 10 的 reads 被合并统计,这也是为什么上图的最右侧略有上扬。但由于 reads 越长越不容易完全相同(由测序错误导致),所以其重复程度仍有可能被低估。当非 unique 的 reads 占总数的比例大于 20% 时,报"WARN";当非 unique 的 reads 占总数的比例大于 50% 时,报"FAIL"(图 13-15)。

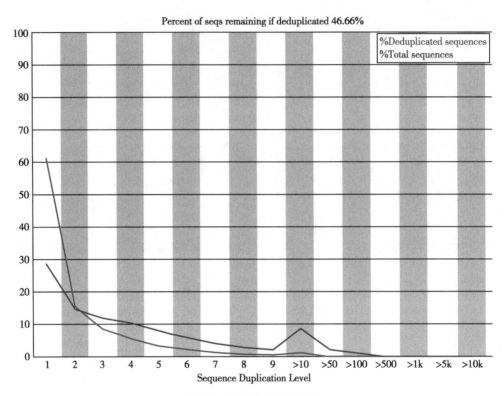

图 13-15   序列复制情况

10. **overrepresented sequences**   如果有某个序列大量出现,就叫做 over-represented。fastqc 的标准是占全部 reads 的 0.1% 以上。和上面的 duplicate analysis 一样,为了计算方便,只取了 fastq 数据的前 200 000 条 reads 进行统计,所以有可能 over-represented reads 不在里面。当发现超过总 reads 数 0.1% 的 reads 时报"WARN",当发现超过总 reads 数 1% 的 reads 时报"FAIL"。

11. **overrepresented K-mers**   如果某 k 个 bp 的短序列在 reads 中大量出现,其频率高于统计期望的话,fastqc 将其记为 over-represented k-mer。默认的 k=5,可以用 -k --kmers 选项来调节,范围是 2~10。出现频率总体上 3 倍于期望或是在某位置上 5 倍于期望的 k-mer 被认为是 over-represented。fastqc 除了列出所有 over-represented k-mers,还会把前 6 个的 per base distribution 画出来。当有出现频率总体上 3 倍于期望或是在某位置上 5 倍于期望的 k-mer 时,报"WARN";当有出现频率在某位置上 10 倍于期望的 k-mer 时报"FAIL"(图 13-16)。

(二)片段比对:Bowtie

当读段经过处理满足一定的质量标准后,就需要将其比对到已经存在的参考基因组上。目前有两个主要的人类参考基因组装配资源,分别是 Santa Cruz 大学(UCSC)和基因组存储协会(GRC),前者同时主持 ENCODE 数据的中央存储。两个资源均提供多种版本的人类基因组。UCSC 提供的版本包括 hg18、hg19 及 hg38,而 GRC 提供的对应版本为 GRCh36、GRCh37 及 GRCh38。这些都是最常使用的参考基因组。UCSC(hg)和 GRC(GRCh)人类参考基因组集合是一致的,只是在命名方式上存在差别(如 UCSC 使用 'chr' 作为前缀)。

截止到目前,研究人员已经开发出了多种比对程序及软件对数以百万计的短读段进行有效

Notes

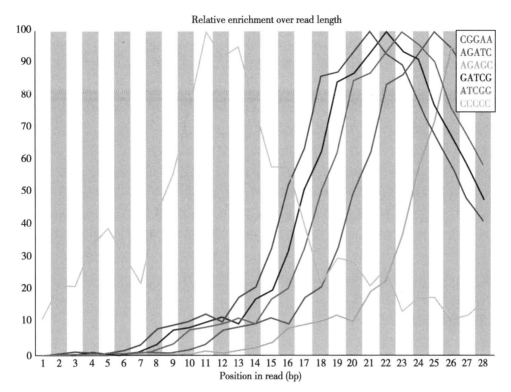

图 13-16 过量表达 Kmer

的比对，如：Bowtie/Bowtie2、BWA、MAQ、mrFAST、Novoalign、SOAP、SSAHA2、Stampy 和 YOABS 等。下面以 Bowtie 为例，举例说明短序列比对的过程：

步骤一：建立索引（虽然耗时，但只做一次）。

首先安装 Bowtie 软件，然后必须将参考基因组进行"索引"，这样读段才能快速进行比对。可以直接从 bowtie 网站下载现成的索引，或者利用已有的 FASTA 文件按照如下步骤制作索引：

1）下载感兴趣的基因组 FASTA 格式文件（例如从 UCSC 下载）。

2）在 FASTA 文件所在目录下，运行"bowtie-build"命令。例如，将 hg18 进行索引的命令为：

```
./path-to-bowtie-programs/bowtie-build chr1.fa, chr2.fa, chr3.fa, …chrY.fa, chrM.fa hg18
```

其中"…"代表了剩下的 *.fa 文件。运行结果会产生一些命名为 hg18.*.ebwt 的文件。

3）将 *.ebwt 文件复制到 bowtie 索引目录下：

```
cp *.ebwt /path-to-bowtie-programs/indexes/
```

步骤二：利用 bowtie 进行短读段序列在参考基因组上的比对（每个实验分别进行）。

例如，将 Reads.fa 比对到 GENOME.fa 上，只能比对到正链，且匹配到基因组不多于 20 个不同位置，允许有 1 个错配：

```
bowtie -f -a -m 20 -v 1 --al Reads_aligned --un Reads_unaligned --norc GENOME.fa
Reads.fa Reads.bwt 2 > log
```

-f 指定 query 文件为 fasta 格式；

-a 保留所有比对结果；

-m 指定最大比对到基因组的次数；

-v 允许最大错配数，为[0-2]；

Notes

--al 能 map 到 GENOME 的 reads,fasta 格式;

--un 不能 map 到 GENOME 的 reads,fasta 格式;

--norc 不输出匹配到负链的结果;如果不想输出比对到正链的结果,则用 "--nofw"。不指定该选项则正负链结果都输出。

后面依次写上 GENOME 索引文件,Reads 文件,输出结果文件 Reads.bwt,日志文件 log。

(三)变异的识别:SNP、INDEL、CNV、SV

变异的识别是新一代基因组测序数据分析的一个重要部分,包括基因型召回,体细胞突变识别及结构变异(structure variation,SV)发现等。由于识别出的突变需要有一定数量的读段支持,因此测序覆盖度是影响变异识别的重要因素。用来识别全基因组范围内变异的工具可以大致分为四类:①生殖细胞突变召回;②体细胞突变召回;③拷贝数变异(copy number variation,CNV)识别及④ SV 识别。其中,生殖细胞突变的检测是挖掘稀有疾病原因的核心步骤。癌症研究中通常通过比较同一样本肿瘤组织及正常组织的测序结果来识别体细胞突变。识别大范围结构改变的工具可以被分成 CNVs 识别及其他类型 SVs 识别,如反转(inversion)、易位(translocation)或大片段的插入删除(INDELs)。

(四)数据可视化:IGV

在每个 NGS 数据分析流程中,对结果的验证及可视化都是十分重要的一步。数据的可视化会对结果的推断起到极大的帮助。因此,大部分 NGS 可视化工具不仅支持用户展示读段的比对结果及比对质量,同时还可以与各种类型的公共数据资源结合来识别突变。基因组数据的可视化工具可以被分为三类:①从头测序或重测序实验数据的解释工具;②允许用户结合不同类型注释数据浏览比对结果的基因组浏览器,以及③便于对多物种或个体进行比较的可视化工具。其中基因组浏览器有两个主要的类型:在专用网络服务器上运行的基于网络的应用程序,及单机工具。基于网络的基因组浏览器的主要优势是支持大量的注释。用户可以在浏览参考基因组的同时浏览来自各种公共数据库的基因组注释信息。而且,用户在这一过程中不需要安装新的应用程序,计算完全在远端的服务器完成。它的缺点是远程上传数据时可能涉及到安全和法律问题。

下面以 IGV 的安装和使用过程来说明简单的可视化过程:

1)安装 java(Java 6.0 或更高版本):http://www.java.com。

2)下载并安装 IGV 可视化软件:http://www.broadinstitute.org/igv/。

3)使用:igv.bat(windows 用户);igv.sh(Linux 和 MAC OsX 用户)。

以 windows7 系统为例,双击图标 igv.bat,运行软件。选择参考基因组(如果蝇参考基因组 dm3),输入文件:file-> load from file 即可。

三、DNA 测序应用

(一)DNA 重测序与个体变异发现

人类基因组上广泛存在着多种遗传变异形式与 DNA 多态性。单个核苷酸的变异早已被熟知,其中那些频率大于 1% 的被称为单核苷酸多态性。国际人类基因组单体型图计划已经在人类群体中发现了数百万计的 SNP。尽管一部分的 SNP 被发现与人类疾病相关,但只能解释疾病遗传因素中的一小部分,仍有较多的未知遗传因素(missing heritability)没有被揭示。2008 年初启动的"千人基因组"计划由来自英国桑格研究所,美国国立人类基因组研究所,中国深圳华大基因研究院等多家机构共同完成。在这一计划中,科学家们对全球各地至少 1000 个(目前是 2000 个人左右)人类个体的基因组进行测序,寻找基因与人类疾病间的秘密关系。通过这些测序也将生成一个庞大的、公开的人类基因变异目录,有助于进行分析以及个体化医疗。在 Illumina,Life Technologies,罗氏,Pall 公司,Agilent 公司等新一代测序仪重要生产厂家的共同

Notes

努力下，千人基因组计划完成并公布了首项研究成果。包括对三个人群的179人按低覆盖率进行全基因组测序；对两个由"母亲－父亲－孩子"组成的三人组按高覆盖率进行测序；对来自七个人群的697人进行以外显子为目标的测序。这项研究找出了1000多万个大大小小的基因变种，其中约800万个都是以前所未知的。对于人群携带率在1%以上的基因变种，本次研究的覆盖率达到95%以上。这一成果在医学等领域有很高的应用价值，比如通过参照图谱，可以方便地找出致病的基因变种。另外研究人员还验证了在大型基因研究中综合使用多种基因测序手段的可行性。由于基因测序成本目前仍很高昂，如果能在"精测"一些基因序列的同时，对另一些基因序列只需"粗测"就能保证最终结果的准确性，将可以大幅降低基因测序研究的成本。*Science* 相关文章对这一方面进行了介绍，文中提到研究人员开发出了几种分析和计算技术克服了对多拷贝基因进行研究的障碍，利用这一新方法，研究人员对1900个碱基对长的DNA片段拷贝数进行精确估计，拷贝数的计数范围为0～48之间。

　　除了DNA的点突变，基因组上还可以发生涉及大片段DNA序列的变异，包括亚显微结构（sub-microscopic）的微重复（microduplication）和微缺失（microdeletion）。此类基因组片段的CNV和SNP类似，除了一部分会致病以外，也可以作为一种遗传多态性存在于人类及其他物种的基因组上。有两个研究小组借助于新一代测序技术，几乎同时发现了人类基因组中CNV广泛分布，不仅作为一种遗传多态性在人类基因组中广泛分布，而且可以导致出生缺陷、对艾滋病病毒的易感性、对孤独症和精神分裂症的易感性等复杂疾病。已经报道的基因组SV超过66 000个，其中主要是CNV。借助于新一代测序技术和相应的实验策略，如paired-end mapping（PEM）与基于测序深度检测的分析方法，对CNV进行高通量无偏差的发现和精确定位。人类基因组结构变异研究组（Human Genome Structural Variation Group）和千人基因组计划已经获得了初步数据，包括1500万个SNP，100万个短的插入或缺失以及2万个CNV的位点，其中绝大部分都是新的发现。

（二）细菌基因组测序与致病位点发现

　　一个合作研究项目采用454测序仪对4株结核分枝杆菌基因组进行测序，这四株结核分枝杆菌分别是一株对R207910具有耐药性的结核分枝杆菌（*Mycobacterium tuberculosis*）菌株，基因组大小约4Mb；两株对R207910具有耐药性的耻垢分枝杆菌（*Mycobacterium smegmatis*），基因组大小约6Mb；以及一株正常的耻垢分枝杆菌（*Mycobacterium smegmatis*），基因组大小约6Mb。他们希望能发现结核分枝杆菌对R207910产生抗药性的机制。该项研究在只有一位实验人员参与实验的情况下，包括样品制备等步骤在内所用的时间仅需要一周，而且避免了传统测序方法中细菌克隆阶段可能出现的错误，获得了高质量的测序结果，发现了导致结核分枝杆菌对R207910产生抗药性的两个点突变位点。这项研究在最近的40年内第一次找到了特异性治疗结核病的药物。随后研究人员开展了一系列采用新一代测序仪的研究项目，对高致病性细菌空肠弯曲菌（*Campylobacter jejun*）基因组的从头测序项目、对幽门螺杆菌（*Helicobacter pylori*）在慢性胃炎致病过程中的进化研究项目、从南极海冰细菌（*Antarctic sea ice bacterium*）中新发现冰结合蛋白（ice-binding protein）并对其测序的研究项目，以及在引起肺炎、脑膜炎和泌尿道感染的细菌中发现致病因素的研究项目等。

（三）宏基因组测序与感染性疾病分析

　　美国在2001年爆发了炭疽恐怖袭击危机之后，研究人员开始针对复杂的、未知的、未人工培养的环境微生物基因组进行测序。在一个研究项目中，有三名患者都接受了同一名澳大利亚器官捐赠者的器官，之后均因不明原因而死亡。从这三名死者身上提取了非人类DNA样品进行测序，结果获得了144 000条序列。分析后发现，这些序列分别属于一种沙粒病毒科（Arenaviridae）家族病毒的14个不同基因。随后进行的第二项研究在对健康蜂群和患病蜂群进行环境基因组学比较研究之后发现，以色列急性麻痹病毒（Israeli acute paralysis virus）是导致蜜蜂蜂群崩溃症的元

Notes

凶。这些研究都突出了新一代测序仪的一个特点,即在样品准备前不需要进行克隆或预扩增步骤,因此非常适用于对未知的未能人工培养的物种进行测序。这些特点也在其他对地下矿藏、深海、土壤和高盐等环境下进行的环境微生物构成方面的研究所证实。

四、DNA 测序技术应用于复杂疾病案例

全外显子组测序筛选乳腺癌易感基因

乳腺癌是全世界范围内女性因癌症死亡的一类主要原因。这种恶性肿瘤具有特殊的分子特征、治疗预后及治疗后反应等肿瘤异质性。乳腺癌中重复发生体细胞的改变,包括基因突变和拷贝数的改变,以及 *ERBB2* 扩增,并且根据基因组异常定义了第一个成功的治疗靶点。来自澳大利亚的乳腺癌家族研究显示,40 岁之前确诊的以及具有家族史的乳腺癌病人比例与目前已知的乳腺癌易感基因有关。外显子组测序是针对基因组中的蛋白质编码区,靶向富集外显子区域测序,以发现疾病相关遗传变异的技术。该技术近年越来越多地应用于发现人类基因组低频变异、鉴定单基因遗传病致病基因和肿瘤等复杂疾病易感基因研究,成为人类疾病相关变异研究的重要工具(图 13-17)。

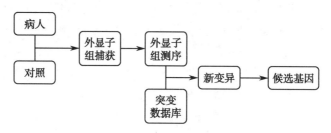

图 13-17　基于外显子组测序的易感基因筛选策略

在本案例中,利用外显子组测序分析了 33 个来自 15 个乳腺癌家族的个体来识别潜在的易感基因。首先利用 GA 或 Illumina Hiseq 测序平台进行样本全外显子组测序。得到外显子组测序数据后,需要进行序列比对及突变的召回。分析过程如下:首先利用 Burrows-Wheeler Aligner (BWA)程序将双末端测序读段比对到人类参考基因组上(hg19)。使用 Genome Analysis Tool Kit(GATK)软件在 indel 附近进行本地重新比对。用 Picard 移除 duplicate 读段,并利用 GATK 软件进行碱基质量得分校正。接下来利用 GATK Unified Genotyper 进行单个核苷酸突变(single nucleotide variants,SNVs)及 Indels 的识别,以及突变质量得分校正。最后,根据来自 Ensembl 62 版本信息使用 Ensembl Perl API 对突变进行注释。经过初步的比对分析,可以得到目标区域(如外显子)的平均测序深度及覆盖度。要确定候选易感基因,只考虑了那些明显的有害突变,它们需要存在于多个受影响的亲属个体中,并且靶向多于一个家族或者发生在那些与乳腺癌相关 DNA 修复机制有关的基因上。针对发现的易感位点,可以利用 Sanger 测序进行生物学实验验证,进一步确定发生突变的位点及其相关基因的关系。

第四节　RNA 测序技术与数据分析
Section 4　RNA Sequencing Technique and Data Analysis

一、RNA 测序技术流程

RNA 测序(RNA Sequencing, RNA-seq)是一种基于二代测序技术研究转录组学的高通量测序方法,它革新了人们对于转录组的传统认识,为了解转录组开启了一扇大门,使得全面刻画转录组以及详细描述基因表达水平成为可能,并影响了几乎整个生命科学领域。相对于传统的

Notes

芯片方法,RNA-seq 能够精确地定量转录本表达、发现新颖的转录本、识别可变剪接事件、检测基因融合,从而揭示不同条件下转录组的动态性。此外,RNA-seq 具有背景噪音低、所需样品量少、灵敏度高等突出优点,正逐渐取代芯片技术,成为转录组分析的常规手段。RNA-seq 的测序流程主要包括以下几个方面(图 13-18):

(一)RNA 样本的准备

RNA-seq 需要的样品量较低,一般从细胞或者组织中提取 1~2μg 的 RNA 就足以进行测序。通过样品质量检测评估 RNA 的完整性,一般满足 RIN(RNA integrity number,主要用于评估 RNA 的降解情况,通常设定 RIN>7)要求的 RNA 样品可以用于测序文库的构建。对于检验合格的 RNA 样品,可以根据实验目的选择特定类型的 RNA 进行测序,例如使用寡核苷酸磁珠选择带有 poly(A)尾的 RNA 进行测序(即 mRNA-seq)。

(二)cDNA 测序文库的构建

通过不同的片段化方法(如超声波打碎),将提取的 RNA 打碎成 200~500bp 长度的片段。片段化以后的 RNA 被反转录生成 cDNA,对 cDNA 片段进行末端修复和接头添加,并进行 PCR 扩增,进而得到 cDNA 测序文库。为了区分转录本的链信息以便更加准确地获得基因的结构,可以建立链特异的 cDNA 文库。目前构建链特异的 cDNA 文库方法主要有两种:①通过在 RNA 的 5N 和 3N 端添加不同的接头,标记 RNA 的方向;②在 cDNA 第二条链合成时添加 dUTP 化学标记,降解被标记的 cDNA 链。

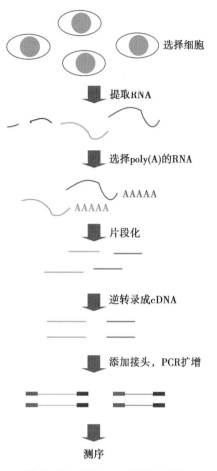

图 13-18 RNA-seq 的测序流程

(三)高通量测序

cDNA 文库构建完成以后便可对整个文库进行高通量测序,其过程与 DNA 测序类似。

二、RNA-seq 数据分析

(一)RNA-seq 数据的比对

对 RNA 测序得到的 reads 进行质量控制预处理,过滤掉低质量的 reads。使用比对软件将过滤后的 reads 直接比对到参考基因组或者转录组,得到 read 的基因组定位信息。然而,在这一过程中面临着许多问题:

(1)reads 来源于剪接后的转录组序列,但由于参考转录组信息不完善,当前研究通常是将 reads 比对到参考基因组,而不是参考转录组。这种现象可能导致一些位于剪接区域的 reads 比对不准确。

(2)由于测序错误引起的碱基插入、缺失、错配等现象使得 reads 比对更为复杂,影响比对结果的准确性。

(3)在序列比对过程中,一个 read 可能比对到基因组的多个位置。

因此,reads 的比对通常允许适当错配(如允许 2 个错配)和结构差异(如可变剪接),并要求唯一匹配。

目前比对的软件有多种(表 13-1),例如:Bowtie、SOAP、Maq 和 TopHat。较为常用的是

Notes

TopHat。它是一个基于 Bowtie 的 RNA-Seq 数据分析工具，能够快速比对 RNA-seq reads，并且可以发现外显子之间的剪接事件。简单地说，TopHat 首先利用 Bowtie 将 reads 比对到参考基因组上，从而确定一个 reads"覆盖区域（coverage islands）"的外显子集合。TopHat 利用这个外显子集合和 GT-AG 剪切原则构建一个跨外显子剪切的参考序列集合，再将未比对到参考基因组上的 reads 重新与新的参考序列集合进行比对，从而获得所有跨外显子剪接区的 reads 定位。最终 TopHat 将成功比对到参考基因组和剪接区的 reads 以 SAM 格式输出，用于后续的分析。

表 13-1　Read 比对的常用软件

软件名称	比对方法	备注	是否处理剪接区 read	网址
Bowtie	Burrows-Wheeler 转换	整合质量得分	否	http://bowtie.cbcb.umd.edu
BWA	Burrows-Wheeler 转换	整合质量得分	否	http://bio-bwa.sourceforge.net/
Stampy	种子匹配方法	概率模型	否	http://www.well.ox.ac.uk/project-stampy
SHRiMP	种子匹配方法	Smith-Waterman 的扩展	否	http://compbio.cs.toronto.edu/shrimp/
TopHat	Exon-first 方法	利用 Bowtie 比对	是	http://ccb.jhu.edu/software/tophat/index.shtml
MapSplice	Exon-first 方法	与多种 Unspliced aligners 共同运行	是	https://www.msi.umn.edu/sw/mapsplice
SpliceMap	Exon-first 方法	与多种 Unspliced aligners 共同运行	是	http://web.stanford.edu/group/wonglab/SpliceMap/
GSNAP	种子延伸方法	可以利用 SNP 数据库	是	http://www.molecularevolution.org/software/genomics/gmap
QPALMA	种子延伸方法	对于大的 Gaps 利用 Smith-Waterman	是	http://raetschlab.org//suppl/qpalma

（二）转录组的重建

利用 reads 定位信息推断出表达转录本的外显子结构，从而将比对的 reads 组装成转录单元，最终确定所有表达的转录本的结构。这个过程被称为转录组重建。转录组重建是进行转录本和基因表达精确定量的基础。

转录组重建方法可以分为两类：基因组引导法（genome-guided）和基因组独立法（genome-independent）。基因组引导法也称为基于参考的转录组装配（reference-based transcriptome assembly），即基于 reads 的基因组定位，将重叠的 reads 拼接成转录本片段，并利用位于剪接区域的 reads 进行转录本结构的刻画，接着利用基因的已知注释信息对重构的转录本进行校正，进而完成装配。基因组独立法也叫从头装配（de novo assembly），运用图论的思想，基于 reads 之间的序列比对构建出 de Bruijn 图，并根据图中的路径和 reads 的丰度确定转录本的结构，从而完成转录本的装配。这两类方法都可以精确地对转录本或者异构体进行装配，相比较而言，基因组引导法可以提高所构建转录本的敏感性和准确性，而基因组独立法则更适用于缺乏参考基因组的情况，并且能够发现新颖的转录本。

目前已经开发了一些转录组重建软件（表 13-2），如基于基因组引导法的 Cufflinks 和 Scripture，基于基因组独立法的 Trinity。Cufflinks 是 RNA-seq 转录本装配最常用的软件。Cufflinks 针对基因存在多个异构体且现存的转录组注释不完整或不正确等问题，利用数学模型推断每一个基因的剪接结构，从而装配出一个精确的转录组。

Notes

表 13-2　转录本装配的软件

软件名称	优点	输入	输出	网址
Cufflinks	参考基因组引导装配,可以识别基因的新转录本	比对到参考基因组的 reads	转录本结构及表达	http://cufflinks.cbcb.umd.edu/
Scripture	参考基因组指导装配,可以识别基因的新转录本	比对到参考基因组的 reads	转录本结构及表达	http://www.broadinstitute.org/software/scripture/
TransABySS	不需要参考基因组,可以识别新的基因和新的转录本	测序得到的原始 reads	转录本结构及表达	http://www.bcgsc.ca/platform/bioinfo/software/trans-abyss
Trinity	不需要参考基因组,可以识别新的基因和新的转录本	测序得到的原始 reads	转录本结构及表达	http://trinityrnaseq.sourceforge.net/

(三)转录本的表达定量

RNA-seq 除了能够识别转录本结构之外,还能定量转录本的表达。由于 RNA-seq 技术本身的特点,在衡量基因表达水平时,若单纯以比对到基因上的 reads 数来计算表达量在统计学上是不合理的。因为测序过程中,较长的转录本上更容易产生较多的 reads,同时每次测序轨道上产生的 reads 总数又有不同,所以需要对 reads 计数进行适当的标准化,以便获得具有意义的表达估计值,使不同实验估计的表达值具有可比性。广泛使用的表达定量测度主要是 RPKM(reads per kilo bases of transcript for per million mapped reads),该测度同时考虑了转录本的长度以及映射到基因组的 reads 总数。其计算公式如下:

$$RPKM = \frac{外显子上的\ reads\ 个数 \times 10^9}{reads\ 总数 \times 外显子长度} \tag{13-1}$$

其中,"外显子上的 reads 个数"表示比对到该转录本所有外显子上的 reads 个数;"reads 总数"表示该样本中比对到基因组上的 reads 总数;"外显子长度"表示该转录本上所有外显子的总长度(kb)。

而对于双末端的 RNA-seq 的测序结果,则需要对片段数而不是 reads 数进行标准化。因此,通常使用 FPKM(fragments per kilobase of transcript per million mapped reads)定量表达。

(四)RNA-seq 的差异表达分析

RNA-seq 能够更加详细地刻画不同病理或生理状态下转录组的改变。基于 RNA-seq 数据在不同状态间进行差异表达基因的识别是研究疾病机制以及临床应用的主要手段。相对于传统的基因芯片方法,RNA-seq 识别差异表达基因时需要考虑样本的测序深度、基因的表达水平以及基因的长度等因素。因此,针对 RNA-seq 数据设计的差异表达分析方法不断涌现。目前,已存在多个工具帮助研究者们有效地进行 RNA-seq 的差异表达分析(表 13-3),如 edgeR、DESeq 与 Cuffdiff 等。

RNA-seq 的差异表达分析主要包括:①统计基因或转录本对应的 reads 计数;②对 reads 计数进行标准化,使样本间和样本内的表达水平能够进行精确比较;③对标准化后 reads 分布进行统计学模型拟合,利用统计学检验评估基因的差异表达,得到相应的 P 值和差异倍数(fold change),并完成多重检验校正;④根据特定阈值(例如 FDR < 0.05)提取显著差异表达的基因。

下面具体介绍几个最为常用的分析方法。edgeR 和 DESeq 均采用负二项分布模型对标准化后的 reads 计数进行拟合。基于绝大多数基因不差异表达的假设,edgeR 通过样本间较为稳定表达的基因子集计算标准化因子,而 DESeq 则利用 reads 计数的几何均值对每个样本计算标化因子,进而完成标准化。二者均利用一种变型的 Fisher 精确检验对拟合后的负二项分布进行评

Notes

估，获得不同状态间的差异表达基因。Cuffdiff 则采用 Cufflinks 的装配与定量结果，能够对基因的异构体进行差异表达分析，并且使用 T 统计检验评估差异表达的显著性。

表 13-3　差异表达分析的软件

软件名称	标准化	统计学模型	差异表达检验	计算异构体差异	计算多个状态间差异	支持无重复样本	网址
Cuffdiff	几何均值	(β)负二项分布	T检验	能	否	是	http://cufflinks.cbcb.umd.edu/
DESeq	几何均值	负二项分布	Fisher精确检验	否	能	是	http://bioconductor.org/packages/release/bioc/html/DESeq.html
EdgeR	TMM	负二项分布	Fisher精确检验	否	能	是	http://www.bioconductor.org/packages/release/bioc/html/edgeR.html
limmaVoom	voom	泊松分布	T检验	否	能	否	http://www.bioconductor.org/packages/release/bioc/html/limma.html
PoissonSeq	拟合优度	泊松分布	卡方检验	否	否	是	http://cran.r-project.org/web/packages/PoissonSeq/index.html
baySeq	上四分位	负二项分布	后验概率	否	否	否	http://www.bioconductor.org/packages/release/bioc/html/baySeq.html

三、RNA-seq 的应用

（一）选择性剪接识别

从多物种基因组测序中，人们发现：随着生物复杂性的增加，蛋白编码基因的数量却没有明显增长。比如，哺乳动物基因的数量和拟南芥相当，仅为酵母的四倍。可变剪接（alternative splicing）是调节真核生物基因功能的多样性的重要机制之一。可变剪接是指 mRNA 前体中的外显子以不同的组合方式进行剪切和拼接，从而产生不同结构、不同功能的 mRNA 和蛋白质。这种由同一基因产生的不同结构的 mRNA 和蛋白质也被称作可变剪接异构体。可变剪接的方式主要包括 5 种类型：外显子盒（exon cassette）、外显子互斥（mutual exclusion of exon）、可变 5′ 供体（alternative 5′ donor site）、可变 3′ 受体（alternative 3′ acceptor site）和内含子保留（intron retention）。可变剪接广泛存在于人类细胞中，极大地丰富了 mRNA 和蛋白质的种类和功能。

在 RNA-seq 问世之前，对可变剪接的检测可利用表达序列标签和 RNA 芯片等方法。RNA 芯片可以结合剪接位点和外显子探针的信息，同时检测数以千计的剪接事件，但难以区分较为相似的异构体。而 RNA-seq 能够直接测序并具有较高的覆盖度。因此，可以很好地弥补先前方法的不足而得以广泛的应用。

单末端和双末端 RNA-seq 测序均可用于检测可变剪切事件，但原理略有不同（图 13-19）。对于单末端测序，通过将 reads 比对到参考基因组，检测每个外显子中落入的 reads 和覆盖外显子边界的 reads，如果特定外显子没有 reads 覆盖，则提示在转录本中可能被剪切。如图 13-19A，深蓝色为参考基因组，淡蓝色为推测的异构体。相对于异构体 1，异构体 2 在参考基因组的 2 号和 4 号外显子区域没有 reads 覆盖，因而推断在转录本中 2 号和 4 号外显子被剪切。对于双末端测序产生的成对 reads，通过比较每对 reads 之间的实际距离和匹配到基因组位置之间的理论距离，推测转录本的结构。如图 13-19B 中的一对 reads，一个匹配到参考基因组 1 号外显子，另一个匹配到 3 号外显子，而两个 read 之间的实际距离不足以容纳 2 号外显子，因而推断在异构体 2 中，2 号外显子被剪切。

Notes

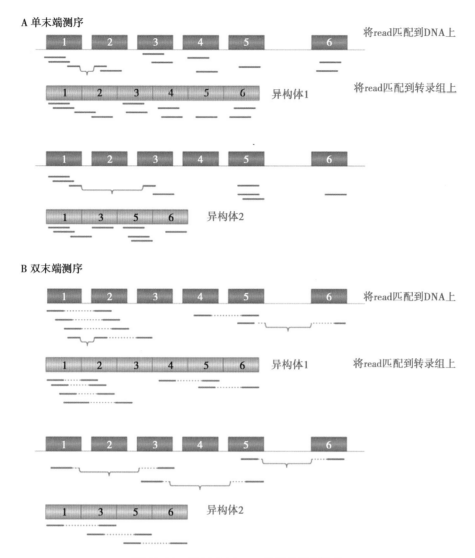

图 13-19　利用 RNA-seq 检测剪接异构体

可变剪接的识别关键在于定位剪接位点。早期的比对软件依赖基因模型或者 EST 提供已知剪接位点，因而不能预测新的剪接位点。而目前常用的基于 RNA-seq 的比对软件，如 TopHat，通过识别 reads 富集的区域，推测候选的剪接位点，从而发现新的剪接事件。TopHat 的工作流程如下（图 13-20）。

（1）reads 基因组比对：利用 Bowtie 将所有 reads 比对到参考基因组，并分为匹配的 reads 和未匹配的 reads。其中，未匹配的 reads 称为初始未匹配 reads（initially unmapped reads，IUM reads）。

（2）预测潜在外显子：利用 MAQ 重新将匹配的 reads 比对到参考基因组，得到 reads 富集的基因组区域，这些区域被称为岛序列（island sequence），即潜在的外显子。

（3）预测可能的剪切方式：TopHat 将岛序列两端各延长一定距离的侧翼序列（默认为 45bp）以包含供体位点和受体位点。供体位点和受体位点分别指内含子的 5′ 末端的剪接位点和 3′ 末端的剪接位点。TopHat 遍历所有延长后岛序列的供体和受体位点，并进行邻近岛序列间的两两组合，使其能够形成经典的 GT-AG 结构，这些组合被认为是候选的剪接方式。

（4）通过 IUM reads 匹配识别剪接位点：对于每种候选的剪接方式，TopHat 利用"种子延长"策略确定是否存在 IUM reads 覆盖潜在的剪接位点（图 13-21）。对于每一个可能的剪接位点，"种子"是由供体位点上游的一小段序列和受体位点下游的一小段序列组成（图 13-21 中为深色部分），用于匹配 IUM reads。对于覆盖种子区域的 IUM reads，进一步确定这些 read 是否和

Notes

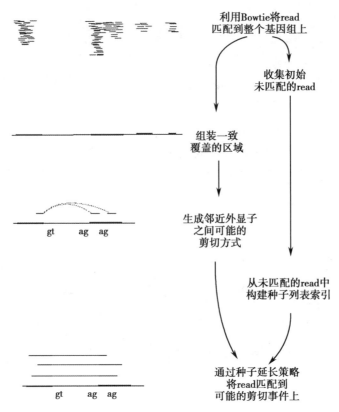

图 13-20 TopHat 识别剪接位点的流程图

"种子"区域侧翼的外显子区域（浅色部分）完全匹配。同时，Tophat 检查剪切的内含子是否满足假定的长度阈值（默认为 70～20 000bp）。最后，TopHat 返回所有满足条件的剪接位点和组合方式。

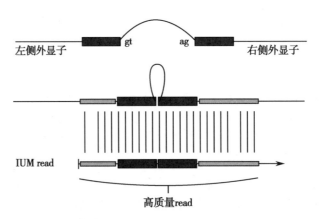

图 13-21 用种子延长策略匹配短序列到可能的剪接位点上

可变剪接是 RNA 水平调控基因表达的一种重要机制，而紊乱的可变剪接能够改变异构体的结构或表达水平，从而促进疾病的发展。例如，半胱天冬酶 3（caspase-3）是一类与细胞凋亡紧密相关的蛋白，它存在两种功能截然相反的剪接异构体，CASP3-L 和 CASP3-S，前者可以促进细胞凋亡，而后者却抑制细胞凋亡。在乳腺癌中，CASP3-S 的高表达通常预示着更短的生存时间。因此，有效地识别可变剪接事件至关重要，而新一代测序技术可以系统地识别可变剪接事件，从而有助于理解复杂疾病的发病机制。

Shapiro 等人利用乳腺上皮细胞系建立了体外的上皮间质转化（epithelial-mesenchymal transition,

Notes

EMT）模型，并对模型组样本和对照组样本分别进行了 RNA-seq 测序。他们利用 MAQ 将 read 匹配到人类参考基因组 hg18，并通过 Acembly 基因注释工具确定每个外显子的边界和剪切位点。随后，结合 AceView 数据库提供的转录本注释信息识别了两组样本中可能的可变剪切事件和 307 个 EMT 相关的可变外显子（可能被剪接的外显子）。相对于转录保留的外显子，这些可变外显子周围富集到更多进化保守的序列，因而具备比较关键的功能。随后的功能富集分析结果显示，EMT 特异的可变外显子涉及的基因参与了细胞间连接、细胞迁移等 EMT 相关的功能。同时作者还利用这些外显子的表达相关性，对 25 种不同的乳腺癌细胞系进行无监督层次聚类，发现它们能够准确地区分腔内型和基底型两种亚型，结果表明 EMT 特异的剪切事件具有一定的亚型分类效能。

（二）复杂疾病中融合基因识别

在过去的数十年，大量对疾病的病因学研究主要集中在癌症的基因组变异上。在众多被广泛研究的基因组变异中，融合基因是一类重要的事件，它与复杂疾病的发生发展密切关联。融合基因是指染色体重排过程中两个或多个不同基因的编码区首尾相连，并被同一套调控序列（如启动子、增强子等）控制所构成的嵌合基因。融合基因可以编码异常的融合蛋白，从而参与疾病的发生。

随着新一代测序技术的飞速发展，全基因组测序和转录组测序是主要的两种用于融合基因识别的技术。Campbell 等首次通过对肺癌细胞系进行全基因组测序分析识别了两个融合转录本。随后，Maher 及 Zhao 等的工作又发现 RNA-seq 技术也可用于融合基因的识别。由于 WGS 技术具有明显的缺点——测序耗时过长、分析复杂、价格昂贵。因此，当前大多数研究都是基于 RNA-seq 数据开发识别融合基因的算法，这些算法主要分为两种：一种是先匹配（mapping-first），另一种是先组装（assembly-first）。其中，先匹配算法首先将 reads 匹配到参考基因组，然后从比对结果中寻找融合位点从而识别融合基因。而先组装算法则首先将有重叠的 reads 组装形成长序列片段，然后将这些长序列片段匹配回参考基因组，进而识别融合基因事件。先匹配算法相比于先组装算法运行速度更快、计算更方便。因此，先匹配算法的使用更为广泛。

目前识别融合基因的算法存在以下两个重要的概念：分离 reads（split reads）和跨越对（spanning pair）。"分离 reads"指自身序列覆盖融合位点的单个 read，而"跨越对"指插入序列覆盖融合位点的一对 reads。分离 reads 同时适用于单末端和双末端测序，而跨越对只适用于双末端测序。以先匹配算法为例，融合基因的识别主要经过三个步骤（图 13-22）：①匹配和过滤；②融合位点的检测；③融合基因的组装和选择。

（1）匹配和过滤：通过将 RNA-seq 产生的 reads 匹配到参考基因组，过滤所有成功匹配的 reads 或者一致匹配的 reads 对，找出潜在的分离 reads 或者跨越对。

（2）融合位点的检测：对于基于分离 reads 的算法，首先将每一个 read 分割成多个小片段，再分别把这些小片段独立地匹配到参考基因组。如果该 read 首尾两端的小片段分别比对到不同的染色体或基因上，那么推测这个 read 来自融合基因，进而通过校正原始片段的边界定位融合位点。而对于基于跨越对的算法，首先将所有的跨越对进行聚簇，每一簇覆盖一个潜在的融合位点，然后通过簇中的 reads 对融合位点进行定位。

（3）融合基因的组装和选择：通过拼接融合位点两侧的基因序列，形成候选的融合转录本。然后将所有的分离 reads 重新比对到候选的融合转录本，进而基于成功匹配的分离 read 计数，选择高置信的融合转录本作为预测的融合基因。

表 13-4、13-5 列举了当前可用的融合基因识别软件及其相应的下载网址，并给出了每个软件的具体算法特点以及依赖的数据类型。需要的注意是，当前的算法并不完善，很多算法在同一套数据中识别的融合基因差异较大，而且一些已知的融合基因不能够被准确识别，所以基于新一代测序技术的融合基因识别方法还有待提高。

Notes

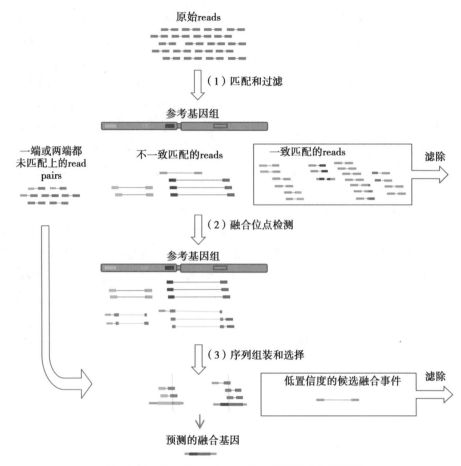

图 13-22   双末端 RNA-seq 测序识别融合基因流程

表 13-4   基于新一代测序识别融合基因的工具

方法	网址	特点简述
BreakFusion	http://bioinformatics.mdanderson.org/main/BreakFusion	从双末端 RNA-seq 数据中识别融合基因
ChimeraScan	http://code.google.com/p/chimerascan/	从 RNA-seq 数据中识别融合的转录本
Comrad	http://code.google.com/p/comrad/	同时利用 RNA-seq 和 WGS 数据识别基因组重排事件和异常的转录本
FusionAnalyser	http://www.ilte-cml.org/FusionAnalyser/	从双末端 RNA-seq 数据中识别融合基因
defuse	http://sourceforge.net/apps/mediawiki/defuse/	从 RNA-seq 数据中识别融合基因
FusionMap	http://www.omicsoft.com/fusionmap/	使用 WGS 或 RNA-seq 检测融合基因
FusionHunter	http://bioen-compbio.bioen.illinois.edu/FusionHunter/	从 RNA-seq 数据中识别融合转录本
FusionSeq	http://archive.gersteinlab.org/proj/rnaseq/fusionseq/	从 RNA-seq 数据中识别融合转录本
ShortFuse	https://bitbucket.org/mckinsel/shortfuse	从 RNA-seq 数据中识别融合转录本
SnowShoes-FTD	http://mayoresearch.mayo.edu/mayo/research/biostat/stand-alone-packages.cfm	从 RNA-seq 数据中识别融合转录本
SOAPfusion	http://soap.genomics.org.cn/SOAPfusion.html	作为软件 SOAP 的一部分, 可以通过 RNA-seq 数据全基因组范围内检测融合基因
TopHat-Fusion	http://tophat-fusion.sourceforge.net/	TopHat 的增强版, 可以从 RNA-seq 数据中检测融合的转录本

Notes

表 13-5　融合基因识别工具及其特点

方法	输入数据				参考		融合位点识别		先组装
	类型		格式						
	WGS	RNA-Seq	Single-end	Paired-end	Transcriptome	Genome	Split-read	Spanning-read	
BreakFusion		●		●	●	●			●
ChimeraScan		●		●	●	●	●	●	
Comrad	●	●		●	●		●	●	
FusionAnalyser		●		●	●		●	●	
Defuse		●		●		●	●	●	
FusionMap	●	●	●	●	●	●	●		
FusionHunter		●		●		●		●	
FusionSeq		●		●	●		●	●	
ShortFuse		●		●		●		●	
SnowShoes-FTD		●		●		●	●	●	
SOAPfusion		●		●		●		●	
TopHat-Fusion		●	●	●		●	●		

少数融合基因事件已经被研究发现在特定癌症中频繁发生。例如，近一半的前列腺癌患者携带融合基因事件 *TMRRSS2-EGR*，这些患者具有更高的术后复发率。近年来，高通量测序技术推动了融合基因的研究，借此研究人员发现了一些新的具有临床诊断和预后价值的融合基因事件。

2011 年 Delattre 等利用 SOLiD 平台对 4 例骨肉瘤样本进行了 RNA-seq 双末端测序，将产生的 read 对比对到参考基因组，并同时利用三个分析软件（如 FusionSeq）识别新的融合基因。通过分析基因外显子的 read 覆盖度，他们发现在其中一个患者的测序数据中，有 20 个 read 对横跨 X 染色体上 *BCOR* 基因的 15 号外显子和 *CCNB3* 基因的 5 号外显子，从而推断存在 *BCOR-CCNB3* 融合基因（图 13-23）。为了进一步估计 *BCOR-CCNB3* 在骨肉瘤患者群体中的发生频率，作者对 594 例骨肉瘤患者进行融合特异 RT-PCR 检测，发现其中 24 例患者携带 *BCOR-CCNB3*。

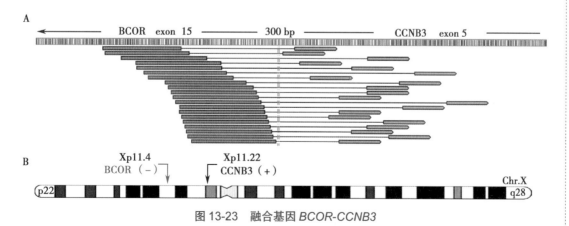

图 13-23　融合基因 *BCOR-CCNB3*

基于基因表达的无监督多元分析结果显示，携带 *BCOR-CCNB3* 的骨肉瘤患者与其他患者的转录表达水平相比有明显的差异，这表明骨肉瘤可能存在一个以融合基因 *BCOR-CCNB3* 为标志的新亚型（图 13-24）。研究最终发现 CCNB3 的免疫组织化学水平可以作为该潜在亚型一个有效临床诊断标志物。

Notes

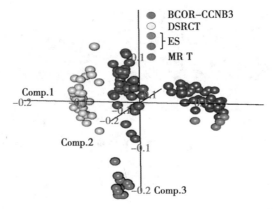

图 13-24 骨肉瘤患者中以融合基因 *BCOR-CCNB3* 为标志的新亚型

（三）非编码 RNA 转录本识别与发现

人类转录组中仅有大约 1% 可以编码蛋白质，大部分的转录组都是非编码的。长非编码 RNA 是一类长度大于 200bp，带有 poly（A）尾，存在可变剪接，且不编码蛋白质的 RNA 分子。作为一类新兴的 RNA 分子，lncRNA 在转录组中扮演重要的角色。越来越多的证据表明 lncRNA 具有广泛的生物学功能，能够参与发育、印记、免疫应答和细胞分化等生物学过程。此外，一些与人类疾病显著相关的 lncRNA 可以作为生物学标记，用于疾病的诊断、预防与治疗。

RNA-seq 可以全面地刻画转录组，定量低表达水平的转录本，为研究 lncRNA 提供了巨大帮助。但是，装配出来的转录组中包含数以万计的转录本，从中识别出高置信的 lncRNA 是进行后续分析以及结果功能验证的基础。目前对于 lncRNA 的识别还没有明确的标准，如何识别具有生物学意义的 lncRNA 也是一个重大挑战。研究者根据感兴趣 lncRNA 的特点，设计出不同的 lncRNA 识别策略。大多数的策略都会考虑转录本的长度（> 200bp）、编码能力和已知数据库的注释信息等。例如，Cabili 等基于 24 个人类组织和细胞系的 RNA-seq 数据，开发了一种 lncRNA 识别流程（图 13-25），从装配的转录组中识别出 8000 多个新的基因间区的 lncRNA（long intergenic noncoding RNA，lincRNA）。该方法为后续众多基于测序识别 lncRNA 的方法提供了参考。

具体步骤如下：

第 1 步使用 Cufflinks 和 Scripture 进行转录组的装配。

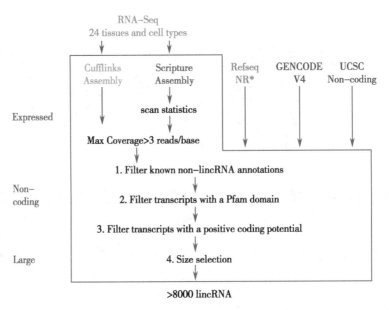

图 13-25 转录组中 lincRNA 的识别流程

Notes

第 2 步筛选表达的转录本，即要求转录本的每个碱基覆盖度大于 3 个 reads。

第 3 步过滤与已知非 lincRNA 基因的外显子有重叠的转录本。非 lincRNA 基因注释来源包括：① RefSeq、UCSC 或 GENCODE 中的蛋白编码基因；② ENSEMBL 注释的 microRNAs、tRNAs、snoRNAs 与 rRNAs；③假基因（pseudogenes）。

第 4 步利用 PhyloCSF（phylogenetic codon substitution frequency）软件评估每一个转录本的蛋白编码能力，过滤编码能力得分大于 100 的转录本。

第 5 步利用 HMMER-3 软件搜索每个转录本所有可能的编码阅读框，并与 Pfam 数据库中的蛋白质结构域比较，过滤具有类似蛋白质结构域的转录本。

第 6 步筛选长度超过 200bp 的转录本。

四、RNA-seq 技术应用于复杂疾病案例

RNA-seq 可以刻画疾病条件下转录组的异常，识别转录组中新的转录本，为理解疾病的发病机制提供新的视角。

Prensner 等提取了 102 个组织和细胞系的 RNA，使用 Agilent 2100 Bioanalyzer 评估 RNA 的完整性，筛选出满足 RIN 质量控制的样品用于文库的构建。从合格的样品中提取带有 poly（A）的 RNA，并将提取的 RNA 分子片段化，进而对这些片段进行 cDNA 的合成、末端修复和接头添加。利用 3.5% 的琼脂糖胶选择长度在 250～300bp 的 cDNA 片段，进行 PCR 的扩增，再用 2% 琼脂糖胶纯化 PCR 扩增的产物，从而完成测序文库的构建。利用 Illumina Genome Analyzer Ⅰ和 Genome Analyzer Ⅱ对 102 个样本进行测序，共得到 17.23 亿个 reads。随后对得到的 RNA-seq 数据进行序列比对、转录组重建及后续分析。

首先，利用 TopHat 软件将测序得到的 reads 比对到人类的参考基因组上（允许两个错配但要求唯一匹配），最终获得了 14.1 亿个唯一匹配的 reads。TopHat 比对命令行如下：

```
tophat -p 8 -N 2 -a 8 -m 0 -i 70 -I 500000 --library-type fr-unstranded -o SRR073760
SRR073760.fastq
```

其次，使用 Cufflinks 进行转录组的重建，对于每个样本，将比对到参考基因组的 reads 装配成样本特异的转录组。最后，使用 cuffcompare 软件对这些转录组进行融合，得到 825 万个不同的转录本。Cufflinks 转录组装配命令行如下：

```
cufflinks -p 8 -o SRR073760 -g hg19/genes.gtf accepted_hits.bam
```

cuffcompare 转录组融合命令行如下：

```
cuffcompare -r /hg19/genes.gtf -o /cufflinks/cuffcompare -i /cufflinks/cuffcompare/
sapmle.txt -C
```

然而，转录组注释发现，对于一些已知的蛋白编码基因，不同样本装配出的转录本长短不一，而且短的转录本与较长的转录本之间具有不同程度的重叠。此外，在 825 万个装配出的转录本中，有些含有未剪切的内含子，有些长度小于文库构建长度，并且大多数只在一个样本中出现。这些现象表明装配出的转录组含有较大的噪音，存在大量假阳性结果，需要进一步处理。因此，作者采用决策树的方法从构建的转录组中区分背景和真实表达的转录本（图 13-26），左图代表 1 号染色体转录本训练的决策树，右图为应用决策树进行信息筛选后的转录本装配结果。具体方法如下：

将 AceView 数据库存储的非编码转录本和编码转录本作为训练集。对于 Cufflinks 预测出的每个转录本，统计其长度、外显子数目、出现的样本个数和在所有样本中第 95 个百分位数的表

Notes

达值等特征,并基于这些信息训练决策树。考虑到染色体上基因密度的不同,每条染色体都训练出一个决策树,用以区分不同染色体上背景转录本和真实表达的转录本。将长度大于200bp的真实表达的转录本进行融合,并重新计算转录本的FPKM值。过滤与已知注释(来自UCSC、RefSeq、ENCODE、Vega和Ensembl)重叠的转录本,保留未注释的转录本,最终识别出1859个新颖的lincRNA。

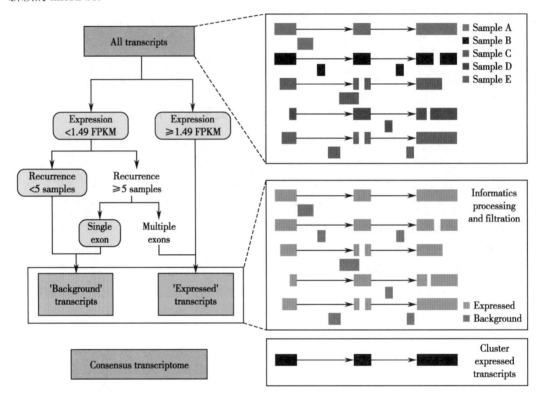

图 13-26   决策树的构建流程

对上述识别的lincRNA利用DEseq软件进行差异表达分析发现,106个未注释的lincRNA在前列腺癌中呈现差异表达,见图13-27A。经过PCR实验证实,这些lincRNA是前列腺癌特异的lincRNA,与前列腺癌具有密切关系。一个新颖的lincRNA PCAT-1在前列腺癌患者中异常高表达,敲除PCAT-1发现其差异表达基因参与到细胞周期和有丝分裂等生物学过程(基于DAVID功能富集分析),表明PCAT-1是前列腺癌特异的细胞增殖调控子,见图13-27B。

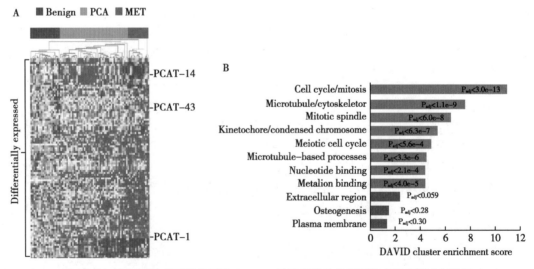

图 13-27   差异表达基因聚类图及PCAT-1敲除后影响的基因的功能富集分析结果

Notes

第五节　ChIP-seq 技术与应用
Section 5　ChIP-seq Technique and Application

一、ChIP-seq 技术原理

ChIP-seq 技术流程

染色质免疫共沉淀 - 测序技术（chromatin immunoprecipitation sequencing，ChIP-seq）是染色质免疫共沉淀与高通量测序的结合技术，ChIP-seq 技术是继 ChIP-chip（chromatin immunoprecipitation followed by DNA microarray）之后，研究蛋白质与 DNA 相互作用的又一技术突破。已被广泛地用于全基因组范围内测定转录因子结合位点（非组蛋白 ChIP-seq）与组蛋白修饰的基因组定位（组蛋白 ChIP-seq）。具体实验流程如下（图 13-28）：

第 1 步采用甲醛处理活体细胞，使 DNA 结合蛋白和 DNA 发生交联，形成蛋白质 -DNA 交联复合物。

第 2 步将细胞溶解并提取蛋白质 -DNA 交联复合物，将染色质随机打碎成小片段。

第 3 步添加特异的抗体富集目标蛋白（转录因子或特异修饰的组蛋白），该抗体能够与目标蛋白形成蛋白质 -DNA 沉淀复合物，并一起被分离出来。

第 4 步将分离得到的免疫沉淀复合物解交联，纯化 DNA 片段（DNA fragment），并进行 DNA

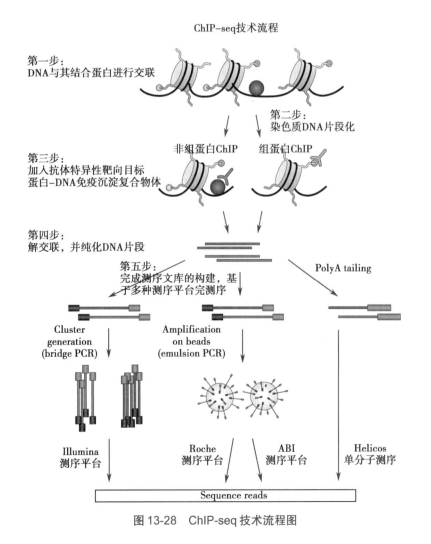

图 13-28　ChIP-seq 技术流程图

片段选择（通常是 150～300bp）。

第 5 步 DNA 片段经末端修复、接头添加与 PCR 扩增，完成测序文库的构建并进行测序。

二、ChIP-seq 数据的处理方法

ChIP-seq 可以产生数以百万计数目的测序 reads，这些 reads 能够用于刻画转录因子或组蛋白修饰的定位及强度，因此对 reads 后续处理是 ChIP-seq 数据分析的关键。ChIP-seq 数据分析的基本流程如下（图 13-29）：

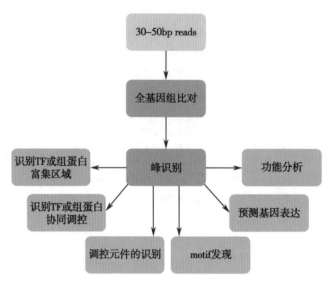

图 13-29　ChIP-seq 数据处理基本流程

（一）reads 的比对和预处理

首先将 ChIP-seq 产生的 reads 与参考基因组比对。考虑到测序错误、SNPs、插入缺失或者感兴趣的基因组与参考基因组之间的差异，reads 比对时允许少量的碱基错配，保留唯一匹配到参考基因组上的 reads。由于 PCR 扩增会产生冗余 reads（duplicate reads，即多个 reads 具有相同的基因组定位），因此通常使用 SAMtools 或 Picard Tools 等软件将其去除。值得注意的是，由于检测的 reads 来源于 DNA 片段的 5′ 端序列（25～75bp），因此，reads 的基因组定位并不能反映真实的转录因子结合或组蛋白修饰位点。所以在峰识别或信号定量及可视化之前，短序列 reads 需要向 3′ 方向延伸一定长度，以确保延伸后的 reads 能够近似代表真实的 DNA 片段。ChIP-seq 数据的后续分析都是基于延伸后的 reads 进行的。

（二）峰识别及信号定量

Reads 经过比对、过滤及延伸后，对其分析通常有两种手段：①峰识别（peak calling）：利用 ChIP-seq 数据识别转录因子的结合位点或者定位组蛋白修饰的富集区域；②信号定量：对于给定的基因组区域，定量其 ChIP-seq 信号强度。

1. 峰识别　由于 ChIP-seq 抗体靶向的蛋白不同（例如转录因子或组蛋白），因而其结合位点处的 reads 分布会呈现三种不同的形状（图 13-30）：①窄峰（sharp peak）：大多数转录因子（如 CTCF）和一些组蛋白修饰（如 H3K4me3），ChIP-seq 产生的 reads 分布高度集中，通常聚集在几百个碱基的窄峰中；②宽峰（broad peak）：一些组蛋白修饰富集的基因组区域是宽阔的，reads 分布跨越数万个碱基的较大区域，例如 H3K36me3 以及 H3K27me3 的富集区域；③混合峰（mix peak）：窄峰和宽峰交错出现，例如 RNA 聚合酶Ⅱ（RNA polymeraseⅡ，polⅡ）的结合位点。峰的不同类型导致应用统一的方法识别富集区域存在一定的困难，因此需要根据感兴趣的 ChIP-seq 数据所属的峰类型选择相应的识别方法。根据不同峰类型识别软件有所差异：①窄峰：大部分

Notes

峰识别方法都是针对该类型数据,如 MACS、PeakSeq、F-seq、SISSRs 和 FindPeaks 等;②宽峰:SICER、ZINBA、PeakSeq 和 BayesPeak 等;③混合峰:PeakSeq 和 ZINBA 等。

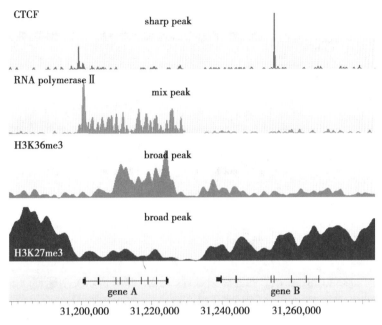

图 13-30　ChIP-seq 产生的 read 分布会呈现不同的形状

2. 信号定量　转录因子的结合以及组蛋白修饰并不是简单的"开关"作用,结合强度的差异对基因转录调控产生不同的影响,因此对 ChIP-seq 数据的定量分析是十分必要的。具体而言,针对每一个给定的基因组区间,计算与该区间有交叠的 reads 数目,相比于区间长度以及所有比对到基因组上的 reads 总数,作为该区间信号定量的 RPKM 值。RPKM 值的定量方法有效地避免了测序深度对 reads 计数的影响,能够用于不同信号或不同样本之间信号强度的比较分析。

(三)信号可视化

信号定量后可以用于可视化分析,这有助于对数据产生最直观的认识,是 ChIP-seq 数据分析的一个重要手段。UCSC 基因组浏览器(http://genome.ucsc.edu/)是较有影响力的可视化工具之一,可以通过 Web 在线访问多种注释资源。值得注意的是,UCSC 提供用户自定义轨道(custom tracks),允许用户上传本地文件进行全基因组浏览,且支持多种数据格式。此外,另一种基因组浏览工具 IGV(Integrative Genomic Viewer,http://www.broadinstitute.org/software/igv/home),是一个交互式的大型综合基因组数据集成可视化工具,也可用于高通量测序数据的基因组注释以及可视化。

ChIP-seq 基因组浏览举例:检测胚胎干细胞(human embryonic stem cells,hESC)以及神经外胚层细胞(neuroectodermal spheres,hNECs)的转录因子以及组蛋白修饰的 ChIP-seq 数据,经过 reads 比对、过滤和延伸后,在单碱基水平上定量信号强度,此过程由 igvtools 与 wigToBigWig 软件完成由 BAM 格式的比对文件计算得到 bigWig 格式的定量文件(详细文档见:http://genome.ucsc.edu/goldenPath/help/bigWig.html),并将定量信息上传至 UCSC 基因组浏览器(图 13-31)。图中转录因子与多种组蛋白修饰信号用不同的颜色呈现,每一种信号对应一个自定义轨道,代表不同的 ChIP-seq 数据的 reads 分布,reads 的数目越多显示在基因组浏览器上的信号值越高。相比于 ESC 而言,NEC 中 *ARHGEF17* 基因启动子以及基因体区域发生了 H3K27me3 信号的丢失,表明 *ARHGEF17* 基因在 NEC 中被激活。因此,基因组浏览器提供了一个直观的可视化方式,可用于多维数据的展示和比较分析。

Notes

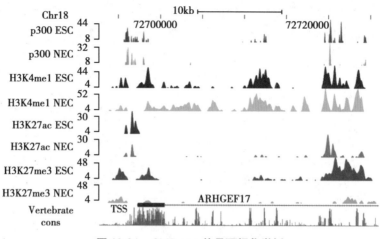

图 13-31   ChIP-seq 信号可视化举例

（四）ChIP-seq 数据的集成分析工具

随着 ChIP-seq 技术的不断成熟和广泛应用，大量的用于 ChIP-seq 数据分析的算法和工具应运而生。目前，针对 ChIP-seq 数据进行预处理、比对、峰识别以及功能刻画的集成分析工具不断涌现，比较常用的工具有：

1. CisGenome   针对 ChIP-seq 数据和芯片数据进行整合分析的工具，主要包括图形用户接口、基因组浏览和核心数据分析系统三个核心组分，可用于数据的标准化、峰识别、基因组信息检索（基因注释、序列检索等）、DNA 序列模体分析及可视化。

2. ChIPseeqer   可用于峰识别、峰注释（例如基因、调控元件等）、通路富集分析、调控元件分析、进化保守性分析、聚类分析、可视化以及不同 ChIP-seq 实验数据的整合和比较分析。

3. ChIPpeakAnno   一个 R 包（Bioconductor），能够对 ChIP-seq 数据识别的峰进行功能和通路注释。

三、ChIP-seq 技术应用

（一）识别转录因子或组蛋白修饰的协同调控

基因的转录调控是一个复杂的过程，涉及一个或多个转录因子及其辅因子共同结合到靶基因的启动子区域，进而协同地调控靶基因的表达，因此基因及其众多的调控子共同形成了错综复杂的转录调控网络。ChIP-seq 技术的出现为检测转录因子的协同调控功能提供了有效的手段。利用 ChIP-seq 技术检测转录因子（或者组蛋白修饰）在全基因组范围内结合强度，研究多种转录因子结合（或组蛋白修饰）模式之间的关联关系，进而探讨转录因子（或组蛋白修饰）之间的协同调控。例如，Ram 等检测 27 个转录因子的 ChIP-seq 数据，通过峰识别软件得到每个转录因子的结合位点并进行信号定量。然后，计算每两个转录因子信号强度的皮尔森相关系数（Pearson correlation coefficient），进而得到转录因子结合模式的相似性矩阵（图 13-32）。基于层次聚类分析将转录因子分为六类，每一类中的转录因子具有相似的结合模式，倾向于协同调控。

（二）调控元件的识别

基因的转录调控不仅依赖于特定的调控元件，而且受到特定组蛋白翻译后修饰的精密调控。越来越多的研究发现特定的组蛋白修饰模式能够用于基因组调控元件的识别。例如，H3K4me3 信号主要富集在基因的转录起始位点附近，因此基于 H3K4me3 的峰能够识别基因的启动子。如图 13-33 所示，*BRAT1* 基因上游 H3K4me3 富集的区域作为该基因的候选启动子（虚线区域），同时该候选启动子富集 RNA 聚合酶Ⅱ以及激活信号 H3K18ac，并且 cDNA 末端快速扩增实验（rapid amplification of cDNA ends，RACE）也支持了该候选启动子的可靠性。此外，H3K4me1 和

Notes

H3K27ac 信号可用于定义激活的增强子区域；转录因子 CTCF 信号可用于定义基因组绝缘子区域；H3K27ac 和 H3K9ac 可用于定义基因组激活区域；而 H3K27me3 信号可用于定义基因组抑制区域；H3K36me3 可用于定义基因组转录区域。

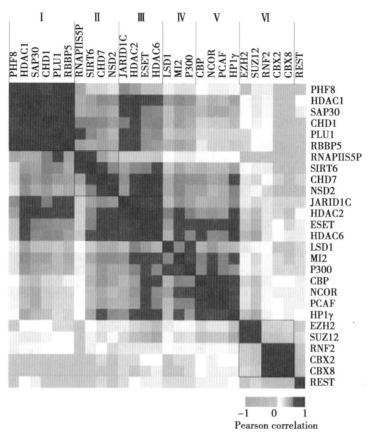

图 13-32　ChIP-seq 数据识别 TFs 协同调控

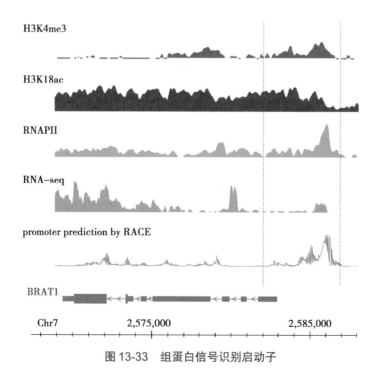

图 13-33　组蛋白信号识别启动子

（三）motif 发现

转录因子的结合位点通常具有特定的 DNA 序列模式,称为模体,它是转录因子与 DNA 结合的重要功能域,长度一般为 5～20bp。而基于实验方法识别的转录因子结合位点数目非常局限,ChIP-seq 技术的出现为系统地识别转录因子结合 motif 提供了契机。常用的 motif 识别软件包括 MEME、HOMER 和 FIMO。软件根据用户所提供的输入序列(如转录因子结合位点对应的 DNA 序列),应用字符搜索算法(word-based, string-based methods)或者概率序列模型搜索算法(probabilistic sequence models)识别 DNA 序列模式。字符搜索算法基于枚举序列,适合搜索较短的功能域,此算法产生大量的候选功能域,可能存在着较高的假阳性率。更为常用的算法是概率序列模型搜索算法,该算法产生的结果为位置权重矩阵(position weight matrix)。位置权重矩阵衡量 ATGC 四种碱基在转录因子结合位点上每个位置所占比例,使用序列标识图(sequence logo)进行可视化。例如,为了识别谷氨酸受体(glucocorticoid receptor,GR)结合位点

的 motif,使用 GR 的 ChIP-seq 数据识别 GR 结合位点,将结合信号较强的前 500 个 GR 结合位点对应的 DNA 序列输入 MEME 软件,识别 GR 结合位点的 motif(序列标识见图 13-34),碱基的大小表示该碱基出现的百分比。GR 结合位点上不仅存在已证实的 GR 结合 motif,还存在一些其他转录因子的结合 motif(例如 NFkB),表明 GR 与 NFkB 能够共同结合到 GR 的结合位点,从而反映了它们的协同调控。

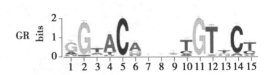
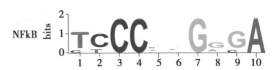

图 13-34　ChIP-seq 数据识别的 TFs 结合位点用于 motif 识别

（四）预测基因表达

转录因子是基因转录过程中不可或缺的调控子,基因启动子区域的转录因子结合强度、转录因子结合数目与基因的表达水平密切相关。组蛋白修饰是另一层面的转录调控子。通过评估基因表达与其启动子区域上组蛋白修饰信号之间的相关性,发现一些组蛋白修饰信号与基因表达呈正相关(例如 H3K4me3),而另一些组蛋白修饰信号与基因表达则呈负相关(例如 H3K27me3)。因此,整合基因启动子区域上转录因子结合强度或者多种组蛋白修饰水平,构建机器学习模型(如线性回归模型),可以实现对基因表达水平的预测。

四、ChIP-seq 技术应用于复杂疾病分析

（一）转录因子 ChIP-seq 用于指导临床用药

转录因子及其靶基因组成的调控网络精细地调控了基因的表达,转录因子介导的调控紊乱往往与癌症的发生发展密切相关。ChIP-seq 为揭示转录因子在癌症中的重要作用提供了技术支持。下面举例说明 ChIP-seq 技术在癌症中的应用。

在胶质母细胞瘤(glioblastoma multiforme,GBM)中发现转录因子 TCF4 和 STAT3 异常激活。为了探究两者在 GBM 中发挥的作用,首先使用 ChIP-seq 技术在 GBM 细胞中检测 TCF4 和 STAT3 的全基因组结合位点,使用 BWA(Burrows-Wheeler Aligner)比对软件将 reads 比对到人类 hg18 参考基因组上,保留唯一匹配且非冗余的 reads。利用 MACS 峰识别软件识别了 8307 个 TCF4 的结合位点以及 6908 个 STAT3 的结合位点($P\text{-value}<0.001$)。

随后为了刻画转录因子的结合位点在基因组元件上的分布(例如启动子、外显子和内含子等),计算结合位点落入各个功能元件的比例,结果显示两个转录因子的结合位点主要位于基因的启动子和内含子区域(图 13-35A)。为了推测 TCF4 和 STAT3 的功能,将转录因子的结合位点最邻近的基因作为其靶基因,分别识别了 3812 个 TCF4 的靶基因和 3165 个 STAT3 的靶基因,

Notes

两者共同靶基因有 1250 个，包含了已知的 GBM 相关基因，如 *EGFR*、*VEGF* 和 *IL-6* 等。利用 DAVID 软件进行功能富集分析，结果显示 TCF4 和 STAT3 的共同靶基因显著地参与神经发育等生物学过程，如神经分化和神经元迁移，表明它们在 GBM 中的重要作用。

为了研究 TCF4 和 STAT3 共同靶基因是否有助于区分 GBM 不同的分子亚型。从 TCGA 下载 202 个 GBM 样本，包括经典型、间质型、神经型和前神经型四种亚型。使用 1250 个共同靶基因表达谱对 202 个 GBM 样本进行层次聚类分析，结果与 TCGA 标识的 GBM 亚型具有 90.8% 的一致性（图 13-35B）。差异表达分析结果显示 TCF4 和 STAT3 共同靶基因中有 132 个发生差异表达（FDR < 0.05，fold change > 1.5）。利用这些差异表达基因对 GBM 样本聚类，结果与 TCGA 标识的亚型具有 93.1% 的一致性（图 13-35C），而且这些差异表达基因显著富集到神经系统的发育过程，上述结果表明 TCF4 和 STAT3 共同靶基因能够用于区分 GBM 亚型。

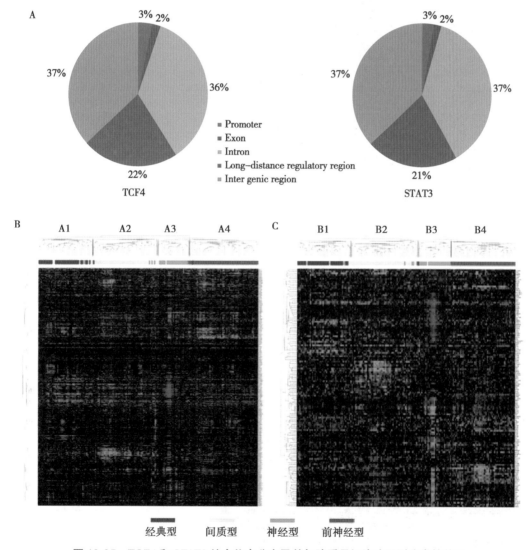

图 13-35　TCF4 和 STAT3 结合位点分布及其与胶质母细胞瘤亚型分类的关系

最后，探索 TCF4 和 STAT3 共同调控的差异靶基因与指导临床用药的联系。TCF4 和 STAT3 共同的差异表达靶基因重新将 GBM 聚为两类（间质型和前神经型；图 13-36A）。生存分析显示这两类并没有显著的生存差异（*P*-value = 0.8013；log-rank test；图 13-36B）。特别地，根据是否接受替莫唑胺（temozolomide，TMZ）治疗，将间质型亚型的 GBM 样本分为两组，发现接受 TMZ 治疗的样本具有更好的整体生存率（*P*-value = 0.037；log-rank test；图 13-36B）；而在前神经型的

GBM 样本中，接受 TMZ 治疗并没有显著地提高病人的整体生存率（P-value = 0.8073；log-rank test；图 13-36B）。由于 TCGA 的 GBM 样本来自于西方人群，作者试图检验这一发现是否适用于亚洲人群。为此，收集 220 个来自中国人群的 GBM 样本，同样使用 TCF4 和 STAT3 共同的差异表达靶基因将 GBM 样本分为间质型和前神经型两类（图 13-36C）。在间质型 GBM 样本中发现，接受 TMZ 治疗的样本具有更好的预后（P-value = 0.0013；log-rank test；图 13-36D）；而前

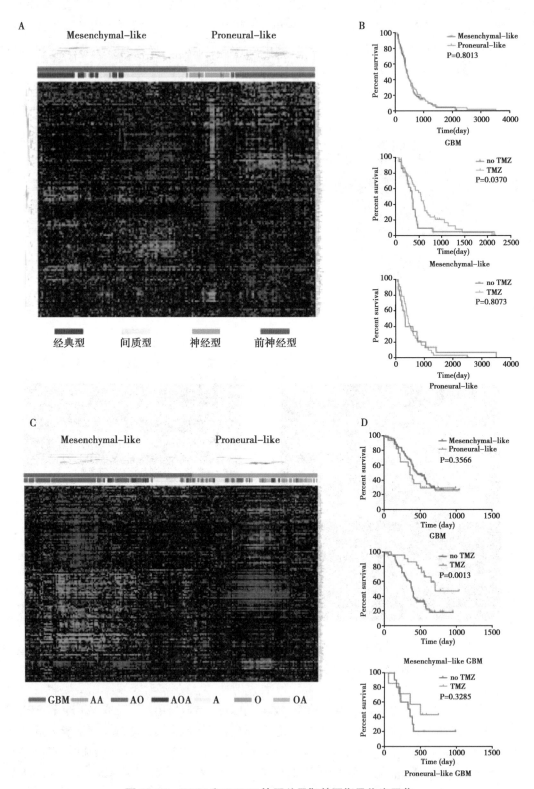

图 13-36　TCF4 和 STAT3 协同差异靶基因指导临床用药

神经型 GBM 中，接受 TMZ 治疗的样本却没有显著的生存差异（$P\text{-value}=0.3258$；log-rank test；图 13-36D）。这些结果一致地表明 TCF4 和 STAT3 共同的差异表达靶基因能够区分 GBM 亚型，并指导临床医生对 GBM 患者进行个性化治疗。

（二）组蛋白修饰的 ChIP-seq 数据与复杂疾病

组蛋白修饰能够影响全局的染色质环境，是调节基因表达的重要表观遗传学机制，组蛋白修饰模式的变化不仅参与了发育和分化等相关过程，也为癌症病理研究和临床诊断提供了新的线索。

研究发现，大约 60% 的扩散型内因性脑桥神经胶质瘤（diffuse intrinsic pontine glioma，DIPG）中发生基因 *H3F3A* 的突变，且该基因主要编码核心组蛋白 3（H3 histone），表明组蛋白修饰可能参与了 DIPG 的致病机理。为此作者利用 ChIP-seq 技术分别检测了 H3F3A 突变的 DIPG 细胞和正常的神经干细胞（neural stem cell，NSC）中 H3K27me3、H3K4me3 信号，通过峰识别发现，相比于 NSC，DIPG 中 H3K4me3 信号峰的数目变化不大，而 H3K27me3 信号却发生了大量的缺失（H3K27me3 峰从 NSC 中 17711 个降低到 DIPG 中 2684 个；图 13-37），结合和全基因组重亚硫酸盐测序发现 H3K27me3 水平下降和 DNA 低甲基化共同导致基因的异常表达。因此，H3K27me3 信号在基因组的重新排布很可能是 DIPG 形成的重要原因之一。

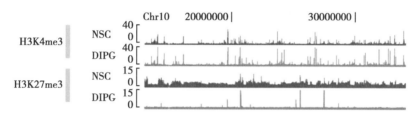

图 13-37　组蛋白修饰 H3K27me3 在 DIPG 和 NSC 细胞系中分布举例

此外，T 细胞淋巴瘤中频繁地呈现染色体断裂现象，为了探索染色体断裂的发生机制，Barski 等利用 ChIP-seq 检测了 T 细胞淋巴瘤中多种组蛋白修饰（H3K4me1、H3K4me3、H3K9me1）、H2A.Z 以及 CTCF 的结合信号，并进行定量分析。结果表明，T 细胞淋巴瘤中 62% 的染色体断裂点被 H3K4me3 信号富集，而其他癌症中只有 26%；特别地，淋巴瘤相关基因（例如 *IGHA1*）的染色体断裂点上显著富集 H3K4me1、H3K9me1、H2A.Z 及 CTCF 信号（图 13-38）。这表明，组蛋白修饰及 CTCF 可能参与了染色体断裂的发生，为 T 细胞淋巴瘤中频繁发生染色体易位现象提供了新的解释。

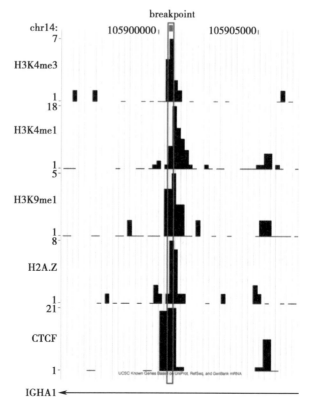

图 13-38　组蛋白修饰在 *IGHA1* 基因相关的染色体断裂点上的富集

Notes

第六节　新一代测序技术在其他领域应用
Section 6　Additional Application of Next-generation Sequencing Technique

一、Methylation-seq 技术原理及数据分析

染色质免疫沉淀后进行芯片杂交（ChIP-chip）或新一代测序（ChIP-seq）已被用作组蛋白修饰检测的主要手段。同样使用 5meC 特异性抗体或者使用与天然的基因组甲基化 DNA 具有亲和性的甲基结合蛋白（methyl-binding protein，MBD）将基因组上甲基化的区域亲和富集后进行芯片分析或者新一代测序（MeDIP-seq，MBD-seq，Methyl-seq）也已经在分析复杂的基因组 DNA 甲基化水平研究中成为重要的手段。

另外，将变性的基因组 DNA 用亚硫酸氢钠（重亚硫酸钠）进行处理后，发现未甲基化的胞嘧啶残基比甲基化的胞嘧啶残基具有更快的化学脱氨速率。这一发现在 90 年代掀起了 DNA 甲基化分析方法的一场革命。用这种化学方法处理后，可以将 DNA 上表观遗传的差异有效地转变成遗传差异——未甲基化的胞嘧啶被转换为尿嘧啶——从而产生了许多新的 DNA 甲基化检测和分析技术，包括利用芯片（Illunima Infinium BeadChip Array）以及新一代测序技术（whole-genome bisulfite sequencing，WGBS，BS-seq，reduced representation bisulfite sequencing，RRBS）来分析经重亚硫酸盐转化后的基因组 DNA。

基于新一代测序的 DNA 甲基化分析及应用的高基因组覆盖度及灵活性促进了表观遗传学的研究。目前已经建立了多种基于测序的 DNA 甲基化检测方法，每种方法都提供了适用于不同类型研究的独特优势。尽管这一技术仍然受到文库偏性的影响，但是在不要求特制芯片的前提下，基于测序的 DNA 甲基化检测方法可以对等位特异的 DNA 甲基化水平进行分析，可以用更少的 DNA 输入覆盖更广泛的基因组以及可以避免杂交污染等等。

以 BS-seq 为例，对于由 BS-Seq 方法产生的 DNA 甲基化的原始读段序列，需要进行以下 3 个步骤的处理：①删除读段序列中低质量碱基（PHRED 记分≤2）之后的所有碱基；②搜索并删除读段序列两端的接头寡核苷酸；③将读段序列中的胞嘧啶碱基（C）替换为胸腺嘧啶（T）。同时，还要对参考基因组序列进行两种对应的处理。一是将参考序列中的胞嘧啶（C）替换成胸腺嘧啶（T）：5′-ATCG-3′ 替换为 5′-ATTG-3′；二是将参考序列中的鸟嘌呤（G）替换成腺嘌呤（A）：5′-ATCG-3′ 则替换为 5′-ATCA-3′。其反向互补序列则为 5′-TGAT-3′。通过上述生物信息技术处理，就能获得全基因组甲基化位点及其甲基化水平的信息。经过上述 BS 转化后，源于 Watson 链（正义链）的读段序列都被作图到转化后无胞嘧啶的参考序列上，而来自于 Crick 链（反义链）的读段序列则定位到无鸟嘌呤的参考序列上。至于将很短的读段序列定位到极长的参考序列上，则需要借助 Bowtie 软件。基因组某个区域可能出现多个相同或不同的读段序列，读序列出现次数（即覆盖度）通常不应低于 10×。当对同一份实验材料进行两次独立实验时，为提高位点上的覆盖度，可将两次实验数据整合并分析。甲基化水平通常用含甲基化胞嘧啶的读段序列数占覆盖对应位点上所有读序列的百分比计算。因此，对于特定的胞嘧啶位点而言，0 表示不存在甲基化，100% 则表示该位点完全被甲基化，0~100% 之间则表示被甲基化的程度。比较不同区域内的甲基化水平，则需统计该区域内所有胞嘧啶位点甲基化水平的平均值。计算基因组胞嘧啶的甲基化含量时，通常将目标区域从 5′ 端到 3′ 端划分为适当数目的框（bin），框的大小设为 100bp。绝对甲基化含量（mC）的计算方法是将所有甲基化类型（mCG，mCHG 或 mCHH）的总数除以框的大小，即区域的长度；相对甲基化含量（mC/C）是将对应甲基化类型的绝对含量除以目标区域内该类型的胞嘧啶位点总数。

Notes

二、CLIP-seq 技术原理及数据分析

（一）CLIP-seq 技术流程

交联免疫沉淀技术（crosslinking and immunoprecipitation，CLIP），主要利用短波紫外线照射活细胞或组织，使蛋白质与 RNA 共价交联形成复合物，再利用感兴趣蛋白质的特异性抗体进行免疫沉淀，从而提取出与感兴趣的蛋白质相互作用的 RNA，最后对 RNA 反转录成的 cDNA 进行基因组定位，以此揭示蛋白质的结合位点。CLIP 技术最初是被开发用来识别脑中 Nova 蛋白靶向的 RNA。从 2008 年开始，该技术首次结合高通量测序技术，即 CLIP-seq，又名 HITS-CLIP（high-throughput sequencing of RNA isolated by CLIP），成为了一项革命性的技术，广泛地被应用到全基因组范围内识别 RNA 与蛋白质相互作用的研究中。

CLIP-seq 主要实验步骤如下（图 13-39）：

第 1 步使用紫外线照射使 RNA 与蛋白质发生共价交联。

第 2 步利用裂解缓冲液将细胞溶解后，使用 RNA 酶消化未与蛋白质结合的 RNA 序列。

第 3 步利用特异的抗体沉淀感兴趣的 RNA- 蛋白质复合物。

第 4 步将结合到蛋白质上的 RNA 3′ 端去磷酸化后添加 3′ 接头序列，然后使用多聚核苷酸激酶（polynucleotide kinase，PNK）将 5′ 端磷酸化，从而标记 RNA- 蛋白质复合物。

第 5 步利用十二烷基硫酸钠 - 聚丙烯酰胺凝胶（SDS-PAGE）分离出 RNA- 蛋白质复合物，然后加入蛋白酶将蛋白质消化，提取出 RNA 片段。

第 6 步在提取出的 RNA 片段 5′ 端添加 5′ 接头序列，然后通过反转录 PCR（RT-PCR）将 RNA 反转录成 cDNA 并进行扩增，最后使用新一代测序技术进行测序，得到与蛋白质结合的 RNA 序列。

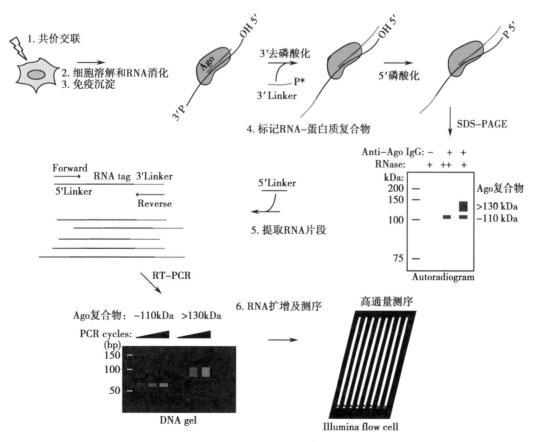

图 13-39　CLIP-seq 实验流程

（二）CLIP-seq 衍生技术

1. iCLIP-seq 考虑到 CLIP 构建 cDNA 文库时，RNA 反转录形成的 cDNA 会发生截断，而这些截断的 cDNA 大多数会在该过程中丢失，为此，Ule 等在 CLIP 的基础上进一步开发了 iCLIP（individual-nucleotide resolution CLIP），能够更加准确地识别 RNA 结合蛋白靶向位点。该技术在前期处理过程中类似于 CLIP，但在完成反转录以后，用更加有效的分子内环化取代了原先效率不高的接头添加，进而能够捕获截短的 cDNA，然后对这些 cDNA 进行 PCR 扩增及测序，从而实现高分辨率地识别 RNA 与蛋白质的互作位点（图 13-40）。到目前为止，iCLIP 已经被广泛地用于全基因组范围内定量 RNA 与其结合蛋白的互作。此外，iCLIP 也能够用于研究 RNA 结合蛋白（RNA-binding Protein，RBP）在选择性剪接、选择性多聚腺苷酸化、RNA 甲基化和 mRNA 稳定性中发挥的作用。

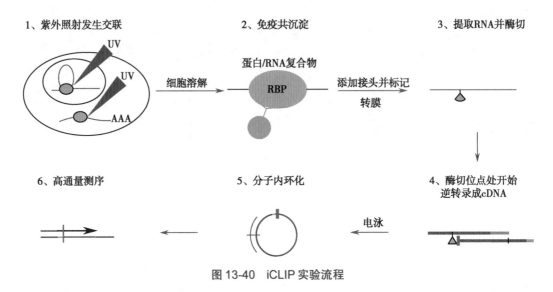

图 13-40　iCLIP 实验流程

2. PAR-CLIP 考虑到 CLIP 在紫外交联时效率较低，会产生较大的噪音，为了解决这一问题，Tuschl 等开发了一种光活性增强的核糖核苷交联 - 免疫共沉淀技术，即 PAR-CLIP（photoac-tivatable-ribonucleoside-enhanced crosslinking and immunoprecipitation）。该方法的突出特点就是依赖了具有光活性的核糖核苷类似物，如 4- 硫尿核苷（4-thiouridine，4-SU）和 6- 硫鸟嘌呤核苷酸（6-thioguanosine，6-SG）。当使用 4-SU 时，交联的序列将会产生 T-C 的转变，而当使用 6-SG 时，交联的序列将会产生 G-A 的转变。在细胞新合成的 RNA 转录本中加入上述核糖核苷类似物，然后用 365nm 紫外灯照射细胞，含有光活性核糖核苷类似物的 RNA 会被诱导与 RBP 相互作用（图 13-41）。随后，从 RNA-RBP 免疫沉淀复合物中分离出 RNA，经反转录成 cDNA 并完成测序。PAR-CLIP 数据之所以能够准确定位交联的位置，主要依赖于光激活核糖核苷类似物诱导的 cDNA 序列的突变位置，这种突变提供了一个识别 RBP 结合位点的方法。近期 PAR-CLIP 技术已被广泛地用于 RBP 与 microRNA 互作研究中。

（三）CLIP-seq 数据分析流程

首先对 CLIP-seq 得到的原始 reads 进行质量控制，去除低质量的 reads，移除 3′ 接头序列；然后进行 reads 的比对，由于紫外光照射会使交联位点发生突变，因此 reads 比对到参考基因组时，需要使用能够检测插入缺失的比对软件，如 novoalign、BWA，并且比对过程最多允许出现两个错配（替换、插入或缺失）；接着去除冗余 reads，降低 PCR 扩增对于特定序列的选择偏性；比对完以后就可以得到错配位点信息。

RNA 片段反转录成 cDNA 时，交联位点处 RNA- 氨基酸结合物的残基会导致反转录酶不能沿着 RNA 片段继续转录，致使反转录在交联位点停止。iCLIP 便是利用这一特点进行 RNA- 蛋

Notes

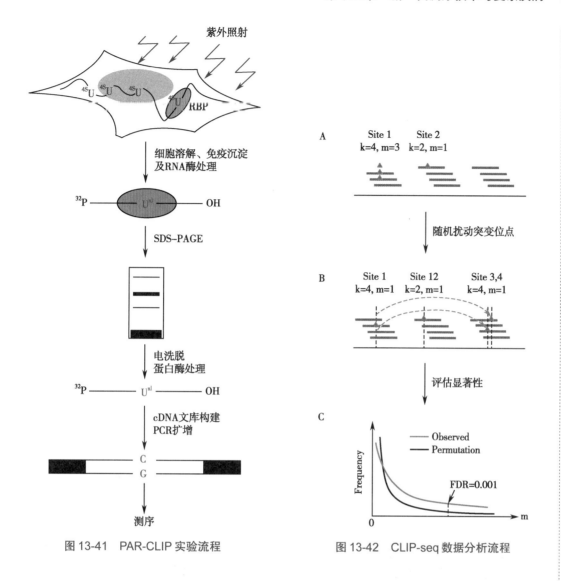

图 13-41　PAR-CLIP 实验流程　　　　图 13-42　CLIP-seq 数据分析流程

白质结合位点的定位。然而，反转录酶也有可能沿着 RNA 片段继续转录，但是交联位点会干扰正常的碱基互补配对，导致交联位点处发生突变（替换、插入或缺失），这些交联位点又称为交联诱导突变位点（crosslinking-induced mutation sites，CIMS）。根据 CIMS 可以准确地定位 RNA-蛋白质结合位点。

测序或比对过程也会产生一些错配，但是这些错配是随机分布的，同一位点的错配不应出现在多个 reads 上；而 CIMS 是由于交联引起的，理论上同一个位点的错配应出现在多个 reads 上；可以根据这一特点将 CIMS 与随机错配区分开来，具体过程如下：

（1）将有重叠的 reads 聚成簇，记录各个簇的突变位点，每个突变位点具有两个特征，分别用参数 k 和 m 来表示。其中，k 代表覆盖该突变位点的总 reads 数目，m 代表该位点发生突变的 reads 数目（图 13-42A）。

（2）随机扰动突变位点，要求保持 reads 的位置、数目以及突变位点与 reads 5′ 端距离的分布不变。在扰动过程中，每一个突变位点随机地分配到一个 read 上，但是要求其与该 read 5′ 端距离与原来所在 read 的 5′ 端距离一致。然后重新计算各个突变位点的 k 和 m 值（图 13-42B）。

（3）评估真实的 k、m 组合的显著性，计算其错误发现率（false discovery rate，FDR）。首先统计真实情况下的所有 k、m 组合，然后对于每种 k、m 组合，计算真实情况下有 k 个 reads 覆盖的突变位置中，发生突变的 reads 数目不少于 m 的突变位置个数 $c[m,k]$；同样，对于相同的 k、m 组合，计算随机扰动后的个数 $c0[m,k]$（图 13-42C）。FDR 为 $c0[m,k]$ 与 $c[m,k]$ 的比值：

Notes

$$FDR = \frac{c_0[m, k]}{c[m, k]} \qquad (13-2)$$

（4）显著 k、m 组合的突变位点（FDR 小于指定阈值）作为真正的 CIMS，CIMS 上下游 10nt 的区域被认为是 RNA 与蛋白质的结合区域，并用于后续分析，如 motif 分析。

（四）CLIP-seq 技术应用

miRNA 通过引导 RNA 诱导沉默复合物 = 到靶 mRNA 的结合位点，使得具有内切酶活性的 AGO 蛋白能够靶向 mRNA，进而降解或者抑制 mRNA 翻译。而 AGO 蛋白是 RISC 的主要成员，因此，AGO 蛋白的 CLIP-seq 能够检测到与 AGO 蛋白结合的 mRNA 序列和 miRNA 序列，从而应用于 miRNA 靶位点的识别。

Haecker 等人对卡波西肉瘤病毒（Kaposi's sarcoma-associated herpesvirus，KSHV）潜伏感染的细胞系 BCBL-1 和 BC3 使用紫外线照射，引起 RNA 与蛋白质产生共价交联，然后利用 AGO 蛋白特异性抗体将 AGO 蛋白 -miRNA-mRNA 复合物沉淀下来，经过 SDS-PAGE 分离出 mRNA 和 miRNA 序列，分别构建 mRNA 和 miRNA 文库，随后进行高通量测序。对于 miRNA 测序，利用 miRDeep 软件将测序得到的 reads 比对到 KSHV 基因组上，并利用 miRBase 数据库中获取的病毒 miRNA 序列进行注释，识别出真正发挥功能的 KSHV miRNA。对于 mRNA 测序，则利用 CLIPZ 数据分析工具分析测得的 reads。首先将 reads 比对到人类基因组上，然后将有重叠的 reads 聚成 cluster，识别 AGO 蛋白结合位点，再通过 7-mer 种子匹配寻找 KSHV miRNA 的靶基因。最终，BCBL-1 细胞系中得到了 18 个 KSHV miRNA 和 1516 个 cluster，这些 cluster 对应于 1170 个转录本并且每个 cluster 都至少含有 1 个 KSHV miRNA 种子匹配；BC3 细胞系中识别了 12 个 KSHV miRNA 及 1135 个 cluster（对应 950 个转录本）。

对 31 个实验证实的 KSHV miRNA 靶基因进行分析，发现其中 16 个靶基因的基因组区域富集有 AGO CLIP-seq 的 cluster，且这些 cluster 上蕴含了实验证实的 miRNA 种子匹配位点。此外，作者识别出一些新的 miRNA 靶基因。如图 13-43，可以清晰地看到 KSHV miRNA 的种子匹

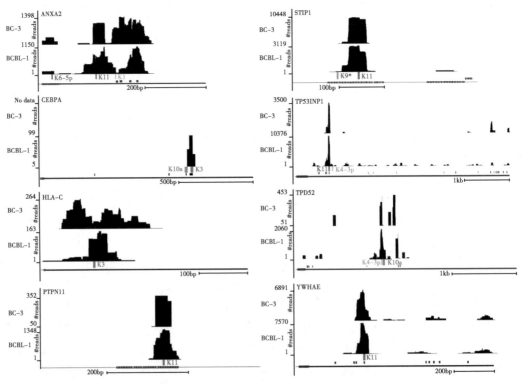

图 13-43　AGO CLIP-seq 新识别的 KSHV miRNA 靶基因上的 cluster 可视化

Notes

配位点落在与这些新靶基因相关的 cluster 上,荧光报告实验也证实这些新识别的靶基因确实受到 KSHV miRNA 的调控。

对识别的 KSHV miRNA 靶基因进行 GO 功能富集分析和通路分析,发现这些靶基因参与肿瘤和淋巴细胞相关的生物学过程,如凋亡、淋巴细胞活化、细胞周期等。这表明 KSHV miRNA 可能通过靶向这些基因从而调控相关功能,进而参与疾病的发生发展。

三、Ribosome-seq 技术

核糖体谱(ribosome profiling)是一种利用高通量测序在全基因组范围内精确、高效地监控体内 mRNA 翻译的技术。它基于 mRNA 特异的 mRNA-seq 技术,通过检测受核糖体保护的 mRNA 片段,识别具有翻译活性的 mRNA 并全面刻画体内 mRNA 的翻译情况。

早在 1963 年,Warner 等发现被核糖体保护的 mRNA 无法被核酸酶降解,将受保护的 mRNA 片段分离出来后,对这些片段进行分析就可以得到 mRNA 分子上正在翻译的核糖体的分布情况。2003 年,Arava 等利用多聚核糖体芯片技术研究了酵母全基因组范围内的 mRNA 翻译谱。随着新一代测序技术的深入发展,Ingolia 等首次提出基于 mRNA-seq 的核糖体谱技术,并对酵母全基因组范围内的翻译事件进行了分析。目前,核糖体谱技术已广泛用于发现新阅读框、研究 microRNA 作用机制、探索非编码 RNA 的编码潜能、揭示蛋白质组的复杂性与动态性等领域。

核糖体谱技术通过核糖体印记(ribosome footprinting)从体内提取受核糖体保护的 mRNA 片段,利用测序技术的优势对这些复杂的片段进行刻画。每一个核糖体产生一个印记片段,其序列可以指示哪一个 mRNA 正在翻译以及翻译的具体位置。通过对核糖体印记进行深度测序,可以得到核糖体的位置信息,同时能够定量蛋白质的表达。

相比之前的方法,核糖体谱技术具有更全面、更精确、更高效等优点,能够以单碱基分辨率观察 mRNA 翻译,帮助识别翻译起始位点、编码蛋白区域的分布以及核糖体翻译的速度。这在很大程度上提高了人们对复杂生物蛋白质组的认识,帮助研究者深度分析生物体中的翻译过程,探索翻译速率的变化情况。在疾病研究领域,利用核糖体谱技术可以探究翻译水平上癌变细胞的特征,寻找疾病状态下显著差异的基因,为疾病的研究提供更深层面的理解。

小 结

高通量测序技术已经成为当今生物医学领域的最前沿技术,不断革新传统生物医学的观念,其应用已经涵盖检测 DNA 变异、RNA 发现与定量、DNA 表观修饰、RNA 翻译以及蛋白质互作等。本章首先描述了高通量测序技术的基本原理,然后分别阐述了 DNA 测序、RNA-seq、ChIP-seq、Methylation-seq、CLIP-seq 以及 Ribosome-seq 的技术原理,重点讲解了 DNA 测序、RNA-seq、ChIP-seq 及 CLIP-seq 的数据分析流程,并利用已发表的有代表性的实例说明高通量测序技术在人类复杂疾病中的应用。尽管基于高通量测序所衍生出的技术层出不穷,但这些技术通常具有类似的分析流程。然而,每一种技术都有自己独特的特点,并不能简单地将一种技术的处理流程应用于其他技术,需要结合其自身的特点,合理设计分析流程。总之,高通量测序技术为探索人类复杂疾病的致病机理提供了巨大的帮助,为疾病的诊断、预后以及临床药物治疗提供了一个潜在契机。尽管如此,对于高通量测序产生的大规模数据计算和分析,仍然是目前面临的巨大挑战。在未来,高通量测序技术将全面应用于大量的疾病样本,产生海量的基因组、转录组、表观组及调控组等多组学大数据,系统整合分析将成为研究人类复杂疾病的有效方法。

Notes

Summary

High-throughput sequencing technique, a cutting-edge technology, is changing traditional biomedical researches. The technique has been comprehensively applied to detect DNA variations, identify and quantify RNAs, analyze DNA epigenetic marks, characterize RNA translation, and reveal protein interactions, etc. In this chapter, the basic principle of high-throughput sequencing technique is described. Then, the details for DNA sequencing, RNA-seq, ChIP-seq, Methylation-seq, CLIP-seq and Ribosome-seq are introduced, most focus on the elucidation of their representative applications in human disease. At present, more and more sequencing-based techniques are developed and these techniques have similar data analysis workflows. However, each sequencing-based technique has its own specific features so that it cannot directly applied data analysis pipelines of other techniques. In general, the specific features of different sequencing techniques should be considered to design an effective data analysis pipeline. In summary, high-throughput sequencing technique provides essential help to explore the molecular mechanisms underlying human disease, and offers chances for disease diagnosis, prognosis and clinical treatment. Nonetheless, computational analysis of large-scale data derived from sequencing techniques is still a big challenge. In future, high-throughput techniques will be comprehensively applied to a large number of disease samples, which will generate omics-bigdata(such as, genomics, transcriptomics and epigenomics). Systematical combination of these big data will provide new insights into human disease.

（李　霞　李亦学）

习题

1. 试述新一代测序与 Sanger 双脱氧链终止法测序相比有哪些优缺点。

2. 新一代测序三个主要测序平台（仪器）是什么？试论述各个方法的特点：从技术特点、测序长度、测序准确度等方面进行说明。

3. 简要论述新一代测序技术在基因组、转录组等方面的技术及其应用，论述中以举例形式说明各种技术在基因组学、生物医学及生物信息学等方面的应用实例。

4. 简述 RNA-seq 的差异表达分析的主要步骤及常用的差异表达分析软件。

5. 简述利用 Tophat 识别可变剪切事件。

6. 简述基于 RNA-seq 的融合基因识别。

7. 简述 lincRNA 识别流程。

8. 简述 ChIP-seq 数据分析的基本流程。

9. ChIP-seq 技术有哪些应用？

10. 简述峰识别软件及特点。

11. 怎样利用 CLIP-seq 技术检测 miRNA 的靶基因？

参考文献

1. MartinJA, Wang Z. Next-generation transcriptome assembly. Nat Rev Genet, 2011, 12(10): 671-682

2. Ozsolak F, Milos PM. RNA sequencing: advances, challenges and opportunities. Nat Rev Genet, 2011, 12(2): 87-98

3. Goldstein DB, Allen A, Keebler J, et al. Sequencing studies in human genetics: design and interpretation.

Notes

Nat Rev Genet，2013，14（7）：460-470

4. Metzker ML. Sequencing technologies - the next generation. Nat Rev Genet，2010，11（1）：31-46

5. van Dijk EL，Auger H，Jaszczyszyn Y，et al. Ten years of next-generation sequencing technology. Trends Genet，2014，30（9）：418-426

6. Haas BJ，Zody MC. Advancing RNA-Seq analysis. Nature biotechnology，2010，28（5）：421-423

7. Garber M，Grabherr MG，Guttman M，et al. Computational methods for transcriptome annotation and quantification using RNA-seq. Nature methods，2011，8（6）：469-477

8. Trapnell C，Pachter L，Salzberg SL. TopHat：discovering splice junctions with RNA-Seq. Bioinformatics，2009，25（9）：1105-1111

9. Wang Q，Xia J，Jia P，et al. Application of next generation sequencing to human gene fusion detection：computational tools，features and perspectives. Briefings in bioinformatics，2013，14（4）：506-519

10. Park PJ. ChIP-seq：advantages and challenges of a maturing technology. Nature reviews Genetics，2009，10（10）：669-680

11. Zhang JX，Zhang J，Yan W，et al. Unique genome-wide map of TCF4 and STAT3 targets using ChIP-seq reveals their association with new molecular subtypes of glioblastoma. Neuro-oncology，2013，15（3）：279-289

12. Jiang X，Tan J，Li J，et al. DACT3 is an epigenetic regulator of Wnt/beta-catenin signaling in colorectal cancer and is a therapeutic target of histone modifications. Cancer cell，2008，13（6）：529-541

13. Barski A，Cuddapah S，Cui K，et al. High-resolution profiling of histone methylations in the human genome. Cell，2007，129（4）：823-837

14. Zhang C，Darnell RB. Mapping in vivo protein-RNA interactions at single-nucleotide resolution from HITS-CLIP data. Nature biotechnology，2011，29（7）：607-614

15. Ingolia NT，Ghaemmaghami S，Newman JR，et al. Genome-wide analysis in vivo of translation with nucleotide resolution using ribosome profiling. Science，2009，324（5924）：218-223

Notes

第十四章 药物生物信息学
CHAPTER 14 PHARMACEUTICAL BIOINFORMATICS

第一节 引 言
Section 1 Introduction

人体内各种核酸、蛋白质、维生素、离子等大分子、小分子物质参与了全部生理过程和新陈代谢。虽然生理和代谢过程一般是由稳定的信号和代谢通路控制，但由于个体遗传特征和所处环境的差别，这些内源性物质本身的稳态浓度和代谢速度存在很大的差异。这种差异性在一定程度上决定了不同个体对疾病的易感性，也决定了机体对外源性刺激和药物的反应效果。从这个意义上讲，疾病易感和药物反应效果实际上与机体中各种物质的结构和数量，及其之间的相互作用存在直接的联系，系统的阐明这一联系将可能为疾病防治和药物开发开辟广阔的空间。药物生物信息学就是在大量高通量大分子物质（DNA、RNA、蛋白质）的定性和定量研究、小分子化合物作用效果探索基础上，借助信息学手段实现药物靶标识别、新的生物和化学药物开发、药物作用效果预测、药理机制阐明、个性化给药分析与应用的新兴领域，并在现代药物研发过程中起着越来越重要的作用。本章内容将对药物生物信息学的基本思想、工具运用进行阐述，期望为读者展现较为完整的药物生物信息学脉络，了解药物生物信息学的原理和发展现状，但篇幅所限，相关内容仅能做到点到即止，更多细节可参阅所列专著、文献。

第二节 药物靶标的信息学识别
Section 2 Bioinformatics Technologies of Drug Targets Discovery

一、药物靶标概述

药物靶标（drug targets）是生理状态下物质代谢或信号通路的关键组成部分，也是直接参与细胞内外特定大分子、小分子活性作用或病原微生物入侵的功能分子，如控制胞内离子稳态浓度的离子通道、参与神经回路形成的乙酰胆碱、多巴胺受体等，有些药物靶标还会参与多个代谢和信号通路。一般来讲，有效的药物靶标需要具备以下特征：①对影响疾病病理过程的物质代谢或信号通路有控制作用；②尽可能在诱发疾病的病理过程中位于生成该物质的最终环节，或处于与疾病密切相关的信号通路下游关键环节；③尽可能不参与与疾病无关的组织或细胞生命活动所必需的代谢过程或信号传递过程；④尽可能避开多个代谢或信号通路的交叉点。作为一个有效的药物靶标，上述第一个特征显然是药物靶标有效性判断的必要条件，后面的三个特征是充分条件。小分子靶标的识别过程相对简单、直接，大分子靶点的识别与确认过程要复杂很多。

人体内源性产生及病原体入侵后产成的蛋白质（特别是酶和受体）是药物靶标筛选的最重要的对象。病原微生物通常因"繁殖"需要表达自身携带的酶等蛋白质组分，介导细胞内的异常通路形成，而产生致病作用，在抗病原体感染药物开发过程，这些通路中任何必需成分都可作为潜在的药物靶标，如病原细菌或真菌常需合成人体不需要的细胞壁，其细胞壁合成的所有独特性关键酶都是理想的靶标。体内用于启动独特病理过程的信号通路的关键成分也是合适的药物靶标候选分子，如 Ph 染色体阳性慢性髓系白血病中 Bcr/Abl 激酶是其治疗的理想靶标，其选择性抑制剂伊马替尼是低毒性抗肿瘤药物。体内相同代谢通路在不同细胞中可发挥不同作用，分化的组织器官和细胞含有控制对应物质局部稳态水平的受体亚型或同工酶可作为合适的药物靶标，如环鸟苷酸（cGMP）对多数细胞生理活动有重要调节作用，但 PDE5 是阴茎海绵体 cGMP 稳态水平的主要控制者而在其他组织细胞中对 cGMP 稳态水平控制作用不强，因此 PDE5 同工酶选择性抑制剂西地那非（seldinafil，万艾可）是治疗男性勃起功能障碍疗效显著的药物。人体蛋白质类药物靶点可分成几个主要的家族（表 14-1）。

表 14-1　人体蛋白质中的常用药物靶标

靶点类别	治疗领域
G 蛋白偶联受体（G-protein coupled receptors）	代谢疾病、心血管系统疾病、炎症
激酶（kinase）	肿瘤、炎症、病毒感染
核受体（nuclear receptor）	肿瘤、代谢疾病
离子通道（ion channel）	中枢神经疾病、疼痛、感染、肿瘤、炎症
磷酸二酯酶（phosphodiesterase）	炎症、心血管疾病、勃起障碍、中枢神经疾病
蛋白酶（protease）	炎症、骨组织疾病、肿瘤、病毒感染

伴随人类和大量病原微生物基因组测序的完成，人类蛋白质识别、鉴定、结构分析技术的不断完善，以及药物分子和药物靶标知识的积累，用生物信息学技术发掘药物靶标是新药发现的基础。随着对疾病认识的积累，研究人员发现了大批药物靶标，已确认的药物靶标超过 500 个。随着各种高通量测定数据的获得，新的治疗药物靶标不断地被发现，预期人体自身的蛋白质类靶标总数可达到 3000 个。人类基因组计划的积极推进和各种疾病相关代谢通路、相互作用分子网络、基因表达和蛋白谱、病原微生物基因组和蛋白组数据的发展，成为发掘药物作用新靶标的动力，同时也为新药发现提供了可能。生物信息学药物新靶标发现技术主要有两类：一类是以实验识别的疾病相关基因或蛋白质为研究对象，从作用功能的角度推断其作为候选药物新靶标的可能性；另一类结合已知的药物作用方式和靶标序列特征，分析基因组、蛋白质组序列或结构，通过模式匹配，判断候选基因或蛋白作为潜在药物靶标的可能性。这方面的先验知识收集可以借助各种重要的药物分子和药物靶标数据库来实现。

二、药物靶标数据资源

（一）药物靶标信息资源

DrugBank 数据库（http://www.drugbank.ca/）收录了目前已知的最全面的药物和化学信息资源，提供详细的药物（如化学、药理和制药）和相关的药物靶标信息（如序列，结构和通路）数据。截至 2014 年 9 月，DrugBank 收录 7740 种药物条目，其中，FDA 批准小分子药物 1584 种、生物制剂（蛋白质和多肽类）157 种、营养制剂 89 种，处于实验阶段药物 6000 余种，以及与药物条目相关联的非冗余蛋白质信息 4282 条。对于每种药物，DrugBank 提供近 200 项信息，包括药物作用靶点及其单核苷酸多态性分布、药物副作用等。DrugBank 支持多种搜索模式，并提供可视化支持，便于药物及其靶标信息的检索，并可按每种生理系统疾病治疗药物进行浏览（图 14-1）。

治疗靶标数据库 TDD（Therapeutic Target Database，http://bidd.nus.edu.sg/group/cjttd/）是一个以收集药物治疗靶点数据为主的公共数据库资源。收录：①药物靶点 2025 个及其相应的疾病和信号通路信息，涵盖已证实靶点 364 个、临床试验阶段靶点 286 个，及研究靶点 1331 个；②药物和配体作用 17 816 个；③ FDA 批准药物 1540 种，临床试验阶段药物 1423 种，实验研究阶段药物 14 853 种，小分子药物 14 170 种，反义核酸类药物 652 种。通过 TTD 可以方便地检索治

Notes

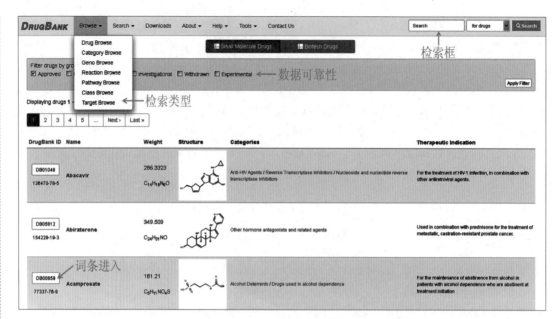

图 14-1　Drugbank 检索界面示意

疗靶标相关的蛋白质功能、氨基酸序列、三维结构、配体结合特性、药物结构、治疗应用等信息。

　　KEGG DRUG 数据库（http://www.genome.jp/kegg/drug/）是 KEGG 数据库的子库，存储日、美、欧批准的药物信息。该数据库基于药物的化学结构或化学成分、靶标、代谢酶和药物与其他分子的相互作用信息对药物进行关联和整理。每种药物数据集成于一个数据包中，包括通用名、商品名、FDA 药物标签、化学结构、化学成分、活性和功效的文字说明、治疗类 ATC 代码等药品信息、靶标分子的 KEGG 通路定位、药物代谢酶和转运方式、相互作用分子、药物的不良互作、药物开发史和在 BRITE 层次药品分类等信息。

　　（二）药物副作用靶标信息资源

　　药物副作用靶标数据库 DART（Drug Adverse Reaction Targets，http://bidd.nus.edu.sg/group/drt/dart.asp）数据库提供了已知药物副作用靶标、功能和性质、文献链接等数据信息。这些靶标的鉴定与分类主要利用生物信息学药物副作用靶标识别程序完成，基于 759 个副作用相关的靶标结构特征和 2280 个非药物副作用靶标结构特征进行理论推断和验证。

　　治疗相关多信号通路数据库 TRMPD（Therapeutically Relevant Multiple Pathways Database）包含来自文献的药物作用信号通路及靶标交叉信息（http://bidd.nus.edu.sg/group/trmp/trmp.asp），也提供对应的文献来源、疾病相关情况、针对通路中靶标的配体药物等信息。目前该数据库中包含 11 个多信号通路和 97 个独立的信号通路，对应 72 种疾病和 120 个靶标及其对应的治疗药物。在该数据库中可用信号通路名称或疾病名称等多种方式进行检索，之后能够获得对应的靶标蛋白序列与基因等各种相关信息，及与其他数据库的链接。

　　（三）药物 - 蛋白互作数据资源

　　生物分子互作动力学数据库 KDBI（kinetic data of bio-molecular interaction，http://bidd.nus.edu.sg/group/kdbi/kdbi.asp）收集了来自文献实验测定的蛋白质之间、蛋白质 -RNA 之间、蛋白质 -DNA 之间、蛋白质 - 小分子配体之间、RNA- 配体之间、DNA- 配体之间的结合反应数据。目前，KDBI 包含了 63 条信号相关的蛋白，19 263 项数据记录，10 532 个特殊生物分子结合参数和 11 954 项相互作用数据，涉及 2635 蛋白质 - 蛋白质复合物、847 核酸复合物、1603 小分子复合物和超过 100 条通路的信息。

　　蛋白质 - 配体相互作用数据库 PLID（protein-ligand interaction database，http://203.199.182.73/gnsmmg/databases/plid/）是基于网络的免费数据库，其收集了 6295 配体同从蛋白质结构数据

Notes

库中提取的蛋白质的复合物结构，还提供配体物理化学性质、量子力学特征描述和蛋白质活性位点接触残基等信息。蛋白质 - 小分子数据库 PSMDB（protein-small-molecule database，http://compbio.cs.toronto.edu/psmdb）是来自 PDB 数据库的复合物非冗余数据，可自动更新，收集了更多配体和游离靶蛋白数据。另一个免费数据库 CREDO（http://www-cryst.bioc.cam.ac.uk/credo）与此类似，但其可用分子形状的描述符、PDB 数据库中配体片段、序列和结构作图等进行检索。PDSP Ki 数据库（http://pdsp.med.unc.edu/kidb.php）也收集了多种配体与不同靶蛋白的亲和力数据，可用受体名称、组织来源、配体的名称等进行检索。

生物学相互作用通用库 BioGRID（biological general repository for interaction datasets，http://www.thebiogrid.org/index.php）收集来自常见模式生物的蛋白质及基因间的相互作用信息。目前包含来自 6 个物种的 198 000 相互作用数据，及来自原始文献的酵母细胞内相互作用数据的完整集合；该库对来自酵母的数据每月更新，并连接有蛋白质间相互作用的可视化显示软件 Osprey。此数据库可用于预测同类蛋白质的功能。

（四）其他重要的药物信息数据库

1. 药物蛋白质数据库 NRDB　NRDB 数据库（nonredundant database）是由 NCBI 建立的药物靶标数据库，包含最新且较完全的药物相关蛋白质信息，是检索药物靶标的主要信息来源数据库，也是 NCBI BLAST 算法检索的默认数据库之一。

2. 药物关联蛋白数据库 ADME　ADME 数据库（absorption，distribution，metabolism and excretion，http://bidd.nus.edu.sg/group/admeap/admeap.asp）收集与药物吸收、分布、代谢和排泄相关蛋白质信息，并可检索药物 ADME 信息和相关蛋白功能、结构、相似性和组织分布等，同时提供文献链接，目前涵盖 321 种药物相关蛋白质信息。

3. 转运蛋白数据库 TransportDB　TransportDB 数据库（transporter database，http://www.membranetransport.org/index.html）是存储分子转运相关膜蛋白信息的数据库，数据主要来源于已测定基因组的解析，及预测所得的细胞质膜蛋白信息。该数据库对已测序基因组物种进行全面分析，对每个物种的转运载体类型和家族等提供概括性描述，列出被转运的底物类别，并实现与其他蛋白质序列数据库的交叉引用。

4. 药物遗传效应数据库 PharmGED　PharmGED 数据库（PharmacoGenetic Effect Database，http://bidd.cz3.nus.edu.sg/phg/）专门提供蛋白质靶点的多态性、非编码区突变、剪切变异、表达变异等遗传信息对药物作用效应的影响，收录 1825 个条目，涉及 266 个不同蛋白质、414 种药物及对应文献。

5. 候选小分子药物资源　Symyx ACD 药物筛选化合物来源数据库（http://www.symyx.com/products/databases/sourcing/acd/）是一个商业化数据库资源，可用结构进行检索，提供分子的三维结构图示。NCBI 化合物信息资源 PubChem 提供已知的化合物的结构和基本性质、生物活性、文献链接等信息。STFC 主要候选化合物数据库（http://cds.dl.ac.uk/cds/datasets/orgchem/screening.html）提供药物候选化合物信息。CSD 剑桥结构数据库（Cambridge Structural Database，http://www.ccdc.cam.ac.uk/products/csd/）提供实验测定的小分子结构数据，还收集聚合度低于 24 个单体的寡核苷酸、小肽的结构数据，同时提供分子间相互作用信息检索。

三、药物靶标识别的信息学技术

（一）基因组和基因型数据分析识别药物靶标

伴随新一代测序技术的广泛应用，人们对生命体基因组的认识和积累越来越多，通过基因组分析进行新药物靶标的识别技术也越来越重要。基因组数据的直接分析常用于抗微生物药物靶标的发现。通过病原微生物基因组分析，找到与人类疾病发生密切相关产物的产生途径（通路），参与这一过程的基因和小分子底物，特别是其中与人类基因序列、结构存在较大差异的

Notes

关键酶,将作为药物靶标的候选分子,并在进一步结构分析的基础上实现高选择性小分子药物的识别。另外,对于某些特殊的微生物,亚型不同其致病能力也显著不同,分析其基因型数据寻找对应的差异基因是发现新的抗感染药物靶标的有效策略。例如肺炎链球菌的荚膜型和光滑型两种亚型明显致病能力不同,故可以推测与荚膜形成相关的基因与其致病力有关,而对应的编码蛋白将被作为候选的药物靶标。

相对于微生物基因组,人类基因组过于庞大,通过直接的基因组数据分析发掘候选药物靶标的难度很大,需要在一定的线索提示下缩小分析范围。基于基因或基因组范围的关联研究是寻找潜在的候选靶标的有效技术。在风险基因识别基础上,通过进一步的序列和功能分析,判断新发现的与疾病发生关联的基因编码蛋白质类型,如果与人体内常用的药物靶点蛋白家族相关,则其作为新药物靶标的可能性就很大。

基于同源性的功能基因组分析也是新的药物靶标发现的常用方法。从直系同源的角度分析基因功能,人而解析某一基因是否属于目前常用的药物靶标蛋白家族,以此来判断其作为药物靶标的可能性。酵母是目前研究最深入的模式物种之一,其基因组、蛋白质组、代谢组等信息完备,因此经常被作为基因功能验证的实验对象。通过转基因、基因敲除、基因抑制、小分子RNA干扰等技术手段进行目标基因研究,能够有效的验证基因功能。如实验证实酵母的某个蛋白质有相应的功能,则可预测人类基因组中的同源基因也可能具备相似的功能,从而帮助判断新基因作为潜在药物靶标的潜能。

(二)表达谱结合蛋白质组学分析识别药物靶标

基因的表达能够反映生理或病理状态下的细胞活动情况,发掘基因表达谱中随着疾病进程表达显著变化的基因,是寻找潜在药物靶标的常用策略。比较疾病与健康个体表达谱,寻找编码常见药物靶标蛋白质的基因表达差异与疾病发生的关联,是快速发现潜在药物靶点的有效技术。在表达分析基础上,对表达标签和蛋白质组学数据的比较分析,尤其和药物蛋白质组学技术联合应用,能快速获得有价值的信息。

将未知靶标但作用效果明确的天然物质作用于疾病动物或细胞模型,分析药物作用下发生改变的蛋白质,将可能发现潜在的作用靶标,并有利于研究此物质的药理机制。如在近海海绵中分离的天然产物 Bengamide 在体内外均有明显抗肿瘤作用,将此天然产物修饰成药效更强的衍生物 LAF389 作用于小细胞肺癌细胞系 H1299,发现了二十多个表达有差异的蛋白质,经蛋白质肽质量指纹图谱鉴定后,发现 LAF389 是甲硫氨酸氨肽酶(MetAP)的强效抑制剂,并解析了其复合物的晶体结构(PDB 数据库文件,1QZY.pdb,图 14-2)。这一过程最终确定 MetAP 及其目标蛋白底物均为潜在的抗肿瘤药物靶标。

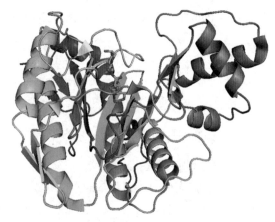

图 14-2 甲硫氨酸氨肽酶和 Bengamide 衍生物的复合物
中间的配体显示为树枝状,绿色为 C 原子,红色为氧原子,蓝色为氮原子

（三）蛋白质序列数据分析识别药物靶标

通过序列分析，判断对应蛋白质是否为潜在药物靶标的识别技术集中分析已知药物靶点的序列特征，利用机器学习方法从中发现规律并形成判断方法是一类典型的生物信息学策略识别药靶的方法，各种模式识别的方法都可用于发掘靶点的序列特征，建立对应的判断方法。一个代表性的应用是从已知药物靶蛋白质的氨基酸序列中提取氨基酸残基组成、氨基酸残基的理化性质（包括疏水性、极性、电荷、溶剂可及性等），采用支持向量机模型，用特定核函数（线性、多项式或径向基本函数 RBF）和已知靶蛋白数据为训练集。经过优化训练数据集和核函数后，盲法测试的特异性、灵敏度和正确率都能达到 80% 以上，用这种策略预测潜在的人体靶蛋白有一千多个。

（四）反向对接分析配体作用位点识别新靶标

基于分子对接寻找候选配体的方法，可用已知体内和体外活性配体，从已知蛋白质晶体结构的数据库中搜索对应的潜在靶蛋白，这是一种新的靶标识别技术。这种技术对发掘有明确药理活性天然产物的作用靶标具有重要价值。此技术目前已有对应的在线免费服务器和程序可用（http://www.dddc.ac.cn/tarfisdock/），并有对应的潜在治疗性靶标数据库。这对于很多未知靶点，但有明确治疗价值的配体药物靶点发掘和基于靶标结构的配体结构优化筛选是一个很好的分析方式。

（五）识别与证实靶标的实验设计技术

采用生物信息学方法预测的候选大分子靶标还需进行实验验证。前面已提到有效药物靶标所需要的基本特征，人体内蛋白质种类繁多，药物只有选择性作用于靶标才能发挥治疗作用，并尽可能减少副作用。通常要确认一个药物靶标的有效性，可用针对该靶点的已有工具药物或临床药物进行验证，但对用生物信息学预测发现的候选新靶标通常缺少这类工具配体，只能进行多角度的疾叉验证进行判断。

小分子药物的作用通常没有组织特异性，而大分子药物主要在循环体系中发挥作用，故一个在体内分布很广或参与大量其组织必需代谢过程的靶标难以成为有效的药物靶标。同时，验证候选大分子靶标的有效性一般需要确认其具有如下特征：①候选靶标的功能与动物模型中疾病发生的病理学过程存在必然联系；②细胞模型中表达的靶标功能与疾病发生的细胞病理学过程存在必然联系；③疾病动物模型中，配体达到有效浓度时能与靶标发生明确的相互作用；④靶标和药物间的体外互作数据可预测动物模型体内的配体与靶标互作；⑤体内靶点含量或活性与病理学过程有明确联系。在验证这些特征时，还需同时考虑所用动物模型是否能够真实模拟人体疾病、存在种属差异性时如何进行替代验证、不同靶点应用于发现小分子及大分子药物的适用性差异等问题。

四、药物靶标的结构预测和分子模拟技术

（一）小分子药物概述

广义的小分子药物指分子量小于 800Da 且在人体内能发挥明确药理学作用的化合物，目前临床应用最广的数千种药物都属于这一类别。狭义的小分子药物是指广义小分子药物中除多肽和寡核苷酸之外的药物。绝大多数小分子药物能在体内预期部位发挥药理学作用并且基本无免疫原性。这些小分子药物主要是配体，小分子配体同大分子靶标的互作是利用药物治疗的基础，故小分子配体药物与大分子靶标的互作强度，即配体的亲和力（affinity），是小分子药物成药性的关键指标之一。另外，绝大多数小分子药物在体内需经过生物转化（biotransformation）进行代谢并最终排泄，在这个复杂的过程中可能代谢产生新的生物活性物质而影响人体的生理活动，这也是影响小分子药物成药特性的关键环节之一。同时，小分子药物的生物利用度也是

Notes

决定其特定制剂形式要求和成药性的关键指标。因此,根据候选药物结构特征预测成药性,是利用生物信息学技术高效识别具有药用价值候选小分子新药的重要应用。

(二)小分子化合物的结构特征和性质描述

利用生物信息学技术分析小分子药物的作用规律需识别其结构特征、性质与其药理学、毒理学特征间的联系;对配体(ligand)类药物进行虚拟筛选,也需描述分子结构特征;用先导配体(lead ligand)通过反向对接搜索潜在药物靶标也需要描述小分子化合物的结构特点。因此,描述小分子化学物的结构特征和性质是药物生物信息学的必要基础。

1. 小分子化合物的结构描述和模型化 按 IUPAC 规则对化合物命名可反映化合物结构特征,但要包含足够信息则可能导致名称很长和唯一性不足。连接表(connection table)是目前用计算机表示、记录和检索化合物结构最常用的信息化手段,其可包含分子结构的二维和三维信息。连接表是用文本记录分子中所有原子、化学键及其空间关系的列表。连接表不考虑不同分子的唯一性问题,原子的序号也不影响分子结构。但连接表在应用中有多种文件格式,不同分子结构模型可视化软件有自己的特殊格式,SMD、MOL 和 MOL2 等是通用性的结构文件格式(图 14-3),记录了所含原子属性和化学键性质等信息。用于记录蛋白质结构的文件格式也可用于记录小分子结构,其记录内容也属于连接表,系统带有根据原子间化学键长确定化学键类型的定义词典,所记录的化学键类型由计算所得键长确定,但一般免费软件不能生成这种格式的小分子结构文件。

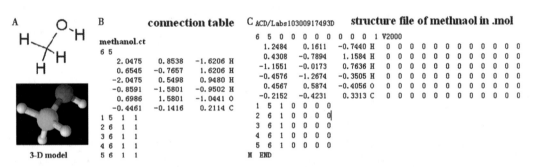

图 14-3   甲醇的结构模型(A)和其连接表(B)、用 MOL 格式记录的结构文件(C)

有多种小分子化合物模型可视化系统可用鼠标描绘分子结构模型,其中不少是免费的,如 ISIS-Draw(http://www.symyx.com/downloads/downloadable/)和 ACD(http://www.acdlabs.com/download/)等。通常小分子化合物的结构模型可视化系统大多可对小分子三维构象进行初步真空优化,这是建立三维定量构效关系模型的基础。一些基于网络和 java 语言的插件也可编辑分子结构。这些软件通常可直观显示分子的表面性质,包括范德华表面、溶剂以及表面、溶剂排斥表面等。

2. 小分子化合物的疏水性 疏水相互作用(hydrophobic interaction)描述物质或基团与水分子相互作用的热力学性质。小分子化合物的疏水性(hydrophobicity)对其成药性有重要影响。不管哪种方式给药(口服或注射等),小分子药物都需在体内的对应病理部位达到所需有效浓度,才能改变对应代谢途径或信号通路上靶点的功能而表现出预期的药理作用。口服药物需要有足够高的吸收利用度,即生物利用度(bioavailability);同时,即使注射给药,药物如要进入对应细胞内发挥预期的药理作用,还需要穿过细胞膜。疏水性是小分子药物穿过细胞膜及在血液和胞质中达到所需浓度的关键因素。因此,小分子药物的疏水性是决定口服药物生物利用度及细胞内有效浓度等性质的关键特性。

另一方面,多数小分子药物为配体,发挥作用时需与靶标(蛋白)的特定功能域形成复合物,即结合(binding)。在配体类药物同靶蛋白结合过程中,配体的疏水性越高则亲和力越高,

Notes

但如疏水相互作用在配体与靶蛋白结合的自由能释放总量中贡献太大则配体的特异性会降低，容易导致毒副作用。而且，药物的疏水性过高则其与膜脂和血浆中白蛋白等的结合率变高，不利于提高药物在预期位点的有效浓度。即使是膜蛋白类靶标，大多数小分子药物的作用仍主要是同膜蛋白与细胞液或体液接触面的特定功能域形成复合物，而不是同膜蛋白中与膜脂直接接触区域形成复合物。所以，理想的小分子药物需有恰当的疏水性，在寻找疏水性与药物成药性之间的联系时，通常将小分子药物的疏水性进行量化，才能建立对应的预测模型。

在药物研究中常通过测定小分子药物的疏水性参数（hydrophobic parameter）定量表征小分子的疏水性。目前常用脂水分配系数（partition coefficient, P）作为疏水性的定量参数，即待测化合物在脂相和水相之间分配达到平衡时的脂相浓度与水相浓度的比值。测定脂水分配系数最常用的是正辛醇 - 水体系。用各种方法测定达到平衡后的待测化合物在两相的浓度可用于计算脂水分配系数。很多化合物同血浆蛋白达到1∶1结合对应浓度与其在正辛醇 - 水体系的脂水分配系数有明确联系。正辛醇的物理化学性质使其适合于测定脂水分配系数，但正辛醇 - 水体系与生物膜系统有差别。目前积累的脂水分配系数已有很多，且能用于有效表征化合物结构与活性关系。

化合物在正辛醇 - 水体系的脂水分配系数同其结构具有明显联系。同系物间脂水分配系数对取代基有累加效应，故依据间接测定小分子化合物中常见基团的脂水分配系数，可用于预测同系物中预期结构化合物的脂水分配系数；这种策略限制用于同系物。将分子结构分解成各种碎片，并测定常见类型碎片的脂水分配系数（f_i），再用碎片脂水分配系数从头计算目标化合物的脂水分配系数（公式 14-1）。其中系数 a_i 和 b_i 代表来自不同的主要结构体系相同碎片的数量，f_i 为对应碎片的脂水分配系数。

$$\log P = \sum_{i=1}^{n} a_i \times f_i + b_i \times f_i \tag{14-1}$$

对于能电离的物质计算其脂水分配系数还需考虑 pH 的影响。在免费的 ACD 软件中也提供计算脂水分配系数的功能。

3. 分子的电荷分布特征和电性参数　电性参数（electronic parameters）主要描述分子中电荷的不对称分布等带来的对应性质差异。有数种常用的描述分子结构中电性参数的概念和对应的参数化方法。

（1）hammett- 电性参数（σ）：Hammett 用线性自由能描述取代基化学反应效应，并根据涉及带电中间体的同系物化学反应活性进行测定。目前，可用量子化学方法计算得到这种电荷分布性质。在两个取代基之间没有相互作用则它们对同一分子电性参数的贡献也有加合性。

（2）共轭效应及诱导效应：用 Hammett 方程时发现当取代基存在特殊的相互作用时发现参数存在显著偏差，所以将诱导效应（σI）和共轭效应（σR）分别考虑。

（3）解离常数（pKa）：表示化合物整体的电性状态。同系物的解离常数同取代基的 Hammett 参数之间有明确联系。小分子药物解离常数同其吸收、分布、代谢与排泄有明确的联系。

（4）分子立体结构特征和参数：描述小分子化合物立体结构特征的相关参数很多。为应用生物信息学和化学信息的技术建立更好的成药性预测模型，还在探索新的立体结构特征描述符号。这部分具体内容更偏重化学结构，可在所列文献或有关专著中找到更全面的描述。常用的分子立体结构特征描述符及其参数化：① Taft 立体参数（Es）描述由于立体效应对反应中心的影响，主要用取代乙酸酯等水解测得；②摩尔折射率（ME）考虑原子间内聚力、原子极化度、离子化势等得到的描述配体与蛋白质功能域间相互作用的参数，近似代表分子的体积；③范德华体积（Vw）：描述分子的体积大小，可用原子半径和化学键长等计算；④多维立体参数，STERIMOL-配体与蛋白质间结合时，需形状和理化性质互补，因此，Verloop 等用长度、宽度等立体结构形状描述参数表示分子结构的立体参数；⑤分子形状描述符主要用于描述同系物之间的形状差

Notes

异，以计算的与参考分子间的重叠体积为指标，这是描述三维定量构效关系的起点，但最初的描述方法和参数现已很少用；⑥分子连接性指数用分子中非氢原子的支链数计算的拓扑学参数，主要指化合物中一个非氢原子与若干个非氢原子相连的数值，此参数完全靠计算获得，但物理意义解释不全面。

此外，还有 3D 自相关性质、基于电子衍射编码的分子结构、径向分布函数编码等较为复杂的分子 3D 信息描述符号，是作为建立与靶点三维结构相关的定量关系模型的重要参数。

（三）小分子配体类药物与靶蛋白的对接及虚拟筛选

组合化学（combinatorial chemistry）技术是发现小分子新药的重要途径。组合化学认为通过基团随机组合和合成能得到各种类型的化合物，这些化合物构成组合库（combinatorial library）。对于选定的靶蛋白，只要所用组合库中候选化合物的结构足够丰富就能从中筛选到所需的药物。在小分子药物发现过程中，用常规策略设计的小分子化合物实际上就是小规模的组合库。其中，小分子配体同靶蛋白的亲和力是其成药性的关键指标之一。因此，制备和测定组合库中候选配体的亲和力是发现配体类小分子药物的关键环节。

常规制备候选配体并测定其对靶蛋白的亲和力，进行配体筛选的成本高且效率低下。高通量筛选（high-throughput screening，HTS）的效率和成本相对于常规筛选具有明显的优势，但其所需样品制备的效率和成本仍然不可忽视。在此基础上，虚拟筛选（virtual screening）从虚拟的大规模小分子库（现有的非肽候选小分子配体类化合物已超过 700 万种）中，通过生物信息学方法评价候选小分子药物的成药性，然后对虚拟筛选所发现的预期药物进行实验制备和验证，借此可显著提高新药发现的成功率和效率，并降低成本。

20 世纪 80 年代，Kuntz 等建立并发展了分子对接（docking）方法。分子对接把大量的虚拟化合物库缩减为可操作的子集，并用于快速评估配体与靶蛋白的亲和力。分子对接的策略通常都考虑候选配体分子和靶蛋白在结合过程中可能的构象变化和对应的配体亲和力差异。目前，在分子对接过程中评价配体亲和力进行虚拟筛选，主要有打分函数和机器学习方法等，已有很多软件可用于分子对接和配体亲和力评价。

分子对接的前提是需要获取靶蛋白和候选小分子配体的三维结构。靶蛋白结构数据可从 PDB 数据库下载，候选小分子配体的 .mol2 格式数据可从 ZINC、剑桥晶体数据库或 NCBI 下载，这些数据需要利用分子结构编辑软件进行统一规划以满足不同分析软件读入分子结构信息的要求。

1. 通过对接评价配体亲和力的方法

（1）基于打分函数的评价策略：目前大部分对接算法中使用的打分函数主要分为三种类型：基于配体与靶蛋白结合物理化学相互作用的打分函数、基于经验的打分函数和基于知识的打分函数。这些打分函数能够作为构象优化过程的适应值函数，并将预测的配体分子构象进行排序，对于分子对接筛选高亲和力配体有决定性作用。

（2）机器学习方法：用已知的数据集进行训练，机器学习法能够建立起预测化合物某种性质的模型，其中包含自组织神经网络法、决策树、K 最邻近算法等计算策略。这些机器学习方法通过捕获训练集中化合物分子的属性来判断未知候选配体的亲和力高低，计算效率很高，但受到训练集数据质量和来源的限制。

2. 常用软件简介

（1）DOCK（http://dock.compbio.ucsf.edu/DOCK/index.htm）：于 1982 年由美国加利福尼亚大学旧金山分校 Kuntz 研究小组开发，用于模拟小分子与生物大分子结合的三维结构及强度，是目前应用最广泛的分子对接软件之一。该软件可以实现在对接中固定小分子的键长和键角，将小分子配体拆分成若干刚性片段，根据受体表面的几何性质，将小分子的刚性片段重新组合，进行构象搜索，最终以能量评分和原子接触罚分之和作为对接结果的评价依据。DOCK 进行分

Notes

子对接时，配体分子可以是柔性的。对于柔性分子其键长和键角保持不变，但二面角可旋转，并搜索数据库。在 DOCK 中变化柔性分子的构象时首先确定刚性片段，然后搜索构象。构象搜索采用两种方法：一种是锚定搜索(anchor-first search)，第二种方法是同时搜索(simultaneous search)。该软件目前已发展至 DOCK 6.6。其应用主要包括如下环节：在 windows 系统上用 cynwin 软件模拟一个 unix 的环境安装 dock 和 dms；从数据库获得靶蛋白结构和小分子候选配体的结构；可按 DOCK 教程进行分子对接，此过程主要包括如下几步：

靶蛋白处理，对接配基处理
↓
dms 处理受体蛋白，得到球面
↓
运行 sphgen.exe，得到负模
↓
选择对接位点区域
↓
生成包含对接区域的 box
↓
在 box 内建立网格 grid
↓
进行对接
↓
分析对接结果

(2) AUTODOCK(http://autodock.scripps.edu/)：是由 Olson 研究组开发的另一种分子对接程序。其用半柔性对接的方法，即允许候选配体的构象发生变化和调整，采用模拟退火和遗传算法来寻找靶蛋白和配体最佳的相对结合构象，最终以结合自由能的大小来评价候选配体对接结果的好坏。此软件目前缺乏数据库搜索功能，仍仅限于实现单个配体和靶蛋白分子的对接。

(3) Affinity：由 Accelrys(MSI)和杜邦联合开发是最早实现商业化的分子对接软件。Affinity 中候选配体和靶蛋白间匹配主要采用能量得分方式进行评价，并且提供精确、快速计算配合和受体之间非键相互作用的两种有效方法：基于格点的能量计算方法和单元多偶极(cell multipole method)方法。Affinity 的分子对接主要包括通过蒙特卡罗或模拟退火计算配体分子在靶蛋白活性位点中可能的结合位置和用分子力学或分子动力学方法进行细化对接复合物两个步骤。该方法适合对配体和受体之间的相互作用模式进行精细地考察，但计算量大，难以用于大规模数据库的快速虚拟筛选。

(4) GOLD(genetic optimization for ligand docking)：是一种采用遗传算法同时考虑配体构象柔性及靶蛋白活性位点部分柔性(只考虑几种残基上羟基和氨基)的分子对接程序，但限制性要求配体与受体间形成氢键。GOLD 程序中遗传算法采用子种群策略，初始的 500 个体被等分为 5 个子种群，每个子种群之间允许个体迁移；将靶蛋白活性位点与配体构象信息分别被封装在两条二进制字符串中，字符串中每个字节代表一个旋转键，每个旋转键的允许变化范围在负 180°至正 180°之间，步长为 1.4°，受体与配体之间的氢键信息则被封装在两条整型字符串中。GOLD 采用轮盘赌选择优势个体，进行下一代的杂交、突变及迁移操作，最后按照达到预设的操作次数结束迭代。

(5) Molegro Virtual Docker(MVD，www.clcbio.com)：可在多种操作系统上运行，它提供了在 Docking 过程中所需的所有功能，包括从分子结构的准备到结合位点的预测以及最后小分子的结合及构象，有免费的测试版本可用。此软件的最大特色在于其高准确性的 docking 结果(MVD：87%，Glide：82%，Surflex：75%，FlexX：58%)、简单易用的软件界面让使用者可以很快地设定及执行 docking、针对 docking 结果提供完整的视觉及分析工具等。

Notes

（四）小分子药物的定量构效关系

预测候选小分子药物的成药性时，可将尽可能多的分子结构信息提取并量化作为药物结构特征信息的描述集。用信息处理技术，如经典的统计学方法和模式识别技术等，选择恰当结构特征为自变量，建立化合物的结构与其成药性的定量关系作为预测模型，用同样参数化的候选化合物结构特征预测其成药性。这就是定量构效关系（quantitative structure-activity relationship, QSAR）的主要研究内容。在 QSAR 研究过程中，需要提取描述分子结构特征的信息数量化后作为自变量。技术与方法的发展促进了定量构效关系模型朝三维 QSAR（3D-QSAR）方向发展。配体类药物是目前临床用药的主要类型。本节简介建立小分子配体类药物与靶蛋白亲和力的 QSAR 模型的常用思路。

1. 小分子化合物结构特征信息的提取与量化　建立针对新靶点或新系列化合物的定量构效关系模型时，结构特征描述子集应尽可能大，以便能从中找到适合描述已知化合物与靶蛋白亲和力的结构特征描述符。此前介绍的疏水性、电性参数、立体结构特征都可包括在内，以便随后用信息处理的技术筛选有效结构特征描述参数。同时，需较大数量的成药性相差足够大的已知配体数据，这些数据的质量是建立有预测价值的定量关系模型的决定因素。如数据量不足，则会限制模式识别等特殊的信息处理技术的应用。

2. 定量构效关系模型的建立　建立定量构效关系模型时首先需要确定合适的自变量，获得所确定的自变量后，多元回归分析能给出对应的定量构效关系模型。经典统计学方法，包括逐步向前或向后回归方法，都可用于选择自变量。也可通过模式识别先确定对配体亲和力影响最大的结构特征描述符，再使用逐步回归分析策略增加所需的结构特征参数。线性学习机及线性判别方法、基于距离的判别分类法、投影法等都可用于从候选的结构特征描述子集中找到对配体亲和力影响最大的参数。实践中，参数适宜进行归一化预处理以缩小不同性质参数的数量级差异对自变量选择的干扰。应用人工神经网络也可辅助选择自变量等建立对应的定量构效关系模型。

3. 三维定量构效关系模型的建立策略　配体和靶点相互作用在功能域和配体间要求构象互补，故建立三维定量构效关系模型（3D-QSAR）模型是主导发展方向。建立 3D-QSAR 模型需配体三维结构，这些数据可从 CSD 数据库中获得，或通过分子力学等计算获得。依据是否有靶点三维结构的数据，建立 3D-QSAR 模型又有两类方法：

①具备靶点三维结构数据时，可通过配体与分子对接后对复合物的构象进行优化，再分析配体与靶点三维结构之间的相互作用，并可通过自由能微扰等计算，结合分子动力学模拟，计算不同配体的结合自由能之差，并用于关联已知的配体亲和力和预测未知配体的亲和力。

②不具备靶点三维结构数据时，3D-QSAR 主要用通过提取候选药物结构差异与成药性差异的联系建立预测模型。此过程有两种主要策略。第一种是用成药性最好化合物的优势构象为基础，比较不同小分子的体积等三维性质，寻找与成药性相关的结构特征。另一类是比较分子场分析（comparative molecular field analysis, CoMFA），利用小分子、基团或原子作为探针计算候选分子周围立体相互作用能，用回归方法分析这些作用能同亲和力的关系。

现有 CoMFA 计算作用能时没有考虑疏水相互作用，且用探针计算相互作用精度较低。CoMFA 目前主要用于分析离体的成药性数据。基于靶点三维模型的 3D-QSAR 策略主要用于配体类候选药物，而不需要靶点三维结构模型的 3D-QSAR 策略还可用于非配体类药物。预期在这两种策略中更全面地考虑候选药物同靶点的相互作用，有可能进一步改善 3D-QSAR 模型的预测性能，这无疑对药物发现有重要意义。总体而言，3D-QSAR 还不够成熟，有许多环节还需要进一步完善。

（五）小分子药物的吸收、分布、代谢、排泄与毒性预测

从给药途径而言，外用或口服给药是理想的方式，但除非特意设计的局部外用或消化道局部

给药,这两类给药方式都面临药物的吸收(absorption),即其生物利用度的问题。小分子药物进入体内需要通过血液循环到达预期的作用位置,即需要考虑这些小分子药物的分布(distribution);有机小分子药物进入体内都需被代谢(metabolism);药物进入体内都面临被代谢后排泄或直接排泄(excretion);体内需相对稳定的环境,药物在体内除了所需要的治疗作用外,通常可能影响机体的正常代谢过程,即可能产生毒性(toxicity)。所以,对于靶蛋白的配体类药物,除了预测其对靶蛋白的亲和力外,还需考虑吸收、分布、代谢、排泄与毒性(ADMET)等药物代谢动力学特性。小分子药物的 ADEME-Tox 效应是决定其临床应用成败的关键特征。因此,小分子药物发现的早期就进行 ADEME-Tox 效应测定,是显著提高小分子药物发现的成功率和临床应用价值的关键环节。

至今绝大多数小分子药物 ADMET 效应的分子机制还不清楚。虽然细胞层次的研究经过多年的发展,已建立了一些高通量的体外 ADMET 研究方法,比如测定肠吸收的细胞单层转运实验,基于肝细胞或提取的肝微粒体的新陈代谢和药物 - 药物相互作用实验,基于肝细胞或其他组织细胞的生长抑制为指标的细胞毒性实验等,但这些高通量筛选实验还仅仅局限于少数几种药代动力学的特征。所以,发展有效的 ADMET 效应预测方法具有非常重要的意义。

人体对药物的吸收、吸收药物的分布、药物的体内代谢,药物的排泄及其毒性,都涉及与人体内不同组织器官和不同蛋白等成分的非常复杂相互作用。因此,总结已有小分子药物的结构性质同其 ADMET 效应的联系,即发掘决定小分子药物产生 ADMET 效应的特殊模式,成为预测小分子药物 ADMET 的主要策略。这种预测的经典方法是 Lipinski 提出的五规则,实践中主要应用四项特征判断候选小分子药物能否成为口服有效的药物,即:①小分子化合物的分子量要小于 500;②小分子化合物的脂水分配系数(logP)要小于 5;③化合物上氢键给体,即与 N 和 O 相连的氢原子数要少于 5 个;④化合物上氢键受体,即 N 和 O 的数目少于 10 个。目前,直接利用小分子化合物的结构来预测它在体内的吸收及分布的方法已逐步建立,可通过直接计算小分子化合物的结构特征、电子分布特征、极性表面积等指标来预测表示分子吸收及分布的特征,比如脂水分配系数,脑血分布系数,肠穿透性以及水溶性等。而对于代谢、排泄及毒性的预测,虽然各种模式识别的方法都进行尝试,比如人工神经网络,模式识别方法及专家系统等,但预测的准确度仍然十分有限。

模式识别方法分析小分子药物 ADMET 效应的预测软件很多,如英国 Surrey 大学的 COMPACT 预测系统,该系统主要针对与 P450 酶家族有关的蛋白进行毒性预测;由 LHASA 公司开发的专家系统 DEREK,以及 HazardExpert,CASE,TOPKAT 等软件(表 14-2)。另外,除了以上专门用于毒性预测的软件外,本章第二节还提到的化合物 ADMET 相关数据库,也是用于发掘决定小分子化合物 ADMET 效应的规律和建立预测方法的重要资源。

表 14-2 用于 ADMET 预测的商业软件

开发单位	软件	网址
Aber Genomic Computing	Gmax-Bio	www.abergc.com
Accelys	Cerius2,ADME,Topkat	www.accelrys.com
Advanced Chemistry Development	ACD/logP,ACD/logD,ACD/pKa	www.acdlabs.com
Biobyte	CLOGP,CQSAR	www.biobyte.com
Bioreason	LeadPharmer	www.bioreason.com
Chemcical Computing Group	MOE	www.chemcomp.com
Schrödinger	QikProp	www.schrodinger.com
Tripos	VolSurf	www.tripos.com

Notes

第三节　药物基因组学及其临床研究策略
Section 3　Pharmacogenomics and Clinical Research

药物反应的个体差异在临床上广泛存在,不同病人对相同药物的剂量需求及毒性反应均存在差异。这种差异导致部分患者治疗无效,而另一部分患者产生严重药物毒性反应,危害患者身体健康和生命安全,增加了病人的经济负担并造成了大量医疗资源的浪费。阐明药物反应个体差异发生的机制采取优化的用药方案进行个体化治疗可最大限度地保证患者的生命安全,降低医疗成本。药物基因组学(pharmacogenomics)是近年来发展起来的、以阐明药物反应个体差异发生机制和辅助新药开发为研究目的的新兴交叉学科,开展药物基因组学研究是实施个体化药物治疗的基础和前提。

一、药物基因组学的概念和研究目的

几乎所有的药物在体内作用均受药物的药物代谢动力学(pharmacokinetics,PK)和药物效应动力学(pharmacodynamics,PD)的影响。PK 涉及药物在体内的吸收、分布、代谢和排泄的过程(简称 ADME),指体内药物浓度与时间的关系。PD 涉及药物靶点(主要包括基因位点、受体、酶、离子通道、核酸等生物大分子),指体内药物浓度与作用效应强度的关系。PK 和 PD 均可受遗传和环境因素的影响,但目前国际公认的观点是遗传因素是影响当前绝大多数药物 PK 和 PD 的主因。

药物基因组学是遗传药理学(pharmacogenetics)的发展和延伸。早在 20 世纪 50 年代,研究人员就发现不同遗传背景的患者使用相同药物后会产生不同的药物反应,基于此背景,1959 年德国科学家 Vogel 率先提出了遗传药理学一词并沿用至今。最初的遗传药理学主要研究单个基因变异对药物作用的影响,但随着人类基因组计划的开展,越来越多基因突变被发现,人们逐步认识到药物的反应涉及多个基因的共同作用,而药物基因组学的概念也逐步形成。药物基因组学是遗传学、生物信息学和药学的交叉学科,主要研究不同个体或人群基因组遗传学差异对药物反应性的影响,它与疾病基因的遗传定位不同,不以发现新基因、阐明疾病发病相关遗传机制和预测疾病发生风险为研究目的,而是利用已有的基因组知识对与药物反应或药物安全性有关的基因变异进行鉴定,阐明药物反应个体差异发生机制,指导个体化用药,辅助新药开发。1997 年 6 月,两大国际制药公司 Abbott 和 Genenset 共同发起了药物基因组计划,标志着人类正式进入药物基因组学时代。

二、药物基因组生物标志物的发现与验证

药物反应个体差异与人类疾病非常类似,分为单因素决定差异和多因素决定差异,其中绝大多数药物为多因素决定差异。因此,药物基因组学研究方法与疾病的遗传学研究方法类似,本部分将简要介绍常用的药物基因组学生物标志物发现与验证的方法。

(一)药物基因组生物标志物的发现

关联研究(详见第十一章)是药物基因组学最常用的研究方法之一,该方法以群体历史上的重组和遗传变异位点间的连锁不平衡为基础,分析在一个群体中复杂性状(疾病或药物反应表型)是否与等位基因存在相关性。常见的药物反应表型包括药物剂量、药物敏感性、血药浓度、生存周期、严重不良反应或严重毒性等。

病例 - 对照关联研究是一种常见、经济的试验设计方法。在药物基因组研究中,可根据患者的药物反应性进行病例与对照分组。病例是指出现严重药物不良反应或严重毒性或对药物无反应性的个体,对照是指在应用药物后无严重不良反应或严重毒性、对药物治疗有效的个体。

Notes

大多数的病例-对照关联研究为回顾性研究，即在试验开始前已获得受试对象的 DNA 标本，而患者用药信息则通过回顾性调查获得。如儿童哮喘患者中进行的抗炎药物的药物基因组学研究。该研究在随访时收集患者的唾液进行基因组 DNA 提取，同时获取患者过去一年中哮喘发作的症状等表型信息，然后根据表型差异将患者分为病例（无效）组和对照（有效）组。回顾性研究主要缺陷是记忆偏倚，即患者不能准确地回忆症状、药物暴露和药物毒性。此外，可监测性和可控性相对较弱，患者对治疗依从性差和用药剂量调整也会导致偏倚。

根据实验是否基于一定的生物学假说，药物基因组学关联研究又可分为基于生物假设的设计和和基于数据的设计两种类型。前者包括候选基因关联研究（candidate-gene association study），后者包括全基因组关联研究（GWAS）和基因组测序等。

1. 候选基因关联分析与药物基因组研究 候选基因指在前期研究中被发现与研究表型相关或可能相关的一类基因。在药物基因组学研究中主要分为三类：①药物代谢酶基因：指参与某种药物代谢过程中的酶的编码基因，主要通过该药物在体内药物代谢动力学研究确定；②药物转运相关基因：指在药物体内吸收、分布和排泄过程中起功能作用的基因，主要通过药物代谢动力学研究及相关动物、细胞生物学研究鉴定；③药物作用靶点相关基因：指与药物作用靶点活性及其与药物的亲和力相关的基因。由于候选基因与药物反应的关系往往是已知的，因此非常适合用于查明药物反应个体差异相关遗传机制。基于候选基因的关联研究通过研究某个或某些功能确定的基因位点的遗传变异与药物反应性的关联关系以确定所研究的基因编码的蛋白质在药物的 PK 或 PD 中发挥的作用。基于候选基因的关联研究试验设计的目的是确定某个候选基因的遗传变异是否与药物的反应性相关联。通过候选基因的关联研究方法，科学家成功鉴定了大量的药物反应性相关的遗传变异，如细胞色素 450 家族和硫嘌呤甲基转移酶（TPMT）等。

早期的候选基因关联研究由于分型技术的限制和对基因组了解的欠缺，大多应用低通量的分型技术研究单个遗传变异对药物反应性的影响。随着人类基因组计划和人类单倍型作图计划的完成以及新的 SNP 分型技术的涌现，大量的基因组遗传变异被鉴定，一些中高通量的分型技术（如基因芯片技术等）和一些新的分析技术（如连锁不平衡模块分析和单倍型标签 SNP 分析等）逐渐在药物基因组学研究中得到应用，极大地推动了药物基因组遗传标志物的发现，如发现尿苷二磷酸葡萄糖醛酸转移酶 1A1（*UGT1A1*）基因的单倍型 *28 与伊立替康的毒性反应发生风险相关。

候选基因关联研究虽应用广泛，但其缺陷也非常明显。首先，由于统计分析 I 型错误和 II 型错误的存在，候选基因关联研究的假阴性和假阳性结果较多，多数结果无法得到重复。其次，候选基因关联研究是基于已知基因的研究，对于与研究表型相关的新遗传位点或基因的发现能力不足。

2. GWAS 与药物基因组研究 GWAS 是应用人类基因组中数以百万计的 SNP 为标记进行关联分析研究，以发现影响复杂性性状发生的遗传特征的一种新策略，其分析原理与候选基因关联研究基本一致。在药物基因组学研究领域，与候选基因关联研究相比，GWAS 在新的药物基因组遗传标志物的发现方面具有明显的优势。如基于 GWAS 的研究发现 *PRKCA* 基因中的 rs16960228 与氢氯噻嗪降压的作用相关，这个基因之前并未被认为是氢氯噻嗪药效相关的候选基因。与针对疾病易感性的 GWAS 相比，严重药物不良反应的 GWAS 具有非常高的统计效能。例如，在氟氯西林诱导的肝损伤研究中，尽管只纳入了 51 例病例和 282 例对照，然而携带 *HLA-B*5701* 等位基因增加氟氯西林肝毒性的比值比（OR）达到 80.6（$p < 10^{-33}$）。

与基于候选基因的关联研究一样，GWAS 同样在一些不足。首先，由于多重比较问题的存在，GWAS 面临的 I 型错误和 II 型错误的问题更加严重，假阳性和假阴性发生的几率更高；其次，GWAS 中发现的变异位点多位于基因间或内含子上，需进行进一步精细定位以查明功能性变异位点；最后，GWAS 芯片选择的 SNP 位点往往为次要等位基因频率大于 5% 的常见变异，忽略了罕见变异，而近来研究发现，罕见变异在多种复杂疾病的发生或药物反应表型中起决定作用。

3. **基因组测序在药物基因组学中的应用**　随着基因组测序技术的飞速发展，高通量的二代和三代测序技术也逐渐开始普及。研究人员可一次对几十万到几百万条 DNA 分子进行序列测定，因而可对人类基因组和转录组进行细致的全貌分析，也为药物基因组研究提供了一个新的方向。采用基因组测序技术可以一次性的将样本中的所有突变位点全部检测（包括功能变异和罕见变异），无需进行进一步的精细定位。目前在药物基因组学研究领域应用得较多的基因组测序方法包括全基因组测序（whole genome sequence，WGS）和全基因组外显子测序（whole-exome sequencing，WES）两种。虽然基因组测序技术与其他分子分型技术相比优势明显，但昂贵的价格与海量且分析困难的数据极大地限制了它的推广。目前基于基因组测序的研究主要采用两种样本量需求较少的实验设计：一种是基于极端表型样本所在家系的测序，另一种是选择表型极端值个体进行测序。基因组测序技术虽然在药物基因组学研究中的应用才刚刚起步，但也取得了一定的研究成果。如 Iyer 等发现 *TSC1* 突变与前列腺癌患者中依维莫司的疗效有关。依维莫司是一种 mTOR 抑制剂，Iyer 等在前列腺癌患者中进行的Ⅱ期临床试验发现有 1 例患者对药物治疗完全应答，治疗期间 2 年内未出现进展。通过对该患者肿瘤组织和外周血 DNA 进行全基因组测序，发现该患者 *TSC1* 基因内存在移码突变。进一步对所有纳入Ⅱ期临床试验患者的基因组信息进行分析发现依维莫司只对 *TSC1* 突变阳性患者中有效。

（二）药物基因组生物标志物的验证

关联研究属于观察性研究方法，其鉴定的生物标志物并非完全准确，要确认这些生物标志物是否影响药物反应性，能否用于指导临床实施个体化用药还需要进一步进行验证。药物基因组生物标志物的验证根据验证的目的分为功能验证和临床试验验证。前者指采用分子生物学和细胞生物学等方法确认生物标志物与被研究药物药理机制的关系，而后者则是确认以生物标志物为指导的个体化治疗方案的效能。本部分将介绍几种常用的验证方法。

1. **组织与细胞学水平研究**　为确定某个遗传变异对药物反应性的影响，往往需要从整体、组织、细胞和分子水平进行系统研究。整体水平的研究易受机体病理生理状态及环境因素的干扰，而组织与细胞水平的研究容易控制并能观察因素对药动学或药效学某个环节的作用，是药物基因组生物标志物验证的最常用方法之一。在进行组织水平研究时，可选取人体理想部位的某种组织，按照研究目的的要求进行适当处理，建立研究模型。如进行 CYP450 酶的遗传变异研究，首先选取 CYP450 表达最丰富的肝脏组织，通过匀浆和差速离心的方法分离富含 CYP450 酶的微粒体，并建立体外药物代谢反应体系，便可以进行各种体外研究，包括药物相互作用研究、药物反应酶促动力学研究、CYP450 异构酶特异性研究、基因变异与药物代谢酶表达及药物代谢酶促动力学研究等。应用来自不同个体的原代细胞或永生化细胞进行药物反应相关遗传标志物的研究可探讨由遗传决定的基因表达异常导致药物反应个体差异发生机制。通过将基因工程技术细胞生物学研究相结合鉴定具有不同基因型的细胞在相同药物环境处理下出现的不同生物学表现即可帮助阐明潜在的药物反应个体差异发生机制。如前期研究发现基因 *VKORC1*-1639 G＞A 突变可显著影响华法林（一种抗凝药）的稳态剂量，通过定点诱变技术构建不同 *VKORC1*-1639 基因型的细胞并进行培养研究，基因表达分析显示携带 G 等位的细胞中 *VKORC1* 的 mRNA 表达显著高于携带 A 等位的细胞，而 *VKORC1* 是华法林的重要作用靶点，这表明 *VKORC1*-1639 G＞A 通过影响 *VKORC1* 的表达从而影响华法林的稳态剂量。

2. **随机对照试验研究**　随机对照试验（randomized control trial，RCT）是临床试验设计的金标准，也是验证新药和新的治疗方法效能的必要措施，在个体化用药的临床实施验证中起重要作用，为基于药物基因组生物标志物的个体化药物治疗提供临床试验依据。RCT 设计的优点是：消除偏倚；平衡混杂因素；提高统计学检验的效能。在药物基因组学研究方面，RCT 的主要

Notes

研究方法是将募集到的受试者随机分成两组，一组按照常规方案给药治疗而另一组按照个体化用药方案治疗，最后对比两种方案效果，以确定个体化用药方案的临床意义，同时也对药物基因组生物标志物的作用进行验证。如2008年Mallal报道了首个确定药物基因组生物标志物检测可用于预防严重药物不良反应的RCT试验，患者被随机分配到基因导向的个体化治疗组和常规治疗组，个体化药物治疗组的患者根据 *HLA-B*5701* 等位基因又随机分成两个亚组。常规治疗组按照传统的用药方案进行治疗，个体化药物治疗一个亚组的患者在完成基因诊断后，根据基因型实施个体化药物治疗方案，而另一亚组的患者仍然采用常规方案进行治疗，试验结束确认根据 *HLA-B*5701* 基因型进行个体化治疗可显著降低阿巴卡韦所致严重皮肤过敏反应的发生风险。此外，RCT对照组的设计可根据病例标本获取的难易程度进行调整。对于一些发生率较低的罕见严重药物不良反应，对照组也可来自历史对照（historical control，HCT）或数据库对照（database comparison）。

三、药物基因组与新药开发

随着药物基因组学研究的广泛开展，其在新药开发中的重要作用逐渐显现，已成为新药开发的最重要的途径之一，受到发达国家食品药品管理部门的重视。美国食品药品监督管理局（food and drug administration，FDA）于2003年面向制药公司颁布了"药物基因组学资料呈递指南"，要求制药公司在提交新药申请时必须或自愿提交药物基因组学资料，以便于更安全和更有效的使用该药物。总之，未来制药业的发展方向是与药物基因组紧密结合，实现药物的个体化，使药物的适用人群越来越特异，药效越来越好，用药越来越安全。本节将重点介绍如何药物基因组学研究与新药开发的关系。

（一）发现新的药物靶点指导新药开发

药物靶点是药物与机体生物大分子的结合部位，包括基因位点、受体、酶、离子通道、核酸等。目前已知的药物靶点仅为500个左右，还有大量的药物靶点有待发现。例如蛋白质是一类重要的药物靶点，研究发现人类基因组约有3万~4万个基因，这些基因编码的蛋白超过10万种，而据估计约有3000~5000种蛋白质可成为新的药物靶点。进一步鉴定潜在的药物靶点不可置疑地将极大地推动制药行业的发展，而药物基因组学研究是发现潜在药物靶点重要的途径之一。通过药物基因组学研究，可以发现一些与疾病发生和药物药效或毒性反应有关的基因突变、蛋白质或核酸等。如多巴胺受体是精神分裂症治疗最重要的靶标之一，氯氮平为精神分裂症治疗的一线药物，可阻滞多巴胺受体。前期的药物基因组学研究显示，多巴胺受体基因突变可影响氯氮平治疗精神分裂症的疗效，携带突变等位基因的患者疗效不佳。若以突变等位基因表达的蛋白为药物靶标便能开发出新型治疗精神分裂症的药物。

（二）筛选和确证影响新药安全性和有效性的遗传因素

药物的安全性和有效性是新药开发的核心问题。据统计，绝大多数药物在约1/3的使用者中疗效不佳，约1/6的用药者发生不同程度的毒副作用，总安全有效率不到50%。药物基因组学研究是评估药物安全性和有效性的核心方法之一。首先，在新药临床前研究阶段，运用药物基因组学的方法，查明影响药物PK、PD和安全性相关的基因及其变异，可指导药物在临床上的个体化应用，避免上市后出现无效现象或严重不良反应事件；其次，确定新药与特定基因及其遗传变异的关系可帮助进行新药改良，筛选出最好的化学结构，避免低效、无效或具有严重毒副作用的药物进入临床，降低新药开发风险；第三，提早发现新药在PK或PD方面的缺陷，在新药研发的早期即可决定是否终止开发，节约研发成本；最后，评估由体外实验或动物实验中获得的与新药有关遗传信息的准确性。

（三）评估不同基因型患者药代动力学参数以便预估用药剂量

传统的药物治疗采取"千人一量"的给药方式，绝大多数药物在不同患者的给药剂量基本一

Notes

致,忽略了患者间的个体差异。确定药物给药剂量和间隔时间的依据是该药在其作用部位能否达到安全有效的浓度。药物在作用部位的浓度与药物的 PK 密切相关,而影响药物吸收、分布、代谢、排泄的基因的遗传变异可能幅影药物在作用靶点的浓度。因此,按照同样的剂量给药可能造成部分患者治疗无效,而部分患者发生不良反应。例如,有机阴离子转运体 OATP1B1 的编码基因 *SCLO1B1* 521 T>C 多态性可通过影响 OATP1B1 的转运活性,使携带突变等位基因的患者在服用相同剂量的他汀类药物后血药浓度显著升高,发生肌病和横纹肌溶血症的风险增加。介于此,许多他汀类药物修改了药品说明书,FDA 也针对不同基因型患者给出他汀类药物的推荐给药剂量(表 14-3)。因此,在新药临床研究阶段查明不同基因型患者的 PK 参数能预估该药的用药剂量,以提高药物的安全性和有效性。

表 14-3　依据 *SCLO1B1* 521T>C 多态位点基因型的他汀类药物推荐用药剂量(mg/d)

药物名称	TT	TC	CC	常规剂量范围
辛伐他汀	80	40	20	5～80
匹伐他汀	4	2	1	1～4
阿托伐他汀	80	40	20	10～80
普伐他汀	40	20	20	10～40
瑞舒伐他汀	20	10	10	5～20
氟伐他汀	80	80	80	20～80

(四)查明严重药物不良反应或药物无效发生原因,挽救新药

据统计,近 20 年来由于严重不良反应被 FDA 召回的药物多达 40 余种,其中约 25% 的药物被认为与遗传因素相关或很可能相关。例如,减肥药西布曲明因发生严重心血管不良反应而在 2010 年被撤市,随后研究人员证实西布曲明在体内经 CYP2B6 代谢,而 CYP2B6 基因具有高度的多态性,某些突变可导致酶活性下降 70%～100%。这些突变等位基因携带者体内西布曲明的血药浓度增加 252%,代谢产物增加 148%。某些药物的药效存在明显的种族差异,如果没有选择正确的人群开展临床前研究可能导致一些药物研发失败。例如,拜迪尔是一种调治心脏病的药物,它于 2005 年被 FDA 批准用于治疗黑人心力衰竭患者,是首个针对单一种族的药物,被认为是人类医药史上一次里程碑性的事件。然而该药在美国人群中开展的早期临床试验中并未取得良好结果,并一度导致其研发中断。后来在非裔美国人群中进行的临床试验发现该药能大幅降低非裔黑人患者心衰的死亡率和住院率。因此,在临床前试验时采用药物基因组学的理论和思路,对不同遗传背景的人群进行试验,就可能避免一些新药研发项目的流产。

第四节　药物基因组相关生物信息资源
Section 4　Pharmacogenomics and Biological Information Resources

近年来药物基因组学研究在临床研究中广泛开展,加深了人们对药物反应个体差异发生机制的认识,同时也累积了大量的实验数据。随着近年来生物信息学的快速发展,一些药物基因组学专用或与药物基因组学研究相关的数据库相继建立,这些数据库为药物基因组学研究的开展带来了极大的方便,本节将对其中常用的数据库进行介绍。

一、药物基因组数据库

(一)Pharmgkb 数据库

遗传药理学和药物基因组学数据库 PharmGKB(the pharmacogenetics and pharmacogenomics knowledgebase)是目前最权威最完善的药物基因组学专用数据库(http://www.pharmgkb.org/)。

Notes

PhramGKB 由遗传药理学研究网络（pharmacogenetics Research Network，PGRN）建立，并获得美国国立卫生研究所（NIH）的支持，其主要目的是收录与药物基因组学相关的基因型、表型信息，并将这些信息整理归类，方便研究人员和公众查询。截至 2014 年 7 月，该数据库中已收录了与3152 种药物和 3445 种疾病的相关的 26 960 个基因的资料。此外，pharmaGKB 还提供了 102 个药物的 PK 和 PD 相关通路，并挑选出了 42 个对药物基因组学非常重要的基因（very important pharmcogene，VIP），并对这些基因进行了详细的注解，简要地介绍了这些基因的功能，重要的突变和单体型等。

　　PharmGKB 根据数据的种类将所有收录的信息划分为临床结局（clinical outcome，CO）、药物效应动力学（PD）、药物代谢动力学（PK）、分子及细胞功能分析（molecular and cellular function assays，FA）和基因型（genotype，GN）五大类，可在主页界面上输入基因、药物、疾病或突变名称进行检索（图 14-4A），并提供所有相关信息的关联链接及相关支持参考文献等。PharmAGKB 还收录了 226 个由各国政府或者国际组织颁布的某些特定药物的个体化用药指南，指导医生根据个体的基因型合理用药。

　　这里以 *CYP2C19* 基因为例，在首页的检索栏输入 CYP2C19，点击 Search 进行检索，结果显示 *CYP2C19* 是一个 VIP 基因，有 50 条临床相关注释，被 12 种基因检测试剂盒和 18 种药物使用剂量指南，是 20 种药物的生物标志物（图 14-4B）。其他选项卡中还列出了 CYP2C19 相关药物基因组学实验、参与的药物作用通路、包含的单体型等，方便检索者更深入地了解 CYP2C19。

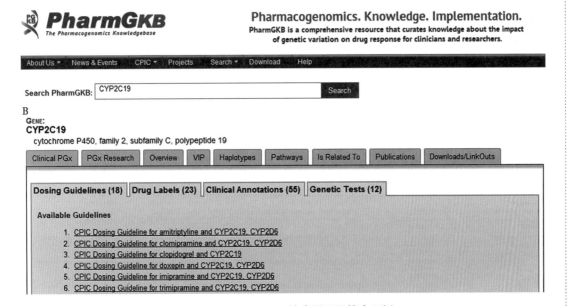

图 14-4　PharmGKB 检索界面及搜索示例

　　另外 PharmGKB 还为从事相同药物基因组学研究的科研人员提供交流和数据共享平台，目前已成立国际他莫昔芬药物基因组学联合会、国际华法林遗传药理学研究联盟等 8 个国际合作组织，这些组织的介绍可在 Project 页面下查看。

（二）FDA 数据库

　　FDA 数据库是由美国 FDA 建立在其官方主页上的检索食品药品相关信息的数据库，可查询药品使用警告信、已批准的药品和医疗器械、药品说明书、政策法规等。自 2003 年开始重视遗传因素对药物安全性和有效性的影响后，FDA 在其主页上建立了提醒临床用药需予以重视的生物标记列表（http://www.fda.gov/Drugs/ScienceResearch/ResearchAreas/Pharmacogenetics/

Notes

ucm083378.htm），提醒医生在应用药物时需注意哪些遗传变异的影响。截止至 2014 年 7 月，该表已收集生物标志物 42 个，涉及 150 种药物。

（三）Clinvar 数据库

Clinvar 数据库是由美国国家生物技术信息中心（NCBI）于 2012 年 11 月建立的基因突变与医学临床表型数据库，该数据库的建设主旨是为了促进和加速人们对人类基因型与医学临床表型之间关系的深度研究。利用 Clinvar 数据库可以快速将基因突变与临床表型关联起来，为后期研究提供帮助。当前，NCBI 和不同的研究组在遗传变异和临床表型方面已经建立了各种各样的数据库，数据信息相对比较分散，而 Clinvar 数据库将这些数据库有效整合，通过标准命名对临床表型进行描述，并支持科研人员提交和下载数据。Clinvar 数据库主要整合了 4 个方面的信息：①变异信息（variation），整合了 dbSNP、dbVar、gene、GTR 等数据库信息；②表型信息（phenotype），整合了 MedGen（HPO、OMIM）数据库信息；③解释和注释信息（interpretation），整合了 ACMG、Sequence Ontology 等数据库信息；④证据信息（evidence），整合了 Pubmed、GTR 等数据库信息。截止至 2014 年 8 月 4 日，Clinvar 数据库收集的基因变异数有 113 586 个，总计相关条目达到 131 706 个，分布在 19 694 基因中，提交数据的单位和个人达到 184 个。

Clinvar 数据库的网址为：http://www.ncbi.nlm.nih.gov/clinvar/，登陆首页后可以用基因名称、突变名称、临床表型和药物名称进行检索。以阿司匹林为例，进入首页后，在搜索栏中输入 aspirin，然后点击 Search，可检索到 12 条与阿司匹林有关的遗传信息（图 14-5），继续点击第一列的链接可查看该突变更完整的信息。

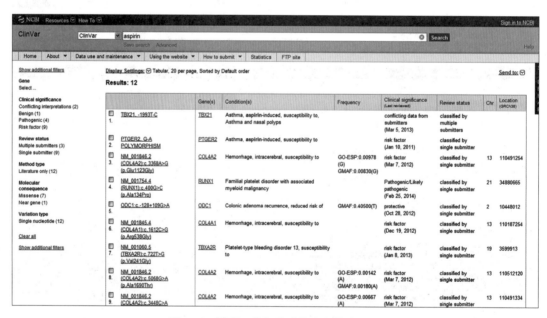

图 14-5　阿司匹林相关遗传变异检索结果

（四）Cosmic 数据库

Cosmic 数据库由英国威康信托基金会 Sanger 研究所（Wellcome Trust Sanger Institute）建立，其目的是收集所有癌症相关的体细胞突变（somatic mutation）。体细胞突变指除性细胞外的体细胞发生的突变，即不会遗传给后代的基因突变，在肿瘤细胞中尤其常见。绝大多数体细胞突变无表型效应，但少数突变可引起细胞遗传结构及功能发生改变。体细胞突变在肿瘤的发生发展及疗效过程中起着重要作用。因此，进行肿瘤体细胞突变的筛查是肿瘤药物基因组学的重要研究方向之一，对攻克肿瘤治疗这个全球性难题有着重要的意义。运用 Cosmic 数据库，研究人员可快速查找到所查基因的所有体细胞突变的详细信息，包括突变名称、位置、相关注释等，

Notes

并提供筛查出体细胞突变的样本信息供科研人员下载。截止到 2014 年 7 月，Cosmic 数据库已收集到 27 829 个基因的 1 808 915 个编码突变，674 592 个拷贝数变异。另外，数据库还收集了999 872 个样本的信息，其中 9424 个样本具有全基因组的突变信息。

Cosmic 数据库的网址为：http://cancer.sanger.ac.uk/cancergenome/projects/cosmic/。这里以 KRAS 为例，在搜索栏输入 KRAS 点 Go 进入检索结果页面。检索结果分为 Genes、Mutations 和 Pubmed 三部分（图 14-6）。其中 Gene 选项卡中列出了与 KRAS 相关的基因，Mutations 选项卡下可查看到 KRAS 中所有的体细胞突变，Pubmed 选项卡则列出了被 Pubmed 收录的与 KRAS 相关的文献。在首页菜单栏 Download 页面下可对 Cosmic 数据库中的突变、样本等数据进行下载。

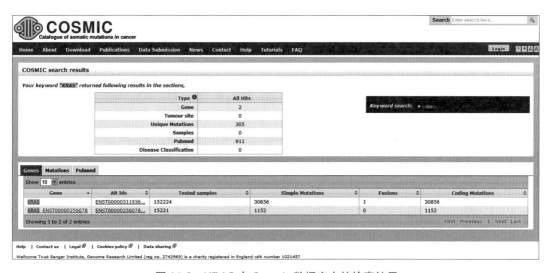

图 14-6　KRAS 在 Cosmic 数据库中的检索结果

二、生物芯片与药物基因组学研究

与复杂疾病遗传学研究相似，生物芯片技术在药物基因组学研究中也广泛应用，是高通量筛选药物反应个体差异相关位点的主要途径之一，但常用的 GWAS 芯片并不一定适用于药物基因组学研究。主要原因为绝大多数药物在体内均涉及 ADME 的过程，但参与这些过程的基因非常有限，由于多重检验问题的存在，很多 ADME 相关位点在 GWAS 研究中难以被鉴定。介于此，国外许多芯片公司均针对药物基因组学研究推出了高通量专业研究芯片，其中最著名的为 Affymetrix 公司的 DEMT 芯片和 Illumina 公司的 Vera Code ADME 芯片。

（一）DEMT 芯片

DEMT plus 芯片是目前最广泛使用的药物基因组学研究专用基因芯片，它可检测 225 个基因的 1936 个遗传变异，其中绝大多数变异为 SNP，此外还包含 *CYP2D6* 的一个缺失突变以及*CYP2D6*、*CYP2A6*、*GSTT1*、*GSTM1* 和 *UGT2B17* 基因位点的 5 个 CNV。这些基因突变位点来源于药物基因组学研究领域的科研文献，NCBI 的 dbSNP 数据库，EBI 数据库，Ensemble 数据库和 CYPallele 数据库。所包含的基因包括 47 个Ⅰ相代谢酶，70 个Ⅱ相代谢酶，62 个转运体以及 46 个其他与药物体内分布有关的基因。DEMT 芯片主要基于 Affymetrix 公司的倒置型分子探针技术，适用于高通量的基因分型。

DMET 芯片的检测可在两天内完成，其工作流程：①首先将 1μg DNA 与多重 PCR 混合液混匀进行扩增；②将扩增产物退火并加入 DMET 分子倒位探针（molecular inversion probes，MIP）混匀结合；③将结合产物进行填充、连接、消化及第二次扩增；④将二次扩增产物片段化、标记并与芯片杂交；⑤染色、洗涤后进行扫描，应用 DMET Console 软件读取分型结果。

Notes

虽然 DMET 在药物基因组学研究领域具有较大的优势，但仍有许多障碍阻碍了它的推广。首先，到目前为止 DMET 芯片仍未获得美国食品药品管理局（FDA）的批准；其次是价格相当昂贵，单张芯片的价格高达 3000 人民币，甚至超过了普通 GWAS 芯片的价格，严重限制了其推广应用。

（二）Vera Code ADME 芯片

Vera Code ADME 芯片是 Illumina 公司推出的一款药物基因组学研究专用芯片。该芯片基于 Illumina 公司的 Vera Code 的互补性的低 - 多重技术，该技术适用于靶点验证和分子检测开发。Vera Code ADME 芯片包含 34 个基因的 184 个位点，其中包含了 SNP 和 CNV 突变，覆盖了国际 PharmaADME 组织收录的 95% 以上的药物相关突变位点。PharmaADME 组织（http://www.pharmaadme.org）是由医药界和学术界专家组成的国际组织，该组织经过系统的分析确定了一部分与药物 ADME 相关的遗传位点。与 DMET 芯片相比，Vera Code ADME 芯片包含了更多的 PharmaADME 组织收录的位点（DMET 芯片覆盖了该组织 90% 的位点）。

Vera Code ADME 芯片的工作流程：①将 32 个样品的 DNA 等分为 3 份然后加入 96 孔板中红、黄、蓝的三个部分，并加入碱性溶液变性；②在 96 孔板的三个部分分别加入不同的生物素标记引物混合液（targeting mix）进行 PCR 扩增，完成后再次加入碱性溶液变性；③扩增产物与磁珠结合（paramagnetic particles，PMP）结合，然后加入荧光标记扩增混合液，对 PCR 产物进行荧光标记和连接；④利用磁珠制备和纯化荧光素标记的单链；⑤将单链产物进行多重 PCR 扩增并与 Veracode 微珠杂交；⑥运用 BeadXpress Reader 扫描荧光信号病判定结果（蓝色为野生型、紫色为杂合子、红色为突变纯合子）。

与 DMET 芯片一样，Vera Code ADME 芯片也没有通过 FDA 的批准，价格也十分昂贵，虽然只检测了 184 个位点，但价格却高达 300 美元每张。

第五节　基于药物基因组的个体化药物治疗
Section 5　Individualized Drug Therapy Based on Pharmacogenomics

药物基因组学的最终目的是实现个体化药物治疗，提高药物的安全性和有效性。目前，我国乃至全世界的个体化医学均处于起步阶段，有着广泛的发展空间和应用前景。虽然传统的药物治疗方式仍是当前医学的主流，但在临床上已有不少个体化药物治疗的成功范例。相信随着药物基因组学研究的深入和广泛的开展，基因分型价格的进一步下降，个体化药物治疗定成为主流的治疗方式。本节将介绍临床上已成功应用的几个个体化药物治疗方案。

一、肿瘤靶向药物的个体化治疗

靶向药物（targeted medicine）治疗是目前最先进的用于癌症的治疗方式，它利用靶向药物能够与癌症发生、肿瘤生长所必需的特定分子靶点起作用的特性来阻止癌细胞的生长，具有疗效好、副作用小的特点。靶向治疗要求接受治疗的患者必须具有靶向药物的作用靶点，对无响应靶点的患者用药，可能导致治疗无效，延误患者病情，因此在进行治疗前需进行靶点分型。

（一）*HER2* 基因检测

曲妥珠单抗（Trastuzumab）是 2006 年美国 FDA 批准的用于人类表皮生长因子受体 2 基因（HER2）过表达的乳腺癌和胃癌治疗的靶向药物，可单用或与其他化疗药物联用。前期药物基因组学研究显示 *HER2* 基因过度表达可导致细胞过度增殖和表型恶性转化。约有 30% 的乳腺癌患者 *HER2* 基因过度表达，这类患者肿瘤恶性程度高、复发和转移发生早、预后差，对某些化疗药物有抵抗，并且发现 *HER2* 基因过度表达的患者无病生存期和总生存期均缩短。曲妥珠单抗主要通过与细胞表面的 *HER2* 受体特异性结合，促进 *HER2* 受体蛋白的内在化降解，从而

Notes

达到抑制肿瘤细胞增殖的目的。临床研究显示,*HER2* 阳性的乳腺癌患者采用曲妥珠单抗辅助化疗治疗后其无病进展生存期较未采用曲妥珠单抗治疗的患者延长 2.8 个月(图 14-7)。目前 *HER2* 基因检测已进入我国和美国国立综合癌症网络(NCCN)的乳腺癌和胃癌临床实践指南。

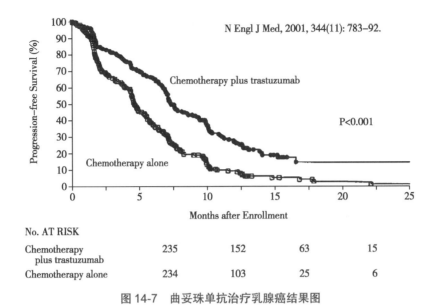

图 14-7 曲妥珠单抗治疗乳腺癌结果图

曲妥珠单抗的疗效与 *HER2* 基因表达水平密切相关,高表达的患者更敏感疗效好,而低表达的患者治疗效果差。因此,应用曲妥珠单抗治疗前需进行 *HER2* 基因表达的检测。目前最常用的 *HER2* 基因表达检测方法为荧光原位杂交法(FISH)、免疫组化(IHC)和显色原位杂交(CISH)。图 14-8 为采用 FISH 方法进行 *HER2* 基因扩增检测的结果,可通过计数细胞中的红色荧光信号来判定是否存在基因扩增。如大多数细胞中红色荧光信号数目大于 2 则判定为 HER2 扩增阳性。

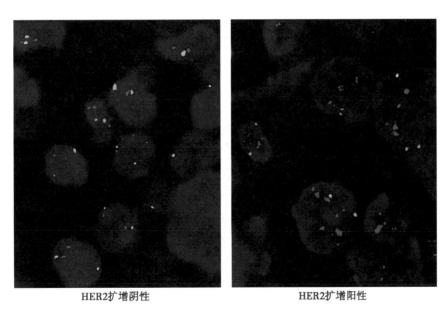

图 14-8 FISH 检测 HER2 扩增阳性和阴性示意图

(二) EGFR检测

表皮生长因子受体(EGFR)位于细胞膜中,是一种酪氨酸激酶受体,通过向细胞核传递细胞外信号,引起核内基因转录水平的增加,使细胞增殖、转化。EGFR 信号传导的异常是导致多种肿

Notes

瘤发生的原因。通过使用小分子酪氨酸激酶抑制剂(TKI)对EGFR的酪氨酸激酶活性进行抑制可妨碍肿瘤的生长,转移和血管生成,并增加肿瘤细胞的凋亡。EGFR是目前靶向药物最多的靶点之一,目前市面上已比准的靶向药物包括西妥昔单抗(Cetuximab)、帕尼单抗(Panitumucetumab)、吉非替尼(Gefitinib)和埃罗替尼(Erlotinb)等。

人EGFR基因位于7号染色体短臂12~14区,包含28个外显子,其中18~24号外显子组成编码该基因酪氨酸激酶结构。肿瘤细胞中EGFR的18~21号外显子可能发生突变(图14-9),研究发现约75%的突变患者对TKI治疗有反应。19号外显子的缺失突变和21号外显子的L858R突变是EGFR最常见的突变,占所有突变的90%。20号外显子上的T790M突变为耐药突变,约占所有突变的3%。研究发现约50%的TKI耐药患者20号外显子T790M突变阳性。表14-4列出了EGFR突变分布频率及其与TKI药物敏感性的关系。

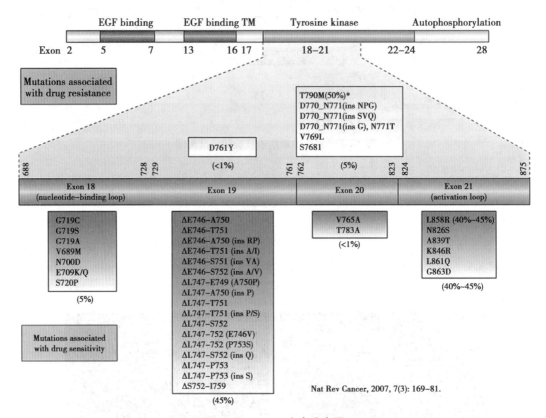

图14-9   EGFR突变分布图

表14-4   EGFR突变与TKIs的关系表

序号	突变类型	所占比例	TKIs敏感性
1	19号外显子缺失突变;L858R	~90%	敏感
2	T790M和19号外显子缺失同时存在;T790M和L858R同时存在;G719X;L861Q;S768I	~7%	有限敏感
3	只存在T790M;20号外显子的插入突变;其他突变类型	~3%	不敏感

EGFR在欧美人非小细胞肺癌患者中的突变频率约为10%,在东亚人群中则较高,可达30%~50%,因此在非小细胞肺癌患者治疗前进行EGFR检测对指导TKI类药物的应用具有重要的临床意义。目前EGFR基因检测已进入我国和美国NCCN的非小细胞肺癌临床实践指南。常用的EGFR突变检测方法包括扩增阻滞突变系统(ARMS-PCR)、焦磷酸测序(pyrosequencing)、高分别率溶解曲线(HRM)、变性高效液相色谱分析(HPLC)等。

Notes

二、基于药物基因组的药物不良反应预测

药物不良反应是临床上常见的现象，某些病人甚至在正常服用某种药物后产生严重的药物不良反应而导致死亡。药物基因组学研究证实，某些严重药物不良反应与患者的遗传因素有关，在治疗前进行基因检测则能避免病人产生这些严重的药物不良反应。通过基因检测避免卡马西平造成的严重皮肤毒性反应是基于药物基因组避免药物不良反应发生最成功的范例之一。

卡马西平是一种临床上广泛应用的抗癫痫药物，然而部分患者在服用卡马西平后可出现严重的皮肤毒性，表现为史蒂文斯 - 约翰逊综合征（Stevens-Johnson syndrome，SJS）和中毒性表皮坏死溶解（toxic epidermal necrolysis，TEN）。SJS/TEN 是一种极罕见的不良反应，在欧美人群中发生率只有万分之一至万分之六，而在亚洲人群可高出 10 倍以上。2004 年对台湾地区汉族人群开展的药物基因组学研究发现，44 位卡马西平引起的 SJS/TEN 患者均携带人类白细胞抗原 B*1502（*HLA-B*1502*）等位基因，而此等位基因在未发生毒性反应的人群中的频率仅为 3%，相对危险度（OR）高达 2504。随后的大型随机临床试验进一步证实了这一发现。图 14-10 为该研究的流程图。研究共征集了 4877 例癫痫患者，在应用卡马西平治疗前先进行 *HLA-B*1502* 等位基因检测，并根据 *HLA-B*1502* 等位基因的携带情况实施个体化用药，372 例 *HLA-B*1502* 阳性的患者选用不含卡马西平的治疗方案进行抗癫痫治疗，而 4483 例 *HLA-B*1502* 阴性的患者选用卡马西平进行治疗。随访 2 个月后发现，*HLA-B*1502* 阴性的患者应用卡马西平后 SJS/TEN 的发生率为 0%。而前期的调查数据显示，在台湾人群中卡马西平致 SJS/TEN 发生率为 0.23%，这表明 *HLA-B*1502* 卡马西平引起的 SJS/TEN 的决定因子。2007 年美国 FDA 发出对卡马西平的用药安全性警告，称应警惕卡马西平造成的 SJS/TEN，尤其在携带 *HLA-B*1502* 的患者中。

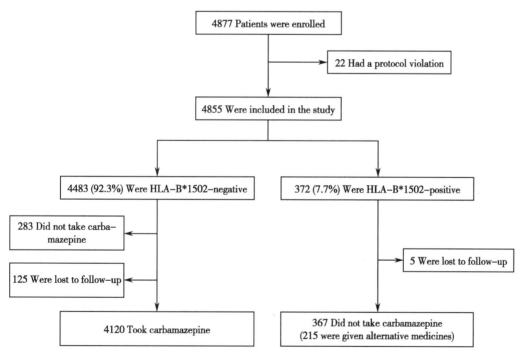

图 14-10　台湾卡马西平临床研究流程图

HLA-B*1502 在中国人群中的频率高达 10%～15%，因此在中国人群的癫痫患者中进行 *HLA-B*1502* 的检测对避免 SJS/TEN 的发生意义重大。目前最常用的 HLA 基因型检测方法包括基因芯片法和 Sanger 测序法等。

Notes

三、基于药物基因组的用药剂量预测

药物的疗效和不良反应与药物的治疗窗密切相关。药物浓度太低不产生治疗效应，浓度太高则产生毒副作用，这两个浓度之间的区域就被称为治疗窗（或安全范围）。由于个体差异的影响，不同患者对药物剂量的需求存在差异，对治疗窗宽的药物按标准剂量给药后绝大多数患者的药物浓度会处于治疗窗以内，但对于治疗窗窄的药物则可能出现用药无效或不良反应。与靶向药物的敏感性或卡马西平的严重不良反应不同，绝大多数药物反应性的个体剂量差异由多因素决定。如何利用已鉴定的多因素（候选基因、环境因素等）进行基于个体基因型的用药剂量预测是药物基因组学研究的另一个重要内容。

目前绝大多数药物剂量预测研究采用多元线性回归模型构建预测方程，其中最成功的例子是华法林稳态剂量（warfarin stable dosage，WSD）的预测。华法林是临床上最广泛用于治疗和预防血栓性疾病的抗凝药，但其治疗窗口窄，用药风险高，用药剂量过大会导致抗凝过度而出血，剂量过小会造成抗凝不足而产生栓塞。据 FDA 统计，1990—2000 年间华法林为导致严重不良事件最多的 10 种药物之一。同一种族个体间华法林的剂量需求可差 100 倍以上。目前临床上通过监测患者服药后的国际标准化比值（INR）调整剂量，以确保华法林的用药安全，但 INR 监测麻烦且无法避免首次用药风险。若能预测 WSD 便能降低华法林用药风险，减少频繁测定 INR 值带来的不便。

华法林主要通过抑制维生素 K 依赖的凝血因子的活性而发挥作用。细胞色素 P450 超家族 2C9（CYP2C9）和维生素 K 氧化还原酶复合物亚基 1（VKORC1）是已确定的影响 WSD 的两个重要基因，可解释约 30% 的 WSD 变异。华法林在体内主要经过 CYP2C9 代谢灭活。研究发现 CYP2C9*2 和 *3 基因编码的酶活性分别只有野生型编码的酶活性的 12% 和 5%，降低华法林的代谢能力，因此 *2 和 *3 等位基因携带者华法林的剂量需求较小。VKORC1 是华法林的主要作用靶点。VKORC1 启动子 1639 G>A 的突变能够显著降低 VKORC1 mRNA 的表达，从而影响 WSD。与 -1639AA 基因型患者相比，-1639GA 和 GG 基因型患者平均华法林剂量分别增加 52% 和 102%。此外，患者的年龄、身高、体重、吸烟饮酒情况、合并用药情况、其他基因突变等也可影响 WSD。目前已发现的影响遗传和环境因素总计可解释约 40% 的 WSD 变异。

利用大样本人群和已知影响 WSD 的因素可构建基本反应人群中 WSD 变异的线性回归模型，对患者的 WSD 进行预测。国际华法林遗传药理学联盟（IWPC）的一项研究共征集了 5052 例采用华法林进行抗凝治疗的患者，获取了患者的 WSD 及其相关遗传和环境因素信息，构建了华法林用药剂量的线性回归模型并进行了验证。IWPC 的预测公式包含了身高、年龄、CYP2C9 基因型、VKORC1-1639 基因型、种族、酶诱导剂使用情况和胺碘酮 7 方面的信息（表 14-5）。将患者的上述因素信息代入公式即可计算出患者的预测剂量。IWPC 研究显示利用遗传和环境因素构建的公式（pharmacogenetic）对 WSD 的预测成功率显著高于仅用临床因素构建的预测公式（Clinical）和推荐剂量（Fixed）的预测成功率，尤其是在高剂量（>49mg/周）和低剂量（<21mg/周）患者中，如图 14-11 所示。

表 14-5　IWPC WSD 预测公式参数表

符号	回归系数	运算符	因素	备注
	5.6044			
−	0.2614	×	年龄分级	每 10 岁 1 级
+	0.0087	×	身高	厘米（cm）
+	0.0128	×	体重	公斤（kg）
−	0.8677	×	VKORC1 A/G	-1639 突变杂合子

Notes

续表

符号	回归系数	运算符	因素	备注
−	1.6974	×	VKORC1 G/G	-1639突变纯合子
−	0.4854	×	VKORC1 基因型未知	
−	0.5211	×	CYP2C9*1/*2	
−	0.9357	×	CYP2C9*1/*3	
−	1.0616	×	CYP2C9*2/*2	
−	1.9206	×	CYP2C9*2/*3	
−	2.3312	×	CYP2C9*3/*3	
−	0.2188	×	CYP2C9 基因型未知	
−	0.1092	×	是否为亚洲人	
−	0.2760	×	是否为黑人或非裔美国人	
	0.1032	×	种族未知	
+	1.1816	×	酶诱导剂使用情况	
	0.5503	×	胺碘酮使用情况	
=	每周剂量的平方根			

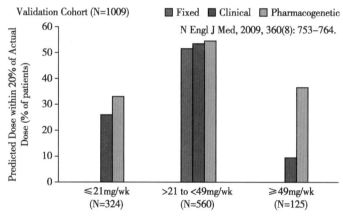

图 14-11　IWPC 大样本人群构建 WSD 预测公式结果图

　　由于目前已知因素对 WSD 变异的解释度还不够高,距离真正将预测公式用于临床指导华法林用药还有一段距离。前瞻性研究结果显示,目前构建的线性回归预测模型对于华法林用药安全的提升还有待提高。因此,将来还需通过增加纳入因素、改进模型等方法进一步完善模型,提高预测成功率。

小　　结

　　人体疾病的发生主要是各种原因造成的代谢途径失衡或调节代谢速度的信号通路失衡,药物的主要作用模式是直接或间接调整这些疾病相关物质的稳态水平。目前已有很多免费数据库提供已知的药物靶点及其配体类药物的数据,及药物毒副作用的数据。发掘和确认靶点是发现新药的第一步。分析疾病相关的基因组和基因型数据、表达序列特征、反向对接等策略可用于发掘新靶点,并采用多种技术多方面验证确认靶点有效性。提取小分子药物结构特征用于建立其药理活性与结构特征的联系是药物发现的重要方向;

Notes

基于分子对接判断亲和力、基于 ADME-tox 预测成药性是快速低成本发现有效新药的重要策略。对蛋白质类大分子药物，预测其免疫原性和对应抗原表位是提高其成药性的重要步骤；基于单抗中结构域保持、结构组装和化学修饰进行结构优化是提高治疗性单抗药理活性的重要手段。基于基因型的关联分析，是预测药效和安全性的有效手段。在药物发现过程中需要综合利用生物信息学技术。

Summary

Disorders of metabolic and signaling pathways cause common diseases; drugs act to initiate desired or repair disordered pathways. Many databases are available on targets and ligands, adverse activities of common drugs. Discovering and validating targets are generally required for discovering drugs. Analyses of genomic data and genotypes, expression sequence profiles, reversal docking are useful to mine targets for comprehensive validation. Of small ligand drugs, extraction and correlation of their structural properties with pharmacological actions play important roles in their discovery; virtual screening based on affinities predicted *via* docking and ADME-tox effects help enhance pharmaceutical significance of candidate ligands. Of protein drugs, predictions of their immunogeneicty and epitodes help enhance their pharmaceutical values. Optimization of McAb structures based on reservation and assembly of domains besides chemical modification enhance their pharmacological actions. Correlation analyses based on genotypes help predict potency and safety. Drug discovery requires integrated platform of bioinformatics.

（徐良德　陈小平）

习题

1. 什么是药物基因组学？药物基因组学的研究目标是什么？

2. 选择三个数据库搜索治疗 AIDS 的靶点、候选药物、作用机制等信息。

3. 用免费软件绘制自主设计的治疗 AIDS 药物的三维模型，计算疏水性和分析其结构特征。

4. 从数据库中搜索 20 个作用于某个靶点的抗 AIDS 药物，建立其结构活性关系模型，尝试 3D-QSAR 模型的建立和分析，自主设计候选化合物并进行预测。

5. 常用的药物基因组学研究方法包括哪些？

6. PharmGKB 数据库包括哪些主要内容？请以华法林为例在 PharmGKB 数据库中获取与华法林相关的信息。

7. 什么是癌症的靶向治疗？举一个例子说明靶向治疗的优势。

8. 如何构建华法林稳态剂量预测公式？

参考文献

1. 周宏灏. 遗传药理学. 第 2 版. 北京：科学出版社，2013.

2. 周宏灏，张伟. 新编遗传药理学. 北京：人民军医出版社，2011.

3. Iyer L, Das S, Janisch L, et al. UGT1A1*28 polymorphism as a determinant of irinotecan disposition and toxicity. Pharmacogenomics J, 2002, 2 (1): 43-47.

Notes

4. Turner ST，Boerwinkle E，O'Connell JR，et. al. Genomic association analysis of common variants influencing antihypertensive response to hydrochlorothiazide. Hypertension，2013，62（2）：391-397.

5. Daly AK，Donaldson PT，Bhatnagar P，et al. HLA-B*5701 genotype is a major determinant of drug-induced liver injury due to flucloxacillin. Nat Genet，2009，41（7）：816-819.

6. Iyer G，Hanrahan AJ，Milowsky MI，et al. Genome sequencing identifies a basis for everolimus sensitivity. Science，2012，338（6104）：221.

7. Wang D，Chen H，Momary KM，et al. Regulatory polymorphism in vitamin K epoxide reductase complex subunit 1（VKORC1）affects gene expression and warfarin dose requirement. Blood，2008，112（4）：1013-1021.

8. Mallal S，Phillips E，Carosi G，et al. HLA-B*5701 screening for hypersensitivity to abacavir. N Engl J Med，2008，358（6）：568-579.

9. Bae SK，Cao S，Seo KA. Cytochrome P450 2B6 catalyzes the formation of pharmacologically active sibutramine （N-{1-[1-（4-chlorophenyl）cyclobutyl]-3-methylbutyl}-N，N-dimethylamine）metabolites in human liver microsomes. Drug Metab Dispos，2008，36（8）：1679-1688.

10. Baselga J，Cortés J，Kim SB，et al. Pertuzumab plus trastuzumab plus docetaxel for metastatic breast cancer. N Engl J Med，2012，366（2）：109-119.

11. Sharma SV，Bell DW，Settleman J，et al. Epidermal growth factor receptor mutations in lung cancer. Nat Rev Cancer，2007，3：169-181.

12. Chen P，Lin JJ，Lu CS，et al. Carbamazepine-induced toxic effects and HLA-B*1502 screening in Taiwan. N Engl J Med，2011，364（12）：1126-1133.

13. International Warfarin Pharmacogenetics Consortium，Klein TE，Altman RB，et al. Estimation of the warfarin dose with clinical and pharmacogenetic data. N Engl J Med，2009，360（8）：753-764.

Notes

第十五章 生物信息学相关学科进展
CHAPTER 15 PROGRESS OF BIOINFORMATICS RELATED DISCIPLINES

第一节 引 言
Section 1 Introduction

随着新一代测序技术等新兴技术的发展与推广，尤其在当前大数据时代势不可挡的背景下，生物信息学获得了飞跃式的发展，生物信息学的理论和技术也正在向各个传统学科渗透。此外，生物信息学也正在影响一些新兴学科的发展，生物信息学的许多理论和方法正被移植到当前互联网背景下的众多相关领域，在生物学研究、生物医学研究、医学以及医疗保健领域的理论研究和应用等方面发挥了越来越重要的作用。本章主要介绍近年来发展迅猛、并具有广阔应用空间的生物信息学相关研究领域，主要包括临床信息学、医学信息学以及转化医学信息学等，这些学科与生物信息学能够共享许多技术，如信息标准化技术、数据中心及数据挖掘技术、机器学习技术以及基于知识的专家系统的应用等。最新的移动医疗与远程医疗技术、健康物联网技术以及可穿戴智能设备等也正以前所未有的速度蓬勃发展，以患者为中心的全医疗过程数据的获取逐步成为可能，这些新兴技术也为生物信息学及其相关学科的发展提供了新的机遇与挑战。

第二节 生物信息学与转化医学
Section 2 Bioinformatics and Translational Medicine

一、转化医学概述

转化医学（translational medicine），又称作转化性研究（translational research），是近十年来国际生物医学健康领域出现的新概念和重点研究方向，是生物医学向临床，公共卫生领域转化的一门新兴的快速成长的交叉学科。其实质就是要利用多学科合作，通过从实验室到病床（bench-to-bedside，B2B）的方法，快速地把生物医学等基础研究的成果转化成为临床实践和公共卫生领域中可以迅速运用的新的诊断方法、治疗药物和手段，并通过公共卫生政策的制定和教育的推广，达到改善个体和人群健康的目的。

1. **转化医学的历史** 1968 年，新英格兰医学杂志的一篇编辑部社论文章首先提出了"bench-bedside interface"的研究模式。但在随后很长的一段时间内，由于科技发展水平的限制和人们对疾病认识的不足，此模式并没有获得足够重视和深入探讨。直到 1994 年，Morrow 在 *Cancer* 杂志发表文章正式提出用"translational research"的概念指导癌症防控，转化医学才逐渐被认识和理解。

随后的短短 20 年中，转化医学的作用和能量日益显现，有关转化医学的研究论文也不断增多。进入 21 世纪以来，作为现代生命科学的主要分支和重要组成部分，基础医学、临床医学和药物研发都以各自为政的形式迅猛发展，它们之间固有的屏障和沟壑日趋显著。这种研究与应用之间的脱节势必成为生命科学继续快速发展和前进的绊脚石。美国新药研发模式遭遇前所未遇的危机，据统计，进入临床前研究的先导化合物平均 5000 种只有 5 种能进入临床试验，而最终获得批准上市的仅有 1 种，平均每种新药开发的成本在 14 亿～18 亿美元，开发周期平均为

10～15年。另一方面，伴随生命科学的长足进步，基础研究已经广泛渗透到临床医学的各个领域，为实验室获得的知识和成果快速转化成为临床诊疗技术和工具提供了可能。在此背景下，美国国立卫生研究所（NIH）在2003年描绘的路线图计划（roadmap）中，正式确立了现代概念的转化医学，这也就是所谓的双向、开放、循环的B2B的转化医学体系。

转化医学的主要目的是为了打破基础医学与临床医学之间固有的屏障，在其间建立从实验室到病床的直接关联，它是一次伟大的医学革命，不仅涉及基础和临床各个专一学科改革，更事关现在和未来医学人才的培养。

2. 转化医学的体系和定义　最初的转化医学理念强调打破基础医学和临床实践之间的鸿沟，建立开放的、双向的B2B通道，被称为T1。扩展的转化医学概念要跨越三个障碍（translational barriers 1-2-3），分为三个层次：一是将实验室、临床研究成果用于提高疾病防治效果，实现实验室到病床的跨越和转化（T1: from bench-to-bedside）；二是将研究成果用于制定预防、保健决策，实现从病床到社区的跨越和转化（T2: from bedside-to-community）；三是将实验与临床研究作为制定卫生法规的依据，实现从社区到政策的跨越和转化（T3: from community-to-policy）。在整个转化医学体系中，有几门密切相关的交叉学科，如生物医学信息学和转化医学信息学。生物医学信息学（biomedical informatics，BMI），有时简称医学信息学（medical informatics，MI）。它是医学与信息科学，计算机科学交叉的学科。美国医学信息学会（American Medical Informatics Association，AMIA）在2012年发布的《医学信息学核心竞争力》的报告中，对医学信息学定义作了阐述，深刻揭示了医学信息学发展趋势："生物医学信息学是研究和探索如何有效利用生物医学数据、信息及知识进行科学调查、解决问题和做出决策的交叉学科，其目标是努力改善人类健康"。它包含四个方面的含义：① BMI研究、开发和应用用于生物医学数据、信息和知识的产生、存储、获取、利用、共享的理论、方法和步骤；② BMI建立在计算机、通信及信息科学和技术等学科之上，又通过强调它们在生物医学领域的应用对这些学科做出贡献；③ BMI研究和支持从分子级别到人群级别，从生物系统到社会系统的推理、建模、模拟、实验和转化，构建基础到临床研究，到临床实践、再到医疗保健整个行业的桥梁；④ BMI意识到生物医学信息的最终用户是人，因此需要利用社会和行为科学来充实和研究技术解决方案、政策和经济、宗教、社会、教育、组织相关联系统的演变的设计及评价。

在AMIA对医学信息学的定义中使用了生物医学信息学这个术语，其最早出现在20世纪90年代人类基因工程期间，学者们发现医学信息学研究所采用的方法、技术对于生物基因数据的研究同样具有广泛适应性，因此在医学信息学前面加上"生物"两字，以显示这是一个完整的概念体系。过去十年，越来越多的学术组织扩展了研究领域，并且将其学术单位从医学信息学变成了生物医学信息学，2003年哥伦比亚大学正式将其医学信息系改名成生物医学信息系。这正是医学信息学科当前正在发生的显著趋势，AMIA自身对本领域相关术语进行了解释。AMIA认为biomedical informatics是其核心的科学学科，health informatics针对临床和公共卫生信息学方面的应用研究及实践，而medical informatics（狭义的医学信息学）现在特指临床信息学（clinical informatics）这个分支，临床信息学站在临床医生角度研究疾病诊断、疾病管理，与此相似的还有护理信息学（nursing informatics），牙科信息学（dental informatics）等。

现在，国际公认的医学信息学学科体系根据所涉及医学领域的不同分为如下几个相互关联的领域：生物信息学、图像信息学、临床信息学和公共卫生信息学。此分类体系的核心线索是研究对象从分子级扩展到人群级，其中生物信息学主要研究分子、细胞，图像信息学主要研究组织、器官，临床信息学主要研究个体（病人），公共卫生信息学主要研究人群、社会。另外，从研究领域着眼，还有按照转化生物信息学（translational bioinformatics）、临床研究信息学（clinical research informatics）、临床信息学、消费者健康信息学（consumer health informatics）、公共卫生信息学进行分类的学科体系。

Notes

转化医学信息学是转化医学的支撑学科，是医学信息学的一个崭新分支，它以转化医学中的相关信息问题为研究对象，将信息科学的理论与技术应用到转化医学研究中，服务于转化医学研究，旨在促进基础医学研究成果向临床应用转化。对于转化医学信息学，美国医学信息协会是这样定义的：将数据存储、分析和整合技术应用到基础研究数据向临床应用的转化过程之中，它包含基础研究数据和临床实践数据整合技术的研究和临床信息学方法论的研究。

在医疗领域，医学信息学面临的最重要的挑战是如何将生物医学研究领域的成果快速、可靠地转化为现实可用的临床解决方案。从这个观点来说，医学信息学的一个主要目标是促进"转化研究"的开展。医学信息学的研究范围涵盖了从基因、细胞、组织、个体到人群水平，可以预测在未来几年，这些方面形成的更完备的知识体系将会应用到开发新的预防、诊断及治疗方案。在生物信息学方面，随着基因组学、蛋白质组学的技术进步，每天都会产生新的数据，结合当前存在于医疗机构的临床数据，将形成宝贵的数据财富。这些数据的结合，可以用来破译错综复杂的疾病诱因、人类基因变异带来的影响以及与环境危险因素和生活习惯的交互作用。这些信息通过各种技术、方法如动态路径、基因网络等，最终反映出隐藏在疾病底层的生物、精神、社会层面的因素。从分子到人群的多层次实体的建模和模拟，通过解释观察到的现象来预测外部刺激对系统带来的影响。这些领域不属于传统的临床信息学、公共卫生信息学范畴，但是它们的结合为将来生物医学信息学提供了更多机会。

在转化医学的 T1，T2，T3 三个跨越连续体体系中，转化医学和生物医学信息学是协同和相互支持的关系，二者的关系如图 15-1，需要注意的是，生物医学信息学在整个转化医学的体系中的作用不一定是要发明新的信息技术，而主要是把生物医学信息学中丰富的技术方法应用到转化医学的基本目标，即促进基础研究的成果转化为人类健康和疾病的更好治疗方法。如图示：转化医学的主要领域（位于图 15-1 上面的"创新、确认和采纳"）可以用生物医学信息学的重点领域来描述（位于图下面的"分子和细胞，组织和器官，个体，以及人群"；转化医学的三个跨越障碍 T1，T2，T3 是由转化生物信息学和临床研究信息学来激活的，后两者的方法来自生物医学信息学的四个分支学科（生物信息学，图像信息学，临床信息学，和公共卫生信息学）。

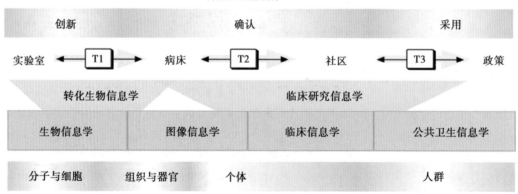

图 15-1　转化医学的体系及其和生物医学信息学的协同关系
(Sarkar, Journal of Translational Medicine, 2010)

另外，从更高和更深层次讲，现代意义的转化不仅包含从实验到人（laboratory to human）的转化，还包含有从理论到实践（evidence to practice）的转化，即 bench to community translation。同时，临床医学家在对疾病的观察和实践中发现和提出的新问题，可以进一步激发基础学科研究的新思路，更有针对性地解决临床问题。由此可见，转化医学是循环式的科学体系和理念，在从事基础科学发现的研究者和了解患者需求的临床医生之间建立起有效的"枢纽"，其核心聚

Notes

焦在从基础的细胞分子生物医学研究向最有效和最合适的疾病诊断、治疗和预防模式的转化。基础研究注重于知识探索、发现和创新，临床医学着眼于疾病诊断、治疗和预防，而转化医学聚焦于具体疾病，以疾病诊疗为研究出发点，以促进科学发现转化为医疗实践并最终服务于患者为目标。转化医学倡导的"以患者为中心"，是指从临床工作中发现问题、提出问题；由基础研究人员进行深入研究，分析问题；然后再将基础科研成果快速转向临床应用，解决问题。这就需要基础研究与临床科技工作者密切合作，从而达到提高医疗总体水平的目的。因此转化医学主张打破以往单一学科"各自为政"或"有限合作"的工作模式，强调集中有限的研究资源，多学科、多领域组成课题攻关小组，发挥各自优势，通力合作，促进研究进程向一个更加开放的方向发展。

需要强调，转化医学的核心是要在基础医学、药物研究、临床医学和公共卫生之间建立起一个双向转化的桥梁。一方面从实验台到病床边，把基础科学家获得的知识和成果，快速转化到临床应用领域（包括医疗、预防、护理等），为疾病的诊断和治疗提供更先进的理念、手段、工具和方法，提高临床疾病的预防和诊治水平；另一方面，临床研究者在转化成果的应用中及时反馈，再进一步转入相应的基础领域进行深入研究，使缺陷和不足得以及时修正，从而也促进了基础研究的发展，这就是具有双通道效应的"B2B"模式。

3. **转化医学的发展和现状**　转化医学的意义及其价值从其概念正式确立开始就已引起欧美国家的高度重视并催生战略行动。NIH 自 2006 年开始组织二十余个大学和机构成立协作组，设立一个名为临床和转化科学（clinical and translational science）的崭新学科，并推行了临床转化医学奖励计划（Clinical and Translational Science Award, CTSA），其目的在于推动和加速多学科交叉和学科间的合作、孵化创新研究的手段和技术（如组织工程技术、癌症防治技术的临床转化、干细胞治疗人体疾病等）、催化新知识和新技术运用于医疗第一线，这标志着转化医学理念的正式确立。

近年来，为了促进转化医学的发展，以转化医学为主题的大型国际研讨会几乎开遍了世界的每一个角落，世界上许多核心期刊都开辟了转化医学研究专栏，为满足越来越多的转化医学研究成果提供交流平台。2009 年，Science Translational Medicine、The American Journal of Translational Research 同时创刊，与前几年先后创刊的 *Journal of Translational Medicine*，*Translational Research*，*Clinical and Translational Science* 等国际性专业杂志构成了转化医学的信息网络中枢。作为 *Science* 的子刊，*Science Translational Medicine* 还设立了最佳转化医学奖（Excellence in Translational Medicine）、临床转化奖（Bedside to Bench Awards）等奖项，鼓励越来越多的学者从事转化医学研究。

迄今为止，美国已经在超过 60 所大学建立了转化医学研究中心，每年仅 NIH 资助转化医学的研究经费就有 5 亿美元。据报道，现阶段用于转化医学研究的投入，英国近 4.5 亿英镑，欧洲共同体达 60 亿欧元。在我国，转化医学尚处于起步和探索阶段，但发展很快，全国一些院校和科研单位都成立了转化医学研究中心，为我国转化医学的进一步发展打下了坚实的基础。

二、生物信息学与转化医学的关系

转化医学的出现和发展为基础研究（如生物信息学）开辟了一条新的发展道路。生物信息学不再仅仅是为生物学家提供技术支持，生物信息学发展的新的技术方法和理论也为生物信息学家提供了提出科学问题和解决科学问题的机会。掌握转化医学技巧的生物信息学家可以提出以前无法想象的新的和有意义的假说，并很快把新的发现和技术转化为临床实际应用。转化生物信息学与生物信息学的另外一个区别是前者的最终目的必须是转化性的，或者说必须应用到人类的健康和疾病的诊断治疗。

作为一门基础研究的学科，生物信息学在过去的几十年间发明了大量的新技术，积累了大量的新知识，发表了许多高水平研究论文。用于生物信息学和其他基础研究的科研经费，包括新药研发的投入与日俱增，20 世纪末 NIH 每年的研究经费高达 200 多亿美元。然而，人们的健

Notes

康状况并没有得到显著改善。因此，美国国立卫生研究院于 2003 年正式提出了转化医学的概念，试图在基础研究与临床之间建立更直接的联系，也即双向转化通道（two side way），从而推动基础研究成果的快速临床转化和反馈。

生物信息学和医学信息学（国外有时和健康信息学 health informatics 混用），以及学界逐渐达成共识的更宽泛的整合性的生物医学信息学更多的是重点研究某一具体领域的新的发现，比如生物信息学专注于生物领域的新发现，临床信息学专注于临床医学领域的新技术等，是一种相对微观，对单一数据类型进行详细分析的研究方法，而转化生物信息学则是一种宏观的，对很多异源异构数据进行整合的系统理论的方法，其目的是打破生物信息学和医学信息学研究之间逐渐增大的鸿沟。

生物信息学这个术语的正式使用已经超过 35 年，转化生物信息学正是建立在生物信息学成功的研究基础上。图 15-2 解释了转化生物信息学和生物信息学的四个重要研究领域：临床基因组学（Clinical Genomics），基因组医学（Genomic Medicine），药物基因组学（Pharmacogenomics），和基因流行病学（Genetic Epidemiology）之间的关系。生物信息学的研究聚焦在从分子到人群的上面四个领域，这四个领域方面的研究也构成了转化生物信息学的方法学基础。因此，转化生物信息学实际是在生物学知识（生物信息学）和临床应用（健康信息学）之间搭起了一座转化医学的桥梁。转化生物信息学的成功将会把实验室到床旁的创新关联起来，从而实现对转化医学的 T1 屏障的跨越。

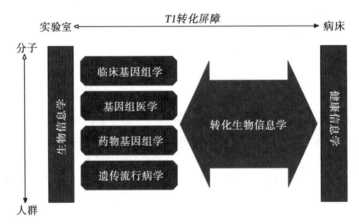

图 15-2　生物信息学和转化生物信息学的关系
（Indra Neil Sarkar，JAMIA2011）

转化医学的实质是理论与实际相结合，是基础研究与临床研究的整合，是生命科学和生物信息学革命的时代产物。通过对细胞、分子、结构、功能、表型、发病机制、生理、病理、环境遗传、预警诊断、预防治疗、医学信息的系统分析，实现多学科、多层次、多靶点、微观与宏观、静态与动态、人文与科学的交叉整合、融会贯通。转化医学的成功不仅取决于生物学家、临床医生和公共卫生专业人员之间的密切合作，而且还取决于生物医学信息学。生物医学信息学已成为这种合作的一部分，并能弥合它们之间的沟壑。生物信息学将加速实现基础医学研究到临床医疗实践的知识转化，并最终改善医疗保健系统中的预防、早期诊断、以及有针对性的疾病治疗等。

总之，转化医学理念的提出是人类医学发展史上一次伟大的革命，具有里程碑意义。它不仅涉及基础和临床各个专一学科的改革，更有关于现在和未来医学人才培养的医学教育的改革。基础科学必须与临床医学结合，才有生命力；基础医学必须为临床服务，才有前途。转化医学所倡导的基础与临床相结合也是未来医学教育改革的方向和实施改革的平台和途径。因此，转化医学的理念，也必将促进培养更多的全新医学人才，从而促进和保证生物医学研究的健康稳定发展。

Notes

三、转化医学信息学研究的基本内容和关键技术

转化医学的目的是通过对疾病的预防、诊断、治疗和预后纳入新的知识和技术来提高人类健康水平，从而在基础医学和临床医疗之间搭建桥梁。转化医学的成功依赖于以下几方面技术的发展：第一，如何充分利用大量的、先前研究所积累的各类知识？这需要转化生物信息学家研发更多的数据处理工具。第二，如何整合不同类型数据库中相关信息？包括数据的标准，以及数据整合和系统的整合等，生物医学信息学作为一门系统的学科提供了解决生物医学数据和临床电子病历数据的整合方法。第三，如何从生物技术所得的数据中提取信息？生物医学信息学学科中研究的数据挖掘，以及自然语言处理方法为生物临床领域中大量非结构化文本数据的数据分析提供了支持手段。第四，如何将生物医学等基础学科研究的成功快速应用于临床实践，这牵涉到生物医学信息学领域的医学决策支持。以下简要概述转化医学信息学研究的基本内容以及关键技术。

1. 信息集成　是计算机和生物医学信息学研究的一个重要内容。随着大量且种类繁多的生物医学和临床数据的获取和公开，基于将患者的各种信息、样本、以及数据整合分析的研究成果越来越引人瞩目。Mootha 等采用一系列的排序和分类方法将 DNA、mRNA 和蛋白质数据集成分析后发现了导致 Leigh 综合征（Frence-Canadian 类型）的一个基因。Aerts 等利用 Endeavor 对基因通过基因组数据融合的方式进行排序，发现了一个与颅面生长发育有关的新基因。Hohmes 等介绍了如何利用多种资源发现疾病之间的相关性，并对医学文献信息和电子病历数据进行了综合分析，发现了川崎症和自闭症之间的关系。Kohane 介绍了如何利用电子健康档案了解遗传和环境因素之间的相互作用，以及它们对人类健康和疾病的影响。

基因组信息的大量出现与电子病历的广泛使用加速了转化生物信息学发展，尤其是将基因组数据与临床信息联系起来并很容易地通过电子病历提取与存储。基于单核苷酸多态（SNP）的全基因组关联研究（genome wide association studies，GWAS）已经发现了数百个与 80 种疾病表型有关的 SNP 能够通过扫描整个基因组找出与某一种疾病表型有关的基因变异。基于 GWAS，Jones 等提出一个新的想法，即扫描所有的表型信息从而找出与特定的遗传标记有关的表型。最近，Denny 等提出了一种新的算法，实现利用基因组和临床数据对所有表型进行扫描（phenome-wide association scans，PheWAS）来寻找相关性。这种反向 GWAS 在相关研究中的作用已被证实，PheWAS 在分析疾病的基因架构，提出假设和发现基因多效性研究中也有广阔的前景。

为了进一步促进与人类健康和疾病相关的基因变异的研究，美国人类基因组研究所建立了"电子病历和基因组学（electronic medical records and genomics，eMERGE）联合会"，其目的是探索在大规模基因组学研究中，如何将 DNA 信息库与电子病历系统联系起来。生物和临床数据整合的其他项目还包括 Personal Genome Project，Exome Project，Million Veteran Program 和 1000Genome Project 等。因此，迫切需要新的统计和计算方法来整合基因组的信息与临床数据，从而全面发挥以基因组为基础的转化医学新技术的优越性，并最终提高患者的护理质量。

2. 自然语言处理　是计算机科学领域与人工智能领域的一个重要方向，研究能实现人与计算机之间用自然语言进行有效通信的各种理论和方法。主要包含两个方面：一是自然语言理解系统，从人类语言（文本语言或者演讲语言）中提取信息和知识，并将其结构化以便后续应用；二是自然语言生成系统，它将机器语言转化为人类可以理解的语言。自然语言处理的发展和应用在整个生物医学信息学的领域框架体系里都是重点，也是转化医学研究体系的重点，生物知识提取已经成为自然语言处理研究的重要领域，比如使用自然语言处理的方法促进分子路径的预测。在图像信息学领域，自然语言处理的方法被用于总结和组织医学图像相关的报告。在临床信息学领域，自然语言处理系统在把病人有关的非结构化或者半结构化信息进行抽取、集成与分析，并自动生成报告等方面取得了很多进展。在公共卫生领域，自然语言处理的方法被用于编码和总结人群层面的重要信息，比如描述疾病编码和用于突发事件监测。另外，由于电子病历系统在全世界的广

Notes

泛使用，以及大量在 Medline 发表的生物医学文献产生了大量自然语言文本，自然语言处理在抽取并总结这些大量的文本信息和建立生物信息学和临床信息学资源方面可以发挥极其重要的作用。

3. 决策支持系统　是一种信息管理系统，基于已知的医学数据做出决策，并从这些决策中智能地过滤选择出最佳决策。医学决策支持系统至少包含以下几个核心活动：①知识获取，从各种知识源中收集相关信息；②知识表达，将收集的知识以一种系统的和可计算的方式表示出来（比如结构化的句法或基于语义的结构）；③推断，根据提供的准则推断出一系列假定的决策（基于规则的或基于概率的方法）；④解释，描述可能的决策和决策过程。在临床医学领域，利用计算机技术的医学决策支持系统已有 40 多年历史。在生物信息学领域，一系列的决策支持系统可以辅助实验室的生物学家做决策分析，比如序列相似性判断、基因发现和基因调控等决策，以及已被广泛应用的序列对齐搜寻工具 BLAST 和用于第二代基因组项目的注释引擎 MAKER2 等。最新的进展是根据遗传信息为临床决策提供建议的个体化医疗决策支持系统。在图像信息学领域，已有多种决策支持系统开发出来改善了一系列的疾病诊断方法。在临床信息学领域，计算机辅助临床决策支持的研究和应用更是非常活跃。在公共卫生信息学领域，决策支持被用在生物恐怖监控和症状监测系统中。在转化医学的研究过程中，知识获取、知识表达、推断和解释都需要整个转化医学团队在实验室，病床，社区，以及人群不同层次来完成，以便最终在研究者之间，以及生物学，临床和公共卫生数据之间搭起双向沟通的桥梁。

4. 电子病历　病历的电子化是全世界范围内在医疗信息化领域影响最大、行动最一致的运动。电子病历的实现被广泛认为可以提高医疗效率，改善医疗质量，降低医疗差错。电子病历包含大量的重要信息可以用于临床研究和整合生物基础医学研究成果。医院通过电子病历系统以电子化方式记录患者就诊的信息，包括首页、病程记录、检查检验结果，其中既有结构化信息，也有非结构化的自由文本，还有图形图像信息，涉及病人信息的采集、存储、传输、质量控制、统计和利用等。从生物信息学的角度来看，电子病历系统中基因型数据的集成与分析可以实现基因型到表现型之间联系的推断，这样便提升了生物信息整合实验室数据和临床数据的重要性。电子病历所收集的大量数据也为进一步分析这些数据提供了一个难得的机会，此类分析可以更深入地了解疾病从而开创医学研究的新时代。例如，个人的基因组信息以及环境因素的纵向记录将对某些疾病的风险评估提供极大的帮助。

除了电子病历和基因数据的整合是目前发展的重要方向，个人健康档案也是最近的发展热点，个人健康档案不仅包括在医院或诊所产生的临床信息，还包括病人在家里和生活中实时产生的各种健康信息，每个人可以主动地参与自己的健康管理，这对数据的整合与分析，以及基于数据的健康服务带来了更多的挑战和机会。电子病历系统中组织和存储的大量数据对转化医学有着重大影响，例如随着"个人健康"工程的出现，电子病历系统将会组织和存储大量的基因型数据（实验室数据）和表现型数据（临床数据），这些数据的共享，尤其是将来更多地应用于个人服务，实现消费者驱动的，患者为基础的个体化服务，将会为人类健康带来重大突破，从而真正实现转化医学。

四、转化医学信息学案例分析

1. 磁共振技术（MRI）　以磁共振成像技术的发明和普及为例，这种精确度高、立体成像且对身体无害的诊断技术，成功挽救了无数患者的生命。磁共振现象在 1946 年就被美国科学家费利克斯·布洛赫和爱德华·珀塞尔发现，但如何将这一成像技术引入临床疾病诊断却经历了漫长而曲折的过程。1973 年，美国科学家保罗·劳特布尔发现在静磁场中使用梯度场，能够获得磁共振信号的位置，从而可以得到物体的二维图像；在此基础上，英国科学家彼得·曼斯菲尔德进一步发展了使用梯度场的方法，指出磁共振信号可以用数学方法精确描述，从而使磁共振成像技术成为可能，这种快速成像方法为医学磁共振成像临床诊断打下了基础，推动了医用磁共振成像仪问世。利用磁共振成像技术，可以诊断一些以前无法诊断的疾病（如软组织疾病），特别是脑和脊髓部位的病变；可以为患者需要手术的部位准确定位，特别是脑手术更离不开这种定位手段；可以更准确地跟踪患者体内的癌变情况，为更好地治疗癌症奠定基础。今天，磁共振成像仪已经成为世界普及的最重要的诊断工具之一，对医学影像诊断和疾病防治产生了深远的影响，这是一个"以临床应用为中心"，将基础研究转化成临床诊断技术的经典范例。

2. 干细胞治疗（stem cell therapy）　干细胞研究与应用是心血管疾病、糖尿病、神经系统疾病、肝脏疾病等重大疾病治疗和多种组织缺损（如骨、软骨、神经、血管、牙周组织缺损等）修复再生的新途径和新希望，是生命科学和医学研究领域国际关注的焦点。加快干细胞治疗技术的临床转化和应用，具有巨大的社会经济效益，将会对人类健康水平产生深远影响。然而，干细胞基础研究的不断深入并没有为足够患者带来更多福音，只有少数学者在不同领域（如系统型红斑狼疮的治疗）进行了尝试。目前开展的干细胞临床实验急需进一步推广，从而解决此领域基础研究与临床应用的严重脱节。干细胞治疗的临床转化应注重解决和筛选适宜的移植细胞，建立相关疾病动物模型与评价、细胞移植途径优化与剂量确定、移植后在体示踪技术、安全性及有效性指标检测等技术平台，开展治疗有效性的机制研究，提高移植细胞效率，完成相关产品的临床前研究，建立免疫排斥反应防治等关键技术，制定相关临床准入标准。虽然围绕干细胞应用还有很多"瓶颈问题"有待解决，国内外很多医疗机构的干细胞培养技术、实验室条件都已经完全能够满足临床应用的要求。在安全性、有效性得到保障的条件下，尽早开展干细胞治疗的临床对照实验研究，推动干细胞真正成为强有力的临床治疗工具，是目前转化医学研究的一个重要任务。也只有借助"B2B"模式，干细胞研究水平才会有质的提升。

3. 生物标记物（biomarker）　指可作为正常生物学过程、病例过程或治疗干预的药理反应的指标进行客观检测和评估的任何特征。在分子层面上，生物标记物则指的是"利用基因组学、蛋白质组学技术，或者成像技术可能发现的标记物的子集"。从这个角度来说，生物标记物由于可以在早期诊断、疾病预防、药物靶点确定、药物反应以及其他方面发挥着重要作用，寻找和发现有价值的生物标志物已经成为目前研究的一个热点。基于基因的生物标记物被广泛作为一种有效的研究人类疾病的生物标记物。定量蛋白质组学中的蛋白质定量技术也成为发现生物标志物的重要途径。根据生物标记物在临床的作用，可以分为诊断性标记物，疾病严重度标记物，疾病预后标记物，疗效标记物，研究性标记物等。推动生物标记物研发在人类疾病诊断领域的发展需要花费多年的时间。例如骨转化生物标记物的研究，花费了 15 年的时间监控治疗骨质疏松症药物的效果，并且对新型关节炎药物的发展起到了一定的推动作用。但是临床医师仍然没有将这些分析手段作为临床实践的常规性检验方法。C-反应蛋白，作为冠脉疾病诊断中炎症反应的有效生物标记物，已经有超过 20 年以上的实践经验，但最终获得心脏病学家们的广泛认同的时间并不长。生物标记物的研究，需要由基础医学、临床医学和生物信息学等多学科研究人员协同工作，不仅为开发新药及研究新的诊断治疗方法开辟出一条具有革命性意义的新途径，而且有助于探索新的诊断治疗方法，缩短新的诊断治疗方法从实验到临床阶段的时间，加快生物医学基础研究成果快速向临床应用转化，从而提高医护和治疗工作的质量。

第三节　生物信息学与医学信息学
Section 3　Bioinformatics and Medical Informatics

一、生物信息学与临床医学信息学关系

以往，生物信息学和临床医学信息学一直是两个不同的学科。临床医学信息学是信息科学、计算机科学和医学卫生保健等学科互相交叉的学科，运用信息、计算机、认知科学等的理论、技术和方法，研究医学信息的性质和运动规律，进行医学信息的采集、加工、存储、传输、分析、利用以

Notes

至于医学知识的表述,为临床决策提供支持,以改进医疗卫生保健服务,提高医疗卫生保健质量。

21世纪在人类基因组计划建立以来,人类基因组的测序,以及与基因组相关的研究成果,协助人们了解遗传因素在人类健康和疾病中的角色,并快速地将新发现用于疾病的预防诊断和治疗。随着人类基因组计划最初目标的完成,医学研究向应用人类基因组计划的成果,改善人类健康并预见和避免基因组潜在伤害人类健康的方向作战略转移。如果医学方单独地进行流行病和临床方面的研究,而基因组以另一方的身份单独进行研究,那么两个单独方都不再足以能应对先进的基因组医学,因此需要新的综合的途径。而这时,综合不同的层次上生成的所有的数据和信息已成为目前迫切需要解决的问题了,这就需要有生物信息学和医学信息学的协同。所以,由于生物信息学和临床医学信息学的发展以及整合的需要,生物医学信息逐渐在生物信息学和临床医学信息学协同过程中出现,它提供新的生物医学知识的开发和共享框架。生物医学信息学这门学科必须在临床医疗和基础生物学的基础上为人群健康的研究提供所需要的有效的资源。

综上所述,临床医学信息学是一门范围宽泛的学科,致力于在生物学研究、生物医学科学、医学以及医疗保健领域的工作实践当中,对于计算机科学、信息科学、信息学、认知科学以及人机交互的研究与应用。其他的许多领域,包括生物信息学、转化研究信息学、临床研究信息学、临床信息学、公共卫生信息学以及医学信息学在内,通常都属于是生物医学信息学的兄弟领域或者生物医学信息学之中的子领域。

二、临床医学信息学概述

(一)临床医学信息学的概念内涵

1. 临床医学信息学的定义　临床医学信息学是医学信息学的重要分支。医学信息学是一门多学科交叉的综合学科,按照研究对象层面的不同可以分为:

(1)生物信息学:主要研究对象是分子和细胞,如基因序列和基因图谱。

(2)图像信息学:主要研究对象是组织和器官,如放射图像系统。

(3)临床信息学:主要研究对象是临床医生和患者,包括各个临床专业相关应用。

(4)公共卫生信息学:主要研究对象是人群,例如疾病预警系统。

由此看出,临床医学信息学侧重于研究与一切临床诊断治疗活动相关,为临床医生的诊断治疗服务,为病人的就医导向的医学信息,其目的在于使医务工作者在面对一个病人的时候,从整体考虑,系统组织各个方面的协调运行,从而达到最佳的医疗水平。因此,临床医学信息学的定义为:采用现代信息学的理论与方法,对来自临床诊疗活动,医院管理,临床医学研究以及医学教育等方面的信息给予系统收集,科学的管理,准确的分析,充分的利用,以提高医院管理水平,改善医疗效果为目的学科。简言之,临床医学信息学就是现代信息技术在临床医学中的应用。

2. 临床医学信息学的特点　临床医学信息学因其学科属性,既有明显的应用性,如肿瘤的诊断治疗,影像学教学等,又有其基础理论性,如临床数据库的建立原理,医院决策支持论等。正如医学是一门多学科交叉的综合学科一样,临床医学信息学也有此特点。具有多学科交叉特点的原因是本质上临床医学信息学处理医学和卫生科学所有领域与临床有关的信息。

3. 临床医学信息学的任务与目的　作为医学领域的一门学科,其任务是使医疗卫生领域中的信息处理计算机化、智能化。它可以是医药信息学人员开发与研究的题目;也可以是对在职医务人员继续教育的内容;还可以作为医学院校的系列课程,为社会培养既懂医学,又擅长于计算机医学系统应用与开发的专业人员。在综合性大学开设临床医学信息学课程,则是为了把它同推动计算机科学与技术的进步结合起来。又由于医学信息属于生物医学、计算机科学、信息科学、认知科学、决策科学、流行病学、无线电通讯科学以及其他一些领域的交叉学科,其研究目的是应用信息技术发现强化医学护理、生物医学探索与科学的新方法和临床技巧,以达到促进医学基础知识的应用及改善医疗服务水平。

（二）临床医学信息学的研究领域

目前，临床医学信息学的研究领域越来越广泛，涉及科研，医疗，教学与管理。大致可分为如下几个方面：

1. 医学信息基本问题　包括医学，尤其临床信息的获取、存储和利用以及医学信息学与临床医学信息学的学科属性，理论基础等。

2. 医学实践管理　包括医学信息的远程交换与远程通信，信息的存储与检索，数据的处理与自动化，医疗诊断与决策，疾病的治疗与控制以及临床研究与开发等。

3. 现代信息技术在医学科研与统计中的应用　包括临床研究系统，计算机在分子生物学中的应用，神经网络以及 SAS 等各种统计分析中的应用。

4. 医学信息学教育与培训　包括医学信息学教育，国际医学 / 卫生信息学培训计划数据库以及基于互联网的虚拟电子病历系统，信息检索系统，互联网和医学信息资源的查询。

5. 现代信息技术在医学教育中的应用　包括计算机在医学教育中的应用，数字化解剖图谱以及虚拟人体等。

6. 现代信息技术在医疗器械与设备中的应用　包括计算机在医学信号检测与控制中的应用，医疗仪器与新检测技术，计算机心电图分析标准等。

7. 现代信息技术在中国传统医学中的应用　包括信息管理技术在中医古文献整理及研究中，计算机在中国传统医学中的应用，人工智能技术在中医理论中的研究及应用。

（三）临床医学信息学的主要应用

临床医学信息学按照所涉及的信息类型的不同来划分主要有两种应用：基于患者信息的应用和基于知识的应用。基于患者信息的应用主要面向特定患者在临床环境中的个性化诊疗和护理信息，而基于知识的应用则面向临床医疗学科基础。

1. 电子病历　是基于患者信息的临床医学信息学的核心应用。电子病历不只是单纯纸质病案向电子媒体的移植，不仅包括了纸质病案的所有内容，而且包括了声像图文信息，其完整资料、数据处理、网络传输、统计分析等均是纸质病案无法比拟的，使得医生、护士、患者、药剂师、检验人员、事务人员等在权限范围内，都能很方便的适用；同时，电子病历能够方便的与其他医院信息系统进行数据交换，使得对患者的持续诊疗、远程医疗成为现实。

2. 信息获取　主要研究基于知识的信息组织和获取（不仅局限于医学）。医学科研是创新的工作，是围绕医学进行的一系列带有科学性质的研究，如对生物信息学、卫生信息学、基础医学、临床医学以及预防科学的研究等，这些产生的大量信息是医学信息的重要支撑。传统的医学文献信息仍在医学科研中占有很大比重，如图书、期刊、文献等。随着科学技术飞速发展，电子计算机技术、通讯技术等现代化技术应用于信息获取领域越来越普遍，数据库就是存储、传递信息的一类新型载体。具有代表性的有美国的 DIALOG 国际联盟练级检索系统以及 MEDLINE 期刊文献数据库等。除此之外，其他基于知识的网络信息资源还有临床指南（http://guideline.gov/）以及一系列面向患者和普通人群的医疗服务网站，如美国医学图书馆的 MedlinePlus（http://medlineplus.gov/）。

三、医学信息的标准化技术

（一）医学信息标准化的概念内涵

医学信息的标准化特指信息标准化在医学领域的具体应用。狭义的信息标准化是指信息表达上的标准化；广义的信息标准化不仅涉及信息元素的表达，而且包括信息传递与通讯、数据流程、信息处理的技术与方法以及信息处理设备等。

（二）医学信息标准化组织

1. 国际标准化组织（ISO）　是世界上最大的非政府组织的国际标准开发和发布组织，成立

Notes

于 2 月 23 日，其宗旨是在世界范围内促进标准化工作的开展，以利于国际物资交流和互助，并扩大知识、科学、技术和经济方面的合作。ISO 已经制定了 18 500 条多种学科的国际标准，每年发布 1100 条新的 ISO 标准。

2. 国际医学术语标准与研发组织（International Health Terminology Standards Development Organization，IHTSDO）　创建于 2006 年，是一个非营利组织，目的是发展和支持国际健康术语体系，成员包括加拿大、澳大利亚、丹麦、英国、美国等国家。IHTSDO 开发和使用了 SNOMED/Clinical Terms（SNOMED/CT）用于支持安全和有效的健康信息交换，目前已成为电子健康记录和其他相关应用的基础在世界上 50 多个国家中得到应用。

3. 美国国家标准协会（American National Standards Institute，ANSI）　成立于 1918 年。该学会的使命是通过推动和促进自愿的一致性标准和合格评估体系，提高美国商业的全球竞争力和提升美国生活质量。其成员包括政府机构、组织、公司和国际团体以及个人，代表了 12.5 万家公司和 350 万名专家的意向。ANSI 主要协助标准的开发和利用。世界上第一个关于电子病历的国家标准 HL7 就是由 ANSI 认证和批准的。

4. 美国实验和材料协会（American Society for Testing and Materials，ASTM）　最早成立于 1898 年，是当前世界上最大的发展机构之一，是一个独立的非盈利性的机构。主要任务是制定材料、产品、系统和服务的特点和性能标准及促进相关知识的发展。

5. 欧洲标准委员会（European Committee for Standardization，CEN）　成立于 1961 年，宗旨是促进成员国之间的标准化协作，制订地区需要的欧洲标准和协调文件。他是主要的欧洲标准和技术规定的提供者，有 31 个成员国致力于发展欧洲标准。

6. 其他标准化组织　除了上述重要的国际标准化组织外，国际化的医学信息标准化组织还有电子病历协会（Computer-based Patient Record Institute，CPRI），在电子病历内容、安全、隐私、保密、通用医疗卫生标识符和医疗词汇及术语的标准推动活动中起到了重要作用。国际电工委员会（International Electrotechnical Commission，IEC）也是一个制定医学信息软硬件标准的非政府性国际机构。

（三）主要医学信息标准

近几年来，国际及各国标准化组织共同努力，积极展开医学信息标准化工作，逐步建立了较为完善的标准化体系，在医学领域得到了广泛认可和应用。本节对其中主要的医学信息标准进行简要介绍。

1. 医学术语标准

（1）《医学主题词表》（medical subject headings，MeSH）：是美国国立医学图书馆（U.S. National Library of Medicine，NLM）出版的一套专门为医学文献分类所设计的规范化的可扩充的动态叙词表，该词表是生物医学及健康相关信息和文件的索引、编目、搜索的依据，是医学领域中应用最广泛、权威性最高的词表。

（2）一体化医学语言系统（Unified Medical Language System，UMLS）：是国国立医学图书馆 1986 年研究与开发的语言系统。其集成、分发关键术语、分类、编码和相关资源，用于促进更有效和可互操作的包括电子健康记录的生物医学信息系统和服务的创建。该系统是对元词表中的生物医学概念、术语、词汇及其等级范畴的整合，系统主要包括超级叙词表、语义网络、专家词典与词典工具三个主要工具。其中超级叙词表是核心，收录了很多词汇的术语和编码，包括 CPT、ICD、LOINC、MeSH、RxNorm、SNOMED/CT。语义网是为建立概念、术语间错综复杂的关系而设计的，为超级叙词表中所有概念提供了语义类型、语义关系和语义结构。图 15-3 是 UMLS 参考手册（UMLS Reference Manual，http://www.ncbi.nlm.nih.gov/books/NBK9679/）中对 UMLS 语义网中部分概念及其属性的描述。

Notes

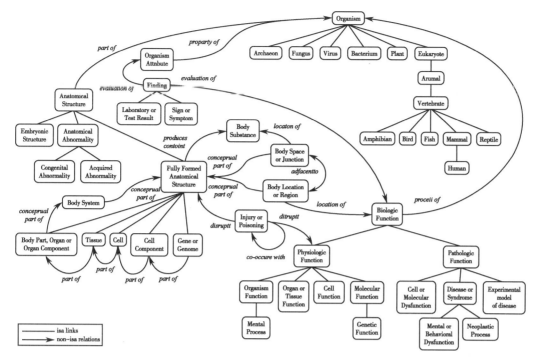

图 15-3　UMLS 语义网（部分）

（3）医学术语系统命名法——临床术语 SNOMED CT（Systematized Nomenclature of Medicine/Clinical Terms，SNOMED/CT）：是一部以概念为导向的、经过系统组织编排的，便于计算机处理的医学术语集，涵盖了如疾病微生物、药物等大多数方面的临床信息。它被认为是世界上最全面的、适用语言最多的临床医疗术语集。采用该术语集。

（4）国际疾病分类（International Classification of Diseases，ICD）：是依据疾病的四个主要特征，即病因、部位、病理、临床表现对疾病进行分类的系统。目前最新版本为 ICD-10。

（5）RxNorm：是 NLM 编制的一个关于临床药物的标准命名法。RxNorm 提供的是临床药物（活性成分＋强度＋剂型）以及给予患者的剂型的标准名称。RxNorm 提供从临床药物（包括商品名和通用名）到其活性成分、药物要素（活性成分＋强度）以及相关商品名的链接。

（6）观测指标标识符逻辑命名与编码系统（Logical Observation Identifiers Names and Codes，LOINC）：主要是由美国印第安纳大学和犹他大学开发的用于促进临床观测指标结果的交换与共享的命名和编码系统。LOINC 术语涉及用于临床医疗护理、结局管理和临床研究等目的的各种临床观测指标，涵盖了化学、血液学、血清学、微生物学（包括寄生虫学和病毒学）以及毒理学等常见类别或领域；还有与药物相关的检测指标，以及在全血计数或脑脊髓液细胞计数中的细胞计数指标等类别的术语。

2. 数据交换标准

（1）数字医学成像和通信标准（Digital Imaging and Communications in Medicine，DICOM）：即医学数字成像和通信，是医学图像和相关信息的国际标准。它定义了质量能满足临床需要的可用于数据交换的医学图像格式。DICOM 被广泛应用于放射医疗，成像以及诊疗诊断设备等，并且在和等其他医学领域得到越来越深入广泛的应用（图 15-4）。

（2）医疗健康信息传输与交换标准（Health Level Seven，HL7）：即开放系统互联参考模型的应用层（第七层）。HL7 的宗旨是开发和研制医院数据信息传输协议和标准，规范临床医学和管理信息格式，降低医院信息系统互连的成本，提高医院信息系统之间数据信息共享的程度。HL7 的主要应用领域是 HIS/RIS，目前主要是规范 HIS/RIS 系统及其设备之间的通信，它涉及病房和病人信息管理、化验系统、药房系统、放射系统、收费系统等各个方面。

Notes

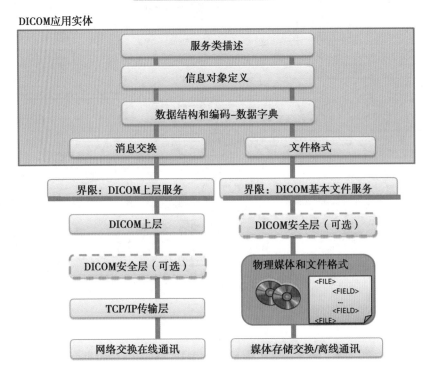

图 15-4　DICOM 通讯模型

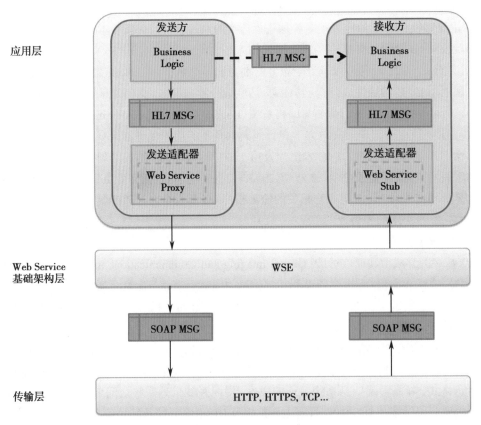

图 15-5　HL7 通讯模型

四、电子病历与医学信息系统集成

（一）电子病历

随着电子病历应用研究的发展，国内外对电子病历的称谓与内涵认识也不尽相同。常见的电子病历的相关名称有：EHR（electronic health care record，电子健康记录），EHCR（electronic health care record，电子医疗保健记录），EPR（electronic patient record，电子化的患者记录），CPR（computerized patient record，计算机化的患者记录），EMR（electronic medical record，电子病历）。

其中最具代表性的是美国医学研究所（Institute of Medicine，IOM）的电子病历研究机构（CPRI）对 CPR 所做的定义：电子病历是指以电子化方法管理的个人终生健康状态和医疗保健信息，它取代了纸张病历，作为满足所有诊疗、法律和管理需求的主要信息源。

根据中华人民共和国卫生部 2002 年施行的病历书写暂行规定，可将电子病历中的信息分类如下：患者的一般信息、症状信息、体征信息、实验室检查信息、诊断信息、治疗信息、疾病转归信息、费用信息和医护人员信息。

电子病历记录了所有的医院临床与管理数据，由于医院业务的繁杂及特殊，电子病历中存储的数据有自己鲜明的特点。电子病历中的数据既包括客观的数据，又包括医生诊断等在内的主观数据；既有结构数据，又有半结构数据和非结构数据。

电子病历数据的存储一般分为两部分：①将医学术语统一到一个数据库中，便于调用，并且将优先权给予使用频率高的术语；②将患者的有关数据保存在另一个数据库中，便于查询和使用。当前支持 EMR 的数据库有 Oracle、DB2、SQL Server 等常用数据库，同时也支持多维数据仓库。

（二）医学信息系统集成

在医院复杂、分散、异构的信息系统之间，进行安全的交换和共享，是数字化医院信息集成的重点研究内容，其所要解决的关键技术问题如下：

1. 可扩展性　应使得数字化医院信息集成可以快速进行，持续使用，适应新的 IT 技术发展，各模块之间属于松散耦合，让医院信息系统的发展达到一种可持续发展状态。

2. 标准化　数字化医院信息集成采用医疗信息行业标准 HL7 进行信息集成。HL7 标准是当前国际医院信息交换的标准，其目的是发展各型医疗信息系统间的通信标准。如何实现基于 HL7 的医院异构信息集成，成为如今国内医院信息系统发展的重要课题，也是信息集成的关键问题之一。

3. 安全性　充分考虑数字化医院信息集成过程中面临的安全问题，采用消息调用的方式进行信息集成，应用系统之间不直接进行数据共享或干涉，而主要采取消息发布与订阅的方式，保证信息集成的安全性。

4. 复杂度　如果能够降低医院和不同厂商的信息系统之间的集成复杂度，那么医院方面的集成复杂度也将同层次降低。

信息集成已成为医院领导和管理部门迫切而现实的考虑，探索异构系统的集成管理，真正实现信息系统集成构架的随需应变也成为医院信息化建设的课题。以"集成"为目标，提供集成业务的总线产品；以及依托 HL7、IHE 等规范对现有产品进行调整、改造，以适应异构信息之间的集成要求和流程重组要求是当前数字化医院信息系统建设的重要任务之一。

目前，很多大型医院的信息共享方式都通过集成平台。美国排名前十七位的医院都有使用集成平台进行数据交换和共享，如马里兰州巴尔的摩市约翰斯•霍普金斯医院、马萨诸塞州的波士顿马萨诸塞州总医院等。当前，国际上集成引擎较成熟的主要为以下几个产品：Intersystems 公司的 Ensemble 集成引擎；Orion Health 公司的 Rhapsody 集成引擎；SIEMENS（西门子）公司的 Siemens OPENLink 集成引擎；Oracle（甲骨文）公司的 Oracle Health Sciences 集成引擎；Corepoint

Notes

Health 公司的 Corepoint 集成引擎；Mirth 公司的 MirthConnect 集成引擎。

（三）基于后关系型数据库的电子病历系统案例介绍

医疗数据库的复杂性决定了存储在各类医疗信息系统中数据形式的复杂性。存储在电子病历数据库中的数据，不仅有大量的数字、字符、长文本条目以及用户自定义类型数据，还有许多非结构数据。因此，选择一个合适的数据库平台对于 EMR 的性能有着至关重要的影响。以往医院里使用的电子病历是基于关系型数据库开发的，随着医院数据量的增加，系统运行速度越来越慢而且频繁出现系统崩溃的现象。后关系型数据库 Caché 在关系型数据库的基础上综合了面向对象技术和互联网应用技术，通过融合面向对象技术与关系型数据库技术，克服了传统关系型数据库和"纯对象"数据库的缺点。不同于传统的以二维表形式组织的关系型数据，Caché 以多维的形式存储数据。

建立在后关系型数据库上的电子病历系统能显著改善当前电子病历系统所遇到的问题，本案例以后关系型数据库 Caché 和 Ensemble 集成平台为基础，设计并研发了电子病历系统，在性能上有显著优势。

电子病历系统整体架构图图 15-6 所示，整个系统架构分为三层，而 Caché 数据库为系统中间层。系统的顶层是应用模块，包括为医疗专业人员提供的工作站、用于移动工作与服务的个人数字助理（personal digital assistant，PDA）系统、为医生和医院管理者提供的数据挖掘和分析以及为技术人员提供的系统配置和维护平台。系统的底层涵盖了医院每个部门的设备终端，主要包括智能设备、内镜检查、麻醉、生化分析、CT、B 超、心电图、呼吸机、生理检测、脑电图以及其他终端设备等。

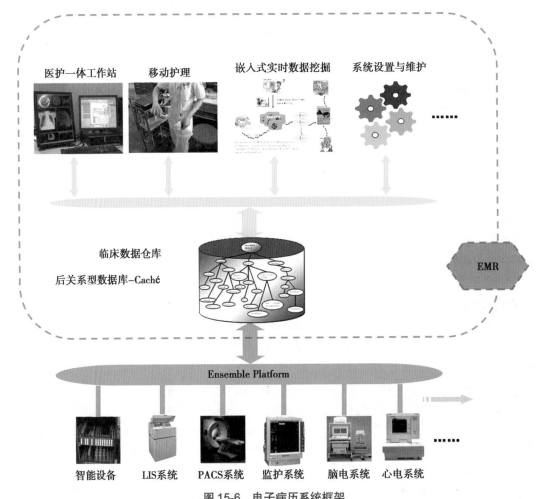

图 15-6　电子病历系统框架

电子病历系统为医院里每一个终端都提供了通用访问，所有的移动设备都通过无线局域网连接到数据库。Caché 数据库是整个信息系统的中央核心部分，它连接各个部门的终端设备。这个中央数据库内存储着来自顶层和底层终端的各种数据，并为每一个终端反馈所需要的数据。由于数据是集中管理的，因此 Caché 数据库为整个系统提供了高效的性能。此外，中央数据库也为数据挖掘和分析提供了详细的数据资源，以支持决策分析。

整个系统设计在 Ensemble 集成平台之上。与传统的通信产品不同，Ensemble 具有高度的可扩展性，并以一个能兼容 SQL 的对象数据库为核心。Ensemble 自身的所有元素都是以对象类的形式存在于 Caché 数据库中的。对于需要同时满足集成和应用研发要求，尤其是需要跨应用程序快速协调业务流程，集成整个医院数据的项目，Ensemble 是非常合适的。

对电子病历系统进行功能测试，测试其基于关系型数据库和后关系型数据库的响应时间。关系型数据库在电子病历中的功能测试以 Oracle 为例，数据来源于一家拥有 660 张住院病床，日门诊量超过 1000 的医院，所以提供了足够量的数据进行测试。同样的测试数据被导入基于后关系型数据的电子病历系统中。测试运用同样的硬件和网络测试环境。图 15-7 左右两张图分别给出了电子病历系统中进行查询和创建操作的响应时间。

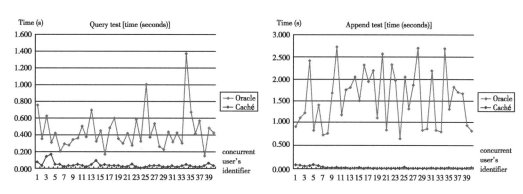

图 15-7　电子病历性能测试

从图 15-7 可以看出，查询操作和创建操作的测试结果都反映出 Caché 响应时间要快于 Oracle，而且在多用户并发情况下，Caché 数据库的响应时间是一条相对平稳的曲线，而 Oracle 的响应时间就要起伏许多。从上述案例可以看出，后关系型数据库比关系型数据在电子病历系统的操作方面比具有更高的速度优势。

五、临床数据中心与数据挖掘

（一）临床数据中心概述

在实际的临床信息化和数字化医院建设进程当中，各类应用软件越来越多，医疗机构内的信息环境也变得越来越复杂。通常情况下，各类临床数据分散存储在不同的临床信息系统中。由于各系统厂商采用的设计思路不同、开发技术也不同，导致业务上原本要上下贯通、相互关联、前后对应的数据，最终在各系统中孤立的存储，形成大量信息孤岛和信息烟囱。同时，不同系统中重复的人工操作时常存在疏忽和差错，导致数据不一致、数据表达不统一，这些都让信息化的优势大打折扣。

临床数据中心（clinical data repository，CDR）是电子病历系统的核心组成部分，通过对各类临床数据进行标准化、结构化地表达、组织和存储，以及在此基础上开放各种标准的、符合法律规范和安全要求的数据访问服务，为医院的各类信息化应用提供一个统一的、完整的数据视图，最终实现辅助改善医疗服务质量、减少医疗差错、提高临床科研水平和降低医疗成本等主要目标。

美国医疗卫生信息与管理系统协会旗下 HIMSS Analytics 公司最新统计数据表明,截至 2014 年第一季度,美国 91.2% 的医疗机构实施了临床数据中心。近年,卫生部陆续出台《电子病历基本架构与数据标准(试行)》《电子病历系统功能规范(试行)》《基于电子病历的医院信息平台建设技术解决方案(1.0 版)》等临床数据中心相关标准与规范。各级医疗机构及区域开始把临床数据中心的建设放入信息化规划重点,各大电子病历系统厂商纷纷将临床数据中心作为研发重点。借助建成的临床数据中心,以之为数据源开展数据分析和利用,更好地服务于科研、管理和临床决策。

(二)临床数据中心建设要点

根据国际标准化组织 ISO 所制定的"电子健康记录体系需求"标准(ISO/TS 18308:2004, health informatics - requirements for an electronic health record architecture),患者诊疗数据集至少包括如下内容:病史数据、体检数据、过敏史、用药记录、临床观察结果(包括体征、影像检查、检验等)、患者既往问题列表、诊断、各类医嘱、治疗计划、患者知情同意说明等。由于上述的这些诊疗数据包含数值、文字、影像、波形等多种形态,在格式上千差万别,同时,信息彼此之间的关系繁杂且不确定,而且,现有的大多数信息以自由文本进行表达和存储,很难进行信息的综合利用。除此之外,相对于其他领域而言,医疗领域的知识更新非常迅速,各种新的检测手段、新的医学概念不断涌现,无论是信息形态的多样性、还是信息之间关系的复杂程度都随着这些医学知识的更新不断变化。因此,临床数据中心在其底层数据模型上应充分考虑这种医学知识持续更新的特性。

临床数据中心建设应在数据集成平台的基础上进行,保证院内全部数据来源的信息集成,解决信息孤岛问题。数据集成平台是包括临床数据中心在内的一切上层应用的接触,其建设首先要保证系统间信息系统交互的完备性、共享信息的一致性、提供数据完整性验证、提供交互反馈能力、提供交互数据存储能力,并对整个医院系统的数据字典管理、统一用户管理提供支持,应该提供各类功能的可视化管理软件。

建立在数据集成平台基础上的临床数据中心可以采用物理集中式的数据存储和管理,围绕患者组织和管理数据,重点关注各类临床数据的真实性、实时性和长期性。而在实际建设中,物理集中式的数据存储和管理在实施中往往存在一些困难和问题,分布式存储是临床数据中心建设落地的更快捷途径。即便临床数据被存储于不同的物理空间,但是底层一致的数据模型和数据集成平台的使用保证了临床数据间的互联互通,仍然可以达到逻辑层面上的数据一元化管理。

另外,临床数据中心建设需要设计一个标准化、结构化、可扩展的信息模型来描述临床事件和其产生的结果及互相间的上下文关联,需要建立病人主索引服务和术语字典库。由于要保证病人电子健康档案的完整性,病人全医疗周期的数据必须长期在线,其数据量十分庞大,且临床数据中心需要实时对外提供数据服务,因此还必须满足顶层应用的海量数据快速展示的需求,针对这种问题,将临床数据中心建设在一个分布式存储系统中,可采用云计算的解决方案,利用并行计算的高性能来决绝医疗大数据应用的问题。

(三)基于临床数据中心的数据挖掘

基于临床数据中心的数据挖掘和分析作为临床数据中心上层应用的重要组成部分,可以根据收集到的临床数据做出整合型的管理决策和诊疗意见,为临床决策支持和科学研究带来很大的方便和客观的效益。数据挖掘是指从大量数据中提取或"挖掘"知识,其主要任务可以分为两类:描述和预测;描述性挖掘人物描述数据库中数据的一般性质;而预测性挖掘人物对数据进行推断,以做出预测。

目前应用于临床信息化建设中最普及的描述性挖掘方式是数据仓库和联机分析处理(OLAP)。许多医院引入的商业智能(BI)分析系统的核心处理方式正式 OLAP。在临床数据中心的基础

Notes

上建立面向主题的、集成的、相对稳定的、反映历史变化的数据集合——数据仓库,对医院医疗及经济运行的各项数据进行收集、整理、钻取,建立起科学的数据模型和指标体系框架,通过最新的数据可视化技术和跨平台技术,更好地为机关领导及管理部门在医疗资源分配、医疗指标监控、用药情况分析、抗生素合理使用、军队医改数据分析、医疗保险指标控制、成本核算及单机核算等多方面提供数据支持,使相关各项决策的制定有的放矢,及时、准确、快速、有效的产生效果。同时,利用移动化技术和平台建立门诊流量实时监控系统和医院医疗概况实时展示系统,可以使院领导、机关及门诊部领导能随时掌握当前医院的整体运行情况,及时发现问题、有效统筹安排,也可以为来院病人了解医院医疗资源分配情况,合理安排就诊流程提供帮助,并随着各项指标体系的完善和系统的改进不断的发挥更大的作用。

基于临床数据中心的预测性挖掘目前一般还只限用于科研目的,实际落地应用很少。常见的分析包括生存分析、疾病的辅助诊断、诊疗方案制订的决策支持等。常用的数据挖掘算法有:关联规则、决策树、粗糙集、统计分析、神经网络、支持向量机、模糊聚类、贝叶斯预测、可视化技术。预测性数据挖掘就是将这一过程及过程中所产生的数据转化为数学模型,以发现对数据简单性描述时不能发现的深层关联甚至是新的医学知识,推动临床工作以及医学的发展。

第四节　生物信息学技术的新进展
Section 4　Advances in Bioinformatics

一、医疗健康大数据

近年来随着数字化技术在医疗领域的不断推进,医院信息系统得到了不断完善;互联网和物联网技术的发展,也使得以患者为中心的全医疗过程临床数据得以记录逐步成为可能。在这样的大环境下,已有不少的 IT 巨头致力于提出区域医疗解决方案,摩根斯坦利发布的报告中认为 2013 年大数据增长最快的领域中,医疗占据了首位。种种迹象表明,医疗大数据时代已经到来。

(一)数据不等同于知识

患者每次就医从入院开始至治疗完成离开医院的任一医疗环节所产生的数据记录以及日常生活中从事的任何卫生保健活动所产生的数据构成了医疗健康大数据。在这些数据中,除了医院信息系统、电子病历或 PACS 等信息系统产生的结构化临床数据,还包括检查影像、波形及各类报告文书等非结构化数据。一张 CT 图像所包含的数据约 150M,一个基因序列则包含 750M 数据,如果将这些数据再结合人口数量和平均寿命估算,一个医院一年产生的数据可达到数十 TB。随着区域医疗的推广,在区域中做医疗数据的聚集,数据量将相当可观。很多医疗机构都认识到了医疗数据正在爆炸式的增长,所以近年都忙于添购设备来存储这些数据,认为将这些数据保存下来就能找到大数据的真谛。

然而,大数据的战略意义不在于收集庞大的数据信息,而在于专业化处理这些含有意义的数据。医疗健康数据是医疗事件发生的简单记录,它只是记录了这些医疗事件发生的时间、地点以及涉及任务的原始数据,其中的确包含了大量信息,但是随着数据量的增长,信息比例却在逐渐降低。同时,这些信息也不等同于能够完成临床决策支持的知识或是有效改善医疗流程的见解。大浪淘沙般从海量数据中筛选出的信息只有与分析者或决策者的经验相碰撞结合,才可能形成真正有益于医疗改革、能有效转换成实际生产力的新知识,才是实现了它的真价值。

(二)医疗健康大数据新的挑战

大数据带来的挑战在于它改变了人们分析信息的习惯和思维,它开启了一次重大的时代转

Notes

型。第一个转变就是，在大数据时代，人们可以处理与一个问题相关的全部数据，而不再通过随机采样的方式。在医疗领域，物联网技术的发展使得快速录入大量数据成为可能。能进行网络通信的穿戴式传感器能随时随地地将人体的各项生理参数采集并存储下来；医院里各类信息系统和 RFID 技术的普及应用，使病人凭一张卡就可以方便快捷地完成全部医疗流程，而产生的数据即刻就可以存入系统。

从数据存储的方面说，传统的关系型数据库在医疗数据的管理和分析方面在大数据时代将非常吃力，NoSQL（not only SQL）运动推广了非关系数据库的概念，在横向伸缩性上能够很好地满足大数据的需求，击碎了关系型数据库的性能瓶颈。从架构方面来说，在新医改的推动下，医药企业与医疗单位对自身信息化体系进行优化升级，以适应医改业务调整的要求，于是以"云信息平台"为核心的信息化集中应用模式应运而生。目前国内已有多个地区或企业提出了"云医疗"的解决方案。但是由于云计算和云应用现仍处于不断发展的阶段，因而还存在缺乏行业标准，安全性不能保证，缺乏互操作性等诸多问题，因而云计算在医疗领域的真正落地应用还有很长的路要走。另外，在国外的大数据案例中得到最多成功应用的是 Hadoop 架构。目前 Intel 公司已推出企业级 Hadoop 的发行版，并在医疗卫生行业有了成功应用，为中国医疗信息化的实现起了推进作用。

大数据带来的第二个转变主要体现在人们的思维方式上。大数据时代是数据、技术与思维三足鼎立的时代。过去一味追求算法复杂，结果精确，寻找因果关系的分析思路也许不再适用；要允许"不准确"的存在，大数据的简单算法比小数据的复杂算法也许更有效；而相关关系的发现较之因果关系也许也更有利于发现以往不易发现的，解决以往不易解决的。

因此，带着上述分析的思维，再加之机器学习、商业智能（BI）、数据挖掘、语义等先进技术的应用，将对医疗大数据的处理和利用产生重大作用。大数据有时候仅仅是告诉你"是什么"，而不是"为什么"。最大程度地发掘医疗大数据的价值，实现大量数据的迅速存取，实时查询，降低医疗成本，改善患者就医过程；同时在医疗大数据中发现的信息和知识将反过来，提供临床辅助决策，辅助诊断等功能，实现了这些，才是成功的应对了医疗大数据的挑战。

（三）医疗大数据环境下的数据存储案例介绍

关系型数据库的处理方式在处理复杂关联的医疗数据的情况时，会导致形成大量的二维表和这些二维表间的复杂关系，在数据模型上、性能、扩展伸缩性和数据类型等方面都存在限制。近几年 NoSQL 运动蓬勃发展，涌现出了大批在社交网络、电子商务方面成功应用的非关系型数据库，如 Membase，MongoDB 等。在医疗领域的大数据应用中，非关系型数据库的性能究竟比关系型数据库优越几何，浙江大学的研究人员选取了关系型数据库 Oracle 和在欧美、日本的医疗信息系统中已得到广泛应用的 Caché 数据库进行对比。Caché 数据库是面向对象数据库的典型代表，又被称为后关系型数据库。自 1997 年问世以来，得到了诸多分析权威机构的好评和专业媒体的推荐，美国的十佳医院和三大实验室的信息系统使用的都是 Caché 数据库，Caché 数据库占领者美国医疗行业 70% 的市场份额。

测试数据来源于一家拥有 660 张住院病床，日门诊量超过 1000 的医院，同样的数据分别存放于 Oracle 和 Caché 中，Caché 可以节省一半的硬盘存储空间，在数据库响应时间方面，测试分为查询、创建和综合测试三部分进行。测试结果发现，Caché 的响应时间即使在最差的场景下，也只需要 Oracle 相应时间的五分之一左右。

与其他新技术一样，大数据也会经历技术成熟度曲线：经过新闻媒体和学术会议的大肆宣传，新技术趋势会一下子跌入谷底。无论人们的态度是过热还是过冷，大数据的意义以及它带来的变革都不会发生变化。早在 2008 年，谷歌通过用几十亿条检索记录，处理了 4.5 亿个不同的数字模型成功在甲型 H1N1 流感暴发两周前成功预测了流感的暴发，预测的数据与其后美国官方发布数据的相关性高达 97%。近几年来类似的大数据应用也出现在我国人民的生活中，目

Notes

前百度大数据覆盖全国 331 个地级市, 2870 个区县, 包含流感、肝炎、肺结核和性病的疾病预测和定位服务也已经上线。寻求医疗大数据解决方案务必结合中国医疗的现状, 敏锐地找到切入点, 才能从容应"应对"医疗大数据时代的到来。

二、移动医疗与远程医疗

(一)移动医疗

国际医疗卫生会员组织 HIMSS 对移动医疗给出的英文名称为 mHealth (mobile health), 即通过使用移动通信和信息技术来提供医疗和相关信息的服务, 具体到移动互联网领域, 则为基于移动终端系统的各类医疗健康应用。移动医疗被认为是解决医疗供给矛盾的有效手段之一。近年来, 移动医疗的活跃领域和技术手段都有了很多新的发展。

目前移动医疗的主要活跃领域集中在医院内部, 医院的移动医疗平台依托智能手机、平板电脑、条形码、Wi-Fi、RFID 等信息化技术辅助临床医疗。医生、护士利用移动终端能够随时随地地采集和记录数据, 不再局限于办公室。新的移动医疗终端设备及应用不断推出, 使得医生、护士可以通过智能手机或平板电脑查看更多的病人信息, 包括电子病历、医学影像、检验结果、用药情况等。为医生更加全面地掌握病人诊疗信息与病情动态变化提供了便利手段。

移动医疗的发展不仅局限在医院内部, 通过与智能化体征参数采集设备(如血压、血糖、心电等)的结合, 移动医疗开始向基层、向社区进行拓展, 出现了很多面向老人、面向慢性疾病人群的移动健康监测系统。系统多借助电信运营商通过 3G/4G 或 WiFi 与社区内的系统服务端进行数据交互。为用户建立健康记录, 形成全面的、可分析的用户体征数据集, 并结合"大数据"分析方法为用户提供个性化的慢性疾病管理方案。社区范围内的移动医疗还提供"挂号"、"预约"、"分诊"、"医生推荐"等便民功能方便用户了解当前医院医疗资源的使用情况, 合理安排自己的就诊计划。

移动医疗的蓬勃发展离不开移动通信技术和网络技术的快速发展, 下面主要讨论移动医疗背后技术的革新与发展。首先, 移动应用程序从原生应用在逐步向跨平台应用转变, 移动智能终端复杂多样, 其运行的操作系统各不相同, 如苹果公司的 iOS、谷歌公司的 Android 以及微软公司的 Windows Phone 系统等。这些操作系统之间互不兼容, 没有统一的应用开发接口和语言, 给应用程序类型的移动医疗的发展带来一定的阻碍;目前主流的跨平台开发技术按照其实现方式大致可以分为跨平台运行引擎和跨平台应用编译两种方式:跨平台运行引擎技术一般需要在目标设备上安装一个引擎, 用于屏蔽终端底层操作系统差异, 开发者开发应用部署或编译打包后, 用户下载到目标设备上由引擎解释执行;跨平台应用编译通常采用一种标准开发语言开发应用, 应用开发完成后由代码编译器针对不同目标终端平台分别进行编译, 生成有针对性的可执行程序。目前 PhoneGap 是目前最受欢迎的跨平台开发工具之一, 它能够让 Web 开发者使用 HTML5、JavaScript 和 CSS 快速开发出跨平台移动应用程序。它几乎覆盖了所有主流智能终端平台, 包括 iOS、Android、Blackberry、Symbian、Bada 以及 Windows Phone 等(图 15-8、15-9)。

移动医疗在"桌面虚拟化"技术支持下具备更广阔的应用前景。很多移动医疗应用程序会记录大量的公民个人隐私信息, 所以数据安全性始终是移动医疗领域关心的特色, 同时, 由于移动医疗用户需要随时、随身的访问信息, 还要求访问界面与展示内容上的一致性。目前这些问题可以通过桌面虚拟化技术进行很好的解决。VMware 公司所推出的 VMware View 软件占据着很高的桌面虚拟化市场份额。VMware View 软件在医院信息管理系统中有着广泛的应用前景。"虚拟化"技术能将多个服务器整合到一起, 能够大幅降低软硬件成本, 并且大大提高服务器的利用率。将 VMware View 软件应用于医院信息管理系统中, 每个医生都可以分配到一个个人虚拟操作系统, 他的所有数据和设置都会同步传送到服务器端, 在保证数据安全、避免其他人员误操作的同时, 也方便了信息管理人员的管理维护(图 15-10)。

Notes

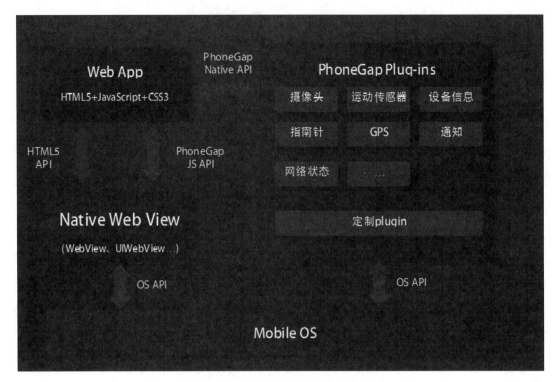

图 15-8　PhoneGap 整体框架图

	iOS iPhone / iPhone 3G	iOS iPhone 3GS and newer	Android	OS 4.6-4.7	OS 5.x	OS 6.0+	WebOS	WP7	Symbian	Bada
加速度传感器	✓	✓	✓	✗	✓	✓	✓	✓	✓	✓
照相机	✓	✓	✓	✗	✓	✓	✓	✓	✓	✓
指南针	✗	✓	✓	✗	✗	✗	✗	✓	✗	✓
联系人	✓	✓	✓	✗	✓	✓	✗	✓	✓	✓
文件夹	✓	✓	✓	✗	✓	✓	✗	✓	✗	✗
地理位置	✓	✓	✓	✓	✓	✓	✓	✓	✓	✓
多媒体	✓	✓	✓	✗	✗	✗	✗	✓	✗	✗
网络	✓	✓	✓	✓	✓	✓	✓	✓	✓	✓
通知（提醒）	✓	✓	✓	✓	✓	✓	✓	✓	✓	✓
通知（声音）	✓	✓	✓	✓	✓	✓	✓	✓	✓	✓
通知（振动）	✓	✓	✓	✓	✓	✓	✓	✓	✓	✓
存储	✓	✓	✓	✗	✓	✓	✓	✓	✓	✗

Notes

图 15-9　PhoneGap 功能图

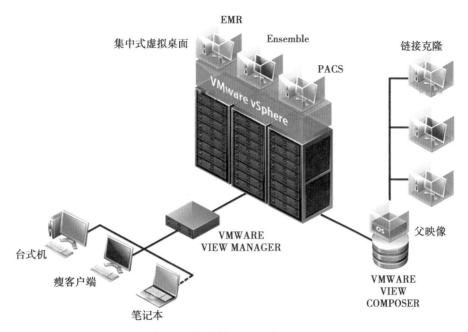

图 15-10　VMware 整体构架图

近年来，还出现包括基于地理信息，基于垂直搜索引擎的移动医疗应用软件能够根据用户所在位置提供更加及时快速的医疗信息，通过垂直搜索算法将汇集的大量数据进行个性化的筛选，将对于用户的垃圾数据进行剔除，为用户展示最有价值的信息。

（二）远程医疗

远程医疗特指那些借助现代通信技术而实现的对于远地对象的医疗服务。包括：远程直接诊断（direct patient care）、远程会诊（tele-consultation）、远程医学教育（distant learning）等。远程医疗系统指的是以计算机技术及通讯技术为核心，以远程医学为目的的系统。如远程病理诊断（tele-pathology）系统，远程放射线诊断（tele-radiology）系统等。近年来，远程医疗技术的发展主要集中在以下几个方面：

基于移动平台的远程医疗，是指通过使用移动通信技术，例如掌上电脑、移动电话和卫星通信来采集用户多种生理信息，以提供远程医疗服务。主要包括远程患者监测、视频会议、在线咨询、个人医疗护理、无线访问电子病历和处方等。在这一方面远程医疗与移动医疗的界限越来越模糊，技术发展的特点更强调对于个人的体征数据的全面感知与监控，并将感知与监控结果通过用户可以理解的方式反馈给用户，在此基础上用户的平时体征数据还可以在需要时作为参考提供给医生作为参考，为医生更全面、准确地了解患者的身体状况提供重要参考，该技术在慢性疾病管理、健康管理领域有重要价值。

物联网与远程医疗，远程医疗监护，主要是利用物联网技术，构建以患者为中心，基于危急重病患的远程会诊和持续监护服务体系。利用 RFID 技术对医疗或健康有关人或物进行身份标识，并通过蓝牙或 Zigbee 等短程传输协议与扫描设备进行通信，进而实现对医疗过程的全程监控。通过该技术能够在用户不知不觉中获取到其真实而全面的健康数据，并且这些数据均是与用户相关的，能够被有效的整合与利用。

基于云计算技术的远程医疗平台，将远程医疗服务平台构建在云平台上，在充分利用云平台的快速部署、资源优化、多平台共享的特点，更好地为远程医疗业务应用服务。南京军区的"医云"工程就在这一方面做出了有益的尝试与探索，实现"5A"信息服务，即：被授权的任何人（anyone），在任何有网络的地方（anywhere），在任何时间（anytime），使用任何终端设备（anydevice），能够处理本工作岗位与信息相关的任何事物（anything）。

Notes

基于语义技术的远程医疗，语义技术对医学大数据的整合和集成化知识分析体现出日益突出的重要意义。其应用场景主要体现在医学信息资源整合，生命科学知识发现，医学资源标注、信息抽取与语义检索，卫生信息化与临床决策支持，医学语义网服务与服务发现，转化医学发展、药物发现以及医学图像检索等诸多方面。将语义技术与远程医疗有机结合，能够更好的处理异构医疗系统之间的数据差异，更好地实现不同医疗机构之间的信息交互。

三、健康物联网与可穿戴智能技术

（一）健康物联网

物联网是继计算机、互联网与移动通信网之后的世界信息产业第四次技术革命，指的是将各种信息传感设备，如射频识别 RFID 装置、红外感应器、全球定位系统、激光扫描器等种种装置与互联网结合起来而形成的一个巨大网络，目的是让所有的物品都与网络连接在一起，以便系统可以自动实时地对物体进行识别、定位、追踪、监控并触发相应事件。物联网用途极为广泛，遍及智能交通、智能家居、医疗健康、智能电网、智能物流、工业与自动化控制、精细农牧业、国防军事、环境与安全检测、金融与服务业等诸多领域，受到了各国政府、企业和学术界的广泛重视。健康物联网就是物联网在医疗健康领域的应用，涉及电子健康档案、远程监护和家庭护理、急救处理、移动医疗等方面。

电子健康档案及个人健康管理信息化通过计算机信息技术，将分散在不同机构的居民健康数据整合为一个逻辑完整的信息整体，并以此为基础构建区域的医疗卫生信息共享平台，满足与其相关的各种机构和人员需要。经过近年来的发展，中国在电子健康档案及个人健康管理信息化领域取得了一定的成就和进展。2008 年基于物联网的"厦门市民健康档案信息系统"在厦门市 36 家医疗机构投入试运行。上海市闵行区基于物联网建立起覆盖社区居民的个人电子健康档案及信息系统，基本实现了对居民健康的"全程干预"，在这个档案中，居民从出生到死亡的生命指标、疾病史、免疫接种史、保健管理、就医信息等全部记录在案。

基于物联网技术的远程监护和家庭护理有许多代表性的产品和项目，如婴儿监控、多动症儿童监控、老人生命体征家庭监控、老年痴呆病人家庭保健、帕金森患者的家庭监控系统 Mercurylive、术后病人家庭康复监控、术后病人恢复监控系统 HIPGuard、医疗健康监测、远程健康保健系统 MOBiHealth、基于环形传感器的移动健康监测系统 MHMS 等。这些基于物联网技术的远程监护和家庭护理的产品和项目，总体上还是遵循物联网应用的通用架构：三级层次架构，分别是感知层、网络层和应用层，如图 15-11 所示。

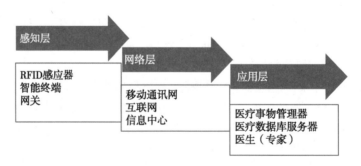

图 15-11　基于物联网技术的远程监护和家庭护理系统的通用架构

为了解决传统急救方式下由于医护人员在急救前难以迅速获得有价值的信息从而耽误患者救治时间的问题，研究人员对原有急救方式加以改进，引入 RFID 和 WSN 技术，提出了一种新型的医疗急救模式。文献《物联网泛在通信技术》设计了一个急救系统，通过应用 RFID 卡保存用户医疗档案和个人信息，并由医院或急救中心的服务器负责接收、处理、存储病人的医疗数据。

Notes

健康物联网的另一个应用方向就是移动医疗，它是以无线局域网技术和 RFID 为底层，通过采用智能型手持数据终端，为移动中的一线医护人员提供随身数据应用。采用物联网技术的移动医疗能明显改观传统的就医流程，进一步实现医院医疗的移动信息化，比如，利用物联网的 RFID 电子标签可以让医护人员减少人员信息核对环节，同时以 RFID 标签为基础在检验环节可以采取自助获取化验单，增强了病患隐私的安全性。

健康信息化是提高医疗质量和服务效率的重要手段之一。健康物联网将使健康信息化从互联网时代向物联网时代发展。健康物联网是健康信息化发展的里程碑，将对改善人们的健康水平，提高生活品质和健康服务水平起到重要的作用，并将促进健康服务模式的改变。

（二）可穿戴智能技术

可穿戴技术是指用户能戴在身上的电子设备或产品，可以在日常活动或工作中整合计算特性，同时采用具有先进功能和特点的技术。可穿戴设备可为用户决策提供信息支持，协助个人信息处理与决策。可穿戴智能技术在健康领域的应用主要为穿戴式生物传感系统，用于动态监测生命参数该系统通常由无线的小型传感器、手持单元和专家系统构成。其中，穿戴式生物传感器和数据分析处理部分是生物传感系统中的两大技术。

穿戴式生物传感器（WBS）技术可应用于测量如心率、动脉血压、血氧饱和度、呼吸速率、体温、心排血量等这一类重要的心肺信号。此外声敏传感器、光敏传感器、肌电传感器、脑电、电极等还可以用作特殊的同步医学监护的测量。

穿戴式生物传感系统中的数据分析处理可以使穿戴式系统所采集的巨大数据得到充分有效地利用。其中三种最为成功的数据处理技术分别为：神经网络、匹配跟踪算法和数据挖掘技术。

为了满足穿戴式传感系统具有高性价比的要求，穿戴式生物传感系统的设计必须遵循如下几条原则，如图 15-12 所示：

图 15-12　穿戴式生物传感系统的设计要求

（1）安全性：安全性被列在首位，这是医学电子仪器有别于其他类型仪器的重要特点。

（2）可靠性：信号的可靠性、对移动或其他干扰适应能力的强弱及数据存储传输的可靠性都是需要重点考虑的。

（3）可穿戴性：可穿戴性要求系统结构小巧紧凑、坚固耐久、能量消耗低，在长期佩戴中能保持舒适。

（4）简易性：由于穿戴式传感系统的使用与佩戴往往不在医生的指导下进行，所以仪器必须使用方便。

（5）智能性：佩戴式传感器收集的生理信号必须能引起适当的机制反映以改善已检测到的病情。这就要求在设计上的创新性及智能化的数据分析系统。

随着基础研究的长足发展，穿戴式生物传感系统的应用日趋广泛。临床检测技术作为穿

Notes

戴式生物传感技术的摇篮,始终也将是穿戴式生物传感系统的主要应用领域,有如下四个主要方面:

(1)心血管病人的监测:在这方面的研究方向主要有两个:使穿戴式生物传感系统能进行更长时间地连续性监测与记录和使一个传感系统能集成记录多个心血管生理参数。

(2)康复领域的应用:能对病人的状况做更准确的评估、协助康复治疗的优化和使病人对系统能够以习惯性的形式接受是目前康复领域对穿戴式生物医学系统的要求。目前在这个领域,穿戴式生物传感系统已运用于增强型医疗单元中,使医疗设备能从BWS到家庭方便地移动。

(3)在帕金森疾病治疗中的应用:自动检测运动障碍的穿戴式生物医学传感系统在实验中,反映出对帕金森氏病监测的敏感性和判定的准确性。

(4)脑卒中预测:更准确、敏感、可靠的穿戴式评估技术将促进中风后的康复技术发展及下一代康复技术尝试的出现。

穿戴式生物传感系统经过数十年的发展已经取得了一定成果,随着各个学科的发展和融合,尤其是在物联网发展的推进下,可穿戴智能技术还将不断地改进和完善,在医疗卫生领域中为人类做出更大的贡献。

四、个体化医疗

个体化医疗是一个飞速发展的领域。其理念和目的是以每位患者的大量信息为基础,通过综合分析挖掘每位患者病理学、生理学和病理生理学等方面的特点,进一步制定出适合每位患者的独特的、最佳的治疗和预防方案,提高治疗的针对性,从而取得最优的疗效。

个体化医疗的概念最早于20世纪70年代提出,相继出现了个体化医学(individualized medicine)、个体化治疗(individualized treatment)、个体化医疗(individualized care)、个体化医疗保健(individualized health care)和客户订制治疗(tailor-made medicine)等概念。20世纪90年代末期,西方医学领域再次提出了个性化医疗(personalized medicine)的概念,首先是针对肿瘤的靶向治疗。其始动因素是由美、英、日、法、德和中国参与的人类基因组计划,个体基因遗传特征与临床疾病表型紧密相连,尤其是单核苷酸多态性的发现对预测个体对药物的反应发挥重要作用,为疾病个体化诊疗提供了科学基础,由此也产生了所谓的转化医学,即从实验室过渡到临床实践。

几年前,Leroy Hood首次提出了"P4医疗"的观点,即预测(prediction)、个性化(personalization)、预防(prevention)和患者参与(participation),认为医学实践应该变被动为主动,要以个体获得最优质的健康为目的,而不单是治疗疾病。"P4医疗"是个体化医疗的进一步升华。从实验室角度,它要求对个体不同种类的生物学数据(如DNA、RNA、蛋白质、细胞和组织等)进行综合分析,理解人体内各种生物网络和分子在疾病发生中的作用,主动预测并建立有效的模型来指导患者治疗;从临床角度,它结合个体的过敏史、就诊史以及临床检查、检验结果量身定制个体化的诊疗方案,从而提高诊疗质量。"P4医疗"推进了医学实践从关注疾病到关注个体健康的转化。在P4医学模式中,生物医学信息学将发挥重要的作用,既可以根据个体遗传信息及生理和病理数据,对疾病的发生和发展进行预测,也可以根据个体基因组和表观基因组设计重大疾病预防方案,制定有针对性的疾病预防措施,或针对个体遗传特征选择最佳的药物进行治疗。

(一)疾病预测

基因预测疾病风险是指根据每个人的疾病基因组信息预测疾病的发生风险。现代医学研究发现,几乎所有疾病(除外伤等)都与基因相关,其中易感基因与疾病的发生关系密切。当接触某些不良因子或不良环境时,易感人群(携带疾病易感基因人群)的疾病发病率可显著高于不携带疾病易感基因的人群,达到几倍、甚至几十倍。只有当人们了解自身的基因情况,才能有针对性地改善外部环境如饮食结构、工作环境、生活环境等,从而预防疾病发生,延长生存时

Notes

间,提高生活质量。

疾病的诊断,从表型分析发展到表型和基因型结合分析代表着医学的革命性进步。临床分子病理学或称分子诊断,已成为当今迅猛兴起的病理亚学科之一。它从核酸水平研究疾病发生和发展规律,揭示疾病时外源性基因在体内的存在和内源性基因的突变及表达异常,是传统形态病理学的有益补充和发展。目前,分子病理学在临床上主要用于感染性疾病、遗传性疾病、肿瘤学和药物基因组学,涵盖了大部分人类疾病的诊断和治疗领域。分子病理学常用的基因型分析技术包括原位杂交、荧光探针核酸扩增检测、多重 PCR、微卫星不稳定性检测以及核酸测序等,这些源于分子生物学的实验室技术已经越来越多地走向临床应用,其飞速更新不断推动着分子病理学的发展。

(二)个性化治疗

个体化治疗是指根据每个人的疾病基因组信息及临床检查检验结果对已发生的疾病进行治疗。人体的 DNA 序列及其变异,反映了人类的进化过程。研究不同人群和不同个体的 DNA 序列变异,有助于了解人类疾病的产生、发展以及对药物治疗的反应。随着生物信息学和医学信息学的融合,科学家可以进行新药的合理设计,加快新药在前临床期及临床期的发展,并加强药物使用的安全性和有效性。造成个体用药效果差异的原因很多,包括年龄、性别、饮食、胃肠吸收、生活方式、患者对药物的顺应性以及患者自身药靶特性等。其中,调节药物转运、代谢、细胞靶点、信号途径以及细胞反应途径(如凋亡)的基因多态性起到了决定性的作用。研究影响药物吸收、转运、代谢和消除等过程中存在个体差异的基因特性是药物基因组学所关注的内容。药物基因组学是实现个体化医疗的重要手段,为实现个体化医疗奠定了非常好的基础。

目前,针对肿瘤患者的个性化药物治疗已取得了一定的成果。恶性肿瘤是严重危害人类生命和健康的常见病和多发病,是导致残疾和早死的主要疾病之一。尽管化疗在恶性肿瘤的治疗中占有非常重要的地位,但是在临床实践中,结果往往不尽如人意。标准化的医疗模式忽略了不同患者间的个体差异,对于同种疾病使用标准化的相同药物来治疗,不仅忽略了肿瘤间的异质性,也忽视了患者对相同药物的不同敏感性。目前应用的抗肿瘤药物对至少约 70% 的患者疗效有限,20%~40% 的患者甚至有可能接受了错误的药物治疗。由于肿瘤的发生是个多因素的过程,不同的化疗药物针对的靶标基因往往存在着个体遗传差异,因此,近 10 年来针对肿瘤组织本身变异的靶向治疗已成为肿瘤治疗中最受关注的领域。目前,针对乳腺癌、非小细胞肺癌、结直肠癌和肾细胞癌的一些靶向治疗药物完成了Ⅲ期临床试验,与以往经典的化疗疗效相比,这些靶向药物显著延长了患者的无进展生存和总生存时间,同时降低了药物不良反应。美国食品和药品管理局已成功将以下药物批准用于肿瘤的治疗,例如曲妥珠单抗(trastuzumab)治疗乳腺癌,吉非替尼(gefitinib)和盐酸厄洛替尼(erlotinib)治疗非小细胞肺癌,西妥昔单抗(cetuximab)治疗结直肠癌,舒尼替尼(sunitinib)和索拉非尼(sorafenib)治疗肾细胞癌等。

小　结

生物信息学的研究领域非常广泛,转化医学信息学、医学(临床)信息学等众多学科都是生物信息学的相关领域。转化医学的主要目的是快速地把生物医学等基础研究的成果转化为临床实际应用,为生物信息学家提供了提出科学问题和解决科学问题的新思路。转化医学信息学的主要研究内容包括数据分析、信息集成、信息标准、自然语言处理及决策支持等;临床医学信息学是采用现代信息学的理论与方法,对来自临床诊疗活动,医院管理,临床医学研究以及医学教育等方面的信息给予系统的收集,科学的管理,准确的分析,充分的利用,以提高医院管理水平,改善医疗效果为目的的学科,是现代信息技术

Notes

在临床医学中的成功应用。其主要研究内容包括信息标准化技术、医学信息系统以及临床数据中心等。随着生物医学大数据时代的到来，以移动医疗与远程医疗技术、健康物联网技术以及个性化医疗为代表的新型技术在生物医学领域得以展开及应用，生物信息学将在众多的新兴学科中迎接新的机遇和挑战。

Summary

Bioinformatics covers a wide research area including translational medicine, medical (clinical) informatics and many other disciplines. The goal of translational medicine is to transform the achievements in fundamental researches as bioinformatics into practical clinical applications, thus providing new insight for bioinformatics scientists to propose and solve scientific problems. Translational medicine mainly involves researches on data analysis, information integration, information standardization, natural language processing and decision support. Clinical informatics aims at systematical collection, scientific management, accurate analysis and maximum utilization of all the information generated from clinical diagnostic activities, hospital administration, clinical research and medical education through the application of the advanced theories and methods in modern informatics, eventually realizing the improvement of hospital administration and medical quality. It is one of the successful applications of modern information technology in clinical medicine. Clinical informatics focuses on fields of information standardization, medical systems and clinical data center. As with the arrival of Big Data in biomedical informatics, new technologies as mobile health, tele-medicine, Health Internet of Things and individualized medicine are emerging and gaining acknowledgement in biomedicine, bioinformatics is stepping into an era of rapid development, faced with new opportunities and challenges.

（李劲松　雷健波）

习题

1. 简述转化医学的定义，以及三个转化 T1, T2, T3 的主要特点。

2. 简述转化医学和生物信息学的主要区别。

3. 简述生物医学信息学的定义，并比较生物信息学，图像信息学，临床信息学和公共卫生信息学的主要区别。

4. 举例说明转化医学的重要性。

5. 简述生物信息学、医学信息学的含义，以及它们与生物医学信息学的关系。

6. 简述临床医学信息学的定义、任务和目的。

7. 列举主要的医学信息标准。

8. 试述电子病历的基本组成和主要功能。

9. 列举2种系统研发常用的软件开发模型，并简要描述。

10. 试述医学信息系统集成所要解决的关键技术问题。

11. 简述临床数据中心的含义。

12. 试述医疗健康大数据带来的挑战。

Notes

13. 以 VMWare View 软件为例，简述"桌面虚拟化"技术对移动医疗的技术支持。

14. 简述远程医疗的概念和目的。

15. 试述穿戴式生物传感器系统的设计原则。

16. 简述个性化医疗的概念和目的

参考文献

1. Sarkar IN. Biomedical informatics and translational medicine. J Transl Med，2010，8（1）：22

2. Kulikowski CA，Kulikowski CW. Biomedical and health informatics in translational medicine. Methods Inf Med，2009，48（1）：4-10

3. 李国垒，陈先来. 医学信息学新分支——转化医学信息学. 医学信息学杂志，2013（1）：15-18

4. 陈发明，金岩，施松涛，等. 转化医学：十年回顾与展望. 实用口腔医学杂志，2011，1：6-11

5. Butte AJ. Translational bioinformatics：coming of age. J Am Med Inform Assoc，2008，15（6）：709-714

6. 高岚. 医学信息学. 北京：科学出版社，2007

7. Shortliffe，主编. 罗述谦，主译. 生物医学信息学. 北京：科学出版社，2011

8. 任懋榆，王建民. 临床医学信息学. 北京：军事医学科学出版社，2002：6-142

9. 李劲松，黄志生. 生物医学语义技术. 浙江：浙江大学出版社，2012：13-17

10. 傅征，梁铭会. 数字医学概论. 北京：人民卫生出版社，2009

11. 李劲松. 面对医疗大数据时代的挑战. 中国数字医学，2013：18-21

12. Yu HY，Li JS，Zhang XG，et al. Performance assessment of EMR systems based on post-relational database. J Med Syst，2012，36（4）：2421-2430

13. LIN CC，LIN PY，LU PK，et al. A healthcare integration system for disease assessment and safety monitoring of dementia patients.IEEE Trans of Information Technology in Biomedicine，2008，12（5）：579-586

14. Hood L，Friend SH. Predictive，personalized，preventive，participatory（P4）cancer medicine. Nat Rev Clin Oncol，2011，8（3）：184-187

Notes

中英文名词对照索引

4- 硫尿核苷　4-thiouridine，4-SU　426

6- 硫鸟嘌呤核苷酸　6-thioguanosine，6-SG　426

Affemetrix 芯片　Affemetrix microarray　134

BLOSUM 矩阵　BLOck SUbstitution Matrix　45

cDNA 芯片　cDNA microarray　134

CE 矩阵模型　CE matrix model　240

ChIP-chip　chromatin immunoprecipitation followed by DNA microarray　415

CpG 岛　CpG islands，CGIs　287

CXXC 亲和纯化技术　CXXC affinity purification，CAP　292

DNA 甲基化　DNA methylation　286

ELAND　efficient large-scale alignment of nucleotide databases　301

FPKM　fragments per kilobase of transcript per million mapped reads　405

IUPAC 简并码　IUPAC degenerate codes　237

n 倍交叉验证　n-fold cross-validation　165

PAM 方法　prediction analysis for microarray　163

PDB　protein data bank　195

RNA 测序　RNA Sequencing，RNA-seq　402

RNA 结合蛋白　RNA-binding Protein，RBP　426

RNA 聚合酶Ⅱ　RNA polymeraseⅡ，polⅡ　416

RPKM　reads per kilo bases of transcript for per million mapped reads　405

S2 腺苷同型半胱氨酸　S2-adenosyl homocysteine，SAH　305

SAGE　serial analysis of gene expression　300

SCOP　structural classification of protein　195

S- 腺苷甲硫氨酸　S-adenosyl methionine，SAM　305

B

靶向测序　targeted sequencing　331

靶向药物　targeted medicine　452

半胱天冬酶 3　caspase-3　408

邦弗朗尼递减校正　Bonferroni step down　223

邦弗朗尼校正　Bonferroni　223

本杰明假阳性率校正　Benjamini false discovery rate　223

比较基因组学　comparative genomics　7，119

比较建模　comparative modeling，CM　193

编辑距离　edit distance　38

标签 SNP　tag SNP　332

标准化　normalization　141

病例 - 对照　case-control　334

补偿突变　compensatory mutations　86

C

测序深度　depth　383

层次聚类　hierarchical clustering　156

插缺　indel　50

差异倍数　fold change　405

常见变异　common variants　338

常见疾病　common disease　322

常见疾病 - 常见变异　common disease-common variant　338

超低甲基化　hypomethylation　297

超甲基化　hypermethylation　297

持家基因　housekeeping genes　141

初始 miRNA 转录本　primary miRNA，pri-miRNA　352

初始未匹配 reads　initially unmapped reads，IUM reads　407

穿线法　threading　193

传递不平衡检验　transmission disequilibrium test，TDT　336

串联亲和纯化 - 质谱分析　tandem affinity purification - mass spectrometry，TAP-MS　264

垂直同源　ortholog　38

从头测序　de novo sequencing　382

从头预测　ab initio　193

从头装配　de novo assembly　404

错误发现率　false discovery rate，FDR　427

D

代谢　metabolism　443

代谢通路　metabolic pathway　262

代谢网络进化　metabolic network evolution　123

单遍　a single run　382

单核苷酸多态性　single nucleotide polymorphism，SNP　2，323

488

致　谢

　　继承与创新是一本教材不断完善与发展的主旋律。在该版教材付梓之际，我们再次由衷地感谢那些曾经为该书前期的版本作出贡献的作者们，正是他们辛勤的汗水和智慧的结晶为该书的日臻完善奠定了坚实的基础。以下是该书前期的版本及其主要作者：

全国高等医药教材建设研究会规划教材·卫生部规划教材
全国高等学校教材·供8年制及7年制临床医学等专业用

《生物信息学》（人民卫生出版社，2010）

主　　编　李　霞
副 主 编　李亦学　廖　飞

编　　委（以姓氏笔画排序）

田　心（天津医科大学）	张　岩（哈尔滨医科大学）
朱　浩（南方医科大学）	茚灿泉（西南交通大学）
刘建国（河北大学）	赵雨杰（中国医科大学）
许丽艳（汕头大学）	胡福泉（第三军医大学）
李　霞（哈尔滨医科大学）	童隆正（首都医科大学）
李亦学（同济大学）	廖　飞（重庆医科大学）
吴忠道（中山大学）	魏冬青（上海交通大学）

学术秘书　汪强虎（哈尔滨医科大学）